# 燃气冷热电分布式能源技术应用手册

主编／林世平　　副主编／李先瑞　陈斌

中国电力出版社
CHINA ELECTRIC POWER PRESS

## 内 容 提 要

本书主要用于燃气冷热电分布式能源工程设计和技术咨询，可满足可行性研究和初步设计深度要求，全书分为技术部分和应用部分，共十章。技术部分包括燃气冷热电分布式能源系统及类型；系统主要设备，各种原动机、烟气余热回收装置、余热型溴化锂吸收式冷（热）水机组；系统设计，包括负荷计算、发电机组选型设计、系统设备配置原则、系统方案设计案例、联合循环汽轮机组选择、能源站选址及条件、噪声防治；电气系统及电力并网；控制系统运行控制策略、系统构成及案例；能源系统能源利用评价、技术经济分析；工程建设与调试；运营管理，项目运行准备、运行规程、运行策略及系统维修维护。应用部分包括燃气冷热电分布式能源政策及发展、政策汇编、工程技术规范；区域能源服务商业模式、项目商务运作，以及项目决策、设计建造、运营阶段商务运作等内容。

本书主要供从事燃气冷热电分布式能源工程设计、技术咨询、施工安装、运营管理、商务运作有关人员使用，也可供高等院校有关专业师生和其他专业技术人员参考。

## 图书在版编目(CIP)数据

燃气冷热电分布式能源技术应用手册/林世平主编．—北京：中国电力出版社，2014.4（2018.8重印）

ISBN 978-7-5123-4878-3

Ⅰ.①燃… Ⅱ.①林… Ⅲ.①能源-技术手册 Ⅳ.①TK01-62

中国版本图书馆 CIP 数据核字(2013)第 209822 号

中国电力出版社出版、发行

（北京市东城区北京站西街 19 号　100005　http://www.cepp.sgcc.com.cn）

三河市百盛印装有限公司印刷

各地新华书店经售

\*

2014 年 4 月第一版　　2018 年 8 月北京第六次印刷

787 毫米×1092 毫米　16 开本　28 印张　763 千字

印数 8001—9500 册　　定价 **88.00** 元

# 序 一

　　本书是一批多年从事天然气分布式能源项目研究和开发的各方面专家的心得体会与经验教训的结晶，是一部来自天然气分布式能源第一线的实践记录。因此，本书是从事天然气分布式能源项目开发、管理人员及建设单位难得的参考资料。

　　天然气分布式能源系统在我国走过了十多年的发展历程，经历了曲折的发展道路，今天终于得到了社会认可，成为我国能源战略的组成部分，成为破解我国能源困局的方案之一。天然气分布式能源现在处在规模化的发展与应用前夜，前景让人期待。

　　与传统的能源利用方式相比，现代的天然气分布式能源是一种建立于信息网络技术和能流网络基础上的新的能源利用方式，是新生事物，代表了能源系统发展的方向，随着信息与物（能）流技术的不断进步，将会有日新月异的发展。

　　对于能源管理部门中的部分人员，对于传统的能源的生产者，对于能源的终端用户来说，天然气分布式能源也是新事物。可能听说过这个名词，对其涵义似懂非懂，对其优势或局限性并不清楚，更不清楚分布式能源对他们意味着什么，选择分布式能源将能给他们带来什么变化。

　　本书就是试图回答以上的问题，向能源管理部门、能源生产部门及终端用户，描绘出使用天然气分布式能源将会有什么不同情景；说明为什么要用分布式能源，来对现行的大规模集中式的能源利用方式进行补充或替换；如何来选择适合自己需要的分布式能源系统。

　　本书作者试图将专业的内容，以更为容易理解的方式向读者介绍，但仍不失专业价值。书中内容全面，不同的读者可以根据自己的需要来选择相关的内容阅读。因为作者试图给予读者全面的介绍，有些内容对部分读者可能是不必要的。

　　任何一种新的能源出现，必然会有新的、适应其特点的利用方式出现，同时会引起现存能源利用系统的重整和重组。自从300年前英国率先进入工业化以来，煤炭成为了主要的能源，石油和天然气近百年来也得到了日益广泛的使用。大量使用煤炭和石油造成了地球环境和生态的恶化，必须转向清洁的、可再生的能源，必须提高能源的利用效率。

　　今天，世界已经进入了第三次工业革命的阶段。第三次工业革命的显著特点是网络与信息技术普及与使用。网络与信息技术将分散的、零星的、碎片化的力量联系在一起，使过去不可能出现的、不可能发生的奇迹出现。它使得社会的各个方面都在迅速发生变化。能源网络——包括电力网、热力和燃气管网——不断完善，同样也将使能源系统发生变革。

可再生能源的特点是处处存在、变化常在，总量巨大、密度不大。只有建立遍布社会的互联互通、互帮互助能源网络，才能做到人人生产能源、人人享用能源。互联网是一个开放的公共平台，它的出现带来许多意想不到的变化。没有开放的、遍布全国的能源网络，也无法完成能源结构调整任务、无法实现能源转型的目标。

天然气分布式能源的可控性和灵活性，使其成为实现能源结构调整与转型的重要过渡环节，成为可再生能源发展的重要支撑，也是电网安全可靠性的重要保障力量。在能源结构调整、利用模式转型的今天更显其重要性。

合则两利，离则俱伤。认清世界发展的趋势，认清能源发展的趋势，特别重视能源网络开放性对我国能源健康发展具有重要意义。主动敞开胸膛、伸出双臂去迎接千千万万的分布式能源，让点点滴滴的能源汇集成浩瀚的能源大海，让我们和子孙后代有充足可靠的能源，也有良好的生活环境是我们每一个能源从业者的责任和义务。

让我们一起努力吧！

徐晓东

2013 年 2 月 28 日

# 序 二

我国燃料结构长期以煤为主，大约占 70%，比世界平均水平高出 40 个百分点。火力发电厂以燃煤为主，工业锅炉生产用汽和居民采暖用热也是以燃煤为主。我国的年燃煤量已占全世界总燃煤量的 46.9%。由于大量燃煤，导致我国的能源利用效率低下，仅为 36.8%，比世界平均水平低 13 个百分点，仅为世界排名的 74 位，并污染环境，影响人们的身体健康。在世界环保会议上，各国均指责我们在温室气体排放上影响了环境质量。为了改善环境质量，中央提出调整燃料结构，压缩燃煤量，发展清洁能源，明确"十二五"规划的 2015 年全国总燃煤量封顶 41 亿 t。

在燃料结构中，美国是油气为主，占 90%，煤炭占 10%，而我国是煤炭占 70%，油气只占 28%。在调整燃料结构中，增加油气的比重是发展方向，但由于资源的限制，需求与供给产生矛盾，由于国民经济的发展，人民生活的提高，交通工具的发达，导致我国石油的对外依存度达 57%，天然气进口超过 24%，煤炭进口也超过 2.2 亿 t，这么多能源进口，说明我们必须大力提倡节约能源，提高能源效率。

热电联合生产比热与电分别生产能提高能源效率，也被国内外众多人员所认识，各国均大力提倡并制定有关法律、法规、技术标准和优惠政策。21 世纪以来，工业发达国家已从热电联产发展到冷、热、电联产，把能源利用率提高至更高的水平。我国电力工业 2011 年的电厂热效率才 41.34%，而燃煤热电厂的热效率起码在 45% 以上，有的热电联产达 60%～70%，而如能建设燃气分布式能源，则热效率均可达 70% 以上。天然气为宝贵的清洁能源，建设燃气分布式能源可实现清洁能源的梯级利用，不仅能效高，还有利于保护环境，保证供电安全和减少变电线损，因而在发达国家发展很快。

我国在燃料结构调整中，有的城市提出煤改气，将燃煤锅炉改烧天然气，这种方式的优势为：

(1) 改造方式简单，工期短、投资不大；

(2) 减轻锅炉房工人劳动强度，改善工人劳动环境；

(3) 改善市政环境，烟尘与灰渣的污染大为减少；

(4) 减少煤与灰渣的运输量，减少道路污染与路面拥堵。

但是从能源的利用角度来看，将天然气能产生 1000℃ 热值的能源，仅一次性用来烧

80～90℃的热水用来采暖，是太浪费了。而燃气分布式能源是将天然气先发电，再供热，后制冷，实现梯级利用，使清洁能源为人类做出更大贡献。

《燃气冷热电分布式能源技术应用手册》是长期从事分布式能源的专业人员编写的。他们都有实际工作经历，从事分布式能源的策划、可行性研究报告编制、规划制订和组织建设施工、调试与运营，都付出了辛勤的劳动。本书内容广泛，切合实际，可为设计单位、筹建单位和管理部门提供实用的资料，会成为建设者的良师益友，在发展分布式能源方面发挥重要作用。

王振铭

2013 年 3 月 5 日

# 前　言

　　燃气冷热电分布式能源具有能效高、清洁环保、安全性好、削峰填谷、经济效益好等优点，是天然气高效利用的最佳途径。分布式能源实现科学用能和能源梯级利用，能源综合利用效率达到 70%～90%，节能率达到 20%～40%，是在负荷中心就近实现能源供应的现代能源供应方式，符合节能环保和建设节约型社会要求。近年来，分布式能源在国际上得到快速发展，美国、日本及欧洲等发达国家力图通过发展分布式能源将能源利用和环保水平提高到一个新的层次。分布式能源是解决我国能源与环境问题、大力推进节能减排和科学用能的重要技术途径，是构建未来新一代能源系统的关键技术。

　　为提高能源利用效率，促进结构调整和节能减排，推动燃气冷热电分布式能源有序发展，国家提出了关于发展天然气分布式能源的指导意见，明确提出"十二五"初期启动一批天然气分布式能源示范项目，"十二五"期间建设 1000 个左右天然气分布式能源项目，并拟建设 10 个左右各类典型特征的分布式能源示范区域。但目前我国分布式能源尚处于起步阶段，因政策、技术及经济等原因与国外相比仍显滞后，成功的案例和示范性项目还较少，国家层面的工程技术规范和标准还不完善，行业仍普遍缺乏设计、工程技术和商业运作的经验，还没有一部具实际指导意义的技术和应用手册。中国分布式能源要走一条健康有序的发展之路，要避免发展可再生能源过程中出现的一哄而上、产能过剩、资金沉淀、无序发展的尴尬局面。具体到项目上，要从规划、投资、建设、运营等各个环节严格把关，本着实事求是的态度，认真审核项目建设条件，选择好、设计好、建设好、运行好每个项目。试设想，在 1000 个示范项目中，如果有一部分出现失误或达不到预期节能和经济效益，对分布式能源整个产业的发展将产生何种影响。

　　针对产业发展和项目实践中存在的问题，为避免项目失误和减少走弯路，我们组织国内分布式能源专家、有丰富项目实践经验的团队专业人员、国内外知名设备商相关人员，编写了《燃气冷热电分布式能源技术应用手册》，以满足市场需求，为燃气冷热电分布式能源规划设计、工程技术、运营管理和商务人员提供系统的资料数据、手册工具和教材。作为工具书，本手册内容务求齐全、精炼、简明、实用，既满足科学性和实用性要求，又开拓视野、简化设计计算、提高工作效率、方便实际应用，成为燃气冷热电分布式能源技术咨询、工程设计、施工安装、运营管理、商务运作各类人员有力的助手和工具书。

我国天然气发展、智能电网建设及专业化能源服务公司的方兴未艾，使燃气冷热电分布式能源在我国已具备大规模发展的条件。我国面临着大力发展燃气冷热电分布式能源、快速提高能效和改善环境的极好机遇。必须进行技术创新，提高系统集成水平，鼓励专业化公司从事燃气冷热电分布式能源的开发、建设、经营和管理，探索适合燃气冷热电分布式能源发展的商业模式。本书涉及技术咨询、工程建设、运营管理、政策规范及商业模式各个方面，做了有益探索，起到抛砖引玉的作用。

创造中国特色的分布式能源发展道路，推动燃气冷热电分布式能源的发展，将为我国能源结构调整带来一次重大变革及机遇，具有重要的现实意义和战略意义。面对严峻的能源环境形势，我国需要吸收借鉴发达国家发展燃气冷热电分布式能源经验、教训和成果，在提高能源利用效率、技术与资金、观念与机制上不盲目照搬国外经验，必须从我国国情和项目实际出发，不断创新和付诸实践，从容应对能源环境严峻形势的挑战。本书借鉴了国际发展分布式能源的经验、技术和成果，以推进我国分布式能源的发展。

作为国家七大新兴产业之一的节能环保产业必将在"十二五"、"十三五"期间出现重大发展机遇，而分布式能源作为节能环保产业的重要组成部分，产业投资规模在数千亿以上，对于企业和企业家而言，这是一个可以成就规模企业的机会，就像"九五"、"十五"抓住房地产、汽车、互联网产业机会一样。"十二五"期间，分布式能源发展处在打基础与发展并存的阶段。从总体看，分布式能源发展将进入快车道，但在"十二五"期间，还是要扎扎实实做好示范项目，在节能减排和经济性上得到充分体现，让人们看得见、摸得着，把示范项目、示范区域，从规划、设计、建设、运行和管理上，牢牢把握和落实质量、效益等综合性指标，为之后的发展夯实基础。通过市场机制，推动能源利用模式的革命和燃气冷热电分布式能源的发展。本书对建设示范项目具有现实意义和价值。

本书主要用于燃气冷热电分布式能源工程设计和技术咨询，可满足可行性研究和初步设计深度要求，也可供施工安装、运营管理、商务运作有关人员使用。全书分为技术部分和应用部分，共十章。技术部分：第一章介绍燃气冷热电分布式能源系统及类型，包括分布式能源发展、系统及类型、典型工艺路线及基本配置，以及分布式能源发展趋势；第二章介绍燃气冷热电分布式能源系统主要设备，各种原动机、烟气余热回收装置和余热型溴化锂吸收式冷（热）水机组；第三章介绍燃气冷热电分布式能源系统设计，包括负荷计算、发电机组选型设计、系统设备配置原则、系统方案设计案例、燃气—蒸汽联合循环汽轮机组选择、能源站选址及条件、噪声防治；第四章为燃气冷热电分布式能源电气系统及电力并网，发电机运行模式、电力并网技术、电力并网流程、电气设备、分布式能源并网案例；第五章为燃气冷热电分布式能源控制系统，运行控制策略、控制系统构成及案例；第六章为燃气冷热电分布式能源系统评价，系统能源利用评价、技术经济分析；第七、八章为燃气冷热电分布式能源工程建设与调试、运营管理，分别介绍分布式能源工程管理、设计管理、招标管理要点及系统调试要点，分布式能源项目运行准备、运行规程、运行策略及系统维修维护。应用部分：第九章为燃气冷热电分布式能源政策及发展，包括国内外政策发展与分析、政策汇编及工程技术规范与标准；第十章为燃气冷热电分布式能源商业模式，着重分析我国区域能源服务发展背景、主要商业模式、项目商务运作，以及决策、设计建造、运营阶段商务运作等内容。

  本手册由林世平博士担任主编，李先瑞、陈斌担任副主编。第一章由林世平、贺燕军、叶彩花编写，第二章由雷军成、李欣、胡继泽、谢兵、陈小平编写，第三章由李锐、雷军成、贺燕军、郭宇春、田国栋编写，第四章由陈斌、张兴宇、韩占民编写，第五章由杨玉鹏、冯江华编写，第六章由李先瑞、王元、姜楠编写，第七章由雷军成、姜楠编写，第八章由林世平、雷军成编写，第九章由林世平、叶彩花、陈斌编写，第十章由赵冰、林世平编写。全书由林世平统稿。

  在本书编写过程中，得到中国城市燃气协会分布式能源专业委员会、新奥能源服务有限公司和北京恩耐特分布能源技术有限公司等单位的支持帮助，得到了徐晓东、王振铭、汪庆恒、龚文琪等专家学者的支持帮助，本书还应用了许多专家学者、同行的研究成果和资料，在此一并表示感谢。

  限于编写人员理论水平和实践经验，本书不足之处在所难免，恳请广大读者不吝赐教，以便再版时更正。

林世平

2013 年 3 月

# 目　录

序一
序二
前言

## ▌第一篇　技术部分▌

## ▌第二篇　应　用　部　分▐

# 第一篇
## 技 术 部 分

# 第一章　燃气冷热电分布式能源系统及类型

## 第一节　概　　述

"能源、环境、发展"是当今人类面临的三大主题，能源的合理开发与利用是环境友好和人类可持续发展的重要保证。在过去 30 多年的经济快速发展中，以煤为主的能源结构所造成的环境污染和生态问题已对我国的可持续发展造成了巨大压力。煤炭在开采、运输和利用环节会造成对土地资源的破坏、对水资源的破坏和大气污染。

如何改善能源消费结构，最大限度地减少环境污染是实现可持续发展战略所面临的关键问题。为应对全球气候变化，我国计划到 2020 年单位国内生产总值二氧化碳排放要比 2005 年下降 40%～45%，其中节能提高能效的贡献率要达到 85% 以上，这也给节能减排带来了巨大挑战。

天然气作为优质、稳定、高效、安全、无毒和低污染的清洁能源不断为用户所青睐，其他能源难以相比。在能源供应日益紧张的今天，节能降耗、合理利用资源、提高能源利用效率已成为人们普遍关注的问题，也是我国能源发展的根本途径。为了提高能源利用效率，迫切需要将高品质的电与低品质的冷、热三种能量需求有机统一，燃气冷热电分布式能源系统正是在能源结构调整中涌现出来的提高能源利用效率的一种最佳利用方式，它兼具能源效率高、安全、经济、环境友好等特点。

燃气冷热电分布式能源强调整个能源系统的综合和优化集成，包括能源梯级利用基础上的冷热电等多种能源形式联供，系统热力学性能改善，系统全工况能源输出与用户动态需求的集成匹配，以及与环境的友好协调等特性。重点在于将用户实际需求和现有条件协调相容，将现有的能源—资源配置条件与相应的能源技术相耦合，追求能源、资源利用效率的最大化和最优化，以减少中间环节损耗，降低对环境的污染和破坏，保证能源的供应安全，还能调整目前中国以煤为主的能源消费结构。建设分布式能源系统我国至少可以解决约 1 亿 kW 的发电容量，若考虑发电机组余热供热和制冷所能替代的用电量，以及减少的输变电损耗，应相当于代替 2 亿～3 亿 kW 的发电容量。这些设施不仅不依赖电网来保证其安全供电，还可自上而下地托起电网的安全，而能源利用效率可以比现有系统提高一倍，环境污染水平相应降低。

根据世界分布式能源联盟、美国能源部及中国国家发展和改革委员会对分布式能源的定义，总结分布式能源的特点为更加接近用户负荷，能源利用效率高，多种清洁能源匹配使用及调节更加智能化。这也取决于燃气冷热电分布式能源的系统工作原理，即采用清洁的天然气通过发电机进行发电，产生的余热用来制冷和制热。整个系统中关键设备为发电机以及余热利用设备等，具体系统的配置及工艺路线的选择需要根据项目的特点进行分析确定，本章对燃气冷热电分布式能源系统的类型以及工艺路线配置等作相应的介绍。

## 第二节　燃气冷热电分布式能源发展

### 一、从能源结构及发展趋势看我国分布式能源发展

从世界各国发展来看，调整产业与经济结构，转变经济增长方式的关键是调整一次能源结构，改变能源转换技术，这是从根本上解决我国结构性矛盾，实现产业升级，提高能源利用效

率,降低污染和温室气体排放的关键。

我国长期以来以燃煤为主,优质清洁能源比重很低,一次能源结构亟待调整。减少燃煤比重,增加天然气供应,为我国燃气冷热电分布式能源发展提供了有力保障。积极推进天然气对煤的替换,是实现我国经济可持续发展、制衡国际制约因素、深化改革的重点。燃气冷热电分布式能源提高能源综合利用效率,有效改善环境,提高能源安全性。天然气及燃气冷热电分布式能源的发展,将为我国能源结构调整带来一次重大变革及机遇。

**(一)我国能源工业和能源消费结构现状**

改革开放以来,我国能源工业发展迅速,基本上满足了国民经济发展的需要,虽然也曾一度出现供大于求的局面,但随着工业化和新型城市化发展速度的加快,特别是"十八大"提出2020年比2000年GDP翻两番的发展目标,经济发展速度加快、能源需求急速增长,能源供应不足的"瓶颈"问题将在相当长一段时间内存在,电力、石油、煤炭供应紧张,众多省市、自治区不同程度地拉闸限电,供应不足、价格上涨。据测算,2008年我国一次能源生产总量为26亿t标准煤,比2007年增长5.2%;全年全国发电设备总装机容量达到7.9253亿kW,同比增长10.34%,发电量34 668.8亿kWh,同比增长5.6%。能源问题成为全社会关注的焦点和国民经济发展的关键制约因素。

我国既是能源生产大国,也是能源消费大国。据统计,2008年我国能源消费总量28.5亿t标准煤,同比增长4.0%。其中,煤炭消费量27.4亿t,同比增长3.0%;原油消费量3.6亿t,同比增长5.1%;天然气消费量807亿m³,同比增长10.1%;电力消费量34 502亿kWh,同比增长5.6%。经济快速发展导致对能源需求的不断增加。

从我国能源消费结构的变化看,总体趋势是煤炭在能源消费中的比重逐渐下降,天然气、水电、核电、风电和太阳能等清洁能源在整个能源消费中的比重在不断增加。随着"西气东输"工程的实施和东南沿海更多液化天然气(LNG)接收站的建成,以及国内大力发展风电、太阳能、核电等清洁能源,我国能源结构必将面临一次大的调整。煤炭和石油等传统能源消费将会减少,天然气和新能源等清洁能源占据能源消费结构的比重将逐渐增加,见表1-1。

**表1-1**　　　　　　　　　　　　　　　我国能源消费结构

| 年　份 | 能源消费总量(万t标准煤) | 各种类型能源消费量占能源消费总量的比重(%) | | | |
|---|---|---|---|---|---|
| | | 煤炭 | 石油 | 天然气 | 水电、核电、风电 |
| 1978 | 57 144 | 70.7 | 22.7 | 3.2 | 3.4 |
| 1980 | 60 275 | 72.2 | 20.7 | 3.1 | 4.0 |
| 1985 | 76 682 | 75.8 | 17.1 | 2.2 | 4.9 |
| 1989 | 96 934 | 76.1 | 17.1 | 2.1 | 4.7 |
| 1990 | 98 703 | 76.2 | 16.6 | 2.1 | 5.1 |
| 1991 | 103 783 | 76.1 | 17.1 | 2.0 | 4.8 |
| 1992 | 109 170 | 75.7 | 17.5 | 1.9 | 4.9 |
| 1993 | 115 993 | 74.7 | 18.2 | 1.9 | 5.2 |
| 1994 | 122 737 | 75.0 | 17.4 | 1.9 | 5.7 |
| 1995 | 131 176 | 74.6 | 17.5 | 1.8 | 6.1 |
| 1996 | 138 948 | 74.7 | 18.0 | 1.8 | 5.5 |
| 1997 | 137 798 | 71.7 | 20.4 | 1.7 | 6.2 |
| 1998 | 132 214 | 69.6 | 21.5 | 2.2 | 6.7 |
| 1999 | 133 831 | 69.1 | 22.6 | 2.1 | 6.2 |

| 年　份 | 能源消费总量（万 t 标准煤） | 各种类型能源消费量占能源消费总量的比重（%） | | | |
|---|---|---|---|---|---|
| | | 煤炭 | 石油 | 天然气 | 水电、核电、风电 |
| 2000 | 138 553 | 67.8 | 23.2 | 2.4 | 6.7 |
| 2001 | 143 199 | 66.7 | 22.9 | 2.6 | 7.9 |
| 2002 | 151 797 | 66.3 | 23.4 | 2.6 | 7.7 |
| 2003 | 174 990 | 68.4 | 22.2 | 2.6 | 6.8 |
| 2004 | 203 227 | 68.0 | 22.3 | 2.6 | 7.1 |
| 2005 | 223 319 | 68.9 | 21.0 | 2.9 | 7.2 |
| 2006 | 246 270 | 69.4 | 20.4 | 2.9 | 7.2 |
| 2007 | 265 583 | 69.5 | 19.7 | 3.5 | 7.3 |
| 2008 | 285 000 | 68.7 | 18.0 | 3.4 | 9.9 |

　注　电力折算标准煤的系数根据当年平均发电煤耗计算。（资料来源：国家统计局）

### （二）我国能源发展趋势

　　我国面临能源资源不足、供应压力增加、环境保护矛盾突出、能源利用效率低和技术落后等重大问题。尤其突出的是我国经济仍处于粗放型发展和效率低的模式上，表现在能源消费方面就是能源利用效率远低于发达国家。

　　随着我国经济和社会的持续发展，能源消费量将快速增长，对能源供应质量也将提出更高的要求。为应对我国能源发展和供应面临的挑战，以及满足应对全球变暖的要求，我国必须将现有仍然以煤炭、石油为主的能源结构，转为以天然气和新能源等更干净、环保的清洁能源为主的能源结构。这就要求我国当前在坚持以煤炭为基础、以电力为中心的能源发展战略的同时，还要坚持全面发展天然气及新能源等清洁能源，把节能放在突出地位，既要扩大能源资源的开发利用和能源供应渠道，也要提高能源利用效率和扩大可再生能源开发利用；既要加快能源网络化建设，满足工业化和城市化发展需要，也要开发利用各种分散的可再生能源资源和废弃物资源，实现能源多样化。必须按照科学发展观要求，转变经济增长方式，大力调整经济和能源结构，把速度与效益、结构、质量统一起来，充分考虑能源的承载能力，全方位提高能源使用效率，高度重视能源节约，走新型工业化道路，以能源的可持续发展和有效利用支持经济社会的可持续发展。

### 二、燃气冷热电分布式能源是天然气高效利用的最佳途径

#### （一）我国天然气资源供应和需求预测

　　我国天然气资源供应主要有三个来源：国内自产的天然气资源；通过建设 LNG 接收站从澳大利亚、尼日利亚等国家进口的 LNG；通过天然气管道从俄罗斯、土库曼斯坦等中亚国家进口的天然气。

　　我国天然气资源供应保持稳定增长态势。2008 年全年天然气产量达到 761 亿 $m^3$，比 2007 年全年增长 9.6%，是世界天然气总产量增长速度的 2.5 倍多；全年通过 LNG 接收站进口的液化天然气为 44.4 亿 $m^3$，同比增长 14.7%。我国 LNG 接收站的主要气源国家包括澳大利亚、阿尔及利亚、埃及、尼日利亚及赤道几内亚，其中澳大利亚仍是我国 LNG 接收站的主要来源。由于我国目前在建的几条天然气管线尚未完全竣工通气，当前我国天然气来源还主要依靠国内开采的天然气资源和通过东南沿海地区 LNG 接收站进口的天然气。

　　根据我国将在 2050 年达到目前中等发达国家水平的经济发展目标，中国科学院可持续发展战略研究组设计了未来中国发展的"基准"、"低碳"和"强化低碳"三种情景，并利用模型定量分析 2005～2050 年不同情景下的中国一次能源需求量。根据该预测，到 2030 年基准、低碳和强

化低碳这三种情景下我国天然气的需求量分别为 460.3 百万 t 标准煤、529.2 百万 t 标准煤和 490.9 百万 t 标准煤；到 2050 年，这三种情景下我国的天然气需求量分别为 668 百万 t 标准煤、745.5 百万 t 标准煤和 709.9 百万 t 标准煤，见表 1-2。

表 1-2　　　　　　　　2005～2050 年中国天然气及一次能源需求量预测　　　　百万 t 标准煤，%

| 年份 | 基准情景 | | | 低碳情景 | | | 强化低碳情景 | | |
|---|---|---|---|---|---|---|---|---|---|
| | 天然气 | 一次能源 | 占比 | 天然气 | 一次能源 | 占比 | 天然气 | 一次能源 | 占比 |
| 2005 | 60.4 | 2188.6 | 2.8 | 60.4 | 2188.6 | 2.8 | 60.4 | 2188.6 | 2.8 |
| 2010 | 109.3 | 3437.9 | 3.2 | 108.7 | 3086.7 | 3.5 | 107 | 2971.3 | 3.6 |
| 2020 | 270.5 | 4817.2 | 5.6 | 349.1 | 3995.8 | 8.7 | 329.8 | 3921.1 | 8.4 |
| 2030 | 460.3 | 5657.6 | 8.1 | 529.2 | 4473.9 | 11.8 | 490.9 | 4274.6 | 11.5 |
| 2040 | 532.4 | 6202.1 | 8.6 | 627.8 | 4833.3 | 13.0 | 603.9 | 4660.1 | 13.0 |
| 2050 | 668 | 6657.4 | 10.0 | 745.5 | 5250 | 14.2 | 709.9 | 5013.7 | 14.2 |

**注**　占比指天然气占一次能源百分比。

### （二）天然气高效利用

我国从 1996 年开始逐步应用天然气，随着"西气东输"项目规划完成和靖边——北京第一条燃气管线的建设，开始了对我国天然气市场和利用方式的探讨和争议：当时国内的一些权威机构认为，为了形成一个完整的天然气供应系统，根据发达国家的经验，50% 以上的天然气应作为大型燃气轮机联合循环电厂的燃料；另外一种观点则认为，在今后几十年内中国将始终是一个以煤为主的国家，天然气对中国来说将是一个相对稀有和珍贵的新能源，不应该将它用在大型燃气电厂，主要应用于城市特别是沿海城市的环境和能源结构的改造，特别是对现有城市中的燃煤锅炉和中小型燃煤电厂的改造方面。为此，专家们曾经建议中国石油天然气总公司在"西气东输"项目中，积极参与下游用气的市场开发，推广天然气合理利用技术。

将天然气视为"清洁、方便、价格低廉"的燃料进行推广是向市场发出的错误信息。例如，下游用户将天然气当燃煤用，利用天然气供暖和发展燃气联合循环凝汽式发电，将出现能源利用效率低的情况，也会出现天然气发电效率再高也无法同煤电"竞价上网"的问题。天然气是清洁、方便的能源，但不是廉价能源，必须合理利用。经验证明，以天然气代替煤炭，将大量高品位、高价值的优质能源替换本可以依靠煤炭解决的能源需求，不是合理的技术路线。

国内外分布式能源发展的经验证明：燃气冷热电分布式能源是天然气高效利用的最佳途径。燃气冷热电分布式能源的利用效率高，经济、安全和环境效益好，可实现能源公司、电力和用户多方共赢。

### （三）我国天然气产业发展出路

随着经济快速发展和能源需求的增加，我国对国际市场天然气价格的承受能力逐渐增强，但我国天然气产业的根本出路，还在于提高天然气能源的利用效率。发达国家多年来在能源价格升高的压力下，不断努力提高能源利用效率，美国分布式能源系统就是在 1973 年第一次能源危机之后开始发展的。近年来美国、日本及欧洲等国家加快了分布式能源发展的步伐，美国能源部计划 2010～2020 期间，新增 DES/CCHP 装机容量 95GW，占到全国总用电量的 29%。相比之下，中国面临的能源环境形势更为严峻，中国需吸收发达国家发展燃气冷热电分布式能源经验，在提高能源利用效率方面做出更大的努力。

中国面临着大力发展燃气冷热电分布式能源，快速提高能效、改善环境的极好机遇。如何把握这一机遇，除技术和资金外，还在于观念和机制。不能盲目照搬国外经验，必须从中国国情和实际出发，认识到我国应对能源环境挑战所面临的这一难得发展机遇，学习借鉴国外的经验教训和成果，结合我国实际情况不断创新和付诸实践，从容应对能源环境严峻形势的挑战。

### 三、燃气冷热电分布式能源发展现状

燃气冷热电分布式能源作为一种新型的能源利用方式，与传统电力系统相比具有节省投资、降低损耗、提高系统可靠性、能源种类多样化、减少污染等诸多优点，在美国、欧洲、日本等许多发达国家被广泛的推广应用。我国从 20 世纪开始探索并应用燃气冷热电分布式能源，经过多年的经验积累，燃气冷热电分布式能源在我国有了很大的发展。

国际燃气冷热电分布式能源技术从 20 世纪 70 年代开始发展，但真正快速发展起来却是近几十年的事情。特别是美国、加拿大大停电之后，这是随着能源与信息技术的发展，对环境与资源意识的提升，对电力供应安全的要求升级，能源市场化体制改革所出现的必然结果，也是人们对能源供应品质和环境质量追求的结果。目前，燃气冷热电分布式能源已经成为分布式能源系统的主要形式，美国、欧洲、日本等发达国家纷纷将燃气冷热电分布式能源作为国策大力推广，应用十分普及，发电机组的余热 80% 以上被有效利用，取得了显著效果。

据世界分布式能源联盟统计，截至 2005 年底，世界各国的分布式能源发电装机容量和发电量，以及各自占电力设备总装机容量和总发电量的比例，见表 1-3。

**表 1-3　　　　　2005 年世界主要国家分布式能源发电装机容量和发电量**

| 国家 | 全国总发电量（TWh） | 分布式能源发电量（TWh） | 分布式发电量占全国总发电量比例（%） | 电力装机总量（GW） | 分布式能源装机总量（GW） | 分布式装机容量占电力装机总量比例（%） |
|---|---|---|---|---|---|---|
| 捷克 | 75.8 | 20 | 26.4 | 17.4 | 6.4 | 36.8 |
| 德国 | 609 | 125 | 20.5 | 125 | 45 | 36.0 |
| 俄罗斯 | 917 | 未知 | 未知 | 208.2 | 65.1 | 31.3 |
| 波兰 | 154.2 | 26.5 | 17.2 | 34.6 | 8.4 | 24.3 |
| 乌干达 | 2.5 | 0.1 | 4.0 | 0.5 | 0.1 | 20.0 |
| 印度 | 495.9 | 68.2 | 13.8 | 94 | 18.7 | 19.9 |
| 泰国 | 135 | 4.2 | 3.1 | 26 | 4.6 | 17.7 |
| 日本 | 1140 | 190.6 | 16.7 | 273 | 39 | 14.3 |
| 乌拉圭 | 8.4 | 0.7 | 8.3 | 2.1 | 0.3 | 14.3 |
| 加拿大 | 568 | 65 | 11.4 | 117 | 14 | 12.0 |
| 土耳其 | 149 | 26.2 | 17.6 | 36 | 4.3 | 11.9 |
| 墨西哥 | 224.9 | 18.8 | 8.4 | 51.5 | 5.9 | 11.5 |
| 中国 | 2194.3 | 219.4 | 10.0 | 442.4 | 48.1 | 10.9 |
| 韩国 | 330.7 | 32.4 | 9.8 | 64.6 | 6.1 | 9.4 |
| 澳大利亚 | 213 | 11.5 | 5.4 | 45 | 4 | 8.9 |
| 美国 | 3970.6 | 162.2 | 4.1 | 1049.6 | 82 | 7.8 |
| 英国 | 393 | 28.1 | 7.2 | 80.37 | 5.9 | 7.3 |
| 巴西 | 400 | 13.2 | 3.3 | 89 | 3.9 | 4.4 |

此外，据国际能源署（IEA）统计，目前世界主要国家及地区的热电机组（CHP）装机容量已经达到 329.2GW，其中主要国家 CHP 装机容量见表 1-4。

表 1-4　　　　　　　　　　　　　世界主要国家 CHP 装机容量

| 国家（地区） | CHP 装机容量<br>（MW） | 国家（地区） | CHP 装机容量<br>（MW） | 国家（地区） | CHP 装机容量<br>（MW） |
|---|---|---|---|---|---|
| 美国 | 84 707 | 芬兰 | 5830 | 新加坡 | 1602 |
| 俄罗斯 | 65 100 | 丹麦 | 5690 | 爱沙尼亚 | 1600 |
| 中国 | 28 153 | 英国 | 5440 | 巴西 | 1316 |
| 德国 | 20 840 | 斯洛伐克 | 5410 | 印度尼西亚 | 1203 |
| 印度 | 10 012 | 罗马尼亚 | 5250 | 保加利亚 | 1190 |
| 日本 | 8723 | 捷克共和国 | 5200 | 葡萄牙 | 1080 |
| 波兰 | 8310 | 韩国 | 4522 | 立陶宛 | 1040 |
| 中国台湾 | 7378 | 瑞典 | 3490 | 土耳其 | 790 |
| 荷兰 | 7160 | 奥地利 | 3250 | 拉脱维亚 | 590 |
| 加拿大 | 6765 | 墨西哥 | 2838 | 希腊 | 240 |
| 法国 | 6600 | 匈牙利 | 2050 | 爱尔兰 | 110 |
| 西班牙 | 6045 | 比利时 | 1890 | | |
| 意大利 | 5890 | 澳大利亚 | 1864 | | |

**（一）国际燃气冷热电分布式能源发展现状**

**1. 美国**

美国是全球发展新型能源系统的先驱，从 1978 年开始提倡发展小型燃气分布式热电联产技术，1980～1995 年的 15 年间由装机容量 12GW 增加至 45GW。2000 年，美国在商业、公共建筑中建有约 700 多个燃气分布式能源项目，总装机容量约为 3.5GW；工业项目中建有燃气分布式能源项目 600 多个，总装机容量约为 29GW。美国加利福尼亚州大停电以后进一步加大了燃气分布式能源的建设力度，到 2003 年总装机容量达到 56GW，占全美电力总装机容量的 7%。

美国政府把进一步推进"分布式热电联产系统"列为长远发展规划，并制定了明确的战略目标：在 2010 年 20% 的新建商用或办公建筑中使用燃气分布式能源的供能模式，计划燃气分布式能源发电装机容量达到 92GW，占全国总用电量的 14%；到 2020 年在新建办公楼或商业建筑群中应用燃气分布式能源技术的比例将提高到 50%，发电装机容量新增 95GW，占到全国总用电量的 29%。

目前，美国相关组织正抓住各种机会排除障碍，使冷热电联产技术在建筑业被广泛利用。以开发和盈利为目的，天然气公司、电力行业和暖通空调行业的制造者正在进行广泛地合作，提出了"分布式能源系统 2020 年纲领"，目的是到 2020 年使燃气冷热电分布式能源系统成为商用建筑、写字楼、民用建筑高效使用矿物燃料的典范。

**2. 欧洲**

欧洲的分布式能源发电站占总发电量的 9%（其中丹麦、芬兰和荷兰已经达到 30% 以上），计划到 2010 年达到 18%，减少二氧化碳 1.5 亿 t。目前，欧洲已投入运行的燃气分布式能源项目电力供应占整个欧洲电力生产的 10% 左右，项目规模从几千瓦到几百兆瓦不等。

丹麦从 20 世纪 80 年代开始推广分布式能源技术，燃气分布式能源的占有率在整个能源系统中已经接近 60%，2006 年底丹麦燃气分布式热电联产装机容量已经达到 5.69GW。

英国自 1990 年以来，分布式能源项目装机规模翻了不止一番，根据 2008 年《英国能源统计摘要》，2007 年英国燃气分布式能源项目的装机容量达到 5474MW，所发电量达到 28.6TWh，相当于英国总发电量的 7%。英国燃气分布式能源项目主要遍布在各大饭店、购物商城、休闲中心、医院、综合性大学、机场、公共建筑、商业建筑等及其他相应场所。

德国是欧洲最大的燃气分布式能源市场，50％的电力需求将通过燃气分布式能源技术覆盖。2005年燃气分布式能源项目装机容量达到21GW，发电量占12.5％。德国政府计划，到2020年将燃气分布式能源发电比例从目前12.5％的水平增加一倍达到25％。德国联邦政府将能源效率增加一倍作为综合性能源和气候计划的中心目标，正积极计划通过大力推广利用燃气分布式能源发电来实现这一目标。

欧洲各国一直致力于持续推广燃气冷热电分布式能源技术，2007年1月欧盟理事会通过了《高效能源行动方案》。该方案推出了一系列高效利用能源的标准及提高能效减排的措施，以实现欧盟至2020年减少能源消耗20％的目标，此方案无疑将继续推动燃气冷热电分布式能源在欧盟的发展。

### 3. 日本

日本是分布式能源技术应用较为成熟的国家之一，其中燃气冷热电分布式能源技术应用较为广泛。日本政府从立法、政府补贴、建立示范工程、低利率融资以及给予减免税等方面来促进节能措施的发展。日本燃气分布式能源1985年装机容量为20万kW，到2003年全国项目总装机容量为6.5GW。到2004年，装机容量达7GW，占发电总容量的23％。燃气分布式能源发电保持每年400～450MW的稳固增长幅度，年增长率为6％。

近几年来，容量为1～300kW的小型燃气分布式发电系统出现在住宅及小型商务用户市场。在日本，超过2000家的家庭安装了1kW的附带热水储藏的小型燃气分布式供能系统。截至2010年底，日本商业和工业采用分布式能源发电项目总装机容量达到9440MW，其中商业项目为6319个，装机容量为1967MW；工业项目为7473个，装机容量为2125MW。

### （二）国内燃气冷热电分布式能源发展现状

#### 1. 市场发展现状

随着我国能源结构调整及减排压力增大，天然气在能源利用中的比重不断增加，以风能、太阳能、生物质能为能源的发电系统也在不断兴起，燃气冷热电分布式能源在我国广泛引起重视。目前，燃气冷热电分布式能源在我国已经逐步进入到实质性开发实施阶段，北京、上海、广州、四川、浙江等省市的开发区、办公楼、宾馆、火车站、机场、大学城等已有一批示范工程投运，取得了明显的经济、环境和社会效益，其中以上海、北京和广州三个城市取得的成绩较为突出。

（1）上海市。上海市燃气冷热电分布式能源开发已达20余年，2008年之前受制于天然气缺乏及并网限制，一直发展进程缓慢。目前共计建设了近20个项目，积累了可贵的实战经验。全国首部分布式供能系统地方法规已在上海正式颁布实施，分布式能源的专业民间团体成立并开展有效活动，市区二级分别建立了推进办公室，并发布了优惠政策。上海已建成了一批燃气冷热电分布式能源项目，其中包括已运行11年的上海浦东国际机场能源中心4000kW燃气轮机冷热电联供供能项目，获得了较好的经济效益。浦东国际机场能源中心通过燃气轮机热电联供系统，在供冷、供热的同时，产生的多余电量通过机场35kV航飞变电站10kV母线与市电并网，为机场其他用户供电，在技术上还可以向市网送电。燃气轮机组通过发电机组供电，通过余热锅炉供热，产生的电和蒸汽通过离心式冷水机组和溴化锂吸收式空调机组供冷，构成燃气冷热电分布式能源系统。

（2）北京市。目前，北京已建成10余个燃气冷热电分布式能源项目，但由于电力并网、经济性和技术问题，部分项目没有正常运行。北京较早具代表性的项目是北京市燃气集团监控中心1200kW燃气内燃机分布式能源项目，该项目已投产10年，2008年前完全是在没有市电接入的情况下孤岛运行，之后与电网并列运行，尚未实现电力并网。表1-5列出北京部分典型的燃气冷热电分布式能源项目。

**表 1-5** 北京部分典型的燃气冷热电分布式能源项目

| 序号 | 项目地点 | 设备情况 |
|---|---|---|
| 1 | 北京市燃气集团指挥调度中心 | 1 台 480kW＋1 台 725kW 燃气内燃机<br>1 台 BZ100 型＋1 台 BZ200 型余热直燃机 |
| 2 | 京丰宾馆 | 1 台 975kW 内燃机 |
| 3 | 蟹岛绿色生态园 | 2 台 360kW＋2 台 1360kW 燃气内燃机 |
| 4 | 中石油科技创新基地 | 5 台 3328kW 燃气内燃机（4 用 1 备） |

（3）广州市。2003 年由华南理工大学华贲教授主持完成的《广州大学城区域能源规划研究》在广州通过专家审查。该规划研究提出采取先进的燃气轮机冷热电分布式能源技术，通过能源服务公司和 BOT 方式解决区内 10 所大学的冷热电供应。该项目计划装机总容量 125MW，燃料利用广东 LNG 项目的天然气资源，采用燃气轮机作为动力源发电，将余热生产蒸汽再次驱动蒸汽轮机组发电，做功后的乏汽通过蒸汽管道送往 5 个大型集中制冷站进行区域供冷，最大负荷 11 万冷吨，系统综合热效率达 80.9％。

2. 技术发展现状

燃气冷热电分布式能源技术是未来世界能源技术的重要发展方向，它具有能源利用效率高、环境负面影响小、提高能源供应可靠性和经济效益好的特点。中国人口多，自身资源有限，必须立足于现有的能源资源，提高能源综合利用效率，扩大能源资源的综合利用范围，燃气冷热电分布式能源则是解决问题的关键技术。

（1）常规分布式能源技术比较成熟。经过十几年的摸索和吸收国外先进技术，我国已经有了一批燃气冷热电分布式能源技术方面的专家，这些专家在系统的优化配置、优化运行、协调控制等方面都积累了可贵的经验，并在国内部分项目进行了成功的应用。

（2）科技界与分布式能源系统配套设备制造商进行了必要的磨合。科技学术界将分布式能源系统设备的技术需求传递给了制造业，制造业也生产出了符合国情的配套设备，分布式能源系统配套设备已由完全依赖进口进入到开始由国内配套，具备了一定的降低造价条件，但核心设备原动机还主要依靠国外设备厂商。

（3）多个区域或楼宇型分布式能源系统的成功设计、建设和投产运行，为我国燃气冷热电分布式能源的发展奠定了坚实的技术基础。

# 第三节　燃气冷热电分布式能源系统及类型

## 一、燃气冷热电分布式能源系统

### （一）燃气冷热电分布式能源定义

分布式能源起源于 19 世纪 80 年代。1882 年，美国纽约出现了以工厂余热发电满足自身与周边建筑电、热负荷的需求，成为分布式能源最早的雏形。热电联供（Combined Heat and Power，CHP）的不断发展，至今已成为世界普遍采用的一项成熟技术。热电联供方式相对于传统的发电和供热的热电分供方式，一次能源利用效率有了大幅度提高。随后余热利用进一步用于空调或制冷，发展成冷、热、电联供（Combined Cooling，Heating and Power，CCHP）分布式能源系统，一次能源利用效率可达 80％以上。今天，分布式能源系统在欧美日本等发达国家迅速发展的同时，也得到发展中国家的广泛重视。1998 年成立的国际热电联产联盟（International Cogeneration Association，ICA)，于 2002 年正式改为世界分布式能源联盟（World Alliance Decentralized Energy，WADE)。国内外专家学者对于分布式能源的称谓和定义主要有以下几种：

WADE 对分布式能源的定义是：分布式能源（Distributed Energy System，DES）是指安装在用户端的高效冷热电联供系统。分布式能源主要包括农村小水电、小型独立电站、废弃生物质发电、煤矸石发电，以及余热、余气、余压发电等。利用可再生能源（风能、太阳能、水能、生物质能、地热能、海洋能等非化石能源）的发电也属于分布式能源的范畴。分布式能源也称分布式供能、分散式发电、分布供电。分布式能源系统也叫做冷热电三联供系统。该产品和技术包括：①高效的热电联产系统：功率在 3kW～400MW，如燃气轮机、蒸汽轮机、内燃机、燃料电池、微型燃气轮机、斯特林发动机等；②分布式可再生能源技术，其中包括光伏发电系统、小水电、现场生物能发电，以及微风风力发电等。

美国能源部对分布式能源的定义是：分布式能源（也叫做分布式生产、分布式能量或分布式动力系统）可在以下几个方面区别于集中式能源：①分布式能源是小型的、模块化的，规模大致在千瓦至兆瓦级；②分布式能源包含一系列的供需双侧的技术，包括光电系统、燃料电池、燃气内燃机、高性能燃气轮机和微燃机、热力驱动的制冷系统、除湿装置、风力透平、需求侧管理装置、太阳能（发电）收集装置和地热能量转换系统；③分布式能源一般位于用户现场或附近，例如，分布式能源装置可以直接安装在用户建筑物里，或建在区域能源中心，小型微型能源网络系统之中或附近。

国家发展改革委对分布式能源的定义是：分布式能源是近年来兴起的利用小型设备向用户提供能源供应的新的能源利用方式。与传统的集中式能源系统相比，分布式能源接近负荷，不需要建设大电网进行远距离高压或超高压输电，可大大减少线损，节省输配电建设投资和运行费用；由于兼具发电、供热等多种能源服务功能，分布式能源可以有效地实现能源的梯级利用，达到更高能源综合利用效率。分布式能源设备起停方便，负荷调节灵活，各系统相互独立，系统的可靠性和安全性较高；此外，分布式能源多采取天然气、可再生能源等清洁能源为燃料，比传统的集中式能源系统更加环保。

综上所述，当前分布式能源系统应包含四层含义：①接近负荷，是能源需求侧的能源管理，是利用天然气等清洁能源、可再生能源或工业余热余压等，把发电和供能系统建在用户附近的能源管理系统；②能源的梯级利用和综合利用，提高能源的综合效益，实现能源的高效、经济和环境效益；③多种清洁能源的匹配使用，满足用户冷、热、电、蒸汽、生活热水等各种负荷的需求；④智能化，运用自控系统和智能管理平台在一定范围的优化运行和调度下，利用低谷燃气资源和低谷电力资源为用户蓄能、储能，实现燃气、电力、供暖、制冷、热水的供需平衡和优化组合。

燃气冷热电分布式能源系统（CCHP）是指以天然气清洁能源为燃料，应用燃气轮机、燃气内燃机、微燃机等各种热动力发电机组和余热利用机组的能量转化设备，为用户提供冷、热、电的各种负荷需求的分布式供能系统。燃气冷热电分布式能源是分布式能源体系中的核心技术，是我国为了实现节能减排和清洁能源高效利用迫切需要发展的核心技术。系统的规模、产权归属、采用工艺与装备、电力并网连接运行方式，都不是定义燃气冷热电分布式能源的约束条件，接近负荷、建在用户需求侧、相对独立的供能系统和实现能源梯次利用、燃气的高效利用、提高能源综合利用率，才是定义燃气冷热电分布式能源的基本特征。

**(二) 燃气冷热电分布式能源特点**

燃气冷热电分布式能源系统的主要优势如下。

1. 优化能源结构

燃气冷热电分布式能源系统主要以天然气和可再生能源等清洁能源为一次能源，符合国家

"十二五"能源规划和节能减排政策，利于改善和优化我国长期以来以煤炭为主的能源结构，并且天然气在分布式能源的应用还利于提高输气管线利用率，平衡夏季天然气冗余、冬季天然气供应短缺的季节消耗不平衡，削峰填谷缓解电力紧张。

2. 提高能源综合利用效率

从理论上说，"大机组、大电网、超高压"的集中式能源模式是效率高的，然而这仅仅是在转换和输送环节，如果从整个能源系统分析结论并非如此。大火电机组发电虽然效率高，但是由于供热规模和供热半径的局限，发电余热无法利用，故其能源利用效率无法与燃气冷热电分布式能源相比较。即便采用当今世界上最高效率的发电技术（1000MW 超超临界机组），燃煤发电效率为 50%，天然气发电（300MW 三压再热联合循环机组）为 58%。与之相比，燃气冷热电分布式能源不仅可以同时向用户提供冷、热、电等多种能源供应方式，而且实现了优质的天然气能源的梯级和高效利用，有效提高能源的综合利用效率，是节约能源、提高能源利用效率、增加能源供应，应对能源短缺、能源危机和能源安全问题的有效途径。

3. 输配电损小、经济效益较高

由于燃气冷热电分布式能源系统采用燃气内燃机、小型燃气轮机、微型燃气轮机、燃料电池等小型或微型发电设备，并与供热、制冷、除湿、生活热水等装置组成燃气冷热电分布式能源系统，规模一般都比较小，是用户自主解决能源供应，通过提高能源综合利用效率，从而减少能源费用支出的一种能源投资收益方式，因此其投资回报率一般都比较高，系统相对单位功率初投资较少，运行维护方便。

同时，燃气冷热电分布式能源系统一般靠近用户侧安装就近供电、供热及供冷，不仅可以省去长途输电设施、多层变电、配电系统的电网建设，还提高供电可靠性，优化电力系统，降低输变电损耗。此外，燃气冷热电分布式能源系统可以淘汰集中供热的热力厂、热力管网、换热站等设施的建设和运营损耗，减少市政建设投资和财政补贴。

4. 排放低、环境效益高

燃气冷热电分布式能源系统环境性能好，采用天然气做燃料，减少有害物的排放总量，由于实现了优质能源梯级合理利用，$SO_2$ 和固体废弃物排放几乎为零，温室气体、$CO_2$ 减少 50% 以上，$NO_x$ 减少 80%，总悬浮颗粒物减少 95%，具有明显的减排效果。同时燃气冷热电分布式能源采用可再生能源比例不断增长，甚至以氢气、太阳能、风能为能源，大幅度减少化石能源消耗量。燃气冷热电分布式能源系统可以采用脱氮、脱二氧化碳及其他辅助减排技术，大大减少了有害气体的排放，达到更好的环境保护效益。

由于燃气冷热电分布式能源摒弃了大容量远距离高电压输电线的建设，由此不仅减少了高压输电线的电磁污染，而且减少了高压输电线的线路走廊和相应的土地占用，减少了对线路下树木的砍伐，使得占地面积全部被省略，耗水量减少 60% 以上，实现了绿色经济。

燃气冷热电分布式能源动力设备本身，如燃气轮机、锅炉（换热器）等可达到较高的污染排放控制，比常规的分产能源供应设施更加环保。燃气冷热电分布式能源应用范围不断扩大，包括工业、商业、公用建筑及居民住宅，减排比例不断增高，特别是建筑领域出现了绿色建筑和未来的"零能耗建筑"。

燃气冷热电分布式能源系统与可再生能源耦合，并为可再生能源发展提供有利条件，通过太阳能、地热能、生物质能等可再生能源开发利用，实现人与自然和谐发展，有利于维护生态平衡。同时分布式能源系统与可再生能源一样具有分散、小型的特点，易于通过分布式能源系统耦合以及与化石能源的互补，解决可再生能源多数能量密度低、不连续等一系列问题。此外，与工业余热余压和废水、废气、废渣利用相结合有利于发展循环经济，建设工业生态园和减少排放。

**5. 提高供能安全性和可靠性**

燃气冷热电分布式能源是布置在用户端的能源系统，与利用太阳能、水能、风能等受地理气候等条件影响相比，在供能安全及可靠方面具有较高的运行灵活性。在公用电网故障时，可自动与公用电网断开，独立向用户供电，提高了用户自身的用电可靠性；当所在地的用户出现故障时，可主动与公用电网断开，减小了对其他用户的影响。电制冷（热）设备的大量使用，会使电网负荷急剧加重，供电系统的可靠性、安全性受到严重威胁；采用燃气冷热电分布式能源系统，其发电机可作为自备电源与城市电网联网运行，既可缓解电网压力，改善电能质量，又可保证供电可靠性，避免供电危机。

**6. 控制管理智能化**

由于燃气冷热电分布式能源系统网络能够将每个能源装置的自动控制连接，实现智能指挥调度，并根据整体的电力、热力、制冷需求，蓄能与燃料变化进行优化调节，从而彻底平衡电力、热力、制冷、热水和燃料的峰谷变化平衡问题，做到控制管理智能化。同时，燃气冷热电分布式能源系统普遍容量较小，机组的启停和调节迅捷，便于无人值守，因此十分灵活和易于操作。

**（三）系统基本工作原理**

下面以不含蒸汽轮机的总能系统和燃气—蒸汽联合循环系统为例，介绍燃气冷热电分布式能源系统的基本工作原理。

**1. 不含蒸汽轮机的总能系统工作原理**

天然气在燃烧室中燃烧产生 1100℃ 以上的高温烟气，进入燃气轮机膨胀做功带动发电机发电，从燃气轮机排出的 530℃ 高温烟气进入余热锅炉，将水加热使之变为蒸汽，蒸汽可以用作工业供汽也可用于蒸汽吸收式制冷机制冷。在这一工作过程中，可以发电、供热、制冷，从而实现冷热电联供，向外界排放的只是 120℃ 烟气，不含硫等有害物，如图 1-1 所示。

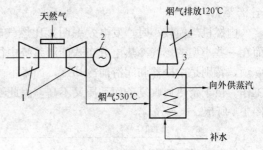

图 1-1　总能系统工作原理
1—燃气轮机；2—发电机；3—余热锅炉；4—烟囱

**2. 燃气—蒸汽联合循环系统工作原理**

天然气进入燃气轮机，燃烧做功带动发电机发电，产生的 530℃ 烟气进入余热锅炉，加热水使之变为高压蒸汽，高压蒸汽进入抽凝式蒸汽轮机做功带动汽轮发电机发电，做功后的一部蒸汽被抽出用于向外工业供汽，也可用于蒸汽吸收式制冷机制冷水，如图 1-2 所示。

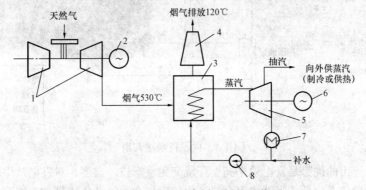

图 1-2　燃气—蒸汽联合循环系统工作原理
1—燃气轮机；2—发电机；3—余热锅炉；4—烟囱；5—抽凝式蒸汽轮机；
6—汽轮发电机；7—凝汽器；8—凝水泵

13

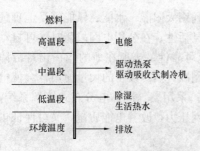

图1-3　能源梯级利用示意图

燃气冷热电分布式能源系统就是通过能源梯级利用的方式，满足用户冷、热、电、蒸汽、生活热水等各种负荷的需求。以上两种工作过程中，天然气的热能被梯级利用，热能利用率可达70%～85%，大量节省了一次能源。能源梯级利用示意图如图1-3所示。

## 二、按热源机分类

燃气冷热电分布式能源系统应用最广的三种原动机为燃气内燃机、燃气轮机、微型燃气轮机（简称微燃机）。

### （一）燃气内燃机分布式能源系统

燃气内燃机是一种传统的能源利用设备，应用非常普遍，可以搭配各种大小不同单机容量，以多机组合、可渐进扩充发电容量满足电厂经济性投资弹性。其突出的优势是单位造价低、操作简单、发电效率高，发电效率依转速及功率不同一般在35%～44%。这是一种传统的能源利用设备，应用非常普遍。内燃机的功率范围一般在20～10 000kW。内燃机的余热有400～550℃的排气、90～110℃缸套冷却水、50～80℃中冷器冷却水和润滑油冷却水，热回收可视需求分别从不同系统获得，例如，可以利用高温排气经余热锅炉产生蒸汽或热水，其缸套水经热交换器产生热水以供楼宇、居住区冬季采暖，总热效率可利用至85%。

内燃机规模较小时，发电效率明显比燃气轮机高，一般在30%以上，并且初投资较低，因而在一些小型的燃气冷热电分布式能源系统中往往采用这种形式。但是，内燃机的余热回收比较麻烦，特别是中冷器和润滑油冷却水，如果不能及时利用就必须使用冷却塔降温，否则不能安全工作。由于余热回收复杂而品质又不高，因此不适于供热温度要求高的场合。内燃机余热利用如图1-4所示。

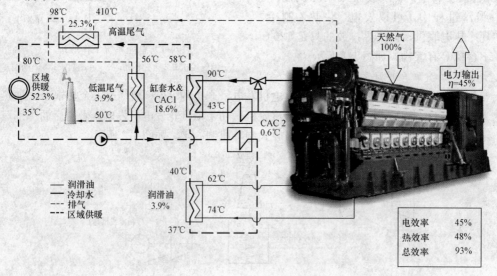

图1-4　内燃机余热利用

燃气内燃机突出的优势是发电效率高、环境变化（海拔、温度）对发电效率的影响力小、所需燃气压力低、单位造价低，当然也有余热利用较为复杂、氮氧化物排放量略高的缺陷。

### （二）燃气轮机分布式能源系统

燃气轮机是以连续流动的气体为工质将热能转换为机械功的旋转式动力机械，包括压气机、加热工质的设备（如燃烧室）、透平、控制系统和辅助设备等。

燃气轮机的主要余热形式是450～600℃的高温烟气。

燃气轮机有重型和轻型两类。重型燃气轮机零件较为厚重，大修周期长，寿命可达10万h以上。轻型燃气轮机结构紧凑而轻，所用材料一般较好，其中以航机的结构最为紧凑、最轻，但寿命较短。燃气轮机的功率范围一般在1000～500 000kW，广泛应用于电力工业、船舶、机车、车辆等领域。燃气轮机及其联合循环动力装置已经成为当今世界主要动力设备之一。

在燃气冷热电分布式能源项目中，主要使用的是小型燃气轮机，500～10 000kW以下机组。小型燃气轮机发电效率一般在于20%～35%之间，个别机组可达到40%。余热全部是高品质的烟气，温度500℃左右，非常便于回收。热电联供效率一般在75%～85%之间。燃气轮机余热的烟气中含氧超过15%，可以再加入燃料补燃。因为补燃是在500℃左右的基础温度进行燃烧，燃料基本没有浪费，非常节能。在排放允许的范围内，补燃可以至少再增加1.5倍的供热量。燃气轮机运行成本比较低，大修周期在30 000h左右。该技术具代表性的如美国Solar透平公司的产品，该公司占世界小型燃气轮机市场的70%以上。

### （三）微燃机分布式能源系统

微燃机是近几年才开发出来的，在美国首次用在汽车上，体积非常小、无污染、无噪声，并便于搬运和安装，能提供优质的冷热电能源。

带有回热、变频、高速电动机等设施的微型燃气轮机效率可达25%～29%；排烟温度在200～300℃；系统能源利用效率达70%～90%；污染物排放$NO_x$不高于$9\times10^{-6}$（9ppm）。

微燃机发电机组以天然气、汽油、柴油等为燃料，单机容量一般在30～350kW。单独发电效率一般不超过30%，但产生的余热热源较易得到利用，热电联供的整体效率仍可以达到75%以上。

### （四）不同热机分布式能源系统比较

燃气冷热电分布式能源的动力装置主要使用燃气轮机和内燃机。与燃气轮机相比，内燃机发电效率较高，电热比较大，部分负荷性能较好。因此如果燃气冷热电分布式能源系统对电力需求较多或经常处于低负荷运行时，应优先考虑内燃机。内燃机的缸套水温度和排气温度较低，而燃气轮机的排气温度较高且流量大，因此如果用户对热量需求较大且对热量的要求较高时，燃气轮机具有很大的优势。目前，内燃机在较小容量的燃气冷热电分布式能源系统中占有一定优势，而燃气轮机在规模较大的系统中具有吸引力。

### 三、按余热利用方式分类

根据余热利用的方式，可以将燃气分布式能源系统分为两大类，一类是通过各种换热器，以直接换热方式，制备供热热源；另一类是通过特殊工质，根据吸收式制冷原理，用吸收式制冷机组提供制冷。

1. 蒸汽、采暖、生活热水、泳池加热（余热利用的顺序是从温度低到温度高）

燃气发电机的排烟温度较高，燃气轮机的排烟温度一般为450～650℃，燃气内燃机的排烟温度一般为400～550℃。此外，燃气内燃机还有90～110℃的缸套冷却水、50～80℃的中冷器冷却水和滑油冷却水。烟气与冷却水含热量大需回收利用。

余热制热主要是利用不同类型的换热设备，如通过余热锅炉制备蒸汽，满足用户蒸汽的需求，或将高温烟气或缸套水通过热交换器，以气—液换热或液—液换热的方式加热低温水，用高温烟气和缸套水的热量，根据用户不同的需求来制备不同温度的热水，既可用于采暖，提供生活热水，也可用于泳池加热。

2. 制冷

（1）热水加热的吸收式制冷机。热水加热吸收式制冷机是以热水的显热为驱动热源的机组。根据热水温度分为单效和双效两种类型，热水温度范围为85～150℃的是单效机组。热水温度超过150℃的是双效机组。由于余热热水温度不可能太高，因此通常是单效机组。

（2）烟气加热的吸收式冷热水机。烟气加热吸收式冷热水机是以发电机组等外部装置排放高温烟气为主要驱动热源的机组，适用于包括以燃气轮机（包括微燃机）为发电机组的热电冷联供系统，也适用于同时具有高温烟气排放（如工业窑炉）的场所。

# 第四节　系统典型工艺路线及基本配置

燃气冷热电分布式能源系统按照原动机的不同分为三种类型，即燃气轮机系统、燃气内燃机系统、微燃机系统。而根据余热利用设备和调峰设备的不同，可进一步对系统进行细分。

余热利用设备通常包括余热吸收式空调机组（分补燃和纯余热利用两种类型）、余热锅炉（补燃和不补燃）、热交换器（烟气—水、水—水、汽—水）等。调峰设备则指电空调（离心机、螺杆机）、燃气锅炉、直燃机等。在系统配置时，余热回收利用设备与燃机发电装置所产生的余热形式有着密不可分的关系。如燃气轮机的余热形式为450～600℃的高温烟气，燃气内燃机的余热形式为400～550℃的高温烟气和80～120℃的冷却水，微燃机的余热形式为200～300℃的高温烟气。

按照能源的梯级利用原则：温度高于150℃的余热，可驱动双效吸收式空调机组制冷，或通过余热锅炉产生蒸汽；温度介于80～150℃间的余热，可驱动单效吸收式空调机组制冷；60～80℃的余热，可用于采暖和生活热水。60℃以下的余热，可与热泵技术相结合，利用热泵技术回收后用于供热。

与此相对应，余热利用的主要流程有：①余热锅炉制备出蒸汽后，选用蒸汽双效吸收式空调机组进行制冷；②高温烟气采用烟气热水换热器交换出热水，与缸套水交换出的热水混合后，进入热水型吸收式空调机组；③高温烟气进入烟气型吸收式空调机组进行吸收式制冷，高温缸套水进入热水型吸收式空调机组进行吸收式制冷；④烟气型吸收式空调机组与热水型吸收式空调机组合并在一起，烟气作为高温发生器热源，热水与高温发生器产生的蒸汽作为低温发生器的热源，即烟气热水型吸收式空调机组。

由于烟气作为吸收式制冷时，其COP值较高，某些厂家给出的COP为1.4；而热水作为吸收式制冷时，其COP很低，一般只有0.7左右。所以，一般情况下不建议采用热水作为吸收式制冷的热源，而是将高温缸套水用于采暖或制备生活热水。润滑油冷却水由于温度较低，一般只能用于生活热水或地板辐射采暖系统。当系统设计时，选用热泵机组作为调峰设备，则润滑油冷却水可得到充分利用。但系统划分时，仍然将其作为一种典型的工艺路线列出。实际上在余热设备选型时，如果有相对稳定的热负荷，则尽可能避免采用蒸汽单效机和热水型机组。在具体项目上，采用何种余热利用设备，需对上述情况进行具体分析，同时对项目所在地各种能源状况进行调研，并考虑机房报建、消防、安全等其他问题。

下面分别按照燃气轮机发电机组分类，每个类别中又按照余热利用设备进一步细分，对每种发电机组类型及其余热利用形式较有代表性的典型工艺路线进行介绍。

## 一、燃气轮机分布式能源系统典型工艺路线

根据发电方式和余热利用形式不同，燃气轮机冷热电分布式能源系统简单分为两大类。

第一类是单循环发电形式，根据余热设备的三种类型：余热锅炉、余热吸收式空调机组、烟气—水换热器对系统进行划分，主要有三种较为典型的工艺路线：①燃气轮机＋烟气型（补燃）

吸收式空调机组＋调峰设备，余热利用设备为烟气型吸收式空调机组（即余热直燃机）；②燃气轮机＋烟气余热（补燃）锅炉＋蒸汽吸收式空调机组＋调峰设备，余热利用设备为余热锅炉；③燃气轮机＋烟气-水换热器＋热水型吸收式空调机组＋调峰设备。

第二类是蒸汽—燃气联合循环发电形式，即蒸汽—燃气联合循环发电＋吸收式空调机组＋调峰设备。单循环发电的形式，有利于提高系统冷热量输出比例，且系统造价较低，工艺相对简单。而采用联合循环发电，系统发电量较高，但系统工艺复杂，造价较高。相对而言，冷热量的输出比例不如单循环发电，故适用场合有所区别。

### (一) 燃气轮机＋烟气型 (补燃) 吸收式空调机组＋调峰设备

该系统工艺流程如图 1-5 所示。

系统中，余热型溴化锂（Li-Br）吸收式空调机组即余热直燃机，可根据项目情况需要选用带补燃和纯余热利用两种类型的机组。调峰设备可根据项目实际需要选择直燃机、电制冷机以及燃气锅炉。

系统工作原理：一定压力的燃气与经压气机压缩的空气在燃烧室燃烧后，驱动透平机发电和排出450～600℃高温烟气。余热直燃机夏季利用高温烟气的余热进行吸收式制冷、冬季制热。当夏季余热制冷量不能满足用户所需冷量时，如选取的直燃机是带补燃工况类型的，则以燃气补燃增加直燃机制冷

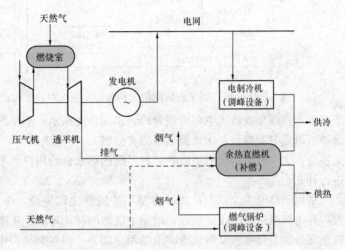

图 1-5　燃气轮机＋烟气型 (补燃) 吸收式空调机组
＋调峰设备的联供工艺流程

量，仍不能满足用户供冷需求时，启动调峰设备如电制冷机等制冷设备进行制冷。如选用的直燃机是纯余热利用类型的，则直接启动调峰设备进行制冷，满足用户需求。冬季工况时，如余热制热量不能满足用户需求，则以燃气补燃增加直燃机供热量，如不带补燃，则直接启动燃气锅炉等调峰设备供热，满足用户的供热需求。

适用条件及主要特点：该系统采用余热吸收式空调机组，在供热工况时，其效率与燃气锅炉或汽水换热器效率基本相当或略低，基本在 90% 左右。在供冷工况时，COP 可达 1.3 以上。由于燃气轮机的发电效率低于燃气内燃机，但余热品质较高（只有高温烟气一种形式），热电比较大，当采用单循环发电，余热进行吸收式制冷供热时，主要适用于冷热负荷非常稳定的场所。尤其是数据中心、计算机房等有大功率用电设备、常年需求冷负荷的场所。这样，既能保证机组的满负荷运行时间，又能将余热充分利用。

### (二) 燃气轮机＋烟气余热锅炉 (补燃) ＋蒸汽双效吸收式制冷＋调峰设备

该系统工艺流程如图 1-6 所示。

系统中，余热利用设备选用了余热锅炉，且可以根据项目需要选用带补燃和不带补燃两种形式。调峰设备选用了电制冷机和燃气蒸汽锅炉，其中燃气锅炉也可直接选用高温热水锅炉。在项目实际设计时，可根据机房面积及燃气条件，选用直燃机作为供冷供热的调峰设备。如果当地资源条件允许，具备水地源热泵技术应用条件，则还可以将电制冷机替换为热泵型电制冷机。

系统工作原理：燃气轮机的高温烟气经余热锅炉生产出一定压力的饱和蒸汽。夏季工况时，

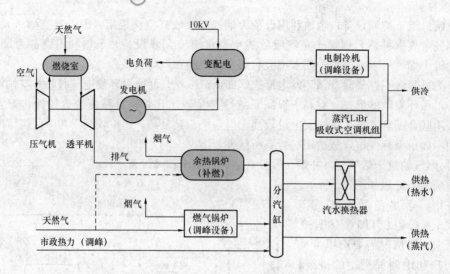

图 1-6 燃气轮机＋烟气余热锅炉（补燃）＋蒸汽双效吸收式制冷＋调峰设备的联供工艺流程

蒸汽进入蒸汽型吸收式空调机组制冷，供用户冷冻水，不足冷量则通过调峰设备进行补充（调峰设备可以是电制冷机、水地源热泵或直燃机）。冬季工况时，将蒸汽通过汽水换热器，进行二次交换后，交换成与用户末端散热装置匹配的热水供给用户。不足的热量由燃气锅炉或者市政热力进行补充。

适用条件及主要特点：此种类型工艺流程比较复杂，在夏季工况时，先由余热锅炉制备蒸汽，再由蒸汽进行吸收式制冷，增加了能源的转化环节，从能源利用效率角度考虑并不合理，但对于部分既需要蒸汽又有供冷需求的用户而言，则在余热利用方式上增加了一种选择。特别是蒸汽负荷与供冷负荷一般不在同一时间段出现，对于余热的利用更加灵活，更能够保证余热被充分利用。当燃气价格较高时，采用余热制备蒸汽成本相对更低。此种工艺路线多适用于食品、化工、医药类工厂和医院，以及其他有蒸汽需求且采用其他方式获取蒸汽成本较高的场合。

**（三）燃气轮机＋烟气—水换热器＋热水型吸收式空调机组＋调峰设备**

该系统流程如图 1-7 所示。

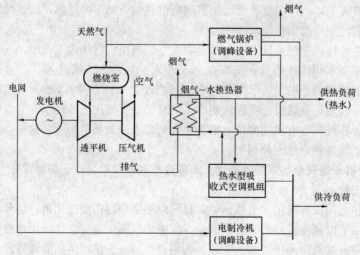

图 1-7 燃气轮机＋烟气—水换热器＋热水型吸收式空调机组＋调峰设备的联供工艺流程

系统工作原理：一定压力的燃气与经压气机压缩的空气在燃烧室燃烧后，驱动透平机发电和排出 450～600℃高温烟气。夏季工况时，燃气轮机发电后产生的高温烟气，进入烟气—水热交换器，制备出高温热水进入热水型吸收式空调机组，通过吸收式制冷提供冷冻水，不足的冷量则由电制冷机补充。如果有生活热水需求，也可分出一个支路，作为生活热水热源。冬季工况时，高温烟气则直接通过烟气—水热交换器，制备出高温热水，提供采暖热源。不足的热量则由燃气锅炉补充。

主要特点及适用条件：该系统的系统造价低，由于选用了烟气—水热交换器，因此其造价要低于上述另外两种工艺路线。在夏季工况时，由于热水不仅可用于制备生活热水，还可以提供制冷冷源，因此对于热水负荷较大，且非常不稳定的场合，适应性较强，能够保证燃气轮机运行更加稳定。

### （四）蒸汽—燃气联合循环发电＋吸收式空调机组＋调峰设备

该系统流程如图 1-8 所示。

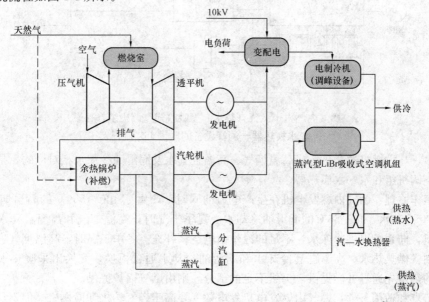

图 1-8  蒸汽—燃气联合循环发电＋吸收式空调机组＋调峰设备的联供工艺流程

系统中，余热利用设备为余热锅炉，余热锅炉还可根据具体项目决定选用是否设置补燃。供冷调峰设备可以选用电制冷机。供热调峰设备可以选用燃气锅炉或市政热力。

系统工作原理：燃气轮机的高温烟气首先通过余热锅炉制取蒸汽，蒸汽推动汽轮机（抽凝机或背压机）发电后，排出蒸汽，经分集汽缸汇集后，分别送往吸收式空调机组和汽水换热装置，供冷和提供热水，或直接送往用汽点。

主要特点和适用条件：燃气轮机和蒸汽轮机联合循环发电，大大提高了系统发电效率，但造价相对单循环发电系统要高，适用于对用电和蒸汽需求高的场合，尤其对于机房用地要求较高，更加适合于工厂的自备电厂。

### 二、燃气内燃机分布式能源系统典型工艺路线

燃气内燃机冷热电分布式能源系统的余热形式有高温烟气和缸套冷却水、润滑油冷却水三种。对应余热利用设备仍为余热锅炉、吸收式空调机组和热交换器（烟气—水型、水—水型）。根据余热设备不同，分别介绍三种典型的工艺路线，基本可以涵盖不同工艺路线的内燃机冷热电分布式能源系统的特点：①燃气内燃机＋烟气热水型吸收式空调机组（补燃）＋缸套水换热器＋

调峰设备；②燃气内燃机＋烟气余热锅炉＋蒸汽吸收式空调机组＋缸套水换热器＋调峰设备；③燃气内燃机＋烟气—水换热器＋热水型吸收式空调机组＋缸套水换热器＋调峰设备。调峰设备可以是电制冷机、水/地源热泵、燃气锅炉和直燃机。

### （一）燃气内燃机＋烟气（热水）型吸收式空调机组（补燃）＋缸套水换热器＋调峰设备

该系统工艺流程如图 1-9 所示。

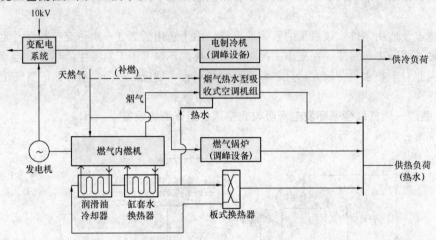

图 1-9　燃气内燃机＋烟气（热水）型吸收式空调机组（补燃）＋
缸套水换热器＋调峰设备的联供工艺流程

系统中，与内燃机的余热形式高温烟气、高温缸套水及润滑油冷却水相对应的，是烟气热水型吸收式空调机组和水—水换热器。

系统工作原理：燃气内燃发电机在生产电力的同时，产生了 400～550℃的高温烟气和 80～110℃的缸套冷却水、40～65℃的润滑油冷却水。夏季工况时，高温烟气和高温缸套水进入吸收式空调机组，向系统提供冷冻水，不足的冷量由电空调补充。冬季工况时，高温烟气进入余热空调机组，制备供热热水。高温缸套冷却水和润滑油冷却水通过板换，交换出采暖热水或洗浴热水，不足的热量先通过补燃提供，仍然不足的部分，则由燃气锅炉提供。

主要特点和适用条件：燃气内燃发电机发电效率要高于燃气轮机和微燃机。但不足的是余热形式中，高温缸套水和润滑油冷却水占的比重较大，其品质远低于高温烟气。高温缸套水适用性较广，可用于散热器供热、制备生活热水。但润滑油冷却水受其温度的制约，只能适用于生活热水、泳池加热等场合，对于有大量生活热水负荷需求的建筑物比较适合，如用于采暖只能适用于末端采用风机盘管、地板采暖等低温供暖的形式。此外，还比较适合与热泵系统（土壤源、水源热泵等）进行匹配设计。

### （二）燃气内燃机＋烟气余热锅炉＋蒸汽吸收式空调机组＋缸套水换热器＋调峰设备

该系统工艺流程如图 1-10 所示。

系统工作原理：燃气内燃发电机生产电量的同时，产生的高温烟气进入余热锅炉，余热锅炉制备出蒸汽后，在夏季工况通过蒸汽双效吸收式空调机组向系统提供冷冻水，不足的冷量由电空调进行补充，同时通过汽水换热器提供生活热水；冬季工况时，则由余热锅炉制备出蒸汽后，直接通往用汽点，或通过换热器制备出采暖热水和生活热水，不足的热量由燃气锅炉补充。

主要特点和适用条件：由于该系统相对复杂，且余热利用的形式是通过余热锅炉后间接进行制冷，因此系统适用于同时有蒸汽需求和制冷需求的场合。根据蒸汽和制冷需求各自的峰谷时段，调配直接供汽和进入吸收制冷机的蒸汽比例。当电价较高时段，电制冷成本较高，则增大蒸

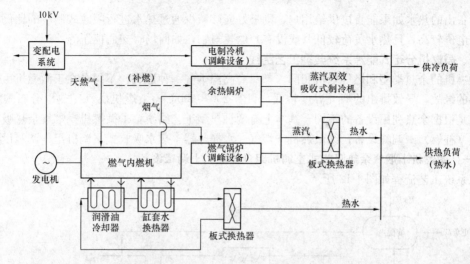

图 1-10　燃气内燃机＋烟气余热锅炉＋蒸汽吸收式空调机组＋
缸套水换热器＋调峰设备的联供工艺流程

汽吸收式空调机组的制冷比例。当蒸汽价格较高时，则优先满足蒸汽需求，在没有用汽负荷时再考虑进行吸收式制冷。

**（三）燃气内燃机＋烟气—水换热器＋缸套水热交换器＋热水型吸收式空调机组＋调峰设备**

该系统工艺流程如图 1-11 所示。

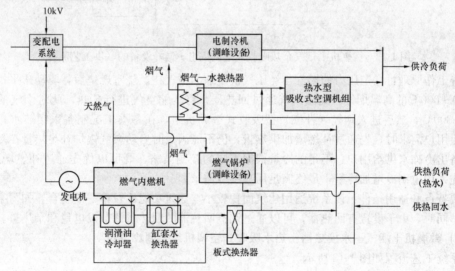

图 1-11　燃气内燃机＋烟气—水换热器＋缸套水热交换器＋热水型吸收
式空调机组＋调峰设备的联供工艺流程

系统工作原理：冬季工况，燃气内燃发电机发电的同时，产生的高温烟气通过烟气—水热交换器，交换出高温热水，与高温缸套水和润滑油冷却水通过板式热交换器制备的热水一起供给热用户，不足的热量通过燃气锅炉补充。夏季工况时，燃气内燃发电机发电产生的烟气余热通过烟气—水热交换器交换出高温热水，与高温缸套水制备的热水一起进入热水型吸收式空调机组，通过吸收式制冷，向用户提供冷冻水，不足的冷量由电制冷机补充。

主要特点和适用条件：由于热水型吸收式空调机组 COP 较低，一般为 0.7 左右。相对而言，余热制备出的热水如果能直接供给用户，则最好能够减少通过热水进行吸收式制冷的比例，因此只适合电价较高，且热水负荷较低（或没有）的建筑物，如商场、交通枢纽等。

### 三、微燃机分布式能源系统典型工艺路线

微燃机的余热类型和燃气轮机相同，都只有高温烟气一种形式，不同点在于微燃机由于设有回热器的缘故，导致排出的烟气温度较低，只有 200～300℃。微燃机燃气冷热电分布式能源系统，也是根据余热利用设备的不同，基本上有两种典型工艺路线：①微燃机＋烟气余热吸收式空调机组（补燃）＋调峰设备；②微燃机＋烟气—水换热器＋热水吸收式空调机组＋调峰设备。

#### （一）微燃机＋烟气余热吸收式空调机组（补燃）＋调峰设备

该系统工艺流程如图 1-12 所示。

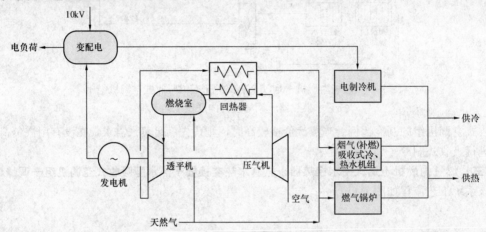

图 1-12　微燃机＋烟气余热吸收式空调机组＋调峰设备的联供工艺流程

系统工作原理：一定压力的燃气与经压气机压缩的空气在燃烧室燃烧后，驱动透平机发电和排出 450～600℃的高温烟气。高温烟气通过回热器，将压缩空气进行预热，此时烟气的温度降至 200～300℃，然后进入烟气（补燃）型吸收式空调机组，在冬季工况制备采暖热水，制热量不能满足用户需求时，先通过补燃增加供热量，仍不能满足时启动燃气锅炉补足热量；夏季工况时，制备出冷冻水供给用户，不足的冷量根据不同的控制策略，既可以优先通过补燃增加冷量，也可优先采用电制冷增加冷量，最终满足用户供冷需求。

主要特点和适用条件：该系统适用建筑面积较小、建筑功能比较单一的场合，如写字楼、办公楼等。同时，由于设置有回热器，可以通过调节回热器的回热量调节发电量和余热量。

#### （二）微燃机＋烟气—水换热器＋热水吸收式空调机组＋调峰设备

该系统工艺流程如图 1-13 所示。

系统工作原理：一定压力的燃气与经压气机压缩的空气在燃烧室燃烧后，驱动透平机发电和排出 450～600℃的高温烟气。高温烟气经过回热器后，温度降至 200～300℃，然后进入烟气—水热交换器，制备出高温热水。冬季工况时，高温热水直接用于供热，不足的热量由燃气锅炉补足。夏季工况时，高温热水进入热水型吸收式空调机组，向系统提供冷冻水，不足的冷量由电制冷机补充。

主要特点和适用条件：该系统适用建筑面积较小、建筑功能比较单一的场合，如写字楼、办公楼等。但在制备生活热水方面更加灵活，可自由调配热水用于吸收式制冷和生活热水的比例。尤其是制冷高峰与生活热水高峰往往不在同一时段出现，当生活热水负荷需求不太高且波动较大时，系统均可稳定运行，同时也可避免燃气锅炉随着负荷的波动频繁启动。

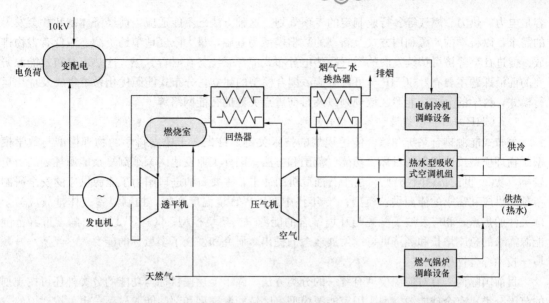

图 1-13 微燃机＋烟气—水换热器＋热水吸收式空调机组＋调峰设备的联供工艺流程

## 第五节 燃气冷热电分布式能源发展趋势

### 一、燃气冷热电分布式能源发展趋势——分布式能源耦合系统

分布式能源的发展在发达国家有数十年、在中国有十余年的历史，但常规分布式能源的发展在工程实践中越发显示出其局限性，如系统单一、能源利用率提升受限、与环境的协调不足、经济性欠佳等，这也是我国分布式能源发展成功案例不多、发展受限的主要原因。世界和中国分布式能源的发展实践，已逐渐出现了一种崭新的趋势——分布式能源耦合系统，它基于常规分布式能源技术耦合了环境势能、可再生能源、常规能源系统、新型区域综合能源规划、智能电网和智能通信控制技术等，构成了一种新型分布式能源系统，以克服常规分布式能源系统的缺陷，达到更好的能源、环境和经济效益的统一。

分布式能源耦合系统作为整个能源系统中的一部分，显然也具备了能源系统的主要特征。但对于分布式能源耦合系统来说，其耦合特性将更注重对能源的转换、传输、分配环节，而不是能源的开发和运输。

随着太阳能、风能及热泵等可再生能源技术的成熟、利用成本的降低，可再生能源将在我国能源系统中占有重要的地位，分布式能源耦合系统的发展必须将可再生能源耦合其内，寻求能源与环境的最佳匹配。分布式能源耦合系统本身就是一项系统的节能减排工程，但针对每种不同类型的分布式能源耦合系统有其特有的节能减排方式。

能源系统包含着从能源的开发、运输、转换、传输、储存、分配，到最后经过使用设施转变为最终用能的全部环节。其中，每个环节都包括各种各样的工艺过程，每一工艺过程都可以用通过的能流量（绝对值或相对值）、转换效率、运行成本、投资系数等技术经济系数来表征。分布式能源耦合系统则是考虑了能源生产和消费过程中所排放的污染物，如 $SO_2$、$CO_2$、$NO_x$，粉尘颗粒及其对环境污染的效应后的能源耦合系统。

### 二、燃气冷热电分布式能源系统研究关键课题

传统的能源规划是以满足能源供求关系为基本出发点、以化石能源资源为物质基础，核心内

容是电力、热力、燃气等各行业制定的专项规划。这种方法已不能适应当前经济体制和社会发展的需求，以科学的能源利用方式及新型的数学模型为基础，最大限度地节约资源、减低有害物排放、促进社会经济可持续发展的燃气冷热电分布式能源系统势在必行。燃气冷热电分布式能源研究的前沿课题主要有：CCHP 与可再生能源耦合模型的建立，分布式能源优化系统集成及优化运行模式，科学的分布式能源区域规划以及目前重点关注的智能网络等。

1. CCHP 与可再生能源、蓄能耦合模型

分布式能源耦合系统和综合能源规划的技术关键，首先在于建立科学的物理模型与数学模型。物理模型反映规划的目标、功能、范围和方法。国外工业发达国家编制复杂能源规划的历史较早，从 20 世纪 70 年代开始，由于石油危机的冲击，主要石油进口国为了能源供应的安全研制了预测供应和需求的能源供求模型；80 年代中期世界环境温度变暖，控制温室气体排放成为全球关注的焦点，相应发展了能源与环境结合的能源——环境模型；90 年代以后，随着世界范围能源需求的急剧增长和经济可持续发展概念的提出，研究和发展了多目标的能源——经济——环境—技术综合性模型。

目前国际尚未有对能源模型有统一的分类方法，除了上述按目标与功能的分类外还可按规划的范围分类，有全球能源模型、国家能源模型、区域能源模型和部门能源模型；也可按建模的方法分类，有自上而下、自下而上及混合模型。分布式能源耦合系统研究的数学模型是以能源预测、能源平衡、能源优化一体化的三元模型。

CCHP 是分布式能源耦合系统的核心技术，CCHP 与可再生能源不同方式的耦合已成为世界能源技术发展的前沿技术。一种耦合方式是各种生物质燃料、垃圾及污水处理沼气及工业废气等直接作为燃气内燃机等动力机的燃料，驱动发电机组，国外许多知名发动机制造厂家开发了适用于代用燃料和不同热值的机型，广泛应用于冷热电分布式能源系统。另一种耦合方式是同一工程项目中采用 CCHP 与可再生能源装置的组合共同满足冷热电负荷，如水源或污水源热泵、地热热泵、太阳能发电或供热水，都可作为 CCHP 的辅助或调峰供能装置。采用蓄能装置如冰蓄冷、水蓄冷、蓄热等对于实行峰谷平分时电价及冷热负荷大的用户具有很好的经济运行效果。多种多样的能源种类与转换技术的耦合实现了节能减排的更大效果，开辟了能源综合利用的广阔途径。

为了这种耦合模型的实际运行效果，必须配置具有优化调度功能的自控系统。对于这种多机种、多台数、多工况的复杂系统，必须跟踪实时变化的冷热电负荷，以最佳的运行模式调动各台机组的启停和出力，达到最大的节能与经济运行。

2. 燃气冷热电分布式能源系统优化集成及优化运行模式

燃气冷热电分布式能源优化系统集成及运行模式主要体现在以下几个方面：

(1) 能源预测。对系统的供求预测，包括经济、技术、环境、安全等因素影响。

(2) 能源平衡。实现能源的供求平衡、结构平衡。

(3) 能源优化。主要有单目标及多目标优化，能源供应优化实现能源的合理分配及高效利用，以及系统的综合优化等。

3. 区域综合能源规划

区域综合能源规划是以区域分布式能源为核心的综合能源规划。综合能源规划必须在原有系统的基础上加以利用和改造，以能源政策为导向尽可能注入新的能源理念和技术，形成一个传统能源系统与新能源系统相耦合的综合能源模型，这种耦合模型的创新点仍然在于融入了新能源与可再生能源技术、能源梯级利用技术及能源网络技术的子模型。

由此可知，综合能源规划不仅是目的，更是过程中的一个重要环节，只有着眼于规划的可行性和可操作性，把规划和运行管理紧密结合，才能取得实际的效果。

4. 区域智能能源网络

"微网"是近年来国内外发展中的关于燃气冷热电分布式能源与智能电网相结合的前沿技术。丹麦在"微网"研究中提出的"细胞结构",体现了一种有代表性的理念和方法。每个"细胞"是一个"微网",它将局域配电网和总发电容量达 100MW 的发电机组构成一个结构单元,构成由分布式电源、配电网及其所辖用户负荷的独立可控的系统。输电网与多个细胞相连接,可以把每个细胞作为一个常规意义的发电厂进行集中控制。当上游电网发生事故时,"细胞"与输电网及时解列作为孤岛运行。

近年来,"智能能源网"的概念是"微网"的进一步扩展。在建设经济技术开发区、工业园区、大型社区的能源系统中,可以根据当地的天然气和可再生能源构成多能源互补、多功能的智能网络。智能能源网是指利用先进的通信、传感、储能、微电子、数字化管理和智能控制等技术,对传统能源体系进行改造和创新,形成生产、输送、转换、分配、使用、服务、价格、市场管理等不同能源网架间更高效率的交互配合与智能化的运转。智能能源网将水、电、燃气、热力等不同能源品种的网络有机整合,形成跨能源品种的一体化智能网络,这是能源领域的发展方向。

# 第二章　燃气冷热电分布式能源系统主要设备

## 第一节　概　　述

　　燃气冷热电分布式能源系统主要由发电设备、余热利用设备及相关设备组成，常涉及的发电设备有燃气轮机、燃气内燃机、微型燃气轮机、燃气外燃机以及燃料电池，其中燃料电池、燃气外燃机由于成本较高还未得到广泛应用，因此目前分布式能源系统中应用较多的发电机形式以燃气轮机、燃气内燃机和微型燃气轮机为主。余热利用设备包括烟气热水型溴化锂空调、余热锅炉等设备。

　　由于全球经济和科学技术的高速发展，国际上主要的分布式能源装置的制造公司近 10 年来不断兼并、合资、转型，同时新产品又相继上市，因此在燃气冷热电分布式能源系统的建设过程中，应根据工程的特点采用不同的燃气发电装置，以便获得更好的经济效益和社会效益，表 2-1 为各种发电设备的主要特点。

表 2-1　　　　　　　　　　　各种发电设备的主要特点

| 发电设备 | 燃气轮机 | 燃气内燃机 | 微型燃气轮机 |
| --- | --- | --- | --- |
| 发电效率（%） | 27.0～39.0（小型、微型） | 30.0～45 | 20～28 |
| 综合效率（%） | 50～80 | 70～90 | 50～70 |
| 排热量/发电能力（$\times 10^6$ J/kWh） | 7.5～8.2 | 5.8～6.3 | 约 8.4 |
| 单机容量（kW） | 1000～500 000 | 20 -18 000 | 30～350 |
| 启动时间（s） | 360～3600 | 10～30 | 60 |
| 燃料供应压力 | 中高压 | 低压 | 中压 |
| 噪声 | 中 | 高（中） | 中 |
| $NO_x$ 含量 | 低 | 较高 | 低 |
| 排烟温度（℃） | 450～550 | 400～450 | 275～300 |
| 缸套水出口温度（℃） | | 55～90 | |

## 第二节　原　动　机

### 一、燃气内燃机

#### （一）概述

　　广义上的燃气内燃机不仅包括往复活塞式内燃机、旋转活塞式发动机和自由活塞式发动机，还包括旋转叶轮式的燃气轮机、喷气式发动机等，但通常所说的燃气内燃机是指活塞式燃气内燃机。活塞式燃气内燃机以往复活塞式最为普遍。活塞式燃气内燃机将燃料和空气混合，在其气缸内燃烧，释放出的热能使气缸内产生高温高压的燃气，燃气膨胀推动活塞做功，再通过曲柄连杆机构或其他机构将机械功输出，驱动从动机械工作。几乎所有的燃气发动机，都是按照甲烷气体（$CH_4$）与氧气发生的化学反应来进行设计的，即

$$CH_4 + 2O_2 = CO_2 + 2H_2O + 热量 \tag{2-1}$$

由式（2-1）可以看出，要让一份甲烷得到充分的燃烧，需要两份氧气。而氧气占空气的比例，大约是21%，可以得到结论：燃烧1份甲烷，需要10倍的空气。最初的燃气发动机的设计，就是按照10份空气与1份甲烷进行混合来考虑的。这样的发动机，称为理论燃烧式发动机（Rich burnengine）。

随着发动机功率的逐渐提高，理论燃烧式发动机的缺点逐渐显示出来。燃料不能充分燃烧的缺点，需要靠进入更多的空气来解决。过量的空气，不但能够使燃料得到更加充分的燃烧，提高了输出功率，而且可以降低气缸内的温度，使尾气中氮氧化物（$NO_x$）的浓度降低。这样的发动机，称为稀薄燃烧式发动机（Leanburn engine）。

对于新型的稀薄燃烧式发动机，为了加强燃烧过程，空气和燃气需要先在涡轮增压器之前进行混合，然后再进入气缸。这样就使燃烧室中的混合气有更高的压缩比，消除了发生爆燃的可能。任何空气/燃料的化学反应都需要能量用于点燃。对于燃气发动机，火花塞就起到这个作用。图 2-1 为平均有效爆发压力 BMEP 和过量空气系数 $\lambda$ 的对应关系曲线。

传统的理论燃烧燃气发动机的过量空气系数 $\lambda = 1.0$。从图 2-1 可以看出运行区域为一个非常狭小的窗口，在此区域发动机效率最高，并且 $NO_x$ 排放接近最低。更浓的混合气可能引起潜在的爆燃倾向，以及更多的 $NO_x$ 排放；更稀薄的混合气可能引起点火失败，使燃烧变得不稳定，增加碳氢化合物（HC）的排放。

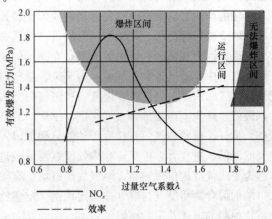

图 2-1 平均有效爆发压力 BMEP 和
过量空气系数 $\lambda$ 的对应关系曲线

要防止爆燃或者点火失败，整个燃烧过程必须被控制在一个狭窄的区域爆炸区间内。为了达到此目的，控制系统要持续地监测增压空气温度和空燃比，以及压缩比。基于微处理器的发动机控制器，将随时调节燃气流量、空燃比和点火时间。

但是随着电子科技的发展，使这一个难题很快得到解决，从而稀薄燃烧式发动机很快成为高科技燃气发动机的标准装备，世界上所有著名发动机制造商均可以提供稀薄燃烧式发动机。

1. 燃气内燃发电机组结构

燃气内燃发电机组的主体，是由燃气内燃发动机，通过柔性连接装置和交流发电机连接在一起的。发动机和发电机安装在一个共同底座上，以方便整体移动。机组的控制器可以提供启动、停止、并车等操作，显示机组的各个运行参数、报警信号，提供各种保护功能以及远程通信等功能。

小功率燃气发电机组会将风扇式冷却器安装在发动机的另一侧，且与发电机组使用同一个底座，当不需要利用余热时，这样的发电机组对于使用者来说是最方便的。但是大功率燃气发电机组，一般都需要对余热进行回收，所以往往没有机带的冷却风扇。

（1）燃气内燃发动机工作原理。燃气内燃发动机的组成部分主要有曲柄连杆机构、机体和气缸盖、配气机构、燃料供应系统、润滑系统、冷却系统、启动装置等。

气缸是一个圆筒形金属机件。密封的气缸是实现工作循环、产生动力的地方。各个装有气缸套的气缸安装在机体里，它的顶端用气缸盖封闭着。活塞可在气缸套内往复运动，并从气缸下部封闭气缸，从而形成做规律变化的密封空间。燃料在此空间内燃烧，产生的燃气动力推动活塞运动。活塞的往复运动经过连杆推动曲轴做旋转运动，曲轴再从飞轮端将动力输出。由活塞组、连杆组、曲轴和飞轮组成的曲柄连杆机构是内燃机传递动力的主要部分。

活塞组由活塞、活塞环、活塞销等组成。活塞呈圆柱形，上面装有活塞环，借以在活塞做往复运动时密闭气缸。上面的几道活塞环称为气环，用来封闭气缸，防止气缸内的气体漏泄，下面的环称为油环，用来将气缸壁上多余的润滑油刮下，防止润滑油窜入气缸。活塞销呈圆筒形，它穿入活塞上的销孔和连杆小头中，将活塞和连杆连接起来。连杆大头端分成两半，由连杆螺钉连接起来，它与曲轴的曲柄销相连。连杆工作时，连杆小头端随活塞做往复运动，连杆大头端随曲柄销绕曲轴轴线做旋转运动，连杆大小头间的杆身做复杂的摇摆运动。

曲轴的作用是将活塞的往复运动转换为旋转运动，并将膨胀行程所做的功，通过安装在曲轴后端上的飞轮传递出去。飞轮能储存能量，使活塞的其他行程能正常工作，并使曲轴旋转均匀。为了平衡惯性力和减轻内燃机的振动，在曲轴的曲柄上还安装了配重块以平衡质量。

气缸盖中有进气道和排气道，内装进、排气门。新鲜充量（即空气或空气与燃气的可燃混合气）经空气滤清器、进气管、进气道和进气门充入气缸。膨胀后的燃气经排气门、排气道和排气管，最后经排气消声器排入大气。进、排气门的开启和关闭是由凸轮轴上的进、排气凸轮，通过挺柱、推杆、摇臂和气门弹簧等传动件分别加以控制的，这套机件称为内燃机配气机构。通常由空气滤清器、进气管、排气管和排气消声器组成进排气系统。

为了向气缸内供入燃料，燃气内燃机均设有燃气混合器系统。燃气内燃即通过安装在进气管入口端的混合器将空气与燃气按一定比例（空燃比）混合，然后经进气管供入气缸，由发动机点火系统控制的电火花定时点燃。

内燃机气缸内的燃料燃烧使活塞、气缸套、气缸盖和气门等零件受热，温度升高。为了保证内燃机正常运转，上述零件必须在许可的温度下工作，不致因过热而损坏，所以必须备有冷却系统。

内燃机不能从停车状态自行转入运转状态，必须由外力转动曲轴，使之启动。这种产生外力的装置称为启动装置，常用的有电启动和压缩空气启动两种方式。

内燃机的工作循环由进气、压缩、燃烧和膨胀、排气等过程组成。这些过程中只有膨胀过程是对外做功的过程，其他过程都是为更好地实现做功。

四冲程是指在进气、压缩、膨胀和排气四个行程内完成一个工作循环，此间曲轴旋转两圈。进气行程时，进气门开启，排气门关闭，流过空气滤清器的空气，或经化油器与汽油混合形成的可燃混合气，经进气管道、进气门进入气缸；压缩行程时，气缸内气体受到压缩，压力增高，温度上升；膨胀行程是在压缩上止点前喷油或点火，使混合气燃烧，产生高温、高压，推动活塞下行并做功；排气行程时，活塞推挤气缸内废气经排气门排出。此后再由进气行程开始，进行下一个工作循环。

内燃机的排气过程和进气过程统称为换气过程。换气的主要作用是尽可能把上一循环的废气排除干净，使本循环供入尽可能多的新鲜充量，以使尽可能多的燃料在气缸内完全燃烧，从而发出更大的功率。换气过程的好坏直接影响内燃机的性能。为此除了降低进、排气系统的流动阻力外，主要是使进、排气门在最适当的时刻开启和关闭。

实际上，进气门是在上止点前即开启，以保证活塞下行时进气门有较大的开度，这样可在进气过程开始时减小流动阻力，减少吸气所消耗的功，同时也可充入较多的新鲜充量。当活塞在进气行程中运行到下止点时，由于气流惯性，新鲜充量仍可继续充入气缸，故使进气门在下止点后延迟关闭。

排气门也在下止点前提前开启，在膨胀行程后部分即开始排气，这是为了利用气缸内较高的燃气压力，使废气自动流出气缸，从而使活塞从下止点向上止点运动时气缸内气体压力低些，以减少活塞将废气排挤出气缸所消耗的功。排气门在上止点后关闭的目的是利用排气流动的惯性，使气缸内的残余废气排除得更为干净。

内燃机性能主要包括动力性能和经济性能。动力性能是指内燃机发出的功率（扭矩），表示内燃机在能量转换中量的大小，标志动力性能的参数有扭矩和功率等。经济性能是指发出一定功率时燃料消耗的多少，表示能量转换中质的优劣，标志经济性能的参数有热效率和燃料消耗率。

燃气内燃机未来的发展将着重于进一步改善燃烧过程，提高机械效率，减少散热损失，降低燃料消耗率；减少排气中有害成分，降低噪声和振动，减轻对环境的污染；采用高增压技术，进一步强化燃气内燃机，提高单机功率；采用微处理机控制内燃机，使之在最佳工况下运转。目前，已经有少数世界领先的发动机公司开始将最新型的米勒循环技术应用在大功率燃气内燃机中。

（2）燃气内燃发动机标准配置。大型的燃气内燃发动机，除了发动机本体之外，必须配置以下设备：

1）预润滑油泵。使用电驱动，在发动机停止运转时，定时启动，可以使发动机得到更好的预润滑，以延长发动机寿命。

2）机油滤清器。用于过滤润滑油中的杂质。

3）标准空气滤清器。用于过滤空气中的杂质。

4）发电机组底盘。发动机和发电机通过柔性连接，整体安装在钢制机架上，便于机组安装在防震基础上。

5）柔性连接。发动机扭矩通过柔性连接传输到发电机，减少扭震和缓冲。

6）减震装置。发电机组采用减震弹簧隔震。减震弹簧随机配套，现场安装。减震弹簧底板具有防滑措施和安装螺栓孔，确保机组正常运行。

7）发动机报警保护。发动机传感器测试模块连续监视发动机运行状态。该模块牢固地安装于发电机组数码式控制盘内，通过接插件与传感器和变送器连接。

8）发动机启动马达。发电机组标准配置一个电启动马达和发动机飞轮的齿轮相连。启动马达接到发电机组控制盘启动信号，驱动发动机飞轮启动发电机组。

9）燃气进气系统。燃气进气系统为燃气管路进气系统总成，包括一个手动阀、过滤器、压力调节器和阀门压力调节器。燃气进气系统安装于机房平整处，并通过一根柔性软管和法兰与发电机组燃气进气管电动阀门连接。

10）过滤系统。作为标准配置，发动机提供下列过滤系统：双联，可更换滤芯，机油滤清器；离心式机油滤清器；燃气过滤器（现场安装到燃气进气装置上）；可更换，标准空气滤清器；机油油底壳自动补充润滑油/机油位控制开关。

该系统能够确保发电机组最大限度地连续运行。通过机械浮子和软连接管进行补油，这就要求用户提供润滑油箱，利用自重自动补油。软连接管另一端与用户自备的重力备用机油箱连接。为了便于操作人员观测油位，会在油箱侧部安装一个带有刻度的玻璃管。低油位传感器将信号输送到控制器的相应报警显示。

11）发动机预热装置。为保证发电机组迅速启动、带载，通过节温器控制的机体加热器和循环水泵对机体加热。机体加热器和循环水泵由发电机组电极控制器控制。

12）发动机软连接。发动机全部外连接应采用软连接，包括循环冷却、曲轴箱呼吸过滤器、机油油底壳排油管、燃气进气管等。

13）曲轴箱呼吸器。发动机上装有一个曲轴箱呼吸过滤器。曲轴箱呼吸器通过管子连接到此过滤器上用于通风。滤清器的出口必须放置在发电机组房间外面，排放到大气中。

14）排烟软管。排烟弯管随机散装，提供软连接管，用于隔离发电机组震动。

（3）交流发电机。燃气发动机驱动交流发电机（Alternator）之后，就会输出电能。发电机的形式很多，但其工作原理都基于电磁感应定律和电磁力定律。因此，其构造的一般原则是：用适当的导磁和导电材料构成互相进行电磁感应的磁路和电路，以产生电磁功率，达到能量转换的目的。

发电机的分类可归纳为直流发电机、交流发电机、同步发电机、异步发电机。其中交流发电机还可分为单相发电机与三相发电机。燃气发电机组驱动的交流发电机，指的是三相交流发电机。

图 2-2　发电机结构

发电机主要由定子、转子、端盖、电刷、机座及轴承等部件构成，如图 2-2 所示。

定子由机座、定子铁芯、线包绕组以及固定这些部分的其他结构件组成。

转子由转子铁芯、转子磁极（有磁轭、磁极绕组）、滑环、（又称铜环、集电环）、风扇及转轴等部件组成。

通过轴承、机座及端盖将发电机的定子、转子连接组装起来，使转子能在定子中旋转，通过滑环通入一定励磁电流，使转子成为一个旋转磁场，定子线圈做切割磁力线的运动，从而产生感应电动势，通过接线端子引出，接在回路中，便产生了电流。由于电刷与转子相连处有断路处，使转子按一定方向转动，产生交变电流，简称交流电。我国电网输出电流的频率是 50Hz。

1）同步交流发电机。作为发电机运行的同步电动机是一种最常用的交流发电机。在现代电力工业中，它广泛用于水力发电、火力发电、核能发电、柴油机发电以及燃气机发电。由于同步发电机一般采用直流励磁，当其单机独立运行时，通过调节励磁电流，能方便地调节发电机的电压。若并入电网运行，因电压由电网决定，不能改变，此时调节励磁电流的结果是调节了发电机的功率因数和无功功率。

同步发电机的定子、转子结构与同步电动机相同，一般采用三相形式，只在某些小型同步发电机中电枢绕组采用单相。

2）同步交流发电机工作特性。主要表征同步发电机性能的是空载特性和负载运行特性。这些特性是用户选用发电机的重要依据。

空载特性：发电机不接负载时，电枢电流为零，称为空载运行。此时电动机定子的三相绕组只有励磁电流 $I_f$ 感生出的空载电动势 $E_0$（三相对称），其大小随 $I_f$ 的增大而增加。但是，由于电机磁路铁芯有饱和现象，因此两者不成正比。反映空载电动势 $E_0$ 与励磁电流 $I_f$ 关系的曲线称为同步发电机的空载特性。

电枢反应：当发电机接上对称负载后，电枢绕组中的三相电流会产生另一个旋转磁场，称电枢反应磁场。其转速正好与转子的转速相等，两者同步旋转。

同步发电机的电枢反应磁场与转子励磁磁场均可近似地认为都按正弦规律分布。它们之间的空间相位差取决于空载电动势 $E_0$ 与电枢电流 $I$ 之间的时间相位差。电枢反应磁场还与负载情况有关。当发电机的负载为电感性时，电枢反应磁场起去磁作用，会导致发电机的电压降低；当负载呈电容性时，电枢反应磁场起助磁作用，会使发电机的输出电压升高。

负载运行特性：主要指外特性和调整特性。外特性是当转速为额定值、励磁电流和负载功率因数为常数时，发电机端电压 $U$ 与负载电流 $I$ 之间的关系。调整特性是转速和端电压为额定值、负载功率因数为常数时，励磁电流 $I_f$ 与负载电流 $I$ 之间的关系。由于电枢反应磁场影响的不同，三者的曲线也不一样。在外特性中，从空载到额定负荷时电压的变化程度称为电压变化率 $\Delta U$，常用百分数表示。

同步发电机的电压变化率为 20%～40%，一般工业和家用负载都要求电压保持基本不变。为此，随着负载电流的增大，必须相应地调整励磁电流。虽然调整特性的变化趋势与外特性正好相反，对于感性和纯电阻性负载，它是上升的，而在容性负载下，一般是下降的。

燃气发电机组采用 4 极电动机，转速为 1500r/min（当电网频率为 60Hz 时，为 1800r/min）。将这种速度的发电机称为高速同步发电机。为适应高速、高功率要求，高速同步发电机在结构上采用隐极式转子，设置专门的冷却系统。

隐极式转子外表呈圆柱形，在圆柱表面开槽以安放直流励磁绕组，并用金属槽楔固紧，使电动机具有均匀的气隙。由于高速旋转时巨大的离心力，要求转子有很高的机械强度。隐极式转子一般由高强度合金钢整块锻成，槽形一般为开口形，以便安装励磁绕组。在每一个极距内约有 1/3 部分不开槽，形成大齿；其余部分的齿较窄，称作小齿。大齿中心即为转子磁极的中心。有时大齿也开一些较小的通风槽，但不嵌放绕组；有时还在嵌线槽底部铣出窄而浅的小槽作为通风槽。隐极式转子在转子本体轴向两端还装有金属的护环和中心环。护环是由高强度合金制成的厚壁圆筒，用以保护励磁绕组端部不致被巨大的离心力甩出；中心环用以防止绕组端部的轴向移动，并支撑护环。此外，为了把励磁电流通入励磁绕组，在电动机轴上还装有集电环和电刷。

冷却系统是由于电动机中能量损耗和电动机的体积成正比，它的量级与电动机线度量级的三次方成比例，而电动机散热面的量级只是电动机线度量级的二次方。因此，当电动机尺寸增大时（受材料限制，增大电动机容量就得加大其尺寸），电动机每单位表面上需要散发的热量就会增加，电动机的温升将会提高。对于 5000kW 以下的同步交流发电机，多采用闭路空气冷却系统，用电动机内的风扇吹拂发热部件降温。

（4）燃气发电机组控制系统。燃气发电机组主要性能特点之一就是反应速度比较慢。正常情况下，燃气发动机有一个控制器，交流发电机有一个控制器，然后发电机组还有总控制器。例如，当负载突然降低时，首先发动机控制器要松开油门，将输入的燃气减少，转速下降，然后将这个信号传到总控制器（Controller），总控制器再发出指令，让发电机的控制器降低励磁电流，从而减少输出功率。这个过程，视负荷下降的百分比，时间大概在 3～15s。如果燃气发电机组的控制器能够将发动机和发电机的控制装置集成在一个线路板上，这个反应速度将提高 50%。这也是衡量发电机组负载响应能力的一个重要指标。

燃气发电机组的控制系统应该是以微处理器为基础的综合控制系统，专门用于稀薄燃烧燃气发电机组的监测和系统，应该包括一个人机操作界面（HMI）、一个数字式管理器，以及一个可编程逻辑控制器。控制屏可以安装在发电机组旁边，也可以安装在距离机组 40m 以内的其他地方。先进的控制屏能够用于单台机组隔离母线、多台机组并联隔离母线（功率分享）和市电并联模式等多种工况的使用。

控制系统的主要结构应该包括以下内容：

数字式管理器：数字式管理器的控制和保护系统包括模拟及数字仪表、数字电压调节器、数字式并联系统、AmpSentry™保护以及发电机组故障监测，如果需要最好能包括同步、负荷分享和输入/输出控制。

彩色触摸屏界面：显示发动机和发电机信息。通过触摸屏允许操作人员监测和控制发电机组的所有详细信息，包括发电机、发动机和附属装置。

可编程逻辑控制器（PLC）：作为发动机控制、发电机控制、触摸屏和其他附属装置之间的通信途径（gateway）。

网络功能：标准的 Modbus 和可选的 Modbus Plus 通信功能，允许用户远程监控发电机组。

紧急停车按钮："蘑菇头"形紧急停车按钮，用于在紧急状况下立即停机。可以增加另外一个远程的紧急停车按钮。

运行温度：设计运行环境温度为 0～50℃。

1）人机交互界面（HMI）。鉴于燃气发电机组的复杂工况，采用工业型 PC 机和 10.4″以上彩色触摸屏组成的 HMI 系统，是非常有必要的。HMI 主要用于监测和控制发电机组的运行状况。所有参数通过分层菜单显示。触摸屏安装在发电机组控制屏前面的控制台上，屏幕和外壳之间装有衬垫保护。

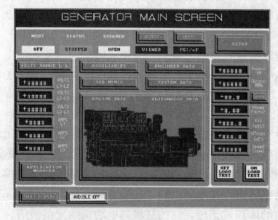

图 2-3　人机交互界面

人机交互界面（HMI）的主要作用是读取和显示参数。在特殊情况下，当人机交互界面（HMI）的通信或功能出现故障时，发电机组的运行和保护功能不会受到影响，仍然有效。机组的故障信息和实时数据从数字式管理器、发动机控制器或可编程逻辑控制器传送过来，人机交互界面（HMI）的屏幕将显示所有这些详细的信息。人机交互界面如图 2-3 所示。

通过此触摸屏，用户可以进入多个应用页面（Application Screens）和两个以上的故障监测页面（Fault Monitoring Screens）。用户可以察看特定的机组详细参数，这些页面菜单至少包括发电机组主页面（Generator Main Screen）、燃气系统（Gas System）、发电机参数表（Alternator Statistics）、发动机参数表（Engine Statistics）、工程师数据页面 1（Engineer DataPage1）、辅助装置仿真页面（Auxiliaries Mimic Screen）、配置和设定页面（Configuration and Setup Screen）、报警汇总（Alarm Summary）、报警历史记录（Alarm History）。

发电机组主页面（Generator Main Screen）是人机交互界面（HMI）的主屏幕。操作人员可以在这个页面上找到许多机组的基本参数，也可以通过操作这个页面上的按钮，进入到其他页面。

通过主页面，操作人员可以轻松了解机组的运行状况，也可以进入其他页面，了解更加详细的信息。

2）数字式管理器。数字式管理器用来进行发电机组的监测、仪表显示和系统控制。通常具有下列主要功能：

电压调节器：同步器（频率、相序和电压）；隔离型母排有功负载（kW）和无功负载（kvar）分配；市电并联有功负载控制（kW）；市电并联功率因数控制（PF）。

发电机仪表：①Amp Sentry™发电机保护；②过载；③过电流；④短路；⑤高交流电压；⑥低交流电压；⑦低频；⑧同步检测，同步失败；⑨主断路器 CB 合闸失败；⑩逆功率；⑪失磁；⑫相序。

外壳环境防护：数字式管理器的前面板应该采用整体覆膜，易于清理，防水雾，防尘和油烟气。控制开关内嵌于柜门，具有防潮气和防 RFI/EMI 影响双重功效，免除内部元器件被外部环境所干扰。

控制开关和功能键：运行/停机/自动（RUN/OFF/AUTO）模式选择开关。

系统控制：显示功能键符号，提示操作人员功能信息，控制功能键操作状态。该符号出现，则功能键可继续操作。功能键全部密封，使发电机组控制盘具有高可靠性。

菜单功能选择键：操作人员可以通过菜单功能选择按键进入功能菜单和查阅监控信息。

主菜单选择键：无论数字显示屏处于哪级菜单，通过按此按键可恢复到主菜单状态。

控制屏照明键：检测控制面板照明灯，易于辨认，照明灯亮持续 5min 后，自动关闭。

系统自诊断功能键：自我侦测，显示全部故障信息。

复位键：清除数字显示和状态显示。在发电机组故障排除后，允许发电机组启动。

调整功能：允许操作人员进行基本参数调整，参数范围由制造商来进行设定，以防止操作人员误设置，造成设备损坏，需要密码进行更高级调整。调整范围：电压为 $\pm 5\%$；频率为 $\pm 5\%$；自动调压器增益（密码进入）。

更高级调整，仅能由专业技术人员或经过厂家专业培训后的维护人员，通过密码进入。全部参数调整，通过控制屏上的功能选择键，采用数字量升高或降低，同时数字显示屏显示调整结果。

外部控制调整：通过密码直接在控制模块上进行调整自动电压调节器，无需进入发电机组控制屏（GCP）内部。

报警和状态信息显示：数字式管理器可以检测发电机组数据，通过人机交互界面（HMI）显示屏显示。数字信息提供清楚的潜在故障信息。LED 显示屏显示两行，每行 16 个字符，用于报警输出、运行状态信息、交流量（AC）输出。

状态指示灯：控制盘上三个双光源 LED 状态指示灯，提供发电机组基本运行状态信息。内部控制线路板指示灯提供发电机组运行状态和故障检测信息。

非自动状态位指示灯：运行状态选择开关位于停机"OFF"或运行"RUN"模式下，红色非自动状态指示灯将连续闪烁。

报警状态指示灯：控制屏侦测到任何报警状态时，黄色指示灯亮。故障排除，执行复位操作，指示灯恢复正常显示。

停机报警状态指示灯：控制屏侦测到停机信号时，红色指示灯亮。故障排除，执行复位操作，指示灯恢复正常显示。

发电机组监测：报警和停机报警信息。数字显示发动机报警信息：①电池电压；②转速；③超速；④电磁传感器故障（停机报警）。

一旦侦测到报警或停机信号时，控制屏显示报警或停机信息，指示灯指示报警或停机状态，可编程逻辑控制器（PLC）将翻译故障代码，并在人机交互界面（HMI）显示。

四种客户可编程备用故障报警（报警或停机报警），显示故障信息，用户可根据需要编辑输入，具有发电机组运行历史记录和最近故障记录。

交流输出仪表：数字和模拟表提供精确数字显示和机组运行工况趋势显示。

模拟表：模拟表能清晰地显示发电机组运行状态。当人机交互界面（HMI）的触摸屏处于屏幕保护状态时，可以快速了解机组状态。

功率表和安培表为交流输出百分比表，易于辨认发电机组运行状态和负载大小。

负载功率类比表：显示三相交流输出负载功率与额定功率的百分比。提供发电机组实际带载

（kW），不需考虑负载功率因数。表盘量程0～125％，精度±5％。

频率表：显示发电机组输出频率（Hz），频率为发电机组转速和发电机电压信号处理所得，不受非线性负载波形畸变的影响。表盘量程：45～65Hz，精度±5％。

交流电压表：显示发电机组输出电压，上下两行显示刻度。精度±2％，表盘量程：0～300V AC、0～600V AC、0～400V AC、0～750V AC、0～5260V AC、0～15 000V AC。

交流电流类比表：显示发电机组输出电流与额定电流的百分比，精度±2％，表盘量程0～125％。

相位选择键：运行操作人员根据需要选择电压和电流类比表显示各相的电压和电流。LED灯指示对应的相和量程。

数字式仪表：数字式仪表显示发电机运行数据和更精确交流模拟表信息。输出：①发电机组输出电压（三相、相～相或相～零）；②发电机组输出电流（三相）；③功率因数（0～1，超前或滞后）；④功率（kW）；⑤千瓦小时（kWh）；⑥发电机励磁机和调速器（％）；⑦发电机组输出频率（Hz）。

三相电流电压可同时显示于同一屏幕，故电压和负载是否平衡显而易见。

3）数字式调压、同步和负载分配控制。数字式管理器包括调压、同步和负载分配控制，可用于隔离型母线排和市电母线排并机，适用于UPS和非线性负载。

并联：提供隔离型母线排并联控制［机组与机组同步，同步有功（kW）和无功（kvar）负载分配］和长期连续运行与市电并联［与市电同步，有功负载（kW）控制、无功负载（var）、功率因数（PF）控制］。

同步有功负载分配：负载分配可控制在低达1％均等。负载分配直接控制发动机调速器的执行器，对发电机组0～100％额定容量提供频率同步。

降有功负载分配：可设定为负载功率降模式运行。从0～100％额定功率运行，有功负载分配功率降1％～10％可调。

同步无功负载分配：负载分配可控制在低达1％均等。负载分配直接控制发电机励磁系统，对发电机组0～100％额定容量提供电压同步。

降无功负载分配：可设定为无功负载分配降模式运行。0～100％额定功率运行，无功负载分配降从1％～10％可调。

4）同步器。①范围：同步器可使发电机组与母线排电压和频率的-10％～10％同步，调整速率为每秒4％。②频率偏差：控制发电机组与母线排频率匹配。③电压偏差：在相序正确条件下，发电机组电压偏差为1％。④同步允许相位角：同步允许相位角偏差为5°～20°。延时时间为0.5～5s。⑤控制系统：并联断路器闭合后，自动将母线排电压和频率复位至预设定值。⑥母排传感器：允许发电机组合闸并入未带电系统母线排。

5）电池监测系统。连续监控发电机组电池充电系统高低直流电压，每次发动机启动时，测试电池容量。功能和信息为：①低电池电压，电池电压低于25V DC，不包括盘车启动；②高电池电压，电池电压高于32V DC；③电池弱电，发动机盘车启动时，电池电压低于14.4V DC，时间大于2s。

6）电池充电器和电池组。控制系统电池组和充电器安装于发电机组控制屏（GCP）内。10A充电器用于恒压，限流式充通风或密封式铅酸电池或NiCad电池，能提供标准负载，同时维持电池处于全充状态。其功能为：①快速充电功能；②充电器故障；③短路保护；④逆功率保护；⑤恒压；⑥限流；⑦浪涌抑制（R.F.抑制）。

两块免维护铅酸电池，胶体电解液，具有安全通气孔和自动密封功能。

7）AmpSentry™保护。AmpSentry™保护是目前最为先进的交流发电机保护装置，为功率综合监视和控制系统，具有保护发电机和电源系统的完整性，具有过电流、短路、过/欠电压，频率低和过载保护。当检测到短路电流时，单项和三相故障电流值调至300％额定电流。如果发电机组在可能造成潜在危险的电流等级下延时运行，保护系统会在故障发生前，发出过电流报警，提醒操作人员面临紧迫问题。若过电流情况继续维持下去，根据预先编程的发电机时间电流特性，PMG 励磁系统将停止励磁以避免发电机受到损坏，如图 2-4 所示。

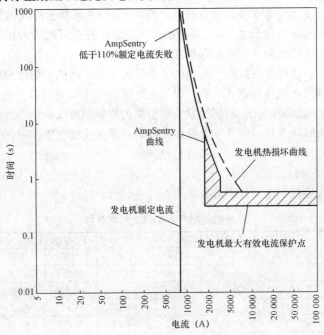

图 2-4　AmpSentry™保护

过电流保护的时间延时与发电机的热容量相匹配。这样可以使电流继续传输，直到次级熔断器或断路器动作，隔离故障，实现选择关联（分级），故可取消安装在发电机组上保护功能的主断路器，增强机组供电连续性，同时避免了断路器的意外跳脱及与并联断路器的匹配问题。

AmpSentry™保护功能提供发电机组极佳的配套保护，避免不必要的跳闸。如图 2-4 所示，AmpSentry™时间电流保护曲线为连续变化，并低于发电机损坏曲线。

故障被清除后，AmpSentry™保护装置将发电机组的输出电压调整至额定值实现发电机组的柔性加载，恢复机组正常运行，避免电压过调带来进一步危害。

设定的高压/低压和低频时间延迟装置也为负载设备提供了一定程度的保护。如果出现高压/过低压工况，会触发一个停车信息并在数字控制屏上显示。如果出现低频工况，根据时间长短和低于额定频率的幅度值，将产生相应的告警和停机告警信息。

AmpSentry™保护装置通过一个过载信号于转换开关或具有自动卸载功能的主控制器相连，避免发电机组意外停机，该过载信号可根据设定的等级或低频条件来进行编程。

2. 燃气内燃发电机组特性

燃料的性质决定了燃气内燃发电机组具有下列特性：

（1）发电效率高。目前主流燃气发电机组制造商都采用了稀薄燃烧技术，可以使燃料得到足够充分的利用，在能量的流动与传递中，也采用了大量的节能技术，从而使燃气发电机组的发电效率普遍超过了40％，最高的甚至达到了43％。这个数值远远高出了传统的主力发电设备26％的平均水平。

（2）排放清洁度高。稀薄燃烧技术的另一个优点就是 $NO_x$ 含量低。大量空气进入气缸，不但可以使燃料得到更加充分的燃烧，而且可以有效降低气缸的温度，从而大大降低了 $NO_x$ 的生成。与传统的柴油发电机组排放相比较，燃气发电机组尾气中的 $NO_x$ 一般都能达到 500mg/m³（标况）。这个数值远远低于柴油机的 3600mg/m³（标况）。而且，几乎所有的制造商都可以提供 250mg/m³（标况）的低排放机组。

（3）负载突变适应能力较差。气体燃料的能量密度要远远低于液态燃料，这就导致了燃气发电机组的负载响应速度远远低于柴油发电机组。当负载从 100％ 突然降低到 50％ 时，燃气发电机组频率和电压的稳定时间往往长达 20s，某些型号的机组，甚至可能因为转速突然升高而导致停机事故。因此燃气发电机组最佳工作状态是并网运行。

（4）大修周期长。燃气发电机组气缸内的工作压力，要远远低于柴油发电机。因为柴油发电机是压燃式，而燃气发电机是点燃式，所以燃气发电机的工作压力只有柴油发电机的 70％ 左右，从而大大延长了它的维修时间。一般燃气发电机组的大修周期可以长达 50 000h 以上。

（5）可以承受长时间重载。燃气发电机组的标定功率为连续功率，一天 24h 满载运行。所有的燃气发电机组都是按照工业重载运行来进行设计的。

3. 燃气内燃发电机组性能参数

部分燃气内燃发电机组主要技术参数见表 2-2、表 2-3。

**表 2-2　　　　　　　　　　　　康明斯燃气发电机组技术参数**

| 型　　号 | 315GFBA | C995N5C | C1160N5C | C1200N5C | C1400N5C | C1540N5C | C1750N5C | C2000N5C |
|---|---|---|---|---|---|---|---|---|
| 电功率(kW) | 315 | 995 | 1160 | 1200 | 1400 | 1540 | 1750 | 2000 |
| 发电效率(100％负载)(％) | 35.20 | 40.50 | 38.90 | 41.20 | 40.40 | 36.00 | 38.00 | 40.80 |
| 发动机型号 | QSK19G | QSK60G | QSK60G | QSK60G | QSK60G | QSV91G | QSV91G | QSV91G |
| 缸数 | 直列6缸 | V16 | V16 | V16 | V16 | V18 | V18 | V18 |
| 排量(L) | 19.0 | 60.3 | 60.3 | 60.3 | 60.3 | 91.6 | 91.6 | 91.6 |
| 发动机总输出功率(kW) | 327 | 1040 | 1196 | 1249 | 1455 | 1586 | 1802 | 2066 |
| 转速(r/min) | 1500 | 1500 | 1500 | 1500 | 1500 | 1500 | 1500 | 1500 |
| 压缩比 | 11 | 12.7 | 11.4 | 12.7 | 12.7 | 10.5 | 11.4 | 12.5 |
| 润滑油容积(L) | 125 | 380 | 380 | 380 | 380 | 560 | 560 | 550 |
| 满载润滑消耗量(g/kWh) | <0.5 | 0.18 | 0.15 | 0.18 | 0.18 | 0.5 | 0.5 | 0.4 |
| 燃气供气压力(×10⁵Pa) | 0.09~0.36 | 0.2 | 0.26 | 0.2 | 0.2 | 0.2 | 0.2 | 0.2 |
| 燃气消耗量(m³/h) | 92 | 253 | 303 | 300 | 345 | 417 | 465 | 503 |
| 启动电压(V) | 24 | 24 | 24 | 24 | 24 | 24 | 24 | 24 |
| 10℃时最小电池容量(Ah) | 80 | 160 | 160 | 160 | 160 | 280 | 280 | 280 |
| 缸套水循环散热总功率(kW) | 178 | 509 | 698 | 656 | 791 | 671 | 684 | 1066 |
| 排烟温度105℃时可利用功率(kW) | 237 | 598 | 755 | 683 | 812 | 1107 | 1216 | 1232 |
| 空气进气流量(kg/s) | 0.53 | 1.5 | 1.87 | 1.8 | 2.2 | N/A | N/A | 3.12 |
| 空气进气体积流量(m³/s) | 0.41 | 1.16 | 1.45 | 1.4 | 1.71 | N/A | N/A | 2.41 |
| 排烟温度(℃) | 508 | 465 | 469 | 454 | 438 | 517 | 508 | 462 |
| 缸套水体积(L) | 34 | 181 | 181 | 181 | 181 | 424 | 424 | 424 |
| 缸套水循环流量(m³/h) | 19 | 70 | 70 | 70 | 70 | 60 | 60 | 70 |
| $NO_x$排量(mg/m³，标况) | 450 | 500 | 489 | 500 | 250 | 500 | 500 | 493 |
| 机组外形尺寸(m×m×m) | 3.4×1.15×2.05 | 5.12×2.23×2.77 | 5×2.33×2.97 | 5.12×2.23×2.77 | 5.12×2.23×2.97 | 6.24×2.10×2.97 | 6.31×2.10×2.97 | 6.07×2.16×2.78 |
| 机组湿重(kg) | 4284 | 14 440 | 13 924 | 15 450 | 15 450 | 19 337 | 21 017 | 20 477 |

表 2-3　　　　　　　　　　卡特彼勒燃气内燃发电机系列余热数据

| 机　型 | G3306TA | G3406TA | G3406LE | G3412TA | G3508LE | G3612SITA | G3616SITA |
|---|---|---|---|---|---|---|---|
| 发电机额定输出功率(kW) | 110(396) | 190 | 350 | 519 | 1025 | 2400 | 3385 |
| 发动机转速(r/min) | 1500 | 1500 | 1500 | 1500 | 1500 | 1000 | 1000 |
| 废烟气排量(m³/h) | 418 | 904 | 1278 | 2509 | 4815 | 37 472 | 51 928 |
| 废烟气温度(℃) | 540 | 415 | 450 | 453 | 445 | 450 | 446 |
| 废烟气排热量(MJ/h) | 263 | 382 | 616 | 1166 | 2199 | 5438 | 7445 |
| 缸套冷却水出口温度(℃) | 99 | 99 | 99 | 99 | 99 | 88 | 88 |
| 缸套冷却水排热量(MJ/h) | 594(857) | 612 | 1350 | 936 | 2937 | 2218 | 2986 |
| 发电热效率(%) | 27.29 | 33.00 | 33.53 | 37.04 | 34.14 | 36.11 | 36.51 |
| 供热效率(%) | 54.27 | 47.37 | 49.07 | 41.36 | 48.55 | 34.30 | 34.50 |
| 总热效率(%) | 81.56 | 80.36 | 82.60 | 78.40 | 82.68 | 70.41 | 71.01 |

4. 燃气内燃发电机组适用范围

燃气内燃发电机组所组成的燃气冷热电分布式能源系统,适合使用在以下主要场合:

(1) 医院与宾馆。医院和宾馆的特点在于对冷热的需求较多、较稳定,而且用电负荷也比较稳定。这样的负载,特别适合燃气发电机组作为主发电的燃气冷热电分布式能源系统。医院与宾馆的装机容量一般在 300~3000kW。

(2) 公共交通枢纽。机场与火车站,运行时间长,建筑物空间高度大,对于电力和供热(制冷)的需求都相当大,这样的负载,非常适合燃气发电机组作为主发电的燃气冷热电分布式能源系统。它们的装机容量一般在 3000~30 000kW。

(3) 制冷(热)需求的工厂。很多工厂的工艺要求有制冷或者加热工序,而且需求量相当大,如注塑、酿酒、窑炉等。它们的装机容量一般在 500~5000kW。

(4) 数据中心。数据中心使用了大量的计算机,其中 40% 的电力给计算机使用,60% 的电力给空调使用,空调则是给计算机降温的。它们非常适合应用燃气冷热电分布式能源系统。发电机组的余热所产生的制冷量,供给计算机冷却使用。它们的装机容量一般在 10 000~50 000kW。

5. 燃气内燃发电机组主流品牌

燃气内燃发电机组的主流品牌分别有康明斯、卡特比勒、颜巴赫、瓦锡兰、道依茨和瓦克夏等,占据了全球 1000~3000kW 燃气内燃发电机组 85% 以上的市场份额。另外,还有高斯科尔曼、三菱等品牌。

康明斯(Cummins)是全球最大的内燃机制造商之一,燃气发电机组的功率覆盖段为 100~2200kW,可以使用天然气、沼气、垃圾填埋气、煤层气、井口气、丙烷等多种气态燃料,生产工厂位于英国。其主要市场为城市燃气冷热电分布式能源系统、石油天然气系统、垃圾填埋场、工业沼气等。它的主要优点在于集成式控制系统,遍布全中国的售后服务网络,有竞争力的价格。在中国的燃气冷热电分布式能源市场上,占据了较大的市场份额。

卡特比勒(Caterpillar)是中国目前保有量最大的燃气发电机组供应商,也是全球最大的工业与农业设备制造商。它的燃气发电机组功率覆盖段为 200~6000kW,可以使用天然气、沼气、垃圾填埋气、煤层气、井口气等多种气态燃料,生产工厂位于美国。其主要市场为煤层气市场与石油天然气市场。它的主要优点是电子化程度偏低,因此对恶劣环境的适应能力较强。卡特比勒在 2011 年收购了道依茨的燃气发电业务,更加奠定了它在煤层气市场的重要地位。

颜巴赫(Jenbacher)是世界上最专业的燃气发电机组制造商,它所提供的燃气发电机组,几乎可以直接使用任何可燃气体。它的发电机组功率覆盖段为 $300\sim9000kW$，可以使用天然气、沼气、垃圾填埋气、煤层气、高炉气等多种气态燃料，生产工厂位于奥地利和中国。其主要市场为沼气市场。颜巴赫的主要优点就是对可燃气体的适应能力较强。颜巴赫在 2011 年收购了瓦克夏公司，目前两个品牌处于共存状态。

6. 分布式能源系统中如何选择燃气内燃发电机组

对于燃气冷热电分布式能源系统，选择燃气内燃发电机组有两个原则：以热定电和以电定热。

以热定电，指的是按照系统需求的最大供热（冷）量全部由发电机组的余热来提供，然后根据这个余热量，来选择相对应的发电机组。这样搭建的系统，优点在于经济性较好，可以在最短时间内收回初期投资。但是，由于在一般的建筑物中，对于供热（冷）量的需求，一般远远大于供电量，所以以热定电的选择方式，往往会造成发电机组的容量远远超出实际用电量。由于中国电网目前尚未完全开放上网售电的市场，因此整个系统采用以热定电的模式，可能造成较大的初期投资浪费。

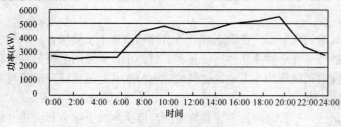

图 2-5　预测负荷—时间曲线

以电定热，指的是按照建筑物使用的最大（或平均）供电量，来选择燃气发电机组。然后将燃气发电机组所能提供的余热量尽量全部利用，不足部分用锅炉、离心式冷水机组或者溴化锂空调机组等调峰设备进行补充。这样搭建系统的好处，就是初期投资会比较小，但是由于很多设备处于备用状态，不能充分利用，从而造成收益降低，投资回收期较长。

实际上，如何选择燃气内燃发电机组，是一个十分复杂的工作，选型原则如下。

第一步，根据预测负荷曲线，以及发电机组的功率段，来初步确定发电机组的功率。图 2-5 是预测负荷—时间曲线，图 2-6 是某品牌发电机组功率表。

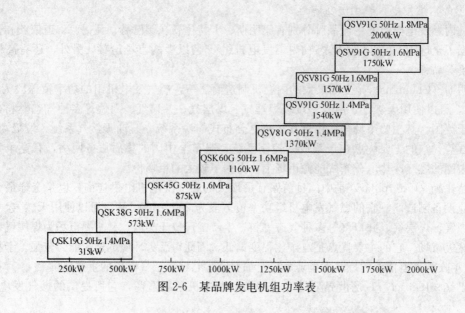

图 2-6　某品牌发电机组功率表

燃气内燃发电机组的制造理念，均是按照重载长时间运行模式来设计的。所以燃气内燃发电机组效率最高点，都是100%负荷。因此，让每一台燃气发电机组保持尽可能大的功率，尽可能长的运行时间，是确定内燃发电机组功率首先要考虑的问题。

根据用户的负荷曲线，可以看出该建筑物的基本负荷为2600kW，最大负荷为5500kW。发电机组的匹配原则，应该是重载型机组尽可能满足或者略微超过基本负荷，常载型机组承担白天的主要负荷，备用型机组承担尖峰负荷。如果发电机组可以与市电并联运行，那么容量应适当小于建筑物的用电负荷；如果发电机组为孤岛运行，那么发电机组的容量应该大于建筑物的用电负荷。

对于基本负荷而言，有两款发电机组比较合适，一款是1370kW，一款是2000kW。运行在这个时间区段的发电机组，将处于24h连续运行状态。例如，某建筑物早上8点到晚上8点之间，用电负荷迅速增加到4500kW以上。增加的这2100kW用电量，用2000kW的发电机组比较合适，这台发电机组每天的运行时间为12h。综合来看，该建筑物选择2台2000kW燃气发电机组比较合适。运行方式如下：一台机组处于长期满载运行状态，早上8点到晚上8点另外一台机组投入运行。电力需求不足的部分，由市电补充。每30天，两台机组的运行顺序进行一次轮换。

第二步，根据实际负荷，校验燃气发电机组的性能。燃气发电机组的另外一个特点，就是不能承受大负载的突加或者突减。这个大负荷，指的是燃气发电机组额定容量的30%。如果建筑物内有大功率电动机，就需要根据它的功率，来安排客户端大功率设备的启动顺序。如果不能避免出现大功率设备启动容量，超过燃气发电机组额定容量30%的情况，那么就需要适当增加燃气发电机组的额定功率。

根据中国目前的现状，在燃气冷热电分布式能源系统设计容量时，燃气发电机组的功率建议略小于基本负载，这样可以保证较高的带载率，以及较低的初期投资。

**(二) 燃气内燃发电机组设计要点**

燃气发电机组对于大多数设计单位来说，都属于一个相对陌生的设备。目前，也没有国家标准与相应规范。为了给设计人员提供一些基本思路，将参考国外制造厂商的经验和安装指南，全面的介绍燃气内燃发电机组在设计过程中需要注意的一些问题。

1. 如何使用燃气内燃发电机组参数表

任何一种机电产品，都需要提供参数表。燃气发电机组的参数表相对于其他设备而言，是比较复杂的。在这里，以某制造商生产的1750GQNB机型为例进行说明。参数表分为如下七个部分。

(1) 框架性参数。框架性参数一般位于参数表的首页，见表2-4。

表2-4　　　　　　　　　　　　　　　框架性参数

| 型号 | 1750GQNB | $NO_x$ 排放指标 | 500mg/m³ (标况) |
|---|---|---|---|
| 频率 | 50Hz | 中冷水进水温度 | 50℃ |
| 燃料类型 | 天然气 (甲烷指数大于77) | 缸套水出水温度 | 95℃ |

框架性参数，主要标明了机组的型号、输出电压的频率、适用燃气的品质、排放指标、低温冷却水进水温度和高温冷却水出水温度。这些指标，确定了机组的使用范围与使用方式。

(2) 燃气消耗量指标。使用燃气发电机组，最关心的问题就是燃气消耗量或者发电效率。这个指标对于投资的回收周期、发电成本等，有着至关重要的影响，见表2-5。

**表 2-5** 燃气消耗量指标

| 燃料消耗率（ISO3046/1） | 100%额定负载 | 90%额定负载 | 75%额定负载 | 50%额定负载 |
|---|---|---|---|---|
| 燃气消耗率（LHV）[ISO3046/1，kW（MMBTU/h）] | 4513（15.41） | 4078（13.93） | 3448（11.78） | 2456（8.39） |
| 机械效率 ISO3046/1（%） | 39.9 | 39.8 | 39.2 | 36.9 |
| 发电效率 ISO3046/1（%） | 38.8 | 38.6 | 38.1 | 35.6 |

（3）发动机指标。发电机组的核心是发动机，参数表里面需要详细列出发动机的各项指标，包括生产商、发动机缸数、排量、吸气方式、机械输出功率、平均爆发压力、缸径、冲程、额定转速、活塞平均速度、压缩比、润滑油消耗量等基本指标。

在燃料方面，标明燃气的工作压力以及所能适用的燃料最小甲烷值。

在启动方式里，标注这种类型的发电机组可以适用的启动类型。如果是电启动，则标注启动电压和启动容量；如果是气启动，则标注出启动空气的压力和启动空气的流量。

发电机组的长、宽、高以及质量等运输参数，也应标注出来，见表 2-6。

**表 2-6** 发 动 机 指 标

| 发动机 | 康明斯 | 再生功率(kW) | N/A[①] |
|---|---|---|---|
| 发动机型号 | QSV91G | 满载润滑油消耗量{g/kWh[g/(hp·h)]} | 0.5(0.67) |
| 缸数 | V18 | 燃料 | |
| 排量[L(cu.in)] | 91.6(5591) | 燃气供气压力(10⁵Pa) | 0.2(3.0) |
| 涡轮增压器数量 | Turbocharged(4) | 最低甲烷指数 | 77 |
| 发动机总输出功率[kW(hp)] | 1802(2416) | 启动系统 | |
| 平均爆发压力[bar(psig)] | 16(232) | 启动电压(V) | 24 |
| 缸径[mm(in)] | 180(7.09) | 最小电池容量(Ah) | 720 |
| 行程[mm(in)] | 200(7.87) | 空气启动压力(10⁵Pa) | 10.3(150) |
| 转速(r/min) | 1500 | 空气启动气流(m³/s，标况) | 0.37(780) |
| 活塞速度(m/s) | 10(1968) | 发动机尺寸 | |
| 压缩比 | 12:1 | 长(m) | 6.24(20.47) |
| 润滑油容积[L(qt)] | 560(592) | 宽(m) | 2.10(6.89) |
| 最高允许转速(r/min) | 1800 | 高(m) | 3.10(10.17) |
| | | 质量(kg) | |

① 表示不适用。

（4）热平衡指标。热平衡指标，描述了能量在发电机组中的分布规律。可以在热平衡指标表中看出燃料所产生的能量，在机械输出上、烟气中、润滑油中、高温水中、低温水中以及通过机体散发到空气中的能量等。该表格中，标注了各个功率下不同的热量分布。

下游用热设备的匹配，其功率需要根据这些参数来决定。例如，表 2-7 中标明了高温水中的热量为 672kW，那么选择板式换热器的功率就应该在 700kW 左右。

**表 2-7** 热 平 衡 指 标

| 能量数据 ＼ 项目 | 100%负载 | 90%负载 | 75 负载 | 50%负载 |
|---|---|---|---|---|
| 连续轴输出功率[kW（bhp）] | 1802(2416) | 1622(2174) | 135(1810) | 906(1214) |

续表

| 能量数据 \ 项目 | 100%负载 | 90%负载 | 75负载 | 50%负载 |
|---|---|---|---|---|
| 发电机连续输出功率(kW) | 1750 | 1575 | 1312.5 | 875 |
| 润滑油冷却器散热量[kW(MMBTU/h)] | 235(0.80) | 217(0.74) | 202(0.69) | 170(0.58) |
| 机体散热量[kW(MMBTU/h)] | 521(1.78) | 505(1.72) | 459(1.57) | 393(1.34) |
| 中冷水回路散热量[kW(MMBTU/h)] | 406(1.39) | 367(1.250) | 333(1.14) | 272(0.93) |
| 缸套水回路散热量[kW(MMBTU/h)] | 672(2.29) | 600(2.05) | 488(1.67) | 348(1.19) |
| 未燃烧能量[kW(MMBTU/h)] | 118(0.40) | 108(0.37) | 93(0.32) | 70(0.24) |
| 辐射到空气中的能量[kW(MMBTU/h)] | 287(0.98) | 259(0.88) | 217(0.74) | 158(0.54) |
| 烟气降到105℃时可用能量[kW(MMBTU/h)] | 1115(3.81) | 1017(3.47) | 877(2.99) | 646(2.20) |

(5) 进排气指标。进排气指标，描述了发电机组在不同功率下，进气的阻力和排气的阻力、温度、流量等。该数据为下游设备的设计提供了依据。其中一个很重要的指标是排气背压。下游设备和管道的阻力计算中，这个值是严禁超标的。否则会引起发动机输出功率下降，见表2-8。

表2-8 进排气指标

| 进气 | | | | |
|---|---|---|---|---|
| 空气进气质量流量(kg/s) | N/A | N/A | N/A | N/A |
| 空气进气体积流量(m³/s) | N/A | N/A | N/A | N/A |
| 空气过滤器的最大阻力(mmHg) | 36.70(19.7) | 33.03(17.7) | 27.53(14.8) | 18.35(9.8) |
| 排气 | | | | |
| 排气质量流量[kg/s(ib/hr)] | 2.77(21938) | 2.49(19721) | 2.08(016474) | 1.43(11326) |
| 排气体积流量[m³/s(cfm)] | 6.06(12823) | 5.48(11601) | 4.66(9866) | 3.29(6963) |
| 涡轮排气温度[℃(℉)] | 499(930) | 504(939) | 518(964) | 539(1002) |
| 排气系统最大背压[mmHg(inH₂O)] | 37.3(20.0) | 37.3(20.0) | 37.3(20.0) | 37.3(20.0) |
| 排气系统最小背压[mmHg(inH₂O)] | 18.7(10.0) | 18.7(10.0) | 18.7(10.0) | 18.7(10.0) |

(6) 冷却水指标。冷却水指标，描述了发电机组在不同功率下，不同冷却水系统中温度、流量等数据的变化数值。这些数值是设计换热系统、散热系统的基本依据。例如，低温水需要在50m之外进行冷却。机组自带的水泵，没有能力将水推到那么远的地方，需要选择新的水泵，因此，0.05MPa的压力和38m³/h的流量，就是新水泵的重要指标，见表2-9。

表2-9 冷却水指标

| 高温冷却水回路 | | | | |
|---|---|---|---|---|
| 高温机冷却水容量[L(gal)] | 424(112) | 424(112) | 424(112) | 424(112) |
| 高温冷却水流量[m³/h(gal/min)] | 60(264) | 60(264) | 60(264) | 60(264) |
| 高温冷却水最高回水温度(℃) | 82(180) | 82(180) | 82(180) | 82(180) |
| 高温冷却水出水温度(℃) | 95(203) | 95(203) | 95(203) | 95(203) |
| 高温冷却水回路外部最大阻力[10⁵(psig)] | 1.5(22) | 1.5(22) | 1.5(22) | 1.5(22) |
| 高温冷却水回路的最大压力[10⁵(psig)] | 4.5(65) | 4.5(65) | 4.5(65) | 4.5(65) |
| 最小静压[10⁵Pa(psig)] | 0.5(7) | 0.5(7) | 0.5(7) | 0.5(7) |

续表

| 低温冷却水回路 | | | | |
|---|---|---|---|---|
| 低温冷却水容量[L(gal)] | 295(78) | 295(78) | 295(78) | 295(78) |
| 低温冷却水流量[m³/h(gal/min)] | 38.00(167) | 38.00(167) | 38.00(167) | 38.00(167) |
| 低温冷却水最高回水温度(℃) | 50(122) | 50(122) | 50(122) | 50(122) |
| 低温冷却水出口温度(℃) | 60.0(140) | 60.0(140) | 60.0(140) | 60.0(140) |
| 低温冷却水回路外部最大阻力[$10^5$Pa(psig)] | 1.5(22) | 1.5(22) | 1.5(22) | 1.5(22) |
| 低温冷却水回路的最大压力[$10^5$Pa(psig)] | 4.5(65) | 4.5(65) | 4.5(65) | 4.5(65) |
| 最小静压[$10^5$Pa(psig)] | 0.5(7) | 0.5(7) | 0.5(7) | 0.5(7) |

(7) 排放指标。排放指标，描述了发电机组在不同功率下，尾气中有害物质的浓度。发动机尾气中的有害物质，除了 $NO_x$ 之外，还有 CO 与各种碳氢化合物。需要说明的是各种排放物指标，如果随功率的变化，比较平稳，说明排放控制系统采用了比较先进的闭环控制，见表 2-10。

表 2-10　　　　　　　　　排　放　指　标

| 排　放 | | | | | |
|---|---|---|---|---|---|
| 氮氧化物排放(湿)(ppm) | 4 | 152 | 153 | 158 | 215 |
| 烟气中氮氧化物排放量[mg/m³(g/hp-h)] | 4 | 500(1.19) | 500(1.20) | 512(1.24) | 673(1.74) |
| THC 排放(湿)(ppm) | 13 | N/A | N/A | N/A | N/A |
| 烟气中 THC 排放量[mg/m³(g/hp-h)] | 13 | N/A | N/A | N/A | N/A |
| $CH_4$ 排放(湿)(ppm) | 13 | 1525 | 1525 | 1575 | 1740 |
| 烟气中 $CH_4$ 排放量[mg/m³(g/hp-h)] | 13 | 1750(4.15) | 1730(4.14) | 1770(4.28) | 1900(4.90) |
| NMHC 排放(湿)(ppm) | 13 | N/A | N/A | N/A | N/A |
| 排气中 NMHC 排放量[mg/m³(g/hp-h)] | 13 | N/A | N/A | N/A | N/A |
| CO 排放(干)(ppm) | 13 | 640 | 645 | 660 | 710 |
| CO 排放速率(mg/m³) | 13 | 1120(2.70) | 1120(2.70) | 1130(2.70) | 1180(3.00) |
| 氧气排放(干) | 13 | 9.4 | 9.3 | 9.2 | 8.8 |
| 颗粒物 PM10 | 13 | N/A | N/A | N/A | N/A |

(8) 功率折损表，见表 2-11。

表 2-11　　　　　　　　　功　率　折　损　表

| 气压 | | 高度 | | 并网运行时的功率折损系数 | | | | | | | |
|---|---|---|---|---|---|---|---|---|---|---|---|
| inHg | mbar | in | m | | | | | | | | |
| 20.7 | 701 | 9843 | 3000 | 0.75 | 0.70 | 0.70 | N/A | N/A | N/A | N/A | N/A |
| 21.4 | 723 | 9022 | 2750 | 0.80 | 0.75 | 0.75 | 0.70 | N/A | N/A | N/A | N/A |
| 22.1 | 747 | 8202 | 2500 | 0.85 | 0.85 | 0.80 | 0.75 | 0.70 | N/A | N/A | N/A |
| 22.8 | 771 | 7382 | 2250 | 0.90 | 0.85 | 0.85 | 0.80 | 0.75 | 0.70 | N/A | N/A |
| 23.5 | 795 | 6562 | 2000 | 0.95 | 0.85 | 0.85 | 0.85 | 0.80 | 0.75 | N/A | N/A |
| 24.3 | 820 | 5741 | 1750 | 1.00 | 1.00 | 0.90 | 0.90 | 0.85 | 0.80 | 0.75 | N/A |

| 气压 | | 高度 | | 并网运行时的功率折损系数 | | | | | | | | |
| --- | --- | --- | --- | --- | --- | --- | --- | --- | --- | --- | --- | --- |
| inHg | mbar | in | m | | | | | | | | | |
| 25.0 | 846 | 4921 | 1500 | 1.00 | 1.00 | 0.95 | 0.95 | 0.90 | 0.85 | 0.80 | 0.70 | N/A |
| 25.8 | 872 | 4101 | 1250 | 1.00 | 1.00 | 1.00 | 1.00 | 0.95 | 0.90 | 0.85 | 0.75 | 0.70 |
| 26.6 | 899 | 3281 | 1000 | 1.00 | 1.00 | 1.00 | 1.00 | 1.00 | 0.95 | 0.90 | 0.85 | 0.75 |
| 27.4 | 926 | 2461 | 750 | 1.00 | 1.00 | 1.00 | 1.00 | 1.00 | 1.00 | 1.00 | 0.90 | 0.85 |
| 28.3 | 954 | 1640 | 500 | 1.00 | 1.00 | 1.00 | 1.00 | 1.00 | 1.00 | 1.00 | 1.00 | 0.90 |
| 29.1 | 983 | 820 | 250 | 1.00 | 1.00 | 1.00 | 1.00 | 1.00 | 1.00 | 1.00 | 1.00 | 1.00 |
| 29.5 | 995 | 492 | 150 | 1.00 | 1.00 | 1.00 | 1.00 | 1.00 | 1.00 | 1.00 | 1.00 | 1.00 |
| 30.0 | 1012 | 0 | 0 | 1.00 | 1.00 | 1.00 | 1.00 | 1.00 | 1.00 | 1.00 | 1.00 | 1.00 |
| | | | ℃ | 20 | 25 | 30 | 35 | 40 | 45 | 50 | 55 | 60 |
| | | | ℉ | 68 | 77 | 86 | 95 | 104 | 113 | 122 | 131 | 140 |
| | | | 空气过滤器内部温度 | | | | | | | | | |

注 温度和高度因素：
(1) 假设 LT 回温在空气过滤器入口最大 LT 温度 50℃之上 10℃。
(2) 如果 LT 温度超过了 50℃，请咨询工厂。
(3) 高度遵照 SAE 标准，周围环境与高度相对照，低压情况下增加 150m。

功率折损表，是一个非常重要的参数表，它反映了在不同海拔和不同气温下，发电机组能够输出的功率。例如，从表 2-11 中可知，1750GQNB 机组在气温为 35℃时，在 1250m 的海拔上，是没有功率折损的。气温为 40℃时，在 1000m 的海拔上，是没有功率折损的。如果表格上没有数据，现实的是 N/A 时，表明机组在这样的状态下，是无法运行的。

需要说明的是，机组是否并网运行，对于功率的折损有着很重要的影响。一般来说，制造商会提供两个功率折损表，一个是并网运行，另一个是孤岛运行。

(9) 热平衡修正表。热平衡修正，主要是考虑到热水在不同的海拔和温度下，热力学性能会发生变化，所以给出一个修正表，以方便设计人员在设计的时候考虑环境因素，见表 2-12。

表 2-12　　　　　　　　　　热平衡修正表

| 气压 | | 高度 | | HT 和 LT 排热数值因高度和外部环境的变化 | | | | | | | | |
| --- | --- | --- | --- | --- | --- | --- | --- | --- | --- | --- | --- | --- |
| inHg | mbar | in | m | | | | | | | | | |
| 20.7 | 701 | 9843 | 3000 | 1.11 | 1.13 | 1.14 | 1.15 | 1.17 | 1.18 | 1.19 | 1.20 | 1.22 |
| 21.4 | 723 | 9022 | 2750 | 1.10 | 1.12 | 1.13 | 1.14 | 1.15 | 1.17 | 1.18 | 1.19 | 1.20 |
| 22.1 | 747 | 8202 | 2500 | 1.09 | 1.10 | 1.12 | 1.13 | 1.14 | 1.16 | 1.17 | 1.18 | 1.20 |
| 22.8 | 771 | 7382 | 2250 | 1.08 | 1.09 | 1.11 | 1.12 | 1.13 | 1.14 | 1.16 | 1.17 | 1.18 |
| 23.5 | 795 | 6562 | 2000 | 1.07 | 1.08 | 1.09 | 1.11 | 1.12 | 1.13 | 1.15 | 1.16 | 1.17 |
| 24.3 | 820 | 5741 | 1750 | 1.06 | 1.07 | 1.08 | 1.10 | 1.11 | 1.12 | 1.14 | 1.15 | 1.16 |
| 25.0 | 846 | 4921 | 1500 | 1.05 | 1.06 | 1.07 | 1.09 | 1.10 | 1.11 | 1.12 | 1.14 | 1.15 |
| 25.8 | 872 | 4101 | 1250 | 1.04 | 1.05 | 1.06 | 1.07 | 1.09 | 1.10 | 1.11 | 1.13 | 1.14 |

续表

| 气压 | | 高度 | | HT 和 LT 排热数值因高度和外部环境的变化 | | | | | | | | |
|---|---|---|---|---|---|---|---|---|---|---|---|---|
| inHg | mbar | in | m | | | | | | | | | |
| 26.6 | 899 | 3281 | 1000 | 1.02 | 1.04 | 1.05 | 1.06 | 1.08 | 1.09 | 1.10 | 1.12 | 1.13 |
| 27.4 | 926 | 2461 | 750 | 1.01 | 1.03 | 1.04 | 1.05 | 1.07 | 1.08 | 1.09 | 1.10 | 1.12 |
| 28.3 | 954 | 1640 | 500 | 1.00 | 1.02 | 1.03 | 1.04 | 1.05 | 1.07 | 1.08 | 1.09 | 1.11 |
| 29.1 | 983 | 820 | 250 | 0.99 | 1.00 | 1.02 | 1.03 | 1.04 | 1.06 | 1.07 | 1.08 | 1.10 |
| 29.5 | 995 | 492 | 150 | 0.99 | 1.00 | 1.01 | 1.03 | 1.04 | 1.05 | 1.06 | 1.07 | 1.09 |
| 30.0 | 1012 | 0 | 0 | 0.98 | 0.99 | 1.01 | 1.02 | 1.03 | 1.05 | 1.06 | 1.07 | 1.08 |
| | | | ℃ | 20 | 252 | 30 | 35 | 40 | 45 | 50 | 55 | 60 |
| | | | ℉ | 68 | 77 | 86 | 95 | 104 | 113 | 122 | 131 | 140 |
| | | | | 空气过滤器内部温度 | | | | | | | | |

**注**　LT 和 HT 电路排热计算：

（1）对照温度的变化来决定数值增减。

（2）用 1 号以上的百分比负荷系数决定前页的散热量。

（3）从表中找到 HT 和 LT 的增加数值。

（4）第二步的结果乘以第三步的结果得到了你所在高度和温度的排热量。

2. 基础设计

所有的大型机电设备，都有一定的重量，而且在工作的时候会产生一定的振动。这些振动被证明是有害的，因此需要对承载设备的基础做出一定要求。制作设备的基础主要有三个方面的考虑：

（1）承载设备的重量。设备的重量有两部分，一部分是设备的湿重（包括机组本身的重量、冷却水的重量以及润滑油的重量等），另一部分是设备的动负荷，对于并联运行的发电机组，为了防止异断相并联，基础的制作必须按照设备湿重的两倍来考虑。

（2）防止设备产生有害变形。为了防止设备本身所产生的有害变形，基础必须有足够的刚度。一般采用混凝土来制作基础，并在混凝土中加一定量的加强钢筋。

（3）隔离振动。设备与基础之间一般都有减振垫，用来隔离设备与房间之间的振动。除此之外，设备的基础与支撑面之间应该加入一定的隔振材料。

任何基础形式下，均建议基础比机组底座在所有方向上多出 500mm。基础的最小厚度可以用下列公式计算

$$FD = \frac{W}{L \times B \times D} \tag{2-2}$$

式中　$FD$——基础厚度；

　　　$W$——机组总湿重；

　　　$L$——基础总长；

　　　$B$——基础总宽；

　　　$D$——混凝土密度（kg/m³）。

【例 2-1】　某大厦项目中使用 C1160N5C 燃气发电机组，散热水箱采用远置，因此机组本身

的尺寸与重量发生了变化。根据制造商提供的数据，机组长度为 4996mm，宽度为 1945mm，单机湿重约为 12 877kg。该项目并联运行的发电机组基础的重量不低于单机两倍湿重。因此建议基础的承载能力不低于 25 800kg。

根据式（2-2）计算得出：

混凝土密度 $D$ 为 2402.8kg/m$^3$。建议混凝土混合体积比：水泥∶沙子∶混凝料＝1∶2∶3，并能承受 100mm 坍塌量、20MPa、28 天的耐压强度，可使用 C20 混凝土。

基础长度 $L$ 为 4996＋2×500＝6000mm，按照 6000mm 取值。

基础宽度 $B$ 为 1945＋2×500＝2945mm，按照 3000mm 取值。

因此，基础厚度 $FD$＝25 800/2402.8/6/3＝0.597m≈600mm。

基础制作方法：发电机组的基础制作方法如图 2-7 所示，在混凝土基础内均匀分布一定数量的钢筋，可以有效增加基础的强度。建议在基础中均匀敷设三层钢筋网格，钢筋直径 10mm，按照 20cm×20cm 敷设，交叉处采用细铁丝绑扎即可。同时，在发电机组基础上浇筑定位孔，以方便发电机组减振弹簧器的固定。

考虑发电机组的振动，基础需要与周边建筑进行隔离。建议底部采用橡胶垫层，侧边采用砂石或小直径卵石。一般来说，机组内部的减振弹簧可以消减 95% 以上的振动；机组与基础之间的弹簧减振器可以消减 90% 以上的振动，再加上基础与建筑物之间的减振措施，基本可以保证将发电机组的振动与建筑主体隔离。

基础的位置放置在两个承重梁之间（或之上），这样可以有效借助梁的支撑力。虽然弹簧减振器可以对机组的水平进行微调，但最可靠的办法是在基础的制作过程中使用水平仪找平。

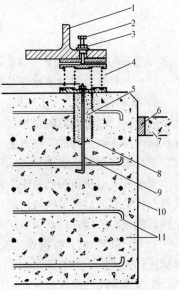

图 2-7　发电机组的基础制作方法
1—垫木；2—水平螺栓；3—适配器垫圈；
4—弹簧减振器；5—灌浆预埋件；6—衬垫；
7—水泥板；8—灌浆；9—固定螺栓；
10—阻尼块；11—加固钢筋

3. 燃气接入系统设计要点

任何一台燃气发电机组，都必须配备专用的天然气供气系统。对于燃气发电机组来说，燃气接入系统的作用就是能够提供清洁、压力稳定、流量稳定的燃料。图 2-8 是一个典型的燃气供应阀组，它包括了手动关断阀、燃气过滤器、燃气压力表、安全关断阀、燃气压力调节器、燃气压力开关、安全排空阀（只有在高压燃气系统中才安装）以及双螺线管电磁阀，整套阀组可以安装在一起，成套供应，以减少现场的工作量。

（1）燃气供应系统主要作用。

1）把输送到燃气发电机组的天然气进行进一步的清洁和处理。

2）保证按机组的运行要求，调节供应到燃气发电机组的天然气流量。

3）保证在燃气发电机组的启动、运行和正常或事故停机时，及时地供给或切断天然气。

（2）燃气供应系统主要组件。

1）气液分离器。燃气过滤器里面安装有液体分离器和自动泄放阀。在天然气供入液体分离器之前，需要对天然气预先过滤，把尺寸大于 $10\mu m$ 的杂质除掉。当天然气进入液体分离器时，通过安装在分离器内部的静止叶片的作用，使天然气发生旋转，进而可以利用离心效应，把残存在天然气中的微粒和水分进一步清除。这些被清除出来的杂质和水分，通过自动泄放阀，由装在

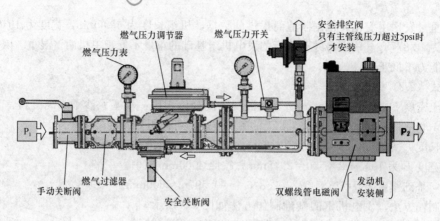

图 2-8 典型的燃气供应阀组

分离器底部的泄放管排走。如果条件允许，可以在自动泄放阀上装一个电加热器。当大气温度低于（12±2）℃时，通过温度开关的作用，可以使电加热器自动投入，以防液体凝结。

2）燃料停止阀。为了停机时能够更可靠地切断天然气的来源，进气系统中采用了两个气体燃料停止阀。两个阀门的结构是完全相同的。但前面那个阀门有放气作用，在停机时，它能把残存在两个停止阀之间的天然气排向大气。这两个阀门都是电动操纵的膜式阀，通过电磁阀的控制，来操作燃料停止阀的开关动作。

当燃气发电机组控制系统中的跳闸继电器带电时，电磁阀就会动作，从而打开燃料停止阀。天然气将全部通过调节阀流向燃气发电机组。当跳闸继电器失电时，电磁阀失电而关闭。燃料停止阀就能立即关闭，以确保机组迅速地停止下来。

3）燃气调节器。根据机组控制系统中的脉宽调制信号，进行电液转换、液压放大，并通过机械连杆去操纵天然气调节阀的拉杆位置，即改变阀的开度，来调节通过阀门的燃气流量。当然，流经调节阀的燃气流量与阀体的型线和压力降有关。调节阀体的型线是根据阀前的天然气压力保持恒定不变的条件设计的。因而，在燃料停止阀的前面需要专门安装一个调压器，以确保调节器的压力稳定。

4. 排烟系统设计要点

排烟系统是关系到燃气发电机组能否达到额定输出功率的关键因素。任何发动机，如果排烟系统的背压超过允许值，则发动机无法达到满功率，严重的时候甚至出现熄火。

对于燃气冷热电分布式能源系统，为了充分利用尾气中的热量，排烟管道上要增加各种换热设备，从而进一步增加了排烟系统的阻力。排烟系统的设计，是燃气发电机组设计中最复杂的部分。该系统的复杂性体现在以下几方面。

管道距离长：随着日益严格的环保要求，发电机组的排烟都要求排至建筑物顶端。这个长度往往超过 100m。

排烟阻力大：钢制管道在 500℃ 时，长度延伸量约 3%，这将严重损坏烟管的固定支架。为了抵消烟管因为热胀冷缩而造成的巨大应力，必须在管道上加装钢制膨胀节。同时，弯头、消声器、换热设备等，也会造成大量的阻力。

保温要求高：良好的保温，可以让烟气的热量全部排出室外，或者进入余热利用设备。发动机烟气成分主要是 $CO_2$ 与水蒸气，发动机的排烟管道很长，如果温度下降太快，烟气有可能在还没有排出烟囱之前就冷却至 100℃ 以下。因此烟气中的水蒸气将变成液态水倒灌回发动机，从而严重损坏发动机气缸。

图 2-9 是发电机组排烟管道典型安装示意图。一般来说，排烟管道每隔 6m 需要安装一个膨胀节，管道在每个膨胀节之后要增加约 2.54cm 的直径，总长度不宜超过 27m。当然，这只是一个快速判断的经验值，如果现场条件不允许做简单的烟管，还可以进行更加精确的计算。

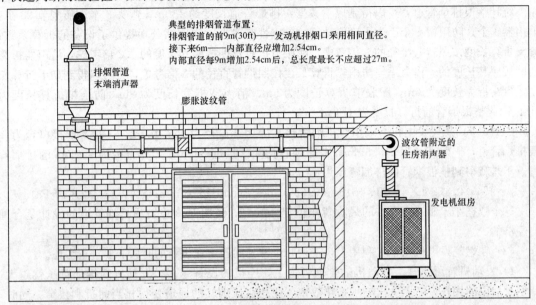

图 2-9　发电机组排烟管道典型安装示意图

（1）典型排烟管道布置。每个发动机厂家都会提供一个发动机实际能够承受的背压值，只要烟管的背压没有超过这个数值，就不会损坏发动机的气门。

为了确保排烟管道的排气背压不超过制造商规定的数值，必须对排烟管道的背压进行计算。背压计算公式为

$$p = \frac{L \times S \times Q^2}{5184 \times D^5} \tag{2-3}$$

$$S = \frac{365}{273 + t} \tag{2-4}$$

式中　　$p$——排烟管道背压；

　　　　$L$——长度；

　　　　$S$——烟气在特定温度下的比重；

　　　　$t$——排烟温度；

　　　　$Q$——烟气的流量；

　　　　$D$——烟囱的直径。

式（2-4）中，发动机确定之后，$S$ 与 $Q$ 就是一个固定值，因此确定排烟背压大小的就是长度 $L$ 与烟囱的直径 $D$。如果设计中存在烟管直径改变的情况，需要分段进行计算，然后将数值进行累加。

【例 2-2】　某建筑的发电机组排烟管道布置：在发动机双排烟口各安装一个膨胀节（长度约 0.3m），然后安装一个 Y 形转换接头（长度约 0.5m），将两个排烟管合为一根烟管。在 Y 形接口上方安装一根直管（长度约 1m），然后接一个弯头，烟管转为水平走向。安装一个高功率消声器（长度约 2m），再通过直管将烟道引至机房墙壁处，通过一个弯头，烟管转向，一直延伸至排烟井（该段长度约 36m），通过一个弯头，排烟管道转向垂直，一直延伸至大楼顶部（该段长度约

115m），为了防止雨雪落入发动机排烟管道，在排烟管出口设置一个防雨帽。

根据制造商提供的数据，C1160N5C 燃气发电机组排烟温度为 490℃，排烟量为 14 490 m³/h，那么就可以得到 $S=0.478\ 4$，$Q=4.025\text{m}^3/\text{s}$。

统计整根排烟管道，可以得到以下数据：排烟管道长度约 150m，弯头 3 个，膨胀节 25 个，消声器 1 个，防雨帽 1 个。为了确保计算的准确性与简便，康明斯公司提供了设备的折算系数：弯头折算长度按照转弯半径的 3 倍考虑，膨胀节折算长度按照其长度的 1.2 倍考虑，消声器折算长度按照其长度的 4 倍考虑，防雨帽折算长度按照烟管直径的 3 倍考虑，则可以得到如下折算长度：弯头折算长度为 6m，膨胀节折算长度为 9m，消声器折算长度为 8m，防雨帽折算长度为 1m，因此整根烟管的折算长度为 174m。

C1160N5C 燃气发电机组采用双排烟管道，排烟管口径为 152.4mm。采用 Y 形接口合为一根排烟管道，等效直径为 215.5mm。考虑烟管长度已接近 200m，选择直径为 350mm 的排烟管道。于是就得到整根烟管的排烟背压为

$$p=174\times0.478\ 4\times4.025^2/(5184\times0.35^5)=49.5(\text{mmHg})(1\text{mmHg}=1.333\ 22\times10^2\text{Pa})$$

这个数据小于制造商允许的最大背压值 51mmHg，说明对该建筑物排烟管道的设计是合理与经济的。

（2）在燃气发电机组烟气利用上，下列几个常见问题，在设计的时候需要进行考虑。

1）发动机背压问题。发动机的排烟管道上，连接的设备越多，发动机的排烟背压就越大。特别是后段的用热设备，为了增加换热效率，往往会让烟气的通道变得相当曲折和狭窄。同时，为了保护用热设备的安全，这些管道上往往需要增加很多阀门。因此，容易增加发动机烟道的总背压，而且还有烟道被阀门截断的安全隐患。

所以在设计过程中，首先需要了解的就是用热设备的烟气阻力。阻力越小的设备，价格就越贵，阻力越大价格越便宜。遇到阻力超过发动机背压最高限制的状况时，需要在阻力最大的一个管路的末端加装引风机，用来减少管路的背压。在管路的末端，由于烟气中大部分的热量已经被吸收，因此烟气温度也不会很高，一般都在 150℃左右，选择引风机的时候注意这个温度。

另外一个需要考虑的问题，就是在任何一种工作状态或者故障状态时，都要确保烟气管路的畅通。所以在管路上最好不要加装任何安全阀门，如果必须加装，则需要在阀门前段安装旁通管道。

2）排烟管道安装设备安全问题。燃气发动机在运行过程中，负载的突然变化，会导致燃料不能完全燃烧。这一部分没有能够完全燃烧的甲烷，会随着排烟进入大气之中。但是当排烟管道上有其他设备时，如吸收式冷（热）水机组、余热锅炉、消声器等，排烟管道就会变得不够光滑。尤其是圆形管道变成方形管道时，甲烷这种低密度的气体就有可能储存在角落中，不容易排散，一旦遇到排烟管道中的火星，就会在局部形成爆炸。一般来说，这样的爆炸能量比较小，只会引起管道发生轻微的震动。但是在管道变形或者比较曲折的地方，所发生的爆炸能量可能就会比较大，严重时，能够引起管道的损坏，甚至破坏用热设备。为了避免这样的情况出现，建议在这些位置的前方 1m 左右安装泄爆阀。一旦发生爆炸的能量比较大，管道内的压力超过预先设定的压力值时，泄爆阀的膜片就会破裂，从而将爆炸压力泄放出去。

（3）高温烟气氮氧化物及碳氧化物处理及利用。

1）烟气中氮氧化物及碳氧化物处理。由燃气内燃发电机发电的原理可知，空气与燃气在燃烧时是有一定的比例的，假若按照这个理论配比进行燃烧或是在这个理论配比中空气更多一些，那么排放的尾气中几种气体的含量就会发生变化，如图 2-10 所示，当采用稀薄燃烧的时候，尾气中碳氢化合物、碳氧化合物及氮氧化合物的含量相对是最低的，而目前国际上比较先进的燃气

发电技术就是利用稀薄燃烧，使燃料能得以充分燃烧，并且使之尽可能地降低尾气中有害气体的排放。而按理论配比进行燃烧时，这几种化合物的含量相对来说是最高的，在目前对排放要求越来越严的情况下，稀薄燃烧无疑会成为一种更加符合现代要求的技术。

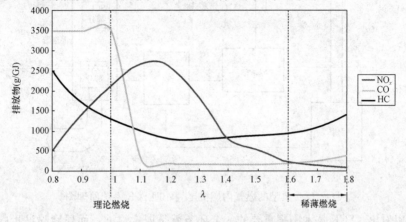

图 2-10　空气、燃气配比与尾气的排放曲线

图 2-11 给出了稀薄燃烧和按理论配比进行燃烧对排放物含量影响的最直接的反映，而且还对是否采用 SCR/OXI 技术对尾气的成分及含量的影响进行了对比，由图中可以看出，在采用稀薄燃烧并使用 SCR/OXI 技术时，尾气中氮氧化合物的含量是最低的。

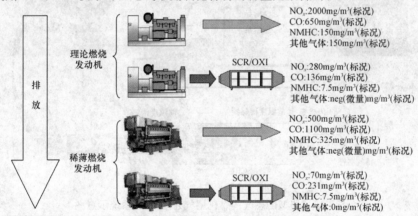

图 2-11　稀薄燃烧和按理论配比进行燃烧对排放物含量的影响

由图 2-12 可以看出，在运用稀薄燃烧并采用 SCR/OXI 技术时，可以将尾气中氮氧化物的含量降到 $100mg/m^3$（标况）以下，基本对大气没有污染，而 SCR/OXI 系统中的反应可以用以下几个方程式表达

$$6NO + 4NH_3 = 5N_2 + 6H_2O$$

$$4N + 4NH_3 + O_2 = 4N_2 + 6H_2O$$

$$6NO_2 + 8NH_3 = 7N_2 + 12H_2O$$

$$2NO_2 + 4NH_3 + O_2 = 3N_2 + 6H_2O$$

$$NO + NO_2 + 2NH_3 = 2N_2 + 3H_2O$$

$$CO + O_2 = CO_2$$

$$2C_2H_2 + 3O_2 = 2CO_2 + 2H_2O$$

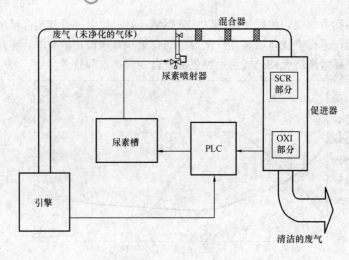

图 2-12　典型的燃气内燃机尾气处理 SCR 系统原理图

由图 2-13 可以看出，SCR 技术中很重要的一个环节就是尿素喷淋，而尿素喷淋量的多少对烟气中氮氧化物的含量影响很大，这其中的关系可以用图 2-14 表示。

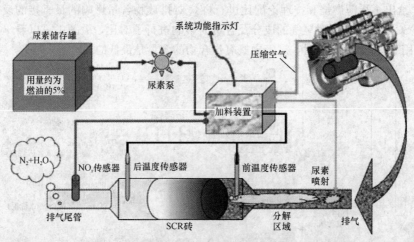

图 2-13　典型的燃气内燃机尾气处理 SCR 系统示意图

由图 2-14 可以看出，当发电机组排出的烟气为 2000gr 时，只有在 $NH_3$ 的喷洒量为 2000gr 时，最后尾气中氮氧化物的含量才为零，也就是只有比例为 1：1 时，效果最好。表 2-13 是烟气中氮氧化物的含量在经过 SCR/OXI 技术前后的对比。

表 2-13　　　　　　　　烟气中氮氧化物的含量在经过 **SCR/OXI** 技术前后的对比

| 主要排放物（催化前）[ppm（7.3%）] | | 主要排放物（催化后）[ppm（7.3%）] | |
| --- | --- | --- | --- |
| NO | 200 | NO | 28.5 |
| NO | 60 | NO | 15.3 |
| $NO_x$ | 150～220 | $NO_x$ | 43.8 |
| CH | 30 | CH | 0.75 |
| CO | 500 | CO | <30 |

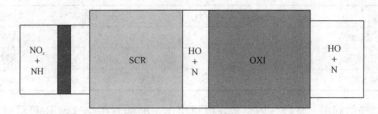

氮氧化物的减少

尿素的注入量是严格按照计算和平均寿命来注入的

| 发动机中NO$_x$的含量 | NH注入量 | 经SCR技术处理后的NO$_x$含量 | 经OXI技术处理后的NO$_x$含量 |
| --- | --- | --- | --- |
| 2000g | 1000g | 1000g | 1000g |
| 2000g | 2000g | 0g | 0g |
| 2000g | 3000g | 0g | 1000g |

图 2-14  尿素喷淋量对烟气中氮氧化物含量的影响

由表 2-13 可以看出，在经过 SCR/OXI 系统处理之后，尾气中所有有害气体的含量相对处理之前都有了一个大幅度的降低，这种尾气不仅能够满足世界各国的排放标准，而且非常环保。

SCR 系统组成：SCR 本体、执行系统、采样系统、控制系统、储存系统等组成。图 2-15 是 SCR/OXI 系统及部分部件实体图片。表 2-14 为 SCR 系统选型表。

(a)

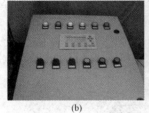  

(b)                    (c)                    (d)

图 2-15  SCR/OXI 系统及部分部件实体图片

(a) SCR/OXI 系统；(b) SCR 控制系统；(c) SCR 本体；(d) SCR 采样 NO$_x$ 传感器

表 2-14 　　　　　　　　　　　SCR 系统选型表

| 序号 | 型　　号 | NO$_x$（mg/m³） | 外形尺寸（mm×mm×mm） | 备　注 |
| --- | --- | --- | --- | --- |
| 1 | TS-500 | 100 | 800×800×1200 | 500kW 燃气发电机组 |
| 2 | TS-1000 | 100 | 1000×1000×1200 | 1000kW 燃气发电机组 |
| 3 | TS-1500 | 100 | 1200×1200×1750 | 1500kW 燃气发电机组 |
| 4 | TS-1800 | 100 | 1400×1400×2550 | 1800kW 燃气发电机组 |

| 序号 | 型　号 | $NO_x$（$mg/m^3$） | 外形尺寸（$mm×mm×mm$） | 备　注 |
|---|---|---|---|---|
| 5 | TS-2000 | 100 | 1600×1600×3000 | 2000kW 燃气发电机组 |
| 6 | TS-2500 | 100 | 1800×1800×3500 | 2500kW 燃气发电机组 |
| 7 | TS-3000 | 100 | 2000×2000×4500 | 3000kW 燃气发电机组 |

2）高温烟气的利用。从燃气内燃机发电机组出来的烟气在经过 SCR/OXI 技术处理后，尾气中的主要成分变成了二氧化碳，而在烟气进入 SCR/OXI 系统之前，必须进行降温处理，保证进入系统的烟气的温度不能超过 500℃，烟气在经过各系统前后的温度变化如图 2-16 所示。

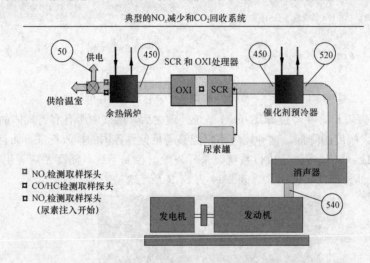

图 2-16　烟气在经过各系统前后的温度变化（温度单位为℃）

由图 2-16 中可以看出，烟气的温度变化有两次，而其实在烟气温度降低的过程中也包含了能量利用的过程，而且最后尾气中富含的二氧化碳也是可以加以利用的，图 2-17 可以很详细地表述烟气及内燃机缸套水能量交换及利用的过程。

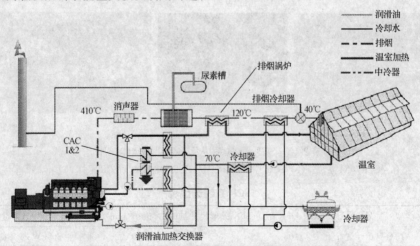

图 2-17　烟气及内燃机缸套水能量交换及利用的过程

烟气不利用时的设计方案：如果不利用发动机的烟气，就和普通的电站设计方案一致，主要考虑的就是背压问题和防爆问题。

5. 通风系统设计要点

发电机组在运行时，燃料燃烧的能量中只有35%～40%可以转化为电能，其余能量都是以热的形式散发出来的，具体分布情况见图2-18。

对于一台燃气发电机组来说，燃料的能量约有40%是以电能的方式输出的，大约有25%将从发动机的尾气中排掉，15%将从风冷式闭式缸套冷却器散发掉，5%将从中冷器中散发掉，5%将从燃油、润滑油中散发掉，10%将从发电机组本身散发掉。

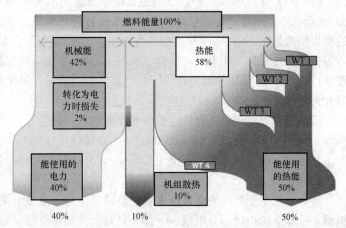

图2-18　燃气发电机组能量分布图

图2-18中WT1、WT2、WT3分别指的是润滑液体的热量、中冷器的热量以及缸套水的热量，WT4指的是发动机尾气的热量。部分热量使用散热风扇可以将其散发掉，尾气的热量可以通过排烟管道排出。由此可以看出，在建筑物中，机房通风的主要目的有两个：一个是排掉发电机组本身所散发出来的热量；另一个是供应发电机组燃料燃烧时所需要的空气。

发电机房的通风量可用下列公式进行估算

$$V = \frac{H}{1.099 \times 0.017 \times \Delta t} + V_a \qquad (2-5)$$

式中　$V$——通风量（$m^3/min$）；

$H$——热辐射（kW）；

$\Delta t$——发电机房允许的温升（℃）；

$V_a$——发电机组燃料燃烧所用空气量（$m^3/min$）。

图2-19表示了在远置散热水箱状况下的发电机房内通风的解决方案。

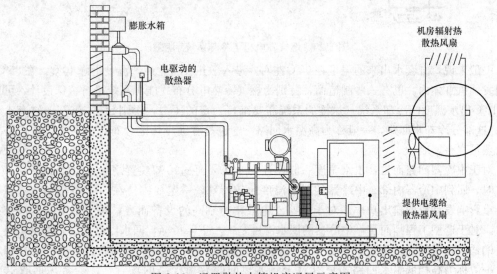

图2-19　远置散热水箱机房通风示意图

注：散热器的最大高度取决于发动机机型的高度，以最高3m为限。大多数康明斯发动机可以支持18m的静态冷却头。如果散热器每增加3m，应安装合适的中间隔离水箱。

【例2-3】 C1160N5C型燃气发电机组本身散发出来的热量为254kW，机组燃烧所需空气量为9600m³/h。同时，需要考虑裸露在外面没有进行保温处理的管道所散发出来的热量。根据制造商提供的数据，C1160N5C型燃气发电机组的排烟管道直径为152.4mm。查表可以得到这种管道每分钟散热量为156kJ/m，折合2.6kW/m。由于发电机组排烟管道为双烟管，裸露部分的长度估计约0.6m，可以知道C1160N5C型燃气发电机组在机房内的总散热量约为257kW。发电机房允许的温升 $\Delta t$ 一般取15℃。

因此就可以得到这一台发电机组所需要的通风量为

$$V=(257/60)/(1.099\times0.017\times15)+(5600/60)=108.7(m^3/min)$$

整个机房的通风量建议不低于220m³/min，即13 200m³/h。

6. 冷却系统设计要点

冷却系统对于燃气发电机组来说，是最复杂的，也是最关键的辅助系统。对于大功率的发电机组，冷却系统由两部分组成：一部分是缸套冷却水；另一部分是中冷器冷却水。这两部分的冷却水不是一个回路，工作温度也各不相同，需要分别冷却，见图2-20。

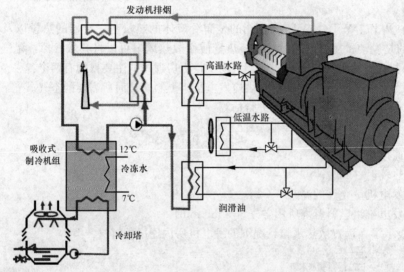

图2-20 燃气发电机组冷却系统示意图

一般来说，缸套水出来的温度在95℃左右，进入散热设备之后，温度下降10℃，在85℃时，回到发动机缸体内。也有一些制造商，特别为燃气冷热电分布式能源系统进行特殊设计，可以提供110℃出水温度的冷却系统（这样的系统需要维持一定的压力，否则超过100℃，缸套水会汽化）。这部分冷却水回路，一般称为高温水回路，这也是燃气冷热电分布式能源系统重点需要回收的热量之一。

对于中冷器回路而言，出水温度一般设计为60℃，经过冷却装置之后，温度下降10℃，在50℃时，回到中冷器内部。中冷器的回水温度比较特殊，一定要维持在50℃，稍微高一点，就会严重影响发动机的输出功率。对于一些发电效率特别高的设备而言，这个温度甚至被控制在40℃。对于选型工程师而言，中冷器的回水温度是一个重要指标，回水温度越高，发电机组对于环境的适应性就越强。正是因为这个原因，中冷器的热量一般是不被回收的。这部分冷却水回路，一般称为高档低温水回路，只有对于整体热回收效率极高的场合，才会考虑回收这部分热量。

(1) 高温水回收热量设计方案。高温水回路热回收的典型设计方案如图2-20所示。

使用热交换器设备，将高温水回路中的热量交换出来，再与烟气换热器中交换出来的热水回路进行并联，经过补热或者直接送入吸收式冷水机组之中予以应用。对于大功率发动机，润滑油的热量也是比较可观的，而且润滑油的温度与缸套水的温度十分接近，可以作为同一种热源加以回收。

这样的方案十分简练，故障率低，是目前使用范围最广泛的设计思路。它的缺点就是不够灵活，一旦制冷机停止工作，发电机组也会在短时间内停机。补救方案就是在冷却回路中增加一组备用散热风扇，一旦冷水机组停止工作，备用风扇将开始工作，以满足发电机组运行的要求。

（2）低温水回收热量设计方案。温度越低，热回收就越困难，而且回收设备的成本就会变高。所以，除非必要，一般不推荐回收低温水里面的热量。

低温水比较适合使用的场合，主要是用来作为洗浴用水。由于洗浴用水所使用的时间比较固定，因此要使用低温水中的热量，往往需要建设比较大的蓄热装置。

（3）远程散热设计方案。对于建筑物内的燃气发电机组而言，运用更多的还是远程散热。只有将散热水箱布置在比较空旷的地方，才会有足够的对流空气来带走发动机的热量。

典型的远程散热系统如图 2-19 所示。散热水箱一般都是放置在地面，一些极端的场合，散热水箱甚至放置在大楼顶部，距离发动机超过 100m 的垂直距离。这种方案虽然可以解决通风问题，但是这样一来，散热水箱将对发动机的缸套水系统产生一定的压力。根据制造商提供的数据，缸套水系统能够承受的最大静压力为 18.3mH_2O（$1mH_2O=9.806\ 65\times10^3Pa$）。而且，无论是缸套水，还是中冷器冷却水，循环水路中的泵，都不能满足这样的扬程。因此，散热水箱与发动机之间一般都需要安装换热设备，用来隔离这个压力。

换热设备的二次回路上需要安装一主一备两台水泵，以及相应的检修阀门。远程散热水箱上的风扇采用电动机驱动，这些设备的控制，可以设计专门的配电系统。

冷却系统需要考虑的另外一个问题，就是确保安装在室外的散热水箱内的冷却水不结冰，冷却水中必须添加一定比例的防冻液。防冻液的价格比较昂贵，考虑日后维护工作，在发动机和冷却系统间设置两个手动阀门，以便维护发动机时不需排干整个系统的防冻液。

远程散热水箱的风扇在运行时，所产生的噪声是十分巨大的。如果安装在繁华地段，需要考虑采用低噪声散热水箱。

7. 润滑系统设计要点

润滑系统，对于发电机组而言，相当复杂。但这属于内部问题。对于使用者来说，仅仅需要设计一个可以补充润滑油的装置就足够了。

燃气发电机组属于长期运行设备，一般来说，需要尽可能减少停机的时间。但是燃气发电机组本身在运转过程中，是要消耗润滑油的，因此如何能够在不停机的情况下，往机器里面补充润滑油，是需要解决和面对的问题。

一般来说，燃气冷热电分布式能源系统中，不会只有一台燃气发电机组，规模小一点的有两台，大一点的甚至超过 20 台机组。对于大型的燃气冷热电分布式能源系统，需要设计更加复杂的润滑油补充系统。

第一步，需要知道燃气发电机组的润滑油消耗量。正常情况下，各种品牌的燃气发电机组，润滑油消耗量是按照发电量来计算的。普通机组的消耗量为 0.5g/kWh，也就是说，每发一度电，消耗 0.5g 润滑油（目前，康明斯 C1160N5C 型燃气发电机组，可以做到 0.15g/kWh）。例如，某建筑物内安装了 7MW 的燃气冷热电分布式能源系统，每天满载运行 8h，半载运行 8h，那么就可以得到这个系统每天消耗的润滑油量为

$$7000\times8\times0.5+7000\times8\times0.5\times0.5=42(kg)$$

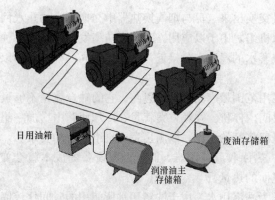

日用油箱

废油存储箱

润滑油主存储箱

图 2-21　润滑油系统标准配备

润滑油的密度为 $0.85g/cm^3$，于是就得到这个系统每天消耗的润滑油约为 50L。

第二步，根据系统每天的消耗量，确定润滑油系统的容量以及布置方式。如图 2-21 所示，润滑油系统标准配备为日用油箱、润滑油主存储箱、废油存储箱以及相应的管道系统。对于小型系统，日用油箱可以省略，对于每天润滑油消耗量不超过 100L 的系统，润滑油存储箱和废油存储箱的体积，最大设计为 1000L。

第三步，管路系统的自动化设计。对于润滑油系统，消耗量是比较少的，只有大型系统，才需要考虑自动化设计。图 2-22 是最经典的自动化设计方案，可以用来作为参考，具体实施，还需要根据实际情况予以调整。

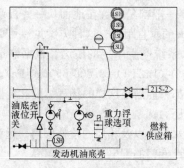

图 2-22　自动化设计方案

LSHH—超高液位开关；LSH—高液位开关；LSL—低液位开关；LSLL—超低液位开关

在具体应用中，还有更为简单的自动化管路系统，就是依靠重力的自动补油系统。如果燃气发电机组的制造商能够提供自动补油阀，那么将润滑油箱抬高到高出机组 2m 左右，废油箱安置在机组基础下 0.5m 左右，整个系统就可以依靠重力，完成系统的不停机补油。当机组的润滑油油位下降到一定液面时，补油阀就会自动打开，润滑油补充进来。当润滑油液面上升到一定位置时，自动补油阀就会关闭。

8. 并联系统设计要点

就燃气发电机组而言，并联有两种情况：一种是燃气发电机组之间的并联运行；另一种是燃气发电机组与市电网络之间的并联运行。

同步发电机在完成加速过程后，与另一同步电机或电源进入同步运行的一系列步骤，即发电机的相序、频率和电压值均应与系统相同时才允许并联运行。并联运行，需要专门的设备才能完成，称为并机柜。与并联运行相反的操作，称为解列运行。所有的并联系统，都需要同时具有并列运行与解列运行功能。

（1）并机柜系统。并机柜主要用于多台发电机组的并机并网运行，见图 2-23。发电机组并机柜系统主要由如下设备组成：发电机组、并机开关柜（固定式或抽出式）、TV（电压互感器）

图 2-23　发电机并机柜

柜、出线柜、并机/并网控制装置等组成。另外，根据系统的特殊要求，还有发电机组中性点接地电阻柜、差动保护装置供备选。整个系统组合在一起向电网供电或者直接向负荷供电。系统的关键设备是开关、综合保护器；重点是参数编程、设置及设备调试。

并机工作原理（以两台机组并机为例）如下。

与市电并联模式的工作原理：当管理员给出并联运行信号之后，这个信号会被送到各台机组的控制器上，如果控制器处于自动状态，控制器收到启动信号后，延时几秒钟（0～30s 可调）启动机组预供滑油系统，使机组预润滑，再延时几秒后（0～30s 可调）启动机组。各机组运行正常后，电压、频率都一致。首先第一台机组自动合闸，另一台机组经过自动同步追踪系统自动追踪，同步合闸，并网运行；机组并网成功后，各机组通过自动负载分配器自动进行负载分配。当管理员给出解列运行信号之后，该信号会被送到各发电机控制器上，各发电机便分闸延时停机，从而实现自动开机、自动并网、自动卸载停机。

发电机组相互列列运行的工作原理：发电机组的控制器处于自动状态，当控制器收到启动信号后，各台机组同时开始启动。首先，第一台机组自动合闸；当第一台机组正常运行后，另一台机组自动根据母线排电参数进行追踪，当满足并机条件后，第二台发电机组与第一台同步合闸；并机成功后，各机组通过自动负载分配器自动进行负载分配及无功分配。当启动信号消失后，机组自动卸载停机。

（2）主控柜功能要求。主控柜有一个主控制器，控制器是可以在备用和并联模式下单台和多台发电机组工作的综合控制器。模块构造允许升级到不同的复杂水平，以便为各种各样的顾客应用程序提供最好的解决方案。模块可选择多种操作模式，可以满足单、多机并网、多机并机、多机负荷调峰、单机备用等要求。并机柜具有齐全的保护功能：过电压、欠电压、过电流、短路保护，漏电保护，过频率、低频率保护、相序保护、蓄电池过，欠电压保护，逆功保护等。保护参数可以通过模块设定达到用户的各方面要求。

并联系统具有开放的通信接口，支持 RS-232C、CAN 总线及 MODUS 通信协议。用户可以通过软件加上相应的通信硬件或是自编上位软件对发电机系统进行远程监控。

9. 负载管理设计要点

燃气发电机组相对于柴油发电机组而言，带载能力是比较差的。根本原因在于燃气的能量密度要低于柴油的能量密度。一旦负载发生剧烈变化，燃气发动机响应速度慢的特点就显现出来。因此，各燃气发电机组的厂家，都对负载变化率有明确的要求。

一般来说，燃气发电机组启动成功，等待转速和电压均平稳之后，就可以开始加载。第一步加载，一般不超过额定功率的 30%，随后，每一步的加载幅度不建议超过额定功率的 10%。一旦超过这个幅度，燃气发电机组的频率和电压就会出现比较大的波动。因为后端的用电设备，一般都会设定一个低压保护动作值，如果电压低于这个设定值，继电器会发出保护性的跳闸命令，从而导致下游用电设备停止工作。这个设定值一般为额定电压的 15%。燃气发电机组每步加载或者卸载的幅度，是根据这个设定值为依据的。

因为这个特性，所以燃气发电机组制造商一般都希望能够参与到业主的用电负载设计中，在尊重业主的设备工艺流程的基础上，进一步对所有的用电设备进行控制，从而实现有步骤、有顺序的加载和卸载。

负载管理的具体实施方式，是对所有的负载实行分级别管理，将不同优先等级的负载数量和功率，按照燃气发电机组每步所能承受的最大带载能力，分为 4～10 级，结合业主的工艺流程，编制出一套加载和卸载程序。一旦遇到实现预计的情况，负载管理设备可以按照这个程序，将业主的负载逐步分批地投入到或者卸载出电力网络中。

燃气发电机组制造商会选择越来越大的涡轮增压器，甚至将 4 个涡轮增压器合并为一个，这样做，虽然减少了发电机组的效率，但是却增强了对抗负载突变的能力。一个比较简单的判定方法，可以知道燃气发电机组对抗突加或突减负载的能力，就是观察燃气发电机组采用了几个涡轮增压器。一般来说，涡轮增压器越多，抗负载突变的能力就越强。考虑我国不是每个项目都可能并网成功，所以应该考虑稍微牺牲一点发电效率，来选择多涡轮增压器的燃气发电机组。

10. 控制系统设计要点

燃气冷热电分布式能源系统中的核心设备包括燃气发电机组、吸收式冷（热）水机组、余热锅炉，辅助设备包括各种水泵、阀门、冷却塔、散热风扇、配电柜等。如何能让这些设备高效、节能的运行，控制系统是其中的关键之所在。

【例 2-4】 一个燃气冷热电分布式能源系统装备了一台 1000kW 的燃气发电机组和一台 1360kW 的制冷机组，用于一栋大楼的夏季制冷。大楼的用电负荷为 2200kW，大楼的制冷负荷为 3100kW。

下午 2 点时，大楼的用电负荷达到接近极限的 2100kW，而当天由于下雨，气温只有 28℃，制冷负荷只有 600kW。此时，燃气冷热电分布式能源系统的运行方式为：

电力负荷接近满载，燃气发电机组肯定是额定功率输出，与市电并联运行，市电承担剩余的 1100kW 负载。由于发电机组满载运行，此时所产生的烟气和缸套水热量都是最大的。但是制冷负荷不到设计容量的 20%，大量的烟气和缸套水热量必须排掉，否则系统就会因为过热而停机。控制系统的作用就是调节相关阀门，将发电机组多余的烟气导入到大气中直接排掉，将缸套水导入到备用散热风扇中，将多余的热量散掉。

晚上 8 点，大楼的用电负荷只有 800kW，而气温已经上升到 38℃，制冷负荷已经达到了 2600kW。此时，燃气冷热电分布式能源系统的运行方式为：

电力负荷可以依靠燃气发电机组的能力来全部供应，首先控制系统需要断掉与市电的并联开关，由燃气发电机组单独运行。此时，发电机组所有的烟气和缸套水的热量全部用来制冷，控制系统通过调节阀门，将所有的热量都导入制冷机组，如果尚不能满足制冷需求，控制系统会发出命令，让制冷机组的燃烧器开机，用市政管网的天然气来补充制冷所需要的能量。

从上面的例子可以看出，控制系统的核心在于控制调节阀门，使所有的设备能够根据负荷需求，自动达到最佳的工作状态。

燃气冷热电分布式能源的控制系统一般分为显示模块、计算与控制模块、报警保护模块、数据记录模块四个功能模块。

现代化的设备，都有自己的控制系统，任何单独的设备，都可以自动按照预先设定的工况来运行。同时，所有的运行参数都可以通过数据线上传到上位机中。燃气冷热电分布式能源的控制系统显示功能，就是勾勒出整个系统的所有设备，包括管线上的重要阀门，通过画面，直观地显示出所有设备的运行状态和运行参数。

计算与控制模块，主要功能就是通过设在各处的传感器，来计算系统的运行状态，同时，根据运行状态，来发出调节指令，例如，要求燃气发电机组降 20% 功率运行，要求某个阀门旋转 60℃，要求制冷机的燃烧器增加 50% 的输出功率等。这些指令被具体设备的控制器接收之后，再由每个设备的控制系统予以执行。为了确保该功能的稳定与准确，建议控制系统采用双闭环控制。

报警保护模块，主要功能就是当系统遇到危险状态时，可以自动关掉某些设备，或者使整个系统停止运行，以保护系统不受到更大的伤害。对于燃气发电机组而言，最危险的状态有高水温、低油压、超速、汽缸爆震四种，一旦出现这四种状态，燃气发电机组会立刻自动停机，同时，将故障信号传送到上位机。此外，一旦出现燃气泄漏的信号，整个系统也需要立刻紧急停止。停止信号是最高级别的报警信号，所有接近停止信号一定范围的数据，或者有可能造成停车信号的出现，或者对某个设备可能造成伤害的信号，都属于报警信号的范围。报警保护模块除了发出指令让某个设备停止运转之外，还会驱动警铃、报警灯等设备，引起值班人员的注意。

数据记录模块就是用来记录系统运行的数据和参数，以及历史报警记录，该系统一般都会驱使打印设备，将系统运行的数据以表格形式打印出来予以存档。

控制系统的软件需要安装在 PC 机中，硬件要求：CPU 主频在 266MHz 以上，内存 64MB 以上，1G 以上硬盘剩余空间；软件环境：中文 Win95/98/Me/NT/2000/XP/2003 操作系统，英文 WinNT 2000/XP 2003 操作系统。

11. 接地系统设计要点

燃气冷热电分布式能源系统与普通设备一样，也需要设计接地系统。与普通系统不大一样的地方是，这个系统往往存在多台发电机组并联运行的情况。对于小型电力网络，是不允许多个电源接地点存在的。

例如：某个系统中有 4 台燃气发电机组，需要并联运行。正常情况下，每台发电机组都有一个中性点接地电阻或者中性点直接接地。但是当 4 台发电机组都投入运行，而且并联在一起时，这个系统就会出现 4 个接地点。为了避免这种情况出现，需要在每台发电机组的中性点上安装锁闭装置，当任何一台发电机组先并入母线时，其余发电机组中性点接地电阻开关将自动打开，从而使整个并联系统保持一点接地的状态。

其余设备的接地，由于不是电源，没有什么特别的要求。但是，所有的接地系统，总的要求如下：

(1) 接地电阻≤1Ω。

(2) 必须用单独的接地极与接地干线相连接。

(3) 接地线截面积：发电机组≥70mm²，其余设备≥25mm²。

(4) 铜板的截面不应该小于 100mm²，厚度不应小于 4mm，并且接地线应该与水平接地体的截面相同。

(5) 人工接地体在土壤中的埋设深度≥2m，埋在土壤中的接地装置其连接处应采用焊接，并在焊接处作防腐处理。

12. 消防系统设计要点

消防系统是燃气冷热电分布式能源机房必不可少的一个保障。由于燃气冷热电分布式能源系统基本上是以天然气或者沼气为燃料来进行工作的，因此机房里面必须设置消防系统，消防系统包括燃气泄漏检测装置、火焰（烟雾）检测传感器、强制通风装置以及气体灭火装置。之所以使用气体灭火装置，主要原因是机房里面有大量的设备，为了确保设备的电子线路不被腐蚀，必须采用无腐蚀作用的气体来进行自动灭火。气体灭火装置的灭火性能可靠，不损坏电子设备。气体管道采用暗管方式布置，不会影响机房整体效果。根据机房面积设置钢瓶间大小位置，钢瓶内灭火气体的存储压力建议采用 2.5MPa。

燃气冷热电分布式能源系统的机房，内部空间结构分为三层：地板下、天花板上以及地板天花板之间。机房起火的原因有两个：①电气过载或短路引起的，燃烧的主要区域一般在地板下或天花板上，燃烧初期发出浓烟，温度上升相对较慢。②燃气泄漏遇到火花，所发生的爆炸，具有突发性，破坏力相当大，爆炸范围可能遍布所有区域。

第一种起火原因是由火焰（烟雾）探测器触动的，它会直接发出报警信号，同时，按照既定程序，将整个系统关闭。然后关闭防火卷帘，最后触发气体灭火装置。这个过程的时间，可以由

10～100s 来随意调节。消防门可以在任意时刻由内部打开，以防止卷帘门关闭之后还有人员滞留在现场的情况发生。

第二种起火原因是由燃气泄漏探测器触动的，它会直接关断燃气供应管道的紧急停止阀门和上级阀门，同时发出报警信号，系统紧急停机，然后触发强制排风装置。强制排风扇的电动机需要使用防爆电动机。

如果两种情况同时出现，执行装置中，气体灭火装置优先动作。

还有一种极端状况，就是机房内的燃气泄漏之后，直接被火花引发爆炸。在确保人身安全的前提下，燃气机房的一面墙体，需要使用轻型材料来制作成泄爆墙。当机房内发生爆炸时，泄爆墙会首先碎裂，以卸掉爆炸时产生的强大压力。泄爆的方向不可对着人员密集的区域。

（1）消防灭火系统布置。

1）设置一个气体紧急启动停止按钮，安装在灭火区域外墙上。

2）设置两个声光报警器，安装在灭火区域内、外各一个。

3）设置气体喷放指示灯一个，气体喷放指示灯是由灭火控制器接到气体管路上压力开关动作后的返回信号来控制的。其他报警系统的设备如手动报警按钮、消防警铃等，应按照消防规范设置。

（2）消防联动系统设计。

1）在机房发生一路报警、二路报警及气体喷放三个阶段时其动作信号应在上一级的消防控制室中反映出来，以便业主的统一管理。

2）在与建筑物原有报警设备不兼容的情况下，要实现三种状态的传输，有两种方案可以实现：一种是通过建筑物的弱电井放管线到建筑物消防控制室，并在控制室内安装相应的状态显示屏，这种方法可以实现机房内各种动作点的状态，但在建筑物灭火机房较多的情况下，建筑物弱电井不一定能安置较多管线的空间。另一种是机房的报警灭火控制器对需要送出的状态信号通过控制模块的无源触点，送到大楼附近原有的报警系统的输入模块（另增加）中，只需对大楼原有报警系统新增加的输入模块重新编程就可实现，这种方法可省去重新排管线。

3）非消防电源及与建筑物报警系统的连接等联动，空调系统与非消防电源的关闭，应在气体喷放前 30s 时动作，也就是报警控制器在接到两路报警信号后发出关闭空调机、灭火区域内的防火阀及非消防电源的信号。

（3）火灾探测器位置设计。

1）在地板上、天花板下的区域，安装两种不同灵敏度的感烟探测器。也就是说，在一个感烟探测器的单位探测面积内设置两只不同灵敏度的探测器。

2）地板下安装 1 个感烟探测器、1 个感温探测器。如果机房面积较大，可以顺着动力电缆的走向，多安装几组。

3）天花板上安装 1 个感烟探测器、1 个感温探测器。机房面积较大时，可以在每一个主要设备上方安装 1 组。

13. 降噪系统设计要点

燃气发电机组在运行时，噪声相当大。以 1000kW 的机组为例，机组的机械噪声大概在 106dB@1m，排气噪声大概在 109dB@1m。在这样的噪声中，只需要 20min，人的听力将会受到不可逆转的损害。

燃气发电机组的降噪系统有两种设计方式：一种是紧贴着发电机组本体，搭建静音罩，将燃气发电机组的整体噪声降低到 85dB 之下；另一种是在机房的墙壁上敷设隔声板，使机房的噪声大幅度削减，机房外的噪声降低到 70dB 以下。当然，也可以两种方式同时采用，这样可以使机房的整体噪声水平控制在 60dB 左右。由于燃气发电机组为长期运行设备，建议采用第一种方式。

燃气发电机组机房的低噪声工程设计，主要是针对燃气发电机组工作时的排气噪声、机械噪声和燃烧噪声、冷却风扇和排风通道噪声、进气噪声等声源，采取减震和隔声措施，限制震动和噪声传播的途径，达到低噪声工作的目的。燃气发电机组运行时，通常会产生 105～115dB（A）的噪声，如果没有采取必要的降噪措施，机组运行的噪声将对周围环境造成严重污染。为了保护和改善环境质量，必须对噪声进行控制。

燃气发电机组是多发声源的复杂机器，随着机组结构形式和尺寸、运转工况的不同，各个发声源对总噪声的影响是不同的。一般情况下，机组各类噪声大致按如下顺序排列：排气噪声、燃烧噪声或机械噪声、风扇噪声、进气噪声。降噪设计的基本思路是：首先查明各种声源中的最大噪声成分及其频率特性，采取有关技术措施，将各声源的噪声级尽量降低到大致相同的水平，其中容易降低的噪声源可以降低得多一些，降噪还要和其他技术要求（如对机组输出功率的影响、降噪成本等多种具体因素）综合起来考虑。

（1）燃气发电机排烟流速高、噪声大，如直接排到室外造成严重噪声污染，可加装阻抗复合式消声装置一套。此消声装置由抗性消声段、折板式消声段、片式消声段组成，以消除发电机组的排烟噪声对周围环境的干扰。

（2）为防止声音从机房门处传出，需安装防火隔声门，并对四周进行密闭处理。

（3）吸声隔声措施，必须对机房四周墙壁及机房顶部进行吸声、隔声处理，防止混响的产生，以期达到最好的降噪效果。

（4）为了美观及防止设备腐蚀，进、排风出口需加装百叶窗。百叶窗在机组停止运行时，处于关闭状态。

对于墙面以及屋顶的吸声板材料，应该符合以下几点要求：

1）良好的柔韧性和可弯曲性。材料薄而轻且可弯曲成理想自然的弧度。拥有支撑系统的地方，其经度弯曲最小半径不低于 2m；在自然状态下，弯曲后的最小半径不低于 500mm，使吊顶可安装成波浪状。

2）材料质地薄而轻巧。材料的厚度不超过 1mm，包括龙骨在内的质量最好不超过 2kg/m²，轻质的材料可以有效减轻吊顶自重。

3）吸声效果好。噪声衰减系数（NRC），根据不同要求，应该在 0.4～0.9 之间。当然，这个系数越高，材料的价格也越贵。

4）防腐防潮性能卓越。最好采用铝质材料，这样可以有效防腐防潮，不生锈。

5）安装简单快捷。吸声材料建议使用快捷（Fas Track）安装系统，它可直接吊装或固定在房梁以及侧壁上。

兼容其他系统的安装：屋顶设备与管道比较多，吸声材料应该能够兼容其他系统，如照明系统、布线、空调等的安装，而不会影响本身的牢固和美观。

### （三）燃气内燃机分布式能源系统

1. 应用方式

燃气内燃发电机组在燃气冷热电分布式能源系统中，就是提供电能与热能的设备。具体如何应用，是由最终对于热能的使用方式来决定的。常见的应用方式有三种：冷热电分布式能源、电能与蒸汽联合供应、电能与热水联合供应。不同的应用方式，会有不同的设备与燃气发电机组进行搭配。

2. 运行模式

燃气内燃发电机组设计的理念就是长时间重载运行，在负载越重的情况下，发电效率越高，排放指标越低。鉴于这样的特点，最佳工作模式是与电网并联运行。

图 2-24 为发电机组并网示意图，图中也概括了各种发电机组运行模式。

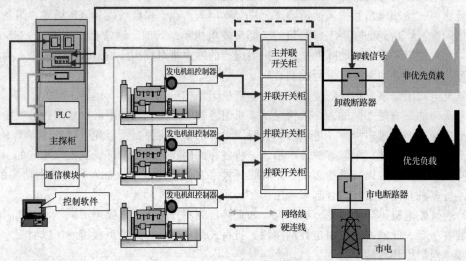

图 2-24　发电机组并网示意图

（1）并网定功率运行模式。并网定功率运行模式的概念是：燃气发电机组与市电并列运行，向负载供电，无论负荷如何变化，发电机组的输出功率不发生变化。这样的应用方式大多出现在建筑物总负荷很大，燃气发电机组的额定功率只在里面占了很少的部分。在这种运行模式下，负载就不会区分为非优先负载和优先负载。

例如，某个高速铁路站候车室，电力总负荷为 18 500kW，能源站房内设计了一套燃气冷热电分布式能源系统，其中燃气发电机组的装机容量为 3500kW，只占建筑物总电力容量的 19％。该建筑物的最低负荷为 6000kW，对于燃气冷热电分布式能源系统来说，燃气发电机组可以始终与市电并联，而且可以始终以 100％额定功率来工作。

并网定功率运行，是燃气发电机组最佳的工作运行方式。如果受条件限制，不能与市电并联运行，也可以考虑和小型的区域电网并联运行，这样会大大提高燃气发电机组的使用效率。

（2）并网变功率运行模式。并网变功率运行模式的概念是：燃气发电机组与市电并列运行，向负载供电，当负载发生变化时，发电机组的输出功率会跟随负载的变化而发生变化。这样的应用方式大多出现在建筑物总负荷不大，发电机组的额定功率基本上可以满足建筑物的要求，但是为了供电稳定，发电机组必须与市电并联运行。由于电力市场的管制，发电机组不允许向市网倒送电，于是就会出现模式。为了确保发电机组不向市网倒送电，一般会设定发电机组跟随 80％负载的方式来运行。

在这种运行模式下，负载也不会区分为非优先负载和优先负载。

并网变功率运行，是燃气发电机组最糟糕的工作运行方式之一。因为燃气发电机组是不能长时间在低负荷状态下运行的。按照安全运行规范，机组的负荷如果低于额定负荷的 30％，10min 之内，机组就会自动停止运行。原因是燃气发电机组在低负荷运行时，由于没有足够的空气进入气缸，排烟温度会显著上升。满载排烟温度在 450℃ 的机组，如果负荷率只有 30％时，排烟温度能够上升到 560℃ 左右。长时间高温运行，会导致机器的密封性受损，机组会发生漏油现象。

如果受政策限制，必须选择这样的运行模式，则建议减小发电机组的额定容量，尽可能使发电机组在大功率状态下运行，这样可以提高机组的可用率。

（3）调峰运行模式。调峰运行模式的概念是：燃气发电机组与市电并列运行，向负载供电，市电来承担建筑物的基本负荷，而由燃气发电机组来承担尖峰负荷。

这样的应用方式大多出现在建筑物需要增加用电负荷，但是区域供电的能力已经饱和，无法提供额外的电力。同时，对于热的需求和电力的需求基本同步，这时 CCHP 系统可以作为调峰设备来运行。

这种运行模式对于燃气发电机组来说，也比较理想。不过，由于承担变化的负荷，对于燃气发电机组负荷响应速度会比较高，设计人员需要注意的是，最好选择多涡轮增压器的燃气发电机组来承担调峰运行。同时，要求燃气发电机组有比较快的启动速度。

（4）孤岛运行模式。孤岛运行模式的概念是：燃气发电机组独自向建筑物供电，没有市电作为备用。这是最为复杂的运行模式。这样的应用方式，一般都是在没有市电网络的偏远地区，如不发达国家或地区的油田开采区、海上石油平台、岛屿上的港口等。孤岛运行模式需要考虑的问题有可靠性、经济性、灵活性。

解决可靠性，需要足够的备用机组。例如，建筑物需要 2000kW 的电力时，设计人员往往提供的就是 3 台 2000kW 机组或者 4 台 1000kW 机组。这样在机组出现故障或者需要维护时，有备用的机组可以继续供电。

经济性，就是在满足可靠性的前提下，尽可能让总的装机容量减小，以避免不必要的投资。同时，尽可能让机组工作在满载区域。

灵活性，就是在满足可靠性与经济性的同时，可以根据负荷的变化，灵活地调配不同的发电机组来运行，确保不发生"大马拉小车"的浪费现象。

供热设备，这时需要与主设备联合使用，如果主设备是轮流工作的，则需要设计相应的备用管道。如果出现孤岛运行模式，设计人员最好让制造商提供整套电力解决方案。

**（四）燃气内燃发电机组主要辅助设备**

燃气内燃发电机组作为主要的发电设备，要正常运行，还需要一些辅助设备的帮助，才能够实现。

1. 远程散热水箱与膨胀水箱

远程散热水箱（Remote radiator）的主要作用是冷却发动机冷却水，以确保发动机可以在一个合适的温度下工作。发动机开始工作之后，冷却水的温度将从 25℃ 开始上升，逐渐稳定在90℃左右。水温上升的过程，其体积也会逐渐膨胀，膨胀率大概在 5% 左右。如果发动机内部的冷却水容量是 120L，散热水箱和管道内的冷却水容量是 280L，那么冷却液的体积将会膨胀 20L。对于一个密闭的管道系统，必须给一个空间，能够将多余的液体吸收。一般会在水路系统的最高点设置一个膨胀水箱（Expand tank），它的作用有三个：①吸收冷却回路中因为热胀冷缩而产生的多余的液体；②维持系统一定的压力；③冷却系统中冷却液的灌入点，见图 2-25。

在一些特殊的系统上，冷却水的温度为 110℃。这样的系统，主要是为分布式能源系统进行的特殊设计，以使下游的用热设备能够得到品位更高的热量。但是这种系统会对冷却设备提出更高的要求。因为要让冷却液在 110℃ 下保持液态，就必须维持一定的压力，根据经验，系统的压力不应该低于 0.15MPa。为了保持这个压力，需要将膨胀水箱的位置提升到高于散热水箱 15m的地方，才能保持系统正常运行。

在燃气冷热电分布式能源系统中，远程散热水箱是作为备用设备来设计的，主要是在发电机组必须运行，而供热设备不能运行时，来确保发动机的温度维持在正常范围。散热水箱与用热设备，既可以并联设计，也可以串联设计。

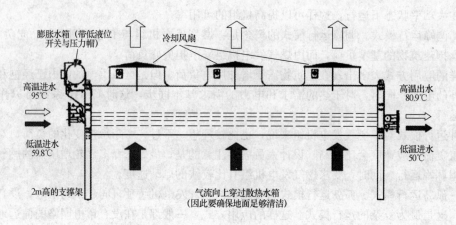

膨胀水箱（带低液位开关与压力帽）

冷却风扇

高温进水 95℃

高温出水 80.9℃

低温进水 59.8℃

低温进水 50℃

2m高的支撑架

气流向上穿过散热水箱（因此要确保地面足够清洁）

图 2-25　远程散热水箱

**2. 消声器**

消声器（muffler silencer）是阻止声音传播而允许气流通过的一种器件，是消除空气动力性噪声的重要措施。消声器是安装在空气动力设备（如鼓风机、空压机）的气流通道上或进、排气系统中的降低噪声的装置。消声器能够阻挡声波的传播，允许气流通过，是控制噪声的有效工具，如图 2-26 所示。

对于燃气发电机组来说，排气噪声是燃气发动机空气动力噪声的主要部分。其噪声一般要比发动机整机高 10～15dB，是首先要进行降噪控制的部分。消声器是控制排气噪声的一种基本方法，正确选配消声器（或消声器组合）可使排气噪声减弱 20～30dB

图 2-26　消声器

以上。

（1）消声器种类。消声器的种类很多，但究其消声机理，又可以把它们分为六种主要的类型，即阻性消声器、抗性消声器、阻抗复合式消声器、微穿孔板消声器、小孔消声器和有源消声器。对于燃气发电机组的排烟特点，工程中所使用的就是阻型消声器、抗性消声器或者阻抗复合式消声器三种。

（2）消声器工作原理。在板厚小于 1.0mm 的薄板上穿以孔径小于或等于 1.0mm 的微孔，穿孔率为 1％～5％，后部留有一定的厚度（5～20cm）空气层，该层不填任何吸声材料，这样即构成了微穿孔板吸声结构。它是一种低声质量，高声阻的共振吸声结构，其研究表明，表征微穿孔板吸声特性的吸声系数和频带宽度，主要由微穿孔板的声质量 $m$ 和声阻 $R$ 来决定，而这两个因素又与微孔直径 $d$ 及穿孔率 $p$ 有关。微穿孔板吸声结构的相对声阻抗 $Z$（以空气的特性阻抗 $\rho c$ 为单位）用式（2-6）计算，即

$$Z = R + \rho Wm = \rho \cot(WD/c) \qquad (2-6)$$
$$W = 2\pi f$$

式中　$\rho$——空气密度（kg/cm³）；

　　　$c$——空气中声速（m/s）；

　　　$D$——腔深（mm）；

　　　$m$——相对声质量；

$R$——相对声阻；

$W$——角频率；

$f$——频率。

$R$ 和 $m$ 分别由式（2-7）及式（2-8）表达，即

$$R = atk_r/dzp \qquad (2\text{-}7)$$

$$m = (0.294) \times 10^{-3} tk_m/p \qquad (2\text{-}8)$$

式中 $t$——板厚（mm）；

　　$d$——孔径（mm）；

　　$p$——穿孔率（%）；

　　$k_r$——声阻系数；

　　$k_m$——声质量系数。

其中 $x = abf$，$a$ 和 $b$ 为常数，对于绝热板 $a = 0.147$，$b = 0.32$；对于导热板 $a = 0.235$，$b = 0.21$。声吸收的角频带宽度，近似地由 $R/m$ 决定，此值越大，吸声的频带越宽。

$$R/m = l/d_2 \times (k_r/k_m) \qquad (2\text{-}9)$$

式中 $l$——常数，对于金属板 $l = 1140$，而隔热板 $l = 500$。

式（2-9）也可以用式（2-10）表达，即

$$R/m = 50f[(k_r/k_m)/x^2] \qquad (2\text{-}10)$$

而 $k_r/k_m$ 的近似计算式为

$$k_r/k_m = 0.5 + 0.1x + 0.005x^2 \qquad (2\text{-}11)$$

利用以上各式就可以从要求的 $R$、$m$、$f$ 求出微穿孔板吸声结构的 $x$、$d$、$t$、$p$ 等参量。由于微穿孔板的孔径很小且稀，基声阻 $R$ 值比普通穿孔板大得多，而声质量 $m$ 又很小，故吸声频带比普通穿孔板共振吸声结构大得多，一般性能较好的单层或双层微穿孔板吸声结构的吸声频带宽度可以达到 6～10 个 1/3 信频程以上。这就是微穿孔板吸声结构最大的特点。

共振时的最大吸声系数 $\alpha_0$ 为

$$\alpha_0 = 4R/[(1+R) \times 2] \qquad (2\text{-}12)$$

具体设计微穿孔板吸声结构时，可通过计算，也可查图表，计算结果与实测结果相近。在实际工程中为了扩大吸声频带的宽度，往往采用不同孔径、不同穿孔率的双层或多层微穿孔板复合结构。

（3）设计中的应用。利用微穿孔板声学结构设计制造的消声器种类很多，主要型号为抗喷阻型消声器。其吸声系数高、吸收频带宽、压力损失小、气流再生噪声低，且易于控制。为获得宽频带高吸收效果，一般用三级微穿孔板结构。微穿孔板与外壳体之间以及微穿板之间的空腔尺寸大小按需要吸收的频带不同而异，低频腔大（150～200mm），中频小些（80～120mm），高频更小些（30～50mm），双层结构的前腔深度一般应小于后腔，前后腔深度之比不大于 1：3，前部接近气流的一层微穿孔板穿孔率应高于后层，为减小轴向声传播的影响，可在微穿孔板消声器的空腔内每隔 500mm 左右加一块横向隔板。试验证明，微穿孔板消声器不论是低频、中频、高频消声性能实测值比理论估算值要好，且消声量与流速有关，与消声器温升无关，当流速达到 70m/s 时，一般其他形式消声器已无法解决噪声问题，而微孔型消声器可承受 70m/s 气流速度的冲击，仍有 15dB（A）以上的消声器。这也是微孔消声器优于一般消声器一个重要特点。

衡量消声器的好坏，主要考虑以下三个方面：

1）消声器的消声性能（消声量和频谱特性）；

2）消声器的空气动力性能（压力损失等）；

3）消声器的结构性能（尺寸、价格、寿命等）。

3. 电动三通调节阀

在燃气冷热电分布式能源系统中，电动三通调节阀是一个关键设备。安装在排烟管道上的，称为烟气三通调节阀，安装在热水管道上的，称为热水三通调节阀。

调节阀的作用是调节介质的流量、压力和液位。根据调节部位信号，自动控制阀门的开度，从而达到介质流量、压力和液位的调节。调节阀由电动执行机构或气动执行机构和调节阀两部分组成。

用于流体控制系统的阀门，从最简单的截止阀到极为复杂的自控系统中所用的各种阀门，其品种和规格相当繁多。阀门可用于控制空气、水、蒸汽、各种腐蚀性介质、泥浆、油品、液态金属和放射性介质等各种类型流体的流动。

电动三通调节阀产品特点：

（1）流体对阀芯作用方向都处于流开状态，故工作稳定性好。

（2）除了阀盖处衬套导向外，阀芯侧面与阀座内表面也有导向作用，导向面积大，工作可靠。

（3）伺服放大器采用深度动态负反馈，可提高调节精度。

（4）电动操作器有多种形式，可适用于 4～20mA 或 0～10mA。

（5）电子型电动调节阀可直接由电流信号控制阀门开度，无需伺服放大器。

（6）节省自动化投资，与单座、双座或套筒调节阀相比，组成同样的系统可省掉一个阀，简化系统，节省投资。

（7）波纹管密封型阀芯对移动的阀杆形成完全地密封，杜绝流体外漏。

电动三通调节阀安装之前注意事项：

（1）安装前必须仔细阅读说明书，切断有关电源并必须由专业技术人员进行安装。

（2）水流方向必须同阀体上的箭头方向相同。

（3）阀体须位于盘管接水盘上方，以保证出现滴水时落入接水盘中。

（4）阀体及驱动器必须安装于垂直方向±60℃范围内，其上方应至少有 30mm 空间用于拆装。

（5）与周围管道、设备、建筑物必须保持足够的维修操作空间，必须安装在维修人员通过检修孔能触及到的地方。

（6）阀体安装完毕并与管路通过试压后才可安装驱动器。

（7）若驱动器已经装到阀体上，在安装调试过程中绝对不能对驱动器施力，否则会损坏驱动器。

4. 静音罩

在燃气冷热电分布式能源系统中，燃气发电机组处于长期运转状态，因此很多业主希望能够找到平衡点，即可以节省投资，又能够对操作人员实现最大的保护。实践证明，静音罩（Acoustic enclosure）是目前最经济、最方便的降噪设备。

燃气发电机组的声源为 120～125dB（A），其频率特性以低中频率为主，噪声级峰值频率范围为 125～2000Hz。机组噪声向外传播的主要途径有近排气出口，机组维护结构的薄弱环节如缝隙门窗等。

下面按照各类噪声源分别说明降噪的技术措施：

（1）排气噪声控制。排气噪声是发动机噪声中能量最大、成分最多的部分。它的基频是发动机的发火频率，在整个排气噪声频谱中应呈现出基频及其高次谐波的延伸。

噪声成分主要有以下几种：

1）周期性的排气所引起的低频脉动噪声。

2）排气管道内的气柱共振噪声。

3）气缸的亥姆霍兹共振噪声。

4）高速气流通过排气门环隙及曲折的管道时所产生的喷注噪声。

涡流噪声以及排气系统在管内压力波激励下所产生的再生噪声形成了连续性高频噪声谱，频率均在1000Hz以上，随气流速度增加，频率显著提高。

排气噪声是发动机空气动力噪声的主要部分。其噪声一般要比发动机整机高10～15dB（A），是首先要进行降噪控制的部分。消声器是控制排气噪声的一种基本方法。正确选配消声器（或消声器组合）可使排气噪声减弱20～30dB（A）。

（2）机械噪声和燃烧噪声控制。机械噪声主要是发动机各运动零部件在运转过程中受气体压力和运动惯性力的周期变化所引起的震动或相互冲击而产生的，其中最为严重的有以下几种：

1）活塞曲柄连杆机构的噪声（主要为高频噪声）。

2）配气机构的噪声（主要为低、中频段噪声）。

3）传动齿轮噪声（噪声谱是一种连续而宽广的频谱）。

4）不平衡惯性力引起的机械震动及噪声。

燃烧噪声是燃烧过程产生的结构震动和噪声。在气缸内燃烧噪声（尤其是低频部分）声压级是很高的，但是发动机结构中大多数零件的刚性较高，其自振频率多处于中高频区域，由于对声波传播频率响应不匹配，因而在低频段很高的气缸压力级峰值不能顺利地传出，中高频段的气缸压力级则相对易于传出。

（3）冷却风扇和排风通道噪声控制。风扇噪声是由旋转噪声和涡流噪声组成的。旋转噪声由旋转风扇叶片切割空气流产生周期性扰动而引起。涡流噪声是气流在旋转的叶片截面上分离时，由于气体具有黏性，便滑脱或分裂成一系列的旋涡流，从而辐射一种非稳定的流动噪声。排风通道直接与外界相通，空气流速很大，气流噪声、风扇噪声和机械噪声经此通道辐射出去。

控制风扇和排风通道噪声的手段，主要是设计一个好的排风吸声通道，这个吸声通道可由导风槽和排风降噪箱组成。排风降噪箱的工作原理是通过更换吸声材料（改变材料的吸声系数）、改变吸声材料的厚度、排风通道的长度、宽度等参数来提高吸声效果。在设计排风吸声通道时，要特别注意排风口的有效面积必须满足机组散热的需要，以免排风口风阻增大而致排风噪声增大和机组高水温停机。

（4）进气噪声控制。机组工作在封闭的静音箱里面，从广义上讲，进气系统包括机组的进风通道和发动机的进气系统。进风通道和排风通道一样直接与外界相通，空气的流速很大，气流的噪声和机组运转的噪声都经进风通道辐射到外面。发动机进气系统的噪声是由进气门周期性开、闭而产生的压力波动所形成，其噪声频率一般处于500Hz以下的低频范围。

对于涡轮增压发动机，由于增压器的转速很高，因此其进气噪声明显高于非增压发动机。涡轮增压器的压气机噪声是由叶片周期性冲击空气而产生的旋转噪声和高速气流形成的涡流噪声所组成，且是一种连续性高频噪声，其主要能量分布在500～10 000Hz范围。

由于发电机组一般都配置有设计合理的空气滤清器，其本身就具有一定的消声作用。考虑到进气噪声相对较低，故对发动机的进气系统一般不另做处理。对机组的进气通道，则要从风道的设计、隔声材料的选用等方面进行综合控制。其基本思路是：

1）进风净面积符合设计规范，以保证发动机的进气系统和机组的冷却系统有足够的新鲜空气吸入。

2）进风通道需经吸声处理，一般采用进风百叶窗＋导风槽＋消声挡板的组合，如果有充足的空间，也可采用进风百叶窗＋降噪箱的组合。

在机组降噪方案的设计和施工时，应充分考虑到机组正常运行时所需的最低进、出风量标准以及排放背压不能超出额定许用背压值等因素，否则将会严重影响到机组的功率输出，使机组的温升较高，频繁发生故障甚至会缩短柴油发电机组的使用寿命。

通常机组排风口的面积应略大于水箱的有效面积，从降低风阻方面考虑，排风口离前面障碍物的距离应大于或等于 $600\sim2000$mm，机组进风量应大于机组的排风量和燃气量的总和，其客观效果是机组在运行时机房内不能产生负压。在满足机组排风量要求的前提下，静音箱机组的降噪效果主要由进排风通道消声箱的长度和选用的吸声材料及隔声箱隔声材料产生的效果决定。

消声器的设计主要考虑消声量、消声频率范围（主要为消声量峰值的频率范围）及阻力损失三大指标。此外，消声器还应具有好的结构刚性、防止受激振而辐射再生噪声、尺寸适宜，便于安装等，在某些情况下（如安装在排烟管道上）要求内部结构能耐高温和抗腐蚀。

在静音箱机组结构的设计上，机组静音箱外壳与机组间操作距离大于 200mm 以上，操作门便于维修保养。

5. 板式换热器

在燃气冷热电分布式能源系统中，换热器的主要作用是，将燃气发电机组冷却水中的热量交换出来，供下游的用热设备使用，常见的有管壳式换热器和板式换热器。由于管壳式换热器换热效率低，占地面积大，随着燃气发电机组的功率越来越高，板式换热器也逐渐成了换热设备的首选。

板式换热器是由一系列具有一定波纹形状的金属片，叠装而成的一种新型高效换热器。各种板片之间形成薄矩形通道，通过板片进行热量交换。板式换热器是液—液、液—汽进行热交换的理想设备。它具有换热效率高、热损失小、结构紧凑轻巧、占地面积小、安装清洗方便、应用广泛、使用寿命长等特点。在相同压力损失情况下，其传热系数比管式换热器高 $3\sim5$ 倍，占地面积为管式换热器的 $1/3$，热回收率可高达 95％以上。

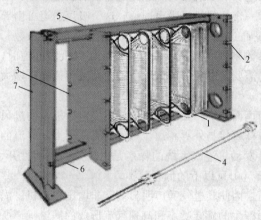

图 2-27　板式换热器

1—换热板片；2—固定压紧板；3—活动压紧板；
4—压紧螺栓；5—上导杆；6—下导杆；7—后立柱

（1）板式换热器基本结构。板式换热器的结构十分简单，包括换热板片、固定压紧板、活动压紧板、压紧螺栓、上导杆、下导杆、后立柱，见图 2-27。

（2）板式换热器特点。

1）传热系数高。由于不同的波纹板相互倒置，构成复杂的流道，使流体在波纹板间流道内呈旋转三维流动，能在较低的雷诺数（一般 $Re=50\sim200$）下产生紊流，所以传热系数高，一般认为是管壳式的 $3\sim5$ 倍。

2）对数平均温差大，末端温差小。在管壳式换热器中，两种流体分别在管程和壳程内流动，总体上是错流流动，对数平均温差修正系数小，而板式换热器多是并流或逆流流动方式，其修正系数也通常在 0.95 左右，此外，冷、热流体在板式换热器内的流动平行于换热面、无旁流，因此使得板式换热器的末端温差小，对水换热可低于1℃，而管壳式换热器一般为5℃。

3）占地面积小。板式换热器结构紧凑，单位体积内的换热面积为管壳式的2～5倍，也不像管壳式那样要预留抽出管束的检修场所，因此实现同样的换热量，板式换热器占地面积为管壳式换热器的1/8～1/5。

4）容易改变换热面积或流程组合，只要增加或减少几张板，即可达到增加或减少换热面积的目的；改变板片排列或更换几张板片，即可达到所要求的流程组合，适应新的换热工况，而管壳式换热器的传热面积几乎不可能增加。

5）质量轻。板式换热器的板片厚度仅为0.4～0.8mm，而管壳式换热器的换热管的厚度为2.0～2.5mm，管壳式换热器的壳体比板式换热器的框架重得多，板式换热器一般只有管壳式换热器质量的1/5左右。

6）价格低。采用相同材料，在相同换热面积下，板式换热器价格比管壳式换热器低40%～60%。

7）制作方便。板式换热器的传热板是采用冲压加工，标准化程度高，并可大批生产，管壳式换热器一般采用手工制作。

8）容易清洗。框架式板式换热器只要松动压紧螺栓，即可松开板束，卸下板片进行机械清洗，这对需要经常清洗设备的换热过程十分方便。

9）热损失小。板式换热器只有传热板的外壳板暴露在大气中，因此散热损失可以忽略不计，也不需要保温措施。而管壳式换热器热损失大，需要设置隔热层。

10）容量较小。是管壳式换热器的10%～20%。

单位长度的压力损失大：由于传热面之间的间隙较小，传热面上有凹凸，因此比传统的管壳式换热器的压力损失大。

1）不易结垢。由于内部充分湍流，因此不易结垢，其结垢系数仅为管壳式换热器的1/10～1/3。

2）工作压力不宜过大，介质温度不宜过高，有可能泄漏。板式换热器采用密封垫密封，工作压力一般不宜超过2.5MPa，介质温度应在低于250℃以下，否则有可能泄漏。

3）易堵塞。由于板片间通道很窄，一般只有2～5mm，当换热介质含有较大颗粒或纤维物质时，容易堵塞板间通道。

（3）板式换热器选型。

1）板型选择。对流量大允许压降小的情况，应选用阻力小的板型，反之选用阻力大的板型。根据流体压力和温度的情况，确定选择可拆卸式，还是钎焊式。确定板型时不宜选择单板面积太小的板片，以免板片数量过多，板间流速偏小，传热系数过低，对较大的换热器更应注意这个问题。

2）流程和流道选择。流程指板式换热器内一种介质同一流动方向的一组并联流道，而流道指板式换热器内，相邻两板片组成的介质流动通道。一般情况下，将若干个流道按并联或串联的方式连接起来，以形成冷、热介质通道的不同组合。

流程组合形式应根据换热和流体阻力计算，在满足工艺条件要求下确定。尽量使冷、热水流道内的对流换热系数相等或接近，从而得到最佳的传热效果。

3）压降校核。在板式换热器的设计选型时，一般对压降有一定的要求，所以应对其进行校核。如果校核压降超过允许压降，需重新进行设计选型计算，直到满足工艺要求为止。

6. 启动电池

要使燃气发动机由静止状态过渡到工作状态，必须用外力转动发动机的曲轴，使气缸内吸入可燃混合气并燃烧膨胀，工作循环才能自动进行。曲轴在外力作用下开始转动到燃气发动机开始自动地怠速运转的全过程，称为发动机的启动。发动机启动的方法很多，但是最常用的是电启动。

用于发动机启动的电池主要有两种：一种是镍镉电池，另一种是铅酸电池。镍镉电池各方面的表现都优于铅酸电池，但是其高出铅酸电池 10 倍左右的价格，使其使用范围严重缩小。而铅酸电池完全能够满足各种功率发动机的启动，从而得到了广泛的应用。

铅酸电池（Lead-acid battery）是电池中的一种，它的作用是能把有限的电能储存起来，在合适的地方使用。它的工作原理就是把化学能转化为电能。

铅酸电池用填满海绵状铅的铅板作负极，填满二氧化铅的铅板作正极，并用 1.28% 的稀硫酸作电解质。在充电时，电能转化为化学能，放电时化学能又转化为电能。电池在放电时，金属铅是负极，发生氧化反应，被氧化为硫酸铅；二氧化铅是正极，发生还原反应，被还原为硫酸铅。电池在用直流电充电时，两极分别生成铅和二氧化铅。移去电源后，它又恢复到放电前的状态，组成化学电池。铅蓄电池是能反复充电、放电的电池，叫做二次电池。它的电压是 2V，通常把 3 个铅蓄电池串联起来使用，电压是 6V。发动机上用的是 6 个铅蓄电池串联成 12V 的电池组。铅蓄电池在使用一段时间后要补充蒸馏水，使电解质保持含有 22%～28% 的稀硫酸。

放电时，电极反应为

$$PbO_2 + 4H^+ + SO_4^{2-} + 2e^- = PbSO_4 + 2H_2O$$

负极反应

$$Pb + SO_4^{2-} + 2e^- = PbSO_4$$

总反应

$$PbO_2 + Pb + 2H_2SO_4 = 2PbSO_4 + 2H_2O$$（向右反应是放电，向左反应是充电）

（1）构成铅蓄电池的主要成分。阳极板，主要成分是过氧化铅（$PbO_2$）；阴极板，主要成分是海绵状铅（$Pb$）；电解液，主要成分是稀硫酸；电池外壳，隔离板以及其他辅助装置。

（2）蓄电池温度与容量。当蓄电池温度降低时，则其容量也会显著减少。

1）电解液不易扩散，两极活性物质的化学反应速率变慢。

2）电解液的阻抗增加，电瓶电压下降，蓄电池的 5HR 容量会随蓄电池温度下降而减少。因此：①冬季比夏季的使用时间短。②特别是使用于冷冻库的蓄电池由于放电量大，而使一天的实际使用时间显著减短。若欲延长使用时间，则在冬季或是进入冷冻库前，应先提高其温度。

（3）蓄电池充电。出现下列情况之一时应进行充电：电解液比重降至 1.2 以下；冬季放电超过 25%；夏季放电超过 50%；启动无力。

（4）蓄电池使用及保养时需注意的事项。

1）蓄电池长久不用，它会慢慢自行放电，直至报废。因此，每隔一定时间就给蓄电池充电。

2）当电压表指针显示蓄电量不足时，要及时充电。

3）电解液的密度应按照不同的地区、不同的季节按照标准进行相应的调整。

4）在电解液欠缺时应补充蒸馏水或专用补液。切忌用饮用纯净水代替。因为纯净水中含有多种微量元素，对蓄电池会造成不良影响。

5）在启动发动机时，不间断地使用启动机会导致蓄电池因过度放电而损坏。正确的使用办法是每次盘车的时间总长不超过 6s，再次启动间隔时间不少于 10s。

6）日常例行维护时应经常检查蓄电池盖上的小孔是否通气。若蓄电池盖小孔被堵，产生的氢气和氧气排不出去，电解液膨胀，会把蓄电池外壳撑破，影响蓄电池寿命。

图 2-28 开关柜

7）检查电池的正、负极有无被氧化的迹象。可以用热水时常浸泡电瓶的电线连接处，并用铜丝刷清理干净，涂上黄油。

8）检查电路各部分有无老化或短路的地方，防止电池因为过度放电而提前退役。

7. 开关柜（Distributor）

在燃气冷热电分布式能源系统中，输出的主要能源是电力和热能。电力输出需要专门的设备，即开关柜。开关柜是一种电设备，外线先进入柜内主控开关，然后进入分控开关，各分路按需要设置，如仪表、自控、电动机磁力开关、各种交流接触器等，如图 2-28 所示。

（1）开关柜常见分类。

1）按照电压等级分类：通常将 AC 1000V 及以下称为低压开关柜（如 PGL、GGD、GCK、GBD、MNS 等）、AC 1000V 以上称为高压开关柜（如 GG-1A、XGN15、KYN48 等），有时也将高压柜中电压为 AC 10kV 的称为中压柜（如 XGN15 型 10kV 环网柜）。

2）按照电压波形分类：分为交流开关柜、直流开关柜。

3）按照内部结构分类：分为抽出式开关柜（如低压抽出式开关柜）、低压固定分隔式开关柜、金属铠装移开式开关柜、手车柜。

4）按照用途分类：分为进线柜、出线柜、计量柜、补偿柜（电容柜）、转角柜、母线柜。

（2）开关柜送电操作程序。

1）送电操作。①先装好后封板，再关好前下门；②操作接地开关主轴并且使之分闸；③用转运车（平台车）将手车（处于分闸状态）推入柜内（试验位置）；④把二次插头插到静插座上（试验位置指示器亮，关好前中门）；⑤用手柄将手车从试验位置（分闸状态）推入到工作位置（工作位置指示器亮，试验位置指示器灭）；⑥合闸断路器手车。

2）停电（检修）操作。①将断路器手车分闸；②用手柄将手车从工作位置（分闸状态）退出到试验位置（工作位置指示器灭，试验位置指示器亮）；③打开前中门；④把二次插头拔出静插座（试验位置指示器灭）；⑤用转运车将手车（处于分闸状态）退出柜外；⑥操作接地开关主轴并且使之合闸；⑦打开后封板和前下门。

（3）开关柜型号及用途。

1）GGD 系列。①产品型号及含义：G（首个）表示交流低压配电柜；G（第二个）表示电器元件固定安装，固定路线；D 表示电力用柜。②用途：GGD 型交流低压配电柜适用于变电站、发电厂、厂矿企业等电力用户的交流 50Hz，额定工作电压 380V，额定工作电流 1000～3150A 的配电系统，作为动力、照明及发配电设备的电能转换，分配与控制之用。③结构特点：GGD 型交流低压配电柜的柜体采用通用柜形式，构架用 8MF 冷弯型钢局部焊接组装而成，并有 20 模的安装孔，通用系数高。GGD 柜充分考虑散热问题。在柜体上下两端均有不同数量的散热槽孔，当柜内电器元件发热后，热量上升，通过上端槽孔排出，而冷风不断地由下端槽孔补充进柜，使密封的柜体自下而上形成一个自然通风道，达到散热的目的。柜体的顶盖在需要时可拆除，便于现场主母线的装配和调整，柜顶的四角装有吊环，用于起吊和装运。柜体的防护等级为 IP30，用户也可根据环境的要求在 IP20～IP40 之间选择。

2）GCK系列。①产品型号及含义：G是封闭式开关柜；C是抽出式；K是电动机控制中心。②用途：GCK低压抽出式开关柜由动力配电中心（PC）柜和电动机控制中心（MCC）两部分组成。该装置适用于交流50（60）Hz，额定工作电压小于或等于660V，额定电流4000A及以下的控配电系统，作为动力配电，电动机控制及照明等配电设备。③结构特点：整柜采用拼装式组合结构，模数孔安装，零部件通用性强，适用性好，标准化程度高。柜体上部为母线室，前部为电器室，后部为电缆进出线室，各室间有钢板或绝缘板作隔离，以保证安全。MCC柜抽屉小室的门与断路器或隔离开关的操作手柄设有机械联锁，只有手柄在分断位置时门才能开启。受电开关、联络开关及MCC柜的抽屉具有三个位置：接通位置、试验位置、断开位置。开关柜的顶部根据受电需要可装母线桥。

3）GCS系列。①产品型号及含义：GCS是低压抽出式开关柜。②用途：GCS型低压抽出式开关柜使用于三相交流频率为50Hz，额定工作电压为400V（690V），额定电流为4000A及以下的发、供电系统中的作为动力、配电和电动机集中控制、电容补偿之用；广泛应用于发电厂，石油、化工、冶金、纺织，高层建筑等场所，也可用在大型发电厂、石化系统等自动化程度高、要求与计算机接口的场所。

（4）结构特点：框架采用8MF型开口型钢，主构架上安装模数为20mm和100mm的φ9.2mm的安装孔，使得框架组装灵活方便。开关柜的各功能室相互隔离，其隔室分为功能单元室、母线室和电缆室。各室的作用相对独立。水平母线采用柜后平置式排列方式，以增强母线抗电动力的能力，是使主电路具备高短路强度能力的基本措施。电缆隔室的设计使电缆上，下进出均十分方便。抽屉高度的模数为160mm。抽屉改变仅在高度尺寸上变化，其宽度、深度尺寸不变。相同功能单元的抽屉具有良好的互换性。单元回路额定电流在400A及以下。抽屉面板具有分、合、试验、抽出等位置的明显标志。抽屉单元设有机械联锁装置。抽屉单元为主体，同时具有抽出式和固定性，可以混合组合，任意使用。柜体的防护等级为IP30-IP40，还可以按用户需要选用。

### （五）燃气内燃发电机组制造标准

中国目前还没有针对燃气发电机组的制造标准，表2-15推荐了一些国际标准，以供招标单位招标或者设计院设计时进行参考。

表2-15　　　　　　　　燃气内燃发电机组制造标准

| BS EN 60034-16-1 (IEC34-16-1) | Rotating electrical machine——Excitation systems for synchronous machines<br>旋转电力机械——同步电机励磁系统 |
| --- | --- |
| BS 5000-3 | Specification for rotating electrical machines of particular types or for particular application——Generators to be driven by RIC engines)<br>特殊型号和特殊应用的旋转电力机械规范——往复式引擎驱动的发电机 |
| BS 4999-140 | General requirements for rotating electrical machines ——Specification for voltage regulation and parallel operation of a. c. synchronous generators<br>对旋转电机的总要求——交流同步发电机的电压调整率和并联运行规范 |
| BS 2757 | Method for determining thermal classification of electrical insulation<br>决定电绝缘热等级的方法 |
| 发动机的标准 | |
| BS 5514-1 (ISO 3046-1) | Reciprocating internal combustion engines Performance——Standard reference conditions, declaration of power, fuel and lubricating oil consumptions and test methods<br>往复式内燃机性能——标准环境条件下电力参数，燃料和润滑油消耗及测试方法 |
| BS 5514-4 (ISO 3046-4) | Reciprocating internal combustion engines——Speed governing<br>往复式内燃机——速度调节 |

续表

| 发电机组的标准 | |
|---|---|
| BS 7698-1<br>(ISO 8528-1) | Reciprocating internal combustion engines driven alternating current generating sets——Specification for application，ratings and performance<br>往复式内燃机驱动交流发电机——应用等级和性能规范 |
| BS 7698-2<br>(ISO 8528-2) | Reciprocating internal combustion engines driven alternating current generating sets——Specification for engines<br>往复式内燃机驱动交流发电机——发动机规范 |
| BS 7698-3<br>(ISO 8528-3) | Reciprocating internal combustion engine driven alternating current generating sets——Specification for alternating current generators for generating sets<br>往复式内燃机驱动交流发电机——交流发电机规范 |
| BS 7698-4<br>(ISO 8528-4) | Reciprocating internal combustion engines driven alternating current generating sets——Specification for control gear and switchgear<br>往复式内燃机驱动交流发电机——控制系统和开关设备规范 |
| BS 7698-5<br>(ISO 8528-5) | Reciprocating internal combustion engines driven alternating current generating sets——Specification for generating sets<br>往复式内燃机驱动交流发电机——发电装置规范 |
| BS 7698-6<br>(ISO 8528-6) | Reciprocating internal combustion engines driven alternating generating sets——Test methods<br>往复式内燃机驱动交流发电机——测试方法 |

### 二、燃气轮机

#### （一）概述

**1. 燃气轮机工作原理**

燃气轮机的工作原理：压气机连续地从大气中吸入空气并将其压缩；压缩后的空气进入燃烧室，与喷入的燃料混合后燃烧，成为高温燃气，随即流入燃气涡轮中膨胀做功，推动涡轮叶轮带着压气机叶轮一起旋转；加热后的高温燃气的做功能力显著提高，因而燃气涡轮在带动压气机的同时，尚有余功作为燃气轮机的输出机械功。燃气轮机由静止启动时，需用启动机带着旋转，待加速到能独立运行后，启动机才脱开。燃气轮机的工作原理见图 2-29。

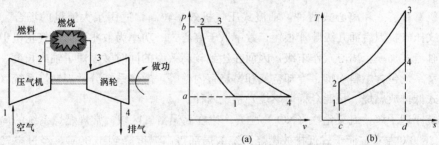

图 2-29　燃气轮机的工作原理

（a）$p$-$v$ 图；（b）$T$-$s$ 图

1-2、3-4—定熵过程；2-3—定压吸热；4-1—定压放热

循环在定压加热过程 2-3 中热源吸入的热量 $q_1$ 为

$$q_1 = h_3 - h_2 = c_p(T_3 - T_2) \tag{2-13}$$

在定压放热过程 4-1 中向冷源放出热量 $q_2$（绝对值）为

$$q_2 = h_4 - h_1 = c_p(T_4 - T_1) \tag{2-14}$$

按照循环热效率的定义，有

$$\eta_t = 1 - \frac{q_2}{q_1} = 1 - \frac{T_4 - T_1}{T_3 - T_2} \tag{2-15}$$

对于定熵过程 1-2 及 3-4，注意到 $p_3 = p_2$、$p_4 = p_1$ 后，有

$$\frac{T_2}{T_1} = \left(\frac{p_2}{p_1}\right)^{\frac{k-1}{k}} \tag{2-16}$$

$$\frac{T_3}{T_4} = \left(\frac{p_3}{p_4}\right)^{\frac{k-1}{k}} = \left(\frac{p_2}{p_1}\right)^{\frac{k-1}{k}} \tag{2-17}$$

引入反映循环特性的参数——循环增压比 $\pi = \dfrac{p_2}{p_1}$，由式（2-16）及式（2-17）可得

$$\frac{T_3}{T_4} = \frac{T_2}{T_1} = \frac{T_3 - T_2}{T_4 - T_1} = \pi^{\frac{k-1}{k}} \tag{2-18}$$

将式（2-18）代入式（2-15），可得到循环热效率与循环增压比的关系式

$$\eta_t = 1 - \frac{1}{\pi^{\frac{k-1}{k}}} \tag{2-19}$$

由式（2-19）可知，燃气轮机装置定压加热理想循环的热效率完全确定于循环增压比，并随 $\pi$ 值的增大而提高。这是因为 $\pi$ 值确定了循环吸热与放热平均温度比值。

燃气轮机装置中，工质最高温度 $T_3$ 受金属材料耐热性能和冷却技术的限制，压缩比最高达到 31；工业和船用燃气轮机的燃气初温度最高达 1200℃ 左右，航空燃气轮机的燃气初温度超过 1350℃。

随着高温材料的不断发展，以及涡轮采用冷却叶片并不断提高冷却效果，燃气初温度逐步提高，使燃气轮机效率不断提高。单机功率也不断增大，在 20 世纪 70 年代中期出现了数种 100MW 级的燃气轮机，到 2010 年最高达到 260MW。

2. 燃气轮机结构

图 2-30 所示为典型的单轴燃气轮机，主要包含压气机、燃烧室、动力透平和输出/辅助齿轮等组成。

压气机有轴流式和离心式两种，轴流式压气机效率较高，适用于大流量的场合。在小流量时，轴流式压气机因后面几级叶片很短；效率低于离心式。功率为数兆瓦的燃气轮机中，有些压气机采用轴流式加一个离心式作末级，因而在达到较高效率的同时又缩短了轴向长度。

燃烧室系统包含燃料喷嘴、冷却空气和燃烧室内壁等。燃烧系统分常规燃烧系统（扩散式火焰）和干式低排放燃烧（预混合稀薄燃烧）系统两种。

由系统原理了解，氮氧化物（$NO_x$）主要产生在高温富氧区域。常规燃烧系统的局部最高火焰温度在 2300℃ 左右，而干式低排放燃烧系统的局部最高温度降到 1600℃，经过空气冷却后以同样的温度进入动力透平段，因此不影响燃机的效率和出力。

在常规燃烧系统中，30% 的空气用于燃烧，70% 的空气用于冷却。而干式低排放燃烧系统，60% 的空气用于燃烧，40% 的空气用于冷却。

在预混合稀薄燃烧系统中，燃料不能直接点燃，必须使用前面的引导火焰来点燃主燃料区。引导火焰的燃料量也决定着 $NO_x$ 的高低，引导火焰量越小，则 $NO_x$ 越低，但火焰稳定性也越低。图 2-31 所示为燃烧系统。

由于预混合稀薄燃烧系统的火焰稳定性不如扩散火焰燃烧系统，因而对燃料的范围有限制。目前的技术水平只能用在天然气上，其他燃料还需要做更进一步的开发。若燃料使用不当，会造成回火或火焰碰到燃烧室壁面，损坏燃气轮机。图 2-32 所示为预混合稀薄燃烧系统使用范围。

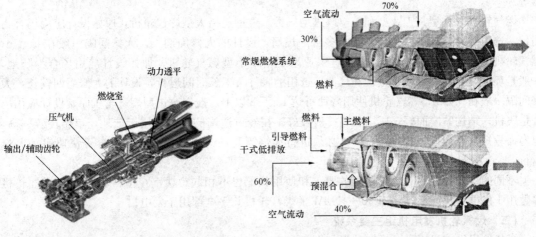

图 2-30　典型的单轴燃气轮机　　　　　　　图 2-31　燃烧系统

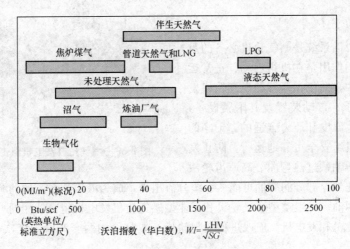

图 2-32　预混合稀薄燃烧系统使用范围

$NO_x$ 排放量转换公式如下：

$$实际 NO_x = NO_x@15\%O_2 \times (20.9 - X\%O_2)/(20.9 - 15) \tag{2-20}$$

式中　　$X\%O_2$——实际燃气尾气中含氧量；

$NO_x@15\%O_2$——含氧为 15% 的条件下的 $NO_x$ 含量。

　　燃烧室和涡轮不仅工作温度高，而且还承受燃气轮机在启动和停机时，因温度剧烈变化引起的热冲击，工作条件恶劣，故它们是决定燃气轮机寿命的关键部件。为确保有足够的寿命，这两大部件中工作条件最差的零件如火焰筒和叶片等，须用镍基和钴基合金等高温材料制造，同时还须用空气冷却来降低工作温度。

　　动力透平段一般有 3～4 级，前面 1～2 级叶片产生的旋转动能用来拖动压气机段，后面 3～4 级叶片的旋转动能驱动负荷，如发电机或天然气压缩机等。

　　压气机、燃烧室和驱动压缩机的前级叶片构成燃气发生器总成。拖动负荷的部分俗称动力透平段。

　　对于一台燃气轮机来说，除了主要部件外，还必须有完善的控制系统。此外，还需要配备良好的附属系统和设备，包括启动装置、燃料系统、润滑系统、空气过滤系统、进气和排气消声器等。

燃气轮机有重型、工业型和航空改进型三类。重型是指大型燃气轮机，原始设计应用场合为陆地，选用的零件较为厚重，一般是多管火焰筒，设计的大修周期长，大修间隔一般在 6 万 h，燃气轮机使用寿命可达 10 万 h 以上。工业型是指中小型燃气轮机，原始设计应用场合为陆地，一般是环形燃烧室，兼顾了重量和尺寸，选用的零件考虑长时间运行，设计的大修周期较长，大修间隔一般在 3 万 h，燃气轮机使用寿命可达 10 万 h 以上。航空改进型燃气轮机原始设计应用场合是飞机，结构紧凑而轻，所用材料一般较好。在经过适当的改进后用于陆地，单循环效率高，但寿命较短，一般运行 12 000h 后就必须进行火焰筒和动力透平的维修，适合于快速启动调峰运行。

不同的应用部门，对燃气轮机的要求和使用状况也不相同。功率在 10～20MW 的燃气轮机多数用于发电和机械驱动，而 30～40MW 的燃气轮机几乎全部用于发电。

### （二）燃气轮机发电机组主要系统

燃气轮机发电机组主要系统外形如图 2-33 所示。

#### 1. 润滑油系统

燃气轮机润滑油系统是燃气轮机必备的重要辅助系统。它的作用是在机组启动、正常运行以及停机过程中，向正在运行的燃气轮机发电机组的各个轴承、传动装置及其附属设备，供应数量充足的、温度和压力合适的、干净的润滑油，以确保机组安全可靠地运行，防止发生轴承烧毁、转子轴颈过热弯曲、高速齿轮法兰变形等事故。此外，部分润滑油可能从系统分流出来，成为液压油系统的油源，或经过滤后作

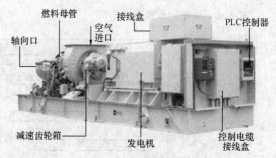

图 2-33　燃气轮机发电机组主要系统外形

为控制油系统的用油。一般重型燃气轮机和工业型燃气轮机发电机组都使用同一套润滑系统，提供润滑油给燃气轮机和发电机。航改进型燃气轮机一般是使用两套润滑系统，一套给燃气轮机，另一套给发电机。

润滑油系统主要包含的设备有主润滑油泵（燃气轮机齿轮箱直接驱动）、辅助润滑油泵、应急润滑油泵、润滑油箱和加热器、润滑油过滤器、滑油冷却器。

（1）主润滑油泵。这是机组正常运行时的工作油泵，可以由主机通过辅助齿轮驱动。油泵的容量根据系统总的用油量、调节阀门溢流量和管路的泄漏量决定。主润滑油泵常用的有齿轮泵和螺杆泵，也可以是离心泵。

（2）辅助润滑油泵。这是机组启动和停机时的工作油泵，或在主润滑油泵出现故障时投入使用，通常由交流电动机驱动。在启动时，先开动辅助润滑油泵，建立起油压，将润滑油输送到机组轴承处。只有建立起油压后，燃气轮机才允许启动。在正常停机时，启动辅助润滑油泵，燃气轮机停止转动后，润滑泵需要运行一段时间冷却燃气轮机。

（3）应急润滑油泵。该泵在停机时因辅助润滑油泵故障而投入，或因失去交流电源而投入，或因主、辅润滑油泵都不能工作机组紧急停机而投入。由于应急润滑油泵只在故障时工作，其压力和容量一般较小。

（4）润滑油冷却器。润滑油流过各润滑点（轴承、齿轮等）后温度上升 14～33℃（配备减速齿轮时温升可达 33℃），因此，从系统回来的润滑油必须冷却以保证合适的供油温度。润滑油冷却器常用的冷却方式为水冷，也可以是风冷，风冷的优点是不需要冷却水，可在缺水地区使

用，但由于空气的传热系数比水要低得多，因此空冷式冷却器体积相对要庞大得多。

除上述的设备之外，润滑油系统还需要有阀门、孔板、温度开关、压力开关、油箱液位指示器、润滑油加热器等各种组件和设施，以保证系统正常、安全、可靠地工作。

2. 燃料系统

燃气轮机可以使用多种燃料，如天然气、液化天然气（LNG）、液化石油气（LPG）、沼气、柴油等。燃料系统可以设计成单燃料、双燃料或三燃料系统。在分布式能源系统中，一般使用天然气作为主燃料，用户可以根据情况选择柴油或 LPG 作为备用燃料。

天然气燃料系统的主要部件有第一级燃料关断阀、第二级燃料关断阀（备用）、过滤器、燃料调节阀、燃料母管、燃料喷嘴总成、火炬点火器、燃气压力传感器。

第一级和第二级燃料关断阀都是气动控制阀，只有燃气压力达到一定值后才能开启，起安全作用。燃料调节阀可以用气动控制或用电动控制。一般气动控制的精度不如电动控制的精度高，反应速度也不如电动控制。

天然气经过燃料调节阀和喷嘴时压力会下降，会发生焦—汤效应，天然气温度下降，有可能形成部分液态进入燃烧室，这对燃烧控制和可靠性造成不利影响。要求天然气在进入燃气轮机时满足的温度条件：天然气温度大于烃露点 27℃，或天然气温度大于天然气中的水露点 15℃。

天然气进入燃气轮机的最小压力和燃气轮机的压气机压缩比有直接关系，若压力太小，在有限的时间内不能输入足够的能量，燃气轮机就不能发出满负荷。另外，同样的机型，环境温度不同，需要的压力也不同。温度越低，需要的燃气压力越高，温度越高，需要的燃气压力越低。海拔越高，需要的燃气压力也越低。图 2-34 所示为典型的燃气最小压力随环境温度变化的曲线。

表 2-16 是一些燃气轮机的典型天然气压力要求。

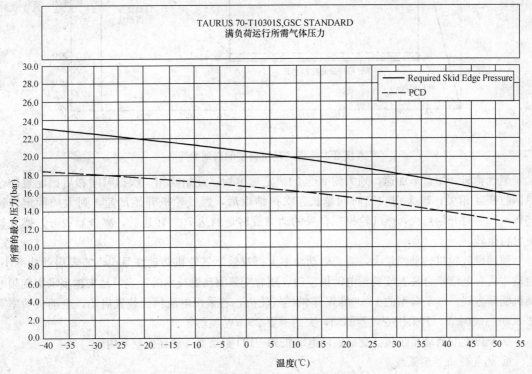

图 2-34　典型的燃气最小压力随环境温度变化的曲线

表 2-16　　　　　　　　　　　燃气轮机的典型天然气压力要求

| 燃气轮机型号 | 功率（kW） | 进口最小燃气压力（MPa） |
|---|---|---|
| 土星 20Saturn20 | 1200 | 0.9 |
| 半人马 40Centaur40 | 3515 | 1.2 |
| 半人马 50Centaur50 | 4600 | 1.4 |
| 水星 50Mercury50 | 4600 | 1.4 |
| 金牛 60Taurus60 | 5670 | 1.6 |
| 金牛 65Taurus65 | 6300 | 1.8 |
| 金牛 70Taurus70 | 7965 | 2.2 |
| 火星 100Mars100 | 11430 | 2.5 |
| 大力神 130Titan130 | 15000 | 2.6 |
| 大力神 250Titan250 | 21745 | 2.9 |

3. 燃气轮机启动系统

燃气轮机从静止状态到一定的速度，需要借助外力驱动，其启动曲线如图 2-35 所示。

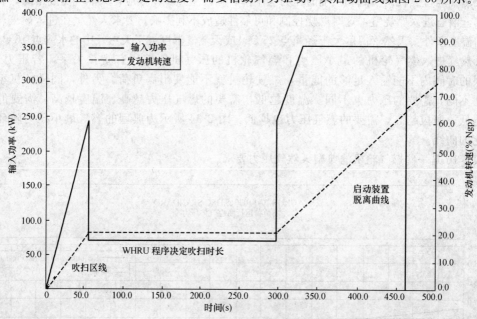

图 2-35　燃气轮机典型的启动曲线

燃气轮机开始盘车加速，到大约 25％ 的额定速度后，开始吹扫。吹扫时间和后面配置的余热回收装置相关，越大则吹扫时间越长。吹扫结束后，燃气轮机开始加速，到大约额定转速 65％～70％ 时开始点火，燃气轮机靠自身的动力旋转，到达 70％ 转速后，离合器脱开，燃气轮机自行运转。

单轴燃气轮机转动惯量大，需要启动功率大；双轴燃气轮机转动惯量小，需要启动功率小。启动方式有电液耦合装置或变频电动机驱动。随着变频驱动器技术的进步，越来越多采用变频电动机驱动方式。一个典型的 15 000kW 单轴燃气轮机，若采用电液耦合装置启动，电动机功率需要 800～1000kW，若采用变频器驱动，大约需要 250kW 就够了。

一个典型的启动系统包括交流启动电动机和 VFD 驱动器（放在控制室内）。

4. 燃气轮机控制系统

燃气轮机控制系统主要由 PLC 控制器、传感器和执行机构构成。PLC 控制器可以是单 CPU，也可以做成双冗余或三冗余系统。一般大型燃气轮机采用冗余设计，小型燃气轮机用单CPU结构就可以满足要求。为了安全起见，单CPU系统配一后备继电器形式关机系统，保护燃气轮机。

PLC控制器可以做在燃气轮机撬上，在工厂出厂前就做完全部试验，大幅度节约在现场的安装工作。也有的PLC控制器做成控制柜，到现场再安装接线，工作量大，安装调试时间长。

控制系统主要设备包含PLC控制器，撬上或远程；燃气轮机和齿轮箱振动监测；燃气轮机推力轴承温度监视；辅助远程控制显示器；通信接口，如以太网、Modbus、Data Highway Plus等。

燃气轮机控控制信号分正常、报警和停车三个级别，下面主要参数若超标，燃气轮机会自动停机：

（1）轴承振动过高；

（2）转速过高；

（3）油压过低；

（4）燃气压力过低或过高；

（5）消防系统启动；

（6）燃气轮机温度 $T_5$ 超标。

5. 发电机和控制

燃气轮机的旋转动能经过减速齿轮箱后，将转速降到1500r/min或3000r/min，驱动发电机。发电机可以是空冷式，也可以是水冷式。一般功率较小的发电机采用空冷式较多。发电机的输出电压等级一般有3.3、6.6kV和11kV，频率50Hz。容量超过10 000kVA的发电机，考虑电流限制后，一般不能用3.3kV等级。发电机配合PLC控制器，要满足以下控制功能：

（1）自动同期；

（2）电压调节；

（3）发电机振动监视系统；

（4）发电机轴承和定子线圈温度监视；

（5）自动启动和同期；

（6）功率控制；

（7）功率因数控制。

（8）差动保护；

（9）零序保护。

6. 进气系统

燃气轮机对燃烧空气质量有非常高的要求，空气中的杂质和有害物质，如颗粒、碱金属、水雾等直接进入燃气轮机，会严重影响燃气轮机的性能和使用寿命。在实际使用燃气轮机的场合特别是在陆地使用环境中，大部分燃气轮机损害的原因是空气过滤系统造成的，如空气过滤系统设计不当或后期使用时选用了劣质的滤芯。

根据现场环境和空气粒度分布报告，一般可选择以下四类过滤器：

（1）静态滤清器。这是筒式过滤器，设计流速中等，过滤精度大约为F7和F9，适合于环境比较洁净的场地，用完后直接更换。

（2）反吹自清式滤清器。这是筒式过滤器，设计流速中等，过滤精度大约为F7和F9；但可以用压缩空气反吹，将吸附在滤膜上的灰尘吹掉，重复使用，使用时间比较长；适合于环境比较脏，但干燥的场地。吸附在滤膜上的杂质累积到一定程度，且反吹空气无法再清洁的阶段，必须更换滤芯。在过滤器上安装压差传感器，若经过反吹后压差无法恢复到正常水平，即意味着要更换滤芯。

（3）多级组合式过滤器。一般分两级或三级组合式过滤器，第一级采用反吹自清式，后面的1～2级采用更加精密的滤芯，设计流速较低，前级过滤精度大约为 F7 和 F9，最后一级过滤精度大约为 H10；适合于环境非常恶劣的场地，例如，空气中含有盐离子、超细灰尘；在海边、盐化工厂、焦化厂等。

（4）进气消声器。燃气轮机进气系统有非常高的空气流动噪声，为了降低噪声，一般都在进气风道中安装进气消声器。

7. 消防隔声罩系统

燃气轮机发电机组有高频低振幅噪声，为了满足环保要求，一般都需要安装隔声罩。另外，设计规范要求防火，消防系统也包含在内。消防隔声罩系统包含的主要设备：

（1）含隔声材料的全机组隔声板；

（2）内部部件吊装导轨架；

（3）可燃气体监视系统；

（4）火焰探头；

（5）防尘过滤器；

（6）消防系统，二氧化碳钢瓶柜；

（7）机罩进气通风消声器；

（8）机罩排气通风消声器；

（9）机罩内部照明。

**（三）燃气轮机特性**

1. 燃气轮机主要优点

（1）与活塞式内燃机和蒸汽动力装置相比，燃气轮机的主要优点是小而轻。单位功率的质量：重型燃气轮机一般为 2～5kg/kW，而航机一般低于 0.2kg/kW。燃气轮机占地面积小，当用于车、船等运输机械时，既可节省空间，也可装备功率更大的燃气轮机以提高车、船速度。

（2）燃气轮机的启动时间很短，一般从启动到带满负荷不到 30min。如果加上联合循环的蒸汽部分，在热态下启动，也不超过 70min。所以在停机后采取保温措施，机组可以迅速启动带负荷。

（3）排烟温度高，一般为 480～580℃。

（4）发电电压等级高、功率大，供电半径大。

（5）发电机输出功率受环境温度影响较大。

（6）功率范围大，品种齐全。

（7）烟气对大气污染小，$NO_x$ 排放比燃气内燃机小。

（8）余热利用系统简单、高效。

2. 燃气轮机组主要缺点

（1）效率不够高。

（2）燃气轮机低负荷运行时，效率会大幅度下降。燃气轮机利用压气机进气导叶的开度来调节空气进气量，调节范围为 75%～100%。当负荷小于 75% 时，只能通过控制燃料来控制燃气轮机的出力。所以燃气轮机低负荷运行时，效率会大幅度下降，50% 负荷时效率下降 5%～7%，故燃气轮机不适宜于带部分负荷运行，空载时的燃料消耗量高。图 2-36 是通用燃气轮机部分负荷下的效率变化。对于以商业建筑为主的燃气冷热电分布式能源系统，由于空调负荷变化幅度较大，因此采用燃气轮机发电装置时需要充分考虑负荷的调节方法，避免出现效率大幅度下降的现象。

（3）燃气轮机出力随环境温度变化。燃气轮机出力随环境温度升高而下降，主要是由于燃气轮机是恒体积流量的动力设备，流过的空气质量取决于空气密度，气温越高密度越低，致使吸入压气机的空气质量流量减少，机组的做功能力随之变小。另外，压气机的耗功量随吸入空气的热力学温度成正比变化，即大气温度升高时，压气机耗功增加，燃气轮机的净出力减小。

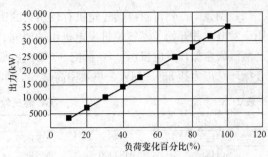

图 2-36　通用燃气轮机部分负荷下的效率变化

（4）对于以商业建筑为主的燃气冷热电分布式能源系统，夜间分布式能源系统可能全部或大部分关闭，除了航机型轻型燃气轮机外，燃气轮机发电装置的频繁启停，将缩短燃气轮机的大修间隔时间，同时也会影响到燃气轮机的寿命。

**（四）燃气轮机性能参数**

1. 典型燃气轮机制造商及产品

目前，全世界从事燃气轮机研究、设计、生产、销售的著名企业有 28 家，使用的工业燃气轮机约有 5 万台，而且全球的燃气轮机市场几乎被欧美公司所垄断。

由于不同的历史背景，燃气轮机有不同技术发展道路，一条以罗罗、普惠、GE 为代表的航空发动机公司用航空发动机改型而形成的工业和船用航改轻型燃气轮机（俗称"航改机"）；另一条是以西门子、ABB、GE 公司为代表，遵循传统的蒸汽轮机理念发展起来的工业重型燃气轮机（俗称"工业机"），主要用于机械驱动和大型电站。典型燃气轮机制造商有索拉、GE、西门子/西屋、阿尔斯通/ABB、罗罗、三菱和俄罗斯的制造商等。

（1）索拉。索拉为美国的大型企业，成立于 1927 年，总部美国圣迭戈，是美国最大 50 家企业之一卡特彼勒的子公司，专门生产 1.0～50MW 工业型燃气轮机组，索拉已经拥有 13400 多台燃气轮机组分布在全球 96 个国家和地区运行的业绩，占有世界 10MW 以下机组 60％ 以上的市场份额，在业界和技术上居领先地位。

表 2-17 为索拉（Sola）小型燃气轮机性能参数。

表 2-17　　　　　　　　　索拉（Sola）小型燃气轮机性能参数

| 项　目 | Saturn 20 | Centaur 40 | Centaur 50 | Mercury 50 | Taurus 60 | Taurus 65 | Taurus 70 | Mars 90 | Mars 100 | Titan 130 | Titan 250 |
|---|---|---|---|---|---|---|---|---|---|---|---|
| 燃气轮机型号 | 土星20 | 人马座40 | 人马座50 | 水星50 | 金牛座60 | 金牛座65 | 金牛座70 | 火星90 | 火星100 | 大力神130 | 大力神250 |
| 燃气轮机出力（MW） | 1.2 | 3.5 | 4.6 | 4.6 | 5.7 | 6.3 | 8.0 | 9.5 | 11.4 | 15.0 | 21.7 |
| 热耗率（kJ/kWh） | 14 795 | 12 910 | 12 270 | 9351 | 11 465 | 10 943 | 10 505 | 11 300 | 10 935 | 10 232 | 9260 |
| 燃耗量（GJ/h） | 17.7 | 45.1 | 56.0 | 42.7 | 64.4 | 67.3 | 82.2 | 105.9 | 124.7 | 152.2 | 199.7 |
| 天然气消耗量（m³/h） | 503 | 1280 | 1591 | 1213 | 1830 | 1912 | 2336 | 3009 | 3543 | 4325 | 5675 |
| 燃气轮机发电折热能（GJ/h） | 4.32 | 12.60 | 16.56 | 16.56 | 20.52 | 22.68 | 28.8 | 34.2 | 41.04 | 54 | 78.12 |
| 燃气轮机效率（%） | 24.4 | 27.9 | 29.6 | 38.8 | 31.9 | 33.7 | 35.0 | 32.3 | 32.9 | 35.5 | 39.1 |
| 燃气轮机排烟温度（℃） | 511 | 446 | 513 | 377 | 516 | 555 | 511 | 468 | 490 | 500 | 465 |
| 余热锅炉烟气流量（t/h） | 23.4 | 67.9 | 68.2 | 63.7 | 77.7 | 74.1 | 95.8 | 143.4 | 154.1 | 177.9 | 245.7 |

（2）GE。GE公司制造燃气轮机有较悠久的历史，20世纪40年代末就将航空燃气发动机技术用于发电，并开始了燃气轮机发电机组的研究、设计和制造。20世纪60年代后期，生产出燃气－蒸汽联合循环发电机组。20世纪90年代后期最大的燃气轮机单机出力达226.5MW，单轴联合循环总出力达330.3MW，热效率高达52.9%。表2-18所列为GE燃气轮机系列。

表2-18　　　　　　　　　　　　GE燃气轮机系列

| 频率（Hz） | 燃气轮机系列 | | | | |
|---|---|---|---|---|---|
| 50Hz | MS3000 | MS5000 | MS6000 | | MS9000 |
| 60Hz | MS3000 | MS5000 | MS6000 | MS7000 | |
| 型号 | | | | E, EC, ES | E, EC, ES |
| | | | | F, FA | F, FA |
| | | | | | G, H |

除此，还有航空发动机型电站燃气轮机系列，见表2-19。

表2-19　　　　　　　　　航空发动机型电站燃气轮机系列

| 机型 | LM1600 | LM2500 | LM5000 | LM6000 |
|---|---|---|---|---|
| 功率（MW） | 14 | 23.3 | 35 | 41.9 |

表2-20所示为GE公司MS9000系列燃气轮机性能。

表2-20　　　　　　　　　GE公司MS9000系列燃气轮机性能

| 型号 | 燃气温度（℃） | 压比 | 燃气轮机功率（MW） | 燃气轮机效率（%） | 压气机级数 | 透平级数 |
|---|---|---|---|---|---|---|
| E | 1104 | 12.5 | 123 | 33.8 | 17 | 3 |
| EC | 1204 | 14.2 | 169 | 34.9 | | |
| ES | 1204 | | 169 | 34.9 | | |
| F | 1288 | 15 | 212 | 35.7 | 18 | 3 |
| FA | 1288 | 15 | 226.5 | 35.6 | | |
| G | 1427 | | 282 | | | |
| H | 1427 | 30 | | | | |

表2-21为GE公司的几种50Hz燃气轮机的性能参数。

表2-21　　　　　　　　GE公司的几种50Hz燃气轮机的性能参数

| 简单循环 | | PG5371 (PA) | PG6541 (B) | PG6101 (FA) | PG9171 (E) | PG9231 (EC) | PG9351 (FA) | PG9391 (G) |
|---|---|---|---|---|---|---|---|---|
| 发电机功率（kW） | 基本 | 26 300 | 38 340 | 70 140 | 12 340 | 16 920 | 250 400 | 282 000 |
| | 尖峰 | 27 830 | 41 400 | 73 570 | 133 000 | 184 700 | 258 600 | |
| 热耗率（kJ/kWh） | 基本 | 12 647 | 11 476 | 10 527 | 10 600 | 10 310 | 9867 | 9115 |
| | 尖峰 | 11 637 | 11 371 | 10 453 | 10 632 | 10 238 | 9867 | |
| 供电效率（LHV）（%） | 基本 | 28.47 | 31.37 | 34.2 | 33.77 | 34.92 | 36.49 | 39.49 |
| | 尖峰 | 28.49 | 31.66 | 34.44 | 33.86 | 35.16 | 36.49 | |
| 压缩比 | | 10.5 | 11.8 | 15.0 | 12.3 | 14.2 | 15.4 | 23 |
| 进口温度（℃） | | 962.8 | 1104 | 1288 | 1124 | 1204 | 1288 | |
| 转速（r/min） | | 5094 | 5094 | 5247 | 3000 | 3000 | 3000 | 3000 |
| 空气流量（kg/s） | | 122.47 | 136.99 | 196.47 | 403.70 | 498.51 | 645.02 | 684.9 |
| 排气流量（kg/s） | | | | | 410.22 | 507.35 | | |
| 排气温度（℃） | | 487 | 539 | 597 | 530 | 558 | 609 | 583 |

（3）西屋。西屋主要生产 500、700 系列燃气轮机，500 系列 60Hz，700 系列 50Hz，包括 501D、501F、501G、701D、701F、701G，都是单轴机，501G 流量比 501F 大，燃气温度 1399℃，功率 230MW，燃气轮机效率 38.5%，联合循环效率 58%。表 2-22 所示为 WH 燃气轮机系列。

**表 2-22　　　　　　　　　　WH 燃气轮机系列**

| 简单循环 | 701D | 701F | 701F2 | 701G1 |
|---|---|---|---|---|
| 发电机功率（kW） | 144 210 | 236 700 | 253 700 | 271 000 |
| 热耗率（kJ/kWh） | 10 141 | 9790 | 9706 | 9305 |
| 供电效率（LHV,%） | 35.5 | 36.77 | 37.09 | 38.69 |
| 压缩比 | 14.7 | 15.6 | 17.0 | 19.0 |
| 进口温度（℃） |  | 1349 |  | 1427 |
| 转速（r/min） | 3000 | 3000 | 3000 | 3000 |
| 空气流量（kg/s） | 482.2 | 669.5 | 651.8 | 629.6 |
| 排气温度（℃） | 500 | 547.8 | 578.8 | 587.8 |

（4）三菱。三菱燃气轮机系列包括 MF（61、111、151、221）、MW501 和 MW701。501 是 60Hz 机，有 501、501D、501D5、501F、501F2、501G、501H；701 是 50Hz 机，有 701D、701F、701F2、701G、701H 等，见表 2-23、表 2-24。

**表 2-23　　　　　　　　　　三菱燃气轮机系列（一）**

| 机　型 | MF61 | MF111 | MF151 | MF221 | MF251 | MW501D |
|---|---|---|---|---|---|---|
| 燃气温度（℃） | 1150 | 1250 | 1079 | 1250 | 1079 | 1154～1250 |
| 燃气轮机功率（MW） | 6 | 15 | 21 | 30 | 37 | 114 |
| 燃气轮机效率（%） | 28.7 | 31.6 | 28 | 32 | 28.9 | 34.9 |

**表 2-24　　　　　　　　　　三菱燃气轮机系列（二）**

| 机　型 | MW501F | MW501G | MW501H | MW701D | MW701F | MW701G |
|---|---|---|---|---|---|---|
| 空气流量（kg/s） | 453 | 567 | 560 | 651 | 737 |  |
| 压比 | 16 | 20 | 25 | 14.1 | 17 | 21 |
| 压气机级数 | 16 | 17 | 15 | 19 | 17 | 14 |
| 燃烧室个数 | 16 | 16 | 16 | 20 | 20 |  |
| 燃气温度（℃） | 1400 | 1500 | 1500 | 1250 | 1400 | 1500 |
| 排气温度（℃） | 607 | 596 | 600 | 586 | 587 |  |
| 透平级数 | 4 | 4 | 4 | 4 | 4 | 4 |
| 燃气轮机功率（MW） | 185 | 254 | 270 | 144 | 270 | 334 |
| 燃气轮机效率（%） | 37 | 38.7 | 39.3 | 34.8 | 38.2 | 39.5 |
| 联合循环功率（MW） | 280 | 371 | 403 | 212 | 398 | 484 |
| 联合循环效率（%） | 56.7 | 58 | 60 | 52 | 57 | 58 |
| $NO_x$（mg/m³，标况） | 25～15 | 40～25 | 40～25 |  | 25～15 | 40～25 |

（5）西门子。表2-25为西门子/KWU燃气轮机系列。

表2-25 西门子/KWU燃气轮机系列

| 型　号 | V64 | | | V84 | | | | V94 | | | |
|---|---|---|---|---|---|---|---|---|---|---|---|
| 代号 | V64.3 | V64.3A | V64.4 | V84.2 | V84.3 | V84.3A | V84.4 | V94.2 | V94.3 | V94.2A | V94.3A |
| 转速（r/min） | 5400 | 5400 | 5400 | 3600 | 3600 | 3600 | 3600 | 3000 | 3000 | 3000 | 3000 |
| 燃气轮机功率（MW） | 60 | 70 | 68 | 103 | 152 | 170 | 155 | 150 | 200 | 190 | 240 |
| 燃气轮机效率（%） | 35.2 | 38 | 36.3 | 33.4 | 36.3 | 38 | 36.8 | 33.4 | 35.7 | 36.4 | 38 |
| 燃气温度（℃） | 993 | 1400 | 1006 | 1000 | 1288 | 1400 | 1006 | 1120 | 1280 | 1316 | 1400 |
| 压气机压比 | | 15 | | | 16 | 15 | | 10.7 | 15.6 | 14 | 15 |

（6）ABB。表2-26为ABB燃气轮机系列。

表2-26 ABB燃气轮机系列

| 简单循环 | | GT8C | GT13D | GT13E2 | GT26 |
|---|---|---|---|---|---|
| 发电机功率（kW） | 基本 | 52 800 | 96 000 | 165 100 | 241 000 |
| | 尖峰 | 56 800 | | 176 900 | |
| 热耗率（kJ/kWh） | 基本 | 10 466 | 11 246 | 10 075 | 9421 |
| | 尖峰 | | | | |
| 供电效率（LHV，%） | 基本 | 34.44 | 32.0 | 35.73 | 38.2 |
| | 尖峰 | | | | |
| 压缩比 | | 15.7 | 11.9 | 14.6 | 30 |
| 进口温度（℃） | | 1100 | | | 1235 |
| 转速（r/min） | | 3000 | 3000 | 3000 | 3000 |
| 空气流量（kg/s） | | 179.2 | 394.2 | 532.1 | 545.3 |
| 排气温度（℃） | | 517 | 490 | 524 | 610 |

2. 典型燃气轮机特性

表2-27为典型燃气轮机特性。

表2-27 典型燃气轮机特性

| 型　号 | | ISO功率（kW） | 效率（%） | 压比 | 流量（kg/s） | 转速（r/min） | 燃气温度（℃） | 排气温度（℃） |
|---|---|---|---|---|---|---|---|---|
| ABB/ALSTOM公司 | TB5000 | 3925 | 25.1 | 7.8 | 21.9 | 7950 | 654 | 488 |
| | Typhoon5.05 | 5048 | 30.2 | 14.7 | 19.4 | 17384 | 1110 | 546 |
| | Tomado6.75 | 6756 | 31.5 | 12.3 | 29.1 | 11053 | | 466 |
| | Tempest | 7714 | 30.3 | 13.7 | 29.6 | 14 010 | 1130 | 545 |
| | Cyclone | 12 892 | 33.9 | 16 | 39.5 | 9500 | 1250 | 569 |
| | GT35 | 17 000 | 32.2 | 12 | 91.6 | 3000 | | 374 |
| | GT10B | 24 770 | 34.2 | 14 | 80 | 7700 | | 543 |
| | GT10C | 29 060 | 36 | 17.6 | 90.6 | 6500 | | 518 |
| | GTX100 | 43 000 | 37 | 20 | 120.4 | 6600 | | 546 |

续表

| 型 号 | | ISO功率<br>(kW) | 效率<br>(%) | 压比 | 流量<br>(kg/s) | 转速<br>(r/min) | 燃气温度<br>(℃) | 排气温度<br>(℃) |
|---|---|---|---|---|---|---|---|---|
| ABB/ALSTOM<br>公司 | GT8C | 52 800 | 34.4 | 15.7 | 178.1 | 6210 | | 517 |
| | GT8C2 | 57 500 | 34.7 | 17.6 | 193.5 | 6210 | | 512 |
| | GT11N2 | 113 700 | 34.9 | 15.1 | 379.7 | 3600 | | 524 |
| | GT13E2 | 165 100 | 35.7 | 14.6 | 529 | 3000 | | 524 |
| | GT24 | 183 000 | 38.3 | 30 | 387.9 | 3600 | | 640 |
| | GT26 | 265 000 | 38.4 | 30 | 558.3 | 3000 | | 640 |
| GE公司 | PG5371PA | 26 300 | 28.5 | 10.5 | 121.8 | 5094 | | 487 |
| | PG6581B | 42 100 | 32.1 | 12.2 | 140.3 | 5163 | | 544 |
| | PG6101FA | 70 140 | 34.2 | 15 | 197 | 5254 | | 597 |
| | PG7121GA | 85 400 | 32.7 | 12.6 | 290 | 3600 | | 537 |
| | PG7241FA | 171 700 | 36.2 | 15.5 | 429 | 3600 | | 602 |
| | PG9171E | 123 400 | 33.8 | 12.3 | 401 | 3000 | | 538 |
| | PG9231EC | 169 200 | 34.9 | 14.2 | 504 | 3000 | | 558 |
| | PG9351FA | 255 600 | 36.9 | 15.4 | 620 | 3000 | | 609 |
| SIEMENS/WH<br>公司 | W251B11/12 | 495 000 | 32.7 | 15.3 | 174 | 5425 | 1177 | 514 |
| | V64.3A | 68 000 | 34.7 | 16.2 | 189.9 | 5400 | 1316 | 589 |
| | W501D5A | 120 500 | 34.7 | 14.2 | 348 | 3600 | 1177 | 525 |
| | V94.2 | 157 000 | 34.4 | 11.1 | 506 | 3000 | 1177 | 537 |
| | W501F | 186 500 | 37.4 | 15 | 457 | 3600 | 1316 | 590 |
| | V94.2A | 189 000 | 35.3 | 14 | 517 | 3000 | 1177 | 585 |
| | W501G | 253 000 | 36.9 | 19.2 | 560 | 3600 | 1404 | 594 |
| | V94.3A | 258 000 | 38.4 | 17 | 630 | 3000 | 1316 | 585 |
| 航机改装型 | LM1600PA | 13 750 | 35.5 | 21.5 | 46.5 | 7000 | 737 | 488 |
| | LM2500PE | 22 800 | 36.8 | 18.8 | 68.6 | 3600 | 818 | 523 |
| | LM6000PC | 43 425 | 41.3 | 29.4 | 126.3 | 3000 | 838 | 450 |
| | RB211-6562 | 28 775 | 37 | 20.8 | 93.9 | 4800 | | 491 |
| | RB211-6761DLE | 30 949 | 39.1 | 21 | 93.8 | 4850 | | 508 |
| | Trent | 51 190 | 41.6 | 35 | 158 | 3600 | | 427 |
| | FT8 | 25 465 | 38.1 | 20 | 75.8 | 3000 | | 455 |
| NP公司 | PGT5 | 5220 | 26.8 | 9.1 | 24.5 | 1500 | | 523 |
| | PGT10 | 10 220 | 31.2 | 14.1 | 41.9 | 7900 | | 484 |
| | PGT16 | 1376 | 35 | 20.1 | 47.1 | 7900 | | 493 |
| | PGT25 | 22 450 | 36.3 | 17.9 | 68.5 | 6500 | | 525 |
| | PGT25+ | 28 930 | 38.9 | 20.7 | 75 | 6100 | | 502 |

3. 典型燃气蒸汽联合循环

表 2-28 为典型燃气蒸汽联合循环机组特性。

**表 2-28** 典型燃气蒸汽联合循环机组特性

| 型　号 | | 功率（kW） | 效率（%） | 燃气轮机功率（kW） | 汽轮机功率（kW） | 燃气轮机台数与型号 | 发电频率（Hz） |
|---|---|---|---|---|---|---|---|
| ABB/ALSTOM 公司 | KA10B-1 | 36 100 | 50.5 | 24 000 | 12 100 | 1×GT10B | 50/60 |
| | KA10C-1 | 41 280 | 51.1 | 28 400 | 12 880 | 1×GT10C | 50/60 |
| | KAX100-1 | 62 000 | 54 | 41 500 | 20 500 | 1×GTX100 | 50/60 |
| | KA8C-1 | 77 400 | 50.3 | 52 800 | 24 600 | 1×GT8C | 50/60 |
| | KA13D-2 | 277 200 | 47.3 | 185 200 | 92 000 | 2×GT13D | 50 |
| | KA13E2-2 | 485 700 | 53.2 | 318 600 | 167 000 | 2×GT13E2 | 50 |
| | KA11N-1 | 125 400 | 50 | 80 200 | 45 200 | 1×GT11N | 60 |
| | KA11N2-1 | 167 000 | 50.9 | 112 000 | 55 000 | 1×GT11N2 | 60 |
| | KA24-1 | 271 000 | 57.9 | 172 000 | 99 000 | 1×GT24 | 60 |
| | KA26-1 | 393 000 | 58.5 | 251 000 | 142 000 | 1×GT26 | 50 |
| GE 公司 | S106B | 59 800 | 48.7 | 38 300 | 22 500 | 1×MS6001B | 50 |
| | S106FA | 107 400 | 53.2 | 69 100 | 40 100 | 1×MS6001FA | 50（60） |
| | S109E | 189 200 | 52 | 121 600 | 70 400 | 1×MS9001EA | 50 |
| | S109EC | 259 300 | 54 | 166 600 | 96 600 | 1×MS9001EC | 50 |
| | S109FA | 390 800 | 56.7 | 254 100 | 141 800 | 1×MS9001H | 50 |
| | S109H | 480 000 | 60 | | | 1×MS9001EA | 50 |
| | S107FA | 262 600 | 56 | 170 850 | 95 600 | 1×MS7001FA | 60 |
| SIEMENS/WH （kWU） | 1. W251B | 71 500 | 47.8 | 48 000 | 25 000 | 1×WS251B11/12 | 50/60 |
| | 2. 64.3A | 202 000 | 52.8 | 135 000 | 76 000 | 2×V64.3A | 50/60 |
| | 1. V94.2 | 232 500 | 51.5 | 152 000 | 85 500 | 1×V94.2 | 50 |
| | 2. 94.2A | 584 500 | 55 | 367 000 | 230 000 | 2×V94.2A | 50 |
| | 2. 94.3A | 771 000 | 57.1 | 512 000 | 275 000 | 2×V94.3A50 | 50 |
| | 1. W501D5A | 172 000 | 50.2 | 117 100 | 58 500 | 1×W501D5A | 60 |
| | 1. W501F | 273 500 | 55.5 | 182 500 | 97 000 | 1×W501F | 60 |
| | 2. W501G | 730 000 | 58 | 490 000 | 253 000 | 2×W501G | 60 |
| 航机改装 | FT8 | 32 280 | 49.3 | 25 065 | 8395 | 1×FT8 | 50/60 |
| | RB211-6562 | 38 700 | 51.5 | 26 560 | 12 040 | 1×RB211 | 50/60 |
| | Trent | 66 000 | 54.3 | 50 170 | 15 830 | 1×Trent | 50/60 |
| | CC-30 | 31 670 | 52 | 21 210 | 10 460 | 1×LM2500 | 50 |
| | CC50 | 53 800 | 52.8 | 39 200 | 14 600 | 1×LM6000 | 50 |
| | CC-260 | 103 000 | 51.4 | 75 200 | 30 000 | 2×LM6000 | 50 |

4. 环境因素对燃气轮机性能影响

（1）大气温度对燃气轮机性能影响。

1）随着大气温度的升高，空气密度减小，吸入空气质量流量减少，机组做工能力变小；

2）大气温度升高时，燃气轮机净出力减少；

3）大气温度升高时，压气机的压比将下降，使燃气轮机做功减小；

4）大气温度越低，燃气轮机的功率越大，效率越高。

表 2-29 为大气温度对燃气轮机和联合循环性能的影响。图 2-37 为某燃气轮机的性能曲线。

表 2-29 大气温度对燃气轮机和联合循环性能的影响

| 大气温度（℃） | −15 | −5 | 5 | 15 | 25 | 35 | 45 |
|---|---|---|---|---|---|---|---|
| 燃气轮机效率比（%） | 102 | 101.7 | 101 | 100 | 98.7 | 97 | 95 |
| 燃气轮机功率比（%） | 117.5 | 112.3 | 106 | 100 | 92.5 | 86 | 80 |
| 联合循环效率比（%） | 99.6 | 99.7 | 99.85 | 100 | 100.1 | 100.5 | 101 |
| 联合循环功率比（%） | 113 | 110 | 104.2 | 100 | 95 | 90.5 | 85 |

（2）大气压力对燃气轮机性能影响。

1）大气压力影响空气进口的比体积和质量流量，大气压力低（海拔），空气进口的比体积大，质量流量小，燃气流量就小，则燃气轮机功率小。

2）燃气轮机功率变化与大气压力变化成正比。

3）如果大气压力变化时大气温度不变，则大气压力变化对效率没有影响。

大气压力变化主要是海拔引起的，不同海拔的大气压力和功率变化相对值见表 2-30。

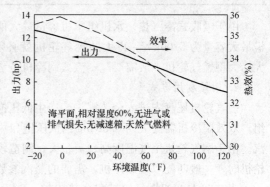

图 2-37 某燃气轮机的性能曲线

表 2-30 不同海拔的大气压力和功率变化相对值

| 海拔（m） | 0 | 400 | 800 | 1200 | 1600 | 2000 | 2400 |
|---|---|---|---|---|---|---|---|
| 大气压力相对值（%） | 100 | 95 | 90.8 | 86.8 | 82.4 | 78.2 | 74.8 |
| 功率变化相对值（%） | 100 | 95 | 90.8 | 86.8 | 82.4 | 78.2 | 74.8 |

（3）大气空气湿度对燃气轮机性能影响。空气湿度越大，空气中含的水汽越多，影响进口空气的比热容和热容量，进而影响压气机的压缩功和透平的膨胀功，以及燃气轮机和联合循环的比功和效率。但即使空气湿度较大时，其中的水分仍然很少，因此，空气湿度对燃气轮机和联合循环性能的影响是不大的。计算表明，当大气温度低于37℃时，空气湿度对燃气轮机和联合循环性能的影响可以忽略不计。只有当大气温度高于37℃时，空气湿度增加，燃气轮机比功增大，

效率降低。

### (五) 燃气轮机分布式能源系统

#### 1. 直接利用方式

燃气轮机尾气直接利用，即将燃气轮机尾气直接引入到直燃吸收式冷（热）水机组，用于替换原来燃烧器输入的能量，具有简单，占地面积小的特点。

表2-31是一组燃气轮机配余热冷水机组的典型出力。海拔高度10m，环境温度30℃；空气过滤器进口压力损失100mm/$H_2O$，尾气排气压力损失250mm/$H_2O$；配余热回收双效吸收式冷（热）水机组，冷水温度7℃/12℃。

表2-31　　　　　　　　　　燃气轮机配余热冷水机组的典型出力

| 燃气轮机型号 | 现场出力（kW） | 燃料输入（GJ/h） | 制冷量（RT） |
|---|---|---|---|
| 土星20 Saturn 20 | 1056 | 16.5 | 992 |
| 半人马40 Centaur 40 | 3012 | 41.7 | 1984 |
| 半人马50 Centaur 50 | 3923 | 51.2 | 2646 |
| 水星50 Mercury 50 | 3890 | 38.8 | 1653 |
| 金牛60 Taurus 60 | 4864 | 59.5 | 3307 |

由于吸收式冷（热）水机组单机容量最大的机组大约为3300RT，能够一对一匹配的燃气轮机最大容量为5700kW。再大的燃气轮机就必须将尾气分别输入冷水机组，系统复杂，投资加大。大型燃气轮机一般需要配蒸汽式制冷机。

#### 2. 间接利用方式

燃气轮机尾气先进入余热锅炉，产生低压饱和蒸汽。蒸汽进入到蒸汽型吸收式冷（热）水机组。双效制冷机需要大约0.8MPa的低压饱和蒸汽，单效制冷机需要大约0.4MPa的低压饱和蒸汽。由于燃气轮机尾气温度高、流量大，制造较高压力蒸汽容易，为了提高系统效率，使用燃气轮机时，一般匹配双效制冷机，需要的蒸汽参数是0.8MPa。

表2-32是一组燃气轮机配余热锅炉，然后带动制冷机的典型出力，即间接利用方式出力。海拔高度10m，环境温度30℃；空气过滤器进口压力损失100mm/$H_2O$，尾气排气压力损失250mm/$H_2O$；配余热锅炉蒸汽参数是0.8MPa饱和蒸汽；配蒸汽型双效制冷机，冷水温度7℃/12℃。

表2-32　　　　　　　　　　间接利用方式出力

| 燃气轮机型号 | 现场出力（kW） | 燃料输入（GJ/h） | 制冷量（RT） |
|---|---|---|---|
| 土星20 Saturn 20 | 1056 | 16.5 | 1035 |
| 半人马40 Centaur 40 | 3012 | 41.7 | 2239 |
| 半人马50 Centaur 50 | 3923 | 51.2 | 2812 |
| 水星50 Mercury 50 | 3890 | 38.8 | 1635 |
| 金牛60 Taurus 60 | 4864 | 59.5 | 3403 |

由于蒸汽余热锅炉可以和任何大小的燃气轮机匹配，然后再用蒸汽驱动制冷机，一般容量不限制，可使用多台组合的方式。

3. 燃气轮机烟气利用方式及特点

(1) 燃气轮机与余热利用机组配置方式（多对一、一对一）。目前直燃冷水机组的单机容量大约 1000 万 kcal（1kcal＝4.1868kJ），能够匹配的燃气轮机最大约为 6MW。若燃气轮机功率再加大，就必须将烟气分流到多台小制冷机上。在烟道设计上就需要加装烟气流量调节阀、旁通阀和零泄漏隔离阀。这些装置国内生产不多，而且投资不小。另外，在调试时很难平衡烟气到各个制冷机。一般不建议做一台大燃气轮机配多台小制冷机的系统。

若燃气轮机单机功率超过 6000kW 以上的情况，且制冷量超过 1000 万 kcal，建议使用蒸汽型余热锅炉。

(2) 排烟温度与烟气背压对余热机组影响。燃气轮机的背压越高，则排气温度越高，对制冷机有利；但燃气轮机的出力和效率下降，对系统来说弊大于利。一般不建议用提高背压的方式来增加制冷机的制冷量。

典型余热回收装置（余热锅炉和直燃制冷机）的排气阻力在 2000～2500Pa。若烟道过长，有时可以达到 3000Pa，原则上不能超过 3500Pa。

(3) 烟气直接利用与间接利用比较。烟气在直接利用的情况下，由于要保持溴化锂溶液和烟气之间有一定的温差，从制冷机烟囱出口处的烟气温度一般达 175℃，再低就不能工作了。

余热锅炉的排烟温度一般在 145～150℃之间。所以，蒸汽型分布式能源系统要比烟气直接利用式的效率高一些。

烟气直接利用，省略了余热锅炉，占地面积小，投资省。但只能提供热水或空调水，年利用小时数少。输送的距离也有限，一般不能超过 1000m，否则水泵功耗太大。

蒸汽型余热锅炉由于增加了余热锅炉部分，占地面积大，系统复杂，但效率高。由于蒸汽比起热水来容易长距离输送，较容易把燃气轮机和锅炉放在中心站内，制冷机放在各个单独的建筑内。另外，有些场合需要部分蒸汽，如医院、酒店等，使用蒸汽型制冷机有优势。

### 三、微型燃气轮机

#### (一) 概述

微型燃气轮机是一类新型热力发动机，其单机功率范围为数十至数百千瓦，国际上通常将功率范围在 25～300kW 之间的燃气轮机称为微型燃气轮机，是 20 世纪 90 年代以来才真正发展起来的一种先进的动力装置。

微型燃气轮机基本技术特征：采用径流式叶轮机械（向心式透平和离心式压气机），在转子上两者叶轮为背靠背结构，通常采用高效板翅式回热器，一些机组还采用空气轴承，不需要润滑油系统，结构更为简单。

先进微型燃气轮机设计概念：将燃气轮机和发电机设计成一体，整台燃气轮机发电机组的尺寸显著减小，质量减轻，优点明显。因而微型燃气轮机具有强大的生命力和发展前景。

#### (二) 微型燃气轮机结构

微型燃气轮机采用布雷顿循环，主要包括压气机、燃烧室、透平、回热器、发电机和控制装置等，主要燃料为天然气、甲烷、汽油、柴油等。

图 2-38 为 Capstone 微型燃气轮机发电机组。

Capstone 生产的微型燃气轮机的主要组成部分包括发电机、离心式压缩机、透平、回热器、燃烧室、空气轴承、数字式电能控制器（将高频电能转换为并联电网频率 50Hz/60Hz，提供控制、保护和通信）。这种微型燃气轮机的独特设计之处在于压缩机和发电机安装在一根转动轴上，

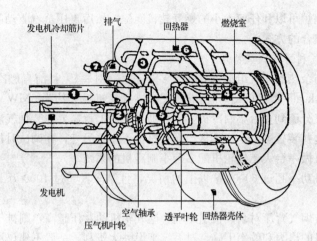

发电机冷却筋片　排气　回热器　燃烧室

发电机

压气机叶轮　空气轴承　透平叶轮　回热器壳体

图 2-38　Capstone 微型燃气轮机发电机组

该轴由空气轴承支撑，在一层很薄的空气膜上以转速 96 000r/min 旋转。这是整个装置中唯一的转动部分，它完全不需要齿轮箱、油泵、散热器和其他附属设备。这种微型燃气轮机在全球销售 2000 台，累计运行 $3 \times 10^6$ h，其采用的几项关键技术如下：

（1）空气轴承。空气轴承支撑着系统中唯一的转动轴。它不需要任何润滑，从而节约了维修成本，避免了由润滑不当产生的过热问题，提高了系统可靠性。它可使微型燃气轮机以最大输出功率每天 24h 全年连续运行。

（2）燃烧系统技术。已取得专利的燃烧系统设计使其成为最清洁的化石燃料燃烧系统，不需进行燃烧后的污染控制。

（3）数字式电能控制器。将电力电子技术与高级数字控制相结合实现了多种功能，如调节发电机发电功率、实现多个燃气轮机成组控制、调节不同相之间的功率平衡、允许远程调试和调度、快速削减出力、切换并网运行模式和独立运行模式。数字式电能控制监视器可监视多达 200个变量，它可控制发电机转速、燃烧温度、燃料流动速度等变量，所有操作可在一套界面友好的软件系统上进行。

微型燃气轮机分为两类：一类为带回热器的，利用回热器回收燃气轮机排烟的热量，同时提高进入燃烧器的压缩空气温度，从而提高发电效率，有回热的设备发电效率为 26%～32%；另一类为不带回热器的，没有回热的设备发电效率为 15%～22%，虽然发电效率有所降低，但微燃气轮机本身的成本降低了。

**（三）微型燃气轮机特性**

微型燃气轮机以径流式叶轮机械为技术特征，采用回热循环大大增加了微型燃气轮机的竞争力。

1. 微型燃气轮机发电机主要特征

（1）微型燃气轮机。采用简单的径向设计原理，与大型的工业用燃气轮机复杂的轴向设计相比，更加简单可靠。在恒温条件下运行，排除了使用高成本的尖端材料。与往复式内燃机相比，维修成本更低，振动更小，排放更低，结构更紧凑。微型燃气轮机的主要性能是单级径向压缩机、低排放环型燃烧器、单级径向透平、压比 4:1、空气轴承（或双润滑油系统轴承）。

（2）高速交流发电机。发电机和微型透平燃气轮机同轴。它非常小，可以装进燃气轮机机械装置中，组成一个紧凑的高转速的透平交流发电机。交流发电机也可作为一个启动电动机，装置不需要减速箱，可进一步减少发电机组的体积。

（3）高效回流换热器。换热器具有高效、低成本、耐用的特点，可增加燃气轮机的效率，使其达到可以和往复发电机组系统竞争的程度。其功能是预热燃烧室需使用的空气，减少燃料消耗。回流换热器采用不锈钢外壳，寿命长，效率可达 90%，燃气轮机的效率则可从 18% 达到 30%。

（4）功率逆变控制器。透平交流发电机的电力输出频率是 1000～3000Hz，必须转换成 50Hz 或 60Hz 后才能输出。由微型处理机控制的功率调解控制器，可根据不同的需求进行输出频率转换，提供不同质量和特性的电能。功率调解控制器可根据负荷的变化调节转速，也可根据外部电网负荷变化运行，或可作为独立系统运行，还包括远程管理、控制和监测。

微型燃气轮机系统的上述特点，使其得到了广泛的应用，如用于分布式发电系统、冷热电分布式能源系统、汽车混合动力系统及微型燃气轮机—燃料电池联合系统等。

2. 微型燃气轮机主要优点

微型燃气轮机与常规发电装置相比具有如下优点：

（1）环保。微型燃气轮机的废气排放少，使用天然气或丙烷燃料满负荷运行时，排放的体积分数 $NO_x$ 小于 $9\times10^{-6}$；使用柴油或煤油燃料满负荷运行时，排放的体积分数 $NO_x$ 小于 $35\times10^{-6}$；采用油井气做测试，排放的体积分数 $NO_x$ 小于 $1\times10^{-6}$。其他采用天然气作为燃料的往复式发电机产生的 $NO_x$ 比微型燃气轮机多 10～100 倍，柴油发电机产生的 $NO_x$ 是微型燃气轮机的数百倍。

（2）维护少。微型燃气轮机采用独特的空气轴承技术，系统内部不需要任何润滑，节省了日常维护。每年的计划检修仅是在全年满负荷连续运行后更换空气过滤网。

（3）效率高。微型燃气轮机发电效率可达 30%，联合发电和供热后整个系统能源利用率超过 70%。

（4）运行灵活。微型燃气轮机可并联在电网上运行，也可独立运行，并可在两种模式间自动切换运行。由软件系统控制两种运行模式之间的自动切换。

（5）适用于多种燃料。微型燃气轮机适用于多种气体燃料和多种液体燃料，包括天然气、丙烷、油井气、煤层气、沼气、汽油、柴油、煤油、酒精等。

（6）系统配置灵活。可根据实际需要灵活配置微型燃气轮机的数量，并能够进行多单元成组控制，其中一台检修时不影响整个系统的运行。

（7）安全可靠。微型燃气轮机是同类型产品中符合美国保险商实验所（Underwriters' Laboratories，UL）严格标准 UL2000 的唯一产品，它同时符合 IEEE 519、NFPA、ANSI C84.1 和其他规范，保证了与电网互联的安全性。

**（四）微型燃气轮机性能参数**

1. 典型微型燃气轮机主要性能

微型燃气轮机的雏形可追溯到 20 世纪 60 年代，但微型燃气轮机作为一种新型的小型分布式能源系统和电源装置的发展历史则较短。目前已有多种产品进入市场，如 Honeywell（Allied Signal）的 75kW 产品。表 2-33 列出了目前国际市场微型燃气轮机产品的主要性能指标。Capstone 有 30kW 和 60kW 产品，Elliott 有 45kW 和 80kW 产品，Ingersoll Rand（Northern Research and Engineering CoMPany）有 30～250kW 范围的几种微型燃气轮机产品，GE 有 75～350kW 的产品，英国 Bowman 有 35～200kW 的产品。其他如 Allison Engine CoMPany、Williams International、Teledyne Continental Motors、欧洲（Volvo 和 ABB）和日本（丰田、IHI 和川崎）也已经开发出微型燃气轮机产品，并开始进入国际市场。

表 2-33　　　　　　　　　　　　典型微型燃气轮机的主要性能指标

| 生产厂家 | Capstone | Allied Signal | Bowman | Elliott | IHI 日产 | NREC | Honeywell |
|---|---|---|---|---|---|---|---|
| 产品型号 | C30 | AS75 | TG80CG | TA45, 60, 80 | Dynajet2.6 | Power work | Parallon75 |
| 额定功率<br>(kW) | 30, 60 | 75 | 80 | 45, 60, 80 | 2.6 | 70 | 75 |
| 发电效率<br>(%) | 25(±2) | 28.5 | 27 | 25—30 | 8—10 | 33 | 28.5 |
| 转速(r/min) | 96 000 | 6500 | 99 750 | 110 000 | 100 000 | 60 000 | 65 000 |
| 压比 | 3.2 | 3.7 | 4.3 | 4.0 | 2.8 | 3.3 | 3.7 |
| 燃料耗率<br>(m³/h) | 9.3 | 22.2 | 17.3 | 15.6 | 1.4 | 18.4 | 22.2 |
| 燃料类型 | 天然气、柴油 | 天然气、柴油 | 天然气、柴油 | 天然气、柴油 | 柴油 | 天然气、柴油 | 天然气、柴油 |
| 排(进)<br>烟温度(℃) | 270(840) | 250(920) | 300(680) | 280(920) | 250(850) | 200(870) | 250(930) |
| NO$_x$<br>($\times 10^{-6}$) | < 9 | 9~25 | < 9 | < 25 | | < 9 | 9—25 |
| 噪声(dB) | 65(10m) | 65(10m) | 75(10m) | 65(1m) | 55(10m) | | 65(10m) |
| 寿命(h) | 40 000 | 40 000 | 40 000 | 54 000 | 40000 | 80 000 | 40 000 |

　　带有回热、变频、高速电动机等设施的微型燃气轮机的效率可达到 25%～29%（研制目标40%）；冷热电分布式系统能量利用率达 70%～90%；污染物排放 NO$_x$ 不高于 $9 \times 10^{-6}$；功率范围为数十至数百千瓦。

　　微型燃气轮机发电效率 12%～28%，热电综合效率 75%～90%，烟气温度 278～550℃。微型燃气轮机可以模块化组合使用，Bowman 能够将 8 台可以调节供热量的 TG80BG 机组组合使用，组成一个发电 80～640kW，供热 150～2304kW 的柔性系统，适应性强，热量相当一台1200kW 小型燃气轮机，电量相当一台 650kW 燃气轮机可输出的电能，但 650kW 燃气轮机的发电效率只有 21%，而微型燃气轮机模块组合可达 27%以上。其设备运行的安全可靠性提高 7 倍，因为任何一台微型燃气轮机停机也仅损失 1/8 的电量。

　　2. 典型微型燃气轮机技术参数

　　表 2-34～表 2-36 以 Bowman 微型燃气轮机为例，计算微型燃气轮机分布式能源系统的各种技术参数。

表 2-34　　　　　　　　　　　　Bowman 微型燃气轮机组合系统

| 项　目 | 单位 | TG80RC-G-R | | | | |
|---|---|---|---|---|---|---|
| 机组数量 | | 1 | 2 | 3 | 4 | 5 |
| 发电容量 | kW | 80 | 160 | 240 | 320 | 400 |
| 发电效率 | % | 28 | | | | |
| 烟气温度 | ℃ | 260 | | | | |

| 项　目 | 单位 | TG80RC-G-R | | | | |
|---|---|---|---|---|---|---|
| 进气量 | kg/s | 0.81 | 1.62 | 2.43 | 3.24 | 4.05 |
| 排气量 | kg/s | 0.82 | 1.63 | 2.45 | 3.26 | 4.08 |
| 燃耗量 | kW | 287.76 | 575.52 | 863.28 | 1151.04 | 1438.80 |
| 烟气余热量 | kW | 197.76 | 395.52 | 593.28 | 791.04 | 988.80 |
| 排烟 95℃ 可回收热量 | kW | 125.50 | 251.00 | 376.50 | 502.01 | 627.51 |
| 0.9MPa 蒸汽量 | kg/h | 185.01 | 370.03 | 555.04 | 740.06 | 925.07 |
| 发电效率 | % | 25 | | | | |
| 烟气温度 | ℃ | 337 | | | | |
| 进气量 | kg/s | 0.81 | 1.61 | 2.42 | 3.22 | 4.03 |
| 排气量 | kg/s | 0.81 | 1.63 | 2.44 | 3.25 | 4.07 |
| 燃耗量 | kW | 323.61 | 647.22 | 970.83 | 1294.44 | 1618.05 |
| 烟气余热量 | kW | 233.61 | 467.22 | 700.83 | 934.44 | 1168.05 |
| 排烟 95℃ 可回收热量 | kW | 167.75 | 335.51 | 503.26 | 671.02 | 838.77 |
| 0.9MPa 蒸汽量 | kg/h | 247.30 | 494.61 | 741.91 | 989.22 | 1236.52 |
| 发电效率 | % | 22 | | | | |
| 烟气温度 | ℃ | 413 | | | | |
| 进气量 | kg/s | 0.80 | 1.60 | 2.41 | 3.21 | 4.01 |
| 排气量 | kg/s | 0.81 | 1.62 | 2.43 | 3.24 | 4.05 |
| 燃耗量 | kW | 369.15 | 738.29 | 1107.44 | 1476.59 | 1845.74 |
| 烟气余热量 | kW | 279.15 | 558.29 | 837.44 | 1116.59 | 1395.74 |
| 排烟 95℃ 可回收热量 | kW | 214.94 | 429.87 | 644.81 | 859.75 | 1074.68 |
| 0.9MPa 蒸汽量 | kg/h | 316.86 | 633.72 | 950.58 | 1267.44 | 1584.30 |

表 2-35　　　　　　　　　　**Bowman 微型燃气轮机组合系统制冷量**

| 项　目 | 单位 | TG80RC-G-R | | | | |
|---|---|---|---|---|---|---|
| 机组数量 | | 1 | 2 | 3 | 4 | 5 |
| 发电容量 | kW | 80 | 160 | 240 | 320 | 400 |
| 排烟 95℃ 可回收热量 | kW | 214.94 | 429.87 | 644.81 | 859.75 | 1074.68 |
| 0.9MP 蒸汽量 | kg | 278.64 | 557.27 | 835.91 | 1114.54 | 1393.18 |
| 制冷量 | kW | 229.44 | 458.88 | 689.47 | 921.03 | 1149.11 |
| | RT | 65.32 | 130.64 | 196.29 | 262.21 | 327.15 |
| 蒸汽 COP | | 1.07 | 1.07 | 1.07 | 1.07 | 1.07 |
| 烟气 COP | | 0.82 | 0.82 | 0.82 | 0.82 | 0.82 |

　　Bowman 微型燃气轮机组组合配置还可以与烟气吸收式冷（热）水机组匹配使用，并利用制冷机组较高的排烟温度进行除湿。

**表 2-36**      **Bowman 微型燃气轮机组合系统与烟气型冷（热）水机组**

| 项 目 | 单位 | TG80RC-G-R | | | | |
|---|---|---|---|---|---|---|
| 机组数量 | | 1 | 2 | 3 | 4 | 5 |
| 发电容量 | kW | 80 | 160 | 240 | 320 | 400 |
| 发电效率 | % | 28 | | | | |
| 烟气温度 | ℃ | 260 | | | | |
| 进气量 | kg/s | 0.81 | 1.62 | 2.43 | 3.24 | 4.05 |
| 排气量 | kg/s | 0.82 | 1.63 | 2.45 | 3.26 | 4.08 |
| 燃耗量 | kW | 287.76 | 575.52 | 863.28 | 1151.04 | 1438.80 |
| 烟气余热量 | kW | 197.76 | 395.52 | 593.28 | 791.04 | 988.80 |
| 排烟170℃可回收热量 | kW | 68.46 | 136.91 | 205.37 | 273.82 | 342.28 |
| 制冷量 | kW | 88.99 | 177.98 | 266.98 | 355.97 | 444.96 |
| | RT | 25.31 | 50.62 | 75.93 | 101.24 | 126.55 |
| 发电效率 | % | 25 | | | | |
| 烟气温度 | ℃ | 337 | | | | |
| 进气量 | kg/s | 0.81 | 1.61 | 2.42 | 3.22 | 4.03 |
| 排气量 | kg/s | 0.81 | 1.33 | 1.99 | 2.65 | 3.32 |
| 燃耗量 | kW | 323.61 | 647.22 | 970.83 | 1294.44 | 1618.05 |
| 烟气余热量 | kW | 233.61 | 467.22 | 700.83 | 934.44 | 1168.05 |
| 排烟170℃可回收热量 | kW | 115.76 | 231.53 | 347.29 | 463.06 | 578.82 |
| 制冷量 | kW | 150.49 | 300.99 | 451.48 | 601.98 | 752.47 |
| | RT | 42.80 | 85.61 | 128.41 | 171.21 | 214.01 |
| 发电效率 | % | 22 | | | | |
| 烟气温度 | ℃ | 413 | | | | |
| 进气量 | kg/s | 0.80 | 1.60 | 2.41 | 3.21 | 4.01 |
| 排气量 | kg/s | 0.81 | 1.62 | 2.43 | 3.24 | 4.05 |
| 燃耗量 | kW | 369.15 | 738.29 | 1107.44 | 1476.59 | 1845.74 |
| 烟气余热量 | kW | 279.15 | 558.29 | 837.44 | 1116.59 | 1395.74 |
| 排烟170℃可回收热量 | kW | 164.24 | 328.49 | 492.73 | 656.98 | 821.22 |
| 制冷量 | kW | 213.52 | 427.03 | 640.55 | 854.07 | 1067.59 |
| | RT | 60.73 | 121.45 | 182.18 | 242.91 | 303.64 |

表 2-37 为 Capstone 微型燃气轮机的技术参数。

**表 2-37**　　　　　　　　**Capstone 微型燃气轮机的技术参数**

| 规　格 | C30 | C65 | C200 | C600 | C800 | C1000 |
|---|---|---|---|---|---|---|
| 额定输出功率（kW） | 30 | 65 | 200 | 600 | 800 | 1000 |
| 额定天然气耗量（m³/h，标况） | 11.7 | 22.7 | 61.5 | 184.4 | 245.8 | 307.3 |
| 输出电压（V） | 400～480 | | | | | |
| 频率（Hz） | 50～60 | | | | | |
| 燃料种类 | 天然气、垃圾填埋气、柴油、煤油 | 天然气、柴油、煤油 | 天然气 | | | |
| 进口压力（10⁵Pa） | 4.1 | 5.2 | 5.5 | 5.5 | 5.5 | 5.5 |
| 燃料热值（MJ/m³） | 12.7～47.5 | | | | | |
| 排烟温度（℃） | 275 | 311 | 280 | 280 | 280 | 280 |
| 噪声［dB（A）］ | 65 | | | | | |
| NOₓ 排放量（ppm） | <9 | | | | | |
| 质量（kg） | 405 | 1090 | 2270 | 11 475 | 1279 | 14 106 |
| 外形尺寸（mm） | 主视图 | 侧视图 | | 俯视图 | | |
| A | 762 | 762 | 1700 | 2400 | 2400 | 2400 |
| B | 1524 | 2200 | 3660 | 9100 | 9100 | 9100 |
| C | 1956 | 2620 | 2490 | 2900 | 2900 | 2900 |

进口压力（$10^5$Pa）；燃料热值（MJ/m³）；NO$_x$ 排放量（ppm）

### （五）微型燃气轮机分布式能源系统

**1. 微型燃气轮机环境温度要求及特性**

与所有热机一样，环境温度对微燃气轮机的特性有直接影响，以下以 Capstong 微型燃气轮机产品为示例作介绍。

Capstong 型微燃气轮机发电机组环境温度要求见表 2-38，环境温度变化对发电功率的影响如图 2-39 所示，环境温度变化对发电效率的影响如图 2-40 所示。

**表 2-38**　　　　　　　**Capstone 型微燃气轮机发电机组环境温度**

| 参　数 | C30 型 | 型号 C60/C65（及 C60/C65 ICHP） |
|---|---|---|
| 运行温度 | −20～50℃（−4～122 ℉） | −20～50℃（−4～122 ℉） |
| 仓储温度 | −40～65℃（−40～149 ℉） | −40～65℃（−40～149 ℉） |

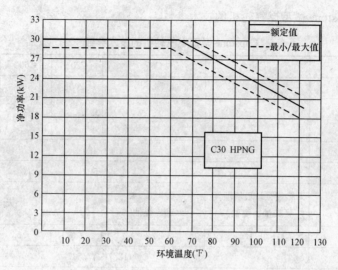

图 2-39　C30 型微燃气轮机发电机组环境温度变化对发电功率的影响

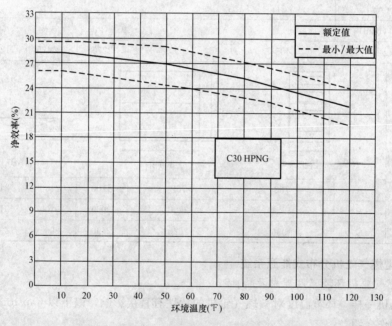

图 2-40　C30 型微燃气轮机发电机组环境温度变化对发电效率的影响

2. 微型燃气轮机适用范围

微型燃气轮机的主要应用场所包括：①废气燃烧地点。②需要提供临时和长期电力的地点。③在经常停电的地点，可提高电能质量和供电可靠性。④电费较高的地点。⑤无电网的偏僻地点。⑥可用峰荷电价向电力交易中心卖电。⑦要求联合提供冷热电服务的地点。还可应用于以下方面：

（1）油田。油田一般位于偏僻的地区，很难架设电网或架设永久的输电线路投资很大。在油田开采初期需临时供应电力。微型燃气轮机利用油井废气发电，不仅可解决油田开采设备和生活基地的电力供应，还为生活基地提供采暖和空调服务。

（2）垃圾填埋场和偏僻农村。城市垃圾一般采用填埋方法处理，填埋的垃圾产生了许多低热值的生物可燃气。微型燃气轮机利用垃圾沼气发电，不仅保护环境，并可向当地的居民或电网送电。

在电网无法到达的偏僻农村和山区，可充分利用农村的生物物质。将生物质气化和微型燃气轮机相结合构成简单、可靠、低维护、高效率、低污染的新型分散式发电系统，有可能成为偏僻农村及时山区能源供应和提高生活质量的最佳方案。

（3）连续生产的小型加工企业。突然停电会对连续生产的小型加工企业造成重大经济损失，采用微型燃气轮机发电且与电网并联运行，将使供电可靠性大为提高。在电价波动剧烈的地区和季节，采用微型燃气轮机发电可有效回避电价风险。

（4）发电备用。在电网电力供应紧张时期，微型燃气轮机向电网送电，并以较高的辅助服务电价结算，能够获得较大利润。

（5）移动式电源和车辆动力。微型燃气轮机尺寸小、质量轻、启动快，适于作为备用电源和便携式电源使用。微型燃气轮机的废气排放量显著低于活塞式内燃机，汽车尾气已成为城市大气污染的主要污染源，新型燃气轮机和蓄电池联合组成的机动车混合动力是解决城市车辆尾气污染的重要手段。

3. 微型燃气轮机分布式能源系统应用

微型燃气轮机可提供电力、供暖和空调的联合服务，能源利用效率可达 90％。在需冷热电的场所，如工业厂房、商业大楼、高校、科研单位、宾馆、医院、游泳池、野外建筑等都是燃气冷热电分布式能源系统的理想使用场所。图 2-41 所示为微型燃气轮机发电机组工作原理。

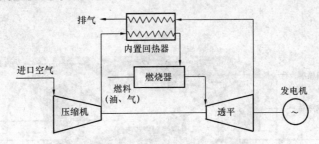

图 2-41　微型燃气轮机发电机组工作原理

微型燃气轮机多采用回热循环，发电效率可达 30％或更高，排烟温度在 200～300℃，功率在 300kW 以下，可采用多台模块化组合，在功率成倍增加的同时还能通过运行台数的切换避免机组在低负荷、低效率下运行，从而提高部分负荷性能。系统工作示意如图 2-42 所示。

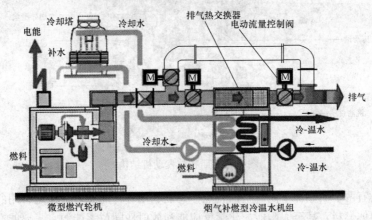

图 2-42　微型燃气轮机系统工作示意图

　　利用微型燃气轮机实现热电分布式能源的一个出色的实例是在荷兰 Putten 市，一台 30kW 的微型燃气轮机为一总容量为 1.6ML 的公共游泳池提供全年的供暖和供电服务，总能源利用效率达到了 96％。供暖部分包括加热游泳池中的水、冬季室内供暖，供电部分包括循环水泵等用电设备和照明服务，与过去利用锅炉集中供暖和加热相比，该方案的能源费用降低了 30％。

　　以上分析可知，微型燃气轮机虽有广阔的应用前景，但它必须以当地存在稳定的气体或液体燃料供应为前提。如当地气体燃料或液体燃料供应充足，微型燃气轮机发电的优势将会非常明显。尤其在用电高峰时段，不仅可大力提高供电可靠性，且可节省大量电费。

　　在燃气冷热电分布式能源项目中，目前微型燃气轮机在中国使用数量十分有限。据调查，在中国使用的微型燃气轮机仅有两个品牌，个位数的使用量，分别是用于北京次渠燃气加压门站的 1 台 80kW 宝曼（Boman）微型燃气轮机，用于上海交通大学的 1 台 30kW 和 1 台 60kW（Capstone）微型燃气轮机，以及 1 台用于上海理工大学的 6kW（Capstone）设备。从使用效果分析，微型燃气轮机技术已经成熟，系统稳定，可广泛用于小型的楼宇式燃气冷热电分布式能源项目。

## 四、斯特林机

### （一）概述

1. 工作原理

　　斯特林发动机（Stirlingengine，又名热气机）是一种闭式循环往复式外燃气轮机。其理想热力学循环称作斯特林循环（即概括性卡诺循环）。因此，同温限下其理论效率最高，结构见图 2-43。

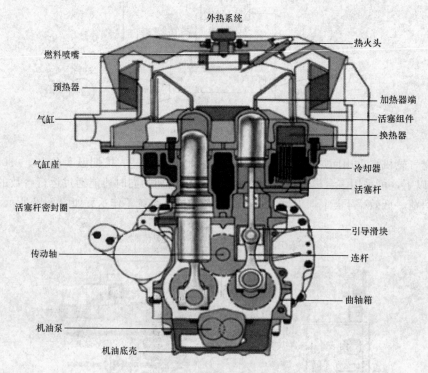

图 2-43　斯特林发动机结构

　　斯特林机具有两个明显优于内燃机的特点：①能利用各种能源，无论是常用的液体燃料，还是气体燃料或固体燃料，甚至太阳能、化学反应能和放射性同位素能源，只要能产生一定温度的热量，热气机就可以工作；②振动噪声低、排放污染小，具有良好的环境特性。这种发动机是伦敦的牧师罗巴特·斯特林（Robert Stirling）于 1816 年发明的，所以命名为"斯特林发动机"（Stirling engine）。斯特林发动机是独特的热机，因为理论上的效率几乎等于理论最大效率，即卡诺循环效率。斯特林发动机是通过气体受热膨胀、遇冷压缩而产生动力的。

斯特林机可用氢、氮、氦或空气等作为工质，按斯特林循环工作。在热气机封闭的气缸内充有一定容积的工质，气缸一端为热腔，另一端为冷腔。工质在低温冷腔中压缩，然后流到高温热腔中迅速加热，膨胀做功。燃料在气缸外的燃烧室内连续燃烧，通过加热器传给工质，工质不直接参与燃烧，也不更换。

2. 斯特林机循环过程

热力循环可以分为定温压缩过程、定容回热过程、定温膨胀过程、定容储热过程。斯特林循环可以分为 4 个过程，见图 2-44。

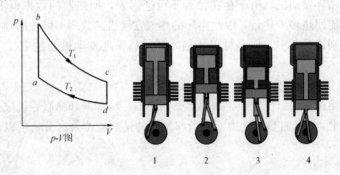

图 2-44　斯特林机的循环过程

（1）$a \rightarrow b$ 定容回热过程。动力活塞停留在上止点附近，配气活塞上行，迫使冷腔内的工质经回热器流入配气活塞上方的热腔，低温工质流经回热器时吸收热量，使温度升高。

（2）$b \rightarrow c$ 定温膨胀过程。配气活塞继续上行，工质经加热器加热，在热腔中膨胀，推动动力活塞向下并对外做功。

（3）$c \rightarrow d$ 定容储热过程。动力活塞保持在下止点附近，配气活塞下行，工质从热腔经回热器返回冷腔，回热器吸收工质的热量，工质温度下降至冷腔温度。

（4）$d \rightarrow a$ 定温压缩过程。配气活塞停留在下止点附近，动力活塞从下止点向上压缩工质，工质流经冷却器时将压缩产生的热量散掉，当动力活塞到达上止点时压缩过程结束。

斯特林循环与卡诺循环比较，前者由两个等温过程和两个等体积（等容）过程所构成，而后者系由两个等温过程和两个绝热过程所构成。换言之，斯特林引擎循环以两个等体积的吸热与排热过程，取代卡诺循环的两个绝热过程。因此，若斯特林引擎循环欲达成卡诺引擎相同的热效率，必须将 $c \rightarrow d$ 过程中工作流体等体积排热过程所排出的热量，用来提供在 $a \rightarrow b$ 过程中工作流体等体积吸热升温所需的热量，这个步骤叫作再生（Regeneration），所使用的装置，称为再生器（Regenerator）或回热器。

在理论上，定容储热量等于回热量，其循环效率等于卡诺循环效率。

下面导出斯特林循环的热效率。由于是理想循环，在定容回热过程 $a \rightarrow b$ 中工质从回热器中吸收的热量正好等于定容储热过程 $c \rightarrow d$ 中放给回热器的热量，在这个过程中工质与外界没有发生热量交换。经过一个循环回热器恢复到原始状态，所以整个循环中工质吸热（$b \rightarrow c$ 段）

$$Q_1 = VRT_2 \ln \frac{V_2}{V_1} \tag{2-21}$$

整个循环中工质放热（$d \rightarrow a$ 段）

$$Q_2 = VRT_2 \ln \frac{V_2}{V_1} \tag{2-22}$$

故有

$$\eta = 1 - \frac{Q_2}{Q_1} = 1 - \frac{T_2}{T_1} \tag{2-23}$$

可见斯特林循环的热效率与同温限的卡诺循环的效率相等。斯特林循环从表面上看有定容吸热过程、定容放热过程，所以必须有许多热源，但是在定容放热过程中所放出的热量在定容吸热过程中完全被工质本身所吸收。这样的回热过程称为极限回热，在极限回热过程中工质与外界没有发生热量交换。因此，斯特林循环中工质只是从高温热源恒温吸热，向低温热源恒温放热，所以其热效率与卡诺循环热效率相同。把像斯特林循环这样的极限回热循环也称作概括性卡诺循环。

实际的斯特林循环发动机，由于存在种种不可逆因素，回热器的效率也不可能达到100％，即吸收多少热量就能回热多少热量，因此实际的热气发动机热效率不可能达到很高，也必然低于同温限卡诺循环的理论热效率。但是可以相信，斯特林循环发动机会越来越广泛地进入各实用领域。

**（二）斯特林机结构和分类**

斯特林发动机结构主要由压缩腔、加热器、回热器、冷却器和膨胀腔组成。根据工作空间和回热器的配置方式上，以气缸数与动力活塞及移气器的排列构型来区分，可以分为α、β、γ三种基本类型。

1. α型斯特林发动机

α型斯特林发动机又称双气缸型（twin-cylinder Stirling engine）发动机，此型无移气器，但具有两个动力活塞，分别在两个独立的气缸内做功；结构最简单，加热器、回热器、冷却器两侧配备了热活塞和冷活塞，热活塞负责工质的膨胀，冷活塞负责工质的压缩，当工质全部进入其中一个汽缸时，一个活塞固定，另一个活塞压缩或膨胀工质，见图2-45。

2. β型斯特林发动机

β型斯特林发动机又称为同轴活塞型（coaxial piston-displacer Stirling engine）发动机，发动机在同一个汽缸中配备了配气活塞和动力活塞，配气活塞负责驱动工质在加热器、回热器和冷却器之间流通；动力活塞负责工质的压缩和膨胀，当工质在冷区时压缩工质，当工质在热区时让工质膨胀，见图2-46。

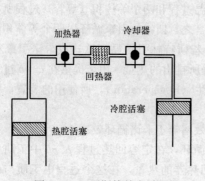

图 2-45　α型斯特林发动机

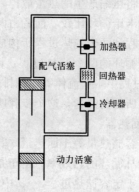

图 2-46　β型斯特林发动机

3. γ型斯特林发动机

γ型斯特林发动机具有两个独立气缸，其中一气缸内设置动力活塞，另一气缸则设置一移气器，发动机的动力活塞和配气活塞分别处于配气汽缸和动力汽缸内，配气活塞同样负责驱动工质流通，动力活塞单独完成工质的压缩和膨胀工作。理论上，C 型双作用的斯特林发动机具有最高的机械效率，并且有很好的自增压效果，见图 2-47。

斯特林机按完成工作循环活塞所起的作用可以分为以下形式：

(1) 单作用式。冷（热）腔中的活塞只起冷（热）活塞的作用。

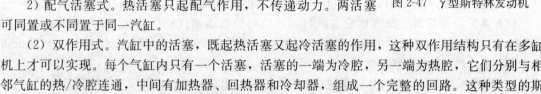

图 2-47　γ 型斯特林发动机

1) 双活塞式。活塞分别置于两个汽缸，呈 V 形或对置、并列，都能传递动力。

2) 配气活塞式。热活塞只起配气作用，不传递动力。两活塞可同置或不同置于同一汽缸。

(2) 双作用式。汽缸中的活塞，既起热活塞又起冷活塞的作用，这种双作用结构只有在多缸机上才可以实现。每个气缸内只有一个活塞，活塞的一端为冷腔，另一端为热腔，它们分别与相邻气缸的热/冷腔连通，中间有加热器、回热器和冷却器，组成一个完整的回路。这种类型的斯特林机结构紧凑，单位质量的功率可比其他类型的有显著提高。

**（三）斯特林机特性**

**1. 燃料多样性**

斯特林发动机对燃料的适应性很强，可用燃料包括天然气、沼气、石油气、氢气、煤气等气体燃料，柴油、汽油等液体燃料，木材、秸秆等农作废弃物，甚至是放射性燃料。斯特林发动机也可用来利用、回收各种分散或低品位的热能。斯特林发动机换用不同的燃料时，只需要根据燃料的特性对燃烧器进行改造，斯特林发动机的其他部分不用做任何改动。

**2. 效率高**

斯特林循环是由两个等温和两个等容过程组成，其循环效率最高可达卡诺循环效率，一般为 25%～35%，最高可达 47%。燃料在气缸外的燃烧室内连续完全燃烧，在常规的燃烧条件下便能获得较高的燃烧效率。斯特林发动机的扫气容积功率比活塞式内燃机高。

**3. 噪声小**

斯特林机工质的压力变化较为平坦，压比一般为 2 左右，也没有内燃机的震爆做功等问题，从而实现了平稳、低噪声的运行，如 SOLO 生产的 25kW 的斯特林机，在 1m 处的噪声只有 60dB，比内燃机的噪声要低 20dB 左右。

**4. 污染物排放少**

斯特林发动机的燃烧过程是在过量空气的条件下连续进行的，燃烧比较完善，废气中的 $CO_2$、$NO_x$、碳颗粒等污染物的含量很低。特别是通过燃气或排气的再循环，可使排气中的有害物质得到进一步的降低。

**5. 结构简单，维护方便**

斯特林机的结构简单，比内燃机少 50% 的零部件，运动部件少，寿命长，如自由活塞斯特林机只有三大部件：全封的气缸、两个活塞，无复杂的传动机构，也无工质的密封问题，具有很高的机械效率和可靠性，十几年不维修其性能也不会降低。

**6. 运行特性好**

斯特林发动机的压比小，因此扭矩均匀，运转平稳。四缸斯特林发动机的扭矩不均匀度一般为 0.05～0.09。斯特林发动机的转速变化范围大，且其转速几乎不受其他因素的制约。此外，斯特林发动机的超负荷能力强，在超负荷 50% 的情况下仍然能正常运转，而内燃机通常只能超

15％的负荷。斯特林发动机可以在高原等条件恶劣的地方使用。

**（四）斯特林机分布式能源系统**

燃气冷热电分布式能源符合能源利用的"温度对口，梯级利用"原则，可显著地提高终端能源效率，因此越来越受到人们的重视。

1. 斯特林机分布式能源系统特点

由斯特林机为核心组成的分布式能源具有能源系统的特点，同时也有自己独特的优势：

（1）较高的能源利用率。使用现代斯特林机的分布式能源系统可以将用户端的利用效率提高到80％～85％，若系统在冷凝模式下运行，充分利用烟气中水蒸气的气化潜热，热效率可达95％以上。

（2）维护简单方便。斯特林发动机结构简单，无需维护保养而且保证长期运行。

（3）系统相对简单。斯特林发动机与相同功率的微型燃气轮机相比，体积更小，如美国STM4－120型外燃气轮机热电联产机组的长×宽×高尺寸为201cm×76cm×107cm。辅助设备少，备件也比燃气轮机系统的要少。

（4）余热回收容易。斯特林机联供系统的余热回收相对较为容易简单：①烟气的余热回收；②斯特林发动机本体冷端排出的循环废热的回收利用。

（5）综合经济效益好。采用斯特林发动机作为核心的分布式能源系统，可以灵活地根据市场的情况选择燃料，而斯特林机无需做大的改动，从而保证了分布式能源具有较好、综合的经济效益。

（6）斯特林机分布能源系统由于工作原理的限制，机组的出水温度没有燃气轮机和内燃机高，供热量小，在一定程度上限制了它的应用范围。这仅适合于采暖、生活热水等方面的运用。在制冷上，必须辅助以补燃锅炉等其他设备。斯特林机的另一个优势是余热回收，不需要任何介质或热能转换装置，直接将热腔伸入热源中，将余热转换成高价值的电能，如在炼油厂、化工厂、焦化厂、冶炼厂等，均可使用。

2. 斯特林机分布式能源系统工艺

斯特林机分布式能源系统主要由电能转换装置（斯特林发电机组）、热回收利用系统、控制系统和排烟系统等组成。

由于斯特林机的余热品位低，分布式能源系统中的制冷问题就成了关键，因此根据用户的负荷特点选择合适的制冷机组就成了斯特林机分布式能源系统首先要考虑的问题。根据目前比较成熟的制冷技术，小型斯特林机分布式能源的方案主要有两大类：一类为斯特林组合热能驱动的制冷机；另一类为斯特林组合压缩式制冷机。

（1）烟气型溴化锂制冷分布式能源系统。烟气型双效溴化锂吸收式冷（热）水机组是以发电机组等外部装置排放的高温烟气为主要驱动热源，以溴化锂水溶液为吸收剂、水作为制冷剂，制取空气调节用冷、热水的空调机组，包括烟气型和烟气热水型两大系列。在采用斯特林发动机与双效溴化锂制冷机组组成的分布式能源系统中，发动机发电后的排烟余热直接供给溴化锂机组制冷或供暖，如图2-48所示。

（2）余热补燃溴化锂制冷分布式能源系统。为了弥补烟气余热不足的缺点，可采用烟气补燃方法，在发动机排烟中再投入部分燃料和空气，增加烟气的流量和温度以提高溴化锂机组的输出功率，或采用余热锅炉对原系统进行能量补充，如图2-49所示。该方案的优点是能源利用率高，补燃系统可使冬夏负荷平衡，调控方便。

（3）压缩式热泵制冷分布式能源系统。在斯特林机分布式能源系统中，斯特林机的冷却水温度不高，余热利用较难。如果提高冷却水的出口温度，会影响热机的性能。而水源热泵需要解决

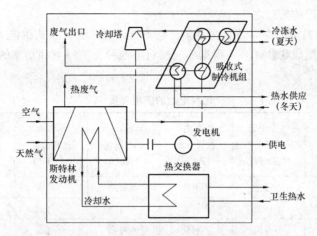

图 2-48 斯特林机分布式能源系统

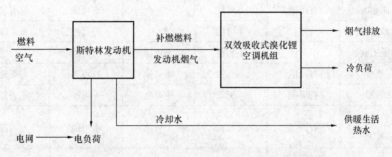

图 2-49 余热补燃溴化锂制冷分布式能源系统

大量低温热源的问题，如果在冬季把发动机的冷却水作为水源热泵的低温热源，既可以降低斯特林发动机冷却水的温度，提高发电效率，又解决了水源热泵的水源问题。由于发动机冷却水温度恒定，使水源热泵工作在有利状态，可提高供暖温度，增加舒适性。夏季运行时，发动机出来的低温冷却水进入热泵，作为热泵的冷却水，在热泵中出来的高温热水可以提供给用户使用。水源、空气源热泵需要消耗发生的电，这对电负荷有剩余的场合可以方便地实现"以热定电"。

（4）湿能空调制冷分布式能源系统。湿能空调是一种新兴的绿色环保空调。它采用对空气除湿降温的方式提供冷负荷，和压缩式热泵制冷分布式能源系统相比，能直接利用斯特林发动机产生的低温热水来再生溶液。同时，湿能空调具有独立的热湿处理功能，能提高空调的舒适性，产生的热水用不完时，可以用来干燥除湿剂，实现蓄能功能。

### 五、燃料电池

#### （一）概述

燃料电池是通过电化学反应将化学能直接转化为电能的装置。其主要特点是能量转换效率高、环境污染小，被誉为 21 世纪的新能源之一，是继火电、水电、核电之后的第四代发电方式。

燃料电池属于一种能量转换装置，发电效率高，单独发电效率可达 50%。如果和燃气轮机构成联合循环，发电效率可达 60%。如果进一步通过热电联供利用热能，燃料电池的综合热效率可达 80%以上。预计到 2015 年，与燃气轮机构成的联合循环的发电效率将达到 70%～80%。

燃料电池的环境兼容性好。因为没有燃烧过程，$CO_2$、$NO_x$ 及 $SO_2$ 等排放量极低。另外，燃料电池变负荷性能很好，且与设备容量大小及负载量均无关系，这意味着小型设备也能得到高效率。这些优点使燃料电池在分布式能源系统中具有广阔的发展前景。因此，高性能燃料电池已成为近几年国际研究开发的热点之一。

燃料电池将成为 21 世纪的洁净能源系统。它不仅可以作为分布式供能方式，还可以与现有的化石燃料发电系统组成联合循环。根据不同燃料电池种类的特点和功率的大小，表 2-39 列出了燃料电池的应用前景。

**表 2-39　　　　　　　　　　　　　　　　　　　　燃料电池的应用前景**

| 用途 | 形式 | 场所 | 质子交换膜燃料电池（PEMFC） | 直接甲醇燃料电池（DMFC） | 碱性燃料电池（AFC） | 磷酸型燃料电池（PCFC） | 熔融碳酸盐燃料电池（MCFC） | 固体氧化物燃料电池（SOFC） |
|---|---|---|---|---|---|---|---|---|
| 固定式能源站 | 电网电站 | 集中 | 不可能 | 不可能 | 不可能 | 不可能 | 有可能 | 有可能 |
| | | 分散 | 不可能 | 不可能 | 不可能 | 不可能 | 有可能 | 有可能 |
| | | 补充 | 不可能 | 不可能 | 不可能 | 有可能 | 有可能 | 有可能 |
| | 分布式能源 | 住宅区 | 有可能 | 不可能 | 待定 | 有可能 | 有可能 | 有可能 |
| | | 商业区 | 有可能 | 不可能 | 待定 | 有可能 | 有可能 | 有可能 |
| | | 轻工业 | 待定 | 不可能 | 待定 | 有可能 | 有可能 | 有可能 |
| | | 重工业 | 不可能 | 不可能 | 不可能 | 有可能 | 有可能 | 有可能 |
| 交通运输 | 发动机 | 重型 | 有可能 | 不可能 | 不可能 | 有可能 | 有可能 | 有可能 |
| | | 轻型 | 有可能 | 不可能 | 不可能 | 不可能 | 不可能 | 不可能 |
| | 辅助动力 | 轻型和重型 | 有可能 | 有可能 | 不可能 | 不可能 | 不可能 | 有可能 |
| 便携电源 | 小型 | 娱乐、自行车 | 有可能 | 有可能 | 不可能 | 不可能 | 不可能 | 待定 |
| | 微型 | 电子、电器 | 有可能 | 有可能 | 不可能 | 不可能 | 不可能 | 不可能 |

### （二）燃料电池结构和分类

**1. 燃料电池结构**

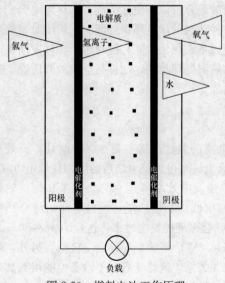

图 2-50　燃料电池工作原理

（1）电极。实际应用的燃料电池，需要有足够高的电流密度，因而应提高电极反应的速率。燃料电池中的反应发生在电极表面（严格说是电极、气体和电解质组成的三相界面）上，氢气在阳极发生电极反应，产生的电子和质子分别通过外电路和电解质到达阴极，并在阴极与氧气反应生成水。电子经过外电路时输出了电能，见图 2-50。

影响电极反应速率的主要因素是催化活性和电极表面积。燃料电池的电极不是简单的固体电极，而是所谓的多孔电极。多孔电极的表面积是固体电极几何面积的 $10^2 \sim 10^4$ 倍。电极的催化活性对于低温燃料电池尤为重要，因为电极反应在低温时的速率很低。另外，燃料电池的电极还要求导电性好、耐高温和耐腐蚀。

（2）电解质。燃料电池中电解质的主要作用是提供电极反应所需的离子、导电及隔离两极的反应物质。与一般电解质不同，燃料电池中的电解质或者本身没有流动性，或者被固定在多孔的基质中。

PEMFC的电解质是固态聚合物膜，允许质子通过，故称为质子交换膜。

AFC的电解质是KOH溶液，根据电池工作温度的不同（50~200℃），KOH的浓度变化很大（35%~85%）。KOH被吸附在石棉基质中。KOH与$CO_2$反应生成溶解度较低的$K_2CO_3$而造成堵塞，反应气体中的$CO_2$需要去除。

PAFC使用接近100%的磷酸为电解质，浸在多孔SiC陶瓷中。浓磷酸的热稳定性好，并可以吸收电极反应生成的水蒸气，因而PAFC的水管理简单。

MCFC的电解质是混合碳酸盐（$Li_2CO_3$-$K_2CO_3$），基质为$LiAlO_2$陶瓷，导电的离子是$CO_3^{2-}$。

SOFC的电解质是多孔金属氧化物，即$Y_2O_3$稳定的$ZrO_2$，导电的离子是$O^{2-}$。

（3）双极板。阴极、阳极和电解质构成一个单个燃料电池，其工作电压约0.7V。为了获得实际需要的电压，须将几个、几十个甚至几百个燃料电池连接起来，称为电池堆。图2-51是4个燃料电池组成的电池堆。两个相邻的燃料电池通过一个双极板连接。双极板的一侧与前一个燃料电池的阳极相连，另一侧与后一个燃料电池的阴极连接（故称为双极板）。

双极板的主要作用有3个，即收集燃料电池产生的电流、向电极供应反应气体、阻止两极之间反应物质的渗透。另外，双极板还起到支撑、加固燃料电池的作用。

低温（小于300℃）燃料电池的双极板材料通常是石墨，高温燃料电池的双极板用不锈钢或导电陶瓷制作。不论采用何种材料，双极板的设计和制作都是十分关键的。当然，在燃料电池的制造成本中，材料占相当大的比例。

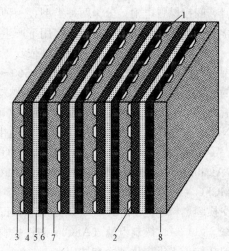

图2-51　4个燃料电池组成的电池堆
1—氧气供应；2—氢气供应；3—阳极板；
4—阳极；5—电解质；6—阴极；7—双极板；8—阴极板

（4）周边系统。燃料电池发电系统的核心部分是电极、电解质和双极板。但在整个系统流程中，数量更多、体积更大的是周边系统。分布式能源系统中，燃料电池的体积仅占很小的比例。

周边系统的种类、规模和数量与燃料电池的类型和所用的燃料有关。供气子系统可能有燃料储存装置、重整装置、气体净化装置、气体压力调节装置、空气压缩机、气泵等。电力调节子系统可能有DC-AC转换器、电动机等。冷却系统主要是换热器。此外，还有各种控制阀。

2. 燃料电池分类

燃料电池的种类很多，分类方法也有多种，表2-40中的分类方式概括了所有类型的燃料电池。

表2-40　　　　　　　　　　　　　　燃料电池分类

| 直接型 | | | 间接型 | | 再生型 |
| --- | --- | --- | --- | --- | --- |
| 低温 | 中温 | 高温 | 重整型 | 生化型 | |
| 氢—氧 | 氢—氧 | 氢—氧 | 天然气 | 葡萄糖 | 热再生 |

续表

| 直接型 | | | 间接型 | | 再生型 |
|---|---|---|---|---|---|
| 低温 | 中温 | 高温 | 重整型 | 生化型 | |
| 有机物—氧 | 有机物—氧 | 一氧化碳—氧 | 石油 | 碳水化合物 | 充电再生 |
| 氮化物—氧 | 氨—氧 | | 甲醇 | 尿素 | 光化学再生 |
| 金属—氧 | | | 乙醇 | | 放射化学再生 |
| 氢—卤素 | | | 煤 | | |
| 金属—卤素 | | | 氨 | | |

与一次、二次电池相对应，燃料电池也有直接的和再生燃料电池，前者电池反应物被排放掉，而后者可利用表 2-40 中的方法将产物再生为反应物。

间接燃料电池，分为两种类型：一种是对有机燃料的加工，使其转变成氢；另一种是生物化学燃料电池，生化物质在酶的作用下产生氢。

直接燃料电池进一步的细分是依其工作温度分为低温、中温、高温及超高温，对应的温度范围分别是 25～100℃、100～500℃、500～1000℃ 及大于 1000℃。不同温度范围使用的燃料电池的类型也在表 2-40 中列出。其中有些燃料是可以直接利用的，如氢。有机化合物燃料需经重整后使用，如烃类、醇类等。碳或石墨也可考虑作燃料。已使用的含氮燃料是氨、肼（$NH_2$－$NH_2$，又称联氨）。在所有实际燃料电池中使用的氧化剂是纯氧或空气。

最常用的分类方法是根据电解质的性质，将燃料电池划分为五大类，碱性燃料电池 AFC（Alcaline Fule Cell）、磷酸燃料电池 PAFC（Phosphorous Acid Fule Cell）、熔融碳酸盐燃料电池 MCFC（Molten Carbonate Fule Cell）、固体氧化物燃料电池 SOFC（Solid Oxide Fule Cell）、质子交换膜燃料电池 PEMFC（Proton Exchange Membrane Fule Cell）。

（1）碱性燃料电池（AFC）。碱性燃料电池是该技术发展最快的一种电池，主要为空间任务，包括航天飞机提供动力和饮用水。

碱性燃料电池的工作温度与质子交换膜燃料电池的工作温度相似，大约 80℃。因此，它们的启动也很快，但其电力密度却比质子交换膜燃料电池的密度低 10 多倍，在汽车中使用显得相当笨拙。不过，它们是燃料电池中生产成本最低的一种电池，因此可用于小型的固定发电装置。如同质子交换膜燃料电池一样，碱性燃料电池对能污染催化剂的一氧化碳和其他杂质也非常敏感。此外，其原料不能含有一氧化碳，因为一氧化碳能与氢氧化钾电解质反应生成碳酸钾，降低电池的性能。

（2）磷酸燃料电池（PAFC）。磷酸燃料电池是商业化发展得最快的一种燃料电池。这种电池使用液体磷酸为电解质，通常位于碳化硅基质中。磷酸燃料电池的工作温度要比质子交换膜燃料电池和碱性燃料电池的工作温度略高，为 150～200℃，但仍需电极上的白金催化剂来加速反应。其阳极和阴极上的反应与质子交换膜燃料电池相同，但由于其工作温度较高，因此其阴极上的反应速度要比质子交换膜燃料电池的阴极的速度快。

较高的工作温度也使磷酸燃料电池对杂质的耐受性较强，当其反应物中含有 1‰～2‰ 的一氧化碳和百万分之几的硫时，磷酸燃料电池也可以正常工作。

磷酸燃料电池的效率比其他燃料电池低，约为 40‰，其加热时间也比质子交换膜燃料电池长。但其构造简单，稳定，电解质挥发度低等。磷酸燃料电池可用作公共汽车的动力，而且有许多这样的系统正在运行。磷酸燃料电池能得到了广泛应用，已有许多发电能力为 0.2 ～ 20MW 的工作装置被安装在世界各地，为医院、学校和小型电站提供动力。

（3）熔融碳酸盐燃料电池（MCFC）。熔融碳酸盐燃料电池不是使用熔融锂钾碳酸盐就是使用锂钠碳酸盐作为电解质。当温度加热到 650℃ 时，这种盐就会溶化，产生碳酸根离子，从阴极流向阳极，与氢结合生成水、二氧化碳和电子。电子通过外部回路返回到阴极，在这个过程中发电。

阳极反应 $\qquad CO_3^{2-} + H_2 \longrightarrow H_2O + CO_2 + 2e^-$

阴极反应 $\qquad CO_2 + 1/2\ O_2 + 2e^- \longrightarrow CO_3^{2-}$

这种电池工作的高温能在内部重整诸如天然气和石油的碳氢化合物，在燃料电池结构内生成氢。在这样高的温度下，尽管硫仍然是一个问题，而一氧化碳污染却不是问题了，且白金催化剂可用廉价的一类镍金属代替，其产生的多余热量还可被联合热电厂利用。这种燃料电池的效率最高可达 60%。如果其浪费的热量能加以利用，其潜在的效率可达 80%。

不过，高温也会带来一些问题。这种电池需要较长的时间方能达到工作温度，因此不能用于交通运输，其电解质的温度和腐蚀特性表明它们用于家庭发电不太安全。但是，其较高的发电效率对于大规模的工业加工和发电汽轮机则具有较大的吸引力。目前的示范电池可产生高达 2MW 的电力，50～100MW 容量的电力设计也已提到议事日程。

（4）固态氧化物燃料电池（SOFC）。固态氧化物燃料电池工作温度比溶化的碳酸盐燃料电池的温度还要高，它们使用诸如用氧化钇稳定的氧化锆等固态陶瓷电解质，而不使用液体电解质。其工作温度介于 800～1000℃ 之间。

在这种燃料电池中，当阳极离子从阴极移动到阳极氧化燃料气体（主要是氢和一氧化碳的混合物）时便产生能量。阳极生成的电子通过外部电路移动返回到阴极上，减少进入的氧，从而完成循环。

阳极反应 $\qquad H_2 + O_2^- \longrightarrow H_2O + 2e^-$

$\qquad CO + O_2^- \longrightarrow CO_2 + 2e^-$

阴极反应 $\qquad O_2 + 4\ e^- \longrightarrow 2O_2^-$

固态氧化物燃料电池对目前所有燃料电池都有的硫污染具有最大的耐受性。由于它们使用固态的电解质，这种电池比溶化的碳酸盐燃料电池更稳定，然而它们用来承受所产生的高温的建造材料却要昂贵得多。

固态氧化物燃料电池的效率约为 60%，可供工业界用来发电和取暖，同时也具有为车辆提供备用动力的潜力。

（5）质子交换膜燃料电池（PEMFC）。该技术是 General Electric 在 20 世纪 50 年代发明的，被 NASA 用来为其 Gemini 空间项目提供动力。这种燃料电池是汽车上使用的一类燃料电池，用来取代内燃机。质子交换膜燃料电池有时也叫聚合物电解质膜，或固态聚合物电解质膜，或聚合物电解质膜燃料电池。

图 2-52 所示为质子交换膜燃料电池的工作原理。

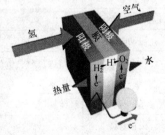

图 2-52　质子交换膜燃料电池的工作原理

在质子交换膜燃料电池中，电解质是一片薄的聚合物膜，例如聚［全氟磺］酸（poly［perfluorosulphonic］acid），和质子能够渗透但不导电的 NafionTM，而电极基本由碳组成。氢流入燃料电池到达阳极，裂解成氢离子（质子）和电子。氢离子通过电解质渗透到阴极，而电子通过外部网路流动，提供电力。以空气形式存在的氧供应到阴极，与电子和氢离子结合形成水。在电极上的这些反应为

阳极 $\qquad 2H_2 \longrightarrow 4H^+ + 4e^-$

阴极　　　　　　　　　　$O_2 + 4H^+ + 4e^- \longrightarrow 2H_2O$

整体　　　　　　　　　　$2H_2 + O_2 \longrightarrow 2H_2O + 能量$

质子交换膜燃料电池的工作温度约为80℃。在这样的低温下，电化学反应能正常地缓慢进行，通常用每个电极上的一层薄的白金进行催化。

这种电极/电解质装置通常称作膜电极装配（MEA），将其夹在两个场流板中间便能构成燃料电池。这两个板上都有沟槽，将燃料引导到电极上，也能通过膜电极装配导电。每个电池能产生约0.7V的电，足够供一个照明灯泡使用。驱动一辆汽车则需要约300V的电力。为了得到更高的电压，将多个单个电池串联起来便可形成燃料电池存储器。

质子交换膜燃料电池具有许多特点，因此成为汽车和家庭应用的理想能源，可代替充电电池。它能在较低的温度下工作，因此能在严寒条件下迅速启动。其电力密度较高，因此其体积相对较小。此外，这种电池的工作效率很高，能获得40％～50％的最高理论电压，而且能快速地根据用电需求改变其输出。

目前，能产生50kW电力的示范装置已在使用，能产生高达250kW的装置也正在开发。当然，要想使该技术得到广泛应用，仍然还有一系列的问题尚待解决。其中最主要的问题是制造成本，因为膜材料和催化剂均十分昂贵。

另一个大问题是，这种电池需要纯净的氢方能工作，因为它们极易受到一氧化碳和其他杂质的污染。这主要是因为它们在低温条件下工作时，必须使用高敏感的催化剂。当它们与能在较高温度下工作的膜一起工作时，必须产生更易耐受的催化剂系统才能工作。不同类型燃料电池的综合比较见表2-41。

表 2-41　　　　　　　　　　不同类型燃料电池的综合比较

| 燃料电池类型 | 碱性 | 磷酸 | 熔融碳酸盐 | 固体氧化物 | 质子交换膜 |
|---|---|---|---|---|---|
| 简称 | AFC | PAFC | MCFC | SOFC | PEMFC |
| 电解质 | KOH | 磷酸 | $Li_2CO_3$-$K_2CO_3$ | YSZ | 全氟磺酸膜 |
| 电解质形态 | 液体 | 液体 | 液体 | 固体 | 固体 |
| 阳极催化剂 | Ni 或 Pt/C | Pt/C | Ni（含 Cr, Al） | 金属（Ni, Zr） | Pt/C |
| 阴极催化剂 | Ag 或 Pt/C | Pt/C | NiO | Sr/LMnO₃ | Pt/C、铂黑 |
| 导电离子 | $OH^-$ | $H^+$ | $CO_3^{2-}$ | $O^{2-}$ | $H^+$ |
| 工作温度（℃） | 65～220 | 180～200 | 约650 | 500～1000 | 室温～80 |
| 工作压力（MPa） | <0.5 | <0.8 | <1.0 | 常压 | <0.5 |
| 启动时间 | 几分钟 | 几分钟 | >10min | >10min | <5s |
| 燃料 | 精炼氢气、电解副产氢气 | 天然气、甲醇、轻油、纯氢 | 天然气、甲醇、石油、煤 | 天然气、甲醇、石油、煤 | 氢气、天然气、甲醇、汽油 |
| 氧化剂 | 纯氧 | 空气 | 空气 | 空气 | 空气 |
| 极板材料 | 镍 | 石墨 | 镍、不锈钢 | 陶瓷 | 石墨、金属 |
| 特性 | 需使用高纯度氢气作为燃料；低腐蚀性及低温较易选择材料 | 进气中 CO 会导致触媒中毒；废热可予以利用 | 不受进气 CO 影响；反应时需循环使用 CO₂；废热可利用 | 不受进气 CO 影响；高温反应，不需依赖触媒的特殊作用；废热可利用 | 功率密度高，体积小，质量轻；低腐蚀性及低温，较易选择材料 |

| 燃料电池类型 | 碱性 | 磷酸 | 熔融碳酸盐 | 固体氧化物 | 质子交换膜 |
|---|---|---|---|---|---|
| 优点 | 启动快；室温常压下工作 | 对 $CO_2$ 不敏感；成本相对较低 | 可用空气做氧化剂；可用天然气或甲烷作燃料 | 可用空气做氧化剂；可用天然气或甲烷作燃料 | 可用空气做氧化剂；固体电解质；室温工作；启动迅速 |
| 缺点 | 需以纯氧做氧化剂；成本高 | 对 CO 敏感；成本高 | 工作温度较高 | 工作温度过高 | 对 CO 非常敏感；反应物需要加湿 |
| 电池内重整 | 不可能 | 可能 | 非常可能 | 非常可能 | 不可能 |
| 系统电效率（%） | 50～60 | 40 | 50 | D50 | D40 |
| 应用场合 | 航天、机动车 | 分布式能源 | 分布式能源 | 分布式能源、交通工具电源、移动电源 | 分布式能源、交通工具电源、移动电源、航天 |
| 总价格（包括安装费用，2003 年数据）（kW/美元） | 2700 | 2100 | 2600 | 3000 | 1400 |

**（三）燃料电池特性**

1. 燃料电池优点

燃料电池之所以受世人瞩目，是因为它具有其他能量发生装置不可比拟的优越性，主要表现在高效率、安全可靠性、良好的环境效益、良好的操作性能、模块化、安装时间短、占地面积小等方面。

（1）高效率。理论上讲，燃料电池可将燃料能量的 90% 转化为可利用的电和热。磷酸燃料电池设计发电效率为 42%，目前接近 46%。据估计，熔融碳酸盐燃料电池的发电效率可超过 60%，固体氧化物燃料电池的效率更高。而且，燃料电池的发电效率不随规模而变化，部分负荷性能很好，因而在保持高燃料效率时，燃料电池可在其半额定功率下运行。

燃料电池发电厂可设在用户附近，大大减少传输费用及传输损失。

燃料电池的另一特点是在其发电的同时可产生热水及蒸汽。其电热输出比约为 1.0，而汽轮机为 0.5。这表明在相同电负荷下，燃料电池的热载为燃烧发电机的 2 倍。

一般来说，燃料电池的发电效率比其他燃气发电装置（如内燃机、燃气轮机等）高 1/6～1/3。现有燃料电池的以低位发热量定义的发电效率在 40%～55%，这样的发电效率在现有的分布式能源系统中是最高的。同时，燃料电池所产生的废热非常清洁，基本上就是水蒸气和热空气，而且高温燃料电池（如 SOFC）的废热温度很高，因此可利用价值非常高。

（2）可靠性。与燃烧涡轮机循环系统或内燃机相比，燃料电池的转动部件很少，因而系统更加安全可靠。燃料电池从未发生过像燃烧涡轮机或内燃机因转动部件失灵而发生的恶性事故。燃料电池系统发生的唯一事故就是效率降低。

（3）环境效益良好。普通火力发电厂排放的废弃物有颗粒物（粉尘）、硫氧化物（$SO_x$）、氮氧化物（$NO_x$）、碳氢化合物（HC）以及废水、废渣等。燃料电池发电厂排放的气体污染物仅为最严格的环境标准的 1/10，温室气体 $CO_2$ 的排放量也远小于火力发电厂。燃料电池中燃料的电化学反应副产物是水，其量极少，与大型蒸汽机发电厂所用大量的冷却水相比，明显少得多。燃料电池排放的废水不仅量少，而且比一般火力发电厂排放的废水清洁得多。因而，燃料电池不仅消除或减少了水污染问题，也无须设置废气控制系统。

由于没有像火力发电厂那样的噪声源，燃料电池发电厂的工作环境非常安静。又因为不产生大量废弃物（如废水、废气、废渣），燃料电池发电厂的占地面积也少。

燃料电池是各种能量转换装置中危险性最小的。这是因为它的规模小，无燃烧循环系统，污染物排放量极少。燃料电池的环境友好性是使其具有极强生命力和长远发展潜力的主要原因。

（4）操作性能良好。燃料电池具有其他技术无可比拟的优良的操作性能，这也节省了运行费用。动态操作性能包括对负荷的响应性、发电参数的可调性、突发性停电时的快速响应能力、线电压分布及质量控制。

燃料电池发电厂的电力控制系统可以分别独立地控制有效电力和无效电力。控制了发电参数，就可以使线电压及频率的输送损失最小化，并减少储备电量及电容、变压器等辅助设备的数量。

通常，电厂增加发电容量时，变电所的设备必须升级，否则会使整个电力系统的安全稳定性降低。燃料电池发电厂则不必将变电所设备升级，必要时可将燃料电池组拆分使用。

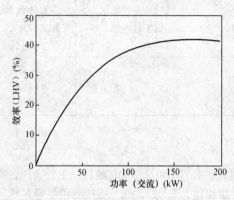

图2-53 燃料电池部分负荷特性

燃料电池还可轻易地校正由频率引起的各种偏差。这一特点提高了系统的稳定性。燃料电池系统具有良好的部分载荷性能，可对输出负荷快速响应，如图2-53所示。

（5）模块化、安装时间短。燃料电池的发电效率不随规模的变化而变化，也就是说几千瓦燃料电池的效率与几兆瓦燃料电池的效率一样，而燃料电池的发电出力由电池堆的出力和电池堆数决定，燃料电池厂家可以生产出几种标准的燃料电池模块，然后根据实际需要进行组合，现场安装，简单省时，因而建设周期很短。1994年，美国 Santa Clara 投入运行的 2MW 熔融碳酸盐燃料电池验证电站，其建设周期仅 2 个月。另外，由于标准化的设计、制造、安装方便，系统规模可大可小，容易扩容，便于根据热电负荷的实际需求而分期建设。

（6）占地面积小。如国产 5kW 质子交换膜燃料电池的外形尺寸仅为长 0.19m、宽 0.19m、高 0.49m，质量仅 28.5kg。德国某公司生产的 100kW 固体氧化物燃料电池，整套装置长 8.59m、宽 2.75m、高 3.58m。而且，由于燃料电池所占空间极小且与环境的兼容性好，选址没有特殊要求，与周围建筑物的安全间距小，因而可以直接建在终端用户附近作为区域性热电站，小型的可以建在用户建筑物内为单幢楼或楼群独立进行冷热电联供，微型的可以通过屋门进入而安装在室内，作为家庭或公共建筑的电源和热源。

2. 燃料电池存在的问题

燃料电池有许多优点，人们对其将成为未来主要能源持肯定态度。但就目前来看，燃料电池仍有很多不足之处，使其尚不能进入大规模的商业化应用。主要归纳为以下几个方面：

（1）市场价格昂贵。燃料电池的价格是其他分布式能源系统（内燃机、燃气轮机）的 2～10 倍。2003 年最先进的燃料电池系统的价格相当于太阳能发电系统的价格。

（2）维护问题。燃料电池的维护与其他发电装置有很大不同，目前这方面的专业维护人员非常少。燃料电池发生故障之后，往往需要运回生产基地进行维修，目前还无法做到现场更换电池堆。

（3）燃料问题。燃料电池对燃料非常挑剔，因此往往需要非常高效的过滤器，并且要经常更换，还没有完善的燃料供应体系。

（4）技术尚未成熟。燃料电池进入商业化的时间还很短，可以说是一种尚未成熟的技术。如果燃料电池价格能够有所降低，并且经过一段时间使其趋于成熟，它将以高效、清洁、安静等综合优势成为各种分布式能源技术中最优的技术之一。

**（四）燃料电池分布式能源系统**

典型的燃料电池发电系统以燃料电池组为核心，同时包括燃料（如氢气）和氧化剂（如空气或氧气）供应分系统、生成物和水管理分系统、热管理分系统和输出直流电升压、稳压分系统等。燃料电池输出的是直流电，根据用户需要，系统中还可包括直流交流电压逆变部分。此外，为提高燃料的能源利用率，燃料电池发电系统的余热还需要进一步利用。根据余热品质不同，可以构建余热利用的燃料电池分布式能源系统或联合循环发电系统，见图 2-54。

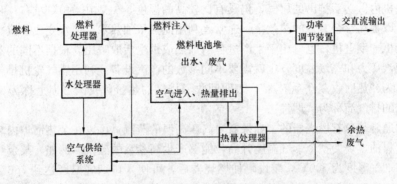

图 2-54　燃料电池发电系统示意图

燃料电池分布式能源系统是燃料电池发电的重要趋势之一。分布式能源系统中可利用的余热品质和数量至关重要。对中低温燃料电池，可以用内循环水或气液双层流等方法回收热量。此外，从燃料电池处理装置生成的反应气和排气中也可以进行余热回收。例如，PEMFC 产生的预热温度约为 70℃，可以温水的形式利用；PAFC 可以引出 200℃的水蒸气加以利用。在 MCFC 和 SOFC 等高温燃料电池中，反应空气一般用作电池堆的冷却介质，来自电池堆的高温排气则由热量回收装置回收。在 650～1000℃ 范围内，可以回收高品质余热。此时除了可生成水蒸气和热水外，还可以与吸收式冷（热）水机组或燃汽轮机组成联合循环分布式能源系统，获得高品质冷量和电能。

图 2-55 所示为 SOFC 燃料电池分布式能源系统。天然气经过预处理后进入 SOFC 电池堆，把一部分化学能转化为电能，排出 755℃的废气首先经过热回收装置变成约 300℃的废气，然后

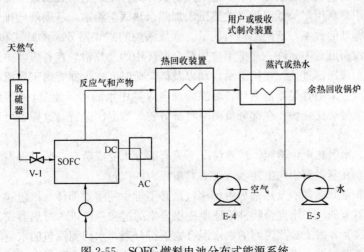

图 2-55　SOFC 燃料电池分布式能源系统

再送入余热回收锅炉加热其中的循环水，使其变为蒸汽或50～90℃的热水，可直接作为热源给用户供热；或者进入热驱动式制冷装置，如吸收式冷（热）水机组（单效热水吸收式、双效蒸汽吸收式和废气直燃吸收式）或吸附式制冷机，提供用户所需冷量。

## 第三节 烟气余热回收装置

### 一、余热锅炉

#### （一）概述

在燃气轮机内做功后排出的尾气，仍具有比较高的温度，一般在540℃左右，利用这部分气体的热能，可以提高整个装置的热效率。通常是利用此热量加热水，使水变成蒸汽。蒸汽可以用来推动蒸汽轮机—发电机，也可用于生产过程的加热或供生活取暖用。根据不同的蒸汽用途，要求有相应的蒸汽压力和蒸汽温度，也就需要不同参数的产汽设备。利用燃气轮机排气的热量来产汽的设备，称为"热回收蒸汽发生器"，表明回收了排气的热量，我国习惯上称为"余热锅炉"，并把燃气轮机的排气简称为"烟气"。

余热锅炉通常是没有燃烧器的，如果需要高压高温的蒸汽，可以在余热锅炉内装一个附加燃烧器，通过燃料的燃烧使整个烟气温度升高，能够产生高参数的蒸汽。例如，某余热锅炉不装燃烧器时，入口烟气温度为500℃，装设附加燃烧器后，可使入口烟气温度达到756℃。蒸汽的压力可以从4MPa升到10MPa，蒸汽的温度可以从450℃升到510℃，蒸汽可以供高温高压汽轮机用，从而增加了电功率输出。

我国余热锅炉的蒸汽参数有：4MPa/450℃及1.4MPa/195℃（饱和蒸汽）。前者供给中压汽轮机发电，后者可以供生产或供生活取暖用。

#### （二）余热锅炉工作原理

余热锅炉由省煤器、蒸发器、过热器、联箱、汽包等换热管组和容器等组成，在有再热器的蒸汽循环中，可以加设再热器。在省煤气中锅炉的给水完成预热的任务，使给水温度升高到接近饱和温度的水平；在蒸发器中给水相变成为饱和蒸汽；在过热器中饱和蒸汽被加热升温成为过热蒸汽；在再热器中再热蒸汽被加热升温到所设定的再热温度，见图2-56。

过热器的作用是将蒸汽从饱和温度加热到一定的过热温度。它位于温度最高的烟气区，而管内工质为蒸汽，受热面的冷却条件较差，是余热锅炉各部件中最高的金属管壁温度。

省煤器的作用是利用尾部低温烟气的热量来加热余热锅炉给水，从而降低排气温度，提高余热锅炉以及联合循环的效率，节约燃料消耗量。常规锅炉的省煤器分为沸腾式和非沸腾式两种，前者允许产生蒸汽而后者不允许。通常不希望联合循环中的余热锅炉在省煤器中产生蒸汽，因为蒸汽可能导致水击或局部过热，在机组刚启动以及低负荷时，省煤器管内工质流动速度很低，此时较容易产生蒸汽。采用省煤器再循环管可以增加省煤器中水的质量流量，从而解决这个问题。还有些用户布置烟气旁路系统，在部分负荷时将部分省煤器退出运行，这样也可以增加省煤器的工质流速。

在蒸发器内，水吸热产生蒸汽。通常情况下只有部分水变成蒸汽，所以管内流动的是汽水混合物。汽水混合物在蒸发器中向上流动，进入对应压力的汽包。

在自然循环和强制循环的余热锅炉中，汽包是必不可少的重要部件。汽包除了汇集省煤器给水和汇集从省煤器来的汽、水混合物外，还要提供合格的饱和蒸汽进入过热器或供给用户。汽包内装有汽水分离设备，对来自蒸发器的汽水混合物进行分离，水回到汽包的水空间与省煤器的来水混合后重新进入蒸发器，而蒸汽从汽包顶部引出。汽包的尺寸要大到足以容纳必需的汽水分离

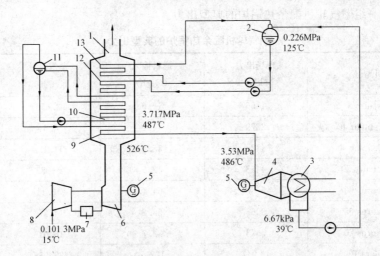

图 2-56　余热锅炉的汽水系统

1—余热锅炉；2—除氧器；3—凝汽器；4—汽轮机；5—发电机；6—燃气透平；7—燃烧室；8—压气
机；9—高压过热器；10—高压蒸发器；11—汽包；12—高压省煤器；13—低压蒸发器

器装置，并能适应锅炉负荷变化时所发生的水位变化，因此是很大的储水容器，从而具有较大的水容量和较多热惯性，对负荷变化不敏感。汽包通常不受热，因为在接近饱和温度下运行时抗拉和屈服强度是关键的。

减温器通常位于过热器或再热器出口管组的进口处，如一、二级过热器之间。减温水一般来自锅炉给水泵，为了能够正常工作，它的压力要比蒸汽压力高 2.76MPa 左右。减温水通过喷口雾化后喷入湍流强烈的蒸汽中，蒸汽速度和雾化的水滴尺寸是确定减温效果的两个最重要因素。一个好的过热器或再热器设计，在额定负荷稳定运行时需要很少的喷水量。

### （三）余热锅炉分类

燃气—蒸汽联合循环余热锅炉通常可以按照以下几种方法分类。

1. 按余热锅炉烟气侧热源分类

（1）无补燃余热锅炉。这种余热锅炉单纯回收燃气轮机排气的热量，产生一定压力和温度的蒸汽。

（2）有补燃余热锅炉。由于燃气轮机排气中含有 14％～18％的氧，可在余热锅炉的恰当位置安装补燃燃烧器，补充天然气和燃油等燃料进行燃烧，提高烟气温度，还可保持蒸汽参数和负荷稳定，以相应提高蒸汽参数和产量，改善联合循环的变工况特性。由于燃气轮机容量设计固定，尾气能量也基本固定，在较高的热电比需求的场合，通过用补燃的方式提高蒸汽产量满足工艺需求。

补燃的好处是可以提高分布式能源的总能效率，即余热锅炉中的蒸汽全部用来加热。但若用补燃的方式提高蒸汽产量，然后再进入汽轮发电机发电，联合循环效率下降。这就是为何大燃气轮机联合循环都不采用补燃锅炉的原因。此外，用补燃的方式提高蒸汽产量，用补燃获得的蒸汽来驱动吸收式空调机组也不会提高冷热电分布式能源的效率，没有实际的收益。

补燃量是有限的，一般情况下补燃燃烧后尾气内的含氧量若低于 6％就会熄火。所以，补燃温度最高不能超过 1500℃，相当于提高蒸汽产量三倍于燃气轮机尾气的产量。例如，一台 15 000kW 的燃气轮机尾气能量大约可以产生 30t/h 的饱和蒸汽，通过补燃方式大约可以提高到 100t/h。

表 2-42 是一组燃气轮机配余热锅炉的典型出力。

表 2-42　　　　　　　　　　　　　燃气轮机配余热锅炉的典型出力

| 燃气轮机型号 | 现场出力<br>(kW) | 燃料输入<br>(GJ/h) | 蒸汽流量<br>(t/h) | 系统总效率<br>(%) |
|---|---|---|---|---|
| 土星 20 Saturn 20 | 1156 | 17.6 | 3.856 | 75.6 |
| 半人马 40 Centaur 40 | 3379 | 44.9 | 8.64 | 72.8 |
| 半人马 50 Centaur 50 | 4428 | 55.8 | 11.132 | 75.9 |
| 水星 50 Mercury 50 | 4453 | 42.5 | 6.082 | 71.3 |
| 金牛 60 Taurus 60 | 5460 | 64.1 | 13.11 | 79.2 |
| 金牛 65 Taurus 65 | 6063 | 68.2 | 14.275 | 81.7 |
| 金牛 70 Taurus 70 | 7673 | 82.7 | 16.016 | 79.2 |
| 火星 100 Mars 100 | 10 947 | 122.7 | 23.056 | 76.5 |
| 大力神 130 Titan 130 | 14 473 | 151.7 | 28.406 | 78.5 |
| 大力神 250 Titan 250 | 20 990 | 199.0 | 34.199 | 78.4 |

海拔 10m，环境温度 15℃；空气过滤器进口压力损失 1000Pa，尾气排气压力损失 2500Pa。不补燃余热锅炉蒸汽压力 1.0MPa，饱和温度。

用补燃方式可以调整热电比，同时提高系统总能效率，图 2-57 所示为典型的带补燃热电联产热平衡图。

表 2-43 是带补燃余热锅炉的系统出力汇总。

海拔 10m，环境温度 15℃；空气过滤器进口压力损失 1000Pa，尾气排气压力损失 2500Pa。补燃余热锅炉蒸汽压力 1.0MPa，饱和温度，锅炉补燃温度到 891℃。

表 2-43　　　　　　　　　　　　带补燃余热锅炉的系统出力汇总

| 燃气轮机型号 | 现场出力<br>(kW) | 总燃料输入<br>(GJ/h) | 蒸汽流量<br>(t/h) | 系统总效率<br>(%) |
|---|---|---|---|---|
| 土星 20 Saturn 20 | 1156 | 28.7 | 8.391 | 84.3 |
| 半人马 40 Centaur 40 | 3379 | 82.1 | 24.068 | 84.8 |
| 半人马 50 Centaur 50 | 4428 | 87.9 | 23.939 | 83.0 |
| 水星 50 Mercury 50 | 4453 | 82.8 | 22.355 | 83.5 |
| 金牛 60 Taurus 60 | 5460 | 100.5 | 28.012 | 85.9 |
| 金牛 65 Taurus 65 | 6063 | 100.1 | 27.191 | 86.5 |
| 金牛 70 Taurus 70 | 7673 | 128.2 | 34.371 | 85.3 |
| 火星 100 Mars 100 | 10 947 | 199.1 | 54.129 | 84.4 |
| 大力神 130 Titan 130 | 14 473 | 238.1 | 63.884 | 85.5 |
| 大力神 250 Titan 250 | 20 990 | 327.9 | 87.450 | 86.4 |

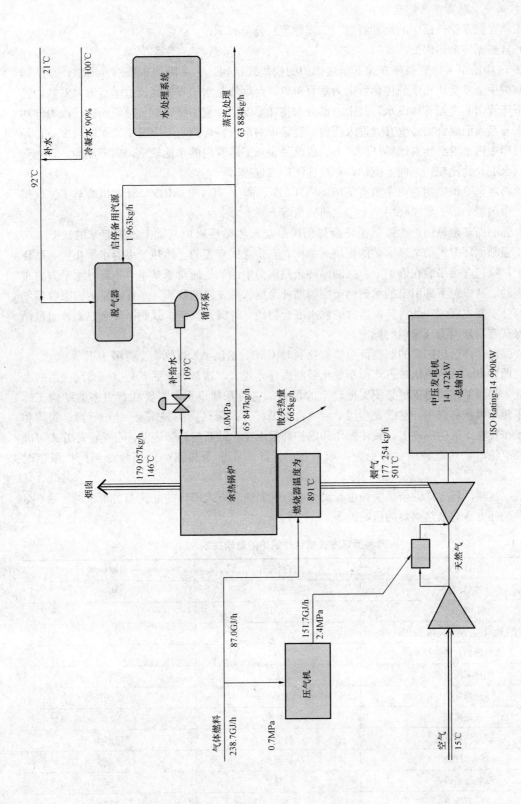

图 2-57 典型的带补燃热电联产热平衡图

**2. 按蒸发受热面工质流动特点分类**

按工质在蒸发受热面中的流动特点（工作原理）分类如下。

（1）自然循环余热锅炉。

图 2-59 中给出了自然循环方式下余热锅炉的模块式结构，它是卧式布置的。通常，自然循环余热锅炉中蒸发受热面中的传热管束为垂直布置，而烟气是水平方向地流过垂直方向安装的管簇的。下降管向蒸发器管簇供水，其中一部分水将在蒸发器管簇中吸收烟气热量而转变成为饱和蒸汽。水与蒸汽的混合物经上升管进入汽包。管簇中的水汽混合物与下降管中冷水的密度差，是维持蒸发器中汽水混合物自然循环的动力。也就是说，下降管内的水比较重，向下流动，直立管束内的汽水混合物比较轻，向上流动，形成连续产汽过程。

自然循环余热锅炉制造商主要有美国 DELTAK、荷兰 STANDARD、日本川畸重工、杭州锅炉厂、中国船舶重工集团公司第七〇三研究所等。

（2）强制循环余热锅炉。强制循环余热锅炉是在自然循环锅炉基础上发展起来的。图 2-60 中给出了强制循环方式的余热锅炉的模块式结构，它是立式布置的。传热管束为水平布置，吊装在钢架上，汽包直接吊装在锅炉上。强制循环余热锅炉中的烟气通常总是垂直地流过水平方向布置的管簇的。从汽包下部引出的水借助于强制循环泵压入蒸发器的管簇，水在蒸发器内吸收烟气热量，部分水变成蒸汽，然后蒸发器内的汽水混合物经导管流入汽包。强制循环余热锅炉通过循环泵来保证蒸发器内循环流量的恒定。

国外强制循环余热锅炉的制造商主要有比利时 CMI、法国 ALSTOM、英国 JBE 等。

自然循环方式的余热锅炉占地面积要比强制循环方式大，这是由于后者是空间布局关系的缘故。因此，强制循环余热锅炉必须支撑较重的设备，它的基础很重，需要耗费更多的结构支撑钢；为了便于维护和修理，它需要多层平台（自然循环方式余热锅炉只需要一层平台）；阀门和辅件必须布置在不同的标高上，致使操作和维护都很困难。最新的趋势表明：自然循环方式可能是用于燃气轮机余热锅炉的一种更为可取的技术，除非布置余热锅炉的场地受到严格限制时例外。

目前，自然循环方式的余热锅炉也有设计成像强制循环方式那样的立式布置形式的。表2-44表示两种循环方式对余热锅炉的影响关系。

**表 2-44　　　　　两种循环方式对余热锅炉的影响关系**

| 循环方式 | 自然循环 | 强制循环 |
|---|---|---|
| 传热面积 | 相同 | 相同 |
| 可用率（%） | 99.95 | 97.5 |
| 在燃气轮机运行范围内的使用性 | 广 | 窄 |
| 水循环的自平衡性 | 有 | 有限 |
| 循环泵的设置 | 无 | 有 |
| 外部耗功 | 无 | 有泵的耗功 |
| 占地面积 | 较多 | 较少 |
| 钢结构和管道 | 轻而多 | 重而少 |
| 基础及撑脚 | 轻而多 | 重而少 |
| 安装所需设备 | 轻 | 重 |
| 运行维护 | 较易 | 较难 |

3. 按余热锅炉蒸汽压力等级分类

余热锅炉采用有单压、双压、双压再热、三压、三压再热五大类的汽水系统。

(1) 单压级余热锅炉。余热锅炉只生产一种压力的蒸汽供给汽轮机。

(2) 双压或多压级余热锅炉。余热锅炉能生产两种不同压力或多种不同压力的蒸汽供给汽轮机。双压或多压余热锅炉能从燃气轮机排气中回收更多的热量，使联合循环出力和效率都能提高，但系统较复杂，造价也高。

4. 按受热面布置方式分类

(1) 卧式布置余热锅炉。图 2-58 所示的余热锅炉是卧式布置，各级受热面部件的管子是垂直的，燃气轮机排气横向流过各级受热面。通常，卧式布置的余热锅炉为自然循环锅炉。

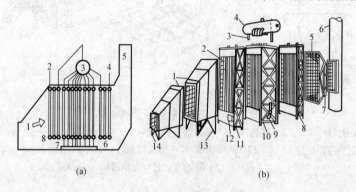

(a)                                      (b)

图 2-58　卧式自然循环余热锅炉

(a) 流程图（1—烟气；2—过热蒸汽出口；3—汽包；4—给水进口；5—烟囱；6—省煤器；7—蒸发器；8—过热器）；(b) 模块式结构图（1—进口烟道；2—受热面；3—下降管；4—汽包；5—出口烟道；6—烟囱；7—膨胀节；8—省煤器段；9—下降管；10—蒸发器；11—过热器；12—人孔；13—钢结构；14—膨胀节）

(2) 立式布置余热锅炉。图 2-59 所示的余热锅炉是立式布置，各级受热面部件的管子是水平的，各级受热面部件是沿高度方向布置的，烟气自下而上流过各级受热面。立式布置的余热锅炉一般采用强制循环锅炉。

表 2-45 为卧式与立式燃气轮机余热锅炉对比。

| 表 2-45 | | | 卧式与立式燃气轮机余热锅炉对比 | | | | | |
|---|---|---|---|---|---|---|---|---|
| 项目 | 水循环 | 启动时间 | 占地面积 | 结构 | 操作运行 | 厂用电 | 燃料适应性 | 初投资 |
| 立式 | 强制 | 短 | 小 | 较复杂 | 较复杂 | 较多 | 强 | 较高 |
| 卧式 | 自然 | 较长 | 较大 | 简单 | 简单 | 少 | 较弱 | 低 |

5. 按有无汽包分类

(1) 汽包余热锅炉。汽包是与蒸发器紧密相连的，除了汇集省煤器来水、汇集蒸发器来的汽水混合物以外，还能提供合格的饱和蒸汽进入过热器或供给用户。

(2) 直流余热锅炉。直流余热锅炉靠给水泵的压头将给水一次通过各受热面变成过热蒸汽。由于没有汽包，在蒸发和过热受热面之间无固定分界点。在蒸发受热面中，工质的流动不像自然循环那样靠密度差来推动，而是由给水泵压头来实现，可以认为循环倍率为 1，即是一次经过的强制流动。

目前，直流余热锅炉较多的用在蒸汽注入的燃气轮机联合循环和燃气轮机透平叶片用蒸汽冷

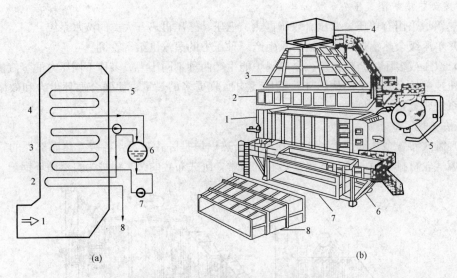

图 2-59    立式强制循环余热锅炉

(a) 流程图（1—烟气；2—过热器；3—蒸发器；4—省煤器；5—给水进口；6—汽包；7—循环泵；8—过热蒸汽出口）；(b) 模块式结构图（1—蒸发器和过热器；2—省煤器；3—出口烟道；4—烟囱；5—汽包；6—钢结构；7—进口弯烟道；8—进口烟道段）

却的联合循环装置中。随着燃气轮机参数的进一步提高，以后直流余热锅炉有可能用于超临界蒸汽参数的联合循环。

6. 按余热锅炉设计布置分类

(1) 室内布置。

(2) 露天布置。

联合循环分布式能源的余热锅炉多数为露天布置，但在恶劣的自然环境下可考虑采用室内布置，确保余热锅炉的安全可靠运行和便于维护。

**(四) 余热锅炉特性参数**

1. 余热锅炉效率

余热锅炉的效率、$\eta_h$ 为余热锅炉对燃气轮机排气热量的利用（回收）程度。余热锅炉的排气温度与所选用的蒸汽循环形式、节点温度以及燃料成分密切相关。当采用多压汽水系统时，排气温度 $t_{g5}$ 比单压降低很多。如果节点温度选的较小，排气温度也能降低。但是，为了防止传热管发生低温腐蚀，一般排气温度比酸露点或水露点温度高 10℃ 左右。

2. 节点温差

节点温差 $\Delta t_x$ 也叫窄点温差，是换热过程中蒸发器出口烟气与被加热的饱和水汽之间的最小温差，即 $\Delta t_s = t_8 - t_s$。节点温差减小时，余热锅炉的排气温度 $t_{g5}$ 会下降，烟气余热回收量会增大，蒸汽产量和汽轮机输出功都随之增加，即对应着高的余热锅炉热效率，但平均传热温差也随之减小，这必将增大余热锅炉的换热面积。显然，$\Delta t_x$ 是不允许等于零的，否则，余热锅炉的换热面积将为无穷大，这是不现实的。此外，随着余热锅炉换热面积的增大，燃气侧的流阻损失也将增大，有可能使燃气轮机的功率有所减小，导致联合循环的热效率有下降的趋势。因此，选择节点温差是决定余热锅炉受热面积的关键因素，一般情况下选取 $\Delta t_x$ 为 8～20℃。

降低余热锅炉的排烟温度是提高余热锅炉效率的唯一途径。

**3. 接近点温差**

接近点温差 $\Delta t_w$ 是指余热锅炉省煤器出口的水温度 $t_{w1}$ 与相应压力下饱和水温 $t_s$ 之间的差值，即 $\Delta t_w = t_s - t_{w1}$。设计余热锅炉时（汽包炉），接近点温度不能为零（或负值）。因为在燃气轮机部分负荷时，燃气轮机排气温度随负荷减少而降低，接近点温差随之减小，如果为零或负值，省煤器内给水会出现汽化，造成省煤器管过热甚至损坏。此外，接近点温差的选取对省煤器和蒸发器换热面积有影响，一般接近点温差在 5～20℃ 范围内选取。

选取合理的节点温差和接近点温差是设计余热锅炉的关键因素之一。

**4. 热端温差**

热端温差 $\Delta T_s$ 是指换热过程中过热器入口烟气与过热器出口过热蒸汽之间的温差。降低热端温差，可以得到较高的过热度，从而提高过热蒸汽品质。但降低热端温差，同时也会使过热器的对数平均温差降低，也就是增大了过热器的传热面积，加大了金属耗量。大量计算表明，当热端温差选择在 30～60℃ 时，是比较合适的。

**5. 排气温度范围**

单压汽水系统的余热锅炉，排气温度可降低 160～200℃。为了进一步降低 $t_{g5}$，可以采用双压或三压汽水系统，此时，可以把它降至 110～120℃。对于燃用含硫极少的天然气或合成煤气燃料，由于不会产生酸腐蚀，$t_{g5}$ 可以进一步降低至 80～90℃，但设备投资相应增加。因而，在设计余热锅炉时，应按联合循环效率和投资进行优化设计。

燃用几乎不含硫的天然气时，因燃料成本相对较高，也有可能进一步降低排烟温度，采用三压蒸汽系统，可使排烟温度降到 80～90℃。

**6. 受热面烟速及介质流速**

各受热面烟速一般按 13～19m/s 选取。过热器烟速较高，蒸发管束次之，省煤器再次之，低压锅炉烟速最低。烟速越高，烟气阻力越大，燃气轮机功率损耗越多，总额和经济指标未必最佳。

过热器蒸汽流速可按 12～25m/s 选取。

省煤器水速，向上流动或水平流动可按 0.3～0.8m/s 选取，向下流动则按 0.7～1m/s 选取。沸腾式省煤器向下流动水速应达到 1m/s 以上。

强制循环管内锅水质量流速按防止汽水分层的最小质量流速设计，一般取为 280～320kg/$(m^2 \cdot s)$。循环倍率 $K$ 不必太高，$K$ 可为 1.3～2，能选用容量小、耗电省的锅炉循环泵。

**7. 余热锅炉排气阻力**

随着余热锅炉换热面积的增加，余热锅炉烟气侧的阻力将有所提高，也就是燃气轮机排气背压有所提高，这将引起燃气轮机功率和效率有所下降。计算表明，1kPa 的压降会使燃气轮机的功率和效率下降 0.8%，因此在联合循环设计优化时应综合考虑这一因素。余热锅炉及烟道的阻力按联合循环设备采购国际标准规定，对于单压、双压和三压余热锅炉分别为 2.5、3.0、3.3kPa。

**8. 再热系统**

由于材料和冷却技术的发展，燃气轮机进气温度不断提高，循环效率和功率逐渐增加，早年的燃气轮机排气温度大多低于 538℃，配置的蒸汽系统不宜采用再热系统。近年来，大型高效燃气轮机 $t_3 > 1300℃$，排气温度 $t_{g4} > 584℃$，具备了为余热锅炉提供足够的高温热量用以实现双压或三压再热蒸汽系统的可能性。

研究表明，三压蒸汽循环系统联合循环效率比双压联合循环效率大约提高 1%；双压和三压再热后，联合循环效率均能提高 0.8%～0.9%。

9. 快速启动性能

设计要求尽量减少高温部件（再热器、过热器）的应力集中，例如，受热面管子与联箱的连接采用直插式结构，避免角焊工艺；新型膨胀吸收结构使用 N/E 公司新进的三维设计软件，合理布置管道走向及支撑，设置必需的防震装置等有效措施。

安全操作规定应适应燃气轮机在快速启停和负荷变化率大于 5% 的运行特殊性的要求。

### （五）余热锅炉设计要点

在设计联合循环中使用的余热锅炉时，应采取措施，力争实现以下一些要求：

1. 系统具有较低的热惯性

整个系统应具有较低的热惯性，以使余热锅炉能够适应燃气轮机快速启动和快速加减负荷的动态特性要求。这样，才能缩短整个联合循环系统的启动时间。通常，要求其冷态启动时间为 20～30min。

2. 蒸汽热力参数的稳定性

希望由余热锅炉提供的蒸汽参数不会较大幅度地偏离各负荷工况下的设定值，以防影响蒸汽轮机的安全和有效运行。

3. 尽可能多回收热能

在技术经济条件合理的情况下，尽可能多地回收热能，即提高余热锅炉的当量效率。

4. 控制 $NO_x$ 排放量

当联合循环配置选择性催化反应器（SCR）来控制 $NO_x$ 时，必须精心地确定 SCR 在余热锅炉中的布设位置，必须确保 SCR 能在 296～410℃下工作，否则无法控制 $NO_x$ 的排放量。

5. 具有一定的"干烧"能力

余热锅炉应具有一定的在无水情况下"干烧"的能力，以避免当烟道旁通阀等元件故障时烧毁余热锅炉。一般"干烧"时的烟气温度应不高于 475℃，每次干烧的最长持续时间不超过 240h。

### （六）联合循环余热锅炉参数规范

确定联合循环余热锅炉的参数是一个参数优化的技术经济问题，要比较效益、设备投资和运行检修费等。典型的燃气轮机制造商，都有自己的余热锅炉参数规范，见表 2-46～表 2-52。

表 2-46　　　　　　　　　多压联合循环性能比较

| 余热锅炉 | 单压 | 双压 | 三压/再热 |
|---|---|---|---|
| 功率增加（%） | 基准 | 2 | 4.3 |
| 效率增加（%） | 基准 | 1 | 2.3 |

表 2-47　　　　　　　　　多压联合循环的循环效率比较　　　　　　　　　%

| 项目 | | 单压 | 双压 | | | 三压 | | |
|---|---|---|---|---|---|---|---|---|
| 制造商 | 机型 | | 无再热 | 再热 | 再热/超压 | 无再热 | 再热 | 再热/超压 |
| 西门子 | V94.3 | | 53.6 | 54.06 | 54.6 | 54.12 | 54.57 | 55 |
| GE | 207EA | −4.7 | −1 | | | 基准 | +0.7 | |
| | 107FA | | −2 | −1.1 | | −1.2 | 基准 | |

**表 2-48　　　　　　　　　　　SOLA 工业燃气轮机热回收性能参数规范**

| 具体性能参数 | Saturn 20 | Centaur 40 | Centaur 50 | Mercury 50 | Taurus 60 | Taurus 65 | Taurus 70 | Mars 90 | Mars 100 | Titan 130 | Titan 250 |
|---|---|---|---|---|---|---|---|---|---|---|---|
| 烟气温度（℃） | 511 | 446 | 513 | 377 | 516 | 555 | 511 | 468 | 490 | 500 | 465 |
| 烟气质量流量（t/h） | 23.4 | 67.9 | 68.2 | 63.7 | 77.7 | 74.1 | 95.8 | 143.4 | 154.1 | 177.9 | 245.7 |
| 燃气轮机燃料输入（GJ/h） | 17.7 | 45.1 | 56.0 | 42.7 | 64.4 | 67.3 | 82.2 | 105.9 | 124.7 | 152.2 | 199.7 |
| 工艺蒸汽产量（无补燃） | | | | | | | | | | | |
| 蒸汽产量（t/h） | 4.0 | 8.9 | 11.5 | 6.3 | 13.5 | 14.6 | 16.4 | 21.2 | 24.2 | 29.3 | 35.8 |
| 工艺蒸汽产量（加补燃）（871℃） | | | | | | | | | | | |
| 蒸汽产量（t/h） | 8.4 | 24.2 | 24.0 | 22.4 | 28.1 | 27.4 | 34.4 | 51.4 | 55.1 | 64.1 | 88.7 |
| 补燃器附加燃料量（GJ/h） | 10.4 | 35.7 | 30.5 | 38.7 | 34.6 | 30.2 | 43.3 | 71.7 | 73.5 | 82.8 | 124.8 |
| 工艺蒸汽产量（加补燃）（1538℃） | | | | | | | | | | | |
| 蒸汽产量（t/h） | 18.1 | 51.3 | 51.0 | 47.4 | 59.2 | 58.2 | 72.8 | 108.6 | 116.4 | 135.3 | 188.9 |
| 补燃器附加燃料量（GJ/h） | 33.2 | 100.4 | 95.9 | 100.0 | 109.2 | 105.4 | 135.5 | 209.2 | 221.6 | 254.1 | 371.9 |

**表 2-49　　　　　　　　　　　GE 联合循环余热锅炉参数规范**

| 汽轮机功率范围（MW） | 全部 | ≤40 | 40～60 | ≥60 | ≥60 |
|---|---|---|---|---|---|
| 适用的余热锅炉形式 | 单压/无再热 | 双压/无再热 | | | 双压/再热 |
| 高压汽压力/温度 | 4.13MPa/538℃ | 5.64MPa/538℃ | 6.61MPa/538℃ | 8.26MPa/538℃ | 9.98MPa/538℃ |
| 再热汽压力/温度 | | | | | 2.1～2.8MPa/538℃ |
| 中压汽压力/温度 | | | | | |
| 低压汽压力/温度 | | 0.55MPa/305℃ | | | 0.55MPa/305℃ |

| 汽轮机功率范围（MW） | ≤40 | 40～60 | ≥60 | ≥60 |
|---|---|---|---|---|
| 适用的余热锅炉形式 | 三压/无再热 | | | 三压/再热 |
| 高压汽压力/温度 | 5.85MPa/538℃ | 6.88MPa/538℃ | 8.6MPa/538℃ | 9.98MPa/538℃ |
| 再热汽压力/温度 | | | | 2.1～2.8MPa/538℃ |
| 中压汽压力/温度 | 0.69MPa/270℃ | 0.83MPa/280℃ | 1.07MPa/300℃ | 2.1～2.8MPa/538℃ |
| 低压汽压力/温度 | 0.17MPa/160℃ | 0.17MPa/170℃ | 0.17MPa/180℃ | 0.28MPa/260℃ |

**表 2-50　　　　　　　　　　　西门子联合循环余热锅炉参数规范**

| 汽轮机功率范围（MW） | 30～200 | 30～300 | 50～300 |
|---|---|---|---|
| 适用的余热锅炉形式 | 单压 | 双压 | 三压/再热 |
| 高压汽压力/温度 | 4.7～7.0MPa/480～540℃ | 5.5～8.5MPa/500～565℃ | 11.0～14.0MPa/520～565℃ |
| 再热汽压力/温度 | | | 2.0～3.5MPa/520～565℃ |
| 中压汽压力/温度 | | 0.5～0.8MPa/200～260℃ | 0.4～0.6MPa/200～230℃ |

**表 2-51** ALSTOM 联合循环余热锅炉参数规范

| 适用的余热锅炉形式 | 单压 | 双压 | 双压/再热 | 三压/再热 |
|---|---|---|---|---|
| 高压汽压力/温度 | 6.5MPa/540℃ | 10.0MPa/540℃ | 11.0MPa/540℃ | 11.0MPa/540℃ |
| 再热汽压力/温度 | | | 3.0MPa/540℃ | 3.0MPa/540℃ |
| 二次汽压力/温度 | | 6.0MPa/190℃ | 0.7MPa/240℃ | 0.6MPa/235℃ |
| 总效率（%） | 50.3 | 51.8 | 52.4 | 52.8 |

**表 2-52** 杭州锅炉厂余热锅炉参数规范

| | MS5000 系列燃气轮机余热锅炉 | MS6000 系列燃气轮机余热锅炉 | FT-8 轻型双联燃气轮机的自然循环余热锅炉 | MS6000 系列 PG6551B 型燃气轮机的强制循环余热锅炉 |
|---|---|---|---|---|
| 型　号 | 带烟气旁路系统的单压余热锅炉，与 PG5301 型 23MW 燃气轮机相匹配，单层露天布置 | 该锅炉与 PG6531B 型 36MW 燃气轮机相匹配 | 配 FT8 轻型双联燃气轮机余热锅炉为带除氧蒸汽系统的三压余热锅炉 | |
| 锅炉规范 | | | | |
| 燃气轮机排气参数 | | | | |
| 烟气流量（kg/h） | 410 000 | 491 000 | 597 600 | 514 000 |
| 烟气温度（℃） | 460 | 543 | 467 | 538 |
| 燃气轮机燃料 | 燃气轮机燃料 0 号轻柴油，油田伴生气 | 燃气轮机燃料 0 号轻柴油，油田伴生气 | 燃气轮机燃料 0 号轻柴油 | 180cst 重油 |
| 环境温度（℃） | 15 | 15 | 15 | 15 |
| 锅炉设计参数 | | | | |
| 蒸发量（t/h） | 40 | 65 | 中压/低压 59.2/11 | 中压/低压 65.6/10.2 |
| 额定蒸汽压力（MPa） | 2.75 | 3.82 | 中压/低压 3.48/0.88 | 中压/低压 3.82/0.4 |
| 额定蒸汽温度（℃） | 390 | 450 | 中压/低压 435/230 | 中压/低压 450/151 |
| 给水温度（℃） | 105 | 104 | 给水温度/除氧器进水温度 104/35℃ | |
| 排烟温度（℃） | | 185.4 | 130 | |
| 锅炉特点 | 锅炉本体受热面采用标准单元模块式结构，烟气水平依次流过高低温过热器、蒸发器和省煤器 | 锅炉本体结构形式与受热面组成与 40t/h 锅炉相同 | 锅炉本体受热面仍采用标准单元模块式结构，受热面由中压高低温过热器、中压蒸发器、中压省煤器、低压过热器、低压蒸发器、低压省煤器和除氧器组成，在中压高低温过热器之间设置喷水减温器 | 烟气自下而上依次冲刷高、低温过热器、蒸发器和省煤器，然后经烟囱排入大气。鳍片管受热面水平错列布置，而各级受热面分成若干管箱，组装出厂。采用喷水减温控制蒸汽温度 |

### 二、烟气利用

#### （一）烟气直接利用方式

将发电机组的烟气通过管道直接通入用热设备，如吸收式冷（热）水机组、余热锅炉等，用于替换原来的燃烧器输入的能量，称为烟气直接利用，如图 2-60 所示。这是目前燃气冷热电分布式能源系统中最常用的方式，具有简单、占地面积小的特点。

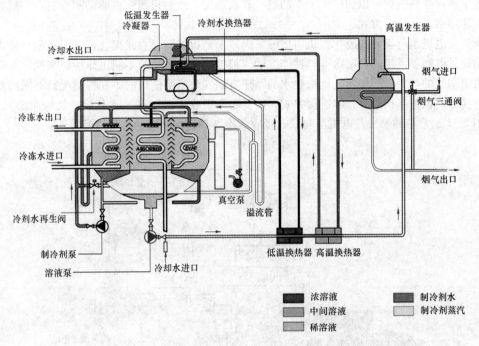

图 2-60　直接利用方式

表 2-53 是一组燃气轮机配余热制冷机的典型出力。

海拔 10m，环境温度 30℃；空气过滤器进口压力损失 1000Pa，尾气排气压力损失 2500Pa；配余热回收双效吸收式冷（热）水机组，冷水温度 7℃/12℃。

表 2-53　　　　　　　　燃气轮机配余热制冷机的典型出力

| 燃气轮机型号 | 现场出力（kW） | 燃料输入（GJ/h） | 制冷量（RT） |
| --- | --- | --- | --- |
| 土星 20 Saturn 20 | 1056 | 16.5 | 992 |
| 半人马 40 Centaur 40 | 3012 | 41.7 | 1984 |
| 半人马 50 Centaur 50 | 3923 | 51.2 | 2646 |
| 水星 50 Mercury 50 | 3890 | 38.8 | 1653 |
| 金牛 60 Taurus 60 | 4864 | 59.5 | 3307 |

由于吸收式冷（热）水机组的单机容量目前最大的机组大约为 3300RT，能够一对一匹配的燃气轮机最大容量为 5700kW。再大的燃气轮机就必须将尾气分别输入制冷机，系统复杂，投资

加大。大燃气轮机一般需要配蒸汽式制冷机。

直接利用的另外一种方式是燃气轮机尾气先进入余热锅炉，产生低压饱和蒸汽。蒸汽进入到蒸汽型吸收式冷（热）水机组。双效制冷机需要大约 0.8MPa 的低压饱和蒸汽，单效制冷机需要大约 0.4MPa 低压饱和蒸汽。由于燃气轮机尾气温度高流量大，制造较高压力蒸汽容易，为了提高系统效率，使用燃气轮机时，一般匹配双效制冷机，需要的蒸汽参数是 0.8MPa。

由于蒸汽余热锅炉可以和任何大小的燃气轮机匹配，然后再用蒸汽驱动制冷机，一般容量不限制，使用多台组合的方式。

燃气发电机组与吸收式溴化锂机组搭配：燃气发电机组与吸收式溴化锂机组搭配，是用来给建筑物提供电能、供热或者制冷等三种能源的。根据溴化锂机组的不同工作能源来说，有只使用发电机组烟气的，有只使用发电机组热水的，还有烟气热水都使用的等几种情况。不同的使用方式，连接方式也各不相同。具体连接方式，需要参考吸收式 冷（热）水机组的结构而定。

图 2-61 是常见的燃气发电机组与双效吸收式冷（热）水机组的典型搭配方式。

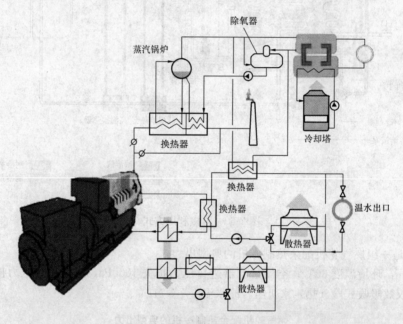

图 2-61　燃气发电机组与双效吸收式冷（热）水机组的典型搭配方式

（1）一对一模式。燃气发电机组和吸收式冷（热）水机组采用一对一的连接模式，一般都是电力负荷的需求和热力负荷的需要基本相当。这种情况下，采用二对二、四对四，甚至八对八的模式。不过本质上都属于一对一的连接方式。

一对一的连接模式，管道的处理是最简单的。不用考虑压力平衡和流量平衡的问题，只要将指定的热媒引导到需要用热的部件就可以。它的好处就是设备可以集中布置，将发电机组和制冷机组布置在一个机房内，可以节省大量的用地面积，可以减少热量的损耗，减少管道的投资费用，便于集中控制和集中管理，但是以上都不是最主要的问题。这样的连接方式，最大的优点在于系统简单。

对于工业系统来说，简单就是可靠。所有的系统，都是在能够完成指定任务的前提下，尽可能简单。设备越简单，管道越简单，故障的概率就越低。

（2）一对多模式。这里所说的一对多，指的是一台发电机组和两台以及两台以上的制冷机组对接的组合方式。这种组合主要是针对建筑群电力负荷比较大，而需要制冷（供热）的建筑分布的距离比较分散，为了确保制冷（供热）质量，需要将制冷机组就近布置，发电机组则布置在建筑群中点位置。下面以一个别墅式酒店来举例说明。

四栋别墅，每栋别墅的距离是 10m，直线分布，总长度 120m。每栋别墅的用电量是 80kW，服务中心用电量为 500kW，每栋别墅的制冷量为 20 万 kcal。这样一个建筑群，它的燃气冷热电分布式能源系统应该放在服务中心，安装一台 1000kW 的燃气发电机组，每两栋别墅之间，就近安装一台 40 万 kcal 的小型制冷机组，只需要烟气就可以驱动。

发电机组的两个排烟管分别通向左边和右边，每根排烟管和一台制冷机组的高温发生器连接，烟管的长度约 40m。发电机组的缸套水，可以使用板式换热器将热量交换出来，供服务中心来使用。这就是一个典型的一对二系统。如果超过两台制冷机，就需要考虑每个制冷机烟道的压力平衡问题。设计人员需要将不同长度的管道的背压设计的基本一致，这样才会确保制冷机组的稳定运行。如果压力不一致，发电机组的烟气都会集中到压力较低的管道，从而导致两台制冷机功率不平衡。

（3）多对一模式。这里所说的多对一，指的是多台发电机组和一台制冷机组对接的组合方式。目前直燃制冷机的单机容量大约 1000 万 kcal，能够匹配的燃气轮机最大约为 6MW。若燃气轮机功率再加大，就必须将烟气分流到多台小制冷机上。在烟道设计上就需要加装烟气流量调节阀、旁通阀和零泄漏隔离阀。另外，在调试时很难平衡烟气到各个制冷机。

若燃气轮机单机功率超过 6000kW 以上的情况，且制冷量超过 1000 万 kcal，可以使用蒸汽轮机。

多对一模式，对于吸收式制冷机的要求比较高。因为原则上燃气发电机组的排烟管道是不允许并联在一起的，所以制冷机的高温发生器内部需要隔成几个空间，空间的数量与燃气发电机组的台数一致。如果必须将燃气发电机组的烟道合并在一起，需要向制造商进行咨询。

一般不建议一台大燃气轮机配多台小制冷机的系统。

### （二）烟气间接利用方式

通过特定的设备，将烟气中的热量交换出来进行利用，称为烟气间接利用。这样的系统比较适合老式系统的改造。例如客户原来使用的是老式的热水驱动型溴化锂机组，在不改变制冷机的前提下，就会采用烟气间接利用方案。或者用热设备只需要不超过 100℃ 的液体时，这是一个非常好的选择。

1. 燃气发电机组与烟气热水换热器系统

在排烟管道上安装一种设备，将高温烟气的能量加以利用，使水的温度上升，再用热水来驱动吸收式冷（热）水机组。这样的设备称为气液换热器（Exhaust-liquid heat exchanger），见图 2-62。

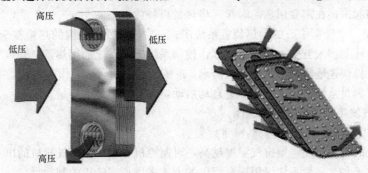

图 2-62 气液换热器

与传统的液体与液体的换热器换热原理相同,当发动机的烟气通过特定的通道时,与之相邻的板片中流动的液体,可以带走烟气中的热量。在高温发动机烟气中,绝大部分热量都是以潜热的形式存在(即水蒸气形态)。如果能把水蒸气冷凝成液体状态,在从气体转变成液体的过程中,所释放的热量远远超过在同状态下温度变化所放出的热量。烟气间接利用方式见图 2-63。

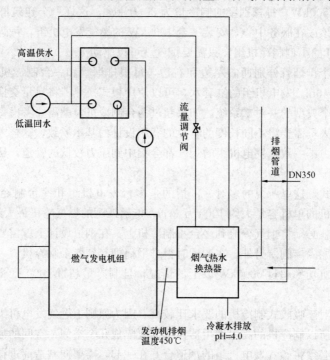

图 2-63 烟气间接利用方式

这种方案的优点是简单,排烟管道上不需要增加任何调节阀门,而且换热设备的阻力也非常小,同时,这样的设备也具有一定的降噪功能。在噪声要求不是很高的场合,甚至可以取消烟道消声器。

这个方案最大的缺点就是设备会产生酸性冷凝水。由于发动机的排烟中含有 $NO_x$,$NO_x$ 溶于水之后,会产生很强的酸性。pH 值在 3~4 之间,需要采用石灰水或者氨水来予以处理。

2. 燃气内燃发电机组与储热罐搭配

燃气内燃发电机组与储热罐搭配起来使用,其主要目的是向客户提供电力与热水,这样的客户种类很多,如大型洗浴中心、大型游泳池、农业产品、化工企业等。储热罐可以将发电机组产生的热量存储起来,在需要用热的时候,将热量再释放出去。

图 2-64 是一个洗浴中心的储热装置系统图。三台燃气发电机组的热量被全部用来产生热水,这些热水被循环泵注入五个大型的储热罐,控制系统感应系统的用热量,来调节不同的阀门,使储热罐能够平稳快速地满足用热负荷的需求。系统中也有两台锅炉作为备用,一旦储热罐中所存储的热量不能满足系统的需求,锅炉会自动启动,来补充不足的热量。

**(三)燃气发电机组烟气利用选择**

1. 排烟温度与烟气背压对余热机组的影响

燃气轮机的背压越高,则排气温度越高,对制冷机有利;但燃气轮机的出力和效率下降,对系统来说弊大于利。一般不建议用提高背压的方式来增加制冷机的制冷量。

典型的余热回收装置(余热锅炉和直燃制冷机)的排气阻力在 2000~2500Pa。若烟道过长,

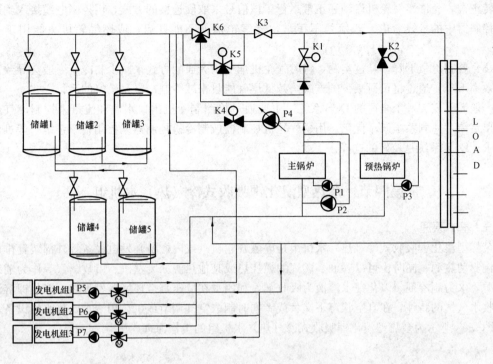

图 2-64　洗浴中心的储热装置系统图

有时可以达到 $300mmH_2O$，原则上不能超过 $350mmH_2O$。

2. 烟气直接利用与间接利用比较

烟气在直接利用的情况下，由于要保持溴化锂溶液和烟气之间有一定的温差，从制冷机烟囱出口处的烟气温度一般要到 $175℃$，再低就不能工作了。

余热锅炉的排烟温度一般在 $145～150℃$ 之间。所以，蒸汽型分布式能源系统要比烟气直接利用式的效率高一些。

烟气直接利用，省略了余热锅炉，占地面积小，投资省。但只能提供热水或空调水，年利用小时数有限，输送的距离也有限，一般不能超过 $1000m$，否则水泵功耗太大。

蒸汽型由于增加了余热锅炉部分，占地面积大，系统复杂，但效率高。由于蒸汽比起热水来容易长距离输送，较容易把燃气轮机和锅炉放在中心站内，制冷机放在各个单独的建筑内。另外，有些场合需要部分蒸汽，如医院、酒店等，使用蒸汽型制冷机有优势。

3. 燃气轮机分布式能源系统控制原则和保护

启动时，由于燃气轮机启动速度快，一般 $3～5min$ 内就可以满负荷运行。但余热制冷机的启动时间一般需要 $30～45min$（容量越大，启动时间越长）。一般在燃气轮机和余热制冷机之间安装一个烟气三通阀。启动时，三通阀将燃气轮机的排气送到旁通烟道中，不进入制冷机，这样不会影响燃气轮机启动。通过调整挡板开度，缓慢将尾气送到余热制冷机中，进行热机，慢慢启动制冷机。到制冷机启动完成后，三通阀把旁通烟道关闭，全部烟气进入到制冷机内。

制冷机和燃气轮机的实际物理连接只有排气烟道，对燃气轮机的影响主要由几个方面：

（1）排气阻力。若排气阻力过大，燃气轮机尾气温度就会升高。燃气轮机在尾气出口处安装一个温度传感器，若发生温度超标，燃气轮机控制器就会启动停机程序。

（2）制冷机运行状态或故障。制冷机只需要给出一个组合信号到燃气轮机控制器，表明制冷机运转正常，允许燃气轮机启动和正常运行。该信号采取硬连接的方式，用控制电缆接入到燃气轮机控制器中的接线盒内。若信号不正常，燃气轮机就不能开启，或燃气轮机只能用于单循环中。

（3）若制冷量下降，经过实测，将燃气轮机烟气用旁通的方式来减少制冷量一般会导致系统总能效率下降。通过将负荷减少的方式，减低尾气能量来减少制冷量是较好的运行方式。

一般需要安装一个全厂的 DCS 系统，主要通过检测制冷机出口水温和流量来控制燃气轮机的输出负荷，达到系统效率优化。用燃气轮机控制器或制冷机控制器来控制整个系统一般难以满足要求。DCS 系统是较好的选择。

## 第四节 余热型溴化锂吸收式冷（热）水机组

### 一、基本原理

余热型溴化锂吸收式冷（热）水机组是以燃气轮机（或内燃机）发电设备等外部装置排放的废热作驱动热源，同时也可以燃油、燃气的燃烧热或其他热源如废蒸汽、市政蒸汽等作为辅助驱动热源，水为制冷剂、溴化锂水溶液为吸收剂，利用水在低压真空环境蒸发吸热，溴化锂溶液极易吸收水蒸气的特性，在真空状态下交替或者同时制取空气调节或工艺用冷水、热水的设备。

图 2-65 所示为余热型溴化锂吸收式冷（热）水机组的工作原理。

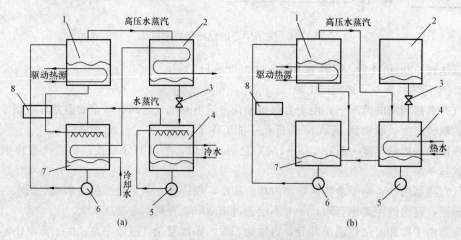

图 2-65 余热型溴化锂吸收式冷（热）水机组的工作原理

（a）制冷原理图；（b）制热原理图

1—发生器；2—冷凝器；3—节流阀；4—蒸发器；5—冷剂泵；6—溶液泵；7—吸收器；8—溶液热交换器

制冷时，溶液泵将吸收器中的稀溶液抽出，经溶液热交换器换热升温后进入发生器，在发生器中被驱动热源继续加热，浓缩成浓溶液，同时产生高温冷剂蒸汽。浓溶液经热交换器传热管间，加热管内稀溶液，温度降低后回到吸收器。发生器产生的高温冷剂蒸汽进入冷凝器，被流经冷凝器传热管内的冷却水冷凝成冷剂水，热量被带入大气中。冷剂水进入蒸发器，被冷剂泵抽出喷淋在蒸发器传热管表面，吸收流经传热管内冷水的热量而沸腾蒸发，成为冷剂蒸汽。产生的冷剂蒸汽进入吸收器，被回到吸收器中的浓溶液吸收。吸收过程放出的吸收热被流经吸收器传热管内的冷却水带走，被带入大气中。冷水则在热量被冷剂水带走后温度降低，流出机组，返回用户系统。浓溶液在吸收了冷剂蒸汽后，浓度降低，成为稀溶液后被溶液泵再次送往发生器加热浓缩。这个过程不断循环进行，蒸发器就连续不断地制取所要求温度的冷水。

制热时，利用驱动热源加热发生器中溴化锂溶液，产生高温冷剂蒸汽，同时溶液浓缩成浓溶液，高温冷剂蒸汽进入蒸发器，在传热管表面冷凝释放热量，使管内的热水温度升高，冷剂蒸汽凝水进入吸收器，而浓溶液也进入吸收器，二者混合成稀溶液。稀溶液再由溶液泵送往发生器加热。蒸发器传热管内的热水吸收了冷剂蒸汽凝结时释放出的热量而升温。这个过程不断循环进行，蒸发器就连续不断地制取热水。

## 二、机组类型

### （一）热水型冷（热）水机组

热水型冷水机组是一种以热水为驱动热源的溴化锂吸收式冷水机组。根据利用热水温度条件的不同，机组可分为热水单效型、热水二段型、热水两级型和热水双效型。由于燃气冷热电分布式能源系统中废热水的品位较低，热水双效型暂不做介绍。

1. 热水单效型溴化锂吸收式冷（热）水机组

热水单效型溴化锂吸收式冷（热）水机组由发生器、冷凝器、蒸发器、吸收器和热交换器等主要部件及抽气装置、熔晶管、屏蔽泵（溶液泵和冷剂泵）、控制系统等辅助部分组成。机组可利用热水温度为 90～105℃，工作流程见图 2-66。

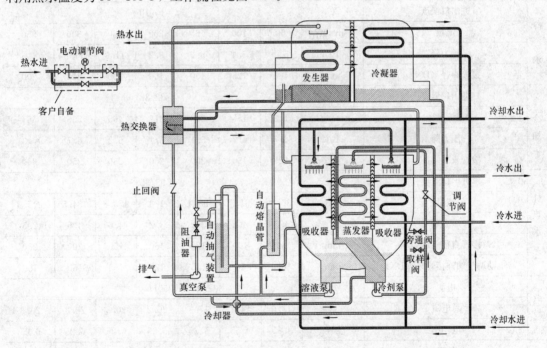

图 2-66　热水单效型溴化锂吸收式冷（热）水机组工作流程

（1）产品特性及工艺特点。

1）机组 COP 达到 0.81，高效节能环保。

2）蒸发器采用特有的淋板淋激式结构和先进的防冻管技术，换热管采用全新管型和布置方式，增强传热效果，提高机组效率，降低能耗，提高机组可靠性。

3）传热管采用特殊表面处理技术，提高了溶液和冷剂水在换热管表面的润湿性和面积利用率，增强换热效果，提高机组效率。

4）热交换器采用新型高效传热管及新的全逆流结构形式，大幅度降低端部换热温差，充分回收溶液的热量，提高机组效率，降低机组能耗。

5）溶液泵变频控制，保证溶液循环量一直处于最佳的状态，提高机组的运行稳定性和运行效率，并节省溶液泵的耗电量。

6）发生器采用降膜淋激发生技术，增强传热效果，提高机组效率，降低机组能耗。

7）自动抽气引射溶液采用冷剂水冷却，配以机组最佳内抽气管布置，提高机组抽气效果，以及机组性能和可靠性。

（2）机组主要技术参数。热水单效型溴化锂吸收式冷（热）水机组主要技术参数见表2-54、表2-55。

**表 2-54　　　　热水单效型溴化锂吸收式冷（热）水机组主要技术参数**

| 型　　号 | | RXZ (95/85) | 35ZH2 | 58ZH2 | 93ZH2 | 116ZH2 | 145ZH2 | 174ZH2 | 204ZH2 |
|---|---|---|---|---|---|---|---|---|---|
| 制冷量 | kW | | 350 | 580 | 930 | 1160 | 1450 | 1740 | 2040 |
| | $\times 10^4$ kcal/h | | 30 | 50 | 80 | 100 | 125 | 150 | 175 |
| | RT | | 99 | 165 | 265 | 331 | 413 | 496 | 579 |
| 冷冷水 | 进出口温度 | ℃ | 15/10 | | | | | | |
| | 流量 | m³/h | 60 | 100 | 160 | 200 | 250 | 300 | 350 |
| | 压力降 | $\times 10^4$Pa | 5.4 | 5.4 | 8.2 | 8.2 | 11.8 | 11.8 | 4.6 |
| | 接管直径（DN） | mm | 100 | 125 | 150 | 150 | 200 | 200 | 200 |
| 冷冷却水 | 进出口温度 | ℃ | 32/38 | | | | | | |
| | 流量 | m³/h | 112 | 186 | 298 | 372 | 465 | 558 | 651 |
| | 压力降 | $\times 10^4$Pa | 6.7 | 6.7 | 5.1 | 5.1 | 6.2 | 6.7 | 7.3 |
| | 接管直径（DN） | mm | 125 | 150 | 200 | 250 | 250 | 250 | 300 |
| 热水 | 进出口温度 | ℃ | 95/85 | | | | | | |
| | 流量 | t/h | 36.9 | 61.5 | 98.4 | 123 | 153.8 | 184.5 | 215.3 |
| | 压力降 | $\times 10^4$Pa | 4.3 | 4.3 | 3.2 | 3.2 | 4.6 | 4.6 | 2.5 |
| | 接管直径（DN） | mm | 80 | 100 | 125 | 150 | 150 | 200 | 200 |
| | 电动调节阀连接管径（DN） | mm | 65 | 80 | 125 | 125 | 150 | 150 | 150 |
| 电气 | 电源 | | 3φ-380VAC-50Hz | | | | | | |
| | 总电流 | A | 13.6 | 14.7 | 17.8 | 20.2 | 20.8 | 20.8 | 20.8 |
| | 电功率 | kW | 4.15 | 4.55 | 5.35 | 5.85 | 6.25 | 6.25 | 6.25 |
| 外形 | 长度 | mm | 3870 | 3860 | 4420 | 4535 | 5038 | 5080 | 5535 |
| | 宽度 | | 1526 | 1646 | 1786 | 1983 | 2081 | 2200 | 2239 |
| | 高度 | | 2239 | 2541 | 2714 | 2860 | 2940 | 3080 | 3195 |
| 运输质量 | t | | 5.8 | 7.1 | 9.5 | 10.8 | 12.7 | 15 | 17.7 |
| 运行质量 | t | | 7.3 | 9.3 | 13 | 15.2 | 17.9 | 21.3 | 24.8 |
| 制冷量 | kW | | 2330 | 2620 | 2910 | 3490 | 4070 | 4650 | |
| | $\times 10^4$ kcal/h | | 200 | 225 | 250 | 300 | 350 | 400 | |
| | RT | | 661 | 744 | 827 | 992 | 1157 | 1323 | |

| 型　号 | | RXZ (95/85) | 35ZH2 | 58ZH2 | 93ZH2 | 116ZH2 | 145ZH2 | 174ZH2 | 204ZH2 |
|---|---|---|---|---|---|---|---|---|---|
| 冷水 | 进出口温度 | ℃ | | | | 15/10 | | | |
| | 流量 | m³/h | | 400 | 450 | 500 | 600 | 700 | 800 |
| | 压力降 | ×10⁴Pa | | 5.8 | 5.8 | 8.1 | 8.1 | 8.1 | 11.4 |
| | 接管直径（DN） | mm | | 250 | 250 | 250 | 300 | 300 | 350 |
| 冷却水 | 进出口温度 | ℃ | | | | 32/38 | | | |
| | 流量 | m³/h | | 744 | 837 | 930 | 1116 | 1302 | 1488 |
| | 压力降 | ×10⁴Pa | | 8.5 | 9 | 10.7 | 10.7 | 10.7 | 14.4 |
| | 接管直径（DN） | mm | | 300 | 300 | 350 | 400 | 400 | 400 |
| 热水 | 进出口温度 | ℃ | | | | 95/85 | | | |
| | 流量 | t/h | | 246 | 276.8 | 307.5 | 369 | 430.5 | 492 |
| | 压力降 | ×10⁴Pa | | 3.1 | 3.1 | 4.2 | 4.2 | 4.2 | 5.9 |
| | 接管直径（DN） | mm | | 200 | 200 | 200 | 250 | 250 | 250 |
| | 电动调节阀连接管径（DN） | mm | | 200 | 200 | 200 | 250 | 250 | 250 |
| 电气 | 电源 | | | | | 3φ-380VAC-50Hz | | | |
| | 总电流 | A | | 22.7 | 27 | 27.9 | 32.8 | 34.5 | 37.5 |
| | 电功率 | kW | | 7.25 | 8.25 | 8.25 | 9.95 | 10.45 | 11.45 |
| 外形 | 长度 | mm | | 5935 | 5935 | 6635 | 6735 | 6745 | 7445 |
| | 宽度 | | | 2567 | 2538 | 2525 | 2635 | 3060 | 3097 |
| | 高度 | | | 3315 | 3460 | 3460 | 3770 | 4170 | 4170 |
| | 运输质量 | t | | 19.9 | 21.3 | 23 | 27.4 | 31.3 | 34.7 |
| | 运行质量 | t | | 27.8 | 30 | 33.3 | 39.6 | 45.5 | 50.9 |

注　1. 冷水出口温度最低允许 5℃。

　　2. 制冷量允许调节范围为 20%～100%，冷水流量适应范围为 60%～120%。

　　3. 冷水、冷却水、热水侧污垢系数 0.086m²K/kW（0.0001m² · h · ℃/kcal）。

　　4. 冷水、冷却水、热水水室最高允许承压：标准型 0.8MPa，高压型 1.6MPa。

　　5. 自 174Z 型以下机组的运输高度增加 180mm（运输架高度），204Z 型及以上机组的增加 60mm。

　　6. 运输质量中包含运输架质量，但不包含溶液质量。

表 2-55　　　　　**热水单效型溴化锂吸收式冷水机组主要技术参数**

| 型　号 | | 单位 | 5G3MC | 5G4KC | 5G4LC | 5G4MC | 5G5KC | 5G5LC |
|---|---|---|---|---|---|---|---|---|
| 制冷量 | | ×10⁴kcal/h | 75 | 85 | 100 | 105 | 120 | 130 |
| | | RT | 248 | 281 | 331 | 347 | 397 | 430 |
| 冷冻水 | 流量 | m³/h | 150 | 170 | 200 | 210 | 240 | 260 |
| | 蒸发器流程 | | 1+1 | 1+1 | 1+1 | 1+1 | 1+1 | 1+1 |
| | 压力损失 | ×10⁴Pa | 3.1 | 3.1 | 3.3 | 3.4 | 3 | 3 |
| | 接管直径（DN） | mm | 150 | 150 | 150 | 150 | 200 | 200 |

续表

| 型　号 | 单位 | 5G3MC | 5G4KC | 5G4LC | 5G4MC | 5G5KC | 5G5LC |
|---|---|---|---|---|---|---|---|
| 冷却水　流量 | m³/h | 285 | 323 | 380 | 400 | 456 | 493 |
| 冷却水　吸收器流程 | | 2，2 | 2，2 | 2，2 | 2，2 | 2，2 | 2，2 |
| 冷却水　冷凝器流程 | | 1+1 | 1+1 | 1+1 | 1+1 | 1+1 | 1+1 |
| 冷却水　压力损失 | ×10⁴Pa | 8.7 | 9.5 | 10.1 | 10.7 | 9 | 9.2 |
| 冷却水　接管直径（DN） | mm | 200 | 200 | 200 | 200 | 250 | 250 |
| 热水　流量 | m³/h | 48 | 54.5 | 64 | 67.5 | 77 | 83 |
| 热水　发生器流程 | | 1+1 | 1+1 | 1+1 | 1+1 | 1+1 | 1+1 |
| 热水　压力损失 | ×10⁴Pa | 0.3 | 0.3 | 0.3 | 0.3 | 0.3 | 0.3 |
| 热水　接管直径（DN） | mm | 150 | 200 | 200 | 200 | 200 | 200 |
| 外形尺寸　长 | mm | 4620 | 4660 | 4660 | 4660 | 4750 | 4750 |
| 外形尺寸　宽 | mm | 1930 | 2090 | 2090 | 2090 | 2270 | 2270 |
| 外形尺寸　高 | mm | 2730 | 3050 | 3050 | 3050 | 3210 | 3210 |
| 运行质量 | t | 12.5 | 14.9 | 15.4 | 15.8 | 19.1 | 19.6 |
| 运输质量 | t | 10.8 | 12.7 | 13 | 13.3 | 15.9 | 16.25 |
| 拔管空间 | mm | 4070 | 4070 | 4070 | 4070 | 4160 | 4160 |
| 电气参数　溶液泵 | kW(A) | 1.5 (5.0) | 1.5 (5.0) | 3.7 (11.0) | 3.7 (11.0) | 3.7 (11.0) | 3.7 (11.0) |
| 电气参数　制冷剂泵 | kW(A) | 0.3 (1.4) | 0.3 (1.4) | 0.3 (1.4) | 0.3 (1.4) | 0.3 (1.4) | 0.3 (1.4) |
| 电气参数　真空泵 | kW(A) | 0.75 (1.8) | 0.75 (1.8) | 0.75 (1.8) | 0.75 (1.8) | 0.75 (1.8) | 0.75 (1.8) |
| 电气参数　电源容量 | kVA | 6.9 | 6.9 | 11.2 | 11.2 | 11.2 | 11.2 |
| 电气参数　电源 | | 3φ-380V AC-50Hz | | | | | |

| 型　号 | 单位 | 5G6KC | 5G6LC | 5G6MC | 5G6NC | 5G7KC |
|---|---|---|---|---|---|---|
| 制冷量 | ×10⁴kcal/h | 150 | 165 | 200 | 215 | 225 |
| 制冷量 | RT | 496 | 546 | 661 | 711 | 744 |
| 冷冻水　流量 | m³/h | 300 | 330 | 400 | 430 | 450 |
| 冷冻水　蒸发器流程 | | 1+1 | 1+1 | 1+1 | 1+1 | 1+1 |
| 冷冻水　压力损失 | ×10⁴Pa | 5.4 | 5.6 | 11.9 | 12.2 | 4.8 |
| 冷冻水　接管直径（DN） | mm | 250 | 250 | 250 | 250 | 250 |
| 冷却水　流量 | m³/h | 570 | 628 | 760 | 818 | 855 |
| 冷却水　吸收器流程 | | 2，2 | 2，2 | 1，1 | 1，1 | 2，2 |
| 冷却水　冷凝器流程 | | 1，1 | 1，1 | 1，1 | 1，1 | 1，1 |
| 冷却水　压力损失 | ×10⁴Pa | 8 | 8.2 | 6.3 | 6.6 | 9.1 |
| 冷却水　接管直径（DN） | mm | 300 | 300 | 300 | 300 | 350 |

续表

| 型　号 | | 单位 | 5G6KC | 5G6LC | 5G6MC | 5G6NC | 5G7KC |
|---|---|---|---|---|---|---|---|
| 热水 | 流量 | m³/h | 96 | 106 | 128 | 138 | 144 |
| | 发生器流程 | | 1+1 | 1+1 | 1+1 | 1+1 | 1+1 |
| | 压力损失 | ×10⁴Pa | 0.5 | 0.5 | 1 | 1 | 1.2 |
| | 接管直径（DN） | mm | 250 | 250 | 250 | 250 | 250 |
| 外形尺寸 | 长 | mm | 5920 | 5920 | 7380 | 7380 | 7380 |
| | 宽 | mm | 2350 | 2350 | 2350 | 2350 | 2840 |
| | 高 | mm | 3310 | 3310 | 3310 | 3310 | 3450 |
| 运行质量 | | t | 21.1 | 24.3 | 28.5 | 29.4 | 38.4 |
| 运输质量 | | t | 17.05 | 20.1 | 23.75 | 24.35 | 32.05 |
| 拔管空间 | | mm | 5200 | 5200 | 6650 | 6650 | 6650 |
| 电气参数 | 溶液泵 | kW(A) | 5.5(14.0) | 5.5(14.0) | 6.6(17.0) | 6.6(17.0) | 4.5(13.0) |
| | 制冷剂泵 | kW(A) | 0.3(1.4) | 0.3(1.4) | 1.5(5.0) | 1.5(5.0) | 1.5(5.0) |
| | 真空泵 | kW(A) | 0.75(1.8) | 0.75(1.8) | 0.75(1.8) | 0.75(1.8) | 0.75(1.8) |
| | 电源容量 | kVA | 13.4 | 13.4 | 18.1 | 18.1 | 15.2 |
| | 电源 | | 3φ-380V AC-50Hz | | | | |

| 型　号 | | 单位 | 5G7LC | 5G8KC | 5G8LC | 5G8MC | 5G8NC |
|---|---|---|---|---|---|---|---|
| 制冷量 | | ×10⁴kcal/h | 245 | 275 | 300 | 335 | 360 |
| | | RT | 810 | 909 | 992 | 1108 | 1190 |
| 冷冻水 | 流量 | m³/h | 490 | 550 | 600 | 670 | 720 |
| | 蒸发器流程 | | 1+1 | 1+1 | 1+1 | 1+1 | 1+1 |
| | 压力损失 | ×10⁴Pa | 4.9 | 3.8 | 4 | 6.5 | 6.6 |
| | 接管直径（DN） | mm | 250 | 350 | 350 | 350 | 350 |
| 冷却水 | 流量 | m³/h | 932 | 1045 | 1140 | 1275 | 1370 |
| | 吸收器流程 | | 2，2 | 2，2 | 2，2 | 2，2 | 2，2 |
| | 冷凝器流程 | | 1，1 | 1，1 | 1，1 | 1，1 | 1，1 |
| | 压力损失 | ×10⁴Pa | 9.6 | 8 | 8.2 | 12.6 | 12.9 |
| | 接管直径（DN） | mm | 350 | 400 | 400 | 400 | 400 |
| 热水 | 流量 | m³/h | 157 | 176 | 192 | 215 | 231 |
| | 发生器流程 | | 1+1 | 1+1 | 1+1 | 1+1 | 1+1 |
| | 压力损失 | ×10⁴Pa | 1.2 | 1.2 | 1.3 | 2.1 | 2.1 |
| | 接管直径（DN） | mm | 250 | 300 | 300 | 300 | 300 |
| 外形尺寸 | 长 | mm | 7380 | 7510 | 7510 | 8760 | 8760 |
| | 宽 | mm | 2840 | 3030 | 3030 | 3030 | 3030 |
| | 高 | mm | 3450 | 3770 | 3770 | 3770 | 3770 |

续表

| 型　号 | 单位 | 5G7LC | 5G8KC | 5G8LC | 5G8MC | 5G8NC |
|---|---|---|---|---|---|---|
| 运行质量 | t | 39.2 | 47.9 | 49.5 | 55.5 | 56.8 |
| 运输质量 | t | 32.55 | 39.3 | 40.05 | 45.65 | 46.6 |
| 拔管空间 | mm | 6650 | 6730 | 6730 | 7980 | 7980 |
| 电气参数 溶液泵 | kW(A) | 4.5(13.0) | 4.5(13.0) | 4.5(13.0) | 5.5(17.0) | 5.5(17.0) |
| 制冷剂泵 | kW(A) | 1.5(5.0) | 1.5(5.0) | 1.5(5.0) | 1.5(5.0) | 1.5(5.0) |
| 真空泵 | kW(A) | 0.75(1.8) | 0.75(1.8) | 0.75(1.8) | 0.75(1.8) | 0.75(1.8) |
| 电源容量 | kVA | 15.2 | 15.2 | 15.2 | 18.1 | 18.1 |
| 电源 | | 3φ-380V AC-50Hz | | | | |

**注** 1. 冷冻水进出口温度为 12℃/7℃，最低允许出口温度为 3.5℃。

　　 2. 冷却水进出口温度为 32℃/38℃。

　　 3. 热水进出口温度为 100℃/80℃。

　　 4. 冷冻水、冷却水及热水侧污垢系数为 0.086m²K/kW。

　　 5. 冷冻水、冷却水及热水侧水室承压为 0.8MPa。

（3）性能曲线。外部条件（如空调负荷、冷却水温度等）变化时，机组制冷量、性能和相关参数相应改变，图 2-67～图 2-69 所示为机组变工况运行的性能曲线，供用户需要机组变工况运行时参考，但机组的变工况运行不能超出其允许工作范围。

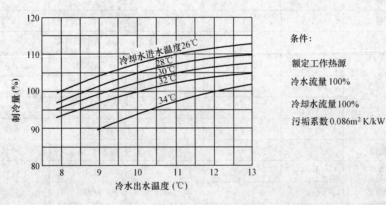

图 2-67　制冷量与冷水出水温度和冷却水进水温度的关系

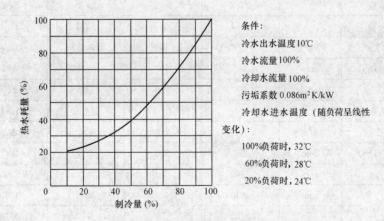

图 2-68　热水耗量与制冷量的关系

2. 热水二段型溴化锂吸收式冷（热）水机组

热水二段型溴化锂吸收式冷（热）水机组由两套发生器、冷凝器、蒸发器、吸收器和热交换器等主要部件及抽气装置、熔晶管、屏蔽泵（溶液泵和冷剂泵）等辅助部分组成。机组可利用热水温度为 90～140℃，工作流程如图 2-70 所示。

（1）产品特性及工艺特点。

1）机组 COP 达到 0.79，高效节能环保。

2）机组的蒸发吸收器和发生冷凝器采

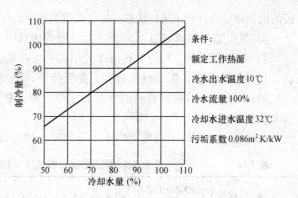

条件：
额定工作热源
冷水出水温度10℃
冷水流量100%
冷却水进水温度32℃
污垢系数 0.086m²K/kW

图 2-69  制冷量与冷却水量的关系

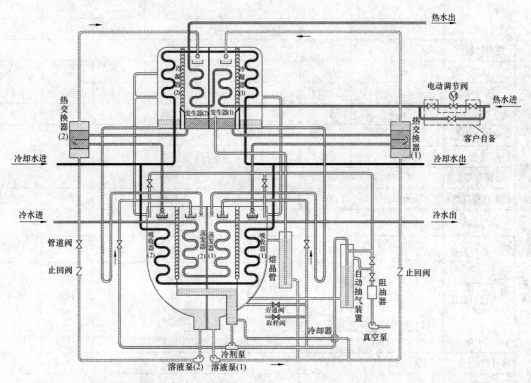

图 2-70  热水二段型溴化锂吸收式冷（热）水机组工作流程

用独有的两段式结构，分为高温段和低温段，在冷水、冷却水温度相同的情况下，可以使热水的温度比常规机组大幅度降低，在热水流量相同的情况下，大幅度增加能源的利用总量和利用效率。

3）传热管采用特殊表面处理技术提高了溶液和冷剂水在换热管表面的润湿性和面积利用率，增强换热效果，提高机组效率。

4）热交换器采用新型高效传热管及新的全逆流结构形式大幅度降低端部换热温差，充分回收溶液的热量，提高机组效率，降低机组能耗。

5）高温段和低温段溶液泵均采用变频控制方式，溶液循环量根据机组的运行工况自动调节，保证溶液循环量一直处于最佳状态，提高机组的部分负荷特性和运行稳定性，并节省溶液泵的耗电量。

6）发生器采用降膜淋激发生技术，增强传热效果，提高机组效率，降低机组能耗。

7）蒸发器采用特有的淋板淋激式结构和先进的防冻管技术，换热管采用全新管型和布置方式，增强传热效果，提高机组效率，降低能耗，提高机组可靠性。

8）自动抽气引射溶液采用冷剂水冷却，配以机组最佳内抽气管布置，提高机组抽气效果，以及机组性能和可靠性。

（2）机组主要技术参数。热水二段型溴化锂吸收式冷（热）水机组主要技术参数见表 2-56。

**表 2-56　　　　　热水二段型溴化锂吸收式冷（热）水机组主要技术参数**

| 型　号 | | RXZII(130/68)—<br>RXZII(120/68)— | 35DH2 | 58DH2 | 93DH2 | 116DH2 | 145DH2 | 174DH2 | 204DH2 |
|---|---|---|---|---|---|---|---|---|---|
| 制冷量 | | kW | 350 | 580 | 930 | 1160 | 1450 | 1740 | 2040 |
| | | $\times 10^4$kcal/h | 30 | 50 | 80 | 100 | 125 | 150 | 175 |
| | | RT | 99 | 165 | 265 | 331 | 413 | 496 | 579 |
| 冷水 | 进出口温度 | ℃ | 12 / 7 | | | | | | |
| | 流量 | m³/h | 60 | 100 | 160 | 200 | 250 | 300 | 350 |
| | 压力降 | $\times 10^4$Pa | 13 | 12.7 | 10.8 | 7.1 | 6.1 | 8.7 | 8.9 |
| | 接管直径(DN) | mm | 100 | 125 | 150 | 150 | 200 | 200 | 200 |
| 冷却水 | 进出口温度 | ℃ | 32/38 | | | | | | |
| | 流量 | m³/h | 114 | 189 | 303 | 378 | 473 | 567 | 662 |
| | 压力降 | $\times 10^4$Pa | 8.5 | 8.7 | 7 | 9.6 | 8.8 | 12.1 | 10.6 |
| | 接管直径(DN) | mm | 125 | 150 | 200 | 250 | 250 | 300 | 300 |
| 热水 | 出口温度 | ℃ | 68 | | | | | | |
| | 流量 进口温度 130℃ | t/h | 6.1 | 10.2 | 16.3 | 20.4 | 25.5 | 30.6 | 35.7 |
| | 流量 进口温度 120℃ | t/h | 7.3 | 12.2 | 19.4 | 24.3 | 30.4 | 36.5 | 42.5 |
| | 压力降 | $\times 10^4$Pa | 9.1 | 9.8 | 9.3 | 9.1 | 9 | 11.9 | 11.9 |
| | 接管直径(DN) | mm | 40 | 50 | 65 | 80 | 80 | 80 | 80 |
| 电气 | 电源 | | 3φ-380V AC-50Hz | | | | | | |
| | 总电流 | A | 20.4 | 23.3 | 25.5 | 25.5 | 28.1 | 28.7 | 30.9 |
| | 电功 | kW | 6.55 | 7.25 | 7.65 | 7.65 | 8.65 | 9.05 | 9.45 |
| 外形 | 长 | mm | 4118 | 4216 | 4610 | 5095 | 5190 | 5593 | 5760 |
| | 宽 | mm | 1803 | 2023 | 2130 | 2280 | 2451 | 2475 | 2576 |
| | 高 | mm | 2489 | 2687 | 2900 | 2857 | 3151 | 3234 | 3480 |
| 运输质量 | | t | 8.2 | 10.2 | 13.4 | 15.9 | 17.8 | 20.4 | 23.4 |
| 运行质量 | | t | 10 | 12.9 | 17.1 | 20.4 | 23.5 | 27.3 | 31.6 |

续表

| 型　号 | RXZII(130/68)—<br>RXZII(120/68)— | | 233DH2 | 262DH2 | 291DH2 | 349DH2 | 407DH2 | 465DH2 | 523DH2 |
|---|---|---|---|---|---|---|---|---|---|
| 制冷量 | | kW | 2330 | 2620 | 2910 | 3490 | 4070 | 4650 | 5230 |
| | | ×10⁴kcal/h | 200 | 225 | 250 | 300 | 350 | 400 | 450 |
| | | RT | 661 | 744 | 827 | 992 | 1157 | 1323 | 1488 |
| 冷水 | 进出口温度 | ℃ | 12/7 | | | | | | |
| | 流量 | m³/h | 400 | 450 | 500 | 600 | 700 | 800 | 900 |
| | 压力降 | ×10⁴Pa | 10.4 | 10.5 | 14.3 | 14 | 16.1 | 11.7 | 13.6 |
| | 接管直径(DN) | mm | 250 | 250 | 250 | 300 | 300 | 350 | 350 |
| 冷却水 | 进出口温度 | ℃ | 32/38 | | | | | | |
| | 流量 | m³/h | 756 | 851 | 945 | 1134 | 1323 | 1512 | 1701 |
| | 压力降 | ×10⁴Pa | 13.3 | 12.8 | 10.4 | 10.3 | 10.3 | 13 | 16.3 |
| | 接管直径(DN) | mm | 300 | 350 | 350 | 400 | 450 | 450 | 450 |
| 热水 | 进出口温度 | ℃ | 68 | | | | | | |
| | 流量 进口温度130℃ | t/h | 40.8 | 45.9 | 51 | 61.2 | 71.4 | 81.6 | 91.8 |
| | 流量 进口温度120℃ | t/h | 48.6 | 54.7 | 60.8 | 76.9 | 85.1 | 97.2 | 109.4 |
| | 压力降 | ×10⁴Pa | 9.6 | 10 | 13.3 | 13.3 | 11.4 | 15.6 | 11.1 |
| | 接管直径(DN) | mm | 100 | 100 | 100 | 125 | 125 | 150 | 150 |
| 电气 | 电源 | | 3φ- 380V AC-50Hz | | | | | | |
| | 总电流 | A | 30.9 | 33.4 | 37.7 | 41.6 | 44 | 45 | 45.9 |
| | 电功率 | kW | 9.45 | 10.25 | 11.25 | 12.35 | 13.35 | 13.95 | 14.45 |
| 外形 | 长 | mm | 6217 | 6270 | 7110 | 7160 | 7860 | 8742 | 9542 |
| | 宽 | mm | 2590 | 2777 | 2854 | 2949 | 2978 | 3072 | 3176 |
| | 高 | mm | 3654 | 3852 | 3816 | 4090 | 4225 | 4350 | 4350 |
| 运输质量 | | t | 25.7 | 27.5 | 29.9 | 34 | 41.1 | 47.4 | 53.3 |
| 运行质量 | | t | 34.7 | 38.5 | 41.3 | 47.5 | 56.7 | 64.8 | 73.3 |

注　1. 冷水出口温度最低允许 5℃。

2. 制冷量允许调节范围为 20%～100%，冷水流量适应范围为 60%～120%。

3. 冷水、冷却水、热水侧污垢系数 0.086m²K/kW (0.0001m²·h·℃/kcal)。

4. 冷水、冷却水、热水水室最高允许承压：标准型 0.8MPa；高压型 1.6MPa。

5. 自 145D 型以下机组的运输高度增加 180mm(运输架高度)，174D 型及以上机组的增加 60mm。

6. 运输质量中包含运输架质量，但不包含溶液质量。

(3)性能曲线。外部条件(如空调负荷、冷却水温度等)变化时，机组制冷量、性能和相关参数相应改变，图 2-71～图 2-73 所示为机组变工况运行的性能曲线，供用户需要机组变工况运行时参考，但机组的变工况运行不能超出其允许工作范围。

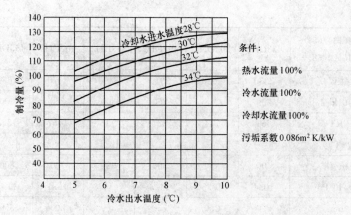

图 2-71　制冷量与冷水出水温度和冷却水进水温度的关系

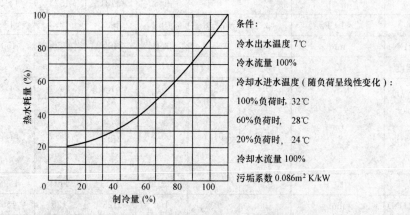

图 2-72　热水耗量与制冷量的关系

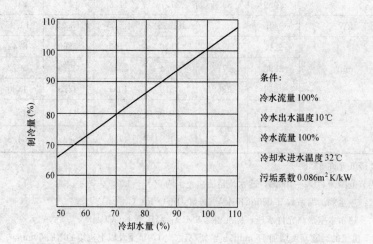

图 2-73　制冷量与冷却水量的关系

3. 热水两级型溴化锂吸收式冷（热）水机组

热水两级型溴化锂吸收式冷（热）水机组由一级发生器、一级吸收器、二级发生器、二级吸收器、冷凝器、蒸发器和热交换器等主要部件及抽气装置、屏蔽泵(溶液泵和冷剂泵)等辅助部分组成。机组可利用热水温度为 65～85℃，工作流程如图 2-74 所示。

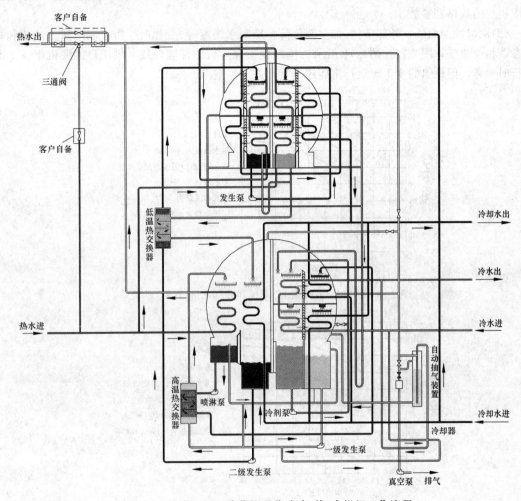

图 2-74 热水两级型溴化锂吸收式冷(热)水机组工作流程

(1)产品特性及工艺特点。

1)机组利用其他制冷机无法利用的低品位热水制冷，在余热利用和节能降耗方面具有其他设备无法比拟的优越性，投资回收期较短。机组 COP 达 0.42～0.45，高效节能环保。

2)机组工作循环流程采用两级发生、两级吸收流程，从而实现利用低品位热水制冷。

3)传热管采用特殊表面处理技术，提高了溶液和冷剂水在换热管表面的润湿性和面积利用率，增强换热效果，提高机组效率。

4)热交换器采用新型高效传热管及全逆流结构形式，大幅度降低端部换热温差，充分回收溶液的热量，提高机组效率，降低机组能耗。

5)溶液泵采用变频控制方式，保证溶液循环量一直处于最佳状态，提高机组的运行稳定性和运行效率，并节省溶液泵的耗电量。

6)发生器采用降膜淋激发生技术，增强传热效果，提高机组效率，降低机组能耗。

7)自动抽气引射溶液采用冷剂水冷却，配以机组最佳内抽气管布置，提高机组抽气效果，以及机组性能和可靠性。

由于该种机型可利用热水品位低，不同的用户热源条件差距很大，因此没有标准型系列产品。用户可根据热水进出口温度、冷水进出口温度和冷却水进出口温度等，由相关生产厂家提供相应机组的规格和参数。

（2）机组性能曲线。外部条件（如空调负荷、冷却水温度等）变化时，机组制冷量、性能和相关参数相应改变，图 2-75～图 2-78 所示为机组变工况运行的性能曲线，供用户需要机组变工况运行时参考，但机组的变工况运行不能超出其允许工作范围。

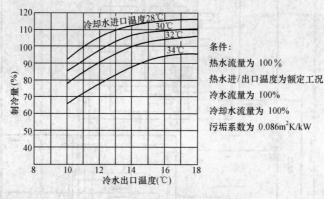

图 2-75　制冷量与冷水出口温度和冷却水进口温度的关系

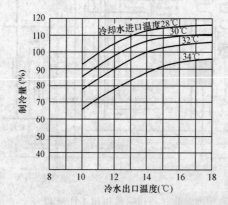

图 2-76　制冷量与热源耗量的关系

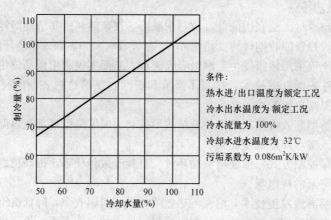

图 2-77　制冷量与冷却水量的关系

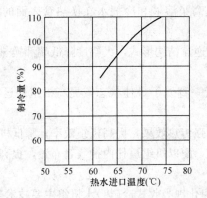

条件：
冷水出水温度为 额定工况
冷水流量为 100%
冷却水流量为 100%
冷却水进水温度为 32℃
污垢系数为 0.086m²K/kW

图 2-78　制冷量与热水进口温度的关系

### (二)蒸汽型冷(热)水机组

蒸汽型冷(热)水机组是一种以饱和水蒸气为驱动热源的溴化锂吸收式冷(热)水机组，根据利用工作蒸汽压力的高低，可分为蒸汽单效型和蒸汽双效型两种。

1. 蒸汽单效型溴化锂吸收式冷(热)水机组

蒸汽单效型溴化锂吸收式冷(热)水机组由发生器、冷凝器、蒸发器、吸收器和热交换器等主要部件及抽气装置、熔晶管、屏蔽泵(溶液泵和冷剂泵)等辅助部分组成。机组可利用工作蒸汽压力为 0.01～0.15MPa，其工作流程如图 2-79 所示。

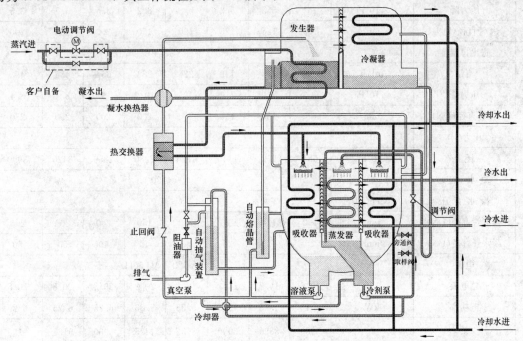

图 2-79　蒸汽单效型溴化锂吸收式冷(热)水机组工作流程

(1)产品特性及工艺特点。

1)机组 COP 达到 0.8，高效节能环保。

2)蒸发器采用特有的淋板淋激式结构和先进的防冻管技术，换热管采用全新管型和布置方式，增强传热效果，提高机组效率和可靠性，降低能耗。

3)传热管采用特殊表面处理技术,提高了溶液和冷剂水在换热管表面的润湿性和面积利用率,增强换热效果,提高机组效率。

4)热交换器采用新型高效传热管及全逆流结构形式,大幅度降低端部换热温差,充分回收溶液的热量,提高机组效率,降低机组能耗。

5)溶液泵变频控制,保证溶液循环量一直处于最佳状态,提高机组的运行稳定性和运行效率,并节省溶液泵的耗电量。

6)发生器采用降膜淋激发生技术,增强传热效果,提高机组效率,降低机组能耗。

7)自动抽气引射溶液采用冷剂水冷却,配以机组最佳内抽气管布置,提高机组抽气效果,以及机组性能和可靠性。

(2)机组主要技术参数。蒸汽单效型溴化锂吸收式冷(热)水机组主要技术参数,见表2-57。

表 2-57　　　　　蒸汽单效型溴化锂吸收式冷(热)水机组主要技术参数

| 型　　号 | XZ- | | 35H2 | 47H2 | 58H2 | 93H2 | 116H2 | 145H2 | 174H2 | 204H2 |
|---|---|---|---|---|---|---|---|---|---|---|
| 制 冷 量 | | kW | 350 | 470 | 580 | 930 | 1160 | 1450 | 1740 | 2040 |
| | | $\times 10^4$kcal/h | 30 | 40 | 50 | 80 | 100 | 125 | 150 | 175 |
| | | RT | 99 | 132 | 165 | 265 | 331 | 413 | 496 | 579 |
| 冷水 | 进出口温度 | ℃ | 12 / 7 | | | | | | | |
| | 流量 | m³/h | 60 | 80 | 100 | 160 | 200 | 250 | 300 | 350 |
| | 压力降 | $\times 10^4$Pa | 4.4 | 5.5 | 5.2 | 5.3 | 8.2 | 3.5 | 3.5 | 3.5 |
| | 接管直径(DN) | mm | 100 | 125 | 125 | 150 | 150 | 200 | 200 | 200 |
| 冷却水 | 进出口温度 | ℃ | 32/40 | | | | | | | |
| | 流量 | m³/h | 85 | 113 | 142 | 226 | 283 | 354 | 425 | 495 |
| | 压力降 | $\times 10^4$Pa | 7.3 | 7.9 | 7.9 | 8 | 10.2 | 9 | 8.4 | 8.4 |
| | 接管直径(DN) | mm | 100 | 150 | 150 | 200 | 200 | 200 | 250 | 250 |
| 蒸汽 | 压力(g) | MPa | 0.1 | | | | | | | |
| | 耗量 | kg/h | 684 | 912 | 1140 | 1824 | 2280 | 2850 | 3420 | 3990 |
| | 凝水温度 | ℃ | ≤90 | | | | | | | |
| | 凝水背压 | MPa(g) | ≤0.02 | | | | | | | |
| | 蒸汽管直径(DN) | mm | 100 | 125 | 125 | 150 | 150 | 200 | 200 | 200 |
| | 凝水管直径(DN) | mm | 25 | 25 | 25 | 40 | 40 | 40 | 50 | 50 |
| 电气 | 电源 | | 3φ-380V AC-50Hz | | | | | | | |
| | 总电流 | A | 13.6 | 14.7 | 14.7 | 17.8 | 20.2 | 20.8 | 20.8 | 20.8 |
| | 电功率 | kW | 4.15 | 4.55 | 4.55 | 5.35 | 5.85 | 6.25 | 6.25 | 6.25 |
| 外形 | 长 | | 3950 | 3890 | 3900 | 3955 | 4475 | 5080 | 5138 | 5150 |
| | 宽 | mm | 1592 | 1698 | 1802 | 2010 | 2132 | 2194 | 2380 | 2475 |
| | 高 | | 2346 | 2406 | 2438 | 2773 | 2804 | 2985 | 3210 | 3318 |
| | 运行质量 | t | 7.2 | 8 | 8.4 | 10.6 | 12.8 | 15.2 | 17.4 | 20 |
| | 运输质量 | | 5.9 | 6.3 | 6.7 | 8.2 | 9.7 | 11.6 | 13 | 14.6 |

续表

| 型　号 | XZ- | 233H2 | 262H2 | 291H2 | 349H2 | 407H2 | 465H2 | 582H2 | 698H2 |
|---|---|---|---|---|---|---|---|---|---|
| 制冷量 | kW | 2330 | 2620 | 2910 | 3490 | 4070 | 4650 | 5820 | 6980 |
| | ×10⁴kcal/h | 200 | 225 | 250 | 300 | 350 | 400 | 500 | 600 |
| | RT | 661 | 744 | 827 | 992 | 1157 | 1323 | 1653 | 1984 |
| 冷水 | 进出口温度　℃ | 12/7 | | | | | | | |
| | 流量　m³/h | 400 | 450 | 500 | 600 | 700 | 800 | 1000 | 1200 |
| | 压力降　×10⁴Pa | 4.6 | 5.8 | 5.8 | 7.9 | 8.1 | 7.3 | 11.5 | 2.6 |
| | 接管直径(DN)　mm | 250 | 250 | 250 | 300 | 300 | 350 | 350 | 400 |
| 冷却水 | 进出口温度　℃ | 32/40 | | | | | | | |
| | 流量　m³/h | 566 | 637 | 708 | 849 | 991 | 1132 | 1415 | 1698 |
| | 压力降　×10⁴Pa | 10.5 | 6.5 | 6.5 | 7.9 | 8.1 | 7.5 | 10.7 | 6.4 |
| | 接管直径(DN)　mm | 250 | 300 | 300 | 350 | 350 | 400 | 400 | 450 |
| 蒸汽 | 压力　MPa(g) | 0.1 | | | | | | | |
| | 耗量　kg/h | 4560 | 5130 | 5700 | 6840 | 7980 | 9120 | 11 400 | 13 680 |
| | 凝水温度　℃ | ≤90 | | | | | | | |
| | 凝水背压　MPa(g) | ≤0.02 | | | | | | | |
| | 蒸汽管直径(DN)　mm | 250 | 250 | 300 | 300 | 300 | 300 | 300 | 350 |
| | 凝水管直径(DN)　mm | 50 | 65 | 65 | 65 | 80 | 80 | 100 | 100 |
| 电气 | 电源 | 3φ- 380V AC-50Hz | | | | | | | |
| | 总电流　A | 22.7 | 27 | 27.9 | 32.8 | 34.5 | 37.5 | 43.3 | 49.4 |
| | 电功率　kW | 6.85 | 8.25 | 8.25 | 9.95 | 10.45 | 11.45 | 12.95 | 15 |
| 外形 | 长　mm | 5590 | 5960 | 5985 | 6695 | 6715 | 6855 | 7520 | 9183 |
| | 宽　mm | 2476 | 2521 | 2555 | 2700 | 2855 | 3215 | 3077 | 3217 |
| | 高　mm | 3381 | 3425 | 3643 | 3759 | 4100 | 4495 | 4397 | 4613 |
| | 运行质量　t | 22.4 | 24.2 | 26.6 | 31.6 | 36.2 | 40 | 49 | 58 |
| | 运输质量　t | 16.8 | 17.8 | 19.6 | 22.8 | 26.1 | 28.8 | 35.6 | 41.7 |

注　1. 表中各外部条件蒸汽、冷水、冷却水均为名义工况值，实际运行时可适当调整。

2. 冷水允许出口温度最低5℃。

3. 制冷量调节范围为20%～100%，冷水流量适应范围为60%～120%。

4. 冷水、冷却水侧污垢系数0.086m²K/kW（0.0001m²·h·℃/kcal）。

5. 常压型机组的冷水、冷却水水室最高承压0.8MPa(g)。

6. 机组运行架高度为180mm，自XZ-233H2及以上机组的运输架为下沉式，运输高度增加60mm。

7. 机组运输质量中已包含运输架质量，但不包含溶液质量。

（3）机组性能。外部条件（如空调负荷、冷却水温度等）变化时，机组制冷量、性能和相关参数相应改变，图 2-80～图 2-82 所示为机组变工况运行的性能曲线，供用户需要机组变工况运行时参考，但机组的变工况运行不能超出其允许工作范围。

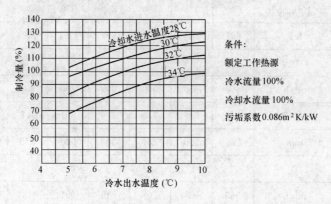

图 2-80 制冷量与冷水出水温度和冷却水进水温度的关系

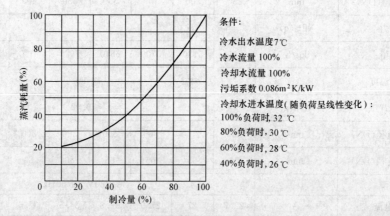

图 2-81 热源耗量与制冷量的关系

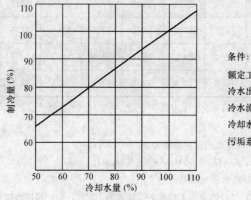

图 2-82 制冷量与冷却水量的关系

2. 蒸汽双效型溴化锂吸收式冷(热)水机组

蒸汽双效型溴化锂吸收式冷(热)水机组由高压发生器、低压发生器、冷凝器、蒸发器、吸收器和高温热交换器、低温热交换器、凝水热交换器等主要部件及抽气装置、熔晶管、屏蔽泵(溶液泵和冷剂泵)等辅助部分组成。机组可利用工作蒸汽压力为 0.25~0.8MPa,其工作流程见图 2-83。

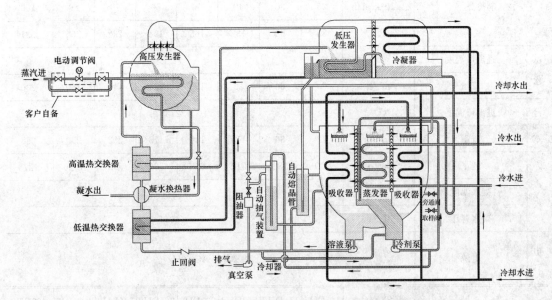

图 2-83 蒸汽双效型溴化锂吸收式冷(热)水机组工作流程

(1)产品特性及工艺特点。

1)机组 COP 达到 1.41,高效节能环保。

2)蒸发器采用特有的淋板淋激式结构和先进的防冻管技术,换热管采用全新管型和布置方式,增强传热效果,提高机组效率和可靠性,降低能耗。

3)传热管采用特殊表面处理技术,提高了溶液和冷剂水在换热管表面的润湿性和面积利用率,增强换热效果,提高机组效率。

4)热交换器采用新型高效传热管及全逆流结构形式,大幅度降低端部换热温差,充分回收溶液的热量,提高机组效率,降低机组能耗。

5)溶液泵变频控制,保证溶液循环量一直处于最佳的状态,提高机组的运行稳定性和运行效率,并节省溶液泵的耗电量。

6)高压发生器采用新型高效传热管型和结构形式,增强传热效果,提高机组效率,降低机组能耗。

7)低压发生器倾斜布置,增强换热效果,提高机组效率,降低机组能耗。

8)自动抽气引射溶液采用冷剂水冷却,配以机组最佳内抽气管布置,提高机组抽气效果,提高机组性能和可靠性。

(2)机组主要技术参数。蒸汽双效型溴化锂吸收式冷(热)水机组主要技术参数[工作蒸汽压力 0.4MPa(g)]见表 2-58。

蒸汽双效型溴化锂吸收式冷(热)水机组主要技术参数[工作蒸汽压力 0.6MPa(g)]见表 2-59、表 2-60。

表 2-58　　　蒸汽双效型溴化锂吸收式冷(热)水机组主要技术参数

[工作蒸汽压力 0.4MPa(g)]

| 型　号 | SXZ4- | 29DH2 | 35DH2 | 47DH2 | 58DH2 | 70DH2 | 81DH2 | 93DH2 | 116DH2 |
|---|---|---|---|---|---|---|---|---|---|
| 制冷量 | kW | 290 | 350 | 470 | 580 | 700 | 810 | 930 | 1160 |
| | ×10⁴kcal/h | 25 | 30 | 40 | 50 | 60 | 70 | 80 | 100 |
| | RT | 83 | 99 | 132 | 165 | 198 | 232 | 265 | 331 |
| 冷水 | 进出口温度　℃ | 12/7 | | | | | | | |
| | 流量　m³/h | 50 | 60 | 80 | 100 | 120 | 140 | 160 | 200 |
| 冷却水 | 进出口温度　℃ | 32/38 | | | | | | | |
| | 流量　m³/h | 72 | 86 | 115 | 144 | 173 | 202 | 230 | 288 |
| 蒸汽 | 耗量　kg/h | 319 | 383 | 510 | 638 | 765 | 893 | 1020 | 1275 |
| | 凝水温度　℃ | ≤85 | | | | | | | |
| | 凝水背压　MPa(g) | ≤0.05 | | | | | | | |
| 电气 | 电源 | 3φ-380V AC-50Hz | | | | | | | |

| 型　号 | SXZ4- | 145DH2 | 174DH2 | 204DH2 | 233DH2 | 291DH2 | 349DH2 | 407DH2 | 465DH2 |
|---|---|---|---|---|---|---|---|---|---|
| 制冷量 | kW | 1450 | 1740 | 2040 | 2330 | 2910 | 3490 | 4070 | 4650 |
| | ×10⁴kcal/h | 125 | 150 | 175 | 200 | 250 | 300 | 350 | 400 |
| | RT | 413 | 496 | 579 | 661 | 827 | 992 | 1157 | 1323 |
| 冷水 | 进出口温度　℃ | 12/7 | | | | | | | |
| | 流量　m³/h | 250 | 300 | 350 | 400 | 500 | 600 | 700 | 800 |
| 冷却水 | 进出口温度　℃ | 32/38 | | | | | | | |
| | 流量　m³/h | 360 | 432 | 504 | 576 | 720 | 864 | 1008 | 1152 |
| 蒸汽 | 耗量　kg/h | 1594 | 1913 | 2231 | 2550 | 3188 | 3825 | 4463 | 5100 |
| | 凝水温度　℃ | ≤85 | | | | | | | |
| | 凝水背压　MPa(g) | ≤0.05 | | | | | | | |
| 电气 | 电源 | 3φ- 380V AC-50Hz | | | | | | | |

注　1. 表中各外部条件如蒸汽、冷水、冷却水均为名义工况值，实际运行时可适当调整。

2. 蒸汽压力 0.4MPa(g) 是指进机组压力，不含阀门压力损失。冷水允许出口温度最低5℃。

3. 制冷量调节范围为 20%~100%，冷水流量适应范围为 60%~120%。

4. 冷水、冷却水侧污垢系数 0.086m²K/kW (0.0001m²·h·℃/kcal)。

5. 常压型机组的冷水、冷却水水室最高承压 0.8MPa。

**表 2-59**　　　**蒸汽双效型溴化锂吸收式冷(热)水机组主要技术参数**
**[工作蒸汽压力 0.6MPa(g)]**

| 型　号 | | SXZ6- | 35DH2 | 47DH2 | 58DH2 | 70DH2 | 81DH2 | 93DH2 | 105DH2 | 116DH2 |
|---|---|---|---|---|---|---|---|---|---|---|
| 制冷量 | kW | | 350 | 470 | 580 | 700 | 810 | 930 | 1050 | 1160 |
| | ×10⁴kcal/h | | 30 | 40 | 50 | 60 | 70 | 80 | 90 | 100 |
| | RT | | 99 | 132 | 165 | 198 | 231 | 265 | 298 | 331 |
| 冷水 | 进出口温度 | ℃ | | | | 12/7 | | | | |
| | 流量 | m³/h | 60 | 80 | 100 | 120 | 140 | 160 | 180 | 200 |
| | 压力降 | ×10⁴Pa | 4.4 | 4.5 | 4.7 | 5.7 | 5.6 | 6.2 | 8.8 | 8.8 |
| | 接管直径(DN) | mm | 100 | 100 | 125 | 125 | 150 | 150 | 150 | 150 |
| 冷却水 | 进出口温度 | ℃ | | | | 32/38 | | | | |
| | 流量 | m³/h | 86 | 114 | 143 | 172 | 200 | 229 | 257 | 286 |
| | 压力降 | ×10⁴Pa | 6.6 | 6.3 | 6.5 | 7 | 7.6 | 7.8 | 5.4 | 5.4 |
| | 接管直径(DN) | mm | 100 | 125 | 150 | 150 | 150 | 150 | 200 | 200 |
| 蒸汽 | 耗量 | kg/h | 376 | 501 | 627 | 752 | 877 | 1003 | 1128 | 1253 |
| | 凝水温度 | ℃ | | | | ≤90 | | | | |
| | 凝水背压 | MPa(g) | | | | ≤0.05 | | | | |
| | 蒸汽管直径(DN) | mm | 40 | 50 | 50 | 65 | 65 | 65 | 65 | 80 |
| | 电动调节阀连接管径(DN) | mm | 40 | 40 | 40 | 50 | 50 | 50 | 50 | 65 |
| | 凝水管直径(DN) | mm | 25 | 25 | 25 | 25 | 32 | 32 | 32 | 32 |
| 电气 | 电源 | | | | | 3φ- 380V AC-50Hz | | | | |
| | 总电流 | A | 12.6 | 13.7 | 13.7 | 16.8 | 16.8 | 16.8 | 17.4 | 19.2 |
| | 电功率 | kW | 3.8 | 4.2 | 4.2 | 5 | 5 | 5 | 5.2 | 5.5 |
| 外形 | 长 | mm | 3810 | 3810 | 3790 | 3820 | 3840 | 3840 | 4357 | 4357 |
| | 宽 | | 1942 | 2027 | 2060 | 2183 | 2308 | 2355 | 2332 | 2450 |
| | 高 | | 2152 | 2170 | 2169 | 2231 | 2316 | 2364 | 2384 | 2627 |
| | 运输质量 | t | 6.5 | 7.1 | 7.5 | 8.1 | 9 | 9.4 | 10.1 | 10.5 |
| | 运行质量 | | 7.8 | 8.7 | 9.3 | 10.1 | 11.4 | 11.9 | 13.4 | 14 |

| 型　号 | SXZ6- | | 145DH2 | 174DH2 | 204DH2 | 233DH2 | 262DH2 | 291DH2 | 349DH2 |
|---|---|---|---|---|---|---|---|---|---|
| 制冷量 | | kW | 1450 | 1740 | 2040 | 2330 | 2620 | 2910 | 3490 |
| | | ×10⁴kcal/h | 125 | 150 | 175 | 200 | 225 | 250 | 300 |
| | | RT | 413 | 496 | 579 | 661 | 744 | 827 | 992 |
| 冷水 | 进出口温度 | ℃ | | | | 12/7 | | | |
| | 流量 | m³/h | 250 | 300 | 350 | 400 | 450 | 500 | 600 |
| | 压力降 | ×10⁴Pa | 3.8 | 3.8 | 4.1 | 4.9 | 6.6 | 6.4 | 8.4 |
| | 接管直径(DN) | mm | 200 | 200 | 200 | 250 | 250 | 250 | 300 |
| 冷却水 | 进出口温度 | ℃ | | | | 32 / 38 | | | |
| | 流量 | m³/h | 357 | 429 | 500 | 572 | 643 | 715 | 858 |
| | 压力降 | ×10⁴Pa | 7.2 | 6.6 | 6.9 | 8.8 | 9.8 | 9.2 | 11.3 |
| | 接管直径(DN) | mm | 200 | 250 | 250 | 250 | 250 | 300 | 350 |
| 蒸汽 | 耗量 | kg/h | 1566 | 1880 | 2193 | 2506 | 2819 | 3133 | 3759 |
| | 凝水温度 | ℃ | | | | ≤90 | | | |
| | 凝水背压 | MPa(g) | | | | ≤0.05 | | | |
| | 蒸汽管直径(DN) | mm | 80 | 80 | 80 | 100 | 100 | 100 | 125 |
| | 电动调节阀连接管径(DN) | mm | 65 | 65 | 80 | 80 | 80 | 100 | 100 |
| | 凝水管直径(DN) | mm | 40 | 40 | 40 | 40 | 40 | 50 | 50 |
| 电气 | 电源 | | | | | 3φ-380V AC- 50Hz | | | |
| | 总电流 | A | 19.8 | 19.8 | 19.8 | 21.7 | 26 | 26.9 | 31.8 |
| | 电功率 | kW | 5.9 | 5.9 | 5.9 | 6.9 | 7.9 | 7.9 | 9.6 |
| 外形 | 长 | mm | 4885 | 4918 | 4918 | 5335 | 5733 | 5795 | 6525 |
| | 宽 | | 2558 | 2740 | 2760 | 2815 | 2800 | 2930 | 3209 |
| | 高 | | 2717 | 2854 | 2970 | 3038 | 3041 | 3260 | 3381 |
| 运输质量 | | t | 12.8 | 14.5 | 15.6 | 16.8 | 18.6 | 22 | 26.6 |
| 运行质量 | | | 17.1 | 20 | 21.3 | 22.8 | 26.8 | 31.1 | 37.2 |

续表

| 型 号 | SXZ6- | | 407DH2 | 465DH2 | 523DH2 | 582DH2 | 698DH2 | 930DH2 | 1163DH2 |
|---|---|---|---|---|---|---|---|---|---|
| 制冷量 | | kW | 4070 | 4650 | 5230 | 5820 | 6980 | 9300 | 11630 |
| | | ×10⁴kcal/h | 350 | 400 | 450 | 500 | 600 | 800 | 1000 |
| | | RT | 1157 | 1323 | 1488 | 1653 | 1984 | 2646 | 3307 |
| 冷水 | 进出口温度 | ℃ | 12 / 7 | | | | | | |
| | 流量 | m³/h | 700 | 800 | 900 | 1000 | 1200 | 1600 | 2000 |
| | 压力降 | ×10⁴Pa | 8.1 | 8.8 | 12.4 | 11.8 | 2.6 | 5 | 7.5 |
| | 接管直径(DN) | mm | 300 | 350 | 350 | 350 | 400 | 400 | 450 |
| 冷却水 | 进出口温度 | ℃ | 32/38 | | | | | | |
| | 流量 | m³/h | 1001 | 1144 | 1287 | 1430 | 1716 | 2288 | 2860 |
| | 压力降 | ×10⁴Pa | 11.2 | 5.2 | 6.3 | 6.7 | 8.7 | 12 | 16 |
| | 接管直径(DN) | mm | 350 | 400 | 400 | 400 | 450 | 500 | 600 |
| 蒸汽 | 耗量 | kg/h | 4386 | 5012 | 5639 | 6265 | 7518 | 10 024 | 12 530 |
| | 凝水温度 | ℃ | ≤90 | | | | | | |
| | 凝水背压 | MPa(g) | ≤0.05 | | | | | | |
| | 蒸汽管直径(DN) | mm | 125 | 150 | 150 | 150 | 150 | 200 | 200 |
| | 电动调节阀连接管径(DN) | mm | 100 | 125 | 125 | 125 | 150 | 150 | 200 |
| | 凝水管直径(DN) | mm | 50 | 65 | 65 | 65 | 65 | 80 | 100 |
| 电气 | 电源 | | 3φ-380V AC-50Hz | | | | | | |
| | 总电流 | A | 33.5 | 36.5 | 36.5 | 42.3 | 44.9 | 71.8 | 95.4 |
| | 电功率 | kW | 10.1 | 11.1 | 11.1 | 12.6 | 14.1 | 23.6 | 26.4 |
| 外形 | 长 | mm | 6525 | 6813 | 7513 | 7513 | 9118 | 9850 | 11 580 |
| | 宽 | | 3334 | 3354 | 3354 | 3756 | 3766 | 4400 | 4400 |
| | 高 | | 3669 | 3804 | 3804 | 4154 | 4164 | 5157 | 5157 |
| | 运输质量 | t | 30 | 33 | 36.5 | 43.3 | 51 | 76 | 103 |
| | 运行质量 | | 42.7 | 48 | 52.2 | 61.8 | 72.7 | 94 | 125 |

注 1. 技术参数表中各外部条件——蒸汽、冷水、冷却水均为名义工况值，实际运行时可适当调整。
2. 蒸汽压力 0.6MPa(g) 是指进机组压力，不含阀门压力损失，冷水允许出口温度最低5℃。
3. 制冷量调节范围为 20%～100%，冷水流量适应范围为 60%～120%。
4. 冷水、冷却水侧污垢系数 0.086m²K/kW (0.0001m²·h·℃/kcal)。
5. 常压型机组的冷水、冷却水水室最高承压 0.8MPa(g)。
6. 机组运输架高度为 180mm，自 SXZ6-291DH2 及以上机组的运输架为下沉式，运输高度增加 60mm。
7. 机组运输质量中已含运输架质量，但不包含溶液质量。

表 2-60　　　　　　　蒸汽型溴化锂吸收式冷（热）水机组主要技术参数

| 型　号 | | 单位 | 2B2KC | 2B2LC | 2B2MC | 2B2NC | 2B3KC | 2B3LC | 2B3MC |
|---|---|---|---|---|---|---|---|---|---|
| 制冷量 | | RT | 120 | 150 | 180 | 220 | 270 | 310 | 360 |
| 冷冻水 | 流量 | m³/h | 72.6 | 90.7 | 108.9 | 133.1 | 163.3 | 187.5 | 217.7 |
| | 阻力损失 | ×10⁴Pa | 1.3 | 1.5 | 3.7 | 4.6 | 4.0 | 4.5 | 7.1 |
| | 连接管径（DN） | mm | 125 | 125 | 125 | 125 | 150 | 150 | 150 |
| 冷却水 | 流量 | m³/h | 111 | 139 | 167 | 204 | 251 | 288 | 334 |
| | 阻力损失 | ×10⁴Pa | 1.8 | 2.1 | 4.8 | 5.3 | 4.7 | 5.0 | 3.6 |
| | 接管直径（DN） | mm | 150 | 150 | 150 | 150 | 200 | 200 | 200 |
| 蒸汽 | 耗量 | kg/h | 439 | 549 | 659 | 805 | 988 | 1134 | 1317 |
| | 蒸汽管直径（DN） | mm | 65 | 65 | 65 | 65 | 80 | 80 | 80 |
| | 凝水管直径（DN） | mm | 40 | 40 | 40 | 40 | 40 | 40 | 40 |
| 外形尺寸 | 长 | mm | 2850 | 2850 | 3870 | 3870 | 3990 | 3990 | 4600 |
| | 宽 | mm | 1950 | 1950 | 1850 | 1850 | 2010 | 2010 | 2010 |
| | 高 | mm | 2565 | 2565 | 2590 | 2590 | 2685 | 2685 | 2685 |
| 运输质量 | | t | 5.8 | 6.0 | 7.2 | 7.4 | 8.9 | 9.3 | 10.1 |
| 运行质量 | | t | 6.5 | 6.8 | 7.9 | 8.2 | 9.8 | 10.1 | 11.2 |
| 拔管空间 | | mm | 2500 | 2500 | 3750 | 3750 | 4100 | 4100 | 4100 |
| 电气参数 | 溶液泵 | kW(A) | 2.2(6) | 2.2(6) | 2.2(6) | 2.2(6) | 3.0(8) | 3.0(8) | 3.0(8) |
| | 制冷剂泵 | kW(A) | 0.3(1.4) | 0.3(1.4) | 0.3(1.4) | 0.3(1.4) | 0.3(1.4) | 0.3(1.4) | 0.3(1.4) |
| | 真空泵 | kW(A) | 0.75(1.8) | 0.75(1.8) | 0.75(1.8) | 0.75(1.8) | 0.75(1.8) | 0.75(1.8) | 0.75(1.8) |
| | 电源容量 | kVA | 7.6 | 7.6 | 7.6 | 7.6 | 9.1 | 9.1 | 9.1 |
| | 电源 | | 3φ-380V AC-50Hz | | | | | | |

| 型　号 | | 单位 | 2B4KC | 2B4LC | 2B4MC | 2B5KC | 2B5LC | 2B5MC |
|---|---|---|---|---|---|---|---|---|
| 制冷量 | | RT | 400 | 460 | 500 | 560 | 620 | 720 |
| 冷冻水 | 流量 | m³/h | 241.9 | 278.2 | 302.4 | 338.7 | 375.0 | 435.5 |
| | 阻力损失 | ×10⁴Pa | 6.2 | 6.5 | 6.8 | 6.8 | 7.1 | 4.3 |
| | 接管直径(DN) | mm | 200 | 200 | 200 | 200 | 200 | 250 |
| 冷却水 | 流量 | m³/h | 372 | 47 | 465 | 520 | 576 | 669 |
| | 阻力损失 | ×10⁴Pa | 3.0 | 3.2 | 3.3 | 3.0 | 3.1 | 4.5 |
| | 接管直径(DN) | mm | 250 | 250 | 250 | 300 | 300 | 350 |
| 蒸汽 | 耗量 | kg/h | 1464 | 1683 | 1829 | 2049 | 2268 | 2634 |
| | 蒸汽管直径(DN) | mm | 100 | 100 | 100 | 100 | 100 | 125 |
| | 凝水管直径(DN) | mm | 40 | 40 | 40 | 50 | 50 | 50 |
| 外形尺寸 | 长 | mm | 4765 | 4765 | 4765 | 4800 | 4800 | 5860 |
| | 宽 | mm | 2175 | 2175 | 175 | 2430 | 2430 | 2510 |
| | 高 | mm | 3050 | 3050 | 3050 | 3175 | 3175 | 3300 |
| 运输质量 | | t | 12.1 | 12.6 | 13.1 | 15.6 | 16.2 | 19.8 |
| 运行质量 | | t | 13.5 | 14.2 | 15.1 | 17.8 | 18.5 | 22.4 |
| 拔管空间 | | mm | 4100 | 4100 | 4100 | 4300 | 4300 | 5300 |
| 电气参数 | 溶液泵 | kW(A) | 3.7(11) | 3.7(11) | 3.7(11) | 5.5(14) | 5.5(14) | 6.6(17) |
| | 制冷剂泵 | kW(A) | 0.3(1.4) | 0.3(1.4) | 0.3(1.4) | 0.3(1.4) | 0.3(1.4) | 0.3(1.4) |
| | 真空泵 | kW(A) | 0.75(1.8) | 0.75(1.8) | 0.75(1.8) | 0.75(1.8) | 0.75(1.8) | 0.75(1.8) |
| | 电源容量 | kVA | 11.2 | 11.2 | 11.2 | 13.4 | 13.4 | 15.5 |
| | 电源 | | 3φ- 380V AC-50Hz | | | | | |

| 型　号 | | 单位 | 2B5NC | 2B6KC | 26LC | 2B7KC | 2B7LC | 2B7MC |
|---|---|---|---|---|---|---|---|---|
| 制冷量 | | RT | 800 | 900 | 1000 | 1200 | 1300 | 1450 |
| 冷冻水 | 流量 | m³/h | 483.8 | 544.3 | 604.8 | 725.8 | 786.2 | 877.0 |
| | 阻力损失 | ×10⁴Pa | 4.6 | 8.1 | 8.3 | 4.4 | 4.8 | 4.6 |
| | 接管直径(DN) | mm | 250 | 250 | 250 | 300 | 300 | 300 |
| 冷却水 | 流量 | m³/h | 743 | 836 | 929 | 1115 | 1208 | 1347 |
| | 阻力损失 | ×10⁴Pa | 4.6 | 6.0 | 6.1 | 4.9 | 5.0 | 4.8 |
| | 接管直径(DN) | mm | 350 | 350 | 350 | 400 | 400 | 400 |
| 蒸汽 | 耗量 | kg/h | 2927 | 3293 | 3659 | 4391 | 4756 | 5305 |
| | 蒸汽管直径(DN) | mm | 125 | 125 | 125 | 150 | 150 | 150 |
| | 凝水管直径(DN) | mm | 50 | 50 | 50 | 65 | 65 | 65 |
| 外形尺寸 | 长 | mm | 5860 | 7330 | 7330 | 7460 | 7460 | 7460 |
| | 宽 | mm | 2510 | 2510 | 2510 | 3050 | 3050 | 3050 |
| | 高 | mm | 3300 | 3300 | 3300 | 3600 | 300 | 3600 |
| 运输质量 | | t | 20.6 | 27.4 | 28.2 | 37.2 | 39.6 | 42.6 |
| 运行质量 | | t | 23.2 | 31.0 | 31.5 | 42.0 | 45.1 | 49.0 |
| 拔管空间 | | mm | 5300 | 6560 | 6560 | 6560 | 6560 | 6560 |
| 电气参数 | 溶液泵 | kW(A) | 6.6(17) | 7.5(20) | 7.5(20) | 7.5(20) | 7.5(20) | 9.0(27) |
| | 制冷剂泵 | kW(A) | 0.3(1.4) | 1.5(5) | 1.5(5) | 1.5(5) | 1.5(5) | 1.5(5) |
| | 真空泵 | kW(A) | 0.75(1.8) | 0.75(1.8) | 0.75(1.8) | 0.75(1.8) | 0.75(1.8) | 0.75(1.8) |
| | 电源容量 | kVA | 15.5 | 20.3 | 20.3 | 20.3 | 20.3 | 25.3 |
| | 电源 | | 3φ- 380V AC-50Hz | | | | | |

| 型　号 | | 单位 | 2B8KC | 2B8LC | 2B8MC | 2B8NC | 2B9KC | 2B9LC |
|---|---|---|---|---|---|---|---|---|
| 制冷量 | | RT | 1670 | 1800 | 2000 | 2200 | 2400 | 260 |
| 冷冻水 | 流量 | m³/h | 1010.0 | 1088.6 | 1209.6 | 1330.6 | 1451.5 | 1572.5 |
| | 阻力损失 | ×10⁴Pa | 4.7 | 5.5 | 7.6 | 8.0 | 12.0 | 12.2 |
| | 接管直径(DN) | mm | 350 | 350 | 350 | 350 | 350 | 350 |
| 冷却水 | 流量 | m³/h | 1551 | 1672 | 1858 | 2044 | 2230 | 2415 |
| | 阻力损失 | ×10⁴Pa | 5.0 | 5.2 | 6.5 | 7.1 | 9.0 | 10.2 |
| | 接管直径(DN) | mm | 450 | 450 | 450 | 450 | 500 | 500 |
| 蒸汽 | 耗量 | g/h | 6110 | 6586 | 7318 | 8049 | 8781 | 9513 |
| | 蒸汽管直径(DN) | mm | 150 | 150 | 150 | 150 | 200 | 200 |
| | 凝水管直径(DN) | mm | 65 | 65 | 65 | 65 | 80 | 80 |
| 外形尺寸 | 长 | mm | 7570 | 7570 | 8820 | 8820 | 10 800 | 10 800 |
| | 宽 | mm | 3215 | 3215 | 3270 | 3270 | 3600 | 3600 |
| | 高 | mm | 3930 | 3930 | 3950 | 3950 | 4400 | 4400 |
| 运输质量 | | t | 45.9 | 48.9 | 54.8 | 56.7 | 67.2 | 715 |
| 运行质量 | | t | 53.2 | 58.0 | 64.3 | 66.1 | 78.4 | 84.0 |
| 拔管空间 | | mm | 6560 | 6560 | 7910 | 7910 | 9600 | 9600 |
| 电气参数 | 溶液泵 | kW(A) | 9.0(27) | 9.0(27) | 15.0(40) | 15.0(40) | 15.0(40) | 15.0(40) |
| | 制冷剂泵 | kW(A) | 1.5(5) | 1.5(5) | 1.5(5) | 1.5(5) | 2.2(8.5) | 2.2(8.5) |
| | 真空泵 | kW(A) | 0.75(1.8) | 0.75(1.8) | 0.75(1.8) | 0.75(1.8) | 0.75(1.8) | 0.75(1.8) |
| | 电源容量 | kVA | 25.3 | 25.3 | 34.6 | 34.6 | 37.2 | 37.2 |
| | 电源 | | 3φ- 380V AC-50Hz | | | | | |

注　1. 冷冻水进出口温度为12℃/7℃，最低允许出口温度为3.5℃。
　　2. 冷却水进出口温度为32℃/37.5℃。
　　3. 蒸汽控制阀前压力为0.6MPa(g)，驱动热源应为干饱和蒸汽。
　　4. 冷冻水及冷却水污垢系数为0.086m²K/kW。
　　5. 冷冻水及冷却水侧水室承压为0.8MPa，蒸汽室承压为1.05MPa。

蒸汽双效型溴化锂吸收式冷(热)水机组主要技术参数[工作蒸汽压力0.8MPa(g)]见表2-61。

**表 2-61　　蒸汽双效型溴化锂吸收式冷(热)水机组主要技术参数**

**[工作蒸汽压力 0.8MPa(g)]**

| 型　号 | | SXZ8- | 35DH2 | 47DH2 | 58DH2 | 70DH2 | 81DH2 | 93DH2 | 105DH2 |
|---|---|---|---|---|---|---|---|---|---|
| 制冷量 | | kW | 350 | 470 | 580 | 700 | 810 | 930 | 1050 |
| | | $\times 10^4$kcal/h | 30 | 40 | 50 | 60 | 70 | 80 | 90 |
| | | RT | 99 | 132 | 165 | 198 | 231 | 265 | 298 |
| 冷水 | 进出口温度 | ℃ | 12/7 | | | | | | |
| | 流量 | m³/h | 60 | 80 | 100 | 120 | 140 | 160 | 180 |
| | 压力降 | $\times 10^4$Pa | 5.5 | 5.5 | 5.7 | 5.8 | 7.8 | 7.3 | 7.9 |
| | 接管直径(DN) | mm | 100 | 100 | 125 | 125 | 150 | 150 | 150 |
| 冷却水 | 进出口温度 | ℃ | 32/38 | | | | | | |
| | 流量 | m³/h | 85 | 113 | 142 | 170 | 198 | 227 | 255 |
| | 压力降 | $\times 10^4$Pa | 7.2 | 6.9 | 7 | 7.4 | 9 | 8.9 | 8.5 |
| | 接管直径(DN) | mm | 100 | 125 | 150 | 150 | 150 | 150 | 200 |
| 蒸汽 | 耗量 | kg/h | 372 | 496 | 620 | 744 | 868 | 992 | 1116 |
| | 凝水温度 | ℃ | ≤95 | | | | | | |
| | 凝水背压 | MPa(g) | ≤0.05 | | | | | | |
| | 蒸汽管直径(DN) | mm | 40 | 50 | 50 | 50 | 65 | 65 | 65 |
| | 电动调节阀接管直径(DN) | mm | 40 | 40 | 40 | 40 | 40 | 50 | 50 |
| | 凝水管直径(DN) | mm | 25 | 25 | 25 | 25 | 25 | 32 | 32 |
| 电气 | 电源 | | 3φ-380V AC-50Hz | | | | | | |
| | 总电流 | A | 12.6 | 13.7 | 13.7 | 13.7 | 16.8 | 16.8 | 16.8 |
| | 电功率 | kW | 3.8 | 4.2 | 4.2 | 4.2 | 5 | 5 | 5 |
| 外形 | 长 | mm | 3810 | 3810 | 3790 | 3790 | 3820 | 3840 | 3890 |
| | 宽 | | 1942 | 2027 | 2060 | 2060 | 2183 | 2308 | 2355 |
| | 高 | | 2152 | 2170 | 2169 | 2217 | 2231 | 2316 | 2364 |
| 运输质量 | | t | 10.1 | 6.4 | 6.9 | 7.3 | 7.9 | 8.3 | 9 |
| 运行质量 | | | 13.4 | 7.7 | 8.5 | 9.1 | 9.8 | 10.3 | 11.4 |

| 型 号 | SXZ8- | 116DH2 | 145DH2 | 174DH2 | 204DH2 | 233DH2 | 262DH2 | 291DH2 |
|---|---|---|---|---|---|---|---|---|
| 制冷量 | kW | 1160 | 1450 | 1740 | 2040 | 2330 | 2620 | 2910 |
| | ×10⁴kcal/h | 100 | 125 | 150 | 175 | 200 | 225 | 250 |
| | RT | 331 | 413 | 496 | 579 | 661 | 744 | 827 |
| 冷水 | 进出口温度 | ℃ | 12/7 | | | | | |
| | 流量 | m³/h | 200 | 250 | 300 | 350 | 400 | 450 | 500 |
| | 压力降 | ×10⁴Pa | 10.9 | 11 | 5.5 | 5.2 | 5.3 | 6.1 | 8.2 |
| | 接管直径(DN) | mm | 150 | 200 | 200 | 200 | 250 | 250 | 250 |
| 冷却水 | 进出口温度 | ℃ | 32/38 | | | | | |
| | 流量 | m³/h | 283 | 354 | 425 | 496 | 567 | 638 | 709 |
| | 压力降 | ×10⁴Pa | 6 | 6.6 | 8.4 | 8.1 | 8.7 | 10.2 | 10.8 |
| | 接管直径(DN) | mm | 200 | 200 | 250 | 250 | 250 | 250 | 300 |
| 蒸汽 | 耗量 | kg/h | 1240 | 1550 | 1860 | 2170 | 2480 | 2790 | 3100 |
| | 凝水温度 | ℃ | ≤95 | | | | | |
| | 凝水背压 | MPa(g) | ≤0.05 | | | | | |
| | 蒸汽管直径(DN) | mm | 65 | 80 | 80 | 80 | 80 | 100 | 100 |
| | 电动调节阀接管直径(DN) | mm | 50 | 65 | 65 | 65 | 80 | 80 | 80 |
| | 凝水管直径(DN) | mm | 32 | 32 | 40 | 40 | 40 | 40 | 40 |
| 电气 | 电源 | | 3φ-380V AC-50Hz | | | | | |
| | 总电流 | A | 17.4 | 19.2 | 19.8 | 19.8 | 20.8 | 21.7 | 26 |
| | 电功率 | kW | 5.2 | 5.5 | 5.9 | 5.9 | 6.5 | 6.9 | 7.9 |
| 外形 | 长 | mm | 4357 | 4357 | 4895 | 4918 | 4918 | 5335 | 5805 |
| | 宽 | | 2332 | 2450 | 2558 | 2740 | 2760 | 2815 | 2800 |
| | 高 | | 2384 | 2702 | 2717 | 2854 | 2970 | 3038 | 3041 |
| 运输质量 | t | | 10.1 | 11 | 13.1 | 14.5 | 16.2 | 16.8 | 20.2 |
| 运行质量 | | | 13.4 | 14.6 | 17.4 | 20 | 21.9 | 22.8 | 28.4 |

续表

| 型　号 | SXZ8- | | 349DH2 | 407DH2 | 465DH2 | 523DH2 | 582DH2 | 698DH2 |
|---|---|---|---|---|---|---|---|---|
| 制冷量 | kW | | 3490 | 4070 | 4650 | 5230 | 5820 | 6980 |
| | ×10⁴kcal/h | | 300 | 350 | 400 | 450 | 500 | 600 |
| | RT | | 992 | 1157 | 1323 | 1488 | 1653 | 1984 |
| 冷水 | 进出口温度 | ℃ | 12/7 | | | | | |
| | 流量 | m³/h | 600 | 700 | 800 | 900 | 1000 | 1200 |
| | 压力降 | ×10⁴Pa | 8.1 | 11.5 | 10.5 | 11.1 | 15.3 | 14.1 |
| | 接管直径(DN) | mm | 300 | 300 | 350 | 350 | 350 | 400 |
| 冷却水 | 进出口温度 | ℃ | 32/38 | | | | | |
| | 流量 | m³/h | 850 | 992 | 1134 | 1275 | 1417 | 1700 |
| | 压力降 | ×10⁴Pa | 11.2 | 14.3 | 14.1 | 5.9 | 7.6 | 6.9 |
| | 接管直径(DN) | mm | 300 | 350 | 350 | 400 | 400 | 450 |
| 蒸汽 | 耗量 | kg/h | 3720 | 4340 | 4960 | 5580 | 6200 | 7440 |
| | 凝水温度 | ℃ | ≤95 | | | | | |
| | 凝水背压 | MPa(g) | ≤0.05 | | | | | |
| | 蒸汽管直径(DN) | mm | 100 | 125 | 125 | 150 | 150 | 150 |
| | 电动调节阀接管直径(DN) | mm | 80 | 100 | 100 | 100 | 125 | 125 |
| | 凝水管直径(DN) | mm | 50 | 50 | 50 | 65 | 65 | 65 |
| 电气 | 电源 | | 3φ-380V AC-50Hz | | | | | |
| | 总电流 | A | 28.5 | 31.8 | 33.5 | 36.5 | 42.3 | 44.9 |
| | 电功率 | kW | 8.9 | 9.6 | 10.1 | 11.1 | 12.6 | 14.1 |
| 外形 | 长 | mm | 5795 | 6525 | 6525 | 6813 | 7513 | 7570 |
| | 宽 | | 2930 | 3209 | 3334 | 3354 | 3354 | 3756 |
| | 高 | | 3335 | 3381 | 3669 | 3804 | 3804 | 4254 |
| 运输质量 | t | | 24.2 | 26.6 | 31.5 | 33 | 39 | 46 |
| 运行质量 | | | 33.4 | 37.2 | 44.2 | 48 | 54.7 | 64.2 |

注　1. 技术参数表中各外部条件——蒸汽、冷水、冷却水均为名义工况值，实际运行时可适当调整。
　　2. 蒸汽压力 0.8MPa(g) 是指进机组压力，不含阀门压力损失，冷水允许出口温度最低 5℃。
　　3. 制冷量调节范围为 20%～100%，冷水流量适应范围为 60%～120%。
　　4. 冷水、冷却水侧污垢系数 0.086m²K/kW（0.0001m²·h·℃/kcal）。
　　5. 常压型机组的冷水、冷却水水室最高承压 0.8MPa(g)。
　　6. 机组运输架高度为 180mm，自 SXZ8-349DH2 及以上机组的运输架为下沉式，运输高度增加 60mm。
　　7. 机组运输质量已包含运输架质量，但不包含溶液质量。

（3）机组性能。外部条件（如空调负荷、冷却水温度等）变化时，机组制冷量、性能和相关参数相应改变，图 2-84～图 2-87 为机组变工况运行的性能曲线，供用户需要机组变工况运行时参考，但机组的变工况运行不能超出其允许工作范围。

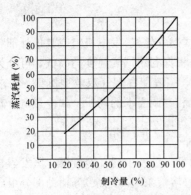

条件：

冷水出水温度7℃

冷水流量 100%

冷却水进口温度（随负荷呈线性变化）

100% 负荷时, 32℃

60% 负荷时, 28℃

20% 负荷时, 24℃

冷却水流量 100%

污垢系数 0.086m²K/kW

图 2-84　制冷量与蒸汽耗量关系

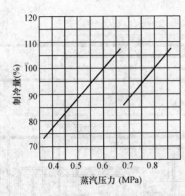

条件：

冷水出水温度　　7℃

冷水流量　　　　100%

冷却水进水温度 32℃

冷却水流量　　　100%

污垢系数　　　　0.086m²K/kW

图 2-85　制冷量与蒸汽压力的关系

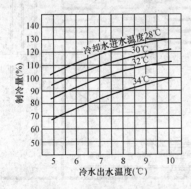

条件：

加热蒸汽压力　名义工况时的压力

冷水流量　　100%

冷却水流量100%

污垢系数　　0.086m²K/kW

图 2-86　制冷量与冷水出口温度、冷却水进口温度的关系

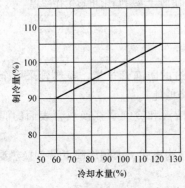

条件：

加热蒸汽压力　　名义工况时的压力

冷水出水温度　　7℃

冷水流量　　　　100%

冷却水进水温度 32℃

污垢系数　　　　0.086m²K/kW

图 2-87　制冷量与冷却水量的关系

### (三)烟气型吸收式冷(热)水机组

烟气型吸收式冷(热)水机组是以内燃机(或燃气轮机)发电机组或其他外部装置排放的高温烟气为驱动热源的溴化锂吸收式冷(热)水机组,根据利用烟气温度的高低,可分为烟气单效型和烟气双效型两种。烟气温度大于或等于250℃时,一般配置烟气双效型机组。要求烟气洁净、无黑烟及粉尘、无腐蚀性介质,适用于有高温烟气和空调需求的场所,如冷热电分布式能源系统、工业窑炉烟气余热利用、燃气轮机进气冷却系统等。

1. 烟气单效型溴化锂吸收式冷(热)水机组

烟气单效型溴化锂吸收式冷(热)水机组由烟气型发生器、冷凝器、蒸发器、吸收器和热交换器等主要部件及抽排气装置、熔晶管、屏蔽泵(溶液泵、冷剂泵)等辅助部分组成。机组可利用烟气温度为130～250℃,工作流程如图2-88所示。

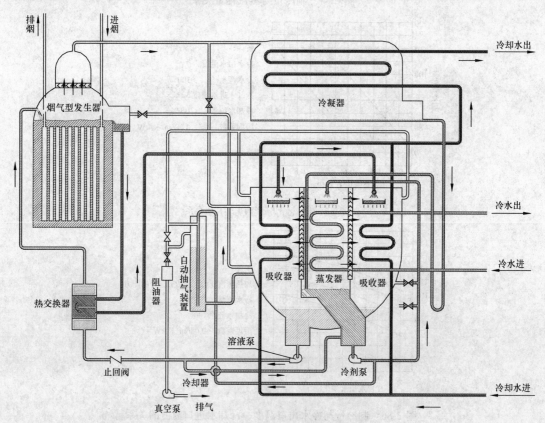

图 2-88 烟气单效型溴化锂吸收式冷(热)水机组工作流程

(1)产品特性及工艺特点。

1)机组 COP 达到 0.8,高效节能环保。

2)蒸发器采用特有的淋板淋激式结构和先进的防冻管技术,换热管采用全新管型和布置方式,增强传热效果,提高机组效率和可靠性,降低能耗。

3)传热管采用特殊表面处理技术,提高了溶液和冷剂水在换热管表面的润湿性和面积利用率,增强换热效果,提高机组效率。

4)热交换器采用新型高效传热管及全逆流结构形式,大幅度降低端部换热温差,充分回收溶液的热量,提高机组效率,降低机组能耗。

5)溶液泵变频控制，保证溶液循环量一直处于最佳状态，提高机组的运行稳定性和运行效率，并节省溶液泵的耗电量。

6)发生器烟气传热管束采用直立水管式结构，溶液在烟气传热管束内流动，结构紧凑，避免高温腐蚀，无干烧部位，热效率高，可靠性高，易维护。

7)自动抽气引射溶液采用冷剂水冷却，配以机组最佳内抽气管布置，提高机组抽气效果，以及机组性能和可靠性。

由于该种机型可利用烟气品位低，不同的用户热源条件差距很大，因此没有标准型系列产品，用户可根据烟气温度、冷水进出口温度和冷却水进出口温度等，由相关生产厂家提供相应机组的规格和参数。

(2)机组性能。外部条件(如空调负荷、冷却水温度等)变化时，机组制冷(热)量、性能和相关参数相应改变，图2-89～图2-93所示为机组变工况运行的性能曲线，供用户需要机组变工况运行时参考，但机组的变工况运行不能超出其允许工作范围。

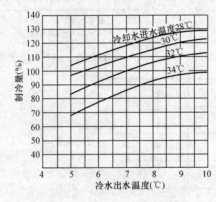

图 2-89　制冷量与冷水出水温度和冷却水进水温度的关系

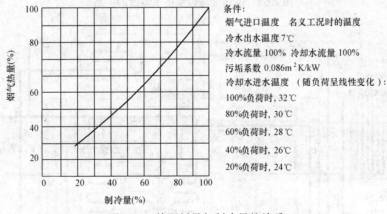

图 2-90　热源耗量与制冷量的关系

2. 烟气双效型溴化锂吸收式冷(热)水机组

烟气双效型溴化锂吸收式冷(热)水机组由烟气型高压发生器、低压发生器、冷凝器、蒸发器、吸收器和高温热交换器、低温热交换器等主要部件及抽排气装置、熔晶管、屏蔽泵(溶液泵、冷剂泵)等辅助部分组成。机组可利用烟气温度大于或等于250℃，工作流程如图2-94所示。

(1)产品特性及工艺特点。

1)机组 COP 达到 1.45，高效节能环保。

2)蒸发器采用特有的淋板淋激式结构和先进的防冻管技术，换热管采用全新管型和布置方式，增强传热效果，提高机组效率，降低能耗，提高机组可靠性。

3)传热管采用特殊表面处理技术，提高了溶液和冷剂水在换热管表面的润湿性和面积利用率，增强换热效果，提高机组效率。

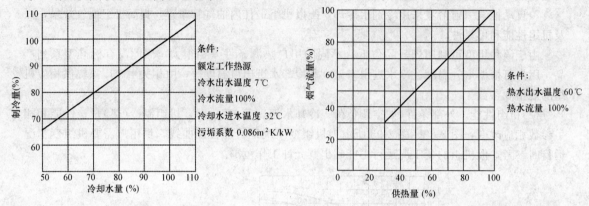

图 2-91　制冷量与冷却水量的关系　　　　图 2-92　供热量与燃料耗量的关系

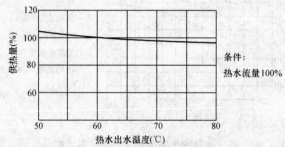

图 2-93　供热量与热水出水温度的关系

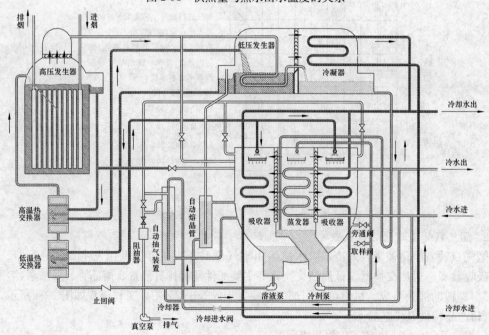

图 2-94　烟气双效型溴化锂吸收式冷(热)水机组工作流程

4)热交换器采用新型高效传热管及全逆流结构形式,大幅度降低端部换热温差,充分回收溶液的热量,提高机组效率,降低机组能耗。

5)溶液泵变频控制,保证溶液循环量一直处于最佳状态,提高机组的运行稳定性和运行效率,并节省溶液泵的耗电量。

6)高压发生器烟气传热管束采用直立水管式结构,溶液在烟气传热管束内流动,结构紧凑,避免高温腐蚀,无干烧部位,热效率高,可靠性高,易维护。

7)低压发生器倾斜布置,增强换热效果,提高机组效率,降低机组能耗。

8)自动抽气引射溶液采用冷剂水冷却,配以机组最佳内抽气管布置,提高机组抽气效果,提高机组性能和可靠性。

(2)机组主要技术参数。烟气双效型溴化锂吸收式冷(热)水机组主要技术参数见表2-62、表2-63。

**表2-62　　　　烟气双效型溴化锂吸收式冷(热)水机组主要技术参数**

| 型　号 | YX- | 35H2 | 47H2 | 58H2 | 70H2 | 81H2 | 93H2 | 105H2 |
|---|---|---|---|---|---|---|---|---|
| 制冷量 | kW | 350 | 470 | 580 | 700 | 810 | 930 | 1050 |
| | ×10⁴kcal/h | 30 | 40 | 50 | 60 | 70 | 80 | 90 |
| | RT | 99 | 132 | 165 | 198 | 231 | 265 | 298 |
| 供热量 | ×10⁴kcal/h | 24 | 32 | 40 | 48 | 56 | 64 | 72 |
| 冷热水 | 冷水进出口温度 ℃ | 12/7 | | | | | | |
| | 热水进出口温度 ℃ | 56~60(50~60) | | | | | | |
| | 流量 m³/h | 60(24) | 80(32) | 100(40) | 120(48) | 140(56) | 160(64) | 180(72) |
| | 压力损失 ×10⁴Pa | 7.0(1.12) | 7.0(1.12) | 7.0(1.12) | 7.5(1.2) | 7.5(1.2) | 8.0(1.28) | 10.0(1.6) |
| | 接管直径(DN) mm | 100 | 100 | 125 | 125 | 150 | 150 | 150 |
| 冷却水 | 进出口温度 ℃ | 32/38 | | | | | | |
| | 流量 m³/h | 86 | 114 | 143 | 171 | 200 | 228 | 257 |
| | 压力损失 ×10⁴Pa | 4.2 | 5 | 5.8 | 6.6 | 7.0 | 8.8 | 5.5 |
| | 接管直径(DN) mm | 100 | 125 | 150 | 150 | 150 | 150 | 200 |
| 烟气 | 流量 kg/h | 2740 | 3655 | 4570 | 5480 | 6400 | 7310 | 8220 |
| | 压力降 ×10⁴Pa | 130 | 130 | 130 | 130 | 135 | 135 | 130 |
| | 进口尺寸(DN) mm | 250 | 300 | 350 | 350 | 400 | 400 | 450 |
| | 出口尺寸(DN) mm | 250 | 300 | 350 | 350 | 400 | 400 | 450 |
| 电气 | 电源 | 3ϕ-380V DC-50Hz | | | | | | |
| | 总电流 A | 10.1 | 11.4 | 11.4 | 13.9 | 13.9 | 13.9 | 14.6 |
| | 电功率 kW | 3.15 | 3.55 | 3.55 | 4.35 | 4.35 | 4.35 | 4.55 |
| 外形 | 长 | 3780 | 3793 | 3783 | 3820 | 3840 | 3840 | 4340 |
| | 宽 mm | 2076 | 2244 | 2349 | 2461 | 2629 | 2737 | 2774 |
| | 高 | 2152 | 2171 | 2169 | 2231 | 2316 | 2364 | 2384 |
| | 运输质量 t | 6.3 | 7.8 | 8.9 | 9.6 | 10.6 | 11.5 | 12.7 |
| | 运行质量 | 7.6 | 9.2 | 10.9 | 12.1 | 13.7 | 14.9 | 16.4 |

续表

| 型　号 | YX- | 116H2 | 145H2 | 174H2 | 204H2 | 233H2 | 262H2 | 291H2 |
|---|---|---|---|---|---|---|---|---|
| 制冷量 | kW | 1160 | 1450 | 1740 | 2040 | 2330 | 2620 | 2910 |
| | ×10⁴kcal/h | 100 | 125 | 150 | 175 | 200 | 225 | 250 |
| | RT | 331 | 413 | 496 | 579 | 661 | 744 | 827 |
| 供热量 | ×10⁴kcal/h | 80 | 100 | 120 | 140 | 160 | 180 | 200 |
| 冷热水 冷水进出口温度 | ℃ | 12/7 | | | | | | |
| 热水进出口温度 | ℃ | 56～60(50～60) | | | | | | |
| 流量 | m³/h | 200 (80) | 250 (100) | 300 (120) | 350 (140) | 400 (160) | 450 (180) | 500 (200) |
| 压力损失 | ×10⁴Pa | 10.0 (1.6) | 5.5 (0.88) | 5.5 (0.88) | 6.0 (0.96) | 6.8 (1.09) | 8.0 (1.28) | 7.4 (1.18) |
| 接管直径(DN) | mm | 150 | 200 | 200 | 200 | 250 | 250 | 250 |

| 型　号 | YX- | 116H2 | 145H2 | 174H2 | 204H2 | 233H2 | 262H2 | 291H2 |
|---|---|---|---|---|---|---|---|---|
| 冷却水 进出口温度 | ℃ | 32/38 | | | | | | |
| 流量 | m³/h | 286 | 356 | 428 | 500 | 571 | 643 | 714 |
| 压力损失 | ×10⁴Pa | 5.5 | 7.0 | 7.0 | 8.0 | 7.5 | 9.0 | 9.0 |
| 接管直径(DN) | mm | 200 | 200 | 250 | 250 | 250 | 250 | 300 |
| 烟气 流量 | kg/h | 9135 | 11 420 | 13 700 | 15 990 | 18 270 | 20 560 | 22 840 |
| 压力降 | ×10⁴Pa | 130 | 140 | 140 | 140 | 150 | 145 | 150 |
| 进口尺寸(DN) | mm | 450 | 500 | 550 | 600 | 700 | 700 | 700 |
| 出口尺寸(DN) | mm | 450 | 500 | 550 | 600 | 700 | 700 | 700 |
| 电气 电源 | | 3φ-380V DC-50Hz | | | | | | |
| 总电流 | A | 15.5 | 16.8 | 16.8 | 16.8 | 20 | 23.2 | 23.2 |
| 电功率 | kW | 4.85 | 5.25 | 5.25 | 5.25 | 6.25 | 7.25 | 7.25 |
| 外形 长 | mm | 4340 | 4793 | 4825 | 4825 | 5277 | 5702 | 5737 |
| 宽 | | 2926 | 3081 | 3367 | 3530 | 3608 | 3840 | 3917 |
| 高 | | 2627 | 2717 | 2854 | 2970 | 3038 | 3041 | 3260 |
| 运输质量 | t | 13.4 | 16.3 | 19 | 21.2 | 24.3 | 27.7 | 30.5 |
| 运行质量 | | 17.5 | 22 | 25.2 | 27.8 | 32 | 36.1 | 40.1 |

| 型　号 | YX- | 349H2 | 407H2 | 465H2 | 523H2 | 582H2 | 698H2 |
|---|---|---|---|---|---|---|---|
| 制冷量 | kW | 3490 | 4070 | 4650 | 5230 | 5820 | 6980 |
|  | $\times 10^4$ kcal/h | 300 | 350 | 400 | 450 | 500 | 600 |
|  | RT | 992 | 1157 | 1323 | 1488 | 1653 | 1984 |
| 供热量 | $\times 10^4$ kcal/h | 240 | 280 | 320 | 360 | 400 | 480 |
| 冷热水 | 冷水进出口温度 | ℃ | 12/7 | | | | | |
|  | 热水进出口温度 | ℃ | 56～60(50～60) | | | | | |
|  | 流量 | m³/h | 600(240) | 700(280) | 800(320) | 900(360) | 1000(400) | 1200(480) |
|  | 压力损失 | $\times 10^4$ Pa | 8.5 (1.36) | 9.0 (1.44) | 9.0 (1.44) | 12.8 (2.05) | 12.1 (1.94) | 4.2 (0.67) |
|  | 接管直径(DN) | mm | 300 | 300 | 350 | 350 | 350 | 400 |
| 冷却水 | 进出口温度 | ℃ | 32/38 | | | | | |
|  | 流量 | m³/h | 857 | 1000 | 1143 | 1285 | 1429 | 1714 |
|  | 压力损失 | $\times 10^4$ Pa | 9.5 | 8.0 | 5.3 | 7.5 | 7.3 | 11.9 |
|  | 接管直径(DN) | mm | 350 | 350 | 400 | 400 | 400 | 450 |
| 烟气 | 流量 | kg/h | 27 410 | 31 980 | 36 550 | 41 110 | 45 680 | 54 820 |
|  | 压力降 | $\times 10^4$ Pa | 155 | 155 | 165 | 165 | 165 | 175 |
|  | 进口尺寸(DN) | mm | 800 | 900 | 900 | 1000 | 1000 | 1200 |
|  | 出口尺寸(DN) | mm | 800 | 900 | 900 | 1000 | 1000 | 1200 |

| 型　号 | YX- | 349H2 | 407H2 | 465H2 | 523H2 | 582H2 | 698H2 |
|---|---|---|---|---|---|---|---|
| 电气 | 电源 | | 3φ-380V DC-50Hz | | | | | |
|  | 总电流 | A | 28.6 | 30.2 | 33.4 | 33.4 | 38.2 | 43 |
|  | 电功率 | kW | 8.95 | 9.45 | 10.45 | 10.45 | 11.95 | 13.45 |
| 外形 | 长 | | 6454 | 6453 | 6703 | 7403 | 7463 | 9073 |
|  | 宽 | mm | 4565 | 4797 | 5005 | 5185 | 5823 | 6206 |
|  | 高 | | 3381 | 3660 | 3804 | 3804 | 4154 | 4164 |
| 运输质量 | | t | 37.1 | 43.0 | 47.5 | 53.5 | 64.8 | 81.5 |
| 运行质量 | | | 49.5 | 58.9 | 64.7 | 72.1 | 85.8 | 106.4 |

**注**　1. 冷水允许最低出口温度 5℃。

2. 烟气进口温度 480℃；烟气出口温度：制冷运行时 170℃，供热行时 130℃。

3. 冷/热水流量适应范围为 60%～120%。

4. 冷/热水、冷却水侧污垢系数：0.086m²·K/kW(0.0001m²·h·℃/kcal)。

5. 负荷可调节范围为 25%～100%。

6. 常压型机组的冷热水、冷却水水室最高承压 0.8MPa。

7. 机组运输架高度为 180mm，自 Y480-262 及以上机组的运输架为下沉式，运输高度增加 60mm。

8. 机组运输质量已含运输架质量，但不包含溶液质量。

表 2-63　　　　　　烟气型溴化锂吸收式冷(热)水机组主要技术参数

| 型　号 | | 单位 | ED10 ARU | ED10 BRU | ED10 CRU | ED20 ATRU | ED20 BTRU | ED20 CTRU | ED20 DTRU |
|---|---|---|---|---|---|---|---|---|---|
| 制冷量 | | RT | 50 | 75 | 100 | 115 | 136 | 173 | 207 |
| | | kW | 176 | 264 | 352 | 404 | 478 | 608 | 728 |
| 冷冻水 | 流量 | m³/h | 30.2 | 45.4 | 60.5 | 69.6 | 82.3 | 104.6 | 125.2 |
| | 进出口温度 | ℃ | 12/7 | 12/7 | 12/7 | 12/7 | 12/7 | 12/7 | 12/7 |
| | 阻力损失 | ×10⁴Pa | 2.7 | 4.5 | 4.8 | 1.2 | 1.5 | 3.7 | 4.6 |
| | 接管直径(DN) | mm | 80 | 80 | 80 | 125 | 125 | 125 | 125 |
| 冷却水 | 流量 | m³/h | 54 | 81 | 108 | 119 | 141 | 179 | 215 |
| | 进出口温度 | ℃ | 32/37 | 32/37 | 32/37 | 32/37 | 32/37 | 32/37 | 32/37 |
| | 阻力损失 | ×10⁴Pa | 4.0 | 6.0 | 7.0 | 2.0 | 2.2 | 5.6 | 5.9 |
| | 接管直径(DN) | mm | 100 | 100 | 100 | 150 | 150 | 150 | 150 |
| 烟气 | 进口温度 | ℃ | 275~600 | | | | | | |
| | 出口温度 | ℃ | 170~200 | | | | | | |
| | 余热回收 | kcal/h | 118 125 | 177 188 | 236 250 | 248 400 | 293 760 | 373 680 | 447 120 |
| | | kW | 137 | 206 | 275 | 289 | 342 | 435 | 520 |
| 外形尺寸 | 长 | mm | 2600 | 2850 | 2850 | 3100 | 3100 | 4100 | 4100 |
| | 宽 | mm | 1900 | 2050 | 2050 | 2400 | 2400 | 2600 | 2600 |
| | 高 | mm | 2000 | 2200 | 2200 | 2700 | 2700 | 2800 | 2800 |
| 运行质量 | | t | 5.1 | 5.3 | 5.4 | 7.8 | 8.1 | 9.8 | 10.2 |
| 电源容量 | | kVA | 5.7 | 5.7 | 5.7 | 7.6 | 7.6 | 7.6 | 7.6 |

| 型　号 | | 单位 | ED30 ATRU | ED30 BTRU | ED30 CTRU | ED40 ATRU | ED40 BTRU | ED40 CTRU |
|---|---|---|---|---|---|---|---|---|
| 制冷量 | | RT | 257 | 292 | 344 | 380 | 432 | 482 |
| | | kW | 904 | 1027 | 1210 | 1336 | 1519 | 1695 |
| 冷冻水 | 流量 | m³/h | 155.4 | 176.6 | 208.1 | 229.8 | 261.3 | 291.5 |
| | 进出口温度 | ℃ | 12/7 | 12/7 | 12/7 | 12/7 | 12/7 | 12/7 |
| | 阻力损失 | ×10⁴Pa | 4.1 | 4.5 | 7.2 | 6.2 | 6.4 | 6.9 |
| | 接管直径(DN) | mm | 150 | 150 | 150 | 200 | 200 | 200 |
| 冷却水 | 流量 | m³/h | 266 | 303 | 357 | 394 | 448 | 500 |
| | 进出口温度 | ℃ | 32/37 | 32/37 | 32/37 | 32/37 | 32/37 | 32/37 |
| | 阻力损失 | ×10⁴Pa | 5.4 | 5.6 | 4.2 | 3.5 | 3.6 | 3.9 |
| | 接管直径(DN) | mm | 200 | 200 | 200 | 250 | 250 | 250 |
| 烟气 | 进口温度 | ℃ | 275~600 | | | | | |
| | 出口温度 | ℃ | 170~200 | | | | | |
| | 余热回收 | kcal/h | 555 120 | 630 720 | 743 040 | 820 800 | 933 120 | 1 041 120 |
| | | kW | 646 | 734 | 864 | 955 | 1085 | 1211 |
| 外形尺寸 | 长 | mm | 4400 | 4400 | 5000 | 5100 | 5100 | 5100 |
| | 宽 | mm | 2800 | 2800 | 3000 | 3100 | 3100 | 3100 |
| | 高 | mm | 3000 | 3000 | 3000 | 3400 | 3400 | 3400 |
| 运行质量 | | t | 12.6 | 13.0 | 14.8 | 17.7 | 18.3 | 19.0 |
| 电源容量 | | kVA | 9.1 | 9.1 | 9.1 | 11.2 | 11.2 | 11.2 |

| 型　号 | | 单位 | ED50ATRU | ED50BTRU | ED60ATRU | ED60BTRU | ED60CTRU | ED60DTRU |
|---|---|---|---|---|---|---|---|---|
| 制冷量 | | RT | 526 | 584 | 695 | 772 | 823 | 911 |
| | | kW | 1850 | 2054 | 2444 | 2715 | 2894 | 3204 |
| 冷冻水 | 流量 | m³/h | 318.1 | 353.2 | 420.3 | 466.9 | 497.8 | 551.0 |
| | 进出口温度 | ℃ | 12/7 | 12/7 | 12/7 | 12/7 | 12/7 | 12/7 |
| | 阻力损失 | ×10⁴Pa | 6.8 | 7 | 4.7 | 5 | 5.4 | 5.8 |
| | 接管直径(DN) | mm | 200 | 200 | 250 | 250 | 250 | 250 |
| 冷却水 | 流量 | m³/h | 545 | 605 | 721 | 800 | 853 | 945 |
| | 进出口温度 | ℃ | 32/37 | 32/37 | 32/37 | 32/37 | 32/37 | 32/37 |
| | 阻力损失 | ×10⁴Pa | 3.4 | 3.5 | 4.7 | 4.8 | 5.8 | 5.9 |
| | 接管直径(DN) | mm | 300 | 300 | 350 | 350 | 350 | 350 |
| 烟气 | 进口温度 | ℃ | 275～600 | | | | | |
| | 出口温度 | ℃ | 170～200 | | | | | |
| | 余热回收 | kcal/h | 1 136 160 | 1 261 440 | 1 501 200 | 1 667 520 | 1 777 680 | 1 967 760 |
| | | kW | 1321 | 1467 | 1746 | 1939 | 2067 | 2289 |
| 外形尺寸 | 长 | mm | 5100 | 5100 | 6400 | 6400 | 7900 | 7900 |
| | 宽 | mm | 3400 | 3400 | 3400 | 3400 | 3600 | 3600 |
| | 高 | mm | 3600 | 3600 | 3600 | 3600 | 3700 | 3700 |
| 运行质量 | | t | 21.4 | 23.0 | 28.4 | 29.5 | 40.6 | 42.1 |
| 电源容量 | | kVA | 13.4 | 13.4 | 15.5 | 15.5 | 18.1 | 20.3 |
| 型　号 | | 单位 | ED70ATRU | ED70BTRU | ED80ATRU | ED80BTRU | ED80CTRU | ED80DTRU |
| 制冷量 | | RT | 1014 | 1131 | 1224 | 1290 | 1593 | 1730 |
| | | kW | 3566 | 3978 | 4305 | 4537 | 5603 | 6084 |
| 冷冻水 | 流量 | m³/h | 613.3 | 684.0 | 740.3 | 780.2 | 963.4 | 1046.3 |
| | 进出口温度 | ℃ | 12/7 | 12/7 | 12/7 | 12/7 | 12/7 | 12/7 |
| | 阻力损失 | ×10⁴Pa | 4.6 | 4.9 | 3.9 | 3.9 | 7.2 | 7.6 |
| | 接管直径(DN) | mm | 300 | 300 | 350 | 350 | 350 | 350 |
| 冷却水 | 流量 | m³/h | 1051 | 1173 | 1269 | 1337 | 1652 | 1794 |
| | 进出口温度 | ℃ | 32/37 | 32/37 | 32/37 | 32/37 | 32/37 | 32/37 |
| | 阻力损失 | ×10⁴Pa | 5.4 | 5.7 | 5.0 | 5.0 | 7.0 | 7.3 |
| | 接管直径(DN) | mm | 400 | 400 | 450 | 450 | 450 | 450 |
| 烟气 | 进口温度 | ℃ | 275～600 | | | | | |
| | 出口温度 | ℃ | 170～200 | | | | | |
| | 余热回收 | kcal/h | 2 190 240 | 2 442 960 | 2 643 840 | 2 786 400 | 3 440 880 | 3 736 800 |
| | | kW | 2547 | 2841 | 3075 | 3241 | 4002 | 4346 |
| 外形尺寸 | 长 | mm | 8200 | 8200 | 8400 | 8400 | 9600 | 9600 |
| | 宽 | mm | 3900 | 3900 | 4500 | 4500 | 4500 | 4500 |
| | 高 | mm | 4200 | 4200 | 4500 | 4500 | 4500 | 4500 |
| 运行质量 | | t | 51.6 | 52.9 | 67.4 | 68.6 | 76.3 | 77.8 |
| 电源容量 | | kVA | 20.3 | 20.3 | 20.3 | 25.3 | 25.3 | 25.3 |

注　1. 可根据发电机组实际工况定制。

2. 外形尺寸及质量数据仅供参考。

3. 冷冻水及冷却水污垢系数为 0.086m²K/kW。

4. 冷冻水及冷却水侧水室承压为 0.8MPa。

5. 冷冻水最低允许出口温度为 3.5℃。

（3）机组性能。外部条件（如空调负荷、冷却水温度等）变化时，机组制冷（热）量、性能和相关参数相应改变，图 2-95～图 2-99 所示为机组变工况运行的性能曲线，供用户需要机组变工况运行时参考，但机组的变工况运行不能超出其允许工作范围。

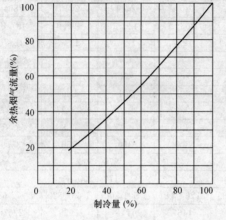

图 2-95　制冷量与余热烟气量关系

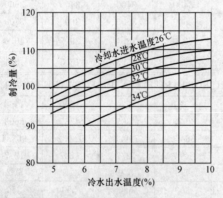

图 2-96　制冷量与冷水出口温度、冷却水进口温度的关系

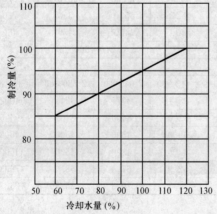

图 2-97　制冷量与冷却水量的关系

3. 烟气补燃型溴化锂吸收式冷（热）水机组

烟气补燃型溴化锂吸收式冷（热）水机组是以内燃机（或燃气轮机）发电机组或其他外部装

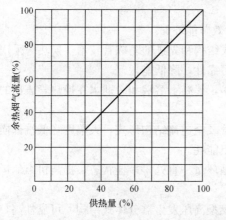

图 2-98 供热量与余热烟气量的关系

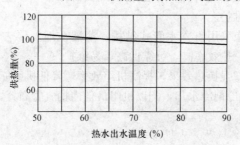

图 2-99 供热量与热水出口温度的关系

置排放的高温烟气为驱动热源，以燃油、燃气的燃烧热做辅助驱动热源的溴化锂吸收式冷（热）水机组。机组由烟气型高压发生器、补燃型高压发生器、低压发生器、冷凝器、蒸发器、吸收器和高温热交换器、低温热交换器等主要部件及抽排气装置、熔晶管、屏蔽泵（溶液泵、冷剂泵）等辅助部分组成。机组所使用烟气必须洁净，无黑烟及粉尘、无腐蚀性介质，可利用烟气温度大于或等于250℃，适用于有高温烟气、燃料和空调需求的场所，如分布式能源系统、工业窑炉烟气余热利用，工作流程如图 2-100 所示。

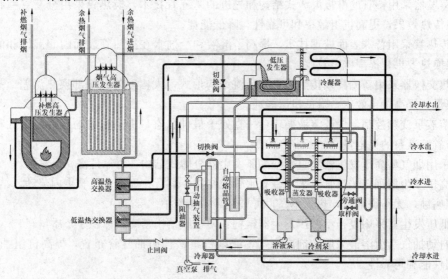

图 2-100 烟气补燃型溴化锂吸收式冷（热）水机组工作流程

165

产品特性及工艺特点：

（1）机组 COP 最高达到 1.45，高效节能环保。

（2）蒸发器采用特有的淋板淋激式结构和先进的防冻管技术，换热管采用全新管型和布置方式，增强传热效果，提高机组效率和可靠性，降低能耗。

（3）传热管采用特殊表面处理技术，提高了溶液和冷剂水在换热管表面的润湿性和面积利用率，增强换热效果，提高机组效率。

（4）热交换器采用新型高效传热管及全逆流结构形式，大幅度降低端部换热温差，充分回收溶液的热量，提高机组效率，降低机组能耗。

（5）溶液泵变频控制，保证溶液循环量一直处于最佳状态，提高机组的运行稳定性和运行效率，并节省溶液泵的耗电量。

（6）采用烟气型高压发生器和直燃型高压发生器分体式结构，可靠性高，易维护。

（7）直燃型高压发生器采用湿背式结构，溶液包围炉膛和传热管束，避免高温腐蚀，无干烧部位，热效率高，可靠性高，易维护。

（8）高压发生器烟气传热管束采用直立水管式结构，溶液在烟气传热管束内流动，结构紧凑，避免高温腐蚀，无干烧部位，热效率高，可靠性高，易维护。

（9）低压发生器倾斜布置，增强换热效果，提高机组效率，降低机组能耗。

（10）自动抽气引射溶液采用冷剂冷水却，配以机组最佳内抽气管布置，提高机组抽气效果，提高机组性能和可靠性。

4. 烟气热水型溴化锂吸收式冷（热）水机组

烟气热水型溴化锂吸收式冷（热）水机组是以内燃机发电机组等外部装置排放的高温烟气和热水作为驱动热源的溴化锂吸收式冷（热）水机组。机组由烟气型高压发生器、复合型低压发生器、冷凝器、蒸发器、吸收器和高温热交换器、低温热交换器、烟气热水换热器等主要部件及抽排气装置、熔晶管、屏蔽泵（溶液泵、冷剂泵）等辅助部分组成。机组所使用烟气必须洁净，无黑烟及粉尘、无腐蚀性介质，可利用烟气温度大于或等于 250℃，可利用热水回水温度大于或等于 90℃，工作流程如图 2-101 所示。

（1）产品特性及工艺特点。

1）蒸发器采用特有的淋板淋激式结构和先进的防冻管技术，换热管采用全新管型和布置方式，增强传热效果，提高机组效率和可靠性，降低能耗。

2）传热管采用特殊表面处理技术，提高了溶液和冷剂水在换热管表面的润湿性和面积利用率，增强换热效果，提高机组效率。

3）热交换器采用新型高效传热管及全逆流结构形式，大幅度降低端部换热温差，充分回收溶液的热量，提高机组效率，降低机组能耗。

4）溶液泵变频控制，保证溶液循环量一直处于最佳状态，提高机组的运行稳定性和运行效率，并节省溶液泵的耗电量。

5）采用烟气型高压发生器和直燃型高压发生器分体式结构，可靠性高，易维护。

6）高压发生器烟气传热管束采用直立水管式结构，溶液在烟气传热管束内流动，结构紧凑，避免高温腐蚀，无干烧部位，热效率高，可靠性高，易维护。

7）低压发生器采用复合型低压发生器结构：使机组结构紧凑，体积小，质量轻。

8）自动抽气引射溶液采用冷剂冷水却，配以机组最佳内抽气管布置，提高机组抽气效果，提高机组性能和可靠性。

（2）机组主要技术参数。烟气热水型溴化锂吸收式冷（热）水机组主要技术参数见表 2-64。

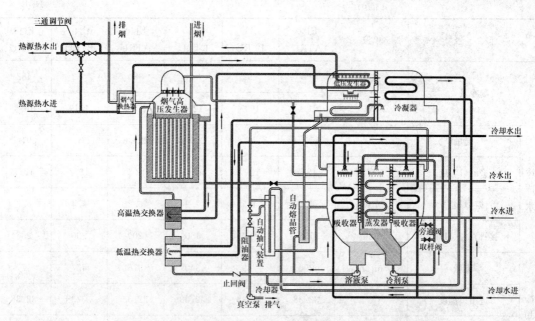

图 2-101　烟气热水型溴化锂吸收式冷（热）水机组工作流程

**表 2-64　　　　　烟气热水型溴化锂吸收式冷（热）水机组主要技术参数**

| | 型　　号 | 单位 | EJ10 ARU | EJ10 BRU | EJ10 CRU | EJ20 ATRU | EJ20 BTRU | EJ20 CTRU | EJ20 DTRU |
|---|---|---|---|---|---|---|---|---|---|
| | 制冷量 | RT | 50 | 75 | 100 | 115 | 136 | 173 | 207 |
| | | kW | 176 | 264 | 352 | 404 | 478 | 608 | 728 |
| 冷冻水 | 流量 | m³/h | 30.2 | 45.4 | 60.5 | 69.6 | 82.3 | 104.6 | 125.2 |
| | 进出口温度 | ℃ | 12/7 | 12/7 | 12/7 | 12/7 | 12/7 | 12/7 | 12/7 |
| | 阻力损失 | ×10⁴Pa | 2.7 | 4.5 | 4.8 | 1.2 | 1.5 | 3.7 | 4.6 |
| | 接管直径（DN） | mm | 80 | 80 | 80 | 125 | 125 | 125 | 125 |
| 冷却水 | 流量 | m³/h | 50 | 76 | 101 | 114 | 135 | 171 | 205 |
| | 进出口温度 | ℃ | 32/38 | 32/38 | 32/38 | 32/38 | 32/38 | 32/38 | 32/38 |
| | 阻力损失 | ×10⁴Pa | 3.5 | 5.3 | 6.1 | 1.8 | 2.0 | 5.1 | 5.4 |
| | 接管直径（DN） | mm | 100 | 100 | 100 | 150 | 150 | 150 | 150 |
| 烟气 | 进口温度 | ℃ | 275～600 | | | | | | |
| | 出口温度 | ℃ | 170～200 | | | | | | |
| | 余热回收 | kcal/h | 70 572 | 105 858 | 141 144 | 148 774 | 175 942 | 223 808 | 267 794 |
| | | kW | 82 | 123 | 164 | 173 | 205 | 260 | 311 |
| 热水 | 进口温度 | ℃ | 80～120 | | | | | | |
| | 出口温度 | ℃ | 70～110 | | | | | | |
| | 余热回收 | kcal/h | 81 158 | 121 736 | 162 315 | 185 968 | 219 927 | 279 760 | 334 742 |
| | | kW | 94 | 142 | 189 | 216 | 256 | 325 | 389 |
| 外形尺寸 | 长 | mm | 2600 | 2850 | 2850 | 3100 | 3100 | 4100 | 4100 |
| | 宽 | mm | 2100 | 2250 | 2250 | 2600 | 2600 | 2800 | 2800 |
| | 高 | mm | 2200 | 2400 | 2400 | 2900 | 2900 | 3000 | 3000 |
| | 运行质量 | t | 5.6 | 6.0 | 6.1 | 8.5 | 8.9 | 10.7 | 11.2 |
| | 电源容量 | kVA | 8.2 | 8.2 | 8.2 | 10.1 | 10.1 | 11.2 | 11.2 |

续表

| 型　号 | | 单位 | EJ30 ATRU | EJ30 BTRU | EJ30 CTRU | EJ40 ATRU | EJ40 BTRU | EJ40 CTRU |
|---|---|---|---|---|---|---|---|---|
| 制冷量 | | RT | 257 | 292 | 344 | 380 | 432 | 482 |
| | | kW | 904 | 1027 | 1210 | 1336 | 1519 | 1695 |
| 冷冻水 | 流量 | m³/h | 155.4 | 176.6 | 208.1 | 229.8 | 261.3 | 291.5 |
| | 进出口温度 | ℃ | 12/7 | 12/7 | 12/7 | 12/7 | 12/7 | 12/7 |
| | 阻力损失 | ×10⁴Pa | 4.1 | 4.5 | 7.2 | 6.2 | 6.4 | 6.9 |
| | 接管直径（DN） | mm | 150 | 150 | 150 | 200 | 200 | 200 |
| 冷却水 | 流量 | m³/h | 254 | 289 | 340 | 376 | 427 | 477 |
| | 进出口温度 | ℃ | 32/38 | 32/38 | 32/38 | 32/38 | 32/38 | 32/38 |
| | 阻力损失 | ×10⁴Pa | 4.9 | 5.1 | 3.8 | 3.2 | 3.3 | 3.5 |
| | 接管直径（DN） | mm | 200 | 200 | 200 | 250 | 250 | 250 |
| 烟气 | 进口温度 | ℃ | 275～600 | | | | | |
| | 出口温度 | ℃ | 170～200 | | | | | |
| | 余热回收 | kcal/h | 332 478 | 377 757 | 445 029 | 491 602 | 558 874 | 623 559 |
| | | kW | 387 | 439 | 518 | 572 | 650 | 725 |
| 热水 | 进口温度 | ℃ | 80～120 | | | | | |
| | 出口温度 | ℃ | 70～110 | | | | | |
| | 余热回收 | kcal/h | 81 158 | 121 736 | 162 315 | 185 968 | 219 927 | 279 760 |
| | | kW | 94 | 142 | 189 | 216 | 256 | 325 |
| 外形尺寸 | 长 | mm | 2600 | 2850 | 2850 | 3100 | 3100 | 4100 |
| | 宽 | mm | 2100 | 2250 | 2250 | 2600 | 2600 | 2800 |
| | 高 | mm | 2200 | 2400 | 2400 | 2900 | 2900 | 3000 |
| 运行质量 | | t | 5.6 | 6.0 | 6.1 | 8.5 | 8.9 | 10.7 |
| 电源容量 | | kVA | 8.2 | 8.2 | 8.2 | 10.1 | 10.1 | 11.2 |

续表

| 型　号 | | 单位 | EJ50 ATRU | EJ50 BTRU | EJ60 ATRU | EJ60 BTRU | EJ60 CTRU | EJ60 DTRU |
|---|---|---|---|---|---|---|---|---|
| 制冷量 | | RT | 526 | 584 | 695 | 772 | 823 | 911 |
| | | kW | 1850 | 2054 | 2444 | 2715 | 2894 | 3204 |
| 冷冻水 | 流量 | m³/h | 318.1 | 353.2 | 420.3 | 466.9 | 497.8 | 551.0 |
| | 进出口温度 | ℃ | 12/7 | 12/7 | 12/7 | 12/7 | 12/7 | 12/7 |
| | 阻力损失 | ×10⁴Pa | 6.8 | 7 | 4.7 | 5 | 5.4 | 5.8 |
| | 接管直径（DN） | mm | 200 | 200 | 250 | 250 | 250 | 250 |
| 冷却水 | 流量 | m³/h | 520 | 578 | 687 | 764 | 814 | 901 |
| | 进出口温度 | ℃ | 32/38 | 32/38 | 32/38 | 32/38 | 32/38 | 32/38 |
| | 阻力损失 | ×10⁴Pa | 3.1 | 3.2 | 4.3 | 4.4 | 5.3 | 5.4 |
| | 接管直径（DN） | mm | 300 | 300 | 350 | 350 | 350 | 350 |
| 烟气 | 进口温度 | ℃ | 275～600 | | | | | |
| | 出口温度 | ℃ | 170～200 | | | | | |
| | 余热回收 | kcal/h | 680 481 | 755 515 | 899 114 | 998 729 | 1 064 707 | 1 178 551 |
| | | kW | 791 | 879 | 1046 | 1162 | 1238 | 1371 |
| 热水 | 进口温度 | ℃ | 80～120 | | | | | |
| | 出口温度 | ℃ | 70～110 | | | | | |
| | 余热回收 | kcal/h | 850 601 | 944 394 | 1 123 893 | 1 248 411 | 1 330 883 | 1 473 189 |
| | | kW | 989 | 1098 | 1307 | 1452 | 1548 | 1713 |
| 外形尺寸 | 长 | mm | 5100 | 5100 | 6400 | 6400 | 7900 | 7900 |
| | 宽 | mm | 3700 | 3700 | 3800 | 3800 | 4000 | 4000 |
| | 高 | mm | 3900 | 3900 | 4000 | 4000 | 4100 | 4100 |
| 运行质量 | | t | 23.5 | 25.2 | 31.6 | 32.8 | 45.1 | 46.8 |
| 电源容量 | | kVA | 21.3 | 21.3 | 25.6 | 25.6 | 30.3 | 32.5 |

续表

| 型　号 | | 单位 | EJ70 ATRU | EJ70 BTRU | EJ80 ATRU | EJ80 BTRU | EJ80 CTRU | EJ80 DTRU |
|---|---|---|---|---|---|---|---|---|
| 制冷量 | | RT | 1014 | 1131 | 1224 | 1290 | 1593 | 1730 |
| | | kW | 3566 | 3978 | 4305 | 4537 | 5603 | 6084 |
| 冷冻水 | 流量 | m³/h | 613.3 | 684.0 | 740.3 | 780.2 | 963.4 | 1046.3 |
| | 进出口温度 | ℃ | 12/7 | 12/7 | 12/7 | 12/7 | 12/7 | 12/7 |
| | 阻力损失 | ×10⁴Pa | 4.6 | 4.9 | 3.9 | 3.9 | 7.2 | 7.6 |
| | 接管直径（DN） | mm | 300 | 300 | 350 | 350 | 350 | 350 |
| 冷却水 | 流量 | m³/h | 1003 | 1119 | 1211 | 1276 | 1576 | 1711 |
| | 进出口温度 | ℃ | 32/38 | 32/38 | 32/38 | 32/38 | 32/38 | 32/38 |
| | 阻力损失 | ×10⁴Pa | 4.9 | 5.2 | 4.6 | 4.6 | 6.4 | 6.6 |
| | 接管直径（DN） | mm | 400 | 400 | 450 | 450 | 450 | 450 |
| 烟气 | 进口温度 | ℃ | 275～600 | | | | | |
| | 出口温度 | ℃ | 170～200 | | | | | |
| | 余热回收 | kcal/h | 1 311 801 | 1 463 163 | 1 583 476 | 1 668 860 | 2 060 848 | 2 238 083 |
| | | kW | 1526 | 1702 | 1842 | 1941 | 2397 | 2603 |
| 热水 | 进口温度 | ℃ | 80～120 | | | | | |
| | 出口温度 | ℃ | 70～110 | | | | | |
| | 余热回收 | kcal/h | 1 639 752 | 1 828 954 | 1 979 345 | 2 086 075 | 2 576 060 | 279 7604 |
| | | kW | 1907 | 2127 | 2302 | 2426 | 2996 | 3254 |
| 外形尺寸 | 长 | mm | 8200 | 8200 | 8400 | 8400 | 9600 | 9600 |
| | 宽 | mm | 4300 | 4300 | 5000 | 5000 | 5000 | 5000 |
| | 高 | mm | 4600 | 4600 | 5000 | 5000 | 5000 | 5000 |
| 运行质量 | | t | 57.4 | 58.9 | 75.1 | 76.5 | 85.2 | 86.9 |
| 电源容量 | | kVA | 29.6 | 29.6 | 29.6 | 34.6 | 37.5 | 37.5 |

注　1. 可根据发电机组实际工况定制。
　　2. 外形尺寸及质量数据仅供参考。
　　3. 冷冻水及冷却水污垢系数为 0.086m²K/kW。
　　4. 冷冻水及冷却水侧水室承压为 0.8MPa。
　　5. 冷冻水最低允许出口温度为 3.5℃。

5. 烟气热水补燃型溴化锂吸收式冷（热）水机组

烟气热水补燃型溴化锂吸收式冷（热）水机组是以内燃机发电机组等外部装置排放的高温烟气和热水作为主要驱动热源，以燃油、燃气的燃烧热为辅助驱动热源的溴化锂吸收式冷（热）水机组。机组由烟气型高压发生器、补燃型高压发生器、复合型低压发生器、冷凝器、蒸发器、吸收器和高温热交换器、低温热交换器、烟气热水换热器等主要部件及抽排气装置、熔晶管、屏蔽泵（溶液泵、冷剂泵）等辅助部分组成。机组所使用烟气必须洁净，无黑烟及粉尘、无腐蚀性介质，可利用烟气温度大于或等于 250℃，可利用热水回水温度大于或等于 90℃，工作流程如图 2-102 所示。

产品特性及工艺特点：

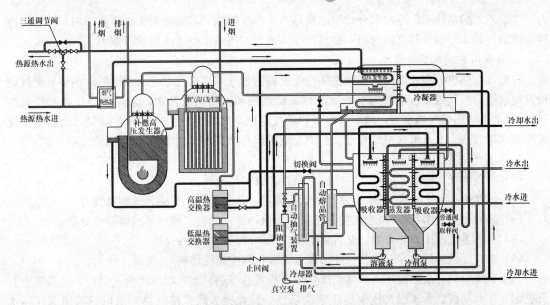

图 2-102 烟气热水补燃型溴化锂吸收式冷（热）水机组工作流程

（1）蒸发器采用特有的淋板淋激式结构和先进的防冻管技术，换热管采用全新管型和布置方式，增强传热效果，提高机组效率和可靠性，降低能耗。

（2）传热管采用特殊表面处理技术，提高了溶液和冷剂水在换热管表面的润湿性和面积利用率，增强换热效果，提高机组效率。

（3）热交换器采用新型高效传热管及全逆流结构形式，大幅度降低端部换热温差，充分回收溶液的热量，提高机组效率，降低机组能耗。

（4）溶液泵变频控制，保证溶液循环量一直处于最佳状态，提高机组的运行稳定性和运行效率，并节省溶液泵的耗电量。

（5）采用烟气型高压发生器和直燃型高压发生器分体式结构，可靠性高，易维护。

（6）直燃型高压发生器采用湿背式结构，溶液包围炉膛和传热管束，避免高温腐蚀，无干烧部位，热效率高，可靠性高，易维护。

（7）高压发生器烟气传热管束采用直立水管式结构，溶液在烟气传热管束内流动，结构紧凑，避免高温腐蚀，无干烧部位，热效率高，可靠性高，易维护。

（8）低压发生器采用复合型低压发生器结构：使机组结构紧凑，体积小，质量轻。

（9）自动抽气引射溶液采用冷剂冷水却，配以机组最佳内抽气管布置，提高机组抽气效果，以及机组性能和可靠性。

### 三、选型原则

余热型溴化锂吸收式冷（热）水机组的优势在于可以利用低品位热能，在各种形式的分布式能源系统中，都至少具有蒸汽、热水和高温烟气三种热能中的一种，只有合理选配余热型溴化锂吸收式冷（热）水机组，才能充分发挥提高系统的能源综合利用率，节约能源，提高系统经济性的优势。

1. 了解空调冷热负荷

了解用户空调冷热负荷，根据空调冷热负荷选择满足空调冷热负荷要求的合适制冷、制热量的机组。

2. 分析用户冷水、冷却水情况

了解用户冷水、冷却水进出口温度、流量，是否含乙二醇或其他腐蚀性介质以及最高工作压力。含有乙二醇的冷水、冷却水会对机组换热效果产生影响，需要加大机组换热面积；含有腐蚀性介质的冷却水影响换热管的材质；最高工作压力影响机组水路系统的承压能力。

3. 识别用户发电机组类型

在燃气冷热电分布式能源系统中常用发电设备为燃气内燃机发电机组和微型（小型）燃气轮机发电机组。燃气内燃机发电机组的余热有高温烟气和发动机缸套水，余热型溴化锂吸收式冷（热）水机组选用烟气热水型；微型（小型）燃气轮机发电机组的余热有高温烟气，余热型溴化锂吸收式冷（热）水机组选用烟气型。识别发电机组类型有助于做出初步选型。

4. 掌握用户余热情况

(1) 余热烟气：温度、流量、洁净度，是否含腐蚀性介质。

(2) 发动机缸套水：供/回水温度、热量、流量，是否含乙二醇或其他腐蚀性介质。

(3) 其他余热热水：供/回水温度、热量、流量，是否含乙二醇或其他腐蚀性介质。

(4) 余热蒸汽：压力、流量，是否含不凝性气体或其他腐蚀性介质。

(5) 燃料：燃料种类（天然气、城市煤气、液化气或其他燃料）、流量、压力。

如果系统中只有余热烟气，余热型溴化锂吸收式冷（热）水机组选用烟气型；如果系统中有余热烟气和发动机缸套水或其他余热热水，余热型溴化锂吸收式冷（热）水机组选用烟气热水型；如果系统中有余热蒸汽和发动机缸套水或其他余热热水，余热型溴化锂吸收式冷（热）水机组选用蒸汽热水型。另外，也可以单独利用余热蒸汽、发动机缸套水或其他余热热水，余热型溴化锂吸收式冷（热）水机组选用蒸汽热水型、热水型机组。

对有燃料的用户，当余热制冷（供热）量不能满足额定空调负荷需要时，系统中需要配置补燃型溴化锂吸收式冷水机组或其他供冷（热）负荷调节设备。

当系统中只有一台余热型溴化锂吸收式冷（热）水机组，没有其他供冷（热）负荷调节设备的情况下，适宜于配置补燃型溴化锂吸收式冷（热）水机组。

若系统中有多台余热型溴化锂吸收式冷水机组，不宜配置补燃型溴化锂吸收式冷（热）水机组，应独立配置其他供冷（热）负荷调节设备。

5. 机房条件

机房面积、高度、基础形式、机组摆放位置等，决定机组外形尺寸和各管路系统（冷水、冷却水、烟气和燃气）方向。

6. 排烟背压和排烟温度的影响

考虑排烟背压和排烟温度对余热型溴化锂吸收式冷（热）水机组的影响。发电机组特别是燃气轮机发电机组对排烟背压有较严格的要求，排烟背压过大，容易造成发电机组排烟不畅。因此，在选配余热型溴化锂吸收式冷（热）水机组时，必须选用烟气发生器阻力合适的机组。对于允许排烟背压较低的，须在余热型机组的排烟管上设置引风机，用于克服烟气发生器的阻力。

根据不同用户或用户当地环境保护部门对机组排烟温度的要求不同，余热型溴化锂吸收式冷（热）水机组的配置也不相同。对要求排烟温度在120℃，甚至更低的机组，可以在烟气发生器后部接一个烟气热水换热器，加热发动机缸套水或生活热水来进一步降低排烟温度，来满足要求。

## 四、系统设计及安装连接要点

机组外部系统有冷水和冷却水系统、烟气系统、热源热水系统、燃料系统、工作蒸汽系统、工作蒸汽凝水系统以及电气系统。

### (一) 冷水和冷却水系统

机组冷水和冷却水系统如图2-103所示。水系统管道的通径以水流速 $1.5\sim2.5\text{m/s}$ 为准来确定（各种水的额定流量见机组铭牌）。管道应尽可能少拐弯，若需要拐弯，应采用圆弧结构。所有

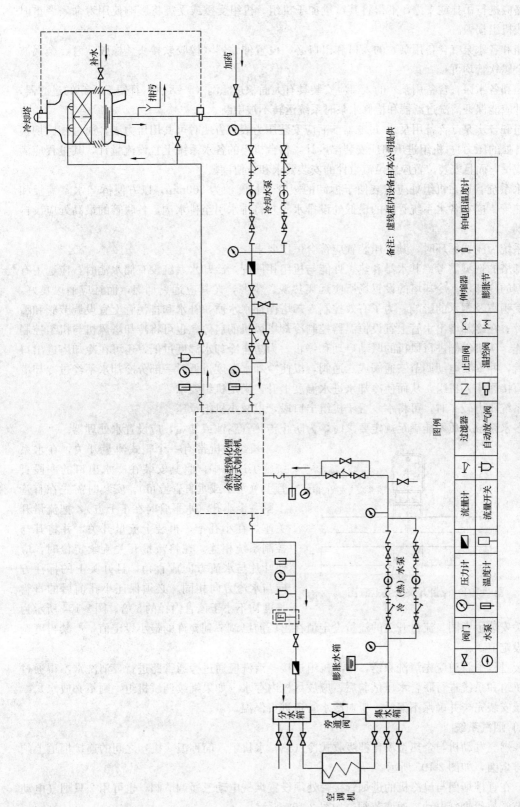

图 2-103 机组冷水和冷却水系统

备注：虚线框内设备由本公司提供

图例

| 阀门 | 水泵 | 压力计 | 温度计 | 流量计 | 流量开关 | 过滤器 | 自动放气阀 | 正回阀 | 温控阀 | 伸缩器 | 膨胀节 | 铂电阻温度计 |
|---|---|---|---|---|---|---|---|---|---|---|---|---|

机外管路应进行吊挂或支撑，不得将其重量加于机组。机组受重或受震将影响使用寿命，严重时可能造成机组损毁。

机组和各水泵（含备用泵）的入口和出口必须设置伸缩器（橡胶软接头、橡胶软管、金属波纹管、金属软管均可）。

机组和各水泵（含备用泵）的入口应安装具有大面积过滤网（5～8目）且便于拆卸的过滤器，管路设计应能保证清洗过滤器和检修水泵时系统运转不被中断。

机组和各水泵（含备用泵）、过滤器前后应安装压力表（方便时可共用压力表，通过阀门切换来测量各处的压力）。机组进出口应安装温度计，每台机组的各水系统上宜设流量计，其量程应满足额定流量，而且安装位置应满足流量计的安装要求和方便读数。

冷水系统管道在机组处应安装便于拆卸的短管，长度约为800mm，以方便拆卸水室盖板和清洗传热管。应在各水系统管路的最低处设排水阀并将排水引至排水沟，各联管的最高处应设自动排气阀。

水系统为闭式循环时，其定压装置应符合恒压要求。

冷却塔的选型需考虑其水量和热工性能与机组相匹配，冷却水系统没有储水池时，应选用有集水槽型的冷却塔。冷却塔的设置场所应远离热源、尘源，尤其应远离烟囱，而且应通风良好，并考虑其噪声及飘水的影响。为了有效控制冷却塔循环水水质，补水和排污管上宜设调节阀和瞬时流量计。在冷却塔出水管上宜设恒温器控制冷却塔风机的启停，也可将冷却塔风机与机组控制系统相连，从机组侧进行风机的联动启动和停止。为防止冷却水温度过低，还可在冷却塔进出口设旁通管，并安装电动调节三通阀或二通阀，以使冷却水温度过低时一部分冷却水不经过冷却塔降温而直接回流入机组，从而使冷却水进水温度上升，满足机组要求。

水系统压力较高时，可将水泵置于机组出口段，以减小机组承压。

当各水系统水质不能满足规定要求时，为防止传热管腐蚀或结垢，应设置水处理器。

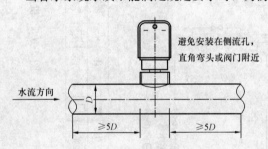

图2-104　流量开关安装示意图

机组随机带有一个靶式流量开关，在水系统施工过程中，将其安装在冷水出口的一段直管上（水平或垂直管皆可）。安装时需先在直管上割一个小孔（水平管时在正上方），把流量开关座焊在小孔上，再装上流量开关，并将其与控制系统相连。在将流量开关旋紧定位时，应使叶片与水流方向成直角，且开关上的标注方向与水流方向相同。必须保证小孔前后的直管长度均不小于该管内径的5倍。图2-104所示为流量开关安装示意图。流量开关的流量设定值在出厂前已调节到允许的最小设定值，严禁再度调小流量设定值。

安装过程中管道应先清洗除锈，再与机组连接。清洗应通过旁通管路进行，清洗水不得通过机组。机组和系统进行联合水压试验后，应放尽机内存水（如果继续调试机组，则不必放水）。

系统安装完毕并确保不漏后，应对冷水管道进行保温。

**（二）烟气系统**

（1）燃气发动机与余热型溴化锂吸收式冷（热）水机组（简称溴冷机）之间的连接烟道上须设置直排烟囱，如图2-105所示。

（2）在直排烟囱与溴冷机的进烟管接管处须设置烟气电动三通调节阀，也可用2只烟气电动两通调节阀替代烟气电动三通调节阀，如图2-106所示。

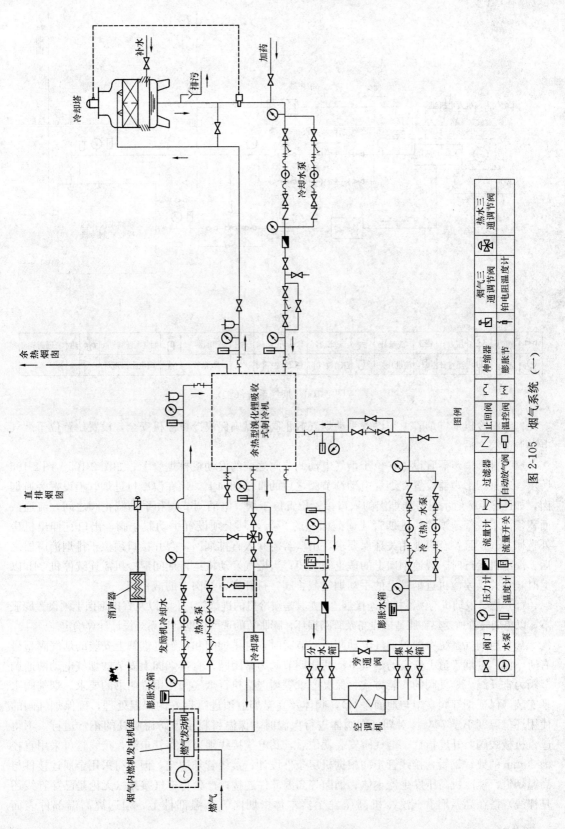

图 2-105　烟气系统（一）

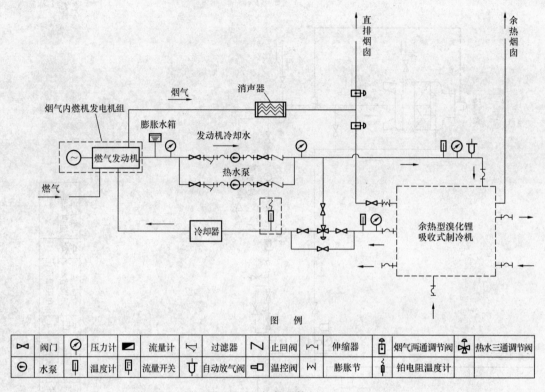

图 例

| ⋈ | 阀门 | ⊘ | 压力计 | ◢ | 流量计 | ⤵ | 过滤器 | ⋌ | 止回阀 | ⊢⊣ | 伸缩器 | 🔲 | 烟气两通调节阀 | ✦ | 热水三通调节阀 |
|---|---|---|---|---|---|---|---|---|---|---|---|---|---|---|---|
| ⊖ | 水泵 | ▯ | 温度计 | ▣ | 流量开关 | ⊔ | 自动放气阀 | ⊐ | 温控阀 | ⋀⋀ | 膨胀节 | ▮ | 铂电阻温度计 | | |

图 2-106　烟气系统（二）

（3）溴冷机的进烟管上须设置手动烟气截止阀，以确保溴冷机停机安全，设置位置位于烟气电动调节阀之后。

（4）排烟消声器宜设置在位于烟气电动调节阀之前的发动机排烟管上，如图 2-105、图 2-106 所示。若排烟消声器设置在烟气电动调节阀之后的直排烟囱上，须在溴冷机进烟管上设置旁通烟囱，如图 2-107 所示。旁通烟囱的入口接管位置位于烟气电动调节阀和手动截止阀之间，流通截面积须大于或等于溴冷机进烟管流通截面积的 25％，其上须设置手动截止阀，出口宜伸出机房外直通大气，且符合当地相关环保要求，出口若需并入直排烟囱，合并接口须位于排烟消声器之后。溴冷机运行时，旁通烟囱上的截止阀关闭；当燃气发动机运行期间溴冷机需连续停机 24h 以上时，须关闭溴冷机进烟管上的手动烟气截止阀，打开旁通烟囱上的截止阀。

（5）燃气发动机与溴冷机的连接烟道（尤其是溴冷机的进烟管）上，以及直排烟囱上须设置膨胀节，以免烟气管道受热膨胀造成设备及管路损坏，膨胀节的选型根据烟道系统设计计算确定。

（6）当烟气系统中配置烟气电动两通调节阀时，直排烟囱和机组进烟管上安装的烟气阀型号有所不同。进烟管道上安装的烟气电动两通调节阀为常闭阀；直排烟囱上安装的烟气电动两通调节阀为常开阀。烟气阀的安装方式、保温要求等须严格执行烟气阀使用说明书的要求。烟气阀水平安装（保证烟气阀支架与地面平行），阀体及高温烟道须进行良好的保温处理，确保烟气阀的使用环境温度小于 70℃。对烟气阀阀体进行保温时，保温材料不得妨碍阀杆的正常运行，不得遮盖机械式阀门开度指针。烟气阀安装就位后，其电气接线须采用穿管走线，接线管可采用直径为 20mm 的镀锌钢管，接线管走向根据机房条件设计；接线管须固定，但不得采用金属连接件与高温烟道、溴冷机高压发生器本体、烟囱等高温部件连接；严禁将电气接线（无论是已穿管线还是裸线）搭在高温烟道、溴冷机高压发生器本体、烟囱等高温部件上，须远离高温部件表面

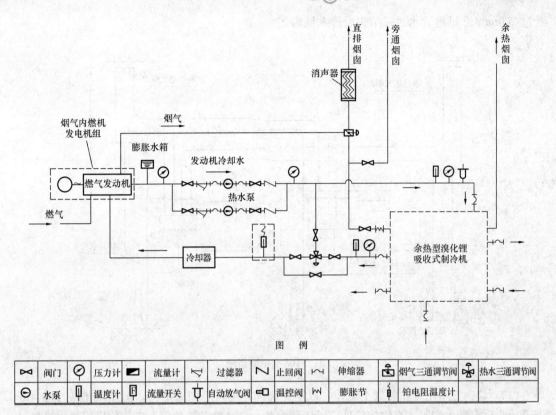

图　例

| ⋈ | 阀门 | ⊘ | 压力计 | ◢ | 流量计 | ⊻ | 过滤器 | ↗ | 止回阀 | ↭ | 伸缩器 | ⊕ | 烟气三通调节阀 | ⊕ | 热水三通调节阀 |
|---|---|---|---|---|---|---|---|---|---|---|---|---|---|---|---|
| ⊝ | 水泵 | ⊡ | 温度计 | ⊡ | 流量开关 | ⊻ | 自动放气阀 | ⊡ | 温控阀 | ⋈ | 膨胀节 | ⚲ | 铂电阻温度计 | | |

图 2-107　烟气系统（三）

100mm 以上。

（7）必须在连接烟道上设置支撑，不得将烟道的重力施加在溴冷机等设备上。

（8）直排烟囱、连接烟道及余热烟囱的设计应使整个余热烟气系统的烟气流动阻力小于或等于燃气发动机的排烟背压，烟囱高度应满足当地相关环保法规的要求；烟囱出口应设置防雨帽、避雷针和防风罩，防雨帽直径应大于烟囱直径的 2 倍；排烟口的位置必须远离冷却塔和溴冷机的空气入口位置。

（9）余热烟囱和补燃烟囱不得采用共用烟囱，须独立设置余热烟气排烟烟囱和补燃烟气排烟烟囱。

（10）机组补燃烟气排烟口处压力为 −50～0Pa，补燃烟气排烟烟囱的设计应使补燃烟气顺利排入大气，并满足当地相关环保法规的要求。

（11）补燃烟气排烟烟道和烟囱的流通截面积不应小于机组排烟口的面积。多台机组的补燃烟气可以共用同一烟道，但共用烟道截面积不宜小于各分烟道之和，且各单独的烟道部位应设置阀门，不论阀门是否自动，都必须设有容易知道阀门开度的指示。

（12）补燃烟气的烟囱高度不应低于 $(0.6L+N)$ m，其中 $L$ 为水平烟道的长度，单位为 m；$N$ 为整个烟道拐弯的数量，并且烟囱周围 200m 以内有建筑物时，烟囱应高于该建筑物 3m。

（13）连接烟道应尽可能避免采用弯管，若因系统连接限制必须采用弯管，弯管角度宜大于 90°，以最大限度降低连接烟道上的烟气流动阻力。应优先采用圆形截面烟道，汇合处宜采用图 2-108 所示结构，截面积改变宜采用渐扩或渐缩式结构。

（14）在水平烟道最低处须设置挡水槽，挡水槽接管与机组烟箱底部凝水排放管道接通，并经过 200mm 长 U 形管水封式结构后排入地沟。

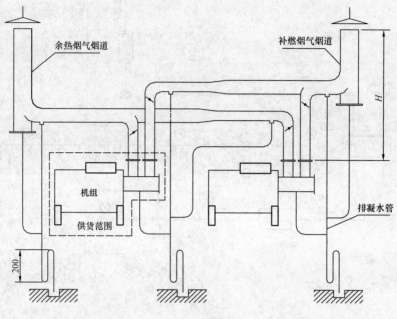

图 2-108　排烟系统

（15）烟囱宜采用砖和混凝土制作，以避免腐蚀；也可采用钢结构，但厚度不应小于 4mm。烟道受热后有较大膨胀。直段较长处应设置伸缩节；穿墙处和法兰面上应垫软质阻燃耐热材料。

（16）连接烟道、直排烟囱以及溴冷机余热烟囱的室内部分须进行保温，高温烟道的保温材料须选用使用温度高于烟气温度的材料，如硅酸铝棉等；余热烟囱的保温材料按工作温度 250℃选取（如岩棉毡、水泥珍珠岩板等）。

**（三）热源热水系统**

**1. 系统设计要求**

热源热水（即发动机冷却水）系统如图 2-109 所示，发动机和溴冷机之间的热水循环管路上须设置冷却器和膨胀水箱（或定压装置），并根据热水循环系统阻力与发动机内置水泵扬程之间的关系确定是否需设置循环水泵。冷却器可以是水－水换热器、冷却水箱或冷却塔，当冷却器采用开式冷却水箱或冷却塔时，可不设膨胀水箱。当发动机与溴冷机之间设置有板式换热器时，冷却器宜设置在发动机冷却水循环管路上。冷却器的运行控制由发电机组的控制系统或机房集中控制系统控制，目的是使发动机的冷却水回水温度小于或等于其最高允许回水温度。当热水循环系统为闭式循环系统时，其定压装置应符合恒压要求，应确保系统的膨胀排水和泄漏补水要求。

**2. 合流型热水电动三通调节阀**

溴冷机的热源热水进出口管道上必须设置合流型热水电动三通调节阀，并同时在热水回水管上设置铂电阻温度计（由铂电阻套管和铂电阻组成）。热水电动三通调节阀由用户自备，铂电阻和铂电阻套管配套随机组发货，由用户按图 2-105 所示安装在靠近机组的热水系统上。热水电动三通调节阀优先考虑垂直安装，即电动执行器向上，特殊场合可倾斜或水平安装，但要加支撑。

安装调节阀前应清洗管道，阀门入口侧安装过滤器，同时阀体上的箭头方向与水的流向一致。调节阀顶部需预留 160mm 以上的空间，以便安装和拆卸维修。铂电阻安装在三通阀后的热水回水管上。先在管上开一小孔，将铂电阻套管插入后焊牢。当热水管径小于或等于 DN65 时，

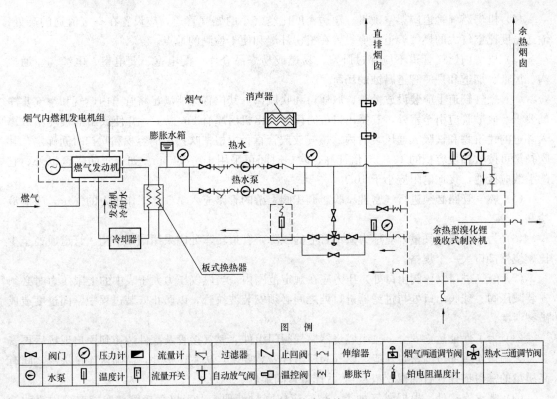

图例

| | | | | | | | | | | | | | |
|---|---|---|---|---|---|---|---|---|---|---|---|---|---|
| ▷◁ | 阀门 | ⊘ | 压力计 | ◣ | 流量计 | ⌐ | 过滤器 | ∠ | 止回阀 | ⌐⌐ | 伸缩器 | ⊞ | 烟气两通调节阀 | ⊗ | 热水三通调节阀 |
| ⊖ | 水泵 | ▯ | 温度计 | F | 流量开关 | ∪ | 自动放气阀 | ⊡ | 温控阀 | ∿ | 膨胀节 | ▮ | 铂电阻温度计 | | |

图 2-109　热源热水系统

套管插入管道长度为管道直径的 2/3；当热水管径大于 DN65 时，套管插入长度为 50mm。套管焊好后在套管内注入导热油脂，再插入铂电阻拧紧，安装完成后与控制系统相连。

3. 保温

热水系统管道安装完毕、检验合格后，应对管道进行保温。热水三通调节阀的阀体需同管道一样进行保温，但电动执行器不保温。

**（四）燃气系统**

燃气系统如图 2-110 所示。系统设计施工考虑的重点是安全和燃气压力（或流量）。燃气的质量要求和系统的设计、施工应符合 GB 5004—2008《锅炉房设计规范》、GB 50028—2006《城镇燃气设计规范》和《工业企业燃气安全规程》。

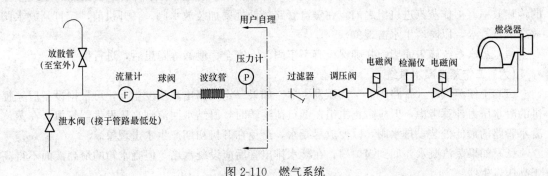

图 2-110　燃气系统

（1）在引入机房的燃气母管上，应设置总阀，并安装在安全和便于操作的地方。

（2）机房燃气管道应架空敷设。输送密度比空气小的燃气管道，应设置在空气流通的高处；输送密度比空气大的燃气管道，应设置在机房外墙和便于检测的地点。

（3）机房内燃气管道不应穿过卧室、易燃或易爆品仓库、配电室、变电室、电缆沟、通风沟、风道、烟道和易使管道腐蚀的场所。

（4）燃气管道上应装设放散管、取样口和吹风口，其位置应能满足将管道内燃气和空气吹净的要求。放散管应引至室外，其排出口应防雨并高出机房屋脊 2m 以上，并使放出的气体不致窜入邻近的建筑物和被吸入通风装置内。燃气放散管直径应根据吹扫段的容积和吹扫时间确定，其吹扫量可按吹扫段容积的 10～20 倍计算，吹扫时间可采用 15～20min。如位于防雷区以外，它的引线应接地，接地电阻应小于 10Ω。

（5）燃气管路必须进行气密性试验。调压阀上游的管路充入 1.5 倍工作压力的气压，施皂液检漏。

（6）为了确保燃气量，应尽力减小管道的压降，管道转弯处应采用圆弧结构。管道通径至少比燃烧器接口大一个规格。

（7）燃气进口（球阀出口处）压力应在规定范围内。当燃气压力大于表中的上限压力时必须安装减压阀。球阀出口处与过滤器进口处之间必须安装波纹管，以防止安装过程中紧固过度造成破裂泄漏。

（8）为了保证运输安全，机组燃烧器燃气阀门组件、燃气接管及配件装箱到用户现场后再安装。为确保连接部位的密封性能，燃气阀门组件安装要求：法兰连接处，需确认连接法兰之间有高质量的密封垫片（石棉橡胶垫），然后拧紧紧固螺母。

（9）螺纹连接处，根据燃气种类，螺纹应作密封处理：人工煤气接管，连接螺纹用铅油涂抹，然后缠上麻丝。

（10）天然气接管，连接螺纹用聚四氟乙烯生料带作密封填料。

**（五）工作蒸汽系统**

（1）工作蒸汽管道的通径以汽速 20～30m/s 为准来确定，机组额定蒸汽耗量见机组铭牌。管道尽可能少拐弯，若需要拐弯，应采用圆弧结构。管道的安装应按有关标准进行。

（2）调节阀与机组距离应尽可能短，供给蒸汽压力高于高压发生器设计压力时还应安装减压阀，管路设计应确保检修和保养减压阀、调节阀时系统运转不被中断。减压阀与蒸汽调节阀的前后应装有手动截止阀，以便在机组突然停机时，切断工作蒸汽。工作蒸汽过热度不能太高，如果工作蒸汽温度高过 180℃，应装降温装置。

（3）如果工作蒸汽含有水分，其干度低于 0.99 时，要装设汽水分离器，以保证高压发生器的传热效率。工作蒸汽进机组之前，在蒸汽管路最低处要加装放水阀。在开机前，应打开放水阀放净蒸汽凝水，以防产生水击现象。

（4）蒸汽系统施工完毕，并确保没有不牢固、不安全、泄漏等隐患后，进行保温。

**（六）工作蒸汽凝水系统**

（1）工作蒸汽凝水管路应低于高压发生器。如果一定要高出高压发生器，可根据设备厂家提供的凝水压力计算考虑，但应防止机组在低负荷运转时，凝结水回流到高压发生器管束。在蒸汽凝水管路的最低处装设排水阀，以便放尽凝水，避免在开机初期产生水击现象。

（2）如果蒸汽凝水要回到锅炉房，在凝水排出管后应设凝水箱，但凝水箱的最高液面不得高于高压发生器。

（3）系统与机组接通前必须清洗干净，否则水、汽中的渣物进入机组将堵塞传热管，会使机组性能下降，并引起机组传热管冻裂等严重后果。

### （七）电气系统

（1）机组电源为三相五线制交流电源，电压 380V，电源线由用户送至机组电控箱，调试时由专业人员接通（相线和零线接至电控箱内端子排，地线接至箱内接地螺栓）。动力线规格必须满足机组配电功率要求，配电功率见机组铭牌。

（2）为保证机组安全运行，机组必须有专门的接地极，接地电阻不得大于 $10\Omega$。机组电气设备接地端应可靠地与接地极相连。若没有专用接地极或以零线代替接地极，将造成机组损坏或人身伤亡事故。

（3）标准供货的机组均带有外部系统联动功能，用户必须将冷水、冷却水泵（含备用泵）及冷却塔风机与机组控制系统相连，从机组侧进行水泵、风机的联动启动和停止。如受条件限制，当多台机组采用同一个冷却水系统时，必须在每台机组的冷却水入口设置电动阀，与控制系统联动。用户配电屏内应有辅机联动端子给机组进行冷水泵、冷却水泵、冷却塔风机的联动控制，由用户敷设导线并做好标志，每台机组 10 根，线径为 $0.75mm^2$。动力线与控制线应分管敷设。冷水、冷却水泵（含备用泵）及冷却塔风机必须与机组控制系统联动，如受条件限制，每台机组冷却水入口必须设置电动阀与控制系统联动，否则容易产生冻管等不良后果。

（4）用户火灾检测器、感振器等需紧急停止机组运行的信号，应接至机组控制箱紧急停止信号接线端子。

## 五、运行控制和安全保护

机组控制系统采用先进的触摸屏作为人机界面，与可编程序控制器（PLC）、变频器、温度采集模块、模拟量输出模块、交流接触器、热继电器、中间继电器、液位控制器等控制元件，和铂电阻、靶式流量开关、液位电极、压力传感器等外围输入传感器一起，实现对机组的最优化控制。

### （一）控制系统

#### 1. 控制系统功能

控制系统有自动、手动两种控制方式，一般情况下均采用自动控制方式，手动控制方式仅在机组调试及处理故障时采用。

控制系统具有按程序自动启停机组、参数设定、冷却水进口温度限度控制、溶液浓度限度控制、负荷自动调节、溶液循环量自动调节以及运行参数实时检测和显示、安全保护、故障自动报警、数据记忆、资料储存等功能，实现对机组运行的高效和全自动控制。控制系统常用功能见表 2-65。

表 2-65　　　　　　　　　　　　控制系统常用功能

| 序号 | 功 能 名 称 | 功 能 简 介 |
|---|---|---|
| 1 | 参数设定 | 根据现场情况，由专业人员设定机组冷水出口温度等参数，使机组在预期的或最优化的工况下运行 |
| 2 | 自动启、停机组 | 操作人员只需按照触摸屏上提示的内容轻轻按一下屏幕，即可自动启、停机组，并使机组在设定的工况下稳定运行 |
| 3 | 冷却水进口温度限度控制 | 在冷却水低温（18~28℃）的情况下，通过限度控制限制机组的加热量，达到机组的安全稳定运行 |
| 4 | 溶液浓度限度控制 | 控制系统根据测得的实际运行参数，计算出浓溶液浓度、结晶温度和安全温度，当有结晶危险时，自动调整机组运行工况 |
| 5 | 负荷自动调节 | 根据冷水出口温度变化，自动调节机组热源供应量，从而调节机组制冷量，以适应外界负荷的变化 |

续表

| 序号 | 功　能　名　称 | 功　能　简　介 |
|---|---|---|
| 6 | 溶液循环量自动调节 | 控制系统根据对高发液位及高发压力的检测，控制变频器输出频率，从而调节溶液泵转速，使溶液循环量满足机组运行工况要求 |
| 7 | 运行参数的实时检测和显示 | 控制系统由外部检测元件，实时检测机组温度、压力、液位等参数，通过触摸屏进行显示，方便操作人员了解机组运行状况 |
| 8 | 安全保护 | 控制系统对机组运行到不安全工况时进行保护，并自动进行处理 |
| 9 | 故障自诊断 | 机组发生故障时，自动发声报警，并指出故障位置及处理措施 |
| 10 | 数据储存 | 控制系统自动储存一周内的运行参数，前5次故障内容，以及前3次发生故障时的故障内容和运行参数 |
| 11 | 资料储存 | 控制系统中储存有机组工作原理、操作维护指南、触摸屏操作方法等方面的资料，操作人员只需在触摸屏上轻轻一按，即可方便地学习和了解 |
| 12 | 其他扩展功能 | 控制系统还具有远程监控、集中监控等扩展功能，以满足用户要求 |

**2. 控制系统构成**

控制系统构成如图 2-111 所示。

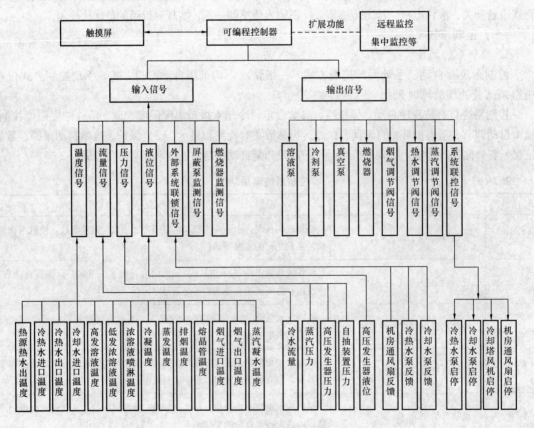

图 2-111　控制系统构成

## (二) 机组运行

### 1. 制冷运行

(1) 程序开机。

1) 合上机组控制箱上的空气开关，确认机组"故障监视"画面上无故障灯亮（除冷热水断水故障外），切换到"机组监视"画面。

2) 确认冷水泵出口阀门处于关闭位置后启动冷水泵，逐步打开冷水泵出口阀门，调整冷水流量（或压差）到机组额定流量（或压差）。

3) 确认冷却水泵出口阀门处于关闭位置后启动冷却水泵，逐步打开冷却水泵出口阀门，调整冷却水流量（或压差）到机组额定流量（或压差）。

4) 驱动热源有蒸汽的机组，应排尽蒸汽系统凝结水后，打开机组蒸汽进口阀门；有热源热水的机组，确认热源热水水泵出口阀门处于关闭位置后启动热源热水水泵，逐步打开热源热水水泵出口阀门，调整热源热水流量（或压差）到机组额定流量（或压差）。

5) 打开烟气截止阀。对于有补燃需求的机组，打开机组燃料进口阀门。

6) 在"机组监视"画面上按"系统启动"键，然后按"确认"、"确认完毕"键，机组进入运行状态。

7) 启动冷却塔风机，调整冷却水流量，控制冷却水出水温度。

8) 巡回检查机组运行情况，每隔2h记录一次数据。

(2) 停机程序。

1) 按"系统停止"键，自动关闭烟气阀门（或燃烧器、蒸汽进口阀门和热源热水三通阀），机组进入稀释运行状态。

2) 手动关闭烟气截止阀（或手动关闭燃料进口阀门、热源热水截止阀，停热源热水水泵）。

3) 检测到浓度控制在规定值自动停冷剂泵。

4) 机组稀释运行到规定值后延时自动停溶液泵，自动关闭冷却水泵，延时自动关闭冷水泵。

5) 切断机组控制箱电源。

### 2. 供热运行

(1) 开机程序。

1) 合上机组控制箱上的空气开关，确认机组"故障监视"画面上无故障灯亮（除热水断水故障外），切换到"机组监视"画面。

2) 确认热水泵出口阀门处于关闭位置后启动热水泵，缓慢打开热水泵出口阀门，调整热水流量（或压差）满足机组额定流量（或压差）。

3) 打开烟气截止阀门。对于有补燃需求的机组，打开机组燃料进口阀门。

4) 在"机组监视"画面上按"系统启动"键，然后按"确认"、"确认完毕"键，机组进入运行状态。

5) 巡回检查机组运行工况，每隔2h记录一次数据。

(2) 停机程序。

1) 按"系统停止"键，自动关闭烟气阀门（或燃烧器），机组进入稀释运行状态。

2) 手动关闭烟气截止阀（或手动关闭燃料进口阀门）。

3) 溶液泵延时自动关闭，再延时自动关闭热水泵。

4) 切断机组控制箱电源。

## (三) 安全保护

机组出厂时在控制系统中设有安全保护参数，当机组运行超越这些设定值时，机组报警并停机，安全保护项目见表2-66。

表 2-66 　　　　　　　　　　　　　　安 全 保 护 项 目

| 序号 | 安全保护项目 | 序号 | 安全保护项目 | 序号 | 安全保护项目 |
|---|---|---|---|---|---|
| 1 | 蒸发温度 | 7 | 冷凝温度 | 12 | 溶液泵（变频器） |
| 2 | 冷水出口温度 | 8 | 高压发生器压力 | 13 | 冷剂泵（热继电器）过电流 |
| 3 | 热水出口温度 | 9 | 蒸汽压力 | 14 | 真空泵（热继电器）过电流 |
| 4 | 冷却水进口温度 | 10 | 冷（热）水流量 | 15 | 燃烧器风机（热继电器）过电流 |
| 5 | 高发中间溶液温度 | 11 | 排烟温度 | 16 | 意外熄火等燃烧器系统安全保护 |
| 6 | 熔晶管温度 | | | | |

机组运转过程中，控制系统自动检测机组各部分运行状态，判断机组是否处于正常状态，出现下列三类故障信息时，控制系统自动处理：

（1）出现下列任何一种异常现象，机组首先停燃烧器，关闭烟气阀和热源热水三通阀，10min异常现象不消除，立即报警，转入稀释运行后，自动停机。

1）冷凝器高温；

2）高发溶液高温；

3）高发压力高；

4）排烟高温；

5）冷却水低温；

6）熔晶管高温；

7）热水高温；

8）蒸汽压力高。

（2）当出现冷剂泵过流轻故障时，机组立即报警，转入稀释运行后，自动停机；当出现燃烧器轻故障时，机组立即报警，转入稀释运行后，自动停机；当出现真空泵过流故障时，机组立即报警。当储气压力达到设定值时，机组运转监视画面上会自动跳出提示画面，操作人员可按照抽气操作方法抽气。

（3）出现下列任何一种重故障时，机组立即报警，紧急停机。

1）冷水低温；

2）冷（热）水断水；

3）冷剂水低温；

4）变频器故障。

在机组自动处理过程中，操作人员可通过按触摸屏机组运转监视画面上的"故障监视"键，消除警报声，并通过故障内容画面了解故障内容及排除方法。出现故障后，操作人员必须立即排除，故障排除后，再重新启动机组。

# 第三章　燃气冷热电分布式能源系统设计

## 第一节　负　荷　计　算

燃气冷热电分布式能源系统空调、采暖的热源为燃气发电机的余热，余热利用的多少会直接影响到发电量的大小；由于全年空调、采暖负荷不断变化，空调、采暖系统的用热量和用电量发生相应变化。因此，燃气冷热电分布式能源系统的负荷计算不能像常规空调、采暖系统那样只计算最大设计负荷，而是需预测全年空调采暖负荷，负荷的不准确将影响分布式能源系统的经济性和可靠性。

### 一、冷负荷

1. 动态负荷计算法

（1）建筑负荷模拟。根据建筑和设备专业提供的建筑图和空调设备布置，对建筑负荷计算进行简化建模。按照建筑物的尺寸和形状输入外墙、内墙参数，添加门窗，描述建筑物的拓扑结构，由此可以计算全年空调逐时负荷。

从地理位置与可用数据资源考虑，采用工程建设市典型年气象数据作为计算用的气象数据。该逐时气象数据从负荷分析软件数据库获得或从 EnergyPlus 气象数据下载页下载，导入 DeST 等负荷模拟软件作为负荷计算模型中的气象数据。

（2）典型日建筑负荷模拟。燃气冷热电分布式能源系统除要求设计日空调负荷外，还需计算不同典型日的全天负荷曲线及全年累计空调负荷等参数，从而为系统的设计选型和运行策略提供依据，故需采用动态负荷计算软件进行负荷模拟计算。

图 3-1 所示为不同属性建筑设计日冷负荷逐时变化曲线。

（3）全年建筑负荷模拟。和典型日负荷一样，采用负荷软件模拟计算出全年冷负荷变化曲线。图 3-2 所示为某项目全年逐时及延时负荷变化曲线。

2. 指标法

（1）计算公式。冷负荷的计算根据建筑面积供冷指标进行计算，即

$$Q_n = K \sum_i^n = K \sum_{i=1}^n j_i f_i q_i \tag{3-1}$$

式中　$Q_n$——空调系统设计冷负荷（W）；

$K$——同时使用系数；

$j_i$——不同类型建筑物的空调面积百分比（%）；

$f_i$——不同类型建筑物的建筑面积（$m^2$）；

$q_i$——不同类型建筑物冷负荷指标（$W/m^2$）。

根据计算预测的冷负荷，确定总装机容量，重点是确定合理的同时使用系数。

（2）同时使用系数确定。同时使用系数的计算公式为

$$同时使用系数 = \frac{各类建筑叠加某时刻最大冷负荷}{各建筑物计算日最大冷负荷之和} \tag{3-2}$$

表 3-1 为不同类型建筑冷负荷的同时使用系统。

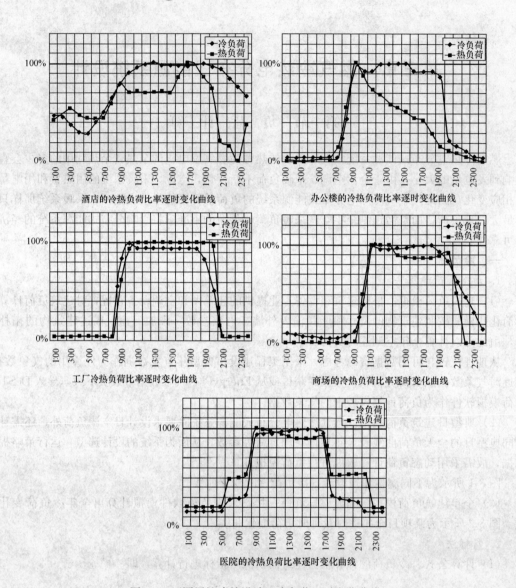

酒店的冷热负荷比率逐时变化曲线

办公楼的冷热负荷比率逐时变化曲线

工厂冷热负荷比率逐时变化曲线

商场的冷热负荷比率逐时变化曲线

医院的冷热负荷比率逐时变化曲线

图 3-1　不同属性建筑设计日冷负荷逐时变化曲线

| 表 3-1 | | 不同类型建筑冷负荷的同时使用系数 |
|---|---|---|
| 区域名称 | 同时使用系数 | 备　注 |
| 大学园区 | 0.49～0.55 | 教室、实验室、图书馆、行政办公室、体育馆、宿舍、餐厅生活服务 |
| 商务区 | 0.7～0.77 | 商业中心、办公类建筑、文化建筑、酒店、医院 |
| 综合区 | 0.65～0.7 | 上述两类主要建筑及功能同时具有 |

（3）不同类型建筑空调面积占建筑总面积的百分比，见表 3-2。

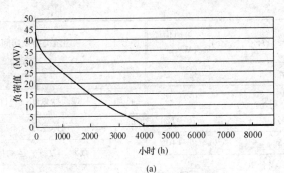

(a)

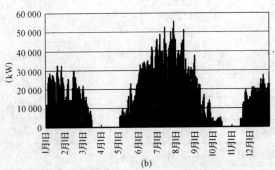

(b)

图 3-2　某项目全年逐时及延时负荷变化曲线

（a）冷负荷延时曲线图；（b）全年逐时冷热负荷

表 3-2　　　　　　　　　　不同类型建筑空调面积占建筑总面积的百分比

| 建筑类型 | 空调面积占建筑总面积的百分比（%） |
|---|---|
| 旅游旅店、酒店、饭店 | 70～90 |
| 办公、展览中心 | 65～80 |
| 剧院、电影院、俱乐部 | 75～85 |
| 医院 | 70～85 |
| 百货商店 | 65～80 |

（4）参考设计冷指标，表 3-3～表 3-5 为参考设计冷负荷指标。

表 3-3　　　　　　　　国内近年已建成空调工程回归分析得出冷负荷指标

| 序号 | 建筑类型及房间名称 | 冷负荷指标（W/m²） | 序号 | 建筑类型及房间名称 | 冷负荷指标（W/m²） |
|---|---|---|---|---|---|
| 旅　馆 | | | 8 | 小会议室（少量人吸烟） | 140～250 |
| 1 | 客房 | 70～100 | 9 | 大会议室（不准吸烟） | 100～200 |
| 2 | 酒吧、咖啡 | 80～120 | 10 | 理发、美容 | 90～140 |
| 3 | 西餐厅 | 100～160 | 11 | 健身房 | 100～160 |
| 4 | 中餐厅、宴会厅 | 150～250 | 12 | 保龄球 | 90～150 |
| 5 | 商店、小卖部 | 80～100 | 13 | 弹子房 | 75～110 |
| 6 | 大堂、接待 | 80～100 | 14 | 室内游泳池 | 160～260 |
| 7 | 中庭 | 100～180 | 15 | 交谊舞舞厅 | 180～220 |

续表

| 序号 | 建筑类型及房间名称 | 冷负荷指标<br>（W/m²） | 序号 | 建筑类型及房间名称 | 冷负荷指标<br>（W/m²） |
|---|---|---|---|---|---|
| 16 | 迪斯科歌舞厅 | 220～320 | | 写 字 楼 | |
| 17 | 卡拉OK | 100～160 | 41 | 观众休息厅（允许吸烟） | 280～360 |
| 18 | 棋牌、办公 | 70～120 | 42 | 观众休息厅（不准吸烟） | 160～250 |
| 19 | 公共洗手间 | 80～100 | 43 | 裁判、教练、运动员休息室 | 100～140 |
| | 银 行 | | 44 | 展览馆、陈列厅 | 150～200 |
| 20 | 营业大厅 | 120～160 | 45 | 会堂、报告厅 | 160～240 |
| 21 | 办公室 | 120～160 | 46 | 多功能厅 | 180～250 |
| 22 | 计算机房 | 120～160 | | 图 书 馆 | |
| | 医 院 | | 47 | 阅览室 | 100～160 |
| 23 | 高级病房 | 80～120 | 48 | 大厅、借阅、登记 | 90～110 |
| 24 | 一般病房 | 70～110 | 49 | 书库 | 70～90 |
| 25 | 诊断、治疗、注射、办公 | 75～140 | 50 | 特藏（善本） | 100～150 |
| 26 | X光、CT、B超、核磁共振 | 90～120 | | 餐 厅 | |
| 27 | 一般手术室、分娩室 | 100～150 | 51 | 营业大厅 | 200～280 |
| 28 | 洁净手术室 | 180～380 | 52 | 包间 | 180～250 |
| 29 | 大厅、挂号 | 70～120 | | 写 字 楼 | |
| | 商场、百货大楼 | | 53 | 高级办公室 | 120～160 |
| 30 | 营业厅（首层） | 160～280 | 54 | 一般办公室 | 90～120 |
| 31 | 营业厅（中间层） | 150～200 | 55 | 计算机房 | 100～140 |
| 32 | 营业厅（顶层） | 180～250 | 56 | 会议室 | 150～200 |
| | 超 市 | | 57 | 会客室（允许吸烟） | 180～260 |
| 33 | 营业厅 | 160～220 | 58 | 大厅、公共洗手间 | 70～110 |
| 34 | 营业厅（鱼肉副食） | 90～160 | | 住 宅 公 寓 | |
| | 影 剧 院 | | 59 | 多层建筑 | 88～150 |
| 35 | 观众厅 | 180～280 | 60 | 高层建筑 | 80～120 |
| 36 | 休息厅（允许吸烟） | 250～360 | 61 | 别墅 | 150～220 |
| 37 | 化妆室 | 80～120 | | 数 据 中 心 | |
| 38 | 大堂、洗手间 | 70～100 | 62 | 数据处理 | 320～400 |
| | 体 育 馆 | | | | |
| 39 | 比赛馆 | 100～140 | | | |
| 40 | 贵宾室 | 120～180 | | | |

**注**　上述指标为总建筑面积的冷负荷指标，建筑面积的总建筑面积小于 5000m² 时，取上限值；大于 10 000m² 时，取下限值。依据本表计算建筑总冷负荷时，应考虑空调房间同时使用系数。

表 3-4　　　　　　　　　　　　　　　估 算 指 标

| 建筑类型 | 冷负荷 | | 建筑类型 | 冷负荷 | |
|---|---|---|---|---|---|
| | W/m² | cal/m² | | W/m² | cal/m² |
| 住宅、公寓、标准客房 | 114~138 | 98~118 | 办公室 | 128~170 | 110~146 |
| 西餐厅 | 200~286 | 170~246 | 中庭、接待 | 112~150 | 97~129 |
| 中餐厅 | 257~438 | 220~376 | 图书馆 | 90~125 | 77~108 |
| 火锅城、烧烤 | 465~698 | 400~600 | 展厅、陈列室 | 130~200 | 112~172 |
| 小商店 | 175~267 | 150~230 | 剧场 | 180~350 | 154~310 |
| 大商场、百货大楼 | 250~400 | 215~344 | 计算机房、网吧 | 230~410 | 200~350 |
| 理发、美容 | 150~225 | 129~193 | 有洁净要求的厂房、手术室 | 300~500 | 258~430 |
| 会议室 | 210~300 | 180~258 | | | |

表 3-5　　　　　　　　　空调冷负荷法估算冷指标

| 序号 | 建筑类型及房间名称 | 空调建筑面积（m²/人） | 建筑负荷（W/m²） | 人体负荷（W/m²） | 照明负荷（W/m²） | 新风量（W/m²） | 新风负荷（W/m²） | 总负荷（W/m²） |
|---|---|---|---|---|---|---|---|---|
| 1 | 客房 | 10 | 60 | 7 | 20 | 50 | 27 | 114 |
| 2 | 宴会厅 | 1.25 | 30 | 134 | 30 | 25 | 190 | 360 |
| 3 | 小会议室 | 3 | 60 | 43 | 40 | 25 | 92 | 235 |
| 4 | 大会议室 | 1.5 | 40 | 88 | 40 | 25 | 190 | 358 |
| 5 | 健身房保龄球 | 5 | 35 | 87 | 20 | 60 | 130 | 272 |
| 6 | 舞厅 | 3 | 20 | 97 | 20 | 33 | 119 | 256 |
| 7 | 科研办公楼 | 5 | 40 | 28 | 40 | 20 | 43 | 151 |
| | 商场 | | | | | | | |
| 8 | 底层 | 1 | 35 | 160 | 40 | 12 | 130 | 365 |
| 9 | 二层 | 1.2 | 35 | 128 | 40 | 12 | 104 | 307 |
| 10 | 三层及以上 | 2 | 40 | 80 | 40 | 12 | 65 | 225 |
| | 图书馆 | | | | | | | |
| 11 | 阅览室 | 10 | 50 | 14 | 30 | 25 | 27 | 121 |
| | 展览厅 | | | | | | | |
| 12 | 陈列室 | 4 | 58 | 31 | 20 | 25 | 68 | 177 |
| | 会堂 | | | | | | | |
| 13 | 报告厅 | 2 | 35 | 58 | 40 | 25 | 136 | 269 |
| 14 | 公寓住宅 | 10 | 70 | 14 | 20 | 50 | 54 | 158 |
| | 影剧院 | | | | | | | |
| 15 | 观众厅 | 0.5 | 30 | 228 | 15 | 8 | 174 | 447 |
| 16 | 休息厅 | 2 | 70 | 64 | 20 | 40 | 216 | 370 |
| 17 | 化妆室 | 4 | 40 | 35 | 50 | 20 | 55 | 180 |
| | 体育馆 | | | | | | | |
| 18 | 比赛馆 | 2.5 | 35 | 65 | 40 | 15 | 65 | 205 |
| 19 | 休息厅 | 5 | 70 | 27.5 | 20 | 40 | 86 | 203 |
| 20 | 贵宾厅 | 8 | 58 | 17 | 30 | 50 | 68 | 173 |
| | 医院 | | | | | | | |
| 21 | 高级病房 | | | | | | | 110 |
| 22 | 一般手术室 | | | | | | | 150 |
| 23 | 洁净手术室 | | | | | | | 300 |
| 24 | X 光 CTB 超 | | | | | | | 150 |
| 25 | 餐馆 | | | | | | | 300 |

3. 逐时负荷系数法

逐时负荷系数法是参照冷负荷估算指标，将冷负荷估算指标乘以建筑物的建筑面积，计算出各种类型建筑物的空调负荷，再乘以表 3-6 中的典型日逐时冷负荷系数，得出逐时冷负荷。叠加后，找出最大逐时冷负荷，即为系统设计总冷负荷，计算公式为

$$Q = \sum_{i=1}^{n} k_i j_i f_i q_i \qquad (3\text{-}3)$$

式中　$Q$——依据逐时冷负荷系数计算出各小时逐时冷负荷中的最大值；

　　　$k_i$——各种不同类型建筑的逐时负荷系数；

　　　$j_i$——不同类型建筑物的空调面积百分比（%）；

　　　$f_i$——不同类型建筑物的建筑面积（$m^2$）；

　　　$q_i$——不同类型建筑物冷负荷指标（$W/m^2$）。

不同类型建筑物的逐时负荷系数见表 3-6。

表 3-6　　　　　　　　　　　　　不同类型建筑物的逐时负荷系数

| 时间 | 写字楼 | 宾馆 | 商场 | 餐厅 | 咖啡厅 | 夜总会 | 保龄球 |
|------|-------|------|------|------|--------|--------|--------|
| 1：00 | 0 | 0.16 | 0 | 0 | 0 | 0 | 0 |
| 2：00 | 0 | 0.16 | 0 | 0 | 0 | 0 | 0 |
| 3：00 | 0 | 0.25 | 0 | 0 | 0 | 0 | 0 |
| 4：00 | 0 | 0.25 | 0 | 0 | 0 | 0 | 0 |
| 5：00 | 0 | 0.25 | 0 | 0 | 0 | 0 | 0 |
| 6：00 | 0 | 0.50 | 0 | 0 | 0 | 0 | 0 |
| 7：00 | 0.31 | 0.59 | 0 | 0 | 0 | 0 | 0 |
| 8：00 | 0.43 | 0.67 | 0.40 | 0.34 | 0.32 | 0 | 0 |
| 9：00 | 0.70 | 0.67 | 0.50 | 0.40 | 0.37 | 0 | 0 |
| 10：00 | 0.89 | 0.75 | 0.76 | 0.54 | 0.48 | 0 | 0.30 |
| 11：00 | 0.91 | 0.84 | 0.80 | 0.72 | 0.70 | 0 | 0.38 |
| 12：00 | 0.86 | 0.90 | 0.88 | 0.91 | 0.86 | 0.40 | 0.48 |
| 13：00 | 0.86 | 1.0 | 0.94 | 1.00 | 0.97 | 0.40 | 0.62 |
| 14：00 | 0.89 | 1.0 | 0.96 | 0.98 | 1.00 | 0.40 | 0.76 |
| 15：00 | 1.00 | 0.92 | 1.00 | 0.86 | 1.00 | 0.41 | 0.80 |
| 16：00 | 1.00 | 0.84 | 0.96 | 0.72 | 0.96 | 0.47 | 0.84 |
| 17：00 | 0.90 | 0.84 | 0.85 | 0.62 | 0.87 | 0.60 | 0.84 |
| 18：00 | 0.57 | 0.74 | 0.80 | 0.61 | 0.81 | 0.76 | 0.86 |
| 19：00 | 0.31 | 0.74 | 0.64 | 0.65 | 0.75 | 0.89 | 0.93 |
| 20：00 | 0.22 | 0.50 | 0.50 | 0.69 | 0.65 | 1.00 | 1.00 |
| 21：00 | 0.18 | 0.50 | 0.40 | 0.61 | 0.48 | 0.92 | 0.98 |
| 22：00 | 0.18 | 0.33 | 0 | 0 | 0 | 0.87 | 0.85 |
| 23：00 | 0 | 0.16 | 0 | 0 | 0 | 0.78 | 0.48 |
| 24：00 | 0 | 0.16 | 0 | 0 | 0 | 0.71 | 0.30 |

4. 夏季、过渡季典型日负荷变化

夏季、过渡季典型日冷负荷变化如图 3-3 所示。

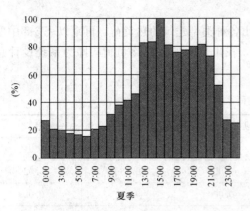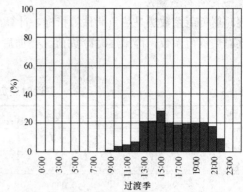

图 3-3  夏季、过渡季典型日负荷变化

## 二、热负荷

1. 动态负荷计算法

利用建筑负荷模拟软件同样可以得到典型日和全年热负荷曲线，模型的建立和气象数据设置与冷负荷模拟类似。

2. 指标法

在可研阶段或方案初设阶段，如果缺乏建筑物设计热负荷资料，则热负荷指标参照 CJJ 34—2002《城市热力网设计规范》中的指标进行计算。计算公式为

$$Q_h = q_h A_c \times 10^{-3} \tag{3-4}$$

式中　$Q_h$——采暖设计热负荷（kW）；

　　　$q_h$——采暖热指标（W/m²）；

　　　$A_c$——采暖建筑物的建筑面积（m²）。

表 3-7 为采暖热指标推荐值。

表 3-7　　　　　　　　　　　　　　采暖热指标推荐值　　　　　　　　　　　　　　W/m²

| 建筑物类型 | 采暖热指标 | |
|---|---|---|
| | 未采取节能措施 | 采取节能措施 |
| 住宅 | 58~64 | 40~45 |
| 居住区综合 | 60~67 | 45~55 |
| 学校、办公 | 60~80 | 50~70 |
| 医院、托幼 | 65~80 | 55~70 |
| 旅馆 | 60~70 | 50~60 |
| 商店 | 65~80 | 55~70 |
| 食堂、餐厅 | 115~140 | 100~130 |
| 影剧院、展览馆 | 95~115 | 80~150 |
| 大礼堂、体育馆 | 115~165 | 100~150 |

注　1. 表中数值适用于我国东北、华北、西北地区。

　　2. 热指标中已包括约 5%的管网损失。

3. 逐时负荷系数法

逐时热负荷系数法是热负荷估算指标，计算出各种类型建筑的热负荷，再乘以表3-8中的典型日逐时热负荷系数，得出逐时冷负荷。叠加后，找出最大的逐时冷负荷，即为系统设计总热负荷。

表 3-8　　　　　　　　　　　　　　逐时热负荷系数

| 小时数 | 住　宅 | 商业设施 | 办公（标准） | 酒店 | 医院 |
|---|---|---|---|---|---|
| 0 | 0.645 | 0.000 | 0.000 | 0.265 | 0.019 |
| 1 | 0.419 | 0.000 | 0.000 | 0.160 | 0.029 |
| 2 | 0.290 | 0.000 | 0.000 | 0.071 | 0.029 |
| 3 | 0.290 | 0.000 | 0.000 | 0.042 | 0.029 |
| 4 | 0.290 | 0.000 | 0.000 | 0.081 | 0.029 |
| 5 | 0.371 | 0.000 | 0.000 | 0.262 | 0.495 |
| 6 | 0.500 | 0.000 | 0.000 | 0.518 | 0.456 |
| 7 | 0.903 | 0.000 | 0.018 | 0.506 | 0.456 |
| 8 | 0.710 | 1.000 | 1.000 | 0.443 | 1.000 |
| 9 | 0.726 | 0.757 | 0.723 | 0.424 | 0.806 |
| 10 | 0.435 | 0.609 | 0.476 | 0.503 | 0.728 |
| 11 | 0.645 | 0.556 | 0.606 | 0.363 | 0.670 |
| 12 | 0.629 | 0.444 | 0.617 | 0.401 | 0.621 |
| 13 | 0.629 | 0.408 | 0.606 | 0.455 | 0.505 |
| 14 | 0.629 | 0.331 | 0.494 | 0.424 | 0.485 |
| 15 | 0.661 | 0.320 | 0.482 | 0.441 | 0.466 |
| 16 | 0.661 | 0.432 | 0.535 | 0.472 | 0.476 |
| 17 | 0.919 | 0.521 | 0.329 | 0.522 | 0.485 |
| 18 | 0.984 | 0.538 | 0.000 | 0.598 | 0.485 |
| 19 | 0.984 | 0.000 | 0.000 | 0.835 | 0.340 |
| 20 | 1.000 | 0.000 | 0.000 | 0.956 | 0.340 |
| 21 | 0.968 | 0.000 | 0.000 | 1.000 | 0.350 |
| 22 | 0.935 | 0.000 | 0.000 | 0.864 | 0.388 |
| 23 | 0.903 | 0.000 | 0.000 | 0.554 | 0.019 |

4. 冬季典型日负荷变化

冬季典型日热负荷变化如图3-4所示。

### 三、生活热水负荷

1. 动态负荷计算法

根据对同类项目运行数据的收集整理，以及对于典型项目热水负荷变化规律的总结，可以编制热水负荷曲型日变化曲线。

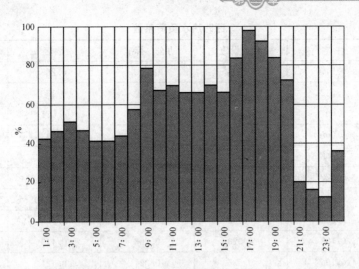

图 3-4　冬季典型日负荷变化

2. 指标法

(1) 生活热水平均热负荷。生活热水平均热负荷计算公式为

$$Q_{w,a} = q_w A \times 10^{-3} \tag{3-5}$$

式中　$Q_{w,a}$——生活热水平均热负荷（kW）；

　　　$q_w$——生活热水热指标（W/m²），应根据建筑物类型，采用实际统计资料，居住区生活热水日平均热指标可按表 3-9 选取；

　　　$A$——总建筑面积（m²）。

居住区采暖期生活热水日平均热指标推荐值见表 3-9。

表 3-9　　　　　居住区采暖期生活热水日平均热指标推荐值　　　　　W/m²

| 用水设备情况 | 热指标 $q_w$ |
|---|---|
| 住宅无生活热水设备，只对公共建筑供热水时 | 2～3 |
| 全部住宅配淋浴设备，并供给生活热水时 | 5～15 |

注　1. 冷水温度较高时采用较小值，冷水温度较低时采用较大值。

　　2. 热指标中已包括约 10% 的管网损失。

(2) 生活热水最大热负荷。生活热水最大热负荷计算公式为

$$Q_{w,max} = K_h Q_{w,a} \tag{3-6}$$

式中　$Q_{w,max}$——生活热水最大热负荷（kW）；

　　　$Q_{w,a}$——生活热水平均热负荷（kW）；

　　　$K_h$——小时变化系数，根据热水计算单位数按 GB 50015—2003《建筑给水排水设计规范》规定取用。

3. 逐时负荷系数法

逐时热负荷系数法是根据生活热水负荷估算指标，计算出各种类型建筑的热负荷，再乘以表 3-10 中的典型日逐时热水负荷系数，得出逐时热水负荷，叠加后找出最大的逐时热水负荷，即为系统设计总热水负荷。

**表 3-10**　　　　　　　　　　　　　　　**逐时热水负荷系数**

| 小时数 | 住宅 | 商业设施 | 办公（标准） | 酒店 | 医院 |
|---|---|---|---|---|---|
| 0 | 0.217 | 0.000 | 0.000 | 0.265 | 0.050 |
| 1 | 0.022 | 0.000 | 0.000 | 0.160 | 0.037 |
| 2 | 0.007 | 0.000 | 0.000 | 0.071 | 0.030 |
| 3 | 0.000 | 0.000 | 0.000 | 0.042 | 0.030 |
| 4 | 0.000 | 0.000 | 0.000 | 0.081 | 0.057 |
| 5 | 0.022 | 0.000 | 0.263 | 0.262 | 0.144 |
| 6 | 0.167 | 0.000 | 0.013 | 0.518 | 0.232 |
| 7 | 0.203 | 0.000 | 0.198 | 0.506 | 0.342 |
| 8 | 0.188 | 0.073 | 0.263 | 0.443 | 0.727 |
| 9 | 0.196 | 0.535 | 0.224 | 0.424 | 0.932 |
| 10 | 0.145 | 0.589 | 0.606 | 0.503 | 1.000 |
| 11 | 0.167 | 0.146 | 0.540 | 0.363 | 0.778 |
| 12 | 0.116 | 0.490 | 1.000 | 0.401 | 0.875 |
| 13 | 0.116 | 1.000 | 0.277 | 0.455 | 0.962 |
| 14 | 0.101 | 0.998 | 0.329 | 0.424 | 0.885 |
| 15 | 0.101 | 0.313 | 0.277 | 0.441 | 0.660 |
| 16 | 0.246 | 0.214 | 0.303 | 0.472 | 0.526 |
| 17 | 0.688 | 0.615 | 0.277 | 0.522 | 0.563 |
| 18 | 0.812 | 0.790 | 0.290 | 0.598 | 0.520 |
| 19 | 0.957 | 0.069 | 0.131 | 0.835 | 0.416 |
| 20 | 1.000 | 0.000 | 0.066 | 0.956 | 0.228 |
| 21 | 0.681 | 0.000 | 0.000 | 1.000 | 0.117 |
| 22 | 0.688 | 0.000 | 0.000 | 0.864 | 0.091 |
| 23 | 0.406 | 0.000 | 0.000 | 0.554 | 0.097 |

### 四、电力负荷

民用建筑电负荷计算一般有三种方法，分别为单位指标法、需要系数法和负荷密度法。负荷密度法主要用于规划设计。方案设计阶段用指标法确定变压器容量和台数，初设和施工图阶段采用需要系数法进行计算。

在燃气冷热电分布式能源系统设计中，电力负荷的计算主要用来校核发电机容量。当发电机容量按照"并网不上网"的原则设计时，为了保证发电机年运行小时数及负荷率的要求，只满足电力的基本负荷即可，无需满足电力的全部负荷。故按照单位指标乘以各类建筑的面积所得出的和，计算的电力负荷结果已经能够满足方案要求。

电力基本负荷占项目电力负荷的 20%～50%，对于已有建筑应根据用电负荷变化情况，绘制出电力负荷逐时曲线，分析出基本负荷，如果无法确定项目基本电力负荷，则按 GJJ 145—2010《燃气冷热电分布式能源工程技术规程》规定，取不超过项目最大设计电力负荷的 30%。

1. 指标法

（1）额定指标法。采用指标法进行电力负荷计算公式为

$$S = KN/1000 \tag{3-7}$$

式中   $S$——计算的视在功率（kVA）；

      $K$——单位指标（VA/m²）；

      $N$——建筑面积（m²）。

各类建筑用电指标见表 3-11。

表 3-11                     各类建筑用电指标

| 建筑类别 | 用电指标（W/m²） | 变压器容量指标（VA/m²） | 建筑类别 | 用电指标（W/m²） | 变压器容量指标（VA/m²） |
|---|---|---|---|---|---|
| 公寓 | 30～50 | 40～70 | 医院 | 30～70 | 50～100 |
| 宾馆、饭店 | 40～70 | 60～100 | 高等院校 | 20～40 | 30～60 |
| 办公楼 | 30～70 | 50～100 | 中小学 | 12～20 | 20～30 |
| 商业建筑 | 一般：40～80 | 60～120 | 展览馆、博物馆 | 50～80 | 80～120 |
|  | 大中型：60～120 | 90～180 |  |  |  |
| 体育场、馆 | 40～70 | 60～100 | 演播室 | 250～500 | 500～800 |
| 剧场 | 50～80 | 80～120 | 汽车库（机械停车库） | 8～15（17～23） | 12～34（25～35） |

注   当空调冷水机组采用直燃机（或吸收式制冷机）时，用电指标一般比采用电动压缩机制冷时的用电指标降低 25～35VA/m²。表中所列用电指标的上限值是按空调冷水机组采用电动压缩机组时的数据。

（2）动态指标法。图 3-5、图 3-6 所示为各种类型建筑逐时负荷变化规律参考曲线。在进行具体的负荷分析时，必须由设计人员调查和推算出具体的动态负荷曲线。

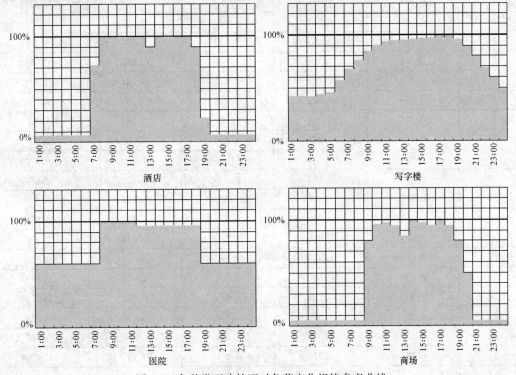

图 3-5   各种类型建筑逐时负荷变化规律参考曲线

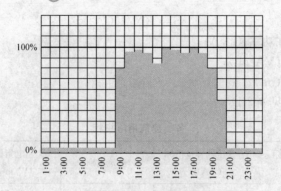

图 3-6 仅白天运行的工厂负荷变化规律参考曲线

2. 逐时负荷系数法

逐时电力负荷系数法是根据电力负荷估算指标，计算出各种类型建筑的电力负荷，再乘以表3-12 中的典型日逐时电力负荷系数，得出逐时电力负荷，叠加后找出最大的逐时电力负荷，即为系统设计总电力负荷。

表 3-12　　　　　　　　　　　　　　逐时电力负荷系数

| 小时数 | 住 宅 | 商业设施 | 办公（标准） | 酒 店 | 医 院 |
|---|---|---|---|---|---|
| 0 | 0.131 | 0.011 | 0.105 | 0.506 | 0.361 |
| 1 | 0.131 | 0.011 | 0.093 | 0.459 | 0.344 |
| 2 | 0.131 | 0.011 | 0.088 | 0.434 | 0.336 |
| 3 | 0.131 | 0.011 | 0.088 | 0.434 | 0.329 |
| 4 | 0.081 | 0.011 | 0.088 | 0.429 | 0.339 |
| 5 | 0.081 | 0.011 | 0.088 | 0.456 | 0.354 |
| 6 | 0.263 | 0.032 | 0.113 | 0.566 | 0.498 |
| 7 | 0.364 | 0.108 | 0.238 | 0.645 | 0.712 |
| 8 | 0.404 | 0.687 | 0.717 | 0.721 | 0.895 |
| 9 | 0.354 | 0.977 | 0.936 | 0.863 | 0.979 |
| 10 | 0.354 | 0.956 | 0.977 | 0.932 | 1.000 |
| 11 | 0.364 | 0.956 | 0.980 | 0.957 | 0.997 |
| 12 | 0.384 | 0.956 | 0.986 | 1.000 | 0.972 |
| 13 | 0.414 | 0.977 | 0.995 | 0.982 | 0.979 |
| 14 | 0.414 | 1.000 | 1.000 | 0.944 | 0.998 |
| 15 | 0.394 | 0.999 | 0.991 | 0.957 | 0.975 |
| 16 | 0.374 | 0.988 | 0.982 | 0.944 | 0.939 |
| 17 | 0.384 | 0.956 | 0.848 | 0.957 | 0.862 |
| 18 | 0.566 | 0.848 | 0.703 | 0.951 | 0.814 |
| 19 | 1.000 | 0.194 | 0.615 | 0.914 | 0.774 |
| 20 | 0.990 | 0.022 | 0.450 | 0.834 | 0.684 |
| 21 | 0.939 | 0.011 | 0.339 | 0.780 | 0.507 |
| 22 | 0.798 | 0.011 | 0.240 | 0.787 | 0.428 |
| 23 | 0.657 | 0.011 | 0.127 | 0.566 | 0.399 |

### 五、蒸汽负荷

**1. 蒸汽热负荷计算**

采暖用蒸汽热负荷一般按式（3-8）计算

$$Q = K_1 K_2 Q_{max} \tag{3-8}$$

式中　$Q$——综合最大热负荷（kW）；

　　　$K_1$——管网损耗系数（包括热损失及漏损），蒸汽 $K_1 = 1.08 \sim 1.15$；

　　　$K_2$——同时使用系数，当用户提供的耗热量等资料齐全时，应绘制负荷曲线，一般情况下按 $K_2 = 0.35 \sim 0.5$；

　　　$Q_{max}$——最大耗热量（kW）。

**2. 蒸汽耗量计算**

蒸汽耗量按式（3-9）计算，即

$$G_1 = 3.6 \frac{Q}{i_1 - i_2} \tag{3-9}$$

式中　$G_1$——蒸汽量（t/h）；

　　　$Q$——耗热量（kW）；

　　　$i_1$——蒸汽的焓（kJ/kg）；

　　　$i_2$——凝结水的焓（kJ/kg）。

### 六、项目年耗冷热电量统计

根据上述所提供的方法，基本可确定出项目的冷、热、电力负荷，并以此为依据确定出，项目全年的冷热电耗量。可参考已有资料中的相关数据校核计算结果是否合理。表 3-13 为《实用供热空调设计手册》中提供的全国一些城市不同功能建筑全年需冷量，可作为制冷量计算的参考。

**表 3-13　　　　　　　　　全国主要城市的单位使用面积年需冷量估算表　　　　　　Wh/m²**

| 城市 | 大型商场 | 甲级写字楼 | 普通办公楼 | 五星级酒店 | 四星级酒店 | 教学楼 | 食堂 | 体育馆 | 图书馆 | 学生公寓 |
|---|---|---|---|---|---|---|---|---|---|---|
| 广州 | 208 200 | 177 600 | 189 100 | 224 500 | 171 900 | 323 100 | 319 200 | 239 300 | 278 600 | 180 300～248 000 |
| 武汉 | 132 900 | 118 200 | 120 000 | 144 900 | 109 800 | 196 900 | 210 500 | 150 300 | 148 700 | 720 000～139 600 |
| 上海 | 118 200 | 107 400 | 106 000 | 130 700 | 97 000 | 173 000 | 193 500 | 150 300 | 148 700 | 72 000～139 600 |
| 兰州 | 71 900 | 91 500 | 63 000 | 95 400 | 55 700 | 85 200 | 71 300 | 111 000 | 70100 | 5200～788 000 |
| 重庆 | 128 800 | 121 300 | 1 142 600 | 145 300 | 105 200 | 186 300 | 202 400 | 160 400 | 155 800 | 94 200～159 600 |
| 北京 | 111 600 | 120 100 | 101 000 | 135 100 | 90 800 | 149 000 | 145 300 | 144 000 | 130 700 | 69 800～129 100 |
| 济南 | 118 200 | 123 700 | 105 900 | 140 600 | 95 800 | 160 800 | 157 300 | 152 200 | 137 800 | 80 400～142 100 |
| 贵阳 | 102 800 | 101 800 | 89 300 | 119 700 | 81 800 | 138 900 | 155 500 | 139 500 | 112 400 | 7300～126 700 |
| 海口 | 262 100 | 211 200 | 241 000 | 273 500 | 217 900 | 416 200 | 411 100 | 289 600 | 359 500 | 238 700～309 800 |
| 南京 | 125 000 | 109 500 | 112 800 | 135 900 | 103 300 | 188 200 | 207 800 | 155 200 | 164 100 | 76 700～145 800 |

注　1. 表中各类建筑的维护结构均满足 GB 50189—2005《公共建筑节能设计标准》的节能要求，其中五星级宾馆的墙窗面积比为 0.7，空调温度为 25℃；甲级写字楼的窗墙面积比为 0.7，空调温度为 24℃；其余建筑窗墙面积比为 0.4，空调温度为 26℃。

　　2. 以下情况时，需考虑对冷负荷做适当调整：

　　　（1）建筑主朝向为东西向时；

　　　（2）建筑的体形系数大于 0.2 时；

　　　（3）建筑无法满足 GB 50189—2005 时。

　　3. 体育馆的年需冷量是按学校每天有正常教学、训练计算；学生公寓中，下限值为不考虑 7、8 月暑假运行的工况，上限值为全年运行的工况，食堂考虑早餐、午饭、晚餐、夜宵，共营业 11h。

　　4. 表中没有列出的城市，可参考与其相近城市的冷量值。

表 3-14～表 3-17 是清华大学建筑节能研究中心发布的《中国建筑节能年度发展研究报告》（2007～2010）中给出上海、北京、西安、广州的能耗参考指标。

表 3-14　　　　　　　　　　上海地区不同功能建筑的能耗指标参考值

| 序号 | 不同系统 | 单位 | 普通办公楼 | 商务办公楼 | 大型商场 | 宾馆酒店 |
|---|---|---|---|---|---|---|
| 1 | 供暖空调系统全年耗电量(包括热源)$Q_1$ | kWh/(m²·a) | 23 | 37 | 140 | 54 |
| 2 | 照明系统全年耗电量 $Q_2$ | kWh/(m²·a) | 14 | 22 | 65 | 18 |
| 3 | 室内设备全年耗电量 $Q_3$ | kWh/(m²·a) | 20 | 32 | 10 | 14 |
| 4 | 电梯系统全年耗电量 $Q_4$ | kWh/(m²·a) | — | 3 | 14 | 3 |
| 5 | 给排水系统全年耗电量 $Q_5$ | kWh/(m²·a) | 1 | 1 | 0.2 | 5.8 |
| 1～5 | 常规系统全年耗电量 | kWh/(m²·a) | 58 | 95 | 230 | 95 |
| 6 | 空调系统全年耗冷量 | GJ/(m²·a) | 0.22 | 0.32 | 0.79 | 0.44 |
| 7 | 生活热水系统全年耗热量 $Q_6$ | GJ/(m²·人) | — | — | — | 12 |
| 8 | 空调系统全年耗冷量 | kWh/(m²·a) | 61.11 | 88.89 | 219.44 | 122.22 |

表 3-15　　　　　　　　　　北京地区不同功能建筑的能耗指标参考值

| 序号 | 不同系统 | 单位 | 普通办公楼 | 商务办公楼 | 大型商场 | 宾馆酒店 |
|---|---|---|---|---|---|---|
| 1 | 供暖空调系统全年耗电量(包括热源)$Q_1$ | kWh/(m²·a) | 18 | 30 | 110 | 46 |
| 2 | 照明系统全年耗电量 $Q_2$ | kWh/(m²·a) | 14 | 22 | 65 | 18 |
| 3 | 室内设备全年耗电量 $Q_3$ | kWh/(m²·a) | 20 | 32 | 10 | 14 |
| 4 | 电梯系统全年耗电量 $Q_4$ | kWh/(m²·a) | — | 3 | 14 | 3 |
| 5 | 给排水系统全年耗电量 $Q_5$ | kWh/(m²·a) | 1 | 1 | 0.2 | 5.8 |
| 1～5 | 常规系统全年耗电量 | kWh/(m²·a) | 53 | 88 | 200 | 87 |
| 6 | 空调系统全年耗冷量 | GJ/(m²·a) | 0.15 | 0.28 | 0.48 | 0.32 |
| 7 | 供暖系统全年耗热量 $Q_6$ | GJ/(m²·a) | 0.2 | 0.18 | 0.12 | 0.3 |
| 8 | 生活热水系统全年耗热量 | GJ/(m²·人) | — | — | — | 12 |
| 9 | 空调全年单位面积耗冷量 | kWh/(m²·a) | 41.67 | 77.78 | 133.33 | 88.89 |
| 10 | 供暖系统全年耗热量 $Q$ | kWh/(m²·a) | 55.56 | 50.00 | 33.33 | 83.33 |

表 3-16　　　　　　　　　　西安地区不同功能建筑的能耗指标参考值

| 序号 | 不同系统 | 单位 | 普通办公楼 | 商务办公楼 | 大型商场 | 宾馆酒店 |
|---|---|---|---|---|---|---|
| 1 | 供暖空调系统全年耗电量(包括热源)$Q_1$ | kWh/(m²·a) | 20 | 31 | 112 | 47 |
| 2 | 照明系统全年耗电量 $Q_2$ | kWh/(m²·a) | 14 | 22 | 65 | 18 |
| 3 | 室内设备全年耗电量 $Q_3$ | kWh/(m²·a) | 20 | 32 | 10 | 14 |
| 4 | 电梯系统全年耗电量 $Q_4$ | kWh/(m²·a) | — | 3 | 14 | 3 |
| 5 | 给排水系统全年耗电量 $Q_5$ | kWh/(m²·a) | 1 | 1 | 0.2 | 5.8 |
| 1～5 | 常规系统全年耗电量 | kWh/(m²·a) | 55 | 89 | 201 | 88 |
| 6 | 空调系统全年耗冷量 | GJ/(m²·a) | 0.16 | 0.29 | 0.49 | 0.33 |
| 7 | 供暖系统全年耗热量 $Q_6$ | GJ/(m²·a) | 0.19 | 0.17 | 0.11 | 0.29 |

续表

| 序号 | 不同系统 | 单位 | 普通办公楼 | 商务办公楼 | 大型商场 | 宾馆酒店 |
|---|---|---|---|---|---|---|
| 8 | 生活热水系统全年耗热量 | GJ/(m²·人) | — | — | — | 12 |
| 9 | 空调全年单耗冷量 | kWh/(m²·a) | 44.44 | 80.56 | 136.11 | 91.67 |
| 10 | 供暖系统全年耗热量 | kWh/(m²·a) | 52.78 | 47.22 | 30.56 | 80.56 |

表 3-17　　　　　　　　　　广州地区不同功能建筑的能耗指标参考值

| 序号 | 不同系统 | 单位 | 普通办公楼 | 商务办公楼 | 大型商场 | 宾馆酒店 |
|---|---|---|---|---|---|---|
| 1 | 空调系统全年耗电量 $Q_1$ | kWh/(m²·a) | 40 | 55 | 170 | 78 |
| 2 | 照明系统全年耗电量 $Q_2$ | kWh/(m²·a) | 14 | 22 | 65 | 18 |
| 3 | 室内设备全年耗电量 $Q_3$ | kWh/(m²·a) | 20 | 32 | 10 | 14 |
| 4 | 电梯系统全年耗电量 $Q_4$ | kWh/(m²·a) | — | 3 | 14 | 3 |
| 5 | 给排水系统全年耗电量 $Q_5$ | kWh/(m²·a) | 1 | 1 | 0.2 | 5.8 |
| 1～5 | 常规系统全年耗电量 | kWh/(m²·a) | 75 | 113 | 260 | 119 |
| 6 | 空调系统全年耗冷量 | GJ/(m²·a) | 0.38 | 0.48 | 1.16 | 0.68 |
| 7 | 生活热水系统全年耗热量 $Q_6$ | GJ/(m²·a) | — | — | — | 12 |
| 8 | 空调系统全年耗冷量 | GJ/(m²·人) | 105.56 | 133.33 | 322.22 | 188.89 |

## 七、负荷计算所需相关附表

负荷计算所需相关附表见表 3-18～表 3-22。

表 3-18　　　　　　　　　　热水用水定额

| 序号 | 建筑物名称 | 单位 | 各温度时最高日用水定额（L） | | | | 使用时间（h） |
|---|---|---|---|---|---|---|---|
| | | | 50℃ | 55℃ | 60℃ | 65℃ | |
| 1 | 住宅<br>有自备热水供应和沐浴设备<br>有集中热水供应和沐浴设备 | 每人每日 | 49～98<br>73～122 | 44～88<br>66～110 | 40～80<br>50～100 | 37～73<br>55～92 | 24<br>24 |
| 2 | 别墅 | 每人每日 | 86～134 | 77～121 | 70～110 | 64～101 | 24 |
| 3 | 单身职工宿舍、学生宿舍、招待所、普通旅馆<br>设公用盥洗室、淋浴室<br>设公用盥洗室、淋浴室、洗衣室<br>设单独卫生间、公用洗衣室 | 每人每日<br>每人每日<br>每人每日 | 49～73<br>61～98<br>3～122 | 44～68<br>55～88<br>6～110 | 40～60<br>50～80<br>70～100 | 37～55<br>46～73<br>55～92 | 24<br>24<br>24 |
| 4 | 宾馆、培训中心客房<br>旅客、培训人员<br>员工 | 每床位每日<br>每人每日 | 147～196<br>49～61 | 132～176<br>44～55 | 120～160<br>40～50 | 110～146<br>37～56 | 24<br>24 |
| 5 | 医院住院部<br>设公用盥洗室、淋浴室<br>设单独卫生间<br>医务人员 | 每床位每日<br>每床位每日<br>每人每班 | 73～122<br>134～244<br>73～122 | 66～110<br>121～220<br>66～110 | 70～130<br>110～184<br>55～92 | 55～92<br>101～184<br>55～92 | 24<br>24<br>8 |

续表

| 序号 | 建筑物名称 | 单位 | 各温度时最高日用水定额（L） | | | | 使用时间（h） |
| --- | --- | --- | --- | --- | --- | --- | --- |
| | | | 50℃ | 55℃ | 60℃ | 65℃ | |
| 6 | 门诊部、诊疗所 | 每病人每次 | 9～16 | 8～14 | 7～13 | 6～12 | 8～12 |
| 7 | 疗养院、休养所住院部 | 每床位每日 | 112～196 | 110～176 | 100～160 | 92～146 | 24 |
| 8 | 养老院 | 每床位每日 | 61～86 | 55～77 | 50～70 | 46～64 | 24 |
| 9 | 幼儿园、托儿所<br>有住宿<br>无住宿 | 每人每日<br>每人每日 | 25～49<br>12～19 | 22～44<br>11～17 | 20～40<br>10～15 | 19～37<br>9～14 | 24<br>10 |
| 10 | 公共浴室<br>淋浴<br>淋浴、浴盆<br>按摩池、桑拿、淋浴 | 每顾客每次<br>每顾客每次<br>每顾客每次 | 49～73<br>73～98<br>85～122 | 44～66<br>66～88<br>770 | 40～60<br>60～80<br>70～100 | 37～55<br>55～73<br>64～91 | 12<br>12<br>12 |
| 11 | 理发室、美容院 | 每顾客每次 | 12～19 | 11～17 | 10～15 | 9～14 | 12 |
| 12 | 洗衣房 | 每千克干衣 | 19～37 | 17～33 | 15～30 | 14～28 | 8 |
| 13 | 餐饮业<br>营业餐厅<br>快餐厅、职工及学生食堂<br>酒吧、咖啡厅、茶座、卡拉 OK 房 | 每顾客每次<br>每顾客每次<br>每顾客每次 | 19～25<br>9～12<br>4～9 | 17～22<br>8～11<br>4～9 | 15～20<br>7～10<br>3～8 | 14～19<br>7～9<br>3～8 | 10～16<br>12～16<br>18 |
| 14 | 办公楼 | 每人每班 | 6～12 | 6～11 | 5～10 | 5～9 | 8～10 |
| 15 | 健身中心 | 每人每次 | 19～31 | 17～28 | 15～25 | 14～23 | 8～12 |
| 16 | 体育场（馆）<br>运动员淋浴 | 每人每次 | 21～32 | 19～29 | 17～26 | 16～25 | 4 |
| 17 | 会议厅 | 每座位每次 | 2～4 | 2～4 | 2～3 | 2～3 | 4 |

注　1. 表中所列用水定额均已包括在冷水用水量中。

　　2. 冷水温度以 5℃ 计。

　　3. 若医院允许陪住，则每一陪住者应按一个病床计算。一般康复医院、儿童医院、外科医院、急诊病房等可考虑陪住，陪住人员比例与医院院方商定。

表 3-19　　　　　　　　　卫生器具一次和小时热水用水定额及水温

| 序号 | 卫生器具名称 | 一次用水量（L） | 小时用水量（L） | 使用水温（℃） |
| --- | --- | --- | --- | --- |
| 1 | 住宅、别墅、旅馆、宾馆<br>带有淋浴器的浴盆<br>无淋浴器的浴盆<br>淋浴器<br>洗脸盆、盥洗槽水嘴<br>洗涤盆（池） | <br>150<br>125<br>70～100<br>3<br>— | <br>300<br>250<br>140～200<br>30<br>180 | <br>40<br>40<br>37～40<br>30<br>50 |
| 2 | 单身职工宿舍、学生宿舍、<br>招待所、普通旅馆淋浴器<br>有淋浴小间<br>无淋浴小件<br>盥洗槽水嘴 | <br><br>70～100<br>—<br>3～5 | <br><br>210～300<br>450<br>50～80 | <br><br>37～40<br>37～40<br>30 |

续表

| 序号 | 卫生器具名称 | 一次用水量（L） | 小时用水量（L） | 使用水温（℃） |
|---|---|---|---|---|
| 3 | 餐饮业<br>洗涤盆（池）<br>洗脸盆：<br>　工作人员用<br>　顾客用<br>淋浴器 | —<br><br>3<br>—<br>40 | 250<br><br>60<br>120<br>400 | 50<br><br>30<br>30<br>37～40 |
| 4 | 幼儿园、托儿所<br>浴盆：幼儿园<br>　　　托儿所<br>淋浴器：幼儿园<br>　　　　托儿所<br>盥洗槽水嘴<br>洗涤盆（池） | 100<br>30<br>30<br>15<br>1.5<br>— | 400<br>120<br>180<br>90<br>25<br>180 | 35<br>35<br>35<br>35<br>30<br>50 |
| 5 | 医院、疗养院、休养所<br>洗手盆<br>浴盆<br>洗涤盆（池） | <br>—<br>125～150<br> | 15～25<br>250～300<br>300 | 35<br>40<br>50 |
| 6 | 公共浴室<br>淋浴器<br>　有淋浴小间<br>　无淋浴小间<br>洗脸盆<br>浴盆 | <br><br>70～150<br>—<br>5<br>125 | <br><br>200～300<br>450～540<br>50～80<br>250 | <br><br>37～40<br>37～40<br>35<br>40 |
| 7 | 办公楼<br>洗手盆 | — | 50～100 | 25 |
| 8 | 办公楼<br>洗手盆 | — | 50～100 | 35 |
| 9 | 实验室<br>洗脸盆<br>洗手盆 | <br>—<br>— | 60<br>15～25 | 50<br>30 |
| 10 | 剧场<br>淋浴器<br>演员用洗脸盆 | <br>60<br>5 | 200～400<br>80 | 37～40<br>35 |
| 11 | 体育馆<br>淋浴器 | 30 | 300 | 35 |

续表

| 序号 | 卫生器具名称 | 一次用水量（L） | 小时用水量（L） | 使用水温（℃） |
|---|---|---|---|---|
| 12 | 工业企业生活间 | | | |
| | 淋浴器： | | | |
| | 　一般车间 | 40 | 360～540 | 37～40 |
| | 　脏车间 | 60 | 180～480 | 40 |
| | 洗脸盆或盥洗槽水嘴： | | | |
| | 　一般车间 | 3 | 90～120 | 30 |
| | 　脏车间 | 5 | 100～150 | 35 |
| 13 | 净身器 | 10～15 | 120～180 | 30 |

**注** 1. 一般车间指 GBZ 1—2010《工业企业设计卫生标准》中规定的 3、4 级卫生特征的车间，脏车间指该标准中规定的 1、2 级卫生特征的车间。

2. 表中的用水量均为使用水温时的水量。

3. 一次用水量是指使用一次的用水量，并非卫生器具开关一次的用水量，有些卫生器具使用一次可能要开关几次。

**表 3-20** 　　　　　　　　　　**各种类型建筑物热水用量** 　　　　　　　　　　L/d

| 建筑物名称 | 最大小时热水量 | 最高日热水量 | 平均日热水量 |
|---|---|---|---|
| 大学学生、研究生宿舍 | | | |
| 男生/人 | 14.4 | 83.3 | 49.6 |
| 女生/人 | 18.9 | 100.3 | 46.6 |
| 汽车旅馆（每车位） | | | |
| 少于 20 车位 | 22.7 | 132.5 | 75.5 |
| 60 车位 | 18.9 | 94.6 | 53.0 |
| 多余 100 车位 | 15.1 | 56.8 | 37.9 |
| 护理院（没床） | 69.6 | 113.6 | 69.6 |
| 餐饮业 | | | |
| 专营餐厅或咖啡座 | 5.7/餐位 | 41.6/餐 | 9.1/餐[①] |
| 烧烤店、小餐馆、快餐店 | 2.7/餐位 | 22.7/餐 | 2.7/餐[②] |
| 公寓（每单元） | | | |
| 少于 20 单元 | 45.4 | 302.8 | 159 |
| 50 单元 | 37.9 | 276.3 | 151.4 |
| 75 单元 | 32.2 | 249. | 143.8 |
| 100 单元 | 36.5 | 227.1 | 140.1 |
| 多于 200 单元 | 18.6 | 189.3 | 132.5 |
| 初中（每人） | 2.3 | 5.7 | 2.3 |
| 幼儿园和养老院（每人） | 3.9 | 13.6 | 6.8 |

| 表 3-21 | | | | 各种类型建筑物卫生器具热水用量 | | | | | L/h |
|---|---|---|---|---|---|---|---|---|---|
| 卫生器具名称 | 公寓 | 俱乐部 | 体育馆 | 医院 | 旅馆 | 工厂 | 办公楼 | 住宅 | 学校 |
| 洗脸盆 | | | | | | | | | |
| 私人卫生间 | 7.6 | 7.6 | 7.6 | 7.6 | 7.6 | 7.6 | 7.6 | 7.6 | 7.6 |
| 公共卫生间 | 15.1 | 22.7 | 30.3 | 22.7 | 30.3 | 45.4 | 22.7 | — | 56.8 |
| 浴盆 | 75.7 | 75.7 | 113.6 | 75.7 | 75.7 | — | — | 75.7 | — |
| 洗碗机[①] | 56.8 | 189.3~567.8 | — | 189.3~567.8 | 189.3~757 | 75.7~378.5 | — | 56.8 | 75.7~378.5 |
| 洗脚盆 | 11.4 | 11.4 | 45.4 | 11.4 | 11.4 | 45.4 | — | 11.4 | 11.4 |
| 厨房洗涤盆 | 37.9 | 113.6 | — | 75.7 | 113.6 | 75.7 | 75.7 | 37.9 | 75.7 |
| 洗衣房 洗涤槽 | 75.7 | 106 | — | 106 | — | — | 75.7 | 37.9 | 75.7 |
| 配餐用洗涤盆 | 18.6 | 37.9 | — | 37.9 | 37.9 | — | 37.9 | — | 37.9 |
| 淋浴器 | 113.6 | 567.8 | 851.6 | 283.9 | 283.9 | 851.6 | 113.6 | 113.6 | 113.6 |
| 污水盆 | 75.7 | 75.7 | — | 75.7 | 113.6 | 75.7 | 75.7 | 56.8 | 75.7 |
| 水疗淋浴器 | — | — | — | 1514 | — | — | — | — | — |
| 循环冲洗洗涤盆 | — | — | — | 75.7 | 75.7 | 113.6 | 75.7 | — | 113.6 |
| 半循环冲洗 洗涤盆 | — | — | — | 37.9 | 37.9 | 56.8 | 37.9 | — | 56.8 |
| 同时作用系数 | 0.30 | 0.30 | 0.40 | 0.25 | 0.25 | 0.40 | 0.30 | 0.30 | 0.40 |
| 储存容积系数[②] | 1.25 | 0.90 | 1.00 | 0.60 | 0.80 | 1.00 | 2.00 | 0.70 | 1.00 |

① 洗碗机的热水用量可查本表或由制造厂提供。
② 储存容积系数即为储热水箱容积与设定的最大小时用热水量之比。有城市蒸汽系统或有大型锅炉厂等热媒供应充足的地方，储热容积可以相应减少。

| 表 3-22 | 各种类型建筑物不同冷水温度下的热水小时变化系数 $K_h$ 值 | | | |
|---|---|---|---|---|
| 建筑类型 | 5℃ | 10℃ | 15℃ | 20℃ |
| 住宅 | 4.80~3.71 | 4.50~3.46 | 4.13~3.14 | 3.75~2.75 |
| 别墅 | 4.21~3.32 | 3.94~3.09 | 3.61~2.81 | 3.29~2.47 |
| 旅馆 | 3.33~2.90 | 3.13~2.70 | 2.86~2.45 | 2.60~2.15 |
| 幼儿园 | 4.80~3.62 | 4.50~3.46 | 4.12~3.06 | 3.75~2.69 |
| 公共浴室 | 3.2~1.74 | 3.0~1.62 | 2.75~1.50 | 2.50~1.50 |
| 医院 | 3.64~2.32 | 3.41~2.16 | 3.13~2.00 | 2.84~2.00 |
| 餐饮业 | 2.74~2.09 | 2.57~1.94 | 2.36~1.76 | 2.14~1.55 |
| 办公楼 | 5.76~3.48 | 5.40~3.24 | 4.95~2.94 | 4.50~2.58 |

注　当选用用水定额高值时，$K_h$ 选低值；用水定额低值时，$K_h$ 选高值。

# 第二节　发电机组选型设计

## 一、发电机类型选择

### (一) 按发电机容量选择发电机类型

发电机类型可以按照计算出的发电机容量进行选择。一般而言，燃气内燃机适用于几万至几十万平米的楼宇或区域供能项目；对于大型的区域供能项目（几十万 m² 及以上）或工厂类型的项目，则更适合采用燃气轮机。

**（二）按用户负荷需求选择发电机类型**

**1. 按热电比选择发电机**

在负荷分析及选择发电机时，应该对热电比进行充分考虑。燃气内燃机发电效率高，热电比较低；燃气轮机发电效率高，热电比高。项目的电负荷如果与冷热负荷差距较大，可优先考虑燃气轮机。

此外，燃气内燃机余热种类较多，余热利用时，系统工艺相对复杂。尤其是润滑油冷却水，温度较低（45～65℃），如果用户没有生活热水负荷或系统未设计热泵时，很多时候只能通过冷却水箱冷却，将此部分余热白白排出。

**2. 按负荷需求类型选择发电机**

当热负荷以蒸汽为主时，可优先选用燃气轮机系统，利用燃气轮机的烟气余热通过余热锅炉制备蒸汽。当热负荷以采暖负荷和生活热水负荷为主时，可选用内燃机系统。

**二、系统工艺路线选择和基本配置原则**

燃气冷热电分布式能源系统工艺路线的选择与配置主要依据以下原则：

**1. 余热优先利用原则**

在投资允许的情况下，尽可能地将余热充分利用，提高系统的能源利用效率。这也是燃气冷热电分布式能源系统的基本原则。

**2. 工艺路线简单原则**

在能源转化的环节上，环节越多，能源利用效率越低，系统工艺也越复杂，对于控制的要求也越高。在选择工艺路线时，工艺路线应力求简单。例如，对于燃气内燃机系统，如果没有蒸汽需求，则尽量避免出现烟气余热通过余热锅炉制备出蒸汽，然后再进行吸收式制冷。而应该直接将烟气余热通过烟气余热直燃机进行吸收式制冷。

# 第三节 系统设备配置原则

**一、设备配置综述**

**（一）设备配置主要内容**

燃气冷热电分布式能源系统主要由发电设备、余热利用设备、调峰设备及相关主辅设备构成。因此，设备配置的主要内容为按照一定的原则分别确定上述设备。

发电设备目前应用较多的有燃气轮机、燃气内燃机和微燃机。

余热利用设备有各种形式的余热吸收式空调机组，与发电机组相结合可以组成不同的分布式能源系统工艺形式，如发电机组的烟气和缸套水直接进入余热吸收式空调机组，或发电机组的烟气和缸套水先通过余热锅炉产生蒸汽或热水再进入蒸汽或热水型吸收式空调机组等。

调峰设备有很多，常见的有燃气锅炉与电空调相结合、直燃机、热泵等或者根据项目周边资源所采用的其他能源利用设备。

**（二）设备配置基本原则**

燃气冷热电分布式能源系统经济性的实现有赖于最大限度地发挥系统自发电以及发电余热的利用效益，因此燃气冷热电分布式能源系统中主设备选型的基本原则为：

（1）设备容量的选择应能保证发电及余热机组尽可能长时间运行以充分发挥其作用。

（2）保证机组在运行时发电和余热量与需求匹配良好，没有过度的发电能力或余热量的浪费。

（3）保证系统总投资在合理范围。

主设备选型一般为上述各原则综合作用的结果，是平衡系统经济性和系统综合热效率等主要指标的结果。

在典型的燃气冷热电分布式能源系统配置中，发电设备容量和余热吸收式空调容量可能远小于相关设计负荷，但是由于全年运行时间较长，其供能量一般占到全年所需供能总量的较大比重。燃气冷热电分布式能源系统设备选型原则如图3-7所示。

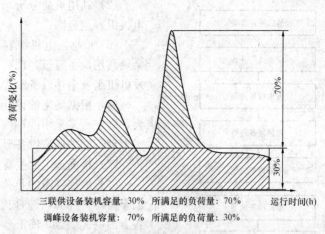

三联供设备装机容量：30%　所满足的负荷量：70%
调峰设备装机容量：70%　所满足的负荷量：30%

图 3-7　分布式能源系统设备选型原则

在图 3-7 中，燃气冷热电分布式能源系统主设备（发电机组和余热机组）容量虽然只占到设计负荷的 30%，但是由于其运行稳定，其供能量占到全年总供能量的 70% 左右。

### （三）设备配置其他原则

在上述原则基础之上，还需根据项目具体特点，分析以下因素进一步考虑设备选型的范围。

1. 坚持并网的设计原则

分布式能源系统的核心特征之一在于发电、余热的就近利用，应尽可能按照发电自发自用、并网不上网的设计原则考虑发电设备选型，这也是实现分布式能源系统最大经济性的重要保障。

2. 紧密结合建筑负荷特点

系统采取何种主要设备形式、工艺形式，应与建筑功能及负荷需求特点紧密联系，如对于一般公共建筑余热设备考虑采用直接供冷供热的余热吸收式空调机组，但是如有蒸汽需求余热设备则可考虑采用余热蒸汽锅炉。

3. 与城市燃气发展状况相适应

燃气冷热电分布式能源系统稳定运行的基础条件之一是稳定可靠的城市燃气供应，因此在设计时需要对建筑周边的燃气发展状况如燃气管网现状、燃气流量、燃气压力、燃气设施分布情况等做详细了解，据此选择适当的设备。

4. 配置高水平自控系统

燃气冷热电分布式能源系统是个复杂的综合能源系统，涉及燃气、动力、电力、暖通、控制等多门学科，运行时外部条件时有变化，具有多工况、多参数、多目标的特点，不同的运行调节方式对分布式能源系统的效果影响很大。因此配置高水平的自控系统，按照工艺流程，实现全面统筹管理，突出优化和调度的功能，使各种设备协调工作，才能最大限度地达到效率和节约的目标。

5. 满足项目所在地环保要求

随着环保法规的逐渐完善并日趋严格，在设备选型时还应考虑燃气发电机组满足环保要求的技术措施。

### （四）设备配置基本流程

一般来说，燃气冷热电分布式能源系统的设备选型分为以下步骤：

（1）对供能对象进行详细的冷、热、电及生活热水和蒸汽逐时需求分析并绘制年负荷变化

图 3-7　燃气冷热电分布式
能源系统的方案设计流程

曲线。

（2）利用负荷分析结果根据经验或计算工具确定合理的发电机组容量范围。

（3）根据发电机组容量计算其可利用的余热量并据此确定余热利用设备容量，此时可能根据要求考虑多种工艺路线下的发电机组及余热设备形式。

（4）根据确定的设计负荷以及选定的余热设备供冷供热能力，确定所需采用的调峰设备总容量，此时也可能根据要求考虑多种不同的调峰设备形式。

（5）根据选定的主要设备确定各对应的辅助设备选型。

（6）根据确定的负荷曲线及各设备选型，分别进行各方案的全年运行计算，综合比较各方案在投资、运行费用、收益等各方面的优缺点，确定最佳方案。

根据上述步骤，燃气冷热电分布式能源系统的方案设计流程如图 3-8 所示。

## 二、发电机组选择

### （一）发电机组容量基本确定方法

在根据供能对象的冷热电负荷特性确定发电设备容量时，一般有以热定电、以电定热等基本思路。

以热定电的概念最初来源于大型热电联产项目，即按照热量被充分利用的原则，根据一定的热化系数确定热电联产机组在最大供热工况下的供热量，进而确定在不同热负荷工况下的发电容量。根据热电联产相关技术规定，一般对于以冬季采暖为主的民用负荷，热电厂的热化系为 0.4～0.6，对于以工业蒸汽为主的工业负荷，热电厂的热化系数为 0.6～0.8。根据不同性质热负荷所取的不同热化系数，较好地体现了以热定电的原则。对于燃气冷热电分布式能源系统以热定电则体现为在保证发电机组余热在基本全部被利用的情况下确定发电机组容量。此时可以实现最大的综合能源利用效率，但是可能导致据此确定的机组容量偏低，系统经济性不能达到最佳。

以电定热是指根据建筑物或规划区域内全部电负荷或稳定电负荷的多少确定发电机的装机容量。在此种运行方式下，分布式能源发电机组根据电负荷变化调节发电量，余热产出与用户热需求之间的匹配只能被动调节，可能存在大量余热不能完全利用的情况。一般当分布式能源系统不能并网、需要独立运行时照此模式运行。按照以电定热模式设计的分布式能源系统一般将导致发电机组装机容量偏高，此种情况下分布式能源系统优越性不能充分发挥，分布式能源综合能源利用效率不能达到最高。

可见片面遵循上述两种方式均会导致发电设备配置的不尽合理，在实际分布式能源系统设备选型中应综合考虑两种方式的特点，实现发电设备容量的优化选择。既追求较高的能源利用效率又要保证系统的经济性，既要实现足够多的余热供能量又要避免盲目增加机组容量引起的综合利用效率低下，实现热电平衡的系统设计。设计中应根据冷、热、电负荷的变化以及外部能源价格（市电的峰平谷价、燃气价格）的变化，逐时计算热电平衡及技术经济指标，综合计算和比较不同发电容量下的系统各项指标，最后选定最佳发电容量。据此最后确定的最佳发电容量一般介于单纯按照以热定电和以电定热确定的发电容量之间，如图 3-9 所示。

上述优化选型确定的机组容量是多方案综合计算比较后所得到的结果，即最佳机组容量的确定需结合系统整体方案统一分析考虑。综合比较所涉及的因素比较多，并且宜结合成熟的优化算法对各方案进行综合比较和排序，因此这项工作量和难度比较大，一般需借助于专业计算工具完成。

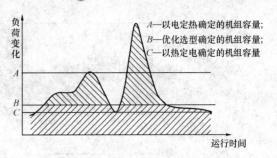

图 3-9　不同发电设备容量确定方法示意图

以 10 万 m² 酒店建筑为例，综合考虑能源利用效率、节约运行费用、初投资、机组满负荷时数等因素后，得到的不同发电容量下的方案排序，见表 3-23。

| 表 3-23 | | | | | 优化选择结果 | | | |
|---|---|---|---|---|---|---|---|---|
| 发电容量<br>（kW） | 供电比例 | 供冷比例 | 供热比例 | 满负荷数<br>（h） | 设备台数<br>（台） | 节约费用<br>（万元） | 初投资<br>（万元） | 能源利用率 |
| 1683 | 0.577 | 0.272 | 0.301 | 3774 | 2 | 350.5 | 4356 | 0.842 |
| 1734 | 0.581 | 0.275 | 0.302 | 3691 | 2 | 353.3 | 4416 | 0.841 |
| 1709 | 0.579 | 0.273 | 0.301 | 3731 | 2 | 351.8 | 4386 | 0.842 |
| 1658 | 0.574 | 0.270 | 0.300 | 3813 | 2 | 348.7 | 4326 | 0.842 |
| 1760 | 0.583 | 0.277 | 0.302 | 3651 | 2 | 354.7 | 4446 | 0.841 |
| 1607 | 0.568 | 0.265 | 0.299 | 3895 | 2 | 345.2 | 4265 | 0.843 |
| 1632 | 0.571 | 0.267 | 0.299 | 3852 | 2 | 346.7 | 4295 | 0.843 |
| 1785 | 0.584 | 0.278 | 0.302 | 3604 | 2 | 355.1 | 4476 | 0.841 |
| 1581 | 0.565 | 0.262 | 0.298 | 3933 | 2 | 342.9 | 4235 | 0.844 |
| 1811 | 0.586 | 0.280 | 0.302 | 3563 | 2 | 356.2 | 4506 | 0.841 |
| 1836 | 0.587 | 0.281 | 0.302 | 3523 | 2 | 357.2 | 4536 | 0.840 |
| 1556 | 0.561 | 0.260 | 0.297 | 3970 | 2 | 340.5 | 4204 | 0.844 |

可见通过计算确定的机组装机容量约为 1700kW，利用专业软件可得到分布式能源系统发电及余热对于整个建筑供电及供热的贡献，如图 3-10 所示。

在实际项目实施中，如果没有足够资料对供能对象做详细的负荷分析，可结合相关技术规定及已有项目运行经验简单确定发电机组的容量。对于一般公共建筑，可根据其功能特点，按照设计电负荷的 20%～50% 选择发电机组容量，全年负荷较为稳定的建筑取上限，负荷波动较大的建筑取下限，如图 3-11 所示。对于一些特殊的公共建筑需结合其具体特点具体分析，如针对数据中心，其发电机组容量则将大于其设计电负荷的 50%。

根据系统总负荷和总发电量确定发电机组台数是确定发电机组容量的一个重要环节。由于发电机组都有运行高效区，一般在 50% 以下负荷运行时效率会大幅度降低，根据负荷变化适当调整发电机组启停以保证其整体运行于高效区具有很大意义，因此在发电总容量较大时有必要选择多台机组以提高系统运行调节的灵活性。当然发电机组台数增加也会带来切换启停操作风险增加、运行维护工作量增加等问题，因此需综合考虑机组台数的选择。

在城市燃气冷热电分布式能源系统中，一般在发电总容量大于 1000kW 时可考虑采用多台发电机组，机组台数以 2～4 台为宜。

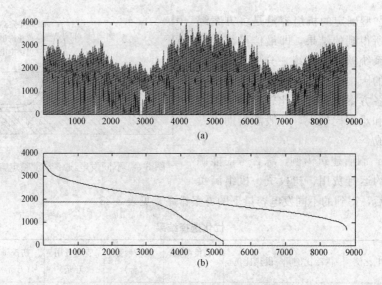

图 3-10　分布式能源系统对整个建筑的能源贡献

（a）年电力负荷及发电量变化逐时曲线；（b）年电力负荷及发电量变化延时曲线

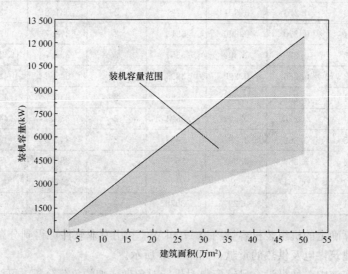

图 3-11　一般公共建筑分布式能源系统适宜的发电装机容量范围

**（二）发电机组形式基本确定方法**

不同形式的发电机组其热力参数具有不同的特点，余热利用工艺也有显著区别，因此发电机组容量的确定与拟采用的发电机组的形式紧密相关。在确定发电机组容量时应首先确定发电机组形式，然后根据典型技术和经济参数进行整体方案的计算，最后得到最佳设备选型。在确定发电机组形式时应重点考虑一些边界条件的限制和影响。

1. 供能对象热电负荷影响

根据对建筑冷热电负荷的分析确定其热电比的变化，特别应侧重分析其基础热负荷与电力负荷的变化，对于热电比小于 1.5 的项目应重点考虑采用热电比较小的燃气内燃机，对于热电比大于 1.5 的项目的更适宜考虑采用热电比较大的燃气轮机。但是对于规模较小的建筑，发电机容量一般选型较小，燃气轮机的选择往往受到较大限制。

2. 总体装机容量影响

由于燃气轮机单机容量一般较大，因此一般更适用于装机容量偏大的场合，燃气内燃机单机容量多集中于 4000kW 以下，目前也有少量大容量机组，因此在城市使用范围较宽。

一般项目装机容量大于 20 000kW 时可重点考虑燃气轮机组，装机容量低于 20 000kW 且大于 8000kW 时可综合其他因素比较燃气轮机与燃气内燃机组，装机容量低于 8000kW 且大于 500kW 时可重点考虑燃气内燃机发电机组，小于 500kW 时可综合比较燃气内燃发电机组和微燃机。

3. 燃气压力影响

燃气轮机所需进气压力较高，一般为高于次高压级别，而城市燃气管网压力多为 4kg 以下的中低压天然气，燃气内燃机对其具有更好的适应性，并且由于采用中低压燃气设备，相应的建筑安装及防火规范要求更易满足，因此在城市中的分布式能源系统中采用燃气内燃机相对容易实施。

4. 能源价格影响

相对而言，燃气轮机发电效率较低，燃气内燃机组发电效率较高。因此，在电价相对较高的场合增加发电效率可取得更好的经济效益，此时应重点考虑燃气内燃发电机组；反之，如果热价相对较高，则可适当考虑发电效率虽低但余热利配置用效率较高、余热品位较高的燃气轮发电机组。

### （三）判断发电机组配置合理关键指标

在根据优化计算方法选择发电机组配置的过程中，通过对不同方案的整体计算得到发电机组运行的关键指标，作为校核发电机组配置是否合理的基本依据。目前国内分布式能源系统技术评价体系尚未形成统一的标准，在实践中经常采用的评价指标有如下几种。

1. 分布式能源系统综合热效率

综合热效率

$$\eta = \eta_e + \eta_t = \frac{3600W + c_g G_g (t_{g1} - t_{g2}) + c_j G_j (t_{j1} - t_{j2})}{qV_0} \tag{3-10}$$

式中　　$\eta_e$——分布式能源系统发电效率；

　　　　$\eta_t$——分布式能源系统余热利用效率；

　　　　$W$——统计时间内发电机组发电量（kWh）；

　　　　$q$——天然气低位热值（$kJ/m^3$）；

　　　　$V_0$——统计时间内发电机组消耗的天然气累计体积流量（$m^3$）；

　　　　$c_g$——烟气质量比热容[$kJ/(kg \cdot ℃)$]；

　　　　$G_g$——通过余热利用设备的烟气质量流量（kg/h）；

　　$t_{g1}、t_{g2}$——通过余热利用设备的烟气进、出口温度（℃）；

　　　　$c_j$——缸套水质量比热容[$kJ/(kg \cdot ℃)$]；

　　　　$G_j$——燃气内燃机缸套水质量流量（kg/h），对于燃气轮机为 0；

　　$t_{j1}、t_{j2}$——通过余热利用设备的缸套水进、出口温度（℃）。

一般情况下，系统综合热效率应达到 70% 以上。

2. 满负荷时数

满负荷时数是判断发电设备使用率的一个简单指标，一般来说对于投资较高的燃气发电机组等设备，其满负荷时数越长，说明其使用率越高，对于其初投资的回收、系统的经济性越为有利。

$$n = \frac{W_{year}}{C_e} \qquad (3-11)$$

式中　$n$——发电设备满负荷时数（h）；

　　　$W_{year}$——发电设备全年发电总量（kWh）；

　　　$C_e$——所有发电设备的总装机容量（kW）。

设计合理的分布式能源系统中其发电设备满负荷时数一般宜大于 3000h。

3. 系统节能率

节能率是反映分布式能源系统先进性的一个重要指标，分布式能源系统的节能主要体现在天然气就近梯级利用的高效与传统大电网供电方式到用户端较低供电效率相比较的优势。对于具体项目而言，节能率是指采用分布式能源系统与原来用户可能采用的常规供电和空调方式相比所节省的一次能源消耗量。

由于常规供热和制冷设备工作特性差异较大，一般对供热和制冷工况下的节能率分别计算，通用的计算公式可以概括为

$$r = 1 - \frac{\eta_{e0} COP_0}{\eta_e COP_0 + \eta_{e0}} \qquad (3-12)$$

式中　$r$——节能率；

　　　$\eta_{e0}$——常规供电方式的供电效率；

　　　$COP_0$——常规空调供应方式的空调效率，当 $COP_0$ 为供热工况下效率时，$r$ 即为供热工况下的节能率，供冷工况下同理。

一般而言，分布式能源系统与大电网供电＋电空调＋燃气锅炉供能的常规方式相比较节能率应大于 15%，具体大小与计算常规供能方式时各能效转换参数的选取有关。

### 三、余热回收装置选择

发电机组形式及容量确定后，再根据其余热供应参数及系统整体能源需求确定余热利用工艺及余热回收设备选型。

燃气冷热电分布式能源系统余热利用工艺需综合考虑发电机组的种类、热效率、余热品质等参数后确定。常见的系统工艺流程有发电机与直燃机的直接连接和经过余热锅炉的间接连接两种方式。

以燃气轮机为例，不同的分布式能源余热利用形式如图 3-12、图 3-13 所示。

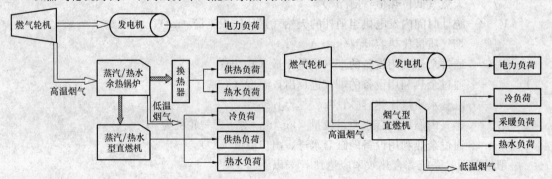

图 3-12　燃气轮机间接连接的分布式能源系统　　　图 3-13　燃气轮机直接对接的分布式能源系统

间接连接的系统工艺明显比直接连接复杂，但是这种工艺出现较早，余热锅炉、蒸汽/热水直燃机等设备制造技术成熟，在国内外有大量成熟案例。这种工艺尤其适用于有一定蒸汽和热水

需求的场合，可以通过调节从余热锅炉出来的进入直燃机的蒸汽量，方便地调节负荷分配。

直接利用余热的烟气型或烟气热水型余热吸收式空调机组设备制造技术在近年来发展成熟，使得余热利用工艺和设备得以简化。虽然在蒸汽和热水供应方面没有传统间接连接方式灵活，但是也具有工艺简单、占地少的突出优势，而且由于减少了换热环节，采用直接连接系统的热效率更高。

**（一）烟气余热回收装置**

烟气是分布式能源系统主要的余热形式，回收余热的主要设备有余热吸收式空调机组、余热热水锅炉、余热蒸汽锅炉及烟气换热器等，可根据不同系统工艺及需求考虑选择何种设备。各种烟气余热回收装置比较见表 3-24。

表 3-24　　　　　　　　　　　　各种烟气余热回收装置比较

|  | 余热吸收式空调机组 | 余热热水锅炉 | 余热蒸汽锅炉 | 烟气换热器 |
|---|---|---|---|---|
| 工艺特点 | 直接连接 | 间接连接 | 间接连接 | 在上述设备之后的尾气再利用，可结合吸收式热泵使用 |
| 能源需求 | 只有常规冷热需求 | 有全年稳定热水需求 | 有蒸汽需求 | 排烟温度较高 |
| 供能特点 | 直接面向用户供冷供热，单台设备全年运行 | 与热水型吸收式机组配合供冷，供热需板换 | 可直接供蒸汽，与蒸汽型吸收式机组配合供冷，供热需换热器 | 可根据需求将排烟温度降至 50～100℃ |
| 热效率 | 直接换热，效率较高 | 间接换热，效率较低 | 间接换热，排烟温度高，综合效率低 | 可提高系统总热效率 2%～8% |

确定余热利用设备形式后可根据烟气余热量结合设备样本上给出的参数选取余热利用设备容量。

烟气余热量计算公式为

$$q = c_g G_g (t_{g1} - t_{g2}) \tag{3-13}$$

式中　$c_g$——烟气质量比热容[kJ/(kg·℃)]，一般可取为 1.1～1.2；

　　　$G_g$——通过余热利用设备的烟气质量流量（kg/h）；

$t_{g1}$、$t_{g2}$——通过余热利用设备的烟气进、出口温度（℃）。

各余热利用设备效率可根据设备样本参数选取，如无具体资料，一般烟气直接制冷效率可取为 1.1～1.3，烟气直接换热效率可取为 0.75～0.85。

烟气余热回收装置在选择时，除了按照上述方法确定热力参数外，还应考虑燃气发电机组的排烟背压，烟气换热器烟气侧的阻力与其余烟道阻力之和应小于发电机组排烟背压。

**（二）发电机组冷却水余热回收装置**

燃气内燃机运行过程中除了烟气余热以外，还有大量余热以冷却水形式排出，这部分余热的回收装置是燃气内燃机分布式能源系统的一个重要部分。发电机组冷却水一般分为出水温度在80～95℃的高温冷却水和出水温度在 40～50℃的低温冷却水，余热回收装置一般有烟气热水型吸收式空调机组、热水型吸收式空调机组、板式换热器等形式。

对于一般有简单冷热需求的场合，可选择烟气热水型或热水型吸收式空调机组直接利用发电机组高温冷却水作为吸收式空调机组的热源。但由于热水制冷的效率较低，如果有常年稳定的生活热水需求，可优先考虑利用高温冷却水通过板式换热器制取生活热水。

低温冷却水由于温度较低，一般不易再加以利用，只有在具有常年温度生活热水需求的场合可考虑利用其作为预热生活热水给水的热源。

确定余热利用设备形式后，可根据热水余热量结合设备样本上给出的设备参数，选取余热利用设备容量。

热水余热量计算公式为

$$q_g = c_j G_j (t_{j1} - t_{j2}) \tag{3-14}$$

式中　$c_j$——缸套水质量比热容[kJ/(kg·℃)]，一般取为 4.2；

　　　$G_j$——燃气内燃机冷却水质量流量（kg/h）；

　$t_{j1}$、$t_{j2}$——冷却水通过余热利用设备的进、出口温度（℃）。

各余热利用设备效率可根据设备样本参数选取，如无具体设备参数，一般热水直接制冷效率可取为 0.6~0.7，热水直接换热效率可取为 0.8~0.9。

缸套水余热回收装置在选择时除了按照上述方法确定热力参数外，还应考虑燃气发电机组本身所能提供的外部资用压头，余热回收装置缸套水侧的阻力与其余外部管路阻力之和应小于发电机组资用压头，如果外部阻力过大，需另增设循环水泵。

**（三）余热回收装置选择**

1. 燃气轮机及内燃机余热回收特点

燃气轮机的余热形式只有高品位的烟气，因此其余热利用工艺较为简单，在城市燃气冷热电分布式能源系统中，直接采用烟气型吸收式空调机组从能源高效利用、系统占地、系统维护等方面均具有明显优势。在发电装机容量较大的区域能源供应中，可考虑采用联合循环系统，此时一般采用余热蒸汽锅炉利用烟气产生高温高压的蒸汽，驱动蒸汽轮机发电。

燃气轮机相对来说余热量较多，其余热利用设备容量较大，不同容量的燃气轮机所对应的余热量范围如图 3-14 所示。

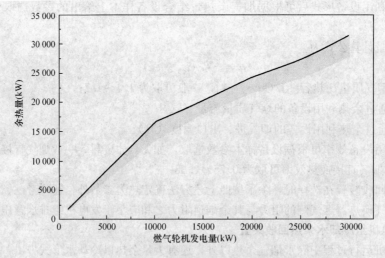

图 3-14　燃气轮机余热量

燃气内燃机余热利用工艺相对复杂，需分别考虑烟气和缸套水的回收利用。在城市燃气冷热电分布式能源系统中，可考虑的余热利用工艺及设备形式更为多样。如针对一般只有稳定冷热负荷的公共建筑，可采用同时利用烟气和缸套水的烟气热水型吸收式空调机组直接供冷供热；如果有较为稳定的常年热水负荷，也可考虑将烟气和缸套水分开加以利用：采用烟气型吸收式空调机组利用烟气实现供冷供热，将缸套水直接通过板式换热器换热用以满足热水需求。

燃气内燃机组发电效率相对较高，可利用的余热量相对较少，余热利用设备容量较小，不同容量的燃气内燃机所对应的余热量范围如图 3-15 所示。

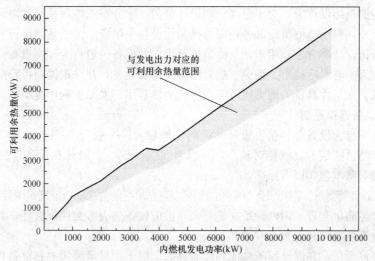

与发电出力对应的
可利用余热量范围

图 3-15 燃气内燃机余热量

2. 余热设备容量优化

选定发电设备后可利用的余热量就基本确定，系统工艺确定后余热设备的供冷供热能力也基本确定，因此余热设备的容量主要通过具体的发电设备及工艺路线选择进行优化调整。

在一般公共建筑中冷热空调负荷指标往往大于电负荷指标，发电效率较高的燃气发电机组其余热量与发电量接近，此时余热供应能力在设计热负荷中所占比例一般低于分布式能源发电出力在设计电力负荷中所占的比例。不同种类、不同品牌、不同型号的发电设备参数都有所不同，如有些发电机组缸套水温度可达到 100℃ 以上，有些则甚至低于 80℃；不同余热设备的能源转换特点和转换效率也有所不同，如直接连接系统的综合换热效率明显高于间接连接系统。在实际系统设计中应结合项目需求选择适当的发电设备及工艺。一般以余热供能量满足以空调设计总负荷的 30%～50% 为宜。

余热吸收式空调机组可与天然气补燃相结合构成余热吸收式直燃机组，成为分布式能源系统中最常用的余热设备形式之一，此时设备的总出力应为余热部分供能出力与直燃部分供能出力之和。一般应以余热供能出力不低于设备总出力的 30% 为宜。

3. 多台发电机组余热设备选择

一般情况下直接连接系统余热设备与发电设备采用一对一的配置形式，当机房面积较小时也可两台发电机组共用一台余热设备，此时两台发电机组的烟气进入同一台吸收式空调机组的高压发电机，烟道应各自独立，避免发电机组在运行时由于烟气背压的不同互相影响。

采用多台燃气内燃发电机组时，如采用缸套水直接供热水或两台发电机组共用一台余热利用设备的系统工艺，两台发电机组的缸套水路可采用并联方式连接。

4. 余热回收装置运行控制

无论是烟气余热回收还是缸套水的余热回收，均应考虑在发电机组运行而余热回收设备不工作工况下的运行控制。对于烟气系统，一般考虑采用烟气旁通系统，在烟气余热回收装置不运行时将通过自动或手动控制将烟气不经过回收装置而直接排空；对于缸套水系统，同样需采用旁通水路使高温水不经过回收装置而直接进入专用的散热冷却水箱，使水温降低到设计温度后再回到发电机组。

### 四、调峰设备选择

在分布式能源系统设计中，对于全部空调设计负荷，除分布式能源系统发电余热能满足供应的基础负荷部分外，剩余峰值负荷部分还需选择其他设备来供应。由于系统运行时优先利用发电余热满足基础负荷，这部分主要用于调节峰值负荷供应的设备一般称为调峰设备。一般调峰设备种类包括直燃机组、电制冷机组、锅炉、热泵等常规供能设备，并可根据项目特点结合蓄能等能源高效利用技术，在条件具备的地方还可考虑引入地热利用、太阳能利用等新能源技术。

#### （一）调峰设备选择原则

调峰设备的特点为设备总容量占设计负荷的比例较大，一般为 50%～70%，但是全年运行时间较短，对于总供能量的贡献相对较小，一般为 30%～60%。因此在设备选择时应结合其运行特点加以考虑，基本遵循以下原则：

（1）满足设计负荷要求。调峰设备总容量与余热设备总供应能力之和应能满足项目设计负荷要求。

（2）系统工艺简单合理。调峰设备应能与余热供应设备热力参数匹配合理，共同组成一个统一的热力系统，系统总设备台数不宜过多。

（3）项目经济可行。在保证系统功能和可靠性的前提下，尽量采用成熟设备和常规设备，降低系统投资。

#### （二）常规供冷供热设备

常规供冷供热设备包括直燃机组、电制冷机组、燃气锅炉、热泵机组等。

一般直燃机组可与余热机组补燃方式综合考虑，如可通过适当增加补燃量减少直燃机组台数，可遵循系统简单合理的原则减少直燃机台数。

电制冷机组与分布式能源系统及余热设备所利用的驱动能源不同，因此合理选择电制冷机组一方面可以在没有天然气的情况下保证系统一定程度的供能安全，另一方面还可以在一定程度上起到调节电力负荷以配合发电机组运行的作用。此时应考虑到发电机组运行时对于负荷突变的适应性，尽量减小电制冷机组的电功率。如果发电机组独立带动电制冷机组运行，一般制冷机组单机耗电量以低于发电机组额定出力的 20% 为宜，不应超过 25%。

燃气锅炉一般与电制冷机组共同组成调峰系统，其优势在于投资较低、系统简单，缺点在于与电制冷机组共同组成的调峰系统和一台机组就可以实现冷热供应的直燃机组相比，占地面积略大。

热泵机组在常规空调系统中的应用日益广泛，一般应结合项目周边资源条件，因地制宜地考虑采用。如项目所在区域地热条件较好，可采用地源热泵；如项目所在区域具有污水资源，可考虑采用污水源热泵；如项目周边具有适当的地表水资源，可考虑采用地表水源热泵。热泵作为调峰设备的突出优势在于利用可再生资源，能效比较高，并且冬夏季均可与分布式能源系统配合，具有较好的电力负荷调节能力。热泵作为调峰设备的主要缺点为系统投资相对较高，因此一般还需与其他投资较低的常规调峰方式结合，热泵机组的具体容量应通过详细的技术经济论证确定。

几种空调调峰系统的比较见表 3-25。

表 3-25                                几种空调调峰系统的比较

| 项目 | 直燃机组 | 电制冷机组与燃气锅炉组合 | 热泵机组 |
|---|---|---|---|
| 结构特点 | 依靠高温热源为动力驱动以水为制冷剂的溴化锂溶液实现制冷循环，系统基本上无运转部件，运转平稳，振动和噪声小，单台设备体积较大 | 需消耗较多高品位的电能，有高速运转的部件，噪声较大，但设备体积较小，布置灵活，供热单独设置燃气锅炉 | 需具备适宜的地热、地表或地下水源等自然条件，主设备特点与电制冷机组相同，可以一台机组夏季供冷冬季供热 |

| 项目 | 直燃机组 | 电制冷机组与燃气锅炉组合 | 热泵机组 |
|------|----------|------------------------------|----------|
| 性能特点 | 冷水出水温度不宜低于 5℃，制冷效率（1.1～1.3）较低，但一次能源利用效率与电制冷机组相近，单台制冷量可以较大，启停时间长 | 冷水出口温度可以低于 0℃（加防冻液），制冷效率较高（>5），一次能源利用率与直燃机相近，变工况性能好，启停灵活 | 制冷特点与电制冷机组相同，由于利用了可再生能源，供热 COP 可达到 4 以上，但是热媒出口温度不宜高于 50℃ |
| 运行维护 | 运行维护要求人员素质较高，维护费用较高 | 需要运行维护人员较多，维护费用略低 | 运行维护简单，但是低温热源端一旦出现故障则排查相对困难 |
| 占地 | 一套机组可以实现冷热供应，占地面积较小 | 需单独设冷冻机房和锅炉房，占地面积较大 | 一套机组可以实现冷热供应，占地面积最小 |

### （三）与其他能源高效利用技术耦合

燃气冷热电分布式能源系统具有持续稳定供能的特点，而一般用户的用能变化往往具有不确定性，因此通过适当的储能系统调节分布式能源系统中供需之间的不平衡有利于提高系统的综合效率。常见的储能系统有冰蓄冷和水蓄能两种。

冰蓄冷系统工质的蒸发温度较低，冰蓄冷制冷机组在蓄冰工况下的制冷系数约降低 30%。水蓄冷系统的蒸发温度与常规制冷系统相比相差不大，制冷机组在蓄冷工况下运行时与正常工况相比效率基本相同。因此，水蓄能系统的优势在于制冷机组投资低于冰蓄冷系统，相同蓄冷量下水蓄冷系统的耗电量低于冰蓄冷系统，水蓄冷系统的蓄冷水池冬季还可作为蓄热水池使用，更有利于其经济性的提高。水蓄冷系统最大缺点在于蓄冷密度较低，蓄冷容积较大。一般情况下，水蓄冷系统所需空间是冰蓄冷系统的 2～4 倍。但总体来看蓄能系统投资均较高，因此应在详细分析项目负荷变化规律和项目能源价格的基础上确定蓄能系统容量。

分布式能源还可以与太阳能、风能等其他的新的能源技术耦合，只要设计方案及运行方案合理，会进一步提高能源的综合利用效率，减少污染物的排放。但是由于太阳能、风能等系统的应用受到占地面积、建筑高度遮挡以及自然资源等因素影响较大，并且初投资较高，一般在城市中较少大规模应用，在采用这些技术时应进行详细的技术经济论证。

## 第四节　系统方案设计案例

### 一、燃气内燃机分布式能源系统案例

本节以某 20 万 $m^2$ 左右的综合公共建筑为例，说明燃气内燃机分布式能源系统方案设计的流程和方法。

### （一）项目概况

新建以办公科研为主的综合性建筑，包括以下四部分：

（1）一栋对外接待用房，总建筑面积为 1400$m^2$。

（2）一幢地下 2 层、地上 11 层的建筑，主要建筑功能为办公和科研用房，总建筑面积为 37 430$m^2$，其中地上 29 400$m^2$。

（3）一幢地下 2 层、地上 6 层的建筑，主要功能为办公中心，总建筑面积为 141 270$m^2$，其中地上 106 000$m^2$。

（4）由三部分建筑联合组成的综合楼，楼层分别为 4 层、10 层和 15 层，主要功能为办公和研发中心，总建筑面积为 55 130$m^2$，其中地上 50 300$m^2$。

项目具体建筑功能分区及规模汇总见表 3-26。

**表 3-26**　　　　　　　　　建筑功能分区及规模汇总

| 建筑 | 功能 | 面积（m²） |
|---|---|---|
| 1 号楼 | 接待处 | 1400 |
| 2 号楼 | 科研楼 | 37 500 |
| 3 号楼 | 办公楼 | 141 270 |
| 4 号楼 | 综合楼 | 55 130 |
| 总计 | | 235 300 |

### （二）负荷分析

根据建筑功能分析及相关设计手册总结出的经验数据，计算该项目总负荷，见表 3-27。

**表 3-27**　　　　　　　　　项目设计负荷指标

| 建　筑 | 项　目 | 冷负荷 | 热负荷 | 电负荷 | 热水负荷 |
|---|---|---|---|---|---|
| 1 号楼 | 指标（W/m²） | 90 | 80 | 60 | |
| | 面积（m²） | 1400 | | | |
| | 合计（kW） | 126 | 112 | 84 | 7 |
| 2 号楼 | 指标（W/m²） | 90 | 80 | 60 | |
| | 面积（m²） | 37430 | | | |
| | 合计（kW） | 3369 | 2994 | 2246 | 180 |
| 3 号楼 | 指标（W/m²） | 123 | 78 | 66 | |
| | 面积（m²） | 141 270 | | | |
| | 合计（kW） | 17 376 | 11 020 | 9324 | 565 |
| 4 号楼 | 指标（W/m²） | 79 | 74.5 | 54 | |
| | 面积（m²） | 55 130 | | | |
| | 合计（kW） | 4362 | 4105 | 2970 | 414 |
| 总计（kW） | | 25 233 | 18 231 | 14 624 | 1165 |
| 指标（W/m²） | | 107.3 | 77.5 | 62.2 | |

建立负荷分析模型，如图 3-16 所示，对项目全年逐时负荷进行分析，并与上述负荷计算结果互相验证。

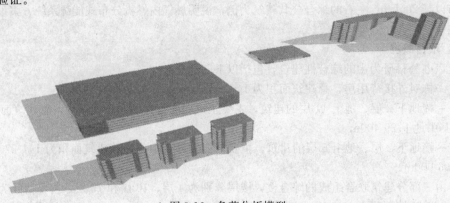

图 3-16　负荷分析模型

　　根据项目建筑设计方案提供的资料，设定建筑结构及内、外墙体材料和门窗类型，照明、人员、设备的逐时系数参照 GB 50189—2005 以及相关同类型建筑作息进行设置，以此为基础进行全年 8760h 逐时的冷热电负荷分析，得到全年负荷变化曲线，如图3-17～图 3-20 所示。

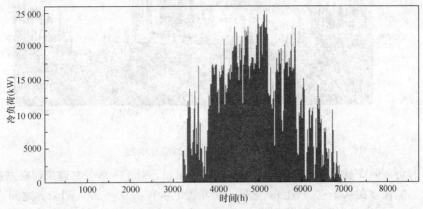

图 3-17　全年冷负荷逐时变化曲线

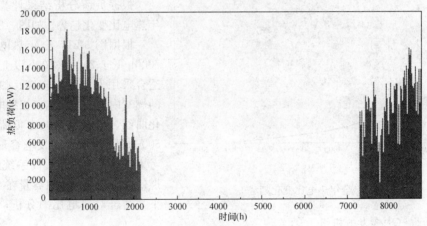

图 3-18　全年热负荷逐时变化曲线

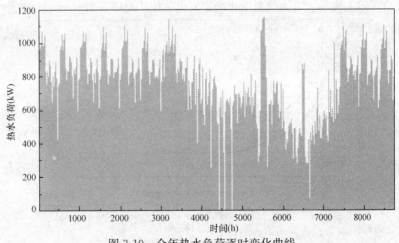

图 3-19　全年热水负荷逐时变化曲线

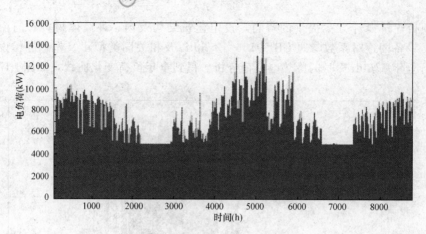

图 3-20　全年电负荷逐时变化曲线

　　根据逐时负荷曲线可计算出建筑全年的冷热电需求量，对于一般公共建筑，根据建筑特性不同，全年冷热能耗宜在 $0.2\sim0.8\mathrm{GJ/m^2}$ 之间，全年需电量宜在 $80\sim200\mathrm{kWh/m^2}$ 之间。

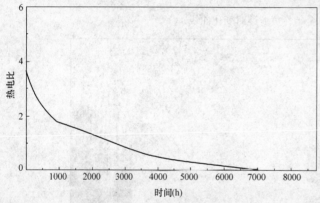

图 3-21　全年热电比变化趋势

### （三）发电设备选择

　　根据负荷分析结果计算该项目全年热电比变化趋势，如图 3-21 所示。

　　根据图 3-21，全年热电比有超过 7000h 低于 2，有 3000h 以上在 1 左右，适合采用发电效率较高、热电比较小的燃气内燃发电机组；根据电力负荷变化曲线，全年稳定电力负荷在 $3000\sim5000\mathrm{kW}$，在较大的发电容量下，一般考虑选择多台机组提高系统的安全性。燃气内燃机一般单机容量在 $4000\mathrm{kW}$ 以下，结合对热电比的分析，该项目适合采用多台燃气内燃发电机组。

　　该项目冷热负荷远大于电力负荷，按照电力负荷变化选定发电机组可以保证其余热被充分利用，因此该项目可以主要参考电力负荷变化确定发电机组，见图 3-22。

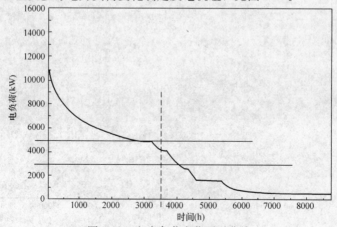

图 3-22　电力负荷变化延时曲线

根据延时曲线，保证全年满负荷时数在 3500h 以上的最低负荷在 4000kW 左右，因此可考虑选择 2 台 2000kW 左右的燃气内燃发电机组，通过查询样本可选择某单机容量 2179kW 的燃气内燃发电机组，其主要参数见表 3-28。

表 3-28　　　　　　　　　　　　　发电机组主要参数

| 参数名称 | 单位 | 数值 | 参数名称 | 单位 | 数值 |
|---|---|---|---|---|---|
| 输入功率 | kW | 5231 | 排烟至 180℃ | kW | 1178 |
| 发电功率 | kW | 2179 | 排烟至 110℃ | kW | 1447 |
| 可回收余热 | | | 发电效率 | % | 41.6 |
| 高温中冷水 | kW | 359 | 热效率 | % | 45.4 |
| 润滑油 | kW | 226 | 总效率 | % | 87.0 |
| 缸套水 | kW | 408 | | | |

### （四）余热设备选择

该项目选择的发电机组单机容量较大，余热利用设备可采用直接与发电机组对接的烟气热水型吸收式空调机组，从系统安全性考虑，余热机组采用补燃方式，设备总容量可适当放大。

根据发电机组参数计算，余热制冷量约为：$408×0.7+1178×1.2=1699kW$，余热供热量约为 $(359+226+408)×0.85+1447×0.85=2074kW$。

按照余热供冷负荷占设备总容量 40% 左右考虑，参考相关设备样本，选择两台单机制冷量为 4652kW、单机供热量为 3582kW 的烟气热水补燃型吸收式空调机组分别与发电机组对接。

### （五）调峰设备选择

在没有特殊资源条件的情况下，调峰设备主要考虑采用常规设备。项目主要采用电空调结合燃气锅炉的方式调节峰值负荷，同时考虑项目为办公性质的负荷，昼夜相差较大，同时又实施峰谷平电价政策，因此在制冷调峰方式中适当考虑了冰蓄冷系统。

根据系统总冷负荷和上述余热设备选择，所需制冷调峰容量约为 $25\ 300-4652×2=16\ 000kW$。

参考设备样本，综合考虑运行调节便利，可选择两台单机制冷量为 2742kW、蓄冰量为 1758kW 的双工况螺杆机组和一台制冷量为 3869kW 的离心式制冷机组。

根据系统总热负荷和余热设备选择，所需其余供热调峰总容量约为 $18\ 300+1200-(359+226+408)×0.85×2-3582×2=10\ 648kW$。

项目所处地区具有良好的太阳能资源条件，从充分利用可再生能源角度出发，应选择一定比例的太阳能热水系统解决部分生活热水需求，集热器面积应结合热水负荷以及可利用的集热器布置面积确定，考虑设置集热面积约 1200m² 的太阳能集热器。

其余供热调峰设备采用燃气锅炉，参考设备样本，综合考虑供热和全年供生活热水的运行调节便利，可选择两台单机供热量为 4200kW 的燃气热水锅炉和一台供热量为 1400kW 的燃气热水锅炉。

### （六）附属设备选择

在燃气冷热电分布式能源方案设计中，可根据选定的主设备参数简单确定相关附属设备参数，需要选定具体型号时应根据设备样本确定具体选型参数。

发电机组的主要附属设备包括散热水箱、外置循环水泵、隔声罩等，空调机组的主要附属设备包括冷温水泵、冷却水泵、冷却塔等。水泵一般按照一机对一泵的原则选取，适当考虑备用。

### (七) 系统原则性工艺图

根据上述设备选择结果，可绘制项目原则性系统工艺图，如图 3-23 所示。

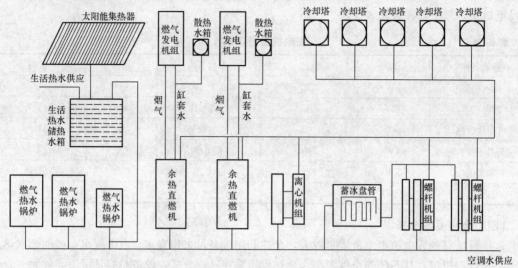

图 3-23   系统原则性工艺图

## 二、燃气轮机分布式能源系统案例

### (一) 项目概况

项目包含了多个建筑集群，主要建筑类型包括办公类、商业类、住宅类、公建类。项目用地共分为 5 个地块，其中 1 号地块北区总建筑面积 25 万 $m^2$，是包括休闲餐饮及商务办公楼等多种功能在内的综合性建筑。1 号地块南区以及 2～5 号地块总建设面积约 76 万 $m^2$，其中住宅约 57 万 $m^2$，商场等公共建筑约 19 万 $m^2$。

### (二) 负荷分析

#### 1. 建筑用能负荷

根据项目所在地采暖及空气调节设计室外空气参数及业主提供的各区块建筑数据资料，采用指标分析法，确定建筑用能情况。

项目所在地全年室外环境温度变化曲线如图 3-24 所示。

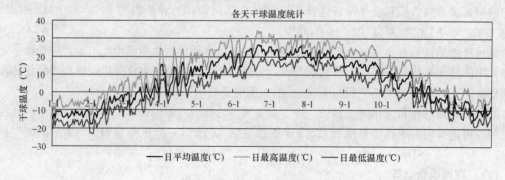

图 3-24   全年室外温度变化曲线

由图 3-24 可知，全年约有 10 个月日平均温度在 10℃以上，其中 7 个月以上的日平均温度在 10℃以下，全年室外平均温度较低。

以 1～5 号地块所有建筑为供能对象的计算负荷见表 3-29。

表 3-29                                                         建筑计算负荷

| 地块 | 建筑名称 | 说明 | 建筑面积<br>（m²） | 冷负荷<br>（kW） | 热负荷<br>（kW） | 热水负荷<br>（kW） |
|---|---|---|---|---|---|---|
| 1号北区 | 办公 | 地上 | 185 890 | 11 671 | 8311 | 2141 |
| | | 地下 | 65 420 | 0 | 0 | 0 |
| 1号南区 | 住宅 | | 86 580 | 0 | 4329 | 866 |
| | 公建 | | 1332 | 160 | 87 | 6.66 |
| 2号地 | 住宅 | | 130 500 | 0 | 6525 | 1305 |
| | 公建 | | 22 440 | 2693 | 1459 | 112 |
| 3号地 | 商业 | 地上 | 105 400 | 14 756 | 6851 | 527 |
| | | 地下超市 | 0 | 0 | 0 | 0 |
| 4号地 | 住宅 | | 117 236 | 0 | 5862 | 1173 |
| | 公建 | | 29 410 | 3529 | 1912 | 147 |
| 5号地 | 住宅 | | 241 016.4 | 0 | 12 051 | 2410 |
| | 公建 | | 31 400 | 3768 | 2041 | 157 |
| 同时利用系数 | | | | 0.7 | 0.9 | 0.6 |
| 总计 | | | 1 016 624.4 | 25 603.7 | 44 483 | 5307 |
| 折合蒸汽<br>（0.6MPa，150℃） | | t/h | | 36.5 | 63.5 | 7.5 |

**2. 负荷曲线**

根据负荷计算结果，综合考虑在当地气象环境下各种不同功能建筑的变化规律，分析全年蒸汽负荷变化规律，如图 3-25、图 3-26 所示。可以看到，由于该地区全年平均温度较低，供暖期相对较长。另外，分析中考虑了 10％ 的蒸汽输送损失，根据设计负荷计算得到全年由分布能源站的最大供汽量约为 79t/h。

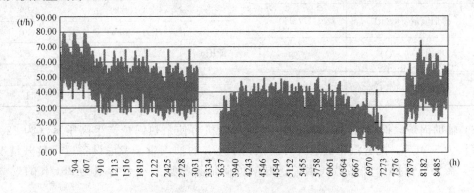

图 3-25  全年蒸汽逐时负荷变化曲线

根据图 3-32 可知，年供汽量在 30t/h 以上的时间达到 5000h 以上，其中约有 3300h 以上的时间在 40t/h 以上，1200h 以上的时间在 50t/h 以上，可见 40t/h 左右的供汽量是全年较为稳定的供汽负荷。

**（三）供能方案**

方案考虑向所有建筑供热，向其中的公共建筑供冷，由于供能规模较大，考虑采用发电上网

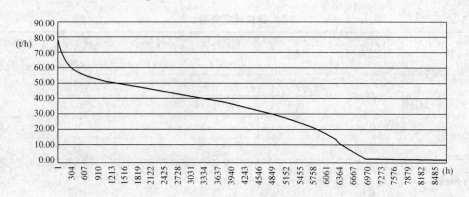

图 3-26　全年蒸汽延时负荷变化曲线

的燃气—蒸汽联合循环方案。利用发电余热从分布式能源站产生 130℃的高温热水送至用户换热站处，采暖季通过板式换热器制取用户采暖及空调供热用水和生活热水，制冷季利用热水型吸收式空调机组满足用户供冷需求。

根据区域最大热负荷，按照 0.5 的热化系数确定联合循环机组选型，则联合循环系统抽汽量在 40t/h 左右，同时设置燃气锅炉作为调峰设备。

1. 主要设备配置

（1）燃气轮机。根据负荷分析结果，选用索拉 Titan130 型燃气轮发电机组。燃气轮机性能参数见表 3-30。

（2）余热锅炉。根据燃气轮机排气参数，配套余热锅炉的主要参数见表 3-31。

**表 3-30　　燃气轮机性能参数**

| 燃气轮机类型 | | Titan130 |
|---|---|---|
| 参数 | 出力（kW） | 15 000 |
| | 热耗率（kJ/kWh） | 10 232 |
| | 排烟流量（kg/h） | 177 900 |
| | 排烟温度（℃） | 500 |
| | 发电效率（%） | 35.2 |

**表 3-31　配套余热锅炉的主要参数**

| 燃气轮机类型 | | Titan130 |
|---|---|---|
| 余热锅炉形式 | | 双压无补燃自然循环 |
| 高压蒸汽 | 压力（MPa） | 4.8 |
| | 温度（℃） | 455 |
| | 流量（t/h） | 22.6 |
| 低压蒸汽 | 压力（MPa） | 0.6 |
| | 温度（℃） | 252 |
| | 流量（t/h） | 5.0 |
| 排烟温度（℃） | | 115 |

（3）辅助锅炉。根据测算，Titan130 型燃气轮机可使余热锅炉产生高压蒸汽为 22.6t/h，低压蒸汽为 5.0t/h，配套汽轮机最大可提供约 20t/h 的抽汽量。考虑设备运行负载情况和负荷特性，需要另设部分供热燃气锅炉，根据负荷估算需设置 2 台容量为 20t/h 的燃气热水锅炉。

（4）蒸汽轮机。考虑热负荷的变化规律，适宜选用抽凝式汽轮机组，这样便于根据外部热负荷调节机组出力，提高能源站的综合利用效率。拟安装 2 台燃气轮机，采用一拖一方案，则相对应的蒸汽轮机发电机组的数量可为 2 台，能够体现余热锅炉的蒸发量和机组供热量调节的灵活性。

与 Titan130 型燃气轮机配套的抽汽凝汽式汽轮机参数见表 3-32。

表 3-32 抽汽凝汽式汽轮机参数

| 燃机类型 | Titan130 | | |
|---|---|---|---|
| 运行工况 | 采暖季 | 制冷季 | 过渡季 |
| 主汽门前压力（MPa） | 4.7 | | |
| 主汽门前温度（℃） | 452 | | |
| 进汽量（t/h） | 22.6 | 22.4 | 20.4 |
| 抽汽压力（MPa） | 0.6 | | |
| 抽汽温度（℃） | 200 | | |
| 抽汽量（t/h） | 19.2 | 19.0 | |
| 补汽压力（MPa） | 0.58 | | |
| 补汽温度（℃） | 252 | | |
| 补汽量（t/h） | | | 4.2 |
| 排汽压力（kPa） | 5.0 | 6.0 | 5.0 |
| 排汽量（t/h） | 3.4 | 3.4 | 24.6 |
| 发电量（MW） | 3.2 | 3.2 | 5.4 |

综上所述，能源站方案拟定机组配置方案为燃气轮机选型采用 Titan130 型燃气轮机。Titan130 型燃气轮机单台额定出力在 15MW 左右，发电效率在 35％左右，根据热电负荷需求，配置 2 套系统（2 台燃气轮机＋2 台余热锅炉＋2 台抽汽凝汽式蒸汽轮机发电机组，组成燃气—蒸汽联合循环系统）满足项目要求。该项目总发电装机规模为 37MW，抽汽供热量约为 38t/h，另设 2 台 20t/h 的燃气热水锅炉。

2. 主要技术指标

项目测算所采用的能源价格见表 3-33。

表 3-33 项目测算所采用的能源价格

| 项目 | 单价 | 单位 | 项目 | 单价 | 单位 |
|---|---|---|---|---|---|
| 管网天然气 | 1.82 | 元/m³ | 市政自来水价 | 5.00 | 元/m³ |
| 居民电价 | 0.43 | 元/kWh | 居民供热热价 | 3.68 | 元/(月·m²) |
| 商业电价 | 0.76 | 元/kWh | 商业供热热价 | 3.95 | 元/(月·m²) |

具体的运行技术指标见表 3-34。

表 3-34 燃气—蒸汽联合循环系统运行技术指标

| 序号 | 项目 | 单位 | 2 台 Titan130 型燃气轮机 | | |
|---|---|---|---|---|---|
| | | | 采暖季 | 制冷季 | 过渡季 |
| 1 | 总装机规模 | MW | 37 | | |
| 2 | 联合循环 | | | | |
| 2.1 | 燃气轮机发电出力 | MW | 31.0 | 27.1 | 30.0 |
| 2.2 | 汽轮机发电出力 | MW | 7.3 | 7.2 | 12.7 |
| 2.3 | 联合循环发电出力 | MW | 38.4 | 34.3 | 42.7 |

| 序号 | 项目 | 单位 | 2台Titan130型燃气轮机 | | |
|---|---|---|---|---|---|
| | | | 采暖季 | 制冷季 | 过渡季 |
| 3 | 燃气锅炉 | | | | |
| 3.1 | 供热出力 | t/h | | 40 | |
| 3.2 | 利用小时 | h | | 1793.0 | |
| 4 | 年供热量 | 万GJ/a | | 58.1 | |
| 5 | 年发电量 | 万kWh/a | | 17273.6 | |
| 6 | 年天然气耗量 | 万m³/h | | 4616.9 | |
| 7 | 年均发电效率（%） | | | 42.98 | |
| 8 | 年均全厂热效率（%） | | | 72.27 | |

3. 运行方式

从主能源站出来的热水供回温度为130℃/70℃，制冷季通过能源站出去的130℃热水进入各个区块的吸收式溴冷机进行制冷，采暖季则通过130℃的热水与各区块的换热器直接换热后进行采暖。制冷季和采暖季的调峰负荷都由燃气锅炉来完成。在没有冷、热负荷的过渡季，蒸汽轮机处只需要抽少量的蒸汽来满足区域内的热水负荷，其余的蒸汽还在汽轮机内进行发电，从而提高了发电效率。

# 第五节 燃气—蒸汽联合循环汽轮机组选择

蒸汽轮机是以蒸汽作为工质，并将蒸汽的热能转换为机械能的一种旋转式原动机，是一种透平机械，又称蒸汽透平。汽轮机本体主要由定子和转子两大部分组成。定子包括汽缸、隔板、静叶栅、进排汽部分、端汽封以及轴承、轴承座等。转子包括主轴、叶轮、动叶片（或直接装有动叶片的鼓形转子、整锻转子）和联轴器等。在汽轮机中，一对喷嘴叶栅和其后相匹配的动叶栅，组成将蒸汽的热能转换成机械功的基本单元，称为汽轮机级。为了保证安全和有效工作，汽轮机还配置调节保安系统、油系统和各种辅助设备。图3-27所示为汽轮机叶片及外形图。

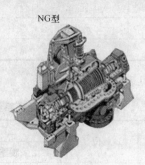

图 3-27 汽轮机叶片及外形图

**一、汽轮机组形式**

**（一）按进汽参数分类**

根据进汽参数，汽轮机组可分为低压、次中压、中压、次高压、高压机组与超高压、亚临界机组，常见压力等级见表3-35。

表 3-35 汽轮机压力等级

| 参数 | 进汽压力（MPa） | 进汽温度（℃） | 参数 | 进汽压力（MPa） | 进汽温度（℃） |
|------|------|------|------|------|------|
| 低压 | 1.27 | 340 | 高压 | 8.8 | 535 |
| 次中压 | 2.35 | 390 | 超高压 | 12.75 | 535 |
| 中压 | 3.43 | 435 | 亚临界 | 16.18 | 535 |
| 次高压 | 4.9～5.88 | 435～470 | | | |

### (二) 按热力特性分类

汽轮机组按热力特性可分为背压式、抽汽背压式、抽汽凝汽式几种。

#### 1. 背压式汽轮机

背压式汽轮机是将汽轮机排汽供热用户使用的汽轮机。这种机组的主要特点是设计工况下的经济性好，节能效果明显。另外，它的结构简单，投资省，运行可靠；缺点是发电量取决于供热量，不能独立调节来同时满足热用户和电用户的需要，系统满足热负荷需求时所缺的供电量需电网补偿，因此增大了电力系统的备用容量。此外，背压汽轮机的背压高，整机的焓降小，若偏离设计工况，其机组的相对内效率显著下降，发电量减少。因此，背压式汽轮机多用于热负荷全年稳定的分布式能源项目。图 3-28 所示为背压式汽轮机热力系统图。

#### 2. 抽汽背压式汽轮机

抽汽背压式汽轮机是从汽轮机的中间级抽取部分蒸汽，供需要较高压力等级的热用户，同时保持一定背压的排汽，供需要较低压力等级的热用户使用。这种机组设计工况下的经济性较好，但对负荷变化的适应性差。它适用于两种不同参数的热负荷，扩大了背压式汽轮机的应用范围。图 3-29 所示为抽汽背压式汽轮机热力系统图。

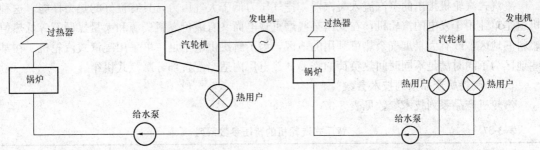

图 3-28 背压式汽轮机热力系统图　　　　图 3-29 抽汽背压式汽轮机热力系统图

#### 3. 抽汽凝汽式汽轮机

抽汽凝汽式汽轮机是从汽轮机中间抽出部分蒸汽，供热用户使用的凝汽式汽轮机。这种机组的主要特点是当热用户所需的蒸汽负荷突然降低时，多余蒸汽可以经过汽轮机抽汽点以后的级继续膨胀发电。这种机组的优点是灵活性较大，能够在较大范围内同时满足热负荷和电负荷的需要，因此适用于负荷变化幅度较大、变化频繁的区域性热电厂；缺点是热经济性比背压式机组差，而且辅机较多，价格较贵，系统也较复杂。图 3-30

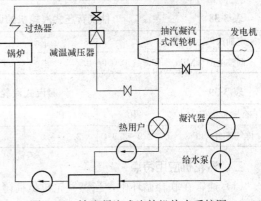

图 3-30 抽汽凝汽式汽轮机热力系统图

所示为抽汽凝汽式汽轮机热力系统图。

以上三种机型是中小型热电厂机组的主要形式，其主要特点见表 3-36。

**表 3-36　　热电厂常用汽轮机组特点**

| 项　目 | | 机组形式 | | |
|---|---|---|---|---|
| | | 背压式 | 抽汽背压式 | 抽汽凝汽式 |
| 相同锅炉容量和参数情况下 | 供热量 | 多 | 多 | 较少 |
| | 发电量 | 少 | 少 | 较多 |
| 发电煤耗 | 设计工况 | 低 | 低 | 较高 |
| | 负荷突降 | 高 | 高 | 略有升高 |
| 电负荷与汽负荷关系 | | 用多少汽，发多少电 | 用多少汽，发多少电 | 汽、电比例可调整 |
| 结构复杂程度 | | 简单 | 复杂 | 复杂 |
| 辅机配套数量 | | 少 | 少 | 多 |
| 可满足用汽压力等级 | | 一种 | 两种 | 一种或两种 |
| 可适应蒸汽负荷变化幅度 | | 小 | 小 | 较大 |
| 系统复杂性 | | 简单 | 简单 | 复杂 |
| 比较适用的场所 | | 热负荷稳定，对电负荷无明显要求的情况，如纺织、印染 | 热负荷稳定，要求两种以上压力等级的负荷情况，如化肥、化纤 | 热负荷变化幅度大，变化频繁，希望多发电的情况。如造纸 |

4. 凝汽式汽轮机

凝汽式汽轮机排出的蒸汽流入凝汽器，排气压力低于大气压力，具有良好的热力性能。这种机组是单纯用于发电的汽轮机，在我国某些严重缺电而又有廉价燃料资源和大量煤矸石等低热值燃料的地区，或有大量烟气余热可利用的地区，为了解决供电不足，可采用凝汽式汽轮机。在某些地区为了同时满足不同时间热负荷的需要，热电厂内适当配置部分凝汽式机组。

**（三）汽轮机产品系列技术参数**

汽轮机产品系列技术参数见表 3-37～表 3-39。

**表 3-37　　背压式汽轮机的背压参数系列**

| 额定背压（MPa） | 0.294 | 0.49 | 0.981 | 1.275 |
|---|---|---|---|---|
| 调整范围（MPa） | 0.196～0.392 | 0.392～0.686 | 0.784～1.275 | 0.981～1.567 |

**表 3-38　　抽汽背压式汽轮机的调整抽汽压力参数系列**

| 额定抽汽压力（MPa） | 0.118 | 0.49 | 0.981 | 1.275 |
|---|---|---|---|---|
| 调整范围（MPa） | 0.069～0.245 | 0.392～0.686 | 0.784～1.275 | 0.981～1.567 |

**表 3-39　　凝汽式汽轮机排汽参数**

| 冷却水温（℃） | 10 | 15 | 20 | 25 | 27 | 30 |
|---|---|---|---|---|---|---|
| 排气压力（kPa） | 2.9～3.9 | 3.9～5.0 | 5.0～5.9 | 5.6～6.9 | 6.9～7.8 | 7.8～9.8 |

**二、汽轮机应用特点**

（1）通常在联合循环中，当燃气轮机负荷降低时，排气的流量和温度（即热量）减少，余热锅炉的蒸发量和蒸汽温度也随着降低。为此，汽轮机应当采用滑压运行方式，否则排气湿度过大，不利于汽轮机的运行。由于压力的降低，余热锅炉所产蒸汽流量会适当提高，汽轮机会比定压运行方式下产生更多的功率。

（2）正因为采取滑压运行方式，进汽压力、进汽流量均不需要控制，因而汽轮机不再使用通常的喷嘴调节方式，而改用节流调节方式。这就要求将部分进汽改为全周进汽，将调节级的焓降分配到新增的两级到三级中去，使整个汽轮机的通流部分更匀顺，从而内效率会明显提高。一般电厂中调节级所占焓降很大（这种情况在参数低的中给水泵汽轮机中更为明显），其级效率由于部分进汽度低、速比不合适比一般级低了很多（可低至 10 个百分点），加上从调节级到高压级间有很大的过渡段流动损失，所以取消调节级的收益是十分可观的，但要付出增加几级高压级的代价。

（3）作为调峰的联合循环电站，燃气轮机能够快速启停，故要求汽轮机也能够快速启停。汽轮机的结构与系统要适应快速启停要求，与通流部件相接触的零部件的热惯性是应特别重视的问题，动静零件间的间隙均应适应快速启停的要求。这一情况，对于以燃气轮机电站为调峰的电网系统来说更为重要。在汽轮机系统中，也应尽可能简洁，防止由于热惯性过大而引起系统不灵活。

（4）由于整个汽水系统的能量分配等原因，在联合循环中的汽轮机系统内不设给水加热器，凝汽器中出来的冷凝水将直接进入余热锅炉的尾部。这既可降低余热锅炉的排气热损失，又可简化汽轮机的汽水系统，而且汽轮机的汽缸可以做到大部分上下对称，更有利于整个机组的快速启停。

（5）同样因为整个汽水系统能量分配等原因，余热锅炉可以提供一次或二次低压蒸汽，要求汽轮机能够接受补汽。

（6）由于汽轮机取消了给水回热系统和增加补汽，使得汽轮机排汽量比常规机组增大，导致排汽面积和凝汽器面积比常规机组增大。

（7）由于燃汽轮机启动速度快于汽轮机，故启动过程中燃气轮机排气余热不能立即被汽轮机全部利用。若设置烟气旁通装置，则不仅占地少，且投资又大。因而，一般倾向于在汽轮机中设置大容量的蒸汽旁路装置。这也有利于在甩负荷时回收汽水，节约水资源。

### 三、蒸汽参数选择

汽轮机在整个联合循环发电系统中的功率虽然只占总功率的 1/4～1/3，但由于采用了蒸汽作工质，系统比燃气轮机复杂，在电厂中占地面积比燃气轮机大得多，所占有投资也加大不少。

蒸汽参数的选择有两大问题。首先是蒸汽初参数的选择，是采用一般火电厂常用的中压系统参数还是次高压系统或高压系统的参数。第二个问题是采用单压、双压还是三压系统，即余热锅炉中产生几种压力等级的蒸汽。

联合循环中，汽轮机系统中的能量来源于燃气轮机的余热。如图 3-31 所示，图中排气线 d-a 以下的面积 aa'd'd 是汽轮机系统中能量供给的极限。如何选择汽轮机的循环参数，使这块面积所代表的能量能最充分地得到应用，应该是参数选择的首要原则。其次，汽轮机发电量并不是联合循环发电系统中的主要部分，因此参数选择及汽水系统的复杂性不应任意加大，不应过分加重整个装置的投资以及影响整个装置的运行灵活性。所谓参数选择和系

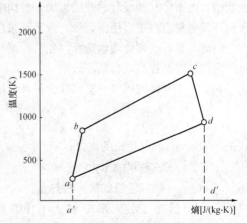

图 3-31　汽轮机系统中可能利用的能量

统设计，应在这两者之间平衡。

蒸汽的初温度由燃气轮机的排气温度决定。进入到蒸汽轮机进口的蒸汽初温度应是燃气轮机排气温度减去余热锅炉中的传热温差，一般为 25～50℃。根据选用的燃气轮机设计排气温度值，可以定出蒸汽初温度。对适用于汽轮机的朗肯循环，蒸汽初参数的压力与温度间有一个合适的配合关系，蒸汽的压力即由这种关系确定。汽轮机参数可分为中压、次高压、高压、亚临界、超临界和超超临界几个档次，以便在同一档次内采用相同的材料、工艺和零部件以及试验规范。对于联合循环中应用的汽轮机，由于燃气轮机的排气温度不会太高，一般选用的是高压、次高压和中压系列。对于大型联合循环装置，也选用超高压系列。

前已述及，汽轮机的任务是将图 3-31 所示的燃气轮机排气线下这块面积所具有的热量尽可能多地转化为机械功。由于朗肯循环的 $T$-$S$ 图线走势与代表燃气轮机的勃雷顿循环不同（主要是有一段带有蒸发过程的水平段），因此可以在是否需要再热或在余热锅炉内是否采用多种蒸发压力上加以选择，如图 3-32 所示。

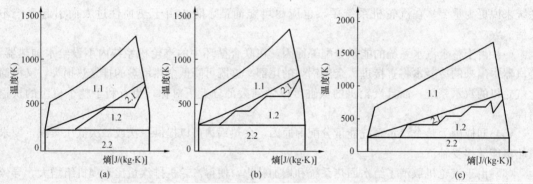

图 3-32　联合循环中汽轮机几种循环的温熵图
(a) 基本循环（单压无再热）；(b) 双压循环；(c) 再热循环

从图 3-32 可以看出，在双压（甚至三压）系统中，汽轮机做功的面积都要大于基本循环，再热循环的效率也有较大提高。

在选择汽轮机的蒸汽初参数和循环系统时，热效率和启停灵活性是主要的考虑因素，这和联合循环机组担负的任务有重要关系。对于在电网中承担基本负荷的机组，热经济性是主要的考虑因素，故系统可以复杂一些；但对于以调峰为主的联合循环机组，则应更多考虑启停的灵活性。在我国，由于煤和油、气的差价极大，承担电网基本负荷的是大型燃煤汽轮机组，燃气轮机及联合循环发电机组应更多用于调峰，故不宜采用复杂的系统。

由此可见，必须合理地选择汽轮机的循环过程以及蒸汽参数，力求最充分的利用燃气轮机的排气余热，以便提高联合循环效率。

对于一个具体的燃气—蒸汽联合循环电厂，其热效率 $\eta_{CC}^{N}$ 也可以用式（3-15）表示为

$$\eta_{CC}^{N} = \frac{P_{gt} + P_{st}}{Q} \tag{3-15}$$

式中　$P_{gt}$——燃气轮机的出力；

　　　$P_{st}$——汽轮机的出力；

　　　$Q$——燃气轮机的输入总热量。

一旦燃气轮机选定，则式（3-15）中的 $P_{gt}$ 和 $Q$ 也将一定，$\eta_{CC}^{N}$ 只和 $P_{st}$ 有关，即在某种意义上，一个具体的电厂提高联合循环效率的手段主要是提高汽轮机的出力。这应是机组参数和系统

选择上的着眼点。

单压汽轮机的出力 $P_{st}$ 可由式（3-16）简单地表示为

$$P_{st} = q \times \Delta H \times \eta_{mGst} \tag{3-16}$$

式中　　$q$——余热锅炉的产汽量；

　　　　$\Delta H$——蒸汽在汽轮机中的有效焓降；

　　　　$\eta_{mGst}$——汽轮发电机效率（包括机械效率和发电机效率），它实际上是定值，为 $0.97\sim$ $0.985$。

由式（3-32）可知，汽轮机的出力大致和蒸汽产量与焓降的乘积成正比，而蒸汽产量与焓降都和蒸汽参数有关（主要是蒸汽温度和压力）。为提高汽轮机效率，蒸汽温度一般都尽可能较高，这取决于燃气轮机的排烟温度（约等于燃气轮机的排烟温度再减去 $25\sim50℃$ 的传热端差）。

在联合循环中，汽轮机主蒸汽压力范围很大，通常在次高压到超高压的范围内。余热锅炉可以设计成在相当大的范围内产生蒸汽，选择主蒸汽压力时，需要综合考虑以下两方面的影响：

（1）对汽轮机功率的影响。对余热锅炉的产汽量和蒸汽在汽轮机中的绝热焓降的影响。

（2）对汽轮机排汽湿度的影响。一般来说，随着主蒸汽压力的提高，汽轮机中蒸汽的焓降是会增大的，可以使汽轮机的功率增加。但当压力加大到某一个值后，焓降的增大程度会逐渐缓慢起来。与此同时，随着主蒸汽压力的提高，余热锅炉的蒸汽产量会降下来，汽轮机的漏气损失和湿度都会上升，最终将导致蒸汽产量和焓降的乘积不再升高，而是趋于下降，即因焓降的加大而导致汽轮机出力的提高，已无法抵消因蒸汽流量的减少和漏气损失、湿气损失加大而导致的汽轮机出力的降低。也就是说，蒸汽压力对蒸汽产量和焓降的影响是相反的。对于给定的燃气轮机，在为选择联合循环的汽轮机时，就会存在一个最佳进汽压力的问题，选择原则应是使蒸汽产量与焓降的乘积为最大，也即使汽轮机的出力最大。

对于不同功率等级的汽轮机，最佳进汽压力是不同的。当功率较小时，如压力偏高，则进汽的容积流量较小，通流部分的喷嘴和动叶高度较短，二次蒸汽的流量损失增加，内效率较低，压力要选得低一些。反之，当汽轮机功率大时，则压力要高，且还可采用再热，以降低排汽湿度和提高末级叶片的效率和工作寿命。另外，最佳进汽压力还与燃气轮机的运行条件、燃料种类、烟气成分、大气环境、余热锅炉的布置形式有关。

对于多压汽轮机的补汽压力，也存在着类似的最佳值问题。随着主蒸汽压力的升高，在双压蒸汽循环中，由余热锅炉产生的主蒸汽流量是不断降低的，但二次蒸汽的流量却是增大的。它们都对汽轮机出力产生影响，因此对于多压机组，主蒸汽压力的选择也影响着补汽压力的确定。

对于功率更大一些的汽轮机，有的还需要再热，因为在最佳参数的选择上还要考虑再热参数这个因素。对于三压乃至三压再热的循环方式，考虑的因素和问题会更加复杂。

最佳参数的选择是一个在余热锅炉和汽轮机性能之间进行的最优化热力计算过程，属于最优化设计范畴。针对某一具体项目，必要时还需由锅炉和汽轮机制造厂家的有关技术人员在一起配合工作，根据现场条件，充分计算、分析和论证，共同完成这个过程，为汽轮机和余热锅炉的设计提供最优化参数。

采用何种循环方式，也是最优化设计中应考虑的内容，即何时采用双压循环或三压循环，何时采用再热循环等，都需要进行认真计算和比较。国外各大制造厂商对此问题的看法、建议、标准或经验也都不尽相同，各有差异。例如，GE 公司在设计燃气—蒸汽联合循环时，一般根据燃气轮机的排气温度来选择蒸汽循环方式。当排气温度低于 $538℃$ 时，不宜采用再热循环方案。但是，它们可以采用单压、双压或者是三压循环方式。但当燃气轮机的排气温度增高到 $593℃$ 时，就应考虑三压有再热循环的蒸汽循环方案。

多压式再热循环机组的设备形式复杂，造价也相对昂贵，需要进行性能价格比的比较论证和技术经济分析。一般来说，多压的复杂循环比较适合于汽轮机功率较大、燃料价格昂贵、负荷较高的地区。

表 3-40～表 3-42 是世界上主要的燃气轮机及联合循环制造商 GE、Siemens 和原 ABB 公司的蒸汽参数规范以及对联合循环总性能的影响，由于汽轮机参数主要取决于燃气轮机，而这三大厂商几乎垄断了重型燃气轮机世界市场，因此这些规范也就几乎成为设计联合循环时选择蒸汽参数的主要参考。

表 3-40　　　　　　　　　　　　　　GE 公司蒸汽循环参数规范

| 循环类型\\项目 | 单压无再热循环 | 双压无再热循环 | | | 双压再热循环 | 三压无再热循环 | | | 三压再热循环 |
|---|---|---|---|---|---|---|---|---|---|
| 汽轮机功率（MW） | | ≤40 | 4～60 | ≥60 | >60 | ≤40 | 4～60 | ≥60 | >60 |
| 主蒸汽压力（MPa） | 4.13 | 5.64 | 6.61 | 8.26 | 9.98 | 5.85 | 6.88 | 8.60 | 9.98 |
| 主蒸汽温度（℃） | 538 | 538 | 538 | 538 | 538 | 538 | 538 | 538 | 538 |
| 再热蒸汽压力（MPa） | | | | | 2.06～2.75 | | | | 2.06～2.75 |
| 再热蒸汽温度（℃） | | | | | 538 | | | | 538 |
| 中压蒸汽压力（MPa） | | 0.55 | 0.55 | 0.55 | 0.55 | 0.69 | 0.83 | 1.07 | 2.06～2.75 |
| 中压蒸汽温度（℃） | | 比过热器前燃气温度低 11℃ | | 305 | | 270 | 280 | 300 | 305 |
| 低压蒸汽压力（MPa） | | | | | | 0.17 | 0.17 | 0.17 | 0.28 |
| 低压蒸汽温度（℃） | | | | | | 160 | 170 | 180 | 260 |

**注**　若燃气轮机排烟温度低于 568℃，则主蒸汽温度取排烟温度减去 30℃。

表 3-41　　　　　　　　　　　　Siemens 公司蒸汽循环参数规范

| 循环类型 | 蒸汽轮机功率（MW） | 主蒸汽 | | 再热蒸汽 | | 二次蒸汽 | |
|---|---|---|---|---|---|---|---|
| | | 压力（MPa） | 温度（℃） | 压力（MPa） | 温度（℃） | 压力（MPa） | 温度（℃） |
| 单压循环 | 30～200 | 4.0～7.0 | 480～540 | | | | |
| 双压循环 | 30～300 | 5.5～8.5 | 500～565 | | | 0.5～0.8 | 200～260 |
| 三压有再热的循环 | 50～300 | 11.～14.0 | 520～565 | 2.0～3.5 | 520～565 | 0.4～0.6 | 200～230 |

表 3-42　　　　　　　　　　　　　ABB 公司蒸汽循环参数规范

| 项目\\循环类型 | KA8C-2 | | | | KA13E2-2 | | | | KA26-2 | | | |
|---|---|---|---|---|---|---|---|---|---|---|---|---|
| | 毛功率（MW） | | | 毛效率（LHV）% | 毛功率（MW） | | | 毛效率（LHV）% | 毛功率（MW） | | | 毛效率（LHV）% |
| | 燃气轮机 | 蒸汽轮机 | 总功率 | | 燃气轮机 | 蒸汽轮机 | 总功率 | | 燃气轮机 | 蒸汽轮机 | 总功率 | |
| 单压循环 | 101.5 | 48.7 | 150.2 | 49.4 | 318.6 | 148.1 | 466.7 | 51.6 | 464.4 | 216.7 | 681.1 | 54.5 |
| 双压循环 | 101.5 | 54.8 | 156.3 | 51.4 | 318.6 | 172 | 490.6 | 54.2 | 464.4 | 245.5 | 709.9 | 56.8 |
| 双压再热循环 | 101.5 | 56.7 | 158.2 | 52 | 318.6 | 173.7 | 492.3 | 54.4 | 464.4 | 256.7 | 721.1 | 57.7 |
| 三压循环 | 101.5 | 58 | 159.5 | 52.4 | 318.6 | 179.2 | 497.8 | 55.0 | 464.4 | 262.9 | 727.3 | 58.2 |
| 三压再热循环 | 101.5 | 59.6 | 161.1 | 52.9 | 318.6 | 181.1 | 499.7 | 55.2 | 464.4 | 266.7 | 731.1 | 58.5 |

## 四、汽轮机组选择

汽轮机组的选择应遵循以下基本原则：

（1）燃气蒸汽联合循环系统汽轮机设备选型和技术要求，应符合联合循环发电机组相关规定。

（2）汽轮机的最大进汽量应与相应余热锅炉最大蒸发量相匹配；对多台余热锅炉配一台汽轮机的机组，汽轮机最大进汽量应与相应的余热锅炉最大蒸发量之和相匹配。汽轮机设计工况下的进汽量应有措施以保证存在制造误差和汽轮机老化时增加进汽量所需。

（3）蒸汽循环采用单压、双压或三压方式，无再热或有再热应经技术经济比较确定。因为在联合循环的系统中，余热锅炉产生的蒸汽量受控于燃气轮机的排烟温度和流量、余热锅炉的排烟温度和节点温差，在燃气轮机机型、余热锅炉出口蒸汽参数与最佳节点温度确定之后，余热锅炉的蒸汽量也就确定了。至于余热锅炉的压力级数和有无再热，除与燃料品种、燃料价格、运行小时数和设备投资费用等有关外，还取决于燃气轮机的排烟温度。根据国外燃气轮机电厂的经验，当燃气轮机的排烟温度低于538℃时，只采用单压蒸汽循环。

（4）联合循环机组每个单元只设置一台蒸汽轮机，即由一台燃气轮机与一台余热锅炉或多台燃气轮机与多台余热锅炉和一台蒸汽轮机组成一个单元。蒸汽轮机电功率为单元内燃气轮机电功率的 $1/3\sim1/2$。这种配置方式在国内外普遍采用。

（5）对多台燃气轮机与一台蒸汽轮机组成一个单元的联合循环机组，每个单元蒸汽系统应采用母管制，以利蒸汽系统进入汽轮机前温度混合均匀。对于单轴配置的联合循环机组，其蒸汽系统应采用单元制，不考虑交叉运行。

（6）汽轮机的进口蒸汽压力和温度按下列原则选择：

1）汽轮机进口最大蒸汽压力为余热锅炉过热器出口最大蒸汽压力减去管道压力损失，汽轮机最高进汽温度比余热锅炉过热器出口最高蒸汽温度低 $1.0\sim2.0$℃。

2）若具有再热蒸汽循环系统，汽轮机低压缸或中压缸进口最高蒸汽压力为余热锅炉再热器出口最高蒸汽压力减去再热段管道压力损失；汽轮机低压缸或中压缸进口最高蒸汽温度比余热锅炉再热器出口最高蒸汽温度低 $0.5\sim1.0$℃。

（7）联合循环发电机组中的汽轮机性能应与机组负荷要求相适应。带尖峰负荷和中间负荷的机组，配套的汽轮机应具有滑压运行、适应频繁快速启停、参与调峰运行的功能。

（8）联合循环机组热力系统中的除氧，可按规定设除氧器，也可采用凝汽器真空除氧或利用余热锅炉低压汽包除氧。

（9）对于同一联合循环机组，机组型号与制造厂，以及配套的辅机应尽可能一致，以减少检修工作量和备品备件的储备量。

# 第六节　能源站选址及条件

## 一、能源站选址

燃气冷热电分布式能源站在站址选择上除满足城市规划管理的要求外，结合项目条件还需满足下列要求：

（1）选址尽量在靠近冷、热负荷的中心区域。这样，不仅可以避免管网过长导致供冷供热的管网损失，同时还可多路出水、减小主干网管径，既降低了管网初投资，又便于调节系统的水力平衡，还可以有效地降低水泵输送电耗。

（2）尽可能靠近供电区域的主配电室，避免配电线路过长，降低投资。

（3）站址选择时，必须满足 GB 50016—2006《建筑设计防火规范》的有关规定。主机房为丁类厂房，燃气增压间、调压间为甲类厂房，满足相应的防火间距要求。

（4）能源站应独立设置或选择在室外布置，布置在地下车库、室外草坪的地下等区域。尤其是发电机房以及承压燃气锅炉房，必须严格执行这一要求。

（5）在《燃气冷热电分布式能源技术规程》中，允许在一定条件下，能源站贴近民用建筑甚至设置在建筑物地下一层、首层，甚至屋顶。但在项目实际选址中，国内除上海对于机房设置的规范要求较为宽松外，其他如北京等地区，对于新建机房的设置非常严格，且地方标准往往高于国家标准，故在站址选择上应对此因素充分考虑，在项目前期就必须与有关单位进行充分沟通。

（6）除燃气发电机和承压燃气锅炉外，电制冷机、直燃机以及常压锅炉和真空热水锅炉等设备可设置在建筑物的地下二层。

（7）能源站布置在室外时，燃气设备边缘与相邻建筑外墙面的最小水平净距应符合表 3-43 的规定。

**表 3-43**　　　　　　　**燃气设备边缘与相邻建筑外墙面的最小水平净距**

| 燃气最高压力（MPa） | 最小水平净距（m） | |
| --- | --- | --- |
| | 一般建筑 | 重要公共建筑、一类高层民用建筑 |
| 0.8 | 4.0 | 8.0 |
| 1.6 | 7.0 | 14.0 |
| 2.5 | 11.0 | 21.0 |

## 二、能源站布置

能源站应设置主机间、辅机间（水泵间、水处理间）、变配电室、控制室、燃气计量间（增压间）等。能源站各房间及设备布置应符合以下规定：

（1）发电机组及冷热供应设备布置应遵循管道布置方便、整齐、经济、便于安装维修等原则。站内机组、管道等的布置须满足设备间距、设备墙体间距、机房通道及检修维护间距等的要求。

（2）控制室的门、窗宜采用隔声门窗，室内环境设计应符合隔声、室温、新风等劳动保护要求。

（3）燃气增压间应布置在主机间附近。当燃气增压间、调压间设置在能源站时，应采用防火墙与主机间、变配电室隔开，且隔墙上不得开设门窗及洞口。

（4）主机间和燃气增压间、调压间、计量间应设置泄压设施，泄压口应避开人员密集场所和安全出口。

（5）能源站的平台、走道、吊装孔等有坠落危险处应设栏杆或盖板。需要登高检查和维修设备处应设置钢平台或扶梯，且上下扶梯不宜采用直爬梯。

（6）对于外表面温度高于 50℃ 的设备和管道应进行保温隔热，对不宜保温且人员可能接触的部位应设护栏或警告牌。

（7）汽水系统须装设安全设施。

（8）能源站室外布置时，应根据环境条件和设备的要求对发电机组及辅助设备设置防雨、防冻、防腐、防雷等设施。

（9）能源站设备及室外设施等应选用低噪声产品，能源站噪声值应符合 GB 3096—2008《声环境质量标准》和 GB 12348—2008《工业企业厂界环境噪声排放标准》的有关规定，当不满足要求时，应采取隔声、隔振等措施。

## 三、燃料供应

1. 燃料品质、压力要求

燃气冷热电分布式供能系统所用燃料应满足国家标准关于燃料品质、压力及燃料输送管材等方面的要求。

（1）天然气应符合 GB 17820—2012《天然气》中规定的Ⅱ类气质标准和 GB 50028—2006《城镇燃气设计规范》的有关规定；沼气应经过相应系统处理，处理后的沼气质量与原动机的运行要求相匹配。

（2）分布式供能系统原动机不同设置场所的天然气允许最高入室压力应符合表 3-44 的规定。

表 3-44　　　　　　　　　　天然气允许最高入室压力

| 建筑分类 | 站房位置 | | 原动机选用要求 | 天然气允许最高入室压力（MPa） |
|---|---|---|---|---|
| 工业建筑 | 独立建筑 | 地上 | 所有原动机 | 不大于 2.5 |
| | | 地下 | | |
| 公共建筑 | 非独立建筑 | 地下 | 所有原动机 | 不大于 0.4 |
| | | 首层 | 所有原动机 | |
| | | 中间层 | 进气压力不大于 0.4MPa 的原动机 | |
| | | 屋顶 | 所有原动机 | |
| 住宅楼 | 所有楼层 | | 进气压力不大于 0.2MPa 的原动机 | 不大于 0.2 |

（3）当天然气管网的供应量及压力允许时，可由低压天然气管网直接供应原动机。

2. 燃料输送管道要求

为保证燃气输送的安全性，分布式能源系统燃料输送管道须符合以下规定：

（1）管材的选用应符合 GB/T 8163—2008《输送流体用无缝钢管》的相关规定。

（2）管道的连接应采用对焊，焊接材料的选用、保管和使用应符合 GB 50236—2011《现场设备、工业管道焊接工程施工规范》的相关规定。

（3）站内室外管道宜埋地敷设。当建筑或工艺有特殊要求时，可采用管沟敷设，管沟内应用黄沙填充，并设活动盖板及通风孔。室内管道应明敷。

（4）站内管道应有防静电接地，其接地电阻应小于 10Ω。

3. 燃气供应方式选择

燃气冷热电分布式能源系统燃气供应方式的选择应根据燃气供应来源、用户所需燃气压力和用量，同时结合市政管网供气条件，经方案比较后，选择技术经济合理、安全可靠的方案。

（1）用户所需燃气压力为低压且城市低压管网有能力供气时，宜采用低压管网直接供气方式；低压管网不能满足用户要求时，宜采用从城市中压管网接入燃气经调压后低压供气的方式。

（2）用户只需中压燃气且有专用调压设施时，宜采用城市中压管网直接供气方式。

（3）用户所需燃气压力为中、低压不同压力且周边无低压管网时，宜采用直接引入城市中压燃气经分别调压后以不同压力供气的方式。

（4）用户需要中低压不同压力，且周围有中低压管网并能保证供气时，宜采用中、低压管网分别供气方式。

四、供水水源

分布式能源站的供水水源宜选取城市供水管网，并宜单独配备计量设施。当管网的水压、水量不足时，可设置蓄水调节或加压装置。对于分布式能源系统中的余热利用设备和一次热（冷）水系统用水还需对供水进行软化或除盐后使用。

五、能源站通风排风要求

分布式能源站各房间的设计需要满足相关的通风与排烟要求，为保证能源站安全运行，同时考虑到某个房间的事故通风要求，国家标准要求能源站主机房、燃气增压间、计量间及变配电间等需要独立设置通风排风系统。

1. 能源站主机房通风排风要求

能源站主机房一般会配置燃气发电机、锅炉、直燃机和电空调制冷等多类设备，同时保障能源站的安全性运行。一般将主机房划分为防爆区和非防爆区两类。防爆区指含有燃气发电机、锅炉、直燃机等燃气设备区，非防爆区主要指电空调制冷设备区。

（1）防爆区的通风和排风要求。具有防爆要求的机房内宜采用自然通风或机械排风与自然补风相结合的通风方式；当设置在地下或其他原因无法满足要求时，应设置机械通风。事故排风机应采用防爆型并应由消防电源供电，通风设施应安装导除静电的接地装置。

主机房防爆区的通风量根据机房位置、设备运行工况来确定。当机房设置在首层、半地下或半地下室时，机房的正常通风量应≥6次/h换气，事故通风量应≥12次/h换气。当机房设置在地下室时，机房的通风量应≥12次/h换气。当能源站采用高压燃气时，燃气管道穿过的所有房间需要加大通风量。主机房的送风量应为排风量与燃烧所需空气量之和。

机房内事故通风系统应与可燃气体浓度报警器连锁。当燃气浓度达到爆炸下限的1/4时，系统启动运行。事故通风系统应有排风和通畅的进（补）风装置。此外，主机房的通风应考虑消声、隔声措施，特别是自然进（补）风口的消声、隔声。

（2）非防爆区（制冷机房）的通风和排风要求。位于地面上的制冷机房宜采用自然通风，当不能满足要求时应采用机械通风；位于地面下的制冷机房应设置机械通风。一般情况下，制冷机房宜独立设置机械通风系统。机械通风应根据制冷剂的种类设置事故排风口高度，地下制冷机房的排风口宜上、下分设。同时还需要根据制冷剂的种类特性，设置必要的制冷剂泄漏检测及报警装置，并与机房内的事故通风系统连锁，测头应安装在制冷剂最易泄漏的部分。此外，制冷机房的通风还需要考虑消声、隔声措施。

制冷机房通风量一般按照如下情况进行确定：

（1）当机房采用封闭或半封闭式制冷机，或采用大型水冷却电动机的制冷机时，按事故通风量确定机房的通风量。

（2）当采用开式制冷机时，应按消除设备发热的热平衡式［见式(3-17)］计算的风量与事故通风量的大值选取，其中设备发热量应包括制冷机、水泵等电动机的发热量，以及其他管道、设备的散热量。事故通风量为

$$L = \frac{Q}{0.337 \times (t_p - t_s)} \tag{3-17}$$

式中 $L$——事故通风量（m³/h）；

$Q$——室内显热发热量（W）；

$t_p$——室内排风设计温度（℃）；

$t_s$——送风温度（℃）。

（3）事故通风量应根据制冷机冷媒特性和生产厂商的技术要求确定。当资料不全时，事故通风量 $L$（m³/h）按式（3-18）确定，即

$$L = 247.8 \times G^{0.5} \tag{3-18}$$

式中 $G$——机房内最大的制冷机冷媒（工质）充液量（kg）。

（4）当制冷机房设备发热量的数据不全时，可采用换气次数法确定风量，一般取4～6次/h。

2. 燃气计量间及调压间的通风和排风要求

能源站调压间和计量间应设置连续的排风系统，通风量应≥3次/h换气，事故通风量应≥12

次/h换气。

3. 变配电室通风和排风要求

变配电室宜独立设置机械通风系统。当变配电室位于地上时，宜采用自然通风，当不能满足要求时应采用机械通风；地下变配电室应采用机械通风。当变配电室设置机械通风时，气流宜由高低压配电区流向变压器区，再由变压器区排至室外。

变配电间的通风量可根据式（3-19）确定，即

$$Q = (1 - \eta_1)\eta_2 \varphi W = (0.0126 \sim 0.0152)W \tag{3-19}$$

式中　$Q$——变压器发热量（kW）；

　　　$\eta_1$——变压器效率，一般取 0.98；

　　　$\eta_2$——变压器负荷率，一般取 0.70～0.80；

　　　$\varphi$——变压器功率因数，一般 0.90～0.95；

　　　$W$——变压器功率（kVA）。

当资料不全时可采用换气次数法确定风量，一般按变电室 5～8 次/h，配电室 3～4 次/h。变配电室的排风温度宜≤40℃。

当机械通风无法满足变配电室的温度、湿度要求或变配电室附近有现成的冷源，且采用降温装置比通风降温合理时，可采用降温装置，但最小新风量应≥3 次/h 换气或≥5% 的送风量。

### 六、能源站消防泄爆要求

根据国家相关标准要求，分布式能源站宜独立建造，当确有困难时可贴邻民用建筑布置，但应采用防火墙隔开，且不应贴邻人员密集场所。当受条件限制，必须布置在民用建筑内时，不应布置在人员密集场所的上一层、下一层或贴邻，并应符合下列规定：

（1）能源站主机房应设置在首层或地下一层靠外墙部位，当常（负）压情况下可设置在地下二层，当常（负）压燃气设备距安全出口的距离大于 6.0m 时可设置在屋顶上。

（2）主机房的门应直通室外或直通安全出口，外墙开口部位的上方应设置宽度不小于 1.0m 的不燃烧体防火挑檐或高度不小于 1.2m 的床槛墙。

（3）主机房与其他部位之间采用耐火极限不低于 2.00h 的不燃烧体隔墙和 1.5h 的不燃烧体楼板隔开。在隔墙和楼板上不应开设洞口，当必须在隔墙上开设门窗时，应设置甲级防火门窗。

（4）变压器室之间、变压器室与配电室之间，应采用耐火极限不低于 2.0h 的不燃烧体墙隔开。

（5）能源站应设置燃气浓度检测报警器。报警浓度按照相关设计规范要求：可燃气体的一级报警（高限）设定值小于或等于 25%LEL（爆炸下限）；可燃气体的二级报警（高高限）设定值小于或等于 50%LEL。

（6）应设置火灾自动报警系统。

（7）应设置与主机房设备、油浸变压器容量和建筑规模相适应的灭火设施，且建议采用气体灭火系统。

（8）主机房应设置防爆泄压设施。

（9）参考国家相关设计规范，用电场所爆炸危险区域等级划分的规定，通风良好的压缩机室、调压室、计量室内部为 2 区；无人值守的调压室内部为 1 区，在生产过程中使用明火的设备附近区域，如燃气锅炉房等，可划分为非爆炸危险区。

### 七、烟囱设计要求

分布式能源系统中的发电机组排烟背压一般较高，但需经过消声装置、烟气余热利用设备，甚至还有烟气冷凝设施，因此要根据设备参数，详细计算烟道、烟囱阻力，保证满足机组正常工

作的需要。其他燃气设备同样需要进行烟道设计、烟囱阻力计算。用气设备宜采用独立烟道。当合用烟道时，因烟气温度较高，为防止高温烟气对不运行的设备产生不利影响，或造成设备检修人员烫伤等事故的发生，排烟系统应保证烟气不会流向不运行的设备。当多台燃气设备共用 1 座烟囱时，除每台锅炉宜采用单独烟道接入烟囱外，每条烟道上应安装密封可靠的烟道门，发电机组排烟背压较高，每台机组设单独的烟道，避免互相影响。

　　燃气冷热电分布式能源站烟囱的高度可参考《锅炉大气污染物排放标准》中的相关要求：对于燃气燃油锅炉烟囱最低高度及距周围居民住宅的距离按批准的环境影响报告书（表）确定；锅炉额定容量在 0.7MW 及以下的烟囱高度不得低于 8m；锅炉额定容量在 0.7MW 以上的烟囱高度不得低于 15m。

## 八、平面布置

　　为保证燃气冷热电分布式能源站机房布置的整齐性、经济性，设备检修维护的便利性，站内设备、管道等须在满足以下要求的基础上进行布置：

　　（1）对其中机房主要通道的净宽度不应小于 1.5m；

　　（2）机组与墙之间的净距不应小于 1.0m；

　　（3）与配电柜的距离不应小于 1.5m；

　　（4）机组与机组或其他设备之间的净距不应小于 1.2m；

　　（5）机组与其上方管道、烟道、电缆桥架等的净距不应小于 1.0m；

　　（6）需预留出不小于蒸发器、冷凝器等长度的清洗、维修距离。

# 第七节　噪　声　防　治

## 一、主要噪声源分析

　　在燃气冷热电分布式能源项目的噪声防治中，对内部声源及项目周边环境因素的影响进行分析、预测，确定需要采取降噪措施的声源，是噪声防治中非常关键的环节。由于分布式能源项目设备众多，各项目设计负荷、设备型号、生产厂家、厂区的总平面布置等会存在一定差异，而分布式能源项目周边的环境因素更是不尽相同，因此如何对声源进行比较准确的识别、分析并预测其影响对于噪声防治的成败至关重要。

　　燃气冷热电分布式能源项目的主要噪声源分析方法为声源区域划分分析法。

### （一）声源区域划分分析法

　　通过对燃气冷热电分布式能源项目中各功能区域的划分，将各功能系统作为独立的又相互影响的噪声区域进行噪声分布预测和评价计算。通常来讲，可将分布式能源项目分成 7 个噪声区域，分别为主厂房区域（燃气轮机、汽轮机）、余热锅炉区域、燃气调压区域、冷却水塔区域、综合水泵房区域、变压器区域及综合控制楼区域，视具体分布式能源项目的情况区域划分可适当增减。

　　各功能区域主要噪声源：

　　（1）燃气轮机及汽轮机主厂房区域噪声源主要包括燃气轮机的本体噪声、辅助设备噪声、进风口噪声、罩壳通风机噪声等，汽轮机的本体噪声、辅助设备噪声、蒸汽管线噪声等，汽轮机和燃气轮机厂房的通风机噪声。

　　（2）余热锅炉区域噪声源主要包括余热锅炉的本体噪声、给水泵区噪声、天然气前置模块区域噪声、顶部（蒸汽包、除氧器等）噪声、烟囱噪声等。

　　（3）机力通风冷却塔区域噪声源主要包括冷却塔噪声和循环水泵房噪声，冷却塔噪声主要有冷却风扇噪声和淋水噪声等，循环水泵房噪声主要是循环水泵噪声等。

（4）天然气调压站区域噪声源主要包括增压机噪声、管道和阀门噪声等。

（5）变压器区域噪声源主要包括主变压器和厂用变压器、备用变压器的噪声等。

（6）综合水泵房区域主要包括化学水处理间、污水处理站等。

在具体的分布式能源项目噪声防治中，根据分布式能源项目总平面图和设备选型，运用声源区域划分分析，初步识别和确定各主要噪声源。

**（二）分布式能源项目主要声源噪声值范围**

燃气冷热电分布式能源项目主要声源噪声值范围见表 3-45。

表 3-45 噪声值范围

| 设备名称 | 噪声水平 [dB（A）] | 备 注 |
|---|---|---|
| 燃气轮机 | 85～92 | 罩壳外 1m |
| 蒸汽轮机及辅助设备 | 85～92 | 罩壳外 1m |
| 蒸汽轮机管线等辅助设备 | 90～95 | 距离 1m |
| 燃机进风口 | 80～85 | 距离 2m |
| 机力通风冷却塔进风口 | 80～85 | 进风口 45°方向 1m 处 |
| 变压器 | 65～72 | 距离 1m |
| 余热锅炉本体 | 75～85 | 距离 1m |
| 锅炉排气放空 | 95—105 | 距离 1m |
| 余热锅炉烟囱 | 80～85 | 排口 2m 处 |
| 天然气增压机 | 85～92 | 罩壳外 1m |
| 循环水泵 | 85～90 | 距离 1m |
| 其他泵类 | 80～85 | 距离 1m |
| 辅助机房通风机等其他设备 | 80～85 | 距离 1m |

**注** 表中给出的各主要声源噪声值范围是根据现有分布式能源项目和燃气轮机电厂相关测试数据得出，范围相对较宽，可作为参考值使用。

## 二、环境噪声标准

**（一）工业企业厂界噪声排放标准**

GB 12348—2008《工业企业厂界环境噪声排放标准》是分布式能源噪声防治中必须遵循的主要国家标准，对各类工业企业厂界噪声排放的限值和测量方法进行了明确的规定，其主要内容见表 3-46～表 3-48。

表 3-46 工业企业厂界环境噪声排放限值 dB（A）

| 厂界外声功能区类别 | 昼 间 | 夜 间 | 厂界外声功能区类别 | 昼 间 | 夜 间 |
|---|---|---|---|---|---|
| 0 | 50 | 40 | 3 | 65 | 55 |
| 1 | 55 | 45 | 4 | 70 | 55 |
| 2 | 60 | 50 | | | |

表 3-47 结构传播固定设备室内噪声排放限值（等效声级） dB（A）

| 噪声敏感建筑物所处声环境功能区类别 | A 类房 | | B 类房 | |
|---|---|---|---|---|
| | 昼间 | 夜间 | 昼间 | 夜间 |
| 0 | 40 | 30 | 40 | 30 |

续表

| 噪声敏感建筑物所处声环境功能区类别 | A类房 | | B类房 | |
| --- | --- | --- | --- | --- |
| | 昼间 | 夜间 | 昼间 | 夜间 |
| 1 | 40 | 30 | 45 | 35 |
| 2、3、4 | 45 | 35 | 50 | 40 |

注　1. A类房间是指以睡眠为主要目的，需要保证夜间安静的房间，包括住宅卧室、医院病房、宾馆客房等。

2. B类房间是指主要在昼间使用，需要保证思考与精神集中、正常讲话不被干扰的房间，包括学校教室、会议室、办公室、住宅中卧室以外的其他房间等。

**表 3-48**　　　　　　　**结构传播固定设备室内噪声排放限值（倍频带声压级）**　　　　　dB（A）

| 噪声敏感建筑物所处声环境功能区类别 | 时段 | 房间类型 | 室内噪声倍频带声压级限值 | | | | |
| --- | --- | --- | --- | --- | --- | --- | --- |
| | | | 31.5Hz | 63Hz | 125Hz | 250Hz | 500Hz |
| 0 | 昼间 | A、B类房间 | 76 | 59 | 48 | 39 | 34 |
| | 夜间 | A、B类房间 | 69 | 51 | 39 | 30 | 24 |
| 1 | 昼间 | A类房间 | 76 | 59 | 48 | 39 | 34 |
| | | B类房间 | 79 | 63 | 52 | 44 | 38 |
| | 夜间 | A类房间 | 69 | 51 | 39 | 30 | 24 |
| | | B类房间 | 72 | 55 | 43 | 35 | 29 |
| 2、3、4 | 昼间 | A类房间 | 79 | 63 | 52 | 44 | 38 |
| | | B类房间 | 82 | 67 | 56 | 49 | 43 |
| | 夜间 | A类房间 | 72 | 55 | 43 | 35 | 29 |
| | | B类房间 | 76 | 59 | 48 | 39 | 34 |

### （二）声环境质量标准

GB 3096—2008《声环境质量标准》是噪声防治工作最基本的国家标准，也是分布式能源噪声防治中必须遵循的控制标准。明确了五类声功能区的噪声限值和测量方法，见表 3-49。

**表 3-49**　　　　　　　　　　　　　**环境噪声限值**　　　　　　　　　　　　dB（A）

| 声功能区类别 | 昼间 | 夜间 | 声功能区类别 | | 昼间 | 夜间 |
| --- | --- | --- | --- | --- | --- | --- |
| 0 类 | 50 | 40 | 3 类 | | 65 | 55 |
| 1 类 | 55 | 45 | 4 类 | 4a 类 | 70 | 55 |
| 2 类 | 60 | 50 | | 4b 类 | 70 | 60 |

### （三）环境影响评价技术导则——声环境

HJ 2.4—2009《环境影响评价技术导则　声环境》是对分布式能源项目进行声环境影响评价的重要行业标准，该导则对于做好分布式能源项目的噪声防治工作具有重要意义。该导则的重要内容包括如下：

（1）声环境现状调查和评价。

（2）声环境影响预测。

（3）声环境影响评价。

（4）噪声防治对策。

### （四）工业企业噪声设计规范

GBJ 87—1985《工业企业噪声控制设计规范》对工业企业中各类地点的噪声控制设计标准以及为达到这些标准所采取的措施给出规范，见表 3-50 和表 3-51。

| 表 3-50 | | 噪声职业接触限值 | |
| --- | --- | --- | --- |
| 日接触时间（h） | 噪声接触限值[dB(A)] | 日接触时间（h） | 噪声接触限值[dB(A)] |
| 8 | 85 | 1/8 | 103 |
| 4 | 88 | 1/16 | 106 |
| 2 | 91 | 1/32 | 109 |
| 1 | 94 | 1/64 | 112 |
| 1/2 | 97 | 1/128 或小于 1/128 | 115 |
| 1/4 | 100 | | |

| 表 3-51 各类工作场所噪声限值 | |
| --- | --- |
| 工作场所 | 噪声限值[dB(A)] |
| 车间内值班室、观察室、休息室、办公室、实验室、设计室 | 70 |
| 精密装配线、精密加工车间、计算机房 | 70 |
| 主控室、集中控制室、通讯室、电话总机室、消防值班室，非噪声车间办公室、会议室、设计室、实验室 | 60 |
| 医务室、教室、哺乳室、托儿所、工人值班宿舍 | 55 |

### （五）工业企业设计卫生标准

GBZ 1—2010《工业企业设计卫生标准》是关于工业企业劳动保护方面的国家标准，其与噪声相关的限值见表 3-52。

| 表 3-52 非噪声工作地点噪声声级设计要求 | | |
| --- | --- | --- |
| 地点名称 | 噪声声级[dB(A)] | 工效限值[dB(A)] |
| 噪声车间观察（值班）室 | ≤75 | |
| 非噪声车间办公室、会议室 | ≤60 | ≤55 |
| 主控室、精密加工室 | ≤70 | |

## 三、噪声防治原理

结合燃气冷热电分布式能源项目主要声源设备本身的运行特点，采用切合实际的隔、消、吸、阻尼、减振等综合噪声治理措施，能够实现验收点达标要求，其中隔声作为主要措施，其次是消声、吸声以及阻尼、减振等。

### （一）隔声原理

1. 封闭式隔声围护结构

对露天和半露天布置的噪声源设置必要的建筑隔声维护结构，对隔声量不能有效匹配的围护结构从声学角度予以必要的匹配。单层均质墙板在不同频率下的隔声量（dB）一般参照以下经验公式计算

$$R = 16\lg M + 14\lg f - 29 \tag{3-20}$$

100～3150Hz 的平均隔声量（dB）一般参照以下经验公式计算

$$R = 16\lg M + 8 \quad \left(M \geqslant \frac{200\text{kg}}{\text{m}^2}\right) \tag{3-21}$$

$$R = 13.5\lg M + 14 \quad \left(M \geqslant \frac{200\text{kg}}{\text{m}^2}\right) \tag{3-22}$$

2. 声屏障

(1) 声屏障的隔声原理。在空气中传播的声波遇到声屏障时，就会产生反射、透射和绕射现象。一部分越过声屏障顶端绕射到达受声点；另一部分穿透声屏障到达受声点，在声屏障壁面产生反射。声屏障的插入损失主要取决于声源发出的声波沿着三条道路传播的声能分配。

声屏障的作用就是阻挡直达声的传播，隔离透射声，并使绕射声有足够的衰减。当声波撞击到声屏障的壁面上时，会在声屏障边缘产生绕射现象，而在屏障背后形成"声影区"。声屏障的减噪效果就在"声影区"的范围内。与光影区相比较，由于声波波长比光波波长大得多，因此，这种"声影区"的边界并不明显，经过屏障边缘之外，声源发出来的声波可以直接到达的范围，叫做"亮区"。从亮区到声影区之间还有一小段"过渡区"。位于"声影区"内的噪声级低于未设置声屏障时的噪声级，这就是声屏障降噪的基本原理，如图 3-33 所示。

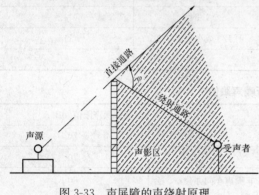

图 3-33 声屏障的声绕射原理

(2) 声屏障的绕射声衰减。点声源的绕射声衰减为

$$\Delta L_{\text{di}} = \begin{cases} 5 + 20\lg \dfrac{\sqrt{2\pi N}}{\tanh \sqrt{2\pi N}} \ (N > 0) & \text{(dB)} \\[2mm] 5 \ (N = 0) & \text{(dB)} \\[2mm] 5 - 20\lg \dfrac{\sqrt{2\pi \mid N \mid}}{\tanh \sqrt{2\pi \mid N \mid}} \ (-0.2 < N < 0) & \text{(dB)} \\[2mm] 0 \ (N \leqslant -0.2) \end{cases}$$

$$N = \pm \frac{2}{\lambda}(A + B + d) \tag{3-23}$$

式中 $N$——菲涅尔数；

$\lambda$——声波波长；

$d$——声源与受声点间的直线距离；

$A$——声源至声屏障顶端的距离；

$B$——受声点至声屏障点端的距离。

由式（3-39）可知，声屏障的绕射损失完全取决于菲涅尔数 $N$，即取决于声源和受声点之间的声程差，声程差 $A+B-d$ 越大，$\lambda$ 声波波长越小（频率越高），则声屏障的绕射损失越大。图3-34 为声屏障的绕射损失计算示意图。

**（二）消声原理**

分布式能源项目的空气动力性噪声源主要包括燃气轮机进风口、机力通风冷却塔进排风口、余热锅炉烟囱等。对该类声源主要采用消声治理措施，噪声源采取消声治理后，要求既要有适宜的消声量（即声学性能），同时对设备的运行不能有明显的影响（即良好的空气动力性能）。其中

阻性消声器的消声量参照以下经验公式计算

$$\Delta L = \varphi(\alpha_0)\frac{P}{S}L \qquad (3\text{-}24)$$

$$\varphi(\alpha_0) = 4.34 \times (1 - \sqrt{1-\alpha_0})/(1 + \sqrt{1-\alpha_0})$$

式中　$\alpha_0$——正入射吸声系数；

　　　$P$——消声器通道截面周长（m）；

　　　$S$——消声器通道截面积（m²）；

　　　$L$——消声器的有效长度（m）。

**（三）吸声原理**

在噪声源周围设置了隔声围护结构的内侧壁面

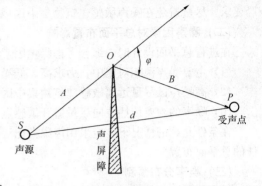

图 3-34　声屏障的绕射损失计算示意图

上做必要的吸声处理，不但可有效加强隔声围护结构的隔声量，而且可降低室内的混响声达 3～8 dB(A)，同时改善操作人员的操作环境，起到一定的劳动保护作用。

1. 吸声处理后的最大吸声降噪量

房间内做吸声处理后的最大吸声降噪量一般参照下式计算

$$\Delta L_{pmax} = 10\lg\frac{R_2}{R_1} = 10\lg\frac{\alpha_2}{\alpha_1} + 10\lg\frac{1-\alpha_2}{1-\alpha_1} \qquad (dB) \qquad (3\text{-}25)$$

式中　$R_1$、$R_2$——处理前后的房间常数；

　　　$\alpha_1$、$\alpha_2$——处理前后的平均吸声系数。

2. 吸声处理后的平均吸声降噪量

房间内做吸声处理后的平均吸声降噪量一般参照下式计算

$$\Delta L_p = 10\lg\frac{\alpha_2}{\alpha_1} \qquad (dB) \qquad (3\text{-}26)$$

式中　$\alpha_1$、$\alpha_2$——处理前后的平均吸声系数。

**（四）阻尼减振降噪原理**

在薄板隔声维护结构的隔声背板上涂刷特殊配比的阻尼材料能有效增加隔声结构的内阻尼，它能使隔声构件的动能转化为热能，从而减少了构件的振动，因而阻尼对提高隔声构件尤其是薄板隔声结构的隔声量有明显的作用，特别是低频共振时的隔声量。

**四、噪声防治流程**

燃气冷热电分布式能源项目的噪声防治工作可分为两类：①对于新建和改扩建的分布式能源项目，噪声防治工程应遵循与主体工程同步设计、同时施工、同时投产使用的"三同时"原则，并贯穿于建设的各个阶段。②对于已经造成噪声污染需要进行噪声治理的分布式能源项目，其噪声防治应从立项开始，重新进行噪声影响预测，制订合理的噪声防治方案。

**（一）噪声因素对厂址选择影响**

分布式能源项目的选址工作，通常在项目的初步可行性研究阶段即已经开始。在此阶段，应综合考虑噪声影响的相关因素，完成如下工作：

（1）收集备选厂址所在区域的环境影响报告书、声功能区划等文件。

（2）了解厂址周边区域的居民分布情况。

（3）了解厂址周围区域的地形条件。

（4）了解厂址背景噪声和敏感点的情况。

该部分的主要工作目标是确认备选厂址符合项目所在区域总体城乡规划和所在地区的工业布

局要求，尽量避免在噪声敏感建筑物集中区域选择厂址。

**（二）噪声因素对总平面布置影响**

在进行总平面设计时，综合考虑噪声因素，应做到如下几点：

（1）主要噪声源相对集中，力求高、低噪声区分开布置。

（2）高噪声区尽量远离敏感建筑物集中区。

（3）噪声的主要传播方向尽量避开敏感点。

在条件允许的情况下，应采用声源类比法确定声源模型，然后进行噪声分布预测，以确定最佳的总平面布置。

**（三）噪声分布预测**

噪声分布预测是燃气冷热电分布式能源噪声防治中重要的环节，目前多使用数值仿真软件完成相应工作。在实际的设计工作中，使用比较多的软件如下：

（1）SoundPlan软件。SoundPlan软件自1986年面世以来，迅速成为德国户外声学软件的标准，并逐渐成为世界关于噪声预测、制图及评估的领先软件。目前SoundPLAN的销售范围已覆盖超过25个国家，有3500多个用户，是噪声评估界使用最广泛的软件。

（2）CadanA。软件CadnaA系统是一套基于ISO 9613标准方法、利用Windows作为操作平台的噪声模拟和控制软件。CadnaA软件广泛适用于多种噪声源的预测、评价、工程设计和研究，以及城市噪声规划等工作，其中包括工业设施、公路和铁路、机场及其他噪声设备。软件界面输入采用电子地图或图形直接扫描，定义图形比例按需要设置。对噪声源的辐射和传播产生影响的物体进行定义，简单快捷。按照各国的标准计算结果和编制输出文件图形，显示噪声等值线图和彩色噪声分布图。

上述两款噪声预测软件目前已经被环境评估单位和噪声控制设计单位广泛使用，起到了一定的效果，在使用中需要注意以下问题：

（1）对于分布式能源项目的声源识别和声源建模非常关键，应力求准确。

（2）噪声预测软件的计算结果可作为噪声预评价和噪声防治设计的参考。具体到分布式能源项目，对于声源模型简化有不足之处，直接作为设计依据存在一定问题。有条件的情况下，需考虑分布式能源项目实际情况，对预测结果进行工程修正。

**（四）初步设计阶段噪声方案**

噪声防治工程的初步设计与主体工程的初步设计同步展开，应依据环境评估批复、项目噪声环境现状、主要生产设备噪声值、总平面布置图等相关图纸，在可研报告噪声防治设计方案的基础上进行。此阶段应完成的主要工作如下：

（1）与主体设计院协调接口限制性条件。

（2）对主要声源进行噪声类比测试分析及模拟分析，并通过声学理论计算及工程经验修正，确定合理的噪声防治方案。

（3）当噪声防治方案中出现非标设计以及新技术、新设备、新结构时，需进行相关的实验验证。

该部分工作应注意与主体工程的设计相衔接，包括但不仅限于初步设计图纸、相关结果及相关概算，其内容深度参照DL/T 5427—2009《火力发电厂初步设计文件内容深度规定》的要求。

**（五）施工图设计阶段噪声设计**

进入施工图设计阶段，应完成下列工作：

（1）确定并完成噪声防治措施与建筑、结构、电气、暖通等专业接口设计。

（2）确定并完成噪声防治措施的结构设计。

（3）通过现场踏勘对噪声防治措施设计方案进行细化和完善。

**（六）噪声控制工程施工阶段监控**

对于分布式能源项目的噪声防治，施工阶段的噪声控制也是不可忽视的环节。其主要工作包括：

（1）依据 GB 12523—2011《建筑施工场界环境噪声排放标准》，制定施工噪声控制方案。

（2）在确定施工单位时，应要求投标单位提供详细可行的施工噪声控制计划。

（3）有重点地进行施工噪声的监控，并积极与周围居民沟通，减轻施工噪声带来的负面影响。

**（七）试运行阶段噪声控制**

燃气冷热电分布式能源项目的试运行包括单机调试、管道吹扫、联合调试、整体试运行等阶段。该阶段噪声控制有两个特点：

（1）管道吹扫等工作会产生强噪声，这类噪声在项目正常运转时不会出现。除对该类噪声加装必要的控制装置外，还应特别注意与周围居民做好沟通工作。

（2）设备的调试和噪声控制措施的调试，都有可能产生项目正常运转时没有的噪声。针对此类噪声，应与噪声防治的设计单位和施工单位协调，尽快加以解决。

**（八）环保验收阶段噪声控制**

正式环保验收之前，应组织模拟验收，其主要内容如下：

（1）参照 GB 12348—2008，制定详细的噪声控制模拟监测方案。

（2）模拟验收，应在符合规定的气象条件、工况、监测设备等情况下进行。

（3）模拟验收不达标的情况下，应完成原因分析、制定整改方案，尽快完成相应的工作。

模拟验收通过后，应制定环保验收方案，落实牵头部门、流程安排、内外部协调方案等，然后向有权限的环保监测单位申请环境监测。

**（九）生产运行阶段噪声控制**

燃气冷热电分布式能源项目的生产运行阶段，对于噪声防治应做到保障各项噪声控制设备的正常运行，对相关人员进行噪声控制设施维护的岗前培训。

**五、噪声防治工程概算**

燃气冷热电分布式能源项目在初可行性研究、可行性研究及初步设计阶段，逐步完善和明确整个项目的工程概算。按照《火力发电工程建设预算编制与计算标准》，对于噪声防治工程的相关概算并没有明确的规定。对于分布式能源项目其噪声防治的费用相对较大，在项目概算的编制过程中，可考虑以下建议：

（1）项目工程投资"其他费用"的"项目建设技术服务费"中，应切实考虑噪声控制咨询和噪声控制设计所需的相关费用。

（2）确定建设噪声控制设施的项目，在项目工程投资"与厂址有关的单项工程"中，应明确编列噪声控制工程的相关费用。

噪声控制咨询设计的取费标准，目前国内没有统一的方法。在《工程勘察设计收费标准》"非标准设备设计费率表"中，推荐的费率为 16%～20%，可以作为一定的参考依据。

**六、噪声防治评价**

**（一）厂界噪声监测方法**

燃气冷热电分布式能源项目厂界噪声的监测，应遵循 GB 12348—2008 中的规定进行，下面列出的关于气象条件和测点位置设置的相关条文，是实际工作中的常用条文：

（1）气象条件。测量应在无雨雪、无雷电天气，风速为 5m/s 以下时进行。不得不在特殊气象条件下测量时，应采取必要措施保证测量的准确性，同时注明当时所采取的措施及气象情况。

（2）测点位置一般规定。一般情况下，测点选在工业企业厂界外 1m、高度 1.2m 以上，距任一反射面距离不小于 1m 的位置。

（3）测点位置其他规定。当厂界有围墙且周围有受影响的噪声敏感建筑物时，测点应选在厂界外 1m、高于围墙 0.5m 以上的位置。

（4）当厂界无法测量到声源的实际排放状况时（如声源位于高空、厂界设有声屏障等），应同时在受影响的噪声敏感建筑物户外 1m 处另设测点。

（5）室内噪声测量时，室内测量点位设在距任一反射面至少 0.5m 以上、距地面 1.2m 高度处，在受噪声影响方向的窗户开启状态下测量。

（6）固定设备结构传声至噪声敏感建筑物室内，在噪声敏感建筑物室内测量时，测点应距任一反射面至少 0.5m 以上、距地面 1.2m、距外窗 1m 以上，窗户关闭状态下测量。被测房间内的其他可能干扰测量的声源（如电视机、空调机、排气扇以及镇流器较响的日光灯、运转时出声的时钟等）应关闭。

### （二）噪声防治主客观一致性保证

目前的噪声防治工作，其控制目标均为厂界和敏感点噪声达到环境评估批复的要求。在特定的情况下，出现噪声排放达标但依然扰民（有投诉）的情况。对于楼宇内的分布式能源项目，此问题尤其需要加以重视。上述问题产生的原因，是目前 GB 12348—2008 中的限值在主客观一致方面存在一定的局限性。一般认为噪声防治主客观一致评价指标为：在工业设备开启后，受声点各倍频带的噪声值与背景噪声值相差不超过 5dB，则可判断为无噪声污染。

噪声污染是环境与人相互作用的结果。对于噪声污染的评价，与人的主观感受有很大的关系。目前，国际上比较流行的主观烦恼度等评价指标，需要大量地借助问卷调查等方式进行，可行性比较差。该环境监测中心站提出的主客观一致评价指标，通过客观的评价指标来反映人的主观感受，已经在楼宇噪声控制中取得了部分成功案例，具有一定的实际意义。

### 七、噪声防治工程案例

某大学城分布式能源站一期工程建设 2×78MW 燃气—蒸汽联合循环机组。厂区呈不规则多边形，南北方向最大长度约为 400m、最小长度约为 240m，东西方向最大宽度约为 320m、最小宽度约为 230m，厂界间最短距离仅约 90m。此项目为燃气热、电、冷分布式能源系统，主要服务对象为大学城及其周边区域。

该项目采用双联燃气轮发电机组，属于轻型燃气轮机，由两台燃气轮机和一台发电机组成，两台燃气轮机通过联轴器直接连接一台双端驱动发电机。通过叶轮式压气机从外部吸收空气，压缩后送入燃烧室，同时气体燃料也喷入燃烧室与高温压缩空气混合，在定压下进行燃烧，生成的高温、高压烟气进入燃气轮机膨胀做功，推动动力叶片高速旋转带动发动机，燃气轮机效率可达39%，排出烟气进入余热锅炉循环利用，余热锅炉采用双压带自除氧卧式自然循环锅炉，生产的蒸汽供应给汽轮发电机，汽轮机采用抽凝式汽轮机（15MW）和一台补气式汽轮机（21MW），发电后尾部烟气余热在生产高温热媒水制备生活热水和空调冷冻水。

### （一）噪声排放及周围声环境执行标准

大学城分布式能源站机组投运后保证厂界噪声限值昼间小于或等于 60dB(A)、夜间小于或等于 50dB(A)，符合 GB 12348—2008 中 2 类标准。

敏感点执行 GB 3096—2008 中 2 类标准，即保证机组投运后厂界噪声限值昼间小于或等于60dB(A)、夜间小于或等于 50dB(A)。

### （二）噪声超标情况

通过对厂界的噪声测试，在两台机组高负荷同时运行时，全厂界所有测点几乎超过2类区夜间标准。其中南厂界的测点，超标值高达13.1[dB(A)]；西厂界和南厂界噪声总体超标水平高于东厂界和北厂界。

敏感点监测结果表明，在两台机组高负荷同时运行时，距离大学城分布式能源站厂区最近的敏感点噪声值超标高达9.7[dB(A)]。

### （三）噪声源分析

厂区内重点声源属于中高强度声源，分布范围广、种类复杂、辐射面广、直接和叠加超标声源多，必须对各类声源噪声特性进行详细分析，探寻各类声源与厂界噪声和敏感点噪声的直接或相关关系，有针对性地对重点、难点声源提出相应的有效治理措施。

1. 汽轮机房（主厂房）噪声

汽轮机房布置在厂区的中部，距南厂界较近。汽轮机房内设备噪声值84～98dB(A)。主厂房除0～4m为240mm砖混墙体外，其余高度墙体均为单层金属板维护结构。由于单层金属彩钢板墙隔声量不足，厂房内噪声通过单层维护结构向厂界辐射噪声。机房南侧墙体有大面积进风百叶，厂房内声源几乎直接从百叶风口向室外厂界以面声源的形式向外传播噪声。

2. 燃气轮机区域噪声

燃气轮机区域包括两台燃气轮机，布置在余热锅炉北侧，为露天放置。燃气轮机区域主要强噪声部位有燃气轮机的进风口、冷却模块、本体、烟道膨胀节和发电机罩壳风口。燃气轮机由多个强噪声部位组成并向外辐射，明显影响厂区和敏感点达标。图3-35、图3-36分别为燃气轮机进风口噪声频谱图与燃气轮机轴承冷却空气模块噪声频谱图。

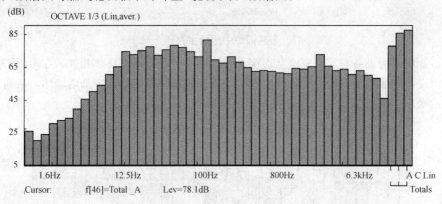

图 3-35　燃气轮机进风口噪声频谱图

3. 余热锅炉区域噪声

余热锅炉区域包括锅炉给水泵区、锅炉本体、烟囱等，主要布置在主厂房北侧，余热锅炉本体露天放置。余热锅炉区域同样除锅炉本体产生噪声外，还有多种附属设备会产生不同程度的噪声，其中高噪声源包括给水泵、除氧器、锅炉烟道膨胀节。因此，余热锅炉区域多个强声源对厂界和敏感点超标产生贡献。图3-37所示为余热锅炉中压给水泵噪声频谱图。

4. 冷却塔区域噪声

两台机组冷却水系统采用机力通风冷却塔进行冷却，3台机力通风冷却塔布置在厂区西南侧偏南的位置，距西厂界最近距离23m，距南厂界最近距离61m。机力通风冷却塔空气传声由顶部轴流风机产生的空气动力性噪声、电动机噪声、淋水噪声、减速箱引起的机械噪声等组成。由于

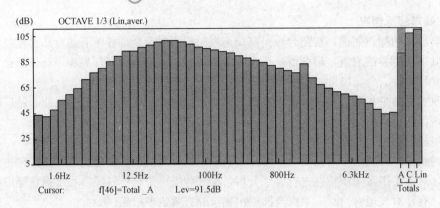

图 3-36　燃气轮机轴承冷却空气模块噪声频谱图

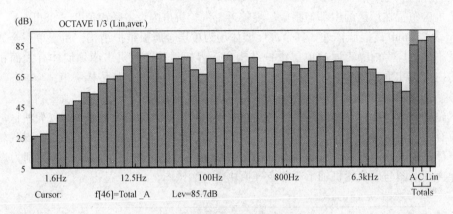

图 3-37　余热锅炉中压给水泵噪声频谱图

机力通风冷却塔动力设备与其基座刚性连接，而基座平台与冷却塔塔体相连，在冷却塔高速旋转时，在动力设备的激励下，动力设备产生的振动通过机组基础传播到冷却塔墙体，从而使墙体辐射出较高的噪声。图 3-38 为冷却塔进风口噪声频谱图。

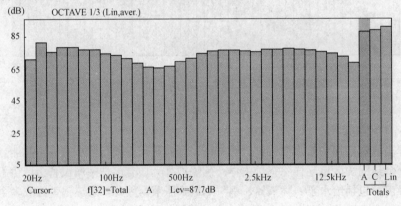

图 3-38　冷却塔进风口噪声频谱图

5. 循环水泵房区域噪声

　　该工程循环水泵房区域位于厂区西南部，主厂房的西侧，冷却塔的南侧，距离南侧厂界最近距离约 32m，距离西侧厂界约 57m。循环水泵房内水泵近场噪声值 89～95dB（A），属于强噪声源；通过砖混墙体、隔声窗、隔声门以及进排风消声器后，泵房内水泵噪声得到一定程度降低，但泵房墙体北侧通风百叶没有进行封堵，致使泵房内水泵噪声通过百叶直接向外传播。图 3-39 所示为循环水泵噪声频谱图。

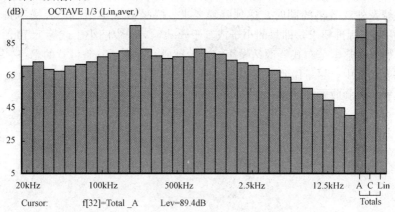

图 3-39　循环水泵噪声频谱图

**(四) 主要区域噪声治理措施**

1. 燃气轮机区域噪声治理措施

(1) 燃气轮机本体设置可拆卸式隔吸声封闭结构，立面设置进风消声器，顶部设置排风消声装置。

(2) 燃气轮机进风口设置消声装置。

(3) 燃气轮机罩壳排风口设置消声装置。

(4) 轴承冷却模块加装消声装置。

(5) 封闭空间内采用测温装置并于风机连锁同时设置室内照明系统。

2. 通风冷却塔区域噪声治理措施

(1) 进风口设置可拆卸式进风消声装置。

(2) 排风口设置动压回收装置及可拆卸排风消声装置。

(3) 冷却塔动力系统增加减振装置（风机减速器、电动机）。

(4) 采用落水消能降噪装置降低淋水噪声。

(5) 在机力塔西侧进风口外安装隔声屏障。

3. 汽轮机主厂房区域噪声治理措施

(1) 在主厂房三侧原有维护墙板上进行隔声加强。

(2) 主厂房进风通风百叶外侧设置可拆卸式消声器。

(3) 主厂房采光窗改为隔声窗。

(4) 屋面通风器增设迷宫式消声装置。

(5) 主厂房门改为隔声门。

4. 余热锅炉区域噪声治理措施

(1) 中、低压给水泵区域设置隔声间，隔声间设置强制通风并加装推拉式消声片。

(2) 除氧器排口安装排气放空消声器。

5. 循环水泵房区域噪声治理措施

(1) 现有门窗改为隔声门窗。

(2) 通风百叶部位加装消声装置。

(3) 进水管路设置隔声管廊。

6. 噪声防治效果

在完成了噪声测试、重点声源分析、超标量的确定、治理措施的设计等内容，在保证设备正常运行、维检修及外观效果的同时，达到降噪要求。降噪措施实施后厂界噪声排放值达到 GB 12348—2008 中 2 类标准要求，即昼间小于或等于 60dB(A)、夜间小于或等于 50dB(A)。

该项目为燃气冷热电分布式能源站噪声综合治理研究提供了一条可行的思路。在城市分布式能源站噪声综合治理中，尽量做到同时设计、同时施工、同时投产，方便设计施工，同时能降低成本，保证工程环保验收顺利通过。

# 第四章　燃气冷热电分布式能源电气系统及电力并网

## 第一节　发电机运行模式

### 一、发电机并网运行

自 20 世纪 80 年代末开始，世界电力工业正经历着由集中式供电模式向集中和分散相结合的供电模式发展。依据西方国家的经验，大电网系统和分布式发电系统相结合，分布式发电技术作为大电网的有益补充，是节省投资、降低能耗、提高系统安全性和灵活性的重要方法，并将成为未来发电技术。

目前，燃气冷热电分布式能源发电机一般按照"并网不上网"方式运行。发电机容量小于用户侧容量，这时发电机与电力系统一起为用电设备提供电源，发电机与电网并网运行。当发电机发生故障时，由电力系统带全部负荷；电力系统发生故障时，发电机带其额定容量下的较重要负荷。发电机的非同期并列，会产生很大的冲击电流，不但会危及机组自身的安全，还会使电网产生波动、破坏稳定性。因此要求同期装置和控制、保护装置齐全可靠。

#### （一）发电机并网条件

（1）发电机发出电源的相序与电网汇流排相序相同。否则，不但发电机不能进入同步，而且会产生很大的拍振电流，使发电机绕组承受过大的电动力，使线圈变形绝缘短路。

（2）发电机的电压有效值与电网的电压有效值相等或接近相等（电压差<10%），并且波形相同。

（3）发电机的频率应与电力系统电源的频率基本相等（频率差不能超过 0.5～1Hz）。

（4）发电机的电压相位与电力系统电源的电压相位相等（相位差<10℃）。

#### （二）发电机并网过程

发电机与电网并列运行时，由于电网的容量远远大于发电机的容量，因此发电机工作状态的变化不会影响电网电压和频率。在发电机与电网并列时，可认为电网电压和频率是不变的。燃气发电机通过自动并网装置检测电网的电压、频率和相位，并以此为基准，通过增减励磁电流来调整燃气发电机的输出电压，改变燃气发电机的转速来调整频率，调节瞬时速率来满足相位差。在基本满足并列条件的瞬间，闭合发电机的主断路器使发电机投入系统，这就是发电机并列过程。

#### （三）发电机并网控制系统

为了直观判断是否满足并列条件，发电机的同期屏上安装有电压差表、两组同期指示灯和同期表用以检查和监视，同时配备有自动准同期装置。通过电压差表可以测得待并网发电机的端电压与电网汇流母线排间的电压差；通过同期指示灯的暗、亮可以检查发电机与电网汇流排侧的频率和相序；当待并发电机的频率高于电网的运行频率时，同期表指针就顺时针快速旋转，反之则逆时针方向旋转。频率差得越大，同期表的指针转得越快，频率差减小时指针旋转减慢，当两侧频率差减小到一定程度后，频率非常接近，指针位置与同期点的夹角即是两侧电压的相位差。当上述仪表指示满足并列条件时，即可进行手动准同期并列操作。目前，各类小型燃气发电机均自带完善的自动并网控制系统以及负荷自动分配系统。

#### （四）发电机组并网解列保护系统

为了使发电机组并网后可靠稳定运行，机组设置了安全完善的保护装置，一旦机组出现下列故障，会自动掉闸，与电网解列，自动停机。

（1）过负荷故障。如果在发电机组运行时，其输出功率大于额定功率的 10%，发电机组超负荷就容易使机组损坏。现场安装了负载传感器，当严重超负荷时自动停机。

（2）超速故障。如果发电机组超过额定转速运行时，会导致发电频率与电网频率不同，故设计了转速继电器，当发电机运行转速大于额定转速的2%时，视其为故障，自动停机。

（3）油压故障。发电机组的润滑系统是否正常是通过其油压反映出来的，油压不正常可视为机组处于非正常运行状态，严重时可通过继电器自动停机。

（4）水温、水位故障。发电机内部的循环水用于机组冷却，当机组内无水、少水或水温过高，说明冷却系统不正常，可使机组损坏。现场安装了水温、水位传感器，在其非正常状态时自动停机。

（5）蓄电池故障。蓄电池用于给发电机组定子的自身励磁，励磁系统的好坏直接影响发电机组的运行质量，故设计了蓄电池电压继电器，当其故障时自动停机。

（6）功率方向故障。发电机组正常运行时向电网输出电能，非正常时电网向发电机提供电源，此时发电机就变成了电动机而消耗电能，故设计了功率方向继电装置，使发电机只能给电网提供电源，一旦反向就与电网解列，自动停机。

（7）紧急停车装置。当发电机组遇到紧急情况时，可按急停按钮使发电机组瞬间与电网解列，停止机组运行。

### （五）发电机励磁系统及二次电路

#### 1. 励磁系统

励磁系统是交流同步发电机核心组成部分，励磁系统的好坏直接影响同步发电机的性质和运行质量。同步发电机是自激励、恒压式无刷发电机，配有复励励磁系统，发电机的励磁功率由其内部获得。这种复励励磁系统动态性能好，突加、突卸额定负载时电压瞬变小、暂态过程小，超载能力可达到发电机额定电流的 2.5 倍，能够承受 3 倍于额定值的短路电流，在自动电压调节器作用下，可获得很高的稳态电压调整率等突出优点。

#### 2. 二次电路

发电机的二次电路是由不同功能的基本电路组成的，主要包括：发电机调压电路，发电机调速电路，自动准同期并列控制电路，自动并列、手动并列和解列控制电路，测量电路，发电机辅助设备控制电路，发电机输出功率限制电路，逆功率控制电路，直流 24V 供电、充电电路，发动机启动和停车电路，继电保护电路等。

### 二、分布式能源发电机运行模式分析

以某燃气冷热电分布式能源项目为例，进行发电机运行模式分析：

（1）能源站低压供配电系统采用单母线分段接线方式，两段母线有母线联络开关，在事故或检修状态下可通过联络柜实现单母线运行方式，进线与母线联络开关之间设电气闭锁。

（2）变配电室 10kV 系统采用单母线分段接线方式，同时引 2 回 10kV 市电电源分别接入 10kV 配电系统二段母线。经两台 1600kVA 变压器降压后给低压负荷供电（与发电机相关）。

（3）发电机组采用 4 台 500kW 的燃气内燃气轮机组，发电机出口电压 0.4kV，直接接入能源站 0.4kV 配电系统。发电并网同期点分别设置在能源站低压进线开关、能源站分段开关、发电机出口开关，用于发电机组并网操作控制，并在能源站低压进线开关与发电机出口开关设置解列装置。

（4）能源站所发电力以"并网不上网、自发自用"为原则，在 1 号变压器与 2 号变压器两台变压器低压能源进线柜内设逆功率保护。

通过此案例可以看出逆功率保护器设在变压器低压电源进线柜内能够满足相关规程规定，但对于投资方希望逆功率保护器设在 10kV 进线开关处，这样发电机容量至少可以扩大一倍，能够充分发挥分布式能源的优势。对于逆功率保护器设在何处应与当地供电部门沟通，希望既能满足相关要求，同时也能充分发挥分布式能源项目的特点。图 4-1 所示为某燃气冷热电分布式能源项目一次系统图。

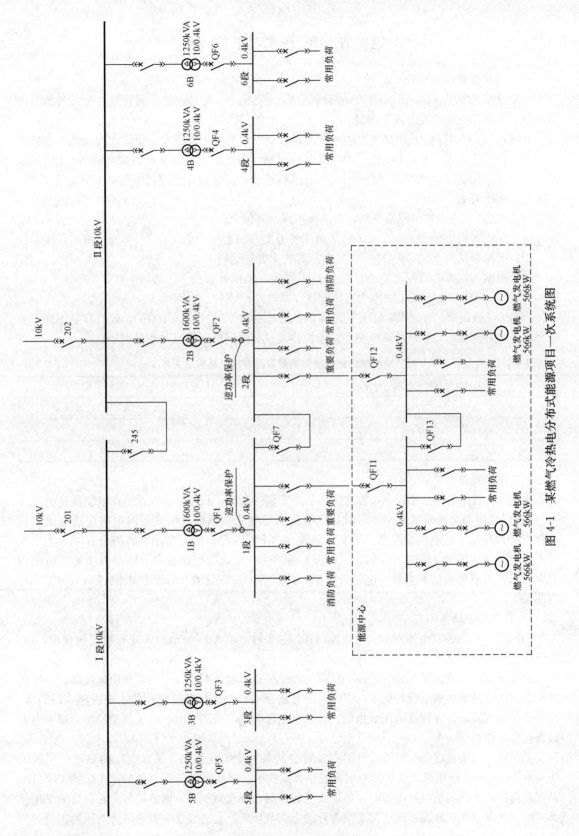

图 4-1 某燃气冷热电分布式能源项目一次系统图

# 第二节　电力并网技术

## 一、并网容量

一般分布式发电（Distribute Generation，DG）机组并网规定包括并网容量、电压等级、电能质量、接地系统及接线方式等内容。

并网容量是指当 DG 机组接入电力系统之后，会引起系统内潮流发生变化，为使这种变化处于一定可控的范围内，要对 DG 机组的容量进行限制。因此除了经批准有特别用途外，DG 机组的单机容量不宜超过 10000kW，在一条馈线上 DG 机组的总容量不宜超过馈线最大负荷的 25%。

## 二、电压等级

DG 机组并网根据机组容量不同，需选择不同的并网电压：

（1）单机容量小于 1MW 的在 0.4kV 电压等级上并网运行。

（2）单机容量大于 1MW 的在 10kV 电压等级上并网运行。

（3）根据《城市电力网规划设计导则》中规定，装机容量为 8～30MW 时，需 35kV/66kV 并网，并且 8MW 以上需要上级电力部门调度。

一般 DG 机组都是在 35kV 电压等级以下的配电系统并网，根据并网 DG 机组容量不同，要选择不同的并网电压，燃气冷热电分布式能源容量及其并网电压等级关系见表 4-1。

表 4-1　　　　　　　　燃气冷热电分布式能源容量及其并网电压等级关系

| 分布式电源总容量范围（MW） | 并网电压等级（kV） |
| --- | --- |
| <1 | 0.4 |
| 1～8 | 10 |
| 8～35 | 35 |

## 三、电能质量

由于 DG 机组的容量比较小，容易受到负荷变化的影响，其主要表现就是在电能质量上。

当 DG 机组与电力系统并网运行时，机组向当地交流负载提供电能和向电网发送电能的质量都应受到控制，在电压、波动、频率、谐波和功率因数方面满足实用性并符合标准。当出现偏离标准（电压凹陷、瞬断等）的越限状况，应将 DG 系统与电网分离。除非由于条件所限或另有要求，所有电能质量参数（电压、频率、谐波等）应保证在 DG 系统电网接口（PCC）处可测量。

### （一）电压波动和闪变

GB 12326—2008《电能质量　电压波动和闪变》中，对电压变动和闪变有明确的规定，DG 机组应当满足国家标准规定。

在交流电力系统正常运行时，由于负荷的变化可能引起公共连接点的电压快速波动，一般用电设备对电压波动的敏感度远低于白炽灯，为此选择人对白炽灯照度波动的主观视感，即闪变，作为衡量电压波动危害程度的评价指标。当供电电压频繁出现闪变时，电压波动通常会影响电力设备正常工作。

采用感应发电机的 DG 机组，机组启动时会从电网中吸收无功，造成电压的跌落，引起闪变。对于一般的 DG 机组，由于其机组容量小，惯性小，容易受到负荷变化的冲击。当 DG 机组强制跟随负荷变化调整机组出力时，如果机组的控制系统调整不当，调整量与实际负荷的变化并不匹配，使得分布式能源跟随负荷变化进行动态调节，此时会造成发电机出口处电压的幅值周期性波动，频率在 6~7Hz 之间。而对于不包含分布式发电的网络，尽管负荷随机扰动同样可能会引起电压的波动，但因网络内有无动态调节设备，系统很快就会达到新的稳定平衡点，而不会出现长时间的持续小幅波动。

为了减少 DG 并网带来的电压闪变，如美国德州、纽约和加州对闪变的要求执行 IEEE 519 标准，即折算到配电变压器的高压侧不能超过额定电压的 3%。为了减少 PCC 点的电压波动，DG 机组应该运行在一个比较平稳的状态，减少出力调整次数。

### （二）运行频率范围

DG 系统应与电网同步运行。电网额定频率为 50Hz，DG 系统的频率允许偏差应符合 GB/T 15945—2008《电能质量 电力系统频率偏差》，即正常运行偏差值允许 ±0.5Hz，如果系统容量比较小偏差值允许 ±0.5Hz。因此 DG 系统频率工作范围不能超出 49.5~50.5Hz。

### （三）电压和电流谐波

DG 系统在运行时不应造成电网电压波形过度的畸变，或导致注入电网过度的谐波电流。GB/T 14549—1993《电能质量 公用电网谐波》对电压谐波和电流谐波都有明确的规定。对于 380V 的电压等级，电压总谐波畸变率限值为 5.0%，其中奇数次谐波 4.0%、偶数次谐波 2.0%；6kV 和 10kV 电压等级，三个限值分别为 4.0%、3.2%、1.6%。电流谐波根据电压等级和基准短路容量不同，按照各次谐波有明确的流入电流限制。同一公共连接点的每个用户，向电网注入的谐波电流允许值按此用户的协议容量和供电设备容量之比进行分配。

理想的电力系统，应该能够提供标准的工频正弦波形电压给用户。但实际上，由于非线性负荷等谐波源的存在，目前电网电压的波形往往偏离正弦波形而发生畸变。畸变波形可以用一系列频率为工频整数倍的正弦波形之和来近似。其中，周期与原畸变波形周期相同的那个正弦波形，称为基波。而频率为基波频率整数倍，即工频的整数倍的正弦波形，称整数次谐波，通常称为谐波。电网中如果有大量谐波会增加谐波有功和无功，降低电压，浪费电网容量，使电量计量不准；还会造成电容器等电力元件产生过电流、升温、击穿等事故；同时谐波还会对继电保护设备产生影响，造成误动作。

在有些 DG 机组中，由于逆变器中电力电子开关器件频繁开通和关断，在其开通和关断的过程中都会给系统带来围绕开关频率附近的谐波分量。一般的逆变器都选用三相六桥臂的设计方案，它会带来 6 脉冲逆变器固有的 $(6n\pm1)$ 次谐波。

对于 DG 机组并网，应该在谐波问题上做出明确规定。在电压谐波方面，美国三个州对 DG 机组都采用 IEEE 519 标准，某单次谐波不能大于基波的 3%，谐波总量不超过基波的 5%。我国国家标准除了对电压谐波有规定外，还对电流谐波做出了限制。

### （四）功率因数（PF）

分布式能源发电机组运行在高功率因数的工况下，一般在 0.9 超前或滞后。

电力系统保持电压稳定，需要系统中有充足的无功功率支持。由于 DG 机组运行时间随机性比较大，当 DG 机组退出运行时，配电网络中会有无功损失。此时用户负荷的无功需求就要电力系统来满足，如果系统中不能瞬时提供足够的无功，就会导致电压下降，系统失稳。为了减少配电系统对于 DG 机组的无功依赖，保证机组退出运行后系统电压仍然稳定，DG 机组要在高功率因数下运行。同时在 DG 机组和电网并网处应当加装无功补偿装置。

### （五）电压不平衡度

DG 系统（仅对三相输出）的并网运行引起电压不平衡度，不应超出电网三相电压允许不平衡度，即电网公共连接点（PCC）处的三相电压不平衡度允许值为 2%，短时不得超过 4%。

电力系统是一个三相同步系统，U、V、W 三相电压相同，相位顺次相差 120°。如果三相电压不相等，即电压不平衡。当系统电压出现不平衡时，可以将其折合成正序、负序、零序三个电压之和。

DG 机组多在配电网并网，由于低压负荷三相对称性差，而且我国低压电网的运行方式都是中性点不接地或通过消弧线圈接地，这样的运行方式容易出现电压不平衡的状态。如果 DG 机组的发电机为三相同步发电机，其在不对称运行时，负序电流在气隙中产生逆向旋转磁场，给转子带来额外的损耗，造成转子过热。负序磁动势和原有的正序磁动势叠加会产生 100Hz 的交变电磁力矩，该力矩将同时作用在转子转轴和定子机座上，引起 100Hz 的振动。对于凸极机来说，振动尤为明显。

对于逆变器型 DG 机组，一般逆变器的主电路采用三相逆变桥结构，这种电路结构在平衡负载下可以获得非常好的输出性能。但在不平衡负载情况下，此种电路结构很难获得很好的输出。这是由于其三相之间存在一定的耦合关系，调节其中的任何一相，必然影响到其他两相的电压输出。研究表明，逆变器在承受不平衡电压时会造成触发角不对称、导通角偏移，因此产生 $6n\pm3$ 次的 3 倍数次非特征谐波。

某些容量较小的 DG 机组，如太阳能光伏电站等，采用单相接入电力系统，这种方式本身就是非对称运行，会给系统带来电压不平衡。为了避免由此带来的影响应该对用户自身的负荷做合理的配置。

### （六）直流分量

无论在正常或非正常情况下，DG 机组向电网输送的直流电流分量均不应超过其额定电流值的 0.5%。

DG 并网的低压配电网络是一个交流网络，如果系统内存在直流电流会增加系统损耗，造成电压不平衡。直流电流注入电力变压器可以产生直流磁通量，使铁芯磁化曲线不对称，加剧铁芯饱和，导致变压器噪声增大，引起变压器铁芯过热，严重时甚至造成变压器损坏。

直流电流对于电力系统的继电保护会产生影响。直流电流流过继电保护的 TA 时不会产生感应电压，但是会造成 TA 饱和，使其运行在非线性区，从而造成保护误动作。某些电力变压器的差动保护为了在动作条件上避开励磁涌流，会选用短路电流中的直流分量作为制动依据。

对于有逆变器的分布式能源发电系统，由于逆变器基准正弦波含有直流分量，控制电路中运算放大器的零点漂移，开关管本身特性及其驱动电路不一致等一些原因，会使逆变器输出电压产生直流分量，尤其是在逆变器换流失败时，将产生更大的直流分量。所以逆变器型 DG 机组宜通过专用变压器隔离和电网相连，以过滤输出电压中的直流分量。

### 四、接线方式

### （一）主接线基本要求

（1）可靠性。电气接线必须保证用户供电的可靠性，应按照各类负荷的重要性安排相应可靠的接线方式。

（2）灵活性。电气系统接线应能适应各式各样可能运行方式的要求，并可以保证能将符合质量要求的电能送给用户。

（3）安全性。电力网接线必须保证在任何可能的运行方式及检修方式下运行人员的安全性与设备的安全性。

（4）经济性。应考虑投资及运行的经济性。

（5）可扩展性。在设计接线方式时要考虑未来一段时间内的发展远景，要求在设备容量、安装空间以及接线形式上，为未来可能增加的容量留有余地。

### （二）接线方式

常用电气主接线方式有单母线不分段和单母线分段接线两种。

**1. 单母线不分段接线**

每条引入线和引出线的电路中都装有断路器和隔离开关，电源的引入与引出是通过一根母线连接的。单母线不分段接线适用于用户对供电连续性要求不高的二、三级负荷用户。图 4-2 为单母线不分段接线示意图。

**2. 单母线分段接线**

单母线分段接线是由电源的数量和负荷计算、电网的结构来决定的。单母线分段接线可以分段接线运行，也可以并列运行。图 4-3 为单母线分段接线示意图。

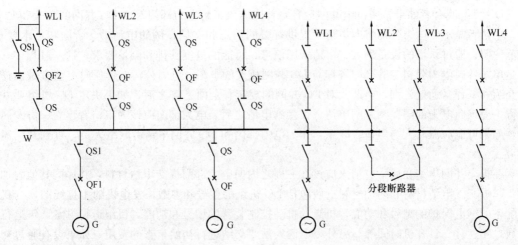

图 4-2　单母线不分段接线示意图　　　图 4-3　单母线分段接线示意图

# 第三节　电力并网流程

### 一、申报审批

燃气冷热电分布式能源发电要接入电力网，需要得到电力公司的授权。而要获得这一授权，电力生产商应该按照并网标准规定的申请程序，给电力公司提供该项目相关的必要信息，等待电力公司的审批。电力公司会对申请进行审查和研究，并给出一定的回复，或者授权并网，或者同意并网但要做一定修改，或者拒绝并网申请并给出理由。

### 二、初始审查

为了简化分布式发电项目审批工作，审批部门可以设立初始审查程序。该程序的目的主要是为不需要进行并网前研究的申请项目提供一种快速筛选及批准的途径。一般这些项目使用的是已认证设备，由于设备已经通过检测部门的产品检测，电力部门对设备的特性有所了解，能够妥善处理由于 DG 机组并网而带来的影响。而且在 DG 项目的设计上，能够选用已有的成功案例。这些项目一般容量比较小，且并网处的电网结构比较强壮，电网有足够的能力接纳 DG 机组，因此并网的冲击不大。例如，容量在 500kW 以下、400V 电压并网，并且机组功率不向电网输送的小型 DG 机组，可以对其应用初始审查。

初始审查需要确定三个方面内容：

（1）该申请是否具有简单并网的资格；

（2）该申请通过追加审查确定一些潜在的附加要求后，是否具有并网的资格；

（3）该申请是否需要进行并网的研究及其费用和时间安排。

如果符合所有初始审查程序的要求，该分布式发电项目将被电力公司授权可以并网，而不必再进行其他并网方面的研究。当然没有通过任何一个筛选步骤，并不意味着发电设备不能并网，只是在发电设备项目被授权与电力公司并网之前还需要进一步的审查或研究。

### 三、一般申请和审批

如果燃气冷热电分布式能源发电项目不符合初始审查的资格或者没有通过初始审查，但电力生产商仍希望机组并网，则需要同电力审批部门一起完成下面的申请和审批流程。

#### （一）提交并网申请

DG 机组所有者如果希望机组并网运行，首先应该了解电力部门对于 DG 并网的政策和要求。根据申请者需求，电力公司将向申请者提供有关的信息和文档，例如申请书、合同和技术要求、规范说明、通过认证的设备列表、申请费用信息、可能的进度安排和测量要求。这一过程中，主要是申请者向电力公司主管部门咨询与 DG 并网相关的事情，电力公司有责任向申请者做出详细的介绍和解释。通过咨询，申请人对 DG 并网的规定有全面了解之后，如果决定 DG 机组要并网运行，应该向电力部门提交并网申请。在接到申请之后，电力部门应该为申请者建立一份专属档案。如果可能应派专人与申请者联系，作为电力部门和 DG 并网申请者联络人员，直到并网流程结束。

在提交并网申请之后，申请人应该在一周之内向电力部门提交申请材料，并连同其他附加材料一起提交。申请材料和附加材料一般包括 DG 机组的型号和参数，发电机的主接线图，为机组所配备的继电保护的型号和功能，机组的自动控制装置的型号和功能，机组运行方案，年运行小时数，年、月、日开机时间等。另外，申请人需要交纳进行初始审查的费用。如果没有通过初始审查，50％的初始审查费会退回申请人。电力公司在收到申请后 3 个工作日内应该通知申请人已收到申请及申请材料是否足够。如果有问题，双方协商补足相关材料。

#### （二）初步审查及追加审查

接收到完整材料的申请后，电力公司按照流程开始进行初始审查，以确定该申请是否符合并网需要的要求，是否需要进行并网研究来确定并网要求。审查包括检查 DG 机组的型号和参数，发电机的主接线图，为机组所配备的继电保护的型号和功能，机组的自动控制装置的型号和功能等是否能够满足 DG 并网处电网安全运行的要求。检查发电机配置是否合理，接线图是否符合安全标准等。

如果申请符合简单并网的要求，电力公司会在两周内完成审查工作，并给申请人一份书面的并网要求及并网协议初稿。如果申请不符合简单并网要求，就需要进行一个追加的审查程序。追加的审查要对电网安全稳定进行仿真计算，来验证 DG 并网所带来的对电网电压、频率、谐波等方面的影响，并提出处理方案。追加审查可以委托一些高等研究院或院校进行。追加的审查将给出额外增加的并网要求、并网协议初稿、费用估计和进度安排。该追加的审查应在收到完整申请材料后的一个月内完成。追加审查所花费用，在申请人收到追加审查结果后 10 日内向电力公司缴纳。

#### （三）附加并网研究

如需要，申请人与电力公司应该约定附加的并网研究步骤。如果申请人所申请的 DG 机组并网，处于一个电网比较敏感的位置，其自身所配备的设备不能满足并网要求，需要增加一些额外的并网设备或者对配电网进行一些改进。申请人应该和电力公司达成一项协议，由电力公司完成

一个附加的研究和设备的设计，并提供实际价格的费用估计。电力公司根据当地电网情况，提出
DG 机组要求并网需要加装设备及对电网改造方案。并网研究协议应该说明电力公司完成这一研
究工作的进度安排和实际价格估计。在并网研究完成以后，电力公司将给申请人提供并网的专门
要求、费用及进度安排。

### （四）签署发电并网协议

在完成并网研究，并且申请人同意支付所需费用后，电力公司将给申请人提供一份可执行的
并网协议、净电能计量协议或者电能交易协议，这些协议的规定应该符合申请人的发电设备及其
运行模式。电力公司应根据并网研究的结果对其电力系统进行相应的改造、增加计量和检测设
备、调整保护设备。而且电力公司还应该提供给申请人一份"并网设备所需费用及所有权"的协
议，该协议规定了双方各自的责任、完成计划安排和相关工作的费用。

### （五）发电设备安装建造及试验

根据双方协议，电力生产商开始安装和建造发电设备，电力公司开始着手进行并网设备的安
装、系统的改造、计量和检测设备的安装。

电力生产商安排并完成发电设备的试验工作。当发电设备安装完毕之后，电力部门和申请者
要一同对设备进行试验。新安装的发电设备和相关的并网设备都必须经过试验，在保证满足安全
和可靠性规定的前提下才能够并网。

### （六）电力公司授权并网

当通过并网验收试验后，电力审批部门向申请者发放书面的并网授权通知。电力生产商只有
接到电力公司的书面授权通知，才能将其设备并网，并且要保证所有操作都符合电力生产商与电
力公司签署的协议要求。图 4-4 为并网流程。

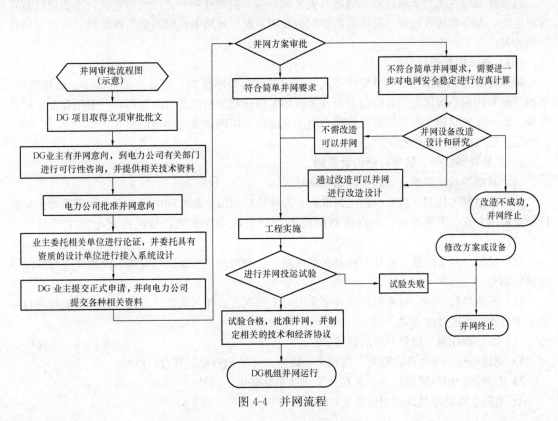

图 4-4　并网流程

# 第四节　电　气　设　备

## 一、高压电气设备

### （一）高压断路器

高压断路器不但能在正常负荷下接通和断开电路，而且在事故状态下能迅速切断短路电流，保证其他部分正常工作。目前使用的高压断路器主要有真空断路器和六氟化硫断路器等。

**1. 真空断路器**

由于真空断路器在各种不同类型电路中的操作，都会使电路产生过电压。不同性质电路的不同工作状态，产生的操作过电压原理不同，其波形和幅值也不同。为限制操作过电压，真空断路器应根据电路性质和工作状态配置专用的 R-C 吸收装置或金属氧化物避雷器。

**2. 六氟化硫断路器**

六氟化硫断路器具有体积小、可靠性高、开断性能好、燃弧时间短、不重燃，可开断异常接地故障、可满足失步开断要求等特点，多使用在 35kV 系统中。

### （二）高压隔离开关和接地开关

对于隔离开关使用，在高压配电系统中仅作为检修时的明显断开点。

隔离开关和联装的接地开关之间，应设置机械联锁，根据用户要求也可以设置电气联锁。封闭式组合电器可采用电气联锁。

配人力操作的隔离开关和接地开关应考虑设置电磁锁。

### （三）高压负荷开关

负荷开关的性能介于断路器和隔离开关之间，用来接通或断开正常负荷电流，不能用以断开短路电流。大多数场合它要与高压熔断器配合使用，断开短路电流则由熔断器承担，从而可以代替断路器。

### （四）高压熔断器

高压熔断器一般作为小容量变压器或线路的过载与短路保护。它具有结构简单、价格便宜、维护方便和体积小等优点，有时与负荷开关配用可以代替价格昂贵的断路器，一般用在变压器高压侧、3～10kV 对侧无电源的负载线路、电压互感器高压侧以及电容器回路等。

## 二、电气控制、信号和测量系统

### （一）断路器控制、信号回路设计原则

（1）断路器的控制地点分远程控制和就地控制。

（2）断路器的控制、信号回路电源取决于操动机构的形式和控制电源类型。弹簧操动机构的控制电源用交流、直流均可，电磁操动机构的控制电源多为直流，直流控制电源电压可以为 220V 或 110V。

（3）控制、信号回路一般分为控制保护回路、合闸回路、事故信号回路、隔离开关与断路器闭锁回路等。

（4）断路器的控制、信号回路接线可采用灯光监视方式和声响监视方式。分布式能源项目一般采用灯光监视的接线方式。

（5）断路器控制、信号回路的接线：

1）能进行现场手动合、跳闸，远程合、跳闸，保护和自动装置合、跳闸；

2）断路器合闸与跳闸位置状态在就地与控制室有指示信号；

3）有防止断路器跳跃的闭锁装置；

4）合闸或跳闸完成后应使命令脉冲自动解除；

5）接线应简单可靠，使电缆芯数最少；

6）断路器的事故跳闸信号回路，可采用不对应原理的接线；

7）断路器的控制、信号回路根据需要可以采用闪光信号装置，用以与事故信号和自动装置配合，指示事故跳闸和自动投入的回路；

8）对于出现不正常情况而不需要跳闸的线路和回路，应具有预告信号。

### （二）中央信号装置

燃气冷热电分布式能源项目应设置中央信号装置。中央信号装置由事故信号和预告信号组成。

（1）中央事故信号装置。应保证在任何断路器事故跳闸时，能瞬时发出音响信号，在控制屏上或配电装置上还应有表示该回路事故跳闸的灯光或其他指示信号。

（2）中央预告信号装置。应保证在任何回路发生故障时，能瞬时发出预告音响信号，并有显示故障性质和地点的指示信号。

中央事故信号装置使用电笛或蜂鸣器，中央预告信号装置使用电铃。中央信号装置应能进行事故和预告信号及光子牌完好性的试验。中央信号装置接线应简单、可靠，对其电源熔断器是否熔断应有监视。分布式能源项目一般将中央事故与预告信号装置的所有设备集中装设在单独的信号屏上。

### （三）二次回路保护、控制及信号回路设备选择

二次回路的保护设备用于保护二次回路故障，并作为回路检修、调试时断开交直流电源之用。二次回路保护设备一般采用熔断器或低压断路器。

1．控制、保护和自动装置回路熔断器或低压断路器选择

（1）安装单元仅有一台断路器时，控制、保护及自动装置可共用一组熔断器或低压断路器。

（2）安装单元含有多台断路器时，应设总熔断器或低压断路器，并按断路器设分支熔断器或低压断路器，分支熔断器或低压断路器应经总熔断器或低压断路器供电。

（3）安装单元含有多台断路器时，而各断路器无单独运行可能或断路器之间有程序控制要求时，保护和各断路器控制回路可共用一组熔断器或低压断路器。

（4）断路器弹簧储能机构所需交直流操作电源，应装设单独的熔断器或低压断路器。

2．信号回路熔断器或低压断路器选择

（1）每个安装单元的信号回路，宜设一组熔断器或低压断路器；

（2）公用信号，应设单独的熔断器或低压断路器；

（3）电源及母线设备信号回路，应分别装设公用的熔断器或低压熔断器；

（4）信号回路的熔断器或低压断路器应监视，可用隔离开关位置指示器，也可以使用继电器配合信号灯监视。

3．电压互感器二次侧熔断器选择

（1）熔断器的熔体电流必须保证二次电压回路内发生短路时，熔断时间小于低压保护装置动作时间。

（2）熔体额定电流大于二次电压回路最大负荷电流，即

$$I_r \geqslant I_{max}$$

式中 $I_r$——熔体额定电流（A）；

$I_{max}$——二次电压回路最大负荷电流（A）。

（3）当电压互感器二次短路时，不致引起低电压保护的动作。

4. 电压互感器二次侧低压断路器选择

（1）低压断路器脱扣的动作电流，应按大于电压互感器二次回路的最大负荷电流来确定，即

$$I_p \geqslant I_{max}$$

式中　$I_p$——低压断路器的额定电流（A）；

　　　$I_{max}$——二次电压回路最大负荷电流（A）。

（2）当电压互感器运行电压为90%额定电压时，二次电压回路末端两相经过渡电阻短路。而加于继电器线圈上的电压低于70%额定电压时，低压断路器应瞬时动作。

（3）瞬时电流脱扣器断开短路电流时间不应大于20ms。

（4）低压断路器应附有用于闭锁保护误动作的动断辅助触点和低压断路器跳闸时发报警信号的动合辅助触点。

（5）瞬时电流脱扣器的灵敏系数$K_{sen}$，应按电压回路末端发生两相短路时最小短路电流来校验，即

$$K_{sen} = \frac{I_{2K,min}}{I_{op}}$$

式中　$I_{2K,min}$——二次电压回路末端发生两相短路最小时短路电流（A）；

　　　$I_{op}$——低压断路器瞬时电流脱扣器的额定电流（A）；

　　　$K_{sen}$——灵敏系数，取$\geqslant 1.3$。

**（四）交流电流及交流电压回路**

1. 电流互感器及其二次电流回路

（1）测量表计用电流互感器选择。

1）电流互感器的选择除应满足一次回路的额定电压、最大负荷电流及短路时动、热稳定性外，还应满足二次回路测量仪表、继电保护和自动装置的要求。

2）测量用电流互感器宜选用0.5级，计量用电流互感器宜选用0.2S级。

3）电流互感器额定一次电流应按正常运行实际负荷电流达到额定值的2/3左右，不小于30%。

4）对于正常负荷电流小、变化大的回路，宜选用特殊用途的电流互感器。

5）电流互感器的额定二次电流可选用5A或1A。

6）电流互感器二次绕组中所带的负荷宜在25%～100%之间。

（2）电流互感器二次回路设计原则。

1）当电流互感器二次绕组接有常测与选测仪表时，宜先接常测仪表，后接选测仪表。

2）直接接于电流互感器二次绕组的一次测量仪表，不宜采用开关切换检测三相电流，必要时应设防止二次开路的保护措施。

3）测量表计和保护装置应引自电流互感器的不同二次绕组。

4）当多种表计接于同一电流互感器二次绕组时，其接线顺序一般先接指示和积算仪表，再接记录仪表，最后接变送仪表。

5）电流互感器二次绕组的中性点应有一个接地点。测量用二次绕组应在配电装置处接地。

6）电流互感器二次电流回路的电缆芯线截面，应按电流互感器的额定二次负荷来计算，二次回路额定电流为5A，不小于4mm²，1A不小于2.5mm²。

2. 电压互感器及其二次电压回路

(1) 电压互感器选择。

1) 按照一次和二次电压选择。电压互感器的一次额定电压应符合工作电压的要求。

2) 按照形式和接线方式选择。按照测量、继电保护和绝缘监视等选择电压互感器的形式和接线方式。

3) 按照准确度等级和容量选择。

(2) 电压互感器及其二次回路设计原则。

1) 电压互感器的选择既要符合一次回路的额定电压，又要使其容量和准确等级满足测量表计、保护装置和自动装置的要求。

2) 电压互感器的负荷分配尽量使得三相平衡，以免因一相负荷过大而影响测量表计和保护继电器的准确度。

3) 电压互感器一般经配电装置端子箱内的端子排接地。

4) 电压互感器、继电器、测量表计的连接应注意极性，保证接线准确。

**(五) 同期回路**

1. 同期回路设计原则

(1) 燃气冷热电分布式能源项目发电机容量一般较小，并入电网后能有效提高供电可靠性、稳定性、供电质量和实现经济运行。

(2) 按同期方式可分为准同期和自同期。准同期时，发电机已励磁，同期条件较严格。自同期时，发电机为励磁，要求条件相对较宽。

(3) 按同期过程的自动化程序可分为手动、半自动和自动同期三种同期方式。

(4) 同期点的设置：在主接线中，两侧有可能出现电压不同期的断路器，都必须设置同期点。

(5) 同一时刻，只允许对一台断路器进行同期操作。

(6) 厂内需同期的断路器较多时，宜设同期小母线和同期回路。

2. 手动准同期

分散同期：采用分散同期方式时，同期操作在被并列短路器的控制屏上进行。

集中同期：采用集中同期方式时，在小型电厂中一般选用组合式同期表，和相应的转换开关装设在中央信号控制屏上。

**(六) 励磁回路**

(1) 为保证电压质量和事故情况下继电保护动作灵敏度以及减少运行人员频繁地调整工作量，发电机一般装设自动调整励磁装置和强行励磁装置。发电机的自动调整励磁装置随发电机成套供应。

(2) 1000kW 及以上的发电机（一般为高压），宜在发电机转子回路装设灭磁开关及灭磁电阻，在励磁机磁场回路串联装设灭磁电阻。

(3) 对 750kW 及以下的电压为 6kV 的发电机，可仅在励磁机励磁回路内串联接入灭磁电阻。

(4) 对 750kW 及以下的电压为 400V 的发电机，由于绝缘有较大的裕度，一般可不装设灭磁电阻。

**三、继电保护**

**(一) 发电机保护**

分布式能源项目一般选用发电机容量不是很大，因此发电机保护按照小型发电机的继电保护配置：电流速断、纵联差动、横联差动、定子绕组相间短路、定子绕组对称过负荷、定子绕组接地、励磁回路一点及两点接地。

**（二）变压器保护**

分布式能源项目设计中，经常使用的是中性点不接地的双绕组升压变压器，一般装设下列继电保护装置：

（1）对变压器油箱内部故障和油面降低设置气体（瓦斯）保护。

（2）对变压器绕组和引出线的相间短路及绕组的匝间短路设置纵联差动保护或电流速断保护。容量在6300kVA及以上的变压器应设置纵联差动保护；容量在6300kVA以下的变压器宜设置电流速断保护，当电流速断保护的灵敏度不能满足时，应设置纵联差动保护。

（3）为防御外部短路，并作为气体保护和纵联差动保护（或电流速断保护）的后背保护，应设置过电流保护（或带低电压启动的过电流保护、带复合电压启动的过电流保护）。

（4）防御对称过负荷装设过负荷保护。

（5）对变压器温升和冷却系统的故障，应按规定装设信号装置和远距离测温装置。

**（三）10kV联络线路保护**

（1）过电流保护；

（2）无时限电流速断保护；

（3）带时限电流速断保护；

（4）单项接地保护。

**（四）含DG配电网保护方案配置**

由于DG接入配电网后会对传统的电流保护产生影响，为消除此影响，提出一种新的保护方案，对原有配置进行了改进，并保留了过电流保护。

当只有一个DG接到母线C处时，如图4-5所示。

方案根据DG接入的位置将馈线2分成2个区域：区域1为DG的上游区域，由线路AB和BC组成；区域2为DG的下游区域，线路CD和DE组成。在DG接入点的上游侧加装断路器以及保护装置5。在区域1中保护4处和保护5处配置方向纵联保护，当区内故障时它将瞬时动作保护整个区域；在保护3

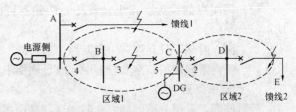

图4-5　单DG情况下的保护方案图

处和保护4处还要配置带有方向元件的定时限过电流保护。考虑到当区域1发生故障时，如果此时DG的输出功率较小或者已经退出运行，可能导致方向纵联保护5侧的方向元件灵敏度不足，不能动作所以在保护5处还应配置弱馈保护，以保证无论DG的输出功率如何变化，方向纵联保护都能可靠地保护整个区域1。在保护4和保护5处还设置了重合闸功能，当保护4处的断路器跳闸后，将启动保护4处的重合闸重新恢复供电。由于此时保护5处断路器已经断开且未重合，因此保护4只需配置一般的重合闸，不要求有检同期功能。保护5的重合闸功能只有在保护4判为瞬时性故障时才由保护4来启动，当然由于此时DG仍然存在，因此这里的重合闸需要检同期。如果区域1发生的故障是瞬时性的，则在重合闸动作之后就恢复供电；如果故障是永久性的，则故障由过流保护3或保护4有选择性地切除。

区域1的保护配置类似于配电网系统中常用的由电流速断和过电流保护组成的重合闸前加速方式，只是这里用同样瞬时动作的方向纵联保护代替了电流速断保护。区域2是一个单端电源网络，在保护1处和保护2处分别配置定时限过电流保护，并根据实际情况采取重合闸前加速或后加速方式。对于没有接入DG的馈线1，还是按照传统的重合闸前加速或后加速方式的电流保护进行配置。

对馈线 2 进行上述保护配置以后，由前面的分析可知，DG 的接入将不会对馈线 2 原来没有 DG 接入时的定时限过电流保护之间的配合产生影响，整条馈线的过电流保护完全可以保留原有的定值和时限上的配合关系，不需要重新进行整定。

### 四、直流系统

#### （一）直流电源

（1）发电厂和变电所内，为了向控制负荷和动力负荷等供电，应设置直流电源。

（2）220V 和 110V 直流系统应采用蓄电池组。

（3）供电距离较远的辅助车间，当需要直流电源时，宜独立设置直流系统。

（4）蓄电池组正常应以浮充电方式运行。

（5）铅酸蓄电池组不宜设置端电池，镉镍碱性蓄电池组宜减少端电池的个数。

#### （二）系统电压

（1）直流系统标称电压。

1）专供控制负荷的直流系统宜采用 110V。

2）专供动力负荷的直流系统宜采用 220V。

3）控制负荷和动力负荷合并供电的直流系统采用 220V 或 110V。

4）当采用弱电控制或弱电信号接线时，采用 48V 及以下。

（2）在正常运行情况下，直流母线电压应为直流系统标称电压的 105%。

（3）在均衡充电运行情况下，直流母线电压应满足如下要求：

1）专供控制负荷的直流系统，应不高于直流系统标称电压的 110%；

2）专供动力负荷的直流系统，应不高于直流系统标称电压的 112.5%；

3）对控制负荷和动力负荷合并供电的直流系统，应不高于直流系统标称电压的 110%。

（4）在事故放电情况下，蓄电池组出口端电压应满足如下要求：

1）专供控制负荷的直流系统，应不低于直流系统标称电压的 85%；

2）专供动力负荷的直流系统，应不低于直流系统标称电压的 87.5%；

3）对控制负荷和动力负荷合并供电的直流系统，宜不低于直流系统标称电压的 87.5%。

#### （三）蓄电池组

分布式能源项目蓄电池组宜采用阀控式密封铅酸蓄电池、防酸式铅酸电池，也可采用中倍率镉镍碱性蓄电池。根据工艺要求可装设 1 组或 2 组蓄电池。

#### （四）充电装置

1. 充电装置形式

（1）高频开关充电装置。

（2）晶闸管充电装置。

2. 充电装置配置

（1）一组蓄电池。采用晶闸管充电装置时，宜配置 2 套充电装置；采用高频开关充电装置时，宜配置 1 套充电装置，也可配置 2 套充电装置。

（2）两组蓄电池。采用晶闸管充电装置时，宜配置 2 套充电装置；采用高频开关充电装置时，宜配置 2 套充电装置，也可配置 3 套充电装置。

#### （五）接线方式

（1）一组蓄电池的直流系统，采用单母线分段接线或单母线接线。

（2）两组蓄电池的直流系统，应采用二段单母线接线，蓄电池组应分别接于不同母线段。二段直流母线之间应设联络电器。

**（六）网络设计**

（1）直流网络宜采用辐射供电方式。

（2）直流柜辐射供电。

1）直流事故照明、直流电动机、交流不停电电源装置、远动、通信以及 DC/DC 变电器的电源等。

2）厂内集中控制的主要电气设备的控制、信号和保护的电源。

3）电气和热工直流分电柜的电源。

**（七）其他**

对于直流负荷统计、保护和监控、设备选择及布置等可参考《电力工程直流系统设计技术规程》及电力系统内相关行业标准。

**五、交流不停电电源系统**

交流不停电电源系统，一般由厂用保安段母线经过不停电电源的整流器和逆变器供给正常工作电源；当厂用交流电源中断，不停电电源就自动地改为由蓄电池经逆变装置供电。因为蓄电池的可靠性很高，而且不受机组和系统事故的影响，因此不停电电源就可以取得可靠性很高的电源。

对不停电电源装置有以下技术要求。

**（一）电压稳定度和频率稳定度**

电压稳定度和频率稳定度即逆变装置的输出电压和频率偏离额定电压和频率的程度。要求电压稳定度在 $-10\%\sim+5\%$ 范围以内，频率稳定度在 $\pm2\%$ 范围以内。

**（二）谐波失真度**

谐波失真度（或称谐波畸变、波形失真度）指逆变装置的输出波形与正弦波差异的程度。

根据目前了解的情况，一般规定由谐波失真度不大于 5% 的逆变器供电，就可以满足要求。但是因为电动发电机组的谐波失真度较逆变器大（一般不大于 10%）。因此在负荷要求谐波失真度不大于 5% 时，逆变装置只能采用逆变器而不能采用电动发电机组。

**（三）交流不停电电源系统切换过程中供电中断时间**

为了保证所有用电设备的状态不会由于电源切换而发生不应有的变换，切换过程中供电不间断时间不能大于 5ms。到目前为止，这样快的切换时间只有静态开关才能得到满足。

**六、过电压保护与接地装置**

对于分布式能源项目的过电压保护与接地装置的设计，可参考电力系统内相关行业标准及《电力工程电气设计手册》。

**（一）过电压保护**

（1）雷击过电压保护。

（2）内部过电压保护。

（3）配电装置绝缘。

**（二）接地装置**

（1）一般规定和要求。

（2）接地电阻计算。

（3）高土壤电阻率地区的接地装置。

（4）接触电压和跨步电压。

（5）接地装置的布置。

### 七、电缆选择及敷设

对于分布式能源项目电缆选择及敷设的设计可参考《电力工程电缆设计规范》与《电力工程电气设计手册》等相关技术规程及设计手册。

### 八、照明系统

对于分布式能源项目照明系统的设计可参考《建筑照明设计标准》与《火力发电厂和变电站照明设计规定》等相关技术规程及设计手册。

## 第五节 分布式能源并网案例

### 一、能源站电力系统及并网设计

以某燃气冷热电分布式能源站为例,介绍能源站电气系统及电力并网。

能源站高、低压供配电系统采用单母线分段接线方式,两段母线由母线联络柜连接,在事故或检修状态下可通过联络柜实现单母线运行方式,进线与母线联络柜之间设有电气闭锁。

能源站变配电室 10kV 系统采用单母线分段接线方式,同时引 2 回 10kV 市电电源分别接入 10kV 配电系统二段母线。经两台 2500kVA 变压器降压后给能源站两段低压母线侧的低压负荷供电。

发电机组采用 2 台 1160kW 的燃气内燃气轮机组,发电机出口电压 0.4kV,直接接入能源站 0.4kV 配电系统。发电并网同期点分别设置在低压进线开关、分段开关、发电机出口开关,用于发电机组并网操作控制,并在市电 0.4kV 进线柜内设置解列装置。

能源站夏季计算负荷约为 3370kVA,冬季计算负荷约为 410kVA。

能源站所发电力以"并网不上网、自发自用"为原则,所发电力在能源站消耗,盈余电力经能源站变压器升压至 10kV 后供给厂内其他负荷。

### 二、供配电系统一次图

供配电系统一次图如图 4-6 所示。

### 三、电力接入系统

能源站 10kV 母线采用单母线分段接线方式,安装 2×2.5MVA 联络变压器 (10kV/0.4kV)。能源站内的燃气发电机机端电压为 0.4kV,两台燃气发电机机端分别经出线软电缆和密集母线连接至能源站 2 台联络变压器 0.4kV 低压侧。能源站内有部分负荷接至联络变 0.4kV 低压侧,考虑负荷及发电出力情况,需经单台联络变上送的最大电力约 1MW 左右,需经单台联络变下泄的最大电力 0.9MW 左右。考虑到夏季发电机组不运行及离心机组启动的特殊情况下能源站设备能够正常运行,选择单台 2.5MVA 主变容量可满足运行要求,故联络变压器 (10kV/0.4kV) 采用 2.5MVA 变压器。

### 四、能源站继电保护配置

能源站继电保护设计根据《继电保护和安全自动装置技术规程》能源站电力接入系统设计中关于继电保护配置要求进行配置。图 4-7 为系统继电保护及安全自动装置配置图。

（1）进线保护配置：光纤差动保护、无时限电流速断保护、定时限过电流保护。

（2）厂用变保护配置：无时限电流速断保护、定时限过电流保护、过负荷保护、接地保护及变压器温度保护。

（3）母线联络保护配置：无时限电流速断保护、过电流保护。

（4）过电压保护及接地：本部分按《交流电流装置的过电压保护和绝缘配合》和《交流电气

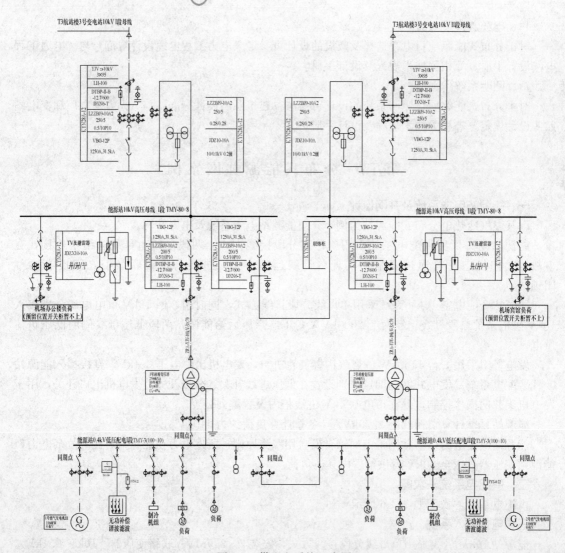

图 4-6　供配电系统一次图

装置的接地》进行设计。该工程 10kV 母线上装设氧化锌避雷器限制雷电过电压及操作过电压；真空开关负荷侧装设氧化锌避雷器限制操作过电压。

### 五、发电机组运行模式选择

两台 1160kW DG 机组都是采取并网不上网的运行方式。DG 机组设定运行模式为自动追踪负载模式，当实际负载大于 1100kW 时，发电机组出力为额定功率；当实际负载小于 1100kW 时，发电机组按照实际负载输出功率，为了确保发电机组不向电网供电，我们在设定时按照发电机组所供带区域的实际负载减去 100kW 进行负载设定，始终保证有 100kW 功率市电从电网进入发电机组供带区域。

### 六、关于含有 DG 机组的变配电系统接地设置应注意的问题

在不含 DG 机组的常规变配电设计中，常常在电源出线柜、变压器出线柜配置接地刀闸，但在含有 DG 机组的系统中，应充分考虑 DG 机组向系统反送电情况下电源出线柜、变压器出线柜接地刀闸可能会因误操作而导致系统带电部分直接对地短路的事故发生。建议在含有 DG 机组的变配电系统中取消电源出线柜、变压器出线柜的接地刀闸。

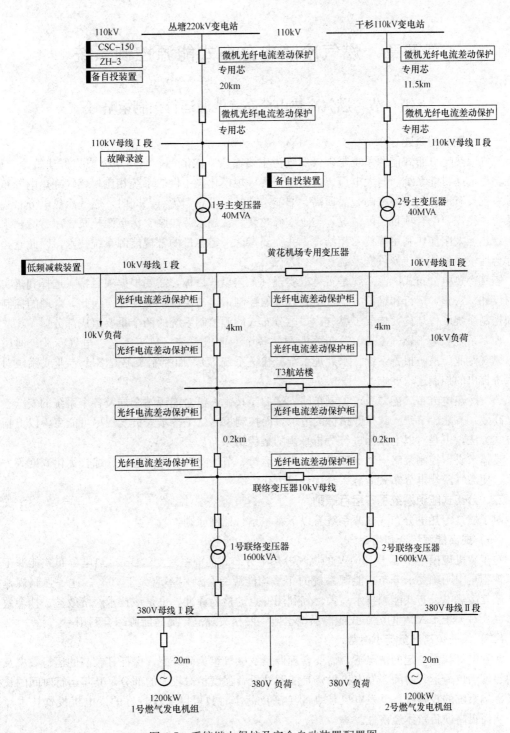

图 4-7　系统继电保护及安全自动装置配置图

# 第五章　燃气冷热电分布式能源控制系统

## 第一节　燃气冷热电分布式能源运行控制策略

### 一、控制策略概述

燃气冷热电分布式能源系统是以天然气为主要输入一次能源，满足单体或集群建筑冷、热、电能源需求的供能系统。与大电厂、大供热中心等规模化集中供能系统相比，燃气冷热电分布式能源系统具有能源利用效率高、品质高、节能、减排、可靠等优点。同时，燃气冷热电分布式能源系统往往需要结合项目实际情况，与土壤源热泵、常规水源热泵、污水源热泵、冰蓄冷、水蓄冷、蓄热、太阳能热利用等技术相结合，并需要考虑一定容量的常规能源系统技术，因此它是一个综合性较强的能源转换供应系统。

燃气冷热电分布式能源系统是否可以实现其工艺设计目标，需要根据项目特点选择和落实合理的设计、实施、运行和维护方案，配套合理的控制策略与控制系统硬件。因此，合理的控制策略和控制系统硬件结构，构成了燃气冷热电分布式能源控制系统的两个重要组成部分。

控制系统服务于燃气冷热电分布式能源站各个专业或系统（热工工艺、电气专业、通风空调、燃气专业、消防报警系统、水处理系统、输送系统等），而控制策略是各个专业或系统对控制系统提出的控制逻辑要求。

燃气冷热电分布式能源系统控制策略，来源于技术人员对能源站全局及各个系统的安全、稳定、高效、节能、节费、减排等指标的追求，而控制策略就是技术人员实现尽可能完善以上指标的方式方法，也是对以上指标进行分析平衡的最优结果。

具体来讲，控制策略应从保障供应、安全运行、节能降耗、经济运行、综合优化调度等方面入手，使燃气冷热电分布式能源系统优势最大化。

### 二、分布式能源系统基本运行原则

对于燃气冷热电分布式能源系统有以下基本运行控制原则。

#### （一）提高能源综合利用率

对于装机规模小于等于15MW的燃气冷热电分布式能源系统，《燃气冷热电分布式能源工程技术规程》中明确要求分布式能源系统的年平均能源综合利用率应大于70%。这一强制规范是体现燃气冷热电分布式能源技术高效燃气利用特点的检验标准，也是该技术经济效益、社会效益的保证。对大于15MW的分布式能源系统也应参照相关规范，提高能源综合利用率。

#### （二）保证较高满负荷小时数

在发电机容量一定的情况下，需要合理调整发电机组负荷分配，保证其较高的运行效率及较高的年度满负荷运行时间。发电机投资是能源站投资强度相对较大的部分，其年运行时间的长短直接影响系统的投资收益。发电机较高的年满负荷小时数可以实现较好的发电机投资技术经济性，从而提高项目整体经济性。

#### （三）实现余热梯级利用

燃气冷热电分布式能源系统运行应当最大限度地利用发电余热，减少对能量品位较高的烟气、缸套水热量的排放。特别是当运行经济性与余热完全利用之间矛盾时，应站在节约资源的高度，优先考虑余热全部利用、减少余热浪费。

## （四）最大限度提高发电效率

虽然一般情况下不能够改变发电机发电效率，但是可以调整发电机的运行工况，使发电机运行在发电效率较高的工况。小型燃气内燃发电机发电效率一般在 35%～45%，相比大型燃气发电厂 50% 左右的发电效率低一些。若是燃气发电机组不能以较高的发电效率运行，则分布式能源系统从供电角度来看，不如大型燃气电厂。但是从多种能源需求同时解决、近距离输配的角度来看，燃气冷热电分布式能源系统是优于大型燃气电厂的。因此应该尽可能提高分布式能源系统发电效率，减少与大型电厂供电效率之间的差别，提高分布式能源系统整体效率和电能品质。

## （五）合理利用调峰设备

燃气冷热电分布式能源系统应能够根据用户负荷的变化，在保证发电系统设备及配套余热利用设备得以充分利用的前提下，根据能源价格、负荷情况等因素，合理选择调峰设备和调峰方式，实现费用最低的调峰运行模式，以提高项目经济效益。

## 三、区域型项目运行策略

一般区域型项目发电机装机容量大，供能区域范围广，供能建筑面积都在百万平方米以上。在既定的供冷、供热面积前提下，区域内的各类负荷有其不同的特点，运行策略的制定应考虑全年不同时间的负荷特点，做出有针对性的运行方案。

对于区域型项目，运行策略应着重考虑以下几点：

（1）针对每天的运行策略应充分考虑到冷负荷的波动特点。对于集中供冷的公建，冷负荷波动随建筑物作息特点变化较大，一般下午 4 时达到负荷的最高值，夜间负荷相对较低。

（2）对于北方需要集中供热的项目，冬季日间区域总的热负荷变化幅度不是很大，系统运行可以参照常规热电联产供热系统的运行方式运行，但也应考虑"气候补偿"等节能措施。

（3）对于一些功能性明显的建筑，如写字楼、商场等，区域电负荷需求随建筑物的作息规律变化较大。夏季用电达到全年区域电负荷高峰值，12～16 时电负荷维持较高值。居民用电所占比重较小，虽然夜间居民用电量增加，但总体来看夜间电负荷相对较低。区域型项目一般都会发电上网，发电量受地区电力调度部门调度，因此区域内电负荷与发电量不完全相关。但对于孤岛运行项目，就需要考虑电负荷的特点，合理调度发电机组运行。

（4）区域项目集中供冷峰值负荷运行时间和年满负荷时间相对较短，在整个供冷季也有着明显的负荷波动，并且一般情况下冷负荷峰值较大，但高负荷率所占的时间段较少，冷负荷延时曲线较陡。在整个制冷季只有部分时间冷负荷是大于 50% 设计负荷的，其余时间冷负荷均在设计负荷的 50% 之下。因此对于夏季需要供冷的项目，应考虑在不同负荷下的系统运行策略。

（5）对于那些以区域基本电负荷为设计发电装机容量的项目，应着重考虑在采暖季和过度季电负荷较低时的运行方式。除此之外，还应考虑当电负荷与冷热负荷不匹配时的运行策略。

## 四、建筑群项目运行策略

该类型项目一般以数栋或多栋建筑为供能对象，装机容量中等，供能建筑面积一般在 20 万～100 万 m² 之间。项目负荷特点介于大型区域型项目与楼宇型项目之间，受各个建筑使用功能影响很大。如果能够取得准确的各个建筑的全年逐时负荷计算结果，应该参照该结果制定合理的运行策略。

（1）对于由多个不同功能类型建筑组成的项目，其各类总负荷存在相互平衡的可能性，应针对项目具体特点测算总结其负荷规律，然后经过合理的运行分析给出较合适的运行方案。

（2）对于由多个相同或者类似建筑功能类型楼宇组成的项目，应考虑一定容量的蓄能系统，并在合理的负荷预测基础上确定蓄能量和合理释能时间。对于不存在峰谷平电价的项目，需考虑减少主机投资与增加蓄能系统之间的技术经济分析。

（3）该类型项目往往需要燃气冷热电分布式能源技术与其他能源技术相结合，形成一套以分布式能源为主、其他技术为辅的能源系统。在不同的外部能源价格及机组效率情况下，采用不同的供能方式有不同的成本。因此，项目若是采用多种供能方式的机组配置，应该根据不同时段的外部情况及机组情况制定经济合理的运行策略。

### 五、楼宇型项目运行策略

楼宇型项目一般以单个或少数几个建筑为供能对象，发电机装机容量不大，供能建筑面积一般在 20 万 $m^2$ 以下。楼宇型项目负荷特点完全取决于建筑功能类型。应利用专业负荷计算软件对建筑全年负荷进行逐时计算，并据此制定合理的系统运行策略。

对于楼宇型项目，一般装机规模不大，且项目涉及主设备数量不多，一般不会超过 8 台，系统本身运行模式变化不多。因此，楼宇型项目运行策略主要以燃气冷热电分布式能源系统基本运行原则为主，其运行策略还应考虑灵活的发电机及楼宇配电系统切换控制方式，以实现较高的发电效率及更多的年度发电量。

### 六、运行策略优化

在制定以上运行策略的前提下，通过对不同运行周期的运行数据分析，可以得出一系列的运行指标，其中最主要的指标是燃气冷热电分布式能源系统总能源利用效率、总能源消耗量及费用、总能源供应量等。

燃气冷热电分布式能源系统运行工况每时每刻都在变化，系统各类负荷也都随着外界情况的变化而变化，各个机组的状态也是相对变化的。

为了实现利用历史数据分析指导系统运行、根据负荷变化优化系统运行、整合运行经验及控制策略等功能，需要建立一个较高层级的优化分析系统。优化分析系统可以是控制系统本身，也可以独立于控制系统之外，但都能够实现运行策略优化分析的功能。

运行策略的优化是建立在理论计算、实际运行数据分析和各类运行经验的基础上的，应根据项目管理方的要求，选择相应的优化方向，执行不同的优化运行策略。

## 第二节　燃气冷热电分布式能源控制系统构成

燃气冷热电分布式能源系统往往是综合了各种新能源利用技术和常规能源利用技术的复合能源系统，其中许多独立设备和系统都有配套的控制器，并且种类不同；也有完全没有自动化控制的系统，需要根据项目实际情况设置合理的控制系统。为实现全系统的运行控制策略，燃气冷热电分布式能源系统需要对各个设备或系统的控制方式进行整合，形成一套完整的控制系统。

根据燃气冷热电分布式能源技术体系涉及的不同层次的控制系统现状，可以将其分为分散控制级和过程执行级。例如发电机组本身配置的控制系统应划分为分散控制级，可以实现对发电机本身的控制。一次仪表、电动阀及水泵风机等设备和元件，一般被划分为过程执行级。至此，还缺少对以上两个级别设备的整合控制系统，那就是中央管理级系统。中央管理级是对分散控制级和过程执行级的整合、联系和控制，是实现综合管理调度的实体。

中央管理级—分散控制级—过程执行级三个层次组成集散控制系统基本结构。这种结构将控制功能的实现进行合理的分工，并且有足够的灵活性和兼容性，几乎可以适应所有燃气冷热电分布式能源控制系统。各个级别层次有其不同的特点、功能及硬件构成。

1. 中央管理级（上位机）

集中的对燃气冷热电分布式能源系统进行控制与管理，实现分布式能源系统的优化调度，提供全面的监控信息服务，具体设备包括：

（1）主操作站。具有运行的优化和调度、操作和管理功能。

（2）数据服务器。具有数据加工、管理和存储功能。

（3）工程师站。具有为主操作站和数据服务的在线后备功能。

2. 分散控制级（下位机）

独立实现对发电机、直燃机、辅助设备以及过程参数的控制，提供单机或分类设备的管理。

3. 过程执行级（仪表、设备、执行器、开关）

实现数据采集、动作执行，实施管理与控制要求的具体过程。

典型燃气冷热电分布式能源控制系统结构如图 5-1 所示。

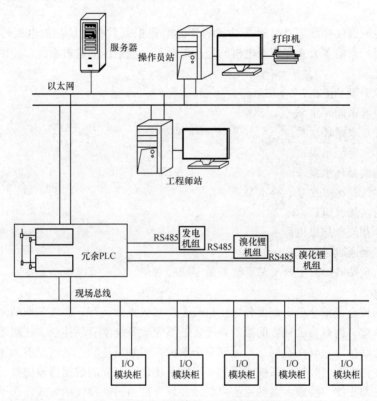

图 5-1 典型燃气冷热电分布式能源控制系统结构

## 一、控制系统功能

### （一）控制对象

1. 仪表

燃气冷热电分布式能源系统是一个复杂的集合系统，如何通过控制系统正确控制整个系统的前提是准确掌握系统的实时状态。因此在重要位置设置的检测仪表是控制系统必要的组成部分。

通常系统设以下几类检测仪表：

（1）每台主要设备各个循环介质进出口的温度、压力；

（2）每个系统循环介质总进出口的温度、压力、流量；

（3）空调系统供热（冷）量的瞬时值和累计值；

（4）每台燃气设备燃气流量的瞬时值和累计值；

（5）室内、室外温湿度；

(6) 补水流量瞬时值和累计值、补水压力;

(7) 各类补水水箱液位,冷却塔液位;

(8) 燃气总管及各个分支压力、流量;

(9) 各个主要断路器状态、电压、电流、功率、电量;

(10) 冷温水或者其他存在流量平衡管路的压差测量;

(11) 主要水泵的进出口压力。

所有测点应能够稳定、准确检测相应参数,并能够稳定传输至控制系统。对于特别重要的检测点,应通过合理分析,决定是否设置冗余的测点。仪表安装位置应规范合理,并且便于检修维护。

2. 电机

控制系统应通过硬接线、具有通信功能的智能电器柜或具有通信功能电机传动设备(变频器、软启动器等)通信等方式实现对电机的控制。对于自成系统的电机系统,控制系统也应实现对其监视的功能。

主要包含以下类型电机:

(1) 各类冷温水循环水泵;

(2) 各类冷却水循环水泵;

(3) 各类补水定压水泵;

(4) 各类溶液循环水泵;

(5) 锅炉系统一次二次泵、补水泵;

(6) 冷却塔散热风机;

(7) 各类冷却液冷却风机;

(8) 各个重要通风风机;

(9) 其他与全站(厂)主要工艺系统关系密切的水泵、风机等电机类设备。

3. 主机和系统

控制系统的核心是安全稳定调度各大主机或主要系统正常运行,实现预期的能源供应。一般情况下主机和系统都拥有自己独立的控制系统,能够完成系统本身的控制。控制系统需要和主机或系统建立紧密联系,只有在控制系统能够完全掌握主机和系统状态的情况下,才能够正确实施集中控制、安全调度。因此控制系统需要与各主机系统建立可靠的数据传输交换。通常主机或独立系统控制系统都支持一种或者多种通信协议,并且支持通过硬接线的方式传送重要控制或者反馈信号。例如:

某主机甲控制器特性:设置有系统集中控制接口,以满足冷热电分布式能源系统的集中控制要求。为满足不同燃气冷热电分布式能源系统的集中运行控制要求,如 DCS、BAS 等,机组配置应能提供支持 DeviceNet、Profibus、Modbus 等各种通信协议的通信接口,方便用户将机组并入集中控制系统。

某主机乙控制器特性:控制接口可选串行接口或干触点,串行接口可提供 HostLink、Modbus、Profibus、BACnet 和 LonMARK 控制通信协议。

某主机丙控制器特性:可编程逻辑控制器(PLC)充足的预留端口和积木式扩展模块,可实现群控、远程监控和楼宇控制。

某主机丁控制器特性:所有系列机组控制器和系统控制器具有通信能力,提供完善的监视、控制和实现与工业标准协议 LonMARK 或 BACnet、Modbus 的双向数据交换。通过一个简单、低费用的友好界面,可以远距离控制机组的多个控制点。

对于各类系统的控制器，它们主要是基于单板机或者小型 PLC 概念的小型控制系统，可以直接或者通过某种接口实现与控制系统通信或数据交换的功能，实现控制系统对其的监控功能。

当个别主机或系统的通信接口与控制系统通讯接口不兼容时，也有许多解决方案可以选择，如利用通信协议转换接口，但会降低可靠性。

控制系统需要对整个燃气冷热电分布式能源系统监控，主要包含以下几种对各类主机或系统的监控：

(1) 各类发电机组，包含燃气轮机发电机组、燃气内燃发电机组、微型燃气轮机发电机组；

(2) 各类型吸收式冷温水机组，包含烟气型余热机组、热水型余热机组、烟气热水型余热机组、燃气直燃型机组等；

(3) 各类余热锅炉、余热回收换热器；

(4) 燃气蒸汽锅炉、燃气热水锅炉；

(5) 冷水机组，包含各种压缩机类型的及不同压缩机数量的机组；

(6) 水蓄能设备、蓄冰设备等；

(7) 其他能源系统中可能参与能源供应的能源转换设备。

部分系统自带自己的一套控制系统，但是也应受全站（厂）控制系统监控。控制系统需要完成对以下系统的监控：

(1) 化水补水系统；

(2) 冷却水系统；

(3) 甲烷及有毒有害气体检漏系统；

(4) 变配电系统；

(5) 压缩空气系统；

(6) 燃气调压输配系统；

(7) 其他需要纳入集中监控的系统。

4. 其他电动执行机构

除了一次仪表、主要设备及主要系统外，控制系统还必须实现对以下设备的监控：

(1) 各个位置上独立于主机或系统的电动阀门；

(2) 各个位置上独立于主机或系统的重要断路器等电气设备；

(3) 其他重要的执行级电动机构；

(4) 其他重要的节点信号。

**(二) 控制系统功能**

1. 数据采集归档

数据采集归档功能是指控制系统能够连续采集和处理所有仪表、电动机、主机或系统等控制对象的测点信号数据及设备状态信号数据。数据采集归档应实现下列功能：

(1) 显示。包括操作显示、成组显示、功能组显示、细节显示、报警显示、棒状图显示、趋势显示等。

(2) 制表记录。包括定期记录、事故追忆记录、事故顺序记录、跳闸一览记录等。

(3) 历史数据。历史数据存储和检索，包含对各个控制对象的重要数据的归档数据，也包含控制系统自身记录、生成的重要归档数据。

重要的测点信号或设备状态信号数据是及时向操作人员提供有关的运行信息，实现机组安全经济运行的必要前提。

2. 安全报警保护

控制系统的安全报警保护功能是控制系统的基本功能，无论是哪一级控制来完成，都是设备和系统必须要做的和完善的。安全报警保护功能主要指：数据异常的报警、设备状态异常的报警、联锁异常的报警、控制系统本身的报警等，以及在以上报警发生时的联锁保护动作。报警可分为仅报警但无保护动作的报警和既报警又保护的报警，前者只报警不保护，后者既报警又保护。

（1）数据异常报警。指控制系统实时对照预先存储的参考值，对模拟量输入、计算点、平均值、变化速率、其他变换值进行扫描比较，分辨出状态的异常、正常或状态的变化，然后对异常情况数据形成报警，并形成一条报警记录。

热工工艺系统中的数据异常点基本上都是有前提条件逻辑判断的，否则会形成很多误报情况。

（2）设备状态异常报警。所有监控设备在任何时候都应该有确切的状态，当控制系统不能确定其状态或通过某种判断发现其状态与预期状态不一致时，就形成了状态异常报警。例如，质量不过关的电动阀门很容易引起这种报警。电动阀门的开到位、关到位、限位开关不灵敏、阀体本身机械部分加工精度不高、机械间隙较大等问题都会导致电动阀位置反馈失效。

设备状态异常严重影响控制系统实施可靠的控制，可能造成严重的事故。因此，控制系统的状态异常报警是必须要完成的，并且应该有合理的后续保护动作。

（3）联锁异常报警。指在设备（系统）和设备（系统）间存在的固有状态关系发生异常时引起的报警。在热工系统中最常见的就是水流开关与主机之间的联锁关系，即断水报警并且主机停止。分布式能源系统中有许多这样的联锁关系，当这些联锁关系发生时，应该形成报警，并执行必要的保护动作。

（4）控制系统本身报警。主要指控制系统遇到必须由人工干预的情况或人工操作引起的报警。此类报警是逻辑程序完整性的保障，虽然将控制系统做成一个完全不需要人干预的系统最为理想，但是更实际的做法是将逻辑程序无法完成的部分以报警的形式提醒操作人员，由人工来完成部分操作。

对于报警的形式、归档方式、确认方式等形式性质特性，不同的组态软件有不同的风格。应该根据实际情况和业主要求选择合适形式。

3. 设备监控

设备监控功能是对能源站各类主机、设备、系统等的监视和控制，根据不同设备对于工艺系统的重要性，选择合理的监控水平。

主要设备均自带控制器，实现对本设备的运行控制。控制系统与机组控制器各自负责不同范围的控制。控制系统负责主机附属系统的安全可靠运行，机组控制器负责机组本身的安全稳定运行。控制系统通过通讯或硬接线等方式与设备控制器实现数据交换，控制系统根据设备厂商提供的控制要求落实控制逻辑，保障主机对附属系统的要求。

对于电机，目前有多种方式实现远程控制（传动），包含最基本的接触器硬接线控制、智能马达控制器控制、变频器传动控制、软启动器传动控制。无论哪种方式，都具有远程/本地控制，并且在两种控制之间具有切换功能。在远程控制时，控制系统完全监视控制电机。具有通信功能的控制方式能够实现实时与控制系统传送电压、电流、频率、远程控制的启停信号、正反转控制信号等数据信号。对于电机控制，启动命令、停止命令、运行反馈、停止反馈、故障、远程就地信号是必须接入控制系统的。

除了主设备、电机之外，受控制系统监控的设备主要是电动阀、电动执行器、开关等小型设备。此类设备控制主要通过硬接线的方式实现控制远程控制。以电动阀为例，控制系统控制电动阀开阀、关阀，并接受阀门开、关到位信号。

除了以上所述设备，具体的项目可能还会有特殊的设备和系统需要纳入控制系统。总之，控制系统监控对象选择的原则应是：保留与热工工艺系统紧密相关的设备和系统，排除与工艺系统关系不大的设备和系统，让其自成一体。

4. 优化调度

在控制系统监视对象、控制对象都确定的前提下，完成编程组态，实现预定的控制策略。基本控制策略的落实是任何优化调度的基础，这部分控制逻辑必须要达到可靠、稳定、闭合的要求。

根据项目实际情况，可以根据诸多节能运行方式，选择较适用的方式制定相应控制程序。但是需要理性考虑的是：

(1) 任何优化必须是不以牺牲控制系统基本特性为前提的。

(2) 每个项目都有其独特个性，任何优化必须考虑这既定的特性。

(3) 每种节能运行方式都有其必要的前提条件，不是对任何项目都适用。

(4) 需合理权衡采用某种优化方式带来的利益与失去控制系统可靠、稳定、闭合特性的损失。

(5) 虽然优化有一定的风险，但是对于节能效果明显的技术应该积极实践。

**(三) 分布式能源控制系统关键环节**

燃气冷热电分布式能源站主设备多、辅机多，其对应的工艺系统比较复杂，部分工艺类似于常规制冷供热工艺，但也有很多与常规能源站不同的工艺系统，其中更有一些关键工艺过程是涉及分布式能源系统是否能安全运行的重点，应重点实现相关控制功能。

1. 对发电机组发电质量及站内电负荷监控

燃气冷热电分布式能源站最核心的设备之一是燃气发电机组，燃气发电机组发电质量对整个系统安全有重要的影响，除了从设计角度保证安全外，在运行中对其的监控也至关重要。另外，发电机组发电量及机房电负荷变化直接决定了分布式能源供电系统的运行方式，应对其进行实时监控。

2. 分布式能源系统热电比控制和调节

燃气冷热电分布式能源系统一个核心的特点是燃气发电及余热供冷供热之间的关联性，其运行基本原则为要保证发电产生的余热被完全有效利用。在一些特殊工况如空调季初期、末期、夜间等阶段会存在电热负荷不匹配的情况，此时应制定相应的控制策略以控制和调整分布式能源的热电特性，保证用户最大的节能和经济效益。

3. 分布式能源设备安全保障控制

实现燃气冷热电分布式能源系统的安全、稳定、经济运行是控制系统的基本目标，分布式能源主设备主要包括燃气发电机组及余热利用机组。对于燃气发电机组进气压力、排烟温度、冷却水温度等参数的监控是保证其安全的重要措施。对于余热直燃机应通过对烟气、缸套水等相关阀门的控制，在保证余热直燃机本身运行安全的前提下，使得余热能被最有效的利用。此外应注意与各主设备厂家的配合，了解主设备的需求并分清与各主设备的控制界面。

4. 空调系统各主设备最佳组合

燃气冷热电分布式能源系统中空调供应主设备种类较多，各自具有不同的运行热力特性及技术经济特性，因此在实际运行控制中应根据具体运行工况、相应时间段的能源价格及时调整各设备的启停运行策略，保证在一定的工况下运行与其相适应的最佳设备组合。如前所述，一般的运行原则是优先利用余热，另外，在电价较高时段优先利用燃气、电价较低时段优先利用电制冷，但同时也需兼顾当前时段的设备运行状况。

5. 系统综合效率监控

除了利用控制系统保证能源站的安全、高效、经济运行以外，通过监控系统对能源站各主设备及全系统进行全面及时的运行数据统计及分析也具有重要的意义。应在自控系统中实现分析和评价功能，实现对系统能量计量、发电效率、综合热效率、运行经济性、系统节能特性等诸多方面运行特性的实时统计和分析，使得分布式能源系统的优越性不但真正实现，还可以直观的演示出来。

## 二、控制系统构成

不同类型和规模的项目在综合考虑各种因素后会选择不同层次的控制系统。这取决于多种因素，如项目投资强度和盈利能力、项目人工成本、运行人员综合素质、项目的特殊功能定位等。

### （一）以监视为主的控制系统

如果项目中主要设备较少，系统比较简单，系统短时间中断运行不会引起重大损失，而且主要设备均有比较完善的控制器，可以考虑采用以监视为主的控制系统，如 1 台燃气内燃发电机＋1 台余热吸收式机组＋1 台调峰设备的工艺系统，由于主设备均能够实现对其本身比较全面的控制，仅需要由其他系统实现很少的控制功能，而且这部分功能很容易利用其他成本更低的方式实现。

以监视为主的控制系统主要是记录并归档能源系统重要的运行数据，系统主要完成了数据的采集、显示、一定的计算、归档和输出任务，几乎不参与任何主辅设备的控制。

控制系统硬件配置简单，一般包括一台上位机、一个控制机柜、一个操作台、一台打印机。采用了较低配置的 CPU，基本不考虑元件或网络的冗余配置。不会考虑双电源，可能不配置 UPS 电源。

从使用角度来看，这类控制系统对系统运行的影响不大，系统安全运行完全依靠各个主设备和系统的控制器。

### （二）以监视及辅助控制为主的控制系统

当主要设备不多、工艺系统比较简单时，可采用以监视及辅助控制为主的控制系统，例如："2 台燃气内燃发电机＋2 台余热吸收式机组"的工艺系统。这种工艺系统主设备也都能够实现对主设备本身比较全面的控制，需要其他系统实现很少但是很重要的控制功能，而且这部分功能往往与机组安全运行相关，因此将其归入控制系统比较合理。

比较现实的例子是：燃气内燃发电机与余热溴化锂机组组成的分布式能源系统中，缸套水回路通向散热水箱的三通阀的控制。此阀严重影响分布式能源系统的安全运行。若是采用单独为此加一个控制箱（系统），其复杂程度和投入强度不如将这部分控制纳入控制系统。操作人员还可以根据系统运行状态，合理执行控制操作。

控制系统硬件配置的可能形式，一般包括 1 至 2 台上位机、1 个控制机柜、1 至 2 个操作台、1 台打印机。采用如西门子 S-300 等级的 CPU，基本不考虑元件或网络的冗余配置。不会考虑双电源，但会配置 UPS 电源。

从使用角度来看，这类控制系统对系统运行的影响也不大，在极端情况下脱离控制系统，系统也基本能够正常运行。同时，供能系统短时间的停止供应不会造成较大经济损失和社会影响。

### （三）全面控制的控制系统

定位于全面控制的控制系统，在完成前述两类定位的控制系统的基础上，实现了更全面的控制功能。控制系统完全实现了数据采集归档、安全报警保护、设备监控和一定的优化调度功能。

与此类控制系统对应的工艺系统会涉及更多的主机，而且主机的类别也不同，工艺相对复杂。其可能的主设备配置，如2台燃气发电机＋2台余热溴化锂机组＋2～3台燃气锅炉＋2～3台冷水机组。

控制系统硬件配置的可能形式，一般包括3台以上上位机、6个左右控制机柜、6个以上操作台、1台打印机。采用如西门子S-300或S-400等级CPU，考虑采用冗余CPU和冗余分布式IO机柜通信，控制系统采用来自不同母线段的双电源供电，其中一路电源配置UPS电源。系统中可能会用到不同层次的通信方式，对于上位机网络也采用了较可靠的组网方式。

此类控制系统上位机组态编程工作量远远多于以监视和简单控制为主的控制系统。组态编程可能会用到多种通用的编程语言。控制系统编程在设计之初就需要统筹全局，确定一个很清晰的设计架构，为各个控制功能的逻辑实现提供灵活、有序的平台，并为以后可能的控制系统升级预留合理的接口。

从使用角度来看，这类控制系统已变成工艺系统的核心，要求控制系统要有很高的可靠性和可利用性。虽然对于热工系统来说，短时间的停运不会造成较大经济损失和社会影响，但是对于规模较大的工艺系统，一般发电机运行会采用并网方式运行，控制系统的失效极有可能导致电气系统的波动，导致一定范围内的停电，这样的事故是不容许的。

这种情况下通常采用比较完善的过程控制系统，如DCS系统。

需要特别说明的是，对于大型联合循环分布式能源系统，其控制系统结构和组成有别于上述系统，但其设计理念是一致的。

### （四）综合优化的控制系统

实现综合优化的控制系统是基于控制系统的部分硬件升级和控制逻辑的优化，主要体现在控制系统可能会配置更高性能的CPU配件，或者直接选择更高等级的CPU，实现了更高水平的控制逻辑，控制系统能够实现一定程度最优化的控制。

此类控制系统对用户来说，是具有探索性质的系统，具有一定的风险性，应在立足于稳定实现基本控制功能的基础上考虑这类系统。

## 第三节　燃气冷热电分布式能源控制系统案例

以某国际机场燃气冷热电分布式能源站自控系统为例，介绍燃气冷热电分布式能源控制系统的运行控制策略、控制系统功能及构成。

### 一、项目概况

某机场新建T2航站楼地上建筑面积11.04万 $m^2$，地下面积4.39万 $m^2$。夏季空调设计冷负荷27000kW，设计供回水温度为7℃/14℃，冬季空调设计热负荷18000kW，供热系统设计供回水温度为60℃/50℃。新航站楼采用了燃气冷热电分布式能源与常规直燃机、燃气锅炉、电制冷以及冰蓄冷相结合的分布式能源系统。

分布式能源站采用2台燃气内燃发电机组分别与2台烟气热水直燃型溴化锂吸收式空调机组配套，组成燃气冷热电分布式能源系统，并设计有1台标准直燃型溴化锂吸收式空调机组、1台燃气热水锅炉、2台离心式冷水机组和一套冰蓄冷系统，冰蓄冷系统由1台离心式双工况机组和1套蓄冰设备组成。

### 二、项目基本工艺要求

夏季供冷优先利用分布式能源系统余热直燃机余热供冷，采用电空调调峰，在峰值电价时段优先利用融冰供冷，当出现最大负荷时采用天然气补燃来满足极端负荷。冬季采暖同样优先利用分布式能源系统余热直燃机通过发电机排烟及缸套水余热板换供热，直燃机和锅炉作为供热调峰使用。过渡季运行时，发电机组高温冷却水及低温冷却水的散热及控制方式与冬季类似，余热直燃机根据实际热负荷情况决定其启停控制，如余热直燃机不运行，则烟气全部经由烟气三通直接排出，不进入余热直燃机。

能源站发电机按照并网运行模式设计，燃气发电机组所发电力优先满足能源站需要，多余部分送入航站楼 3 号配电室，不足时则由外网电力通过航站楼配电系统补充输向能源站。并网运行情况下发电机组发电量取决于能源站电负荷及航站楼 3 号配电室电负荷，负荷的变化直接决定了发电机的运行控制逻辑。由于能源站及航站楼对供电可靠性要求较高，因此与发电机组安全运行相关的控制系统要求具有很高的可靠性和容错能力。考虑到夜间低谷电价较低并且电负荷较少，所以在此时段发电机组停机，蓄冰机组利用夜间低谷电价蓄冷。

燃气冷热电分布式能源系统以热定电的原则运行，要保证余热的充分利用。该项目余热供热能力占总设计热负荷的比重较小，一般情况下余热可以被充分利用。但是在一些特殊工况如空调季初期末期、夜间等时刻下会存在电热负荷不匹配的情况，此时应制定相应的控制策略，控制调整分布式能源的热电特性，保证最大的节能和经济效益。

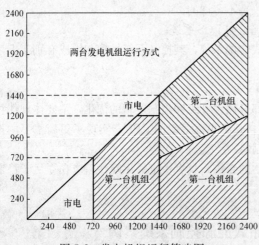

图 5-2　发电机组运行策略图

### 三、项目运行控制策略

项目包含 2 台 1200kW 等级的燃气内燃发电机组，与市电并网运行。为保证燃气内燃发电机组高效运行，应保证其负载率不低于 60％，因此其制定运行策略如图 5-2 所示。

本项目包含空调设备种类较多，根据生产工艺的要求，分别考虑不同负荷、不同能源价格时段的各设备最优组合，并据此制定空调机组运行策略，图 5-3、图 5-4 所示为制冷季的系统运行策略。

（1）在 100％冷负荷设计日下，电空调制冷及燃气直燃供冷占了较大比例。

（2）在 50％冷负荷设计日下，释冷供冷所占比例有所增加。

### 四、控制系统配置

针对以上基本控制对象及原则要求，项目设计采用西门子 PCS7 过程控制系统。

该控制系统的主要硬件有工程师站及其外设、操作员站及其外设、控制器 AS414H 及相应的分布式 I/O 组件（ET200M），与 ESD/ITCC/PLC 等其他系统进行通信的 Modbus RTU、Profibus-DP 接口等。图 5-5 为控制系统配置结构。

### 五、控制系统功能

在以西门子 PCS7 系统为基础的条件下，实现了较为完善的控制系统功能。

1. 监视数据内容

控制系统实现了以下数据的实时监视，运行人员能够完全从控制系统人机界面全面掌握能源站运行情况。

（1）对主设备控制器重要参数采集归档。

（2）冷温水循环泵、冷却水循环泵运行状态、故障报警、手/自动状态。

（3）定压、膨胀、补水系统的运行状态、故障报警。

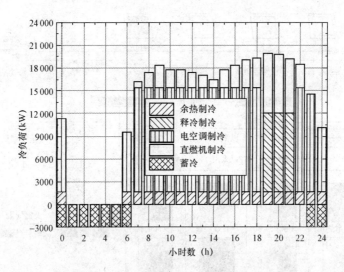

图 5-3 100％冷负荷供冷工况运行策略图

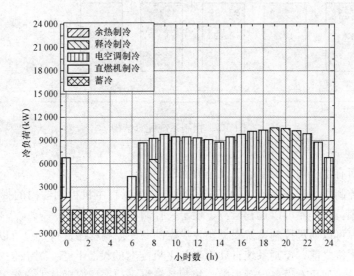

图 5-4 50％冷负荷供冷工况运行策略图

（4）冷温水总管供回水温度及流量采集归档。

（5）冷却水总管供回水温度及流量采集归档。

（6）主设备、板换、冷却塔管道上电动阀开关状态。

（7）高低温散热水箱运行状态、故障报警。

（8）高温缸套水三通调节阀运行状态、故障报警。

（9）站内集水缸与回水总管间压差及旁通电动阀运行状态、故障报警。

（10）各台设备的激活次数及运行时间、功耗。

（11）能源站内主机间温度与室外大气温度。

（12）余热烟气、余热缸套水各段温度。

（13）锅炉内循环泵运行状态、故障报警、手/自动状态。

（14）高温缸套水换热泵运行状态、故障报警、手/自动状态。

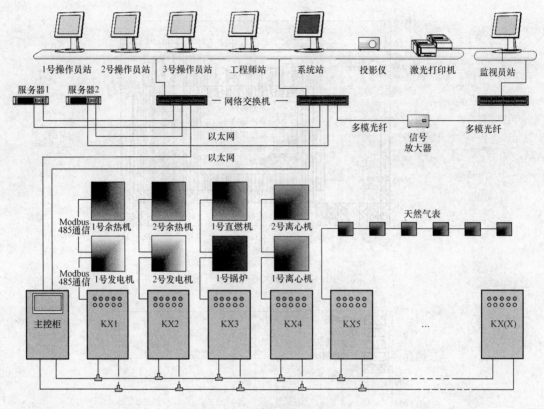

图 5-5　控制系统配置结构

2. 对主机的控制

控制系统对所有主机均实现了以下几个方面的控制:

(1) 各主机控制器均配有 Modbus485 通信接口,可以将主机控制器内的授权参数传送到控制系统。通过管理员操作站可以远程检测、设定、控制和保护机组。

(2) 主机启停可以通过控制系统根据预先设定的顺序控制程序进行,也可以进行手动控制。

(3) 在启动主机之前,控制系统自动检查与主机配套的设备状态,并按固定顺序一一启动,保障机组安全启动;如果有设备启动失败,控制系统将自动选择启动其他机组及相应配套设备。

(4) 每台主机均有其相关的联锁控制。以余热直燃机为例:

夏季制冷工况下启动顺序为:接受启机信号—检查余热热源侧阀门(烟气及缸套水)是否关闭—发出启动一台冷温水泵信号—发出启动一台冷却水泵信号—检查相应冷温水、冷却水阀门是否开启—若对应发电机启动则开启热源侧阀门,若未开启则补燃运行。

冬季制热工况下启动顺序为:接受启机信号—检查余热热源侧阀门(烟气及缸套水)是否关闭—发出启动一台冷温水泵信号—检查相应冷温水阀门是否开启(关闭)—若对应发电机启动则开启热源侧阀门,若未开启则补燃运行。

(5) 控制系统可以自动记录机组积累运行时间,根据积累运行时间采取相应控制,尽量使每台同类型机组运行时间基本平衡。

3. 对水泵的控制

能源站有冷却水泵、冷温水泵、锅炉一次泵、缸套水泵等种类的水泵,各类水泵与主机之间的关系以及水泵之间的关系不尽相同。但是水泵的控制都实现了以下功能。

（1）水泵按相关主设备的反馈的控制状态运行或停止。根据工艺管道情况及水泵自身特点将相关水泵分组，然后根据分组确定水泵间备用关系。

（2）当水泵进行就地操作时，控制系统不再对泵起控制作用，但可监视其运行情况。当选择为就地操作时，泵可以通过 MCC 单元上的开/停键运行和停止。

（3）当泵运行在自动模式时，控制系统对其进行远程控制和监测泵的运行状态，由水泵控制柜引出的故障等状态触点向控制系统反馈水泵的状态。

（4）控制系统在水泵出现故障时，自动启动相应备用泵或者发出相关报警。

（5）控制系统监控各水泵积累运行时间，并可使每组并联水泵达到平衡使用。

4. 自动加减载控制

控制系统能够实现"一键启机"功能，即操作员将系统相关参数设定好后，点击"一键启机"功能选项，整个能源站将投入无需人工干预的全自动运行。系统会自动追踪负荷情况，实时判断加载主机或者减少主机的条件是否成立，一旦成立就输出相应指令，实现自动启动或停止主机。

# 第六章　燃气冷热电分布式能源系统评价

燃气冷热电分布式能源是传统大型热电联产系统在规模和适用范围上的进一步发展。它由简单的热电联供向可满足用户供暖、制冷、通风、除湿等诸多要求发展，由简单的独立发电系统向具有多种能量输出的系统发展。它具有多种能量输出形式，还兼顾节能、环保、提高用户能量供应安全性、快速高效响应用户需求等多重目标。燃气冷热电分布式能源是"科学用能"的能源利用方式从能的梯级利用、清洁生产、资源再循环等基本科学原理出发，寻求用能系统的合理配置，达到提高能源利用率和减少污染，最终减少能源消耗的目的。与传统冷热电分供相比其能源利用高效率提高很多，项目经济效益也有较大的不同，如何建立一套合理的评价体系和标准对燃气冷热电分布式能源系统的发展具有重要的意义。

对燃气冷热电分布式能源系统常用的评价指标包括能源利用、减排方面指标和项目经济性指标两大类。能源利用和减排方面指标主要是评价燃气冷热电分布式供能方式对一次能源的使用效率以及其与冷热电分供方式在能源利用和减排方面的差异；项目经济性评价指标主要用于评价燃气冷热电分布式能源项目的经济效益，由于燃气冷热电分布式能源大多建在用户侧，提供冷水、热水、蒸汽、电力等多种能源，在构建燃气冷热电分布式能源项目经济评价模型时要特别注意项目的商务模式、投资范围、技术方案、定价方式等对项目经济性的影响。

## 第一节　燃气冷热电分布式能源系统能源利用评价

燃气冷热电分布式能源通过对能源的梯级利用达到充分利用能源的目的。对分布式能源系统用能合理性的评价应建立一套完整的指标体系，包括对有用能的利用程度、一次能源利用效率、节能率、年平均能源综合利用率以及二氧化碳、氮氧化物、粉尘等减排量等。由于对燃气冷热电分布式能源系统有用能利用程度计算相对较为复杂，本节只针对一些常规评价指标进行说明。

### 一、年平均能源综合利用率

燃气冷热电分布式能源系统的年平均能源综合利用率是衡量系统利用燃气发电及发电后余热有效利用情况的指标。国家要求分布式能源系统年平均能源综合利用效率要达到 70% 以上，可按照按下式计算

$$v = \frac{3.6W + Q_1 + Q_2}{B \times Q_L} \times 100\% \tag{6-1}$$

式中　$v$——年平均能源综合利用率；

$W$——年净输出电量（kWh）；

$Q_1$——年有效供热利用余热总量（MJ）；

$Q_2$——年有效供冷利用余热总量（MJ）；

$B$——年天然气消耗总量（m³）；

$Q_L$——天然气低位发热值（MJ/m³）。

### 二、节能率

燃气冷热电分布式能源系统的节能率是以常规系统或"分供"系统为基准，分析其系统的节能效果，可按下式进行计算

$$节能率 = \frac{A-B}{A} = 1 - \frac{B}{A} \qquad (6-2)$$

式中　$A$——常规系统的一次能源消耗量；

　　　$B$——分布式能源系统的一次能源消耗量。

**（一）冬季供热工况节能率**

冬季供热工况的节能率，"分供"是指以市电供电及燃气锅炉供热进行计算，"联供"是按燃气冷热电分布式能源发电及余热供热进行计算，如图 6-1 所示。

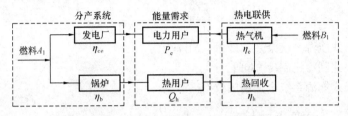

图 6-1　联供、分产示意图（一）

分供系统一次能源消耗量为

$$A_1 = \frac{p_e}{\eta_{ce}} + \frac{Q_h}{\eta_b} \qquad (6-3)$$

式中　$p_e$——电力用户耗电量（MJ）；

　　　$\eta_{ce}$——电网供电至终端的供电效率，$\eta_{ce}$＝电网发电效率×电网输配效率；

　　　$Q_h$——热用户供热量（MJ）；

　　　$\eta_b$——锅炉供热效率。

联供系统时一次能源消耗量为

$$B_1 = \frac{p_e}{\eta_e} = \frac{Q_h}{\eta_h} \text{ 或 } Q_h = \frac{P_e}{\eta_e}\eta_h \qquad (6-4)$$

式中　$\eta_e$——燃气发电机发电效率；

　　　$\eta_h$——分布式能源系统余热利用效率。

$$节能率 = \frac{A_1 - B_1}{A_1} = 1 - \frac{B_1}{A_1} = 1 - \frac{p_e/\eta_e}{\dfrac{p_e}{\eta_{ce}} + \dfrac{Q_h}{\eta_b}} \qquad (6-5)$$

**（二）夏季供冷工况节能率**

燃气冷热电分布式能源系统，在夏季供冷工况的节能率可按两种基本供冷系统配置方式进行计算。

（1）联供系统的冷负荷均由余热吸收式制冷机供应；分供系统的冷负荷按电制冷机供应，如图 6-2 所示。

分供系统一次能源消耗量为

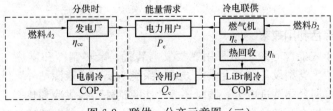

图 6-2　联供、分产示意图（二）

$$A_2 = \frac{p_e}{\eta_{ce}} + \frac{Q_c}{COP_e \eta_{ce}} \tag{6-6}$$

式中　$p_e$——电力用户耗电量（MJ）；

$\eta_{ce}$——电网供电至终端的供电效率；

$Q_c$——冷用户供冷量（MJ）；

$COP_e$——电制冷机的制冷 COP。

联供系统一次能源消耗量为

$$B = \frac{p_e}{\eta_e} \text{ 或 } B = \frac{Q_c}{\eta_h COP_a} \tag{6-7}$$

式中　$Q_c$——分布式能源系统余热制冷量（MJ）；

$COP_a$——吸收式制冷机制冷 COP；

$\eta_h$——分布式能源系统余热利用效率。

$$\text{节能率} = \frac{A_2 - B_2}{A_2} = 1 - \frac{B_2}{A_2} = 1 - \frac{p_e / \eta_e}{\frac{p_e}{\eta_{ce}} + \frac{Q_c}{COP_e \eta_{ce}}} \tag{6-8}$$

（2）联供系统的冷负荷由余热吸收制冷和电制冷机（电力为本能源站自发电）供应，如图6-3所示。

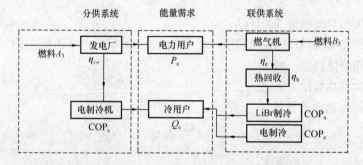

图 6-3　联供、分产示意图（三）

分供系统一次能源消耗量为

$$A_3 = \frac{p_e}{\eta_{ce}} + \frac{Q_c}{COP_e \eta_{ce}} \tag{6-9}$$

联供系统一次能源消耗量为

$$B_3 = \frac{p_e}{\eta_e} + \frac{Q_c - \frac{p_e}{\eta_e} \eta_h COP_a}{COP_e \eta_{ce}} \tag{6-10}$$

$$\text{节能率} = \frac{A_3 - B_3}{A_3} = 1 - \frac{B_3}{A_3} = 1 - \frac{p_e / \eta_e + \frac{Q_c - \frac{p_e}{\eta_e} \eta_h COP_a}{COP_e \eta_{ce}}}{\frac{p_e}{\eta_{ce}} + \frac{Q_c}{COP_e \eta_{ce}}} \tag{6-11}$$

### 三、一次能源综合利用效率

燃气冷热电分布式能源系统通常采用燃气发电装置、余热制冷和供热、电制冷、蓄冷、蓄热、热泵、燃气锅炉等类型设备的复合供能方式。系统既要对"能源站外"供应电力，也可能在一些时段内需要从电网公司购进电力，同时还为"能源站外"提供冷和热。

在计算一次能源综合利用效率时，需要将燃气冷热电分布式能源系统的外供电量、外供冷热

及从电网公司外购电量考虑在内。分布式能源系统一次能源综合利用效率可按式（6-12）计算，即

$$一次能源利用效率 = \frac{供热量＋供冷量＋供电量 \times 3600kJ/kWh}{燃料总消耗量 \times 单位燃料低位发热值＋购电量 \times 3600kJ/kWh}$$

(6-12)

燃气冷热电分布式能源系统的一次能源综合利用效率，若按式（6-12）计算时电能只按其热功量进行计算，未计及电能是高品位能量的特征。为体现电能为高品位能量的特征，对于外购进电量均应按生产电网电能所消耗的一次能源或燃料消耗量进行计算，并应计入供电公司电能输配效率。为此，一次能源综合利用效率应采用式（6-13）计算，即

$$一次能源利用效率 = \frac{供热量＋供冷量＋供电量 \times 3600kJ/kWh}{燃料总消耗量 \times 单位燃料低位发热值＋(购电量 \times 3600kJ/kWh)/\eta_{ce}}$$

(6-13)

式（6-13）中的 $\eta_{ce}$ 要根据不同电网的发电效率和电网输配效率进行折算。以煤电为主的电网电力，其供电效率 $\eta_{ce}＝0.35 \times 0.9＝0.315$，燃气—蒸汽联合循环的电网电力，其供电效率 $\eta_{ce}＝0.5 \times 0.9＝0.45$。

## 四、热电比

热电比即热电厂供热量和供电量的比值。根据《分布式供能系统工程技术规程》相关规定，热电比根据下式进行计算

$$热电比 = 供热量 /(供电量 \times 3600kJ/kWh) \times 100\%$$  (6-14)

式中，供热量单位采用 kJ，供电量单位采用 kWh，燃料总消耗量单位采用 kg，燃料单位低位热值采用 kJ/kg。

在一定的发电效率之下，热电比越高总热效率越高，要求余热利用程度越高，热损失越小。根据《关于发展热电联产的规定》，要求供热式汽轮发电机组的蒸汽流既发电又供热的常规热电联产，应符合下列指标：

(1) 单机容量在 5 万 kW 以下的热电机组，其热电比年平均应大于 100%。

(2) 单机容量在 5 万～20 万 kW 以下的热电机组，其热电比年平均应大于 50%。

(3) 单机容量 20 万 kW 及以上抽汽凝汽两用供热机组，采暖期热电比应大于 50%。

(4) 燃气—蒸汽联合循环热电机组热电比应大于 30%。

## 五、减排量计算

燃气冷热电分布式能源系统的减排量指在取得同等供电供热量情况下，与基准系统相比减少的污染物排放量。新建建筑以"电网电力供电、电冷机供冷、燃气锅炉供热系统"作为基准系统；已建建筑以原供能系统作为基准系统。燃气冷热电分布式能源系统减排量的计算公式为

$$减排量 =（基准系统一次能源消耗量－分布式能源系统一次能源消耗量）\times 污染物排放因子$$

(6-15)

式中，一次能源消耗量需折算成标准煤质量，再引用表 6-1 进行计算。

表 6-1　　　　　　　　　　　　标准煤污染物排放因子　　　　　　　　　　　　t/t

| 污染物 | 单位质量标准煤污染物排放量 |
| --- | --- |
| $CO_2$ | 2.46 |
| $SO_2$ | 0.075 |
| $NO_x$ | 0.037 5 |

## 六、分布式能源系统计算案例

以公用建筑燃气冷热电分布式能源系统为例，进行能源利用计算和评价。

### （一）项目概况

某商场办公建筑总建筑面积 20 万 $m^2$，其中商业 10 万 $m^2$，办公 10 万 $m^2$。项目拟采用发电机＋补燃型烟气热水溴化锂吸收式制冷机组＋离心式冷水机组＋锅炉的燃气冷热电分布式能源系统，满足该项目全部冷热负荷需求及部分电负荷需求。20 万 $m^2$ 建筑的冷热电负荷见表 6-2。

表 6-2　　　　　　　　　　**20 万 $m^2$ 建筑的冷热电负荷**　　　　　　　　　　kW

| 功能 | 面积（$m^2$） | 冷负荷 | 热负荷 | 电负荷 |
|---|---|---|---|---|
| 办公 | 100 000 | 9000 | 6000 | 3500 |
| 商场 | 100 000 | 12 000 | 7000 | 4500 |
| 合计 | 200 000 | 21 000 | 13 000 | 8000 |

根据建筑物的负荷需求，进行燃气冷热电分布式能源系统的设备选配，具体设备配置见表6-3。

表 6-3　　　　　　　　　　**燃气冷热电分布式能源系统主要设备配置**

| 设备名称 | 发电功率（kW） | 制热功率（kW） | 制冷功率（kW） | 数量 |
|---|---|---|---|---|
| 燃气内燃机 | 1200 | | | 2 |
| 补燃型烟气热水溴化锂机组 | | 4489 | 5815 | 2 |
| 离心式冷水机组 | | | 4922 | 2 |
| 锅炉 | | 2800 | | 2 |
| 设计负荷 | 2400 | 14 578 | 21 474 | |

燃气冷热电分布式能源系统与常规系统的能耗分析见表 6-4。

表 6-4　　　　　　　　**燃气冷热电分布式能源系统与常规系统的能耗分析**

| 项　　目 | 单位 | 燃气冷热电分布式能源方案 | 常规方案 | 备　　注 |
|---|---|---|---|---|
| 年能源供应量 | | | | |
| 年发电量 | 万 kWh | 907.2 | 0 | 常规方案中该部分电量需要从电网购买 |
| 年供冷量 | 万 kWh | 2789.1 | 2789.1 | |
| 其中余热供冷量 | 万 kWh | 712.8 | | |
| 燃气补燃制冷量 | 万 kWh | 1729.5 | | |
| 电空调供冷量 | 万 kWh | 346.8 | 2789.1 | |
| 年供热量 | 万 kWh | 1254.9 | 1254.9 | |
| 其中余热供热量 | 万 kWh | 466.56 | | |
| 锅炉、直燃机供热量 | 万 kWh | 788.34 | 1254.9 | |
| 燃气发电机耗气量 | 万 $m^3$ | 259.2 | | |
| 年耗燃气量 | 万 $m^3$ | 479.83 | 139.43 | |
| 年耗电量 | 万 kWh | 279.62 | 809.99 | |

根据表 6-4 中的数据，可以对该项目设计的燃气冷热电分布式能源系统进行计算和评价。

**（二）系统能源利用计算与评价**

1. 年平均能源综合利用效率

根据式（6-1），该项目燃气冷热电分布式能源系统的年平均能源综合利用率为

$$v = \frac{3.6W + Q_1/\eta_h + Q_2/COP}{B \times Q_L} \times 100\%$$

$$= \frac{3.6 \times \left(907.2 \times 10^4 + \dfrac{712.8 \times 10^4}{1.1} + \dfrac{466.56 \times 10^4}{0.9}\right)}{259.2 \times 10^4 \times \dfrac{35\,530}{1000}} \times 100\%$$

$$= 81\%$$

2. 节能率

根据式（6-2），燃气冷热电分布式能源系统的节能率为

$$节能率 = \frac{A - B}{A} = 1 - \frac{B}{A} \times 100\%$$

$$= 1 - \frac{479.83 \times 10^4 \times \dfrac{35\,530}{1000} + \dfrac{279.62 \times 10^4}{0.36} \times 3600}{139.43 \times 10^4 \times \dfrac{35\,530}{1000} + \dfrac{809.99}{0.36} \times 10^4 \times \dfrac{3600}{1000} + \dfrac{907.2}{0.36} \times 10^4 \times 3600} \times 100\%$$

$$= 10.3\%$$

3. 一次能源综合利用效率

根据式（6-13），燃气冷热电分布式能源系统的一次能源综合利用效率为

$$一次能源综合利用效率$$

$$= \frac{供热量 + 供冷量 + 供电量 \times 3600kJ/kWh}{燃料总消耗量 \times 单位燃料低位发热值 + (购电量 \times 3600kJ/kWh)/\eta_{ce}} \times 100\%$$

$$= \frac{3600 \times (1254.9 + 2789.1 + 907.2) \times 10^4}{479.83 \times 10^4 \times 35\,530/1000 + 279.62 \times 10^4/0.36 \times 3600} \times 100\%$$

$$= 89.8\%$$

4. 热电比

根据式（6-14），燃气冷热电分布式能源的热电比为

$$热电比 = 供热量/(供电量 \times 3600kJ/kWh) \times 100\%$$

$$= \frac{466.56 \times 10^4 + \dfrac{712.8 \times 10^4}{1.1}}{907.2 \times 10^4} \times 100\%$$

$$= 123\%$$

5. 减排量

依据表 6-4 中能耗数据，计算燃气冷热电分布式能源系统与常规系统节省的一次能源折算标煤量为

一次能源节省量 ＝ 基准系统一次能源量消耗 － 分布式能源系统一次能源消耗量 ＝ 1707.12(t/a)

根据式（6-15）和表 6-1 中的排放因子计算污染物减排量为

$$减排 CO_2 = 一次能源节省量 \times 2.46$$

$$= 1707.12 \times 2.46$$

$$= 4199.5(t/a)$$

$$减排 SO_2 = 一次能源节省量 \times 0.075$$
$$= 1707.12 \times 0.075$$
$$= 128(t/a)$$
$$减排 NO_x = 一次能源节省量 \times 0.037\ 5$$
$$= 1707.12 \times 0.037\ 5$$
$$= 64(t/a)$$

# 第二节　燃气冷热电分布式能源系统技术经济分析

## 一、能源系统技术经济分析作用

燃气冷热电分布式能源系统技术经济分析是运用工程学和经济学的相关知识以及经济分析的原理和方法，对燃气冷热电分布式能源项目进行财务数据提炼、方案设计并进行科学评价与决策的一种方法。

分布式能源系统技术经济分析的基本作用：

（1）按照落实的和假设项目条件，如冷、热、电、天然气、水的价格以及相应的耗量，计算出项目的投资回收期、净现值、内部收益率、利息备付率等指标，来判断项目的盈利能力、偿债能力和财务生存能力。如果计算出的指标符合投资者的要求，那么需要进一步判断各项条件发生的可能性，判断项目存在的风险。

（2）给定投资回收期、净现值、内部收益率等指标的标准，反推出项目的冷、热、电的价格，利于项目操盘者对项目的掌控。

（3）使投资者了解资金使用计划，按照计划进行资金筹措和资金使用。

## 二、BOT 模式下能源系统技术经济分析

### （一）分布式能源系统 BOT 模式

建设-经营-转让（build-operate-transfer，BOT），是私营企业参与基础设施建设，向社会提供公共服务的一种方式。BOT 合同最初多使用在政府与能源服务公司之间，主要针对新建区域的公共设施进行建设的合同模式，但实际运用中，针对私有建筑物也有可能签订 BOT 合同，最后基础设施的转移对象就由政府变成了私有建筑物的拥有方。

燃气冷热电分布式能源系统 BOT 模式，是能源服务公司与被供能建筑所有者签订 BOT 合同，由能源服务公司投资建设燃气冷热电分布式能源项目，并在一定期限进行运营，按照约定价格向建筑供应冷、热、电，收回投资并获得一定回报，在经营期结束后，将能源系统移交给建筑拥有者。对于能源服务公司来说，其收入由供冷、供热、供电收入构成，成本由燃气费、电费、水费、人工费、维修费、折旧费、财务费用等要素构成。

### （二）影响分布式能源项目经济性主要因素

在 BOT 商业模式下，影响项目经济性的主要因素有项目初投资、运营期年收入、运营期运营成本和税收。无论什么边界条件的变化，最终会影响到这四个因素，从而影响到项目的经济性。

1. 分布式能源系统初投资

燃气冷热电分布式能源系统的初投资，通常包括：

（1）建筑工程费，指能源系统的厂房、燃气调压间、计量间的投资。

（2）设备购置费，指主机、辅机、调峰设备的投资。主机通常为发电机、余热直燃机，辅机通常为水泵、冷却塔、风机、分集水器、板式换热器、水处理器及电气设施等，调峰设备通常为

电空调和燃气锅炉，当存在峰谷平电价时也可考虑蓄冷设备。

（3）安装工程费，指设备的吊装、二次转运、就位安装，管道、电气、阀门的安装等。

（4）工程建设其他费，通常包括勘察设计费、可行性研究费、工程监理费、建设单位管理费、联合试运转费等。

影响初投资的主要因素有：投资的范围、项目技术方案、工程的实施管理水平。设定合理的投资范围是控制初投资的有效措施；合理的技术方案是决定项目投资的决定性因素；工程的实施管理水平越高，可减少不必要的支出，投资成本越能得到有效控制。

对于投资方来说，项目初投资是对项目经济性影响比较敏感的因素之一。初投资越小，承担的风险就越小。因此对于投资方，在确保能拿下项目的前提下，应该想方设法降低初投资，可以从商业模式、技术方案、工程管理三个方面入手。

首先，在项目谈判时构建一个合理的商业模式，与业主界定合理的投资范围，通过常规方案费用返还或收取接驳费的方式降低项目投资；其次，通过细致的负荷分析、设备选型、工艺路线的设计构建最优的技术方案，是确定项目投资的主要因素，同一个项目采用不同的技术方案可导致项目投资相差30％；最后，可以提高工程实施管理水平，通过招标、多方评选及加强现场管理，在保证项目质量的情况下降低设备购置费用以及工程施工费用。

2. 分布式能源系统收入

燃气冷热电分布式能源系统收入通常是由供冷收入、供热收入、供电收入组成，有时还可包括能源系统的建设费用（可折合被供能建筑单位面积的能源系统的建设费用）。

收入＝供冷单价×供冷销售数量＋供热单价×供热销售数量＋供电单价×供电销售数量

(6-16)

影响收入的一个重要因素是价格。供冷、供热单价可按被供能建筑的单位面积进行核算，也可按照单位 kWh 进行核算，供电单价通常按照单位 kWh 进行核算。

供热单价政府物价部门有指导性意见，但以政府部门的指导价定价也可能存在问题，因为有的地区的供热单价是以燃煤锅炉供热成本进行核算，而分布式能源是以燃气作为燃料，成本核算的基础是不一样的。

供冷单价没有市场统一定价。供电单价通常按照当地电力部门的相应的上网电价进行确定。

采取一个合理的供冷、供热定价方式对于分布式能源系统是非常重要的。以下两种方式核算供冷单价和供热单价较为合理：①以分布式能源系统为基准，核算供冷供热成本，在保证一定利润的基础上，确定供冷供热价格；②以常规能源供能方式为基准，核算供冷供热成本，在保证一定利润的基础上，制定供冷供热价格。注意在核算能源价格时，应包括能源设备初投资的回收。

另外，一个影响收入的因素是达产率，越早达到100％的达产率，收入越高。

对于投资方来说，为了降低投资风险，应尽可能提高供冷、供热的单价，至于价格能够提高多少，不仅取决于市场的行情，还取决于企业的销售能力。另外，为保证供冷、供热的销售数量，可与客户约定最小的收费面积，即当供能面积小于最小收费面积时，以最小收费面积收费，当供能面积大于最小收费面积时，以实际供能面积收费。

3. 分布式能源系统运营成本

燃气冷热电分布式能源系统的运营成本，主要包括天然气费用、电费、水费、运营人员人工工资及福利、维修费用、管理费用。这里的运营成本不包含折旧费、摊销费、利息支出。折旧费是对固定资产进行折旧，摊销费是对无形资产和递延资产的摊销，而这三种资产的投资已在其发生的时间作为一次性支出计为现金流出，如果再以折旧和摊销的形式算作费用支出，将会造成重复计算。利息支出是指建设期投资贷款或借款在生产期发生的利息。在新的财务会计制度下，实行的是税后还贷，即借款的本金用税后利润和折旧来归还，而生产经营期间的利息可计入财务费用。

项目的经济性应由全部投资情况下的各项指标来进行判断。在考察全部投资时，不分自有资金和借贷资金，把资金全部看作自有资金。融资后的经济测算，将不能正确判断项目本身的经济性，它的作用在于测算在不同的融资比例和融资条件的情况下，自有资金的投资回报，利息支出的多少不影响项目本身的经济性。

影响运营成本的一个重要因素是天然气价格，天然气是燃气冷热电分布式能源系统中最重要的燃料，天然气费用通常会占到总成本的 2/3 左右。

影响运营成本的另一个重要因素是能源系统的综合利用效率，当系统接近设备额定工况运行时，效率越高，所需的天然气量就越少，运营成本就越少。

对于投资方来说，为降低投资风险，应尽可能地获得天然气公司的优惠政策，以获得较低的天然气价格，降低运营成本；在运营期间，应制定周密的运营方案，使系统高效运行，减少不必要的浪费。

4. 分布式能源系统税收

燃气冷热电分布式能源系统最主要的税种为增值税，对销售货物或者提供加工、修理修配劳务以及进口货物的单位和个人就其实现的增值额征收的一个税种，属于流转税类。只要有收入，增值税就要缴纳，通常所说的冷价、热价、电价、天然气价都是含税价，通过售冷、售热、售电所获得收入只有部分是属于企业的，有一部分是属于国家的。其计算公式为

一般纳税人应纳增值税额＝（当期销项税额－当期进项税额）×适合的增值税税率　　　（6-17）

冷、热和天然气的增值税率为 13%，电的增值税率为 17%，自来水的增值税率为 13%。

另外，一个税种为企业所得税，是以企业的纯所得作为征收对象的一种税类，现行的企业所得税基准税率为 25%。计算公式为

$$应纳所得税额 = 应纳税所得额 \times 适合的税率 \qquad (6-18)$$

税法规定，作为生产经营使用的固定资产的折旧费可以在税前扣除。对于项目来说，折旧年限越小，所得税越晚支出，对企业越有利，但税法对固定资产折旧的最低年限有如下规定：

（1）房屋、建筑物为 20 年。

（2）飞机、火车、轮船、机器、机械和其他生产设备为 10 年。

（3）与生产经营活动有关的器具、工具、家具等为 5 年。

（4）飞机、火车、轮船以外的运输工具为 4 年。

（5）电子设备为 3 年。

城市维护建设税是一种附加税，是对从事工商经营缴纳增值税、消费税、营业税的单位和个人征收的一种税。其税率根据城镇规模设计。纳税人所在地在市区的，税率为 7%；纳税人所在地在县城、镇的，税率为 5%；纳税人所在地不在市区、县城或镇的，税率为 1%。城市维护建设税，以纳税人实际缴纳的产品税、增值税、营业税税额为计税依据，与产品税、增值税、营业税同时缴纳，计算公式为

$$应纳城市维护建设税额 = 实际缴纳增值税、消费税、营业税税额 \times 适合的税率 \qquad (6-19)$$

教育附加费是投资项目建设中必须交纳的费用。教育附加费是以纳税人实际缴纳的增值税、消费税、营业税为计征依据而征收的一种专项附加费，计算公式为

$$应纳教育费附加 = （增值税＋消费税＋营业税）\times 3\% \qquad (6-20)$$

对于投资者来说，为降低投资风险，应尽可能地在项目所在地政府争取优惠税收政策，2011

年国家发展和改革委员会、财政部、住房和城乡建设部、国家能源局四部委联合下发了《关于发展天然气分布式能源的指导意见》（发改能源〔2011〕2196号文）使投资者获得优惠税收政策成为可能。

### 三、能源系统项目经济可行标准

在项目或方案的经济评价中，基准折现率是一个非常重要的参数，它反映投资者对资金时间价值大小的一种估计，它的大小对项目或方案的选择有时起到决定性的作用。基准折现率受到许多因素的影响，它不仅受资金来源构成和未来的投资机会的影响，还要受到项目风险和通货膨胀等因素的影响。下面分析影响基准折现率的各种因素，并讨论如何确定基准折现率。

#### （一）资金成本

资金成本（Cost of Capital）包括资金的筹资费用和使用费用两部分。企业投资活动主要有3种资金来源：借贷资金、新增权益资本和企业再投资资金。其中，借贷资金是指以负债的形式取得的资金，包括金融机构的贷款或借款、发行债券等筹集的资金。新增权益资本是指企业通过再扩大资本金筹集的资金，包括接纳新的投资合伙人的资金、增发股票、将企业法定公积金转增为资本金等。企业再投资资金是指企业为了以后的发展，从内部筹集的资金，包括保留盈余、公益金、过剩资产出售所取得的资金、提取折旧和摊销费以及会计制度规定的用于企业再投资的其他资金。

资金成本通常以百分数（即资金成本率）表示。资金成本率为

$$资金成本率＝资金成本／企业筹资取得资金×100\%$$
$$＝资金成本／（企业筹资总额－筹资费用）×100\% \tag{6-21}$$
$$企业筹资取得资金＝企业筹资总额－筹资费用$$

这是资金成本的基本公式，各种渠道来源资金成本都可以根据它推导出来。

1. 权益资金成本

权益资金成本（Cost of Possession）是指企业所有者投入的资本金，对于股份制企业而言即为股东的股本资金。股本资金又分优先股和普通股，两种股本资金的资金成本是不同的。

（1）优先股资金成本。优先股股息固定，公司按确定的利率支付股息给股东。优先股是介于债券和普通股之间的一种资金，它既具有债券的利息固定的特点，又具有普通股承担风险的特点。但它与债券利息不同的是，债券利息是在所得税前的利润中支付，而优先股的股息是在所得税后的净利中支付，企业不会因此而少缴所得税。这样优先股的资金成本率为

$$K_s = D_p/P_0(1-f_s) \tag{6-22}$$

式中　$K_s$——优先股资金成本率；

$D_p$——年股息总额；

$P_0$——发行优先股筹资总额；

$f_s$——发行优先股筹资费用率。

（2）普通股资金成本。普通股股本资金的资金成本应当是股东进行投资时所希望得到的最低收益率。这种期望收益率可以由股东在股票市场根据股票价格、预计每股的红利和公司风险状况所做的选择来确定。可以采用下列两种方法计算其资金成本率：

1）"红利法"。假定普通股预计每股红利的年增长率为$g$，则普通股股本资金的税后成本率为

$$K_e = D_0/P_e(1-f_e) + g \tag{6-23}$$

式中　$K_e$——普通股股本资金的税后成本率；

$D_0$——基期每股红利；

$P_e$——基期股票市场价格；

$f_e$——发行普通股筹资费用率。

2）"资本资产定价模型法"。

$$K_e = R_f + \beta(R_m - R_f) \tag{6-24}$$

式中　$R_f$——无风险投资收益率；

$R_m$——整个股票市场的平均投资收益率；

$\beta$——本公司相对整个股票市场的风险系数。

2. 借贷资金成本（Cost of Debit Capital）

（1）银行借款、贷款资金成本。银行借款、贷款的资金成本公式为

$$K = P_o \times K_b(1-t) \tag{6-25}$$

式中　$K$——银行借款、贷款的资金成本；

$P_o$——企业通过银行借款或贷款取得的资金；

$K_b$——银行借款或贷款利率；

$t$——企业应上缴的所得税税率。

则资金成本率为

$$K_m = K_b(1-t) \tag{6-26}$$

式中　$K_m$——银行借款、贷款的税后资金成本率。

实际上，$K_b$ 是税前资金成本率。

（2）发行债券资金成本。发行债券的税后资金成本率为

$$K_d = K_b(1-t)/(1-f_d) \tag{6-27}$$

式中　$K_d$——发行债券的税后资金成本率；

$K_b$——发行债券的税前资金成本率；

$f_d$——发行债券的筹资费用率。

3. 再投资资金成本

再投资资金成本（Cost of Reservation Profits）也称作"留用利润成本"。它是企业在税后利润中按规定提取的盈余公积金。用这部分资金从事投资活动必须要考虑机会成本。投资机会成本是指在资金供应有限的情况下，由于将筹集到的有限资金用于特定投资项目，而不得不放弃其他投资机会所造成的损失，这个损失就等于所放弃的投资机会中的最佳机会所获得的风险与拟投资项目相当的收益。

企业再投资资金相当于普通股资金的增加额，等于股东对企业追加了投资。那么，股东对这部分追加的投资必然要求给以相同比率的报酬，所以要计算资金成本。但是，与前面的股票、债券筹资不同，再投资资金是企业自身积累的资金，不考虑筹资费用。所以，再投资资金成本率公式为

$$K_n = D_c/P_c + g \tag{6-28}$$

式中　$D_c$——上一年发放的普通股总额的股利；

$P_c$——再投资资金额。

4. 综合资金成本（Cost of Compound Capital）

企业筹资活动中，往往不只一种资金来源。所有各种来源资金的资金成本的加权平均值即为

全部资金的综合资金成本。综合资金成本中各种单项资金成本的权重是各种来源的资金分别在资金总额中所占的比例。综合资金成本计算公式为

$$K_w = \sum_{j=1}^{r} W_j K_j \tag{6-29}$$

式中　$K_j$——资金来源的资金成本率；

　　　$W_j$——资金来源的资金占全部资金的比重；

　　　$r$——筹资活动中资金来源数。

### （二）截止收益率

截止收益率（Cut-off Rate of Return，CRR）是由资金的需求与供给两种因素决定的投资者可以接受的最低收益率。一般情况下，对于一个经济项目或经济单位而言，随着投资规模的增大，筹资成本会越来越高，而在有众多投资机会的情况下，如果将筹集到的资金优先投资于收益率高的项目，则随着投资规模的扩大，新增投资项目的收益率会越来越低。当新增投资带来的收益仅能补偿其资金成本时，投资规模的扩大就应停止，使投资规模扩大得到控制的投资收益率就是截止收益率，截止收益率是资金供需平衡时的收益率。

从经济学的角度看，当最后一个投资项目的内部收益率等于截止收益率时，边际投资收益恰好等于边际筹资成本，企业获得的净收益总额最大。此时，资金机会成本与实际成本也恰好相等。

### （三）最低希望收益率

最低希望收益率（Minimum Attractive Rate of Return，MARR）又称最低可接受收益率或最低要求收益率。它是投资者从事投资活动可接受的下临界值。

最低希望收益率受各种因素的影响，确定时必须对投资的各种条件做深入的分析，综合各种考虑影响因素。确定最低希望收益率主要考虑以下因素：

1. 资金成本和机会成本

一般情况下，最低希望收益率应不低于借贷资金的资金成本和全部资金的加权平均成本。如果投资项目是以盈利为主要目的，其最低希望收益率还应不低于投资项目的机会成本。

2. 通货膨胀

通货膨胀对最低希望收益率也有影响，但它对最低希望收益率的影响体现在对内部收益率的影响上，通货膨胀对内部收益率的影响可用下式表示

$$I_{RRn} = (1 + I_{RRr})(1 + f) - 1 = I_{RRr} + f + I_{RRr} \times f \tag{6-30}$$

式中　$I_{RRn}$——内部收益率名义值，即含通货膨胀的内部收益率；

　　　$I_{RRr}$——内部收益率实际值，即含通货膨胀的内部收益率；

　　　$f$——通货膨胀率。

由于 $I_{RRr}$ 和 $f$ 均是很小的数，其乘积 $I_{RRr} \times f$ 更是很小，所以通常可以将其忽略不计。因此，公式可变成

$$I_{RRn} = I_{RRr} + f \tag{6-31}$$

显然，在这种情况下，在确定最低希望收益率时就不能不考虑通货膨胀因素。但是，考虑通货膨胀因素不等于在式（6-31）简单地加上一个通货膨胀率 $f$，要根据具体情况分析。通常，在据以计算资金成本的银行贷款利率、债券利率和股东期望的最低投资收益率中已经包含了对通货膨胀的考虑，但可能不是通货膨胀影响的全部。因此，在确定最低希望收益率时，如果项目各年现金流量中含有通货膨胀因素，应在式（6-31）的右端再加上资金成本中未包含的那部分通货膨胀率。

3. 投资风险

确定最低希望收益率时应考虑不同投资项目的风险情况。当项目的风险较大时，基准折现率

越低,项目将来的风险损失可能会越大。因此,对于风险大的项目的最低希望收益率要相应定高些。一般认为,最低希望收益率应该是借贷资金成本、全部资金加权平均成本和项目投资的机会成本三者中的最大值再加上一个投资风险补偿系数(风险贴水率),即

$$MARR = \max\{K_d, K_w, K_0\} + h_r \tag{6-32}$$

式中　$K_d$——借贷资金成本率;

　　　$K_w$——加权平均成本率;

　　　$K_0$——机会成本率;

　　　$h_r$——风险贴水率。

不同投资项目的风险是不同的,投资决策的实质就是对未来的投资收益与投资风险进行权衡。

4. 长远利益和全局利益

企业单项投资活动是为企业整体发展战略服务的,出于全局利益和长远利益的考虑,对于某些有战略意义的单项投资项目,短期内可能效益不是很好,但从长远来考虑效益很好,对这类项目,有时应取较低的最低希望收益率。对于没有战略意义,短期内可能经济效益很好的项目,取较高的最低希望收益率。

### (四)基准折现率

基准折现率(Basis Rate of Return,BRR)是投资项目经济评价中非常重要的参数,有时它的大小对项目的取舍起到决定性的作用。因此,应恰当地确定基准折现率。确定基准折现率时必须遵循两个原则:①要从具体项目投资决策的角度考虑,即所取基准折现率应反映投资者对资金时间价值的估计;②要从企业投资计划整体优化的角度考虑,即所取基准折现率应有助于作出使企业全部投资净收益最大化的投资决策。

从前面的分析可以看出,最低希望收益率主要体现投资者对资金时间价值的估计,截止收益率则主要体现投资计划整体优化的要求。在信息充分、资金市场发育完善的条件下,对于企业全部投资项目选择的最终结果来说,在项目评价中以最低希望收益率为基准折现率和截止收益率为基准折现率效果是一致的。

有时在实际工程中,企业难以确定具体项目的投资机会成本,进而难以确定最低希望收益率和截止收益率时,一些企业常以行业的平均投资收益率或企业历史投资收益率作为基准折现率。这样做省事,有一定的参考意义,但严格讲是不合理的。因为行业的平均投资收益率或企业历史投资收益率可以在某种程度上反映企业投资的机会成本,但并非严格意义上的边际成本。因而,用行业的平均投资收益率或企业历史投资收益率作为基准折现率有一定的局限性。

### 四、分布式能源技术经济分析案例

#### (一)项目概况

某能源科技中心项目,主要以科研办公、产品展示、综合配套等功能分区的综合建筑群。各种不同功能建筑的冷、热、电负荷具有一定的互补性,总负荷较为稳定,同时项目所处地理位置有地热、太阳能等多种可再生能源可以考虑利用,项目周边规划有充足的燃气供应。因此,该项目有充分的条件建设以燃气冷热电分布式能源系统为核心,同时耦合可再生能源等先进能源利用技术的区域能源综合利用系统。建成后的能源站将为某能源科技中心共 23.5 万 m² 的建筑提供所需的全部空调、采暖和生活热水,并供应部分电力。另外,还将满足 14 万 m² 其他建筑的冬季热负荷需求。该项目建设期 1 年,运营期 19 年。

#### (二)设备选型

根据多方案比选,最终的设备选型见表6-5。

**表 6-5** 各主要设备及技术参数

| 序号 | 名　称 | 规格型号 | 单位 | 数量 | 备　注 |
|---|---|---|---|---|---|
| 1 | 燃气内燃发电机 | 发电量 2179kW，发电效率 41.7% | 台 | 2 | |
| 2 | 烟气热水型余热直燃机 | 制冷量：5815kW，制热量：4489kW | 台 | 2 | 全补燃 |
| 3 | 地源热泵机组 | 制冷量：1194kW，制冰量 728kW，制热量：1136kW | 台 | 4 | 三工况 |
| 4 | 标准直燃机 | 制冷量：4652kW，制热量：3582kW | 台 | 1 | |
| 5 | 燃气锅炉 | 供热量：700kW | 台 | 1 | 常压热水 |
| 6 | 燃气锅炉 | 供热量：2100kW | 台 | 1 | 常压热水 |
| 7 | 冰盘管 | 蓄冷量 3330RTH | 套 | 2 | |
| 8 | 冰水换热器 | 板式换热器，$Q=1100$kW | 台 | 2 | |
| 9 | 冰水换热器 | 板式换热器，$Q=1000$kW | 台 | 2 | |
| 10 | 采暖换热器 | 板式换热器，$Q=1850$kW | 台 | 1 | |
| 11 | 缸套水换热器 | 板式换热器，$Q=1000$kW | 台 | 2 | |
| 12 | 锅炉生活热水换热器 | 板式换热器，$Q=750$kW | 台 | 1 | |
| 13 | 锅炉生活热水换热器 | 板式换热器，$Q=450$kW | 台 | 1 | |
| 14 | 缸套水散热器 | 板式换热器，$Q=1000$kW | 台 | 2 | |
| 15 | 中冷水散热器 | 板式换热器，$Q=115$kW | 台 | 2 | |
| 16 | 热水蓄热罐 | $V=20\text{m}^3$ | 个 | 4 | |
| 17 | 太阳能集热板 | 3500$\text{m}^2$ | | | |

## （三）建设投资估算

该项目投资估算的内容主要包括系统主设备费用（发电机、直燃机、热泵机组、燃气锅炉等）和配套电气、暖通、燃气等附属设备费用，相应的安装工程费以及其他费用，见表 6-6。

**表 6-6** 项目投资总估算表

| 编号 | 工程及费用名 | 估算价值（万元） | | | | | | 占总值（%） |
|---|---|---|---|---|---|---|---|---|
| | | 建筑 | 设备 | 安装 | 工器具 | 其他 | 总值 | |
| Ⅰ | 工程费用 | 600.00 | 6306.55 | 1497.41 | 0.00 | 0.00 | 8203.96 | 82.83 |
| Ⅰ-1 | 能源程序站（含） | 600.00 | 6306.55 | 1497.41 | 0.00 | | 8203.96 | |
| 1 | 土建工程 | 600.00 | | | | | 600.00 | |
| 2 | 热力系统工程 | | 5274.55 | 1099.91 | | | 6374.46 | |
| 2.1 | 发电机组 | | 1961.10 | 392.22 | | | 2353.32 | |
| 2.2 | 直燃机组 | | 1628.00 | 325.60 | | | 1953.60 | |
| 2.3 | 热泵系统 | | 1194.00 | 238.80 | | | 1432.80 | |
| 2.4 | 锅炉系统 | | 40.00 | 8.00 | | | 48.00 | |
| 2.5 | 板式换热器 | | 51.45 | 10.29 | | | 61.74 | |
| 2.6 | 太阳能热水系统 | | 400.00 | 125.00 | | | 525.00 | |
| 3 | 室内给排水、消防工程 | | 35.00 | 10.00 | | | 45.00 | |
| 4 | 循环水工程 | | | | | | 0.00 | |

| 编号 | 工程及费用名 | 估算价值（万元） | | | | | | 占总值（%） |
|------|-------------|------|------|------|--------|--------|--------|-----------|
| | | 建筑 | 设备 | 安装 | 工器具 | 其他 | 总值 | |
| 5 | 电气工程 | | 410.00 | 82.00 | | | 492.00 | |
| 6 | 控制系统 | | 395.00 | 79.00 | | | 474.00 | |
| 7 | 采暖通风工程 | | 22.00 | 6.50 | | | 28.50 | |
| 8 | 附属生产工程 | | | | | | | |
| 9 | 调压站 | | 170.00 | 20.00 | | | 190.00 | |
| 10 | 厂区管网 | | | | | | 0.00 | |
| 11 | 电力接入系统 | | | 200.00 | | | | |
| 12 | 燃气接驳费 | | | | | | | |
| Ⅱ | 工程建设其他费用 | 0.00 | 0.00 | 0.00 | 0.00 | 951.05 | 951.05 | 9.60 |
| Ⅱ-1 | 建设单位管理费 | | | | | 113.00 | 113.00 | |
| Ⅱ-2 | 工程监理费 | | | | | 218.60 | 218.60 | |
| Ⅱ-3 | 建设项目前期工作咨询费 | | | | | 40.00 | 40.00 | |
| Ⅱ-4 | 勘察费 | | | | | 65.63 | 65.63 | |
| Ⅱ-5 | 劳动安全卫生评审费 | | | | | 8.20 | 8.20 | |
| Ⅱ-6 | 环境影响咨询服务费 | | | | | 15.00 | 15.00 | |
| Ⅱ-7 | 工程保险费 | | | | | 24.61 | 24.61 | |
| Ⅱ-8 | 工程设计费 | | | | | 246.12 | 246.12 | |
| Ⅱ-9 | 场地准备费及临时设施费 | | | | | 41.02 | 41.02 | |
| Ⅱ-10 | 咨询费及电力接入系统设计费 | | | | | 60.00 | 60.00 | |
| Ⅱ-11 | 生产准备及开办费 | | | | | 4.80 | 4.80 | |
| Ⅱ-12 | 联合试运转费 | | | | | 114.06 | 114.06 | |
| Ⅰ+Ⅱ | | 600.00 | 6306.55 | 1497.41 | 0.00 | 951.05 | 9155.01 | |
| | 基本预备费6% | | | | | 549.30 | 549.30 | 5.55 |
| Ⅲ | 建设项目总投资 | 600.00 | 6306.55 | 1497.41 | 0.00 | 1500.35 | 9904.31 | |
| | 占总值百分比（%） | 6.06 | 63.67 | 15.12 | 0.00 | 15.15 | 100.00 | |

### （四）收入、税收及附加核算

该项目具体产品收费价格情况如下（含税价）。

供热价格：30 元/m²，取费标准根据集中供热价格进行确定；

供冷价格：50 元/m²，以直燃机系统单位面积供冷费用进行确定，包括天然气费、电费、水费、人工费和折旧费；

供电价格：按照当地的非普工业电价进行核算，尖峰 1.166 8 元/kWh、峰段 1.068 3 元/kWh、平段 0.662 5 元/kWh、低谷 0.279 9 元/kWh；

生活热水加热费：10.4 元/t，是根据燃气锅炉 20℃水加热到 60℃所消耗的成本。

该项目供热、供冷及天然气的增值税率为 13%，水的增值税率为 13%，电的增值税率为 17%；教育费附加和城市维护建设税分别按应缴增值税的 3% 和 7% 计取，地方教育费附加按照

2%计取。

#### (五) 成本核算

(1) 原材料、辅助材料价格。原材料、辅助材料价格以市场价为基础，见表6-7。

表6-7 原材料、辅助材料价格

| 购天然气价格（含税） | 1.95 元/m³ |
|---|---|
| 购电价格（含税） | 尖峰 1.166 8 元/kWh<br>峰段 1.068 3 元/kWh<br>平段 0.662 5 元/kWh<br>低谷 0.279 9 元/kWh |
| 自来水价（含税） | 5.6 元/t |
| 软化水（含税） | 7.1 元/t |

(2) 固定资产折旧和无形及递延资产摊销计算。固定资产折旧按平均年限法计算折旧，新增房屋建筑折旧年限为20年，新增设备折旧年限为15年，残值率5%；无形资产按10年摊销，递延资产按5年摊销。

(3) 修理费、管理费及其他费用计算。系统运营管理费用成本构成中的修理费按固定资产原值的2.5%计取，其他费用按2万元/（人·a）计算。

(4) 人员工资按4万元/（人·a）计算，福利费按照工资的14%计取，项目运行管理人员数量为24人。

(5) 电力容量备用费按项目装机容量的12元/（kW·月）计算，全年按9个月计算。

#### (六) 利润预测及分配

$$利润总额＝销售收入＋补贴收入－总成本费用－销售税金及其他$$
$$税后利润(可供分配利润)＝利润总额－所得税$$

补贴收入：采用地源热泵有相应的补贴，其标准为50元/m²。该项目热泵供应面积为5.6万m²左右，折合280万元。

所得税率按利润总额的25%计取，公益金按税后利润的5%提取，盈余公积金按税后利润的10%提取。

#### (七) 基准收益率确定

由于并未牵涉多项目的选择问题，因此该项目以最低投资收益率的原则确定基准收益率，而不是截止收益率。

该项目的借贷资金成本为7.05%，权益资金成本要求不低于8%，项目30%为自有资金，70%为银行贷款，因此加权平均成本率为7.335%；机会成本率意味着投资者不投资该项目而投资其他项目的最大收益率，投资者的机会成本率为8%；由于项目风险进行了转移，客户承担了更多不确定的风险，如与客户签订了调价(天然气价格与冷热价格进行联动，当天然气价格变化5%时，调整冷热价格，电价与政府定价进行联动)和绝对付款(约定最小收费面积，低于约定收费面积，按照收费面积收费，高于约定收费面积，按实际收费面积收费)的条款，项目的风险贴水率为0。因此，该项目的基准收益率确定为

$$MARR＝\max\{K_d, K_w, K_o\}＋h_r＝\max\{7.05\%, 7.335\%, 8\%\}＋0＝8\%$$

#### (八) 敏感性分析

为了评价项目的抗风险能力，找出敏感性因素，对供暖价格、供冷价格、供电价格、天然气

价格、固定资产投资等因素做了敏感性分析，见表 6-8。

表 6-8　　　　　　　　　　　　　敏感性分析

| 项　　目 | 变化率（％） | 内部收益率（％） | | 敏感性分析 |
|---|---|---|---|---|
| | | 全投资（税后） | 自有资金 | |
| 基本情况 | | 8.44 | 10.30 | |
| 供冷热价格 | −10 | 6.56 | 6.89 | 敏感 |
| | +10 | 10.21 | 13.65 | |
| 固定资产投资 | −10 | 7.37 | 8.34 | 较敏感 |
| | +10 | 9.70 | 12.68 | |
| 供电价格 | −10 | 7.91 | 9.32 | 较敏感 |
| | +10 | 8.97 | 11.28 | |
| 天然气价格 | −10 | 9.25 | 11.81 | 较敏感 |
| | +10 | 7.62 | 8.79 | |

　　影响最大的是供冷供热的价格，当冷热价格降低 10％时，全投资税后内部收益率由 8.44％
变为 6.56％；影响最小的是供电价格，当供电价格降低 10％时，全投资税后内部收益率由
8.44％变为 7.91％。

**（九）结论**

项目的主要财务评价指标汇总见表 6-9。

表 6-9　　　　　　　　　　　项目的主要财务评价指标汇总

| 序号 | 项　　目 | 单位 | 金额 |
|---|---|---|---|
| 1 | 总投资 | 万元 | 10 322 |
| 1.1 | 建设投资 | 万元 | 9904 |
| 1.2 | 建设期利息 | 万元 | 244 |
| 1.3 | 流动资金 | 万元 | 174 |
| 2 | 销售收入 | 万元 | 3433 |
| | 销售税金及附加 | 万元 | 266 |
| | 总成本 | 万元 | 2602 |
| 3 | 年均利润总额 | 万元 | 581 |
| 4 | 年均所得税 | 万元 | 145 |
| 5 | 内部收益率 | ％ | |
| 5.1 | 全部投资 | | |
| | 所得税前 | ％ | 10.42 |
| | 所得税后 | ％ | 8.44 |
| 5.2 | 自有资金 | ％ | 10.30 |
| 6 | 财务净现值 | 万元 | |
| 6.1 | 全部投资（$i_c=8\%$） | | 307 |
| 6.2 | 自有资金（$i_c=8\%$） | | 878 |

| 序号 | 项　目 | 单位 | 金额 |
|---|---|---|---|
| 7 | 静态投资回收期 | 年 | 10.36 |
| 8 | 总投资收益率 | % | 7.21 |
| 9 | 投资利税率 | % | 8.20 |
| 10 | 资本金净利润率 | % | 13.33 |
| 11 | 生产能力利用率盈亏平衡点 | % | 65.01 |

该项目的全投资税后内部收益率为 8.44%，大于基准收益率 8%；自有资金内部收益率为 10.30%，大于基准收益率 8%；净现值大于 0。所以，该项目在经济上是可行的。

**（十）附表**

投资计划与资金筹措表，见表 6-10。

流动资金估算表，见表 6-11。

收入和税金及附加表，见表 6-12。

总成本估算表，见表 6-13。

损益表，见表 6-14。

全投资现金流量表，见表 6-15。

资本金现金流量表，见表 6-16。

**表 6-10** 　　　　　　　　　　　**投资计划与资金筹措表**

| 序号 | 项　目 年　份 | 建设期 1 2012 | 经营期 2 2013 | 3 2014 | 4 2015 | 5 2016 | 合计 |
|---|---|---|---|---|---|---|---|
| 1 | 总投资 | 10 149 | 134 | 13 | 27 | | 10 322 |
| 1.1 | 建设投资 | 9904 | | | | | 9904 |
| 1.2 | 建设期利息 | 244 | | | | | 244 |
| 1.3 | 流动资金 | | 134 | 13 | 27 | | 174 |
| 2 | 资金筹措 | 10 149 | 134 | 13 | 27 | | 10 322 |
| 2.1 | 自有资金 | 3216 | 40 | 4 | 8 | | 3268 |
| | 其中：用于流动资金 | | 40 | 4 | 8 | | 52 |
| | 用于建设投资 | 2971 | | | | | 2971 |
| | 用于建设期利息 | 244 | | | | | 244 |
| 2.2 | 借款 | 6933 | 94 | 9 | 19 | | 7055 |
| 2.2.1 | 长期借款 | 6933 | | | | | 6933 |
| 2.2.2 | 流动资金借款 | | 94 | 9 | 19 | | 122 |
| 2.2.3 | 其他短期借款 | | | | | | |
| 2.3 | 其他 | | | | | | |

**表6-11**

## 流动资金估算表

| 序号 | 项目 | 最低周转次数 | 周转天数 | 建设期 1 | 2 | 3 | 4 | 5 | 6 | 7 | 8 | 9 | 10 | 11 | 12 | 13 | 14 | 15 | 16 | 17 | 18 | 19 | 20 |
|---|---|---|---|---|---|---|---|---|---|---|---|---|---|---|---|---|---|---|---|---|---|---|---|
| | | | | | | | | | | | | | | | 经营期 | | | | | | | | |
| 1 | 流动资产 | | | | 293 | 326 | 392 | 392 | 392 | 392 | 392 | 392 | 392 | 392 | 392 | 392 | 392 | 392 | 392 | 392 | 392 | 392 | 392 |
| 1.1 | 应收账款 | 8 | 45 | | 187 | 207 | 247 | 247 | 247 | 247 | 247 | 247 | 247 | 247 | 247 | 247 | 247 | 247 | 247 | 247 | 247 | 247 | 247 |
| 1.2 | 存货 | | | | 93 | 106 | 133 | 133 | 133 | 133 | 133 | 133 | 133 | 133 | 133 | 133 | 133 | 133 | 133 | 133 | 133 | 133 | 133 |
| 1.2.1 | 原材料 | 12 | 30 | | | | | | | | | | | | | | | | | | | | |
| 1.2.2 | 燃料 | 12 | 30 | | 93 | 106 | 133 | 133 | 133 | 133 | 133 | 133 | 133 | 133 | 133 | 133 | 133 | 133 | 133 | 133 | 133 | 133 | 133 |
| 1.2.3 | 在产品 | 12 | 30 | | | | | | | | | | | | | | | | | | | | |
| 1.2.4 | 产成品 | 12 | 30 | | | | | | | | | | | | | | | | | | | | |
| 1.3 | 现金 | 12 | 30 | | 13 | 13 | 13 | 13 | 13 | 13 | 13 | 13 | 13 | 13 | 13 | 13 | 13 | 13 | 13 | 13 | 13 | 13 | 13 |
| 2 | 流动负债 | | | | 159 | 179 | 219 | 219 | 219 | 219 | 219 | 219 | 219 | 219 | 219 | 219 | 219 | 219 | 219 | 219 | 219 | 219 | 219 |
| 2.1 | 应付账款 | 8 | 45 | | 159 | 179 | 219 | 219 | 219 | 219 | 219 | 219 | 219 | 219 | 219 | 219 | 219 | 219 | 219 | 219 | 219 | 219 | 219 |
| 2.2 | 预付款 | | | | | | | | | | | | | | | | | | | | | | |
| 3 | 流动资金（1－2） | | | | 134 | 147 | 174 | 174 | 174 | 174 | 174 | 174 | 174 | 174 | 174 | 174 | 174 | 174 | 174 | 174 | 174 | 174 | |
| 4 | 流动资金本年增加额 | | | | 134 | 13 | 27 | | | | | | | | | | | | | | | | |

表 6-12

**收入和税金及附加表**

| 序号 | 项目 | 单价(元) | 建设期 1 (2012) | 2 (2013) | 3 (2014) | 经营期 4 (2015) | 5 (2016) | 6 (2017) | 7 (2018) | 8 (2019) | 9 (2020) | 10 (2021) |
|---|---|---|---|---|---|---|---|---|---|---|---|---|
| | 生产负荷(%) | | | 70 | 80 | 100 | 100 | 100 | 100 | 100 | 100 | 100 |
| 1 | 产品销售收入 | | | 2468 | 2821 | 3526 | 3526 | 3526 | 3526 | 3526 | 3526 | 3526 |
| 1.1 | 供热收入 | 30 | | 788 | 900 | 1125 | 1125 | 1125 | 1125 | 1125 | 1125 | 1125 |
| 1.2 | 供冷收入 | 50 | | 823 | 940 | 1175 | 1175 | 1175 | 1175 | 1175 | 1175 | 1175 |
| 1.3 | 供电收入 | | | 831 | 950 | 1187 | 1187 | 1187 | 1187 | 1187 | 1187 | 1187 |
| 2 | 销售税金及附加 | | | 191 | 218 | 273 | 273 | 273 | 273 | 273 | 273 | 273 |
| 2.1 | 产品增值税 | | | 171 | 195 | 244 | 244 | 244 | 244 | 244 | 244 | 244 |
| | 销项税 | | | 309 | 353 | 442 | 442 | 442 | 442 | 442 | 442 | 442 |
| 2.1.1 | 售电 | 17% | | 121 | 138 | 172 | 172 | 172 | 172 | 172 | 172 | 172 |
| | 其他 | 13% | | 188 | 215 | 269 | 269 | 269 | 269 | 269 | 269 | 269 |
| | 进项税 | 13% | | 139 | 158 | 198 | 198 | 198 | 198 | 198 | 198 | 198 |
| 2.1.2 | 电 | 17% | | 50 | 57 | 71 | 71 | 71 | 71 | 71 | 71 | 71 |
| | 天然气 | 13% | | 82 | 94 | 117 | 117 | 117 | 117 | 117 | 117 | 117 |
| | 水 | 13% | | 7 | 8 | 10 | 10 | 10 | 10 | 10 | 10 | 10 |
| 2.2 | 城市维护建设税 | 7% | | 12 | 14 | 17 | 17 | 17 | 17 | 17 | 17 | 17 |
| 2.3 | 教育费附加税 | 3% | | 5 | 6 | 7 | 7 | 7 | 7 | 7 | 7 | 7 |
| 2.4 | 地方教育附加税 | 2% | | 3 | 4 | 5 | 5 | 5 | 5 | 5 | 5 | 5 |

**表6-13**　　总成本估算表

| 序号 | 项目 | 建设期 | 经营期 | | | | | | | | | | | | |
| --- | --- | --- | --- | --- | --- | --- | --- | --- | --- | --- | --- | --- | --- | --- | --- |
| 年份 | | 1 | 2 | 3 | 4 | 5 | 6 | 7 | 8 | 9 | 10 | 11 | 12 | 13 | 14 | 15 |
| | | 2012 | 2013 | 2014 | 2015 | 2016 | 2017 | 2018 | 2019 | 2020 | 2021 | 2022 | 2023 | 2024 | 2025 | 2026 |
| | 生产负荷（%） | | 70 | 80 | 100 | 100 | 100 | 100 | 100 | 100 | 100 | 100 | 100 | 100 | 100 | 100 |
| 1 | 天然气消耗 | | 714 | 816 | 1020 | 1020 | 1020 | 1020 | 1020 | 1020 | 1020 | 1020 | 1020 | 1020 | 1020 | 1020 |
| 2 | 水消耗 | | 60 | 68 | 85 | 85 | 85 | 85 | 85 | 85 | 85 | 85 | 85 | 85 | 85 | 85 |
| 3 | 电消耗 | | 341 | 390 | 487 | 487 | 487 | 487 | 487 | 487 | 487 | 487 | 487 | 487 | 487 | 487 |
| 4 | 容量备用费 | | 59 | 59 | 59 | 59 | 59 | 59 | 59 | 59 | 59 | 59 | 59 | 59 | 59 | 59 |
| 5 | 工资及福利 | | 109 | 109 | 109 | 109 | 109 | 109 | 109 | 109 | 109 | 109 | 109 | 109 | 109 | 109 |
| 6 | 大修理费 | | 164 | 164 | 164 | 164 | 164 | 164 | 164 | 164 | 164 | 164 | 164 | 164 | 164 | 164 |
| 7 | 折旧费 | | 643 | 643 | 643 | 643 | 643 | 643 | 643 | 643 | 643 | 164 | 643 | 643 | 643 | 643 |
| 8 | 摊销费 | | | | | | | | | | | | | | | |
| 9 | 财务费用 | | 495 | 460 | 424 | 383 | 340 | 294 | 244 | 191 | 134 | 73 | 8 | 8 | 8 | 8 |
| | 其中：流动资金利息支出 | | 6 | 6 | 8 | 8 | 8 | 8 | 8 | 8 | 8 | 8 | 8 | 8 | 8 | 8 |
| 10 | 其他费用 | | 48 | 48 | 48 | 48 | 48 | 48 | 48 | 48 | 48 | 48 | 48 | 48 | 48 | 48 |
| 11 | 总成本费用（1+2+…+10） | | 2633 | 2756 | 3039 | 2999 | 2955 | 2909 | 2859 | 2806 | 2749 | 2688 | 2623 | 2623 | 2623 | 2623 |
| | 其中：固定成本 | | 1518 | 1483 | 1447 | 1406 | 1363 | 1317 | 1267 | 1214 | 1157 | 1096 | 1031 | 1031 | 1031 | 1031 |
| | 可变成本 | | 1115 | 1274 | 1592 | 1592 | 1592 | 1592 | 1592 | 1592 | 1592 | 1592 | 1592 | 1592 | 1592 | 1592 |
| 12 | 经营成本（11－7－8－9） | | 1495 | 1654 | 1973 | 1973 | 1973 | 1973 | 1973 | 1973 | 1973 | 1973 | 1973 | 1973 | 1973 | 1973 |

表6-14　　损　益　表

| 序号 | 项目 | 建设期 1 | 经营期 2 | 3 | 4 | 5 | 6 | 7 | 8 | 9 | 10 | 11 | 12 | 13 | 14 | 15 | 16 |
|---|---|---|---|---|---|---|---|---|---|---|---|---|---|---|---|---|---|
| | 年份 | 2012 | 2013 | 2014 | 2015 | 2016 | 2017 | 2018 | 2019 | 2020 | 2021 | 2022 | 2023 | 2024 | 2025 | 2026 | 2027 |
| 1 | 销售收入 | | 2468 | 2821 | 3526 | 3526 | 3526 | 3526 | 3526 | 3526 | 3526 | 3526 | 3526 | 3526 | 3526 | 3526 | 3526 |
| 2 | 销售税金及附加 | | 191 | 218 | 273 | 273 | 273 | 273 | 273 | 273 | 273 | 273 | 273 | 273 | 273 | 273 | 273 |
| 3 | 总成本费用 | | 2633 | 2756 | 3039 | 2999 | 2955 | 2909 | 2859 | 2806 | 2749 | 2688 | 2623 | 2623 | 2623 | 2623 | 2623 |
| 4 | 补贴收入 | | 280 | | | | | | | | | | | | | | |
| 5 | 利润总额 | | −75 | −154 | 214 | 255 | 298 | 344 | 394 | 447 | 504 | 565 | 630 | 630 | 630 | 630 | 630 |
| 6 | 弥补以前年度亏损 | | | −75 | −229 | −15 | | | | | | | | | | | |
| 7 | 累计亏损 | | −75 | −229 | −15 | | | | | | | | | | | | |
| 8 | 应纳税所得额 | | | | | 240 | 298 | 344 | 394 | 447 | 504 | 565 | 630 | 630 | 630 | 630 | 630 |
| 9 | 所得税 | | | | | 60 | 74 | 86 | 98 | 112 | 126 | 141 | 157 | 157 | 157 | 157 | 157 |
| 10 | 税后利润 | | −75 | −154 | 214 | 195 | 223 | 258 | 295 | 335 | 378 | 424 | 472 | 472 | 472 | 472 | 472 |
| 11 | 特种基金 | | | | | | | | | | | | | | | | |
| 12 | 可供分配利润 | | −75 | −154 | 214 | 195 | 223 | 258 | 295 | 335 | 378 | 424 | 472 | 472 | 472 | 472 | 472 |
| 12.1 | 法定盈余公积金 | | | | 21 | 19 | 22 | 26 | 30 | 34 | 38 | 42 | 47 | 47 | 47 | 47 | 47 |
| 12.2 | 任意盈余公积金 | | | | 11 | 10 | 11 | 13 | 15 | 17 | 19 | 21 | 24 | 24 | 24 | 24 | 24 |
| 12.3 | 未分配利润 | | −75 | −154 | 182 | 166 | 190 | 220 | 251 | 285 | 321 | 360 | 402 | 402 | 402 | 402 | 402 |
| 13 | 累计未分配利润 | | −75 | −229 | −47 | 118 | 308 | 528 | 779 | 1064 | 1385 | 1745 | 2147 | 2548 | 2950 | 3352 | 3753 |

表6-15

## 全投资现金流量表

注：1为建设期（2012年），2~20为经营期（2013年—2031年）。

| 序号 | 项目 | 建设期 2012 | 2013 | 2014 | 2015 | 2016 | 2017 | 2018 | 2019 | 2020 | 2021 | 2022 | 2023 | 2024 | 2025 | 2026 | 2027 | 2028 | 2029 | 2030 | 2031 |
|---|---|---|---|---|---|---|---|---|---|---|---|---|---|---|---|---|---|---|---|---|---|
| 1 | 现金流入 | | 2748 | 2821 | 3526 | 3526 | 3526 | 3526 | 3526 | 3526 | 3526 | 3526 | 3526 | 3526 | 3526 | 3526 | 3526 | 3526 | 3526 | 3526 | 4207 |
| 1.1 | 产品销售（营业）收入 | | 2468 | 2821 | 3526 | 3526 | 3526 | 3526 | 3526 | 3526 | 3526 | 3526 | 3526 | 3526 | 3526 | 3526 | 3526 | 3526 | 3526 | 3526 | 3526 |
| 1.2 | 补贴收入 | | 280 | | | | | | | | | | | | | | | | | | |
| 1.3 | 回收固定资产余值 | | | | | | | | | | | | | | | | | | | | 507 |
| 1.4 | 回收流动资金 | | | | | | | | | | | | | | | | | | | | 174 |
| 2 | 现金流出 | 9904 | 1925 | 1962 | 2431 | 2405 | 2405 | 2405 | 2405 | 2405 | 2405 | 2405 | 2405 | 2405 | 2405 | 2405 | 2405 | 2566 | 2566 | 2566 | 2566 |
| 2.1 | 固定资产投资（不含建设期投资利息） | 9904 | | | | | | | | | | | | | | | | | | | |
| 2.2 | 利用原有固定资产 | | | | | | | | | | | | | | | | | | | | |
| 2.3 | 流动资金 | | 134 | 13 | 27 | | | | | | | | | | | | | | | | |
| 2.4 | 经营成本 | | 1495 | 1654 | 1973 | 1973 | 1973 | 1973 | 1973 | 1973 | 1973 | 1973 | 1973 | 1973 | 1973 | 1973 | 1973 | 1973 | 1973 | 1973 | 1973 |
| 2.5 | 销售税金及附加 | | 191 | 218 | 273 | 273 | 273 | 273 | 273 | 273 | 273 | 273 | 273 | 273 | 273 | 273 | 273 | 273 | 273 | 273 | 273 |
| 2.6 | 所得税 | | 105 | 76 | 159 | 159 | 159 | 159 | 159 | 159 | 159 | 159 | 159 | 159 | 159 | 159 | 159 | 320 | 320 | 320 | 320 |
| 2.7 | 特种基金 | | | | | | | | | | | | | | | | | | | | |
| 3 | 所得税后净现金流量（1-2） | -9904 | 824 | 859 | 1095 | 1121 | 1121 | 1121 | 1121 | 1121 | 1121 | 1121 | 1121 | 1121 | 1121 | 1121 | 1121 | 960 | 960 | 960 | 1642 |
| 4 | 所得税后累计净现金流量 | -9904 | -9081 | -8222 | -7127 | -6006 | -4885 | -3764 | -2643 | -1521 | -400 | 721 | 1842 | 2963 | 4085 | 5206 | 6327 | 7287 | 8248 | 9208 | 10850 |
| 5 | 所得税前项目净现金流量（3+2.6） | -9904 | 928 | 935 | 1254 | 1281 | 1281 | 1281 | 1281 | 1281 | 1281 | 1281 | 1281 | 1281 | 1281 | 1281 | 1281 | 1281 | 1281 | 1281 | 1962 |
| 6 | 所得税前累计净现金流量 | -9904 | -8976 | -8041 | -6786 | -5506 | -4225 | -2944 | -1664 | -383 | 898 | 2178 | 3459 | 4740 | 6020 | 7301 | 8582 | 9862 | 11143 | 12424 | 14385 |
| 7 | 所得税后净现金流量（10%折现） | -9904 | 681 | 645 | 748 | 696 | 633 | 575 | 523 | 475 | 432 | 393 | 357 | 325 | 295 | 268 | 244 | 190 | 173 | 157 | 244 |
| 8 | 所得税后累计净现金流量（10%折现） | -9904 | -9224 | -8578 | -7831 | -7135 | -6502 | -5926 | -5403 | -4928 | -4496 | -4103 | -3745 | -3421 | -3125 | -2857 | -2613 | -2423 | -2250 | -2093 | -1849 |
| 9 | 所得税后净现金流量（12%折现） | -9904 | 657 | 611 | 696 | 636 | 568 | 507 | 453 | 404 | 361 | 322 | 288 | 257 | 229 | 205 | 183 | 140 | 125 | 112 | 170 |
| 10 | 所得税后累计净现金流量（12%折现） | -9904 | -9248 | -8636 | -7941 | -7305 | -6737 | -6229 | -5777 | -5372 | -5011 | -4689 | -4401 | -4144 | -3915 | -3710 | -3527 | -3387 | -3262 | -3151 | -2981 |

表6-16

## 资本金现金流量表

| 序号 | 项目 | 1 | 2 | 3 | 4 | 5 | 6 | 7 | 8 | 9 | 10 | 11 | 12 | 13 | 14 | 15 | 16 | 17 | 18 | 19 | 20 |
|---|---|---|---|---|---|---|---|---|---|---|---|---|---|---|---|---|---|---|---|---|---|
| | 年份 | 建设期 | | | | | | | | | | 经营期 | | | | | | | | | |
| | | 2012 | 2013 | 2014 | 2015 | 2016 | 2017 | 2018 | 2019 | 2020 | 2021 | 2022 | 2023 | 2024 | 2025 | 2026 | 2027 | 2028 | 2029 | 2030 | 2031 |
| 1 | 现金流入 | | 2748 | 2821 | 3526 | 3526 | 3526 | 3526 | 3526 | 3526 | 3526 | 3526 | 3526 | 3526 | 3526 | 3526 | 3526 | 3526 | 3526 | 3526 | 4207 |
| 1.1 | 产品销售（营业）收入 | | 2468 | 2821 | 3526 | 3526 | 3526 | 3526 | 3526 | 3526 | 3526 | 3526 | 3526 | 3526 | 3526 | 3526 | 3526 | 3526 | 3526 | 3526 | 3526 |
| 1.2 | 补贴收入 | | 280 | | | | | | | | | | | | | | | | | | |
| 1.3 | 回收固定资产余值 | | | | | | | | | | | | | | | | | | | | 507 |
| 1.4 | 回收流动资金 | | | | | | | | | | | | | | | | | | | | 174 |
| 2 | 现金流出 | 3216 | 2722 | 2872 | 3251 | 3303 | 3317 | 3329 | 3341 | 3355 | 3369 | 3384 | 2411 | 2411 | 2411 | 2411 | 2411 | 2572 | 2572 | 2572 | 2693 |
| 2.1 | 利用原有固定资产 | | | | | | | | | | | | | | | | | | | | |
| 2.2 | 自有资金 | 3216 | 40 | 4 | 8 | | | | | | | | | | | | | | | | |
| 2.3 | 借款本金偿还 | | 501 | 536 | 574 | 614 | 657 | 704 | 753 | 807 | 863 | 924 | 0 | 0 | 0 | 0 | 0 | 0 | 0 | 0 | 122 |
| 2.4 | 借款利息支付 | | 495 | 460 | 424 | 383 | 340 | 294 | 244 | 191 | 134 | 73 | 8 | 8 | 8 | 8 | 8 | 8 | 8 | 8 | 8 |
| 2.5 | 经营成本 | | 1495 | 1654 | 1973 | 1973 | 1973 | 1973 | 1973 | 1973 | 1973 | 1973 | 1973 | 1973 | 1973 | 1973 | 1973 | 1973 | 1973 | 1973 | 1973 |
| 2.6 | 销售税金及附加 | | 191 | 218 | 273 | 273 | 273 | 273 | 273 | 273 | 273 | 273 | 273 | 273 | 273 | 273 | 273 | 273 | 273 | 273 | 273 |
| 2.7 | 所得税 | | | | | 60 | 74 | 86 | 98 | 112 | 126 | 141 | 157 | 157 | 157 | 157 | 157 | 318 | 318 | 318 | 318 |
| 2.8 | 特种基金 | | | | | | | | | | | | | | | | | | | | |
| 3 | 净现金流量（1－2） | −3216 | 27 | −51 | 275 | 223 | 209 | 197 | 185 | 172 | 157 | 142 | 1115 | 1115 | 1115 | 1115 | 1115 | 955 | 955 | 955 | 1514 |

# 第七章 燃气冷热电分布式能源工程建设与调试

## 第一节 燃气冷热电分布式能源工程管理

### 一、燃气冷热电分布式能源工程建设手续办理

近年来我国进行了投资体制改革，根据 2004 年 7 月起施行的《国务院关于投资体制改革的决定》规定：

（1）对于企业不使用政府投资建设的项目，一律不再实行审批制，区别不同情况实行核准制和备案制。

（2）政府仅对重大项目和限制类项目从维护社会公共利益角度进行核准，其他项目无论规模大小，均改为备案制；项目的市场前景、经济效益、资金来源和产品技术方案等均由企业自主决策、自担风险，并依法办理环境保护、土地使用、资源利用、安全生产、城市规划等许可手续和减免税确认手续。

（3）对于企业使用政府补助、转贷、贴息投资建设的项目，政府只审批资金申请报告。

我国现阶段的投资项目管理，共有审批制、核准制和备案制三种模式。

审批制：针对使用政府投资建设的项目；

核准制：针对企业不使用政府性资金投资建设的重大和限制类固定资产投资项目；

备案制：除适用审批制和核准制管理以外的项目。

燃气冷热电分布式能源系统这类项目并未列入《政府核准的投资项目目录》，应实行备案制或审批制。

### （一）项目工程建设手续办理

国务院并未制定全国适用、统一的投资项目建设手续的办法，具体的实施办法由国务院授权各省级人民政府制定。由于地方各省级政府制定的具体实施办法均有差别，因此以下仅对北京市范围内办理投资项目相关手续的具体要求进行介绍，企业可参照《北京市固定资产投资项目办理指南》办理投资项目相关手续。

1. 通过土地公开交易市场取得土地开发权的企业投资项目（具备规划意见书）的办理流程

（1）办理土地成交有关手续。建设单位在土地公开交易市场通过公开交易取得土地开发权，国土部门核发土地成交确认书（即时办理）。

（2）办理项目立项、用地、规划设计方案及初步设计有关手续。办理土地成交有关手续后，建设单位可同时办理项目立项、用地、规划设计方案及初步设计有关手续。其中，对外资项目，建设单位在办理立项有关手续后，方可同时办理环境影响评价审查、用地、规划设计方案及初步设计有关手续。

1）立项有关手续。对于内资项目，建设单位依次办理环境影响评价审查（10 或 20 个工作日）、建设项目核准（20 个工作日）或备案（3 个工作日）手续。对于外资项目，建设单位依次办理外商投资项目核准（20 个工作日）、外商投资企业设立批准或变更（20 个工作日）、工商注册登记（5 个工作日，其中房地产项目还需到建设部门办理开发企业资质）手续。

2）用地有关手续。建设单位依次办理土地出让许可（20 个工作日，如涉及征占用林地，还需办理征占用林地许可）、建设用地规划许可证（7 个工作日）、国有土地使用证（20 个工作日）。

3）规划设计方案及初步设计有关手续。建设单位进行设计方案招标，规划部门对设计方案招投标活动进行备案监管或提供咨询服务（30个工作日），同时将监管结果或咨询服务意见根据项目的需要有选择地抄送人防、消防、市政管理、体育、水务、公安交通等部门。

随后，建设单位可根据需要同时办理消防设计防火审核（8或16个工作日）、建设项目人民防空建设标准审查（13个工作日，中直机关、中央国家机关按系统审查）、文物保护单位建设控制地带项目建设方案审查（20个工作日）和卫生条件、设施的设计审查（20个工作日）。

（3）办理建设工程规划许可有关手续。建设单位在取得建设用地规划许可证并且项目经核准或备案后，办理年度投资计划（10个工作日），同时根据需要在通过建设项目人民防空建设标准审查和文物保护单位建设控制地带项目建设方案审查后，办理建设工程规划许可证（20个工作日）。

（4）办理建设工程施工许可有关手续。建设单位取得建设工程规划许可证后，可根据需要同时办理掘路许可（20个工作日）、占路许可（20个工作日）、移伐树木许可（12个工作日）、移植古树名木许可（12个工作日）、避让保护古树名木措施许可（12个工作日）、人防工程施工图备案（1个工作日，中直机关、中央国家机关按系统办理）、对依法需监管的项目进行施工和监理单位招投标过程监管（20个工作日）、进行施工图审查。

随后，建设单位办理建设工程施工许可证（10个工作日）。同时，建设部门与统计部门建立联网信息平台，将施工许可情况与统计部门信息共享。

2. 通过协议出让方式取得土地使用权的企业投资项目（不具有规划意见书）的办理流程（核准类项目）

（1）办理项目核准有关手续。发展改革部门收到建设单位申请后，征求规划部门意见（20个工作日），对需进行交通影响评价审查的项目还需书面征求交通部门的意见（20个工作日），同时告知建设单位核准前所需办理的事项。规划部门收到发展改革部门征求意见函后，研究函复发展改革部门，同时根据项目的不同情况，告知建设单位相应地到文物、卫生、环保、园林绿化、水务、公安交通、广播电视、涉外项目审查、无线电、机场管理等部门办理许可或咨询有关意见。

根据发展改革部门的告知，建设单位可根据需要同时办理建设用地预审（20个工作日）、环境影响评价审查（10～30个工作日）、地震安全性评价报告审定及抗震设防要求确定（7个工作日）、职业病危害预评价（20个工作日）、不可移动文物的原址保护及对保护范围内建设项目审查（20个工作日）手续。

发展改革部门根据需要，依据环保、国土、规划、地震、卫生、文物等部门的许可或审查同意的有关文件以及交通影响评价审查意见，对项目进行核准（20个工作日）。对外资项目，经核准后建设单位还需依次办理外商投资企业设立批准或变更（20个工作日）、工商注册登记（5个工作日）手续。

（2）办理项目用地、规划设计方案及初步设计有关手续。建设单位办理项目核准有关手续并取得规划意见书（选址）后，可同时办理项目用地、规划设计方案及初步设计有关手续。

1）项目用地有关手续。建设单位依次办理规划意见书（选址）（20个工作日）、建设用地规划许可证（7个工作日）、征地许可（20个工作日；如涉及征占用林地，还需办理征占用林地许可）、土地出让许可（20个工作日）。

随后，建设单位可同时办理国有土地使用证（20个工作日）、房屋拆迁许可证（30个工作日）、年度投资计划（10个工作日）。

2）规划设计方案及初步设计有关手续。建设单位在取得规划意见书（选址）后，可进行设计方案招标，规划部门对设计方案招投标活动进行备案监管或提供咨询服务（30个工作日），同时将监管结果或咨询服务意见根据项目需要有选择地抄送人防、消防、市政管理、体育、水务、公安交通等部门。

随后，建设单位可根据需要同时办理消防设计防火审核（8 或 16 个工作日）、建设项目人民防空建设标准审查（13 个工作日，中直机关、中央国家机关按系统审查）、文物保护单位建设控制地带项目建设方案审查（20 个工作日）和卫生条件、设施的设计审查（20 个工作日）。

（3）办理建设工程规划许可有关手续。建设单位办理了年度投资计划，同时根据需要通过建设项目人民防空建设标准审查和文物保护单位建设控制地带项目建设方案审查后，可办理建设工程规划许可证（20 个工作日）。

（4）办理建设工程施工许可有关手续。建设单位取得建设工程规划许可证后，可根据需要同时办理掘路许可（20 个工作日）、占路许可（20 个工作日）、移伐树木许可（12 个工作日）、移植古树名木许可（12 个工作日）、避让保护古树名木措施许可（12 个工作日）、人防工程施工图备案（1 个工作日，中直机关、中央国家机关按系统办理）、对依法需监管的项目进行施工和监理单位招投标过程监管（20 个工作日）、进行施工图审查。

随后，建设单位办理建设工程施工许可证（10 个工作日）。同时，建设部门与统计部门建立联网信息平台，将施工许可情况与统计部门信息共享。

3. 通过协议出让方式取得土地使用权的企业投资项目（不具有规划意见书）的办理流程（备案类项目）

（1）办理项目备案有关手续。建设单位到发展改革部门办理项目备案手续（3 个工作日）后，可同时办理地震安全性评价报告审定及抗震设防要求确定（7 个工作日）和规划意见书（选址）（20 个工作日）、环境影响评价审查（10～30 个工作日）、职业病危害预评价（20 个工作日）、不可移动文物的原址保护及对保护范围内建设项目审查（20 个工作日）手续。

办理规划意见书（选址）过程中，规划部门根据项目的不同情况，告知建设单位相应地到文物、卫生、环保、园林绿化、水务、公安交通、广播电视、涉外项目审查、无线电、机场管理等部门办理许可或咨询有关意见。

（2）办理项目用地、规划设计方案及初步设计有关手续。办理规划意见书（选址）后，可同时办理项目用地、规划设计方案及初步设计有关手续。

1）项目用地有关手续。建设单位依次办理建设用地预审（20 个工作日）、建设用地规划许可证（7 个工作日）、征地许可（20 个工作日；如涉及征占用林地，还需办理征占用林地许可）、土地出让许可（20 个工作日）。

随后，建设单位可同时办理国有土地使用证（20 个工作日）、房屋拆迁许可证（30 个工作日）、年度投资计划（10 个工作日）。

2）规划设计方案及初步设计有关手续。建设单位进行设计方案招标，规划部门对设计方案招投标活动进行备案监管或提供咨询服务（30 个工作日），同时将监管结果或咨询服务意见根据项目需要有选择地抄送人防、消防、市政管理、体育、水务、公安交通等部门。

随后，建设单位可根据需要同时办理消防设计防火审核（8 或 16 个工作日）、建设项目人民防空建设标准审查（13 个工作日，中直机关、中央国家机关按系统审查）、文物保护单位建设控制地带项目建设方案审查（20 个工作日）和卫生条件、设施的设计审查（20 个工作日）。

（3）办理建设工程规划许可有关手续。建设单位办理了年度投资计划，同时根据需要通过建设项目人民防空建设标准审查和文物保护单位建设控制地带项目建设方案审查后，办理建设工程规划许可证（20 个工作日）。

（4）办理建设工程施工许可有关手续。建设单位取得建设工程规划许可证后，可根据需要同时办理掘路许可（20个工作日）、占路许可（20个工作日）、移伐树木许可（12个工作日）、移植古树名木许可（12个工作日）、避让保护古树名木措施许可（12个工作日）、人防工程施工图备案（1个工作日，中直机关、中央国家机关按系统办理）、对依法需监管的项目进行施工和监理单位招投标过程监管（20个工作日）、进行施工图审查。

随后，建设单位办理建设工程施工许可证（10个工作日）。同时，建设部门与统计部门建立联网信息平台，将施工许可情况与统计部门信息共享。

4. 政府直接投资或资本金注入项目（新征占用地）的办理流程

（1）办理项目建议书批复有关手续。发展改革部门受理项目建议书批复申请并提出预审意见（中央、军队在京项目到建设部门办理选址意见通知书）后，书面征求规划部门意见。规划部门收到征求意见函后，研究函复发展改革部门（建设部门），同时根据项目需要，告知建设单位相应地到文物、卫生、环保、园林绿化、水务、公安交通、广播电视、涉外项目审查、无线电、机场管理等部门办理有关许可或咨询有关意见。发展改革部门（建设部门）收到规划部门复函后批复项目建议书（20个工作日）（办理选址意见通知书，5个工作日）。

（2）办理可行性研究报告批复有关手续。发展改革部门（建设部门）批复项目建议书（办理选址意见通知书）后，对需进行交通影响评价审查的项目书面征求交通部门的意见（20个工作日）。建设单位可根据需要同时办理环境影响评价审查（10～30个工作日）、建设用地预审（20个工作日）、地震安全性评价报告审定及抗震设防要求确定（7个工作日）和规划意见书（选址）（20个工作日）、职业病危害预评价（20个工作日）、不可移动文物的原址保护及对保护范围内建设项目审查（20个工作日）手续。

建设单位取得规划意见书（选址）后，对需要的项目，规划部门出具修建性详细规划审查意见（30个工作日），并有选择地将审查结果抄送人防、消防、市政管理、体育、水务、公安交通等部门。

发展改革部门（建设部门）根据需要，依据环保、国土、规划、卫生、文物等部门的许可或审查同意的有关文件，以及交通影响评价审查意见，批复可行性研究报告（20个工作日）。

（3）办理项目用地和初步设计有关手续。批复可行性研究报告后，建设单位可同时办理项目用地和初步设计有关手续。

1）项目用地有关手续。建设单位可依次办理建设用地规划许可证（7个工作日）、征地许可（20个工作日；如涉及征占用林地，还需办理征占用林地许可，20个工作日）、划拨用地许可（20个工作日）。

随后，建设单位可根据需要同时办理国有土地使用证（20个工作日）和房屋拆迁许可证（30个工作日）。

2）初步设计有关手续。建设单位可根据需要同时办理消防设计防火审核（8或16个工作日）、建设项目人民防空建设标准审查（13个工作日，中直机关、中央国家机关按系统审查）、文物保护单位建设控制地带项目建设方案审查（20个工作日）和卫生条件、设施的设计审查（20个工作日）。

通过消防设计防火审核和建设项目人民防空建设标准审查后，建设单位可办理初步设计及概算批复（20个工作日）。

（4）办理建设工程规划许可有关手续。建设单位取得初步设计及概算批复和划拨用地批准文件后，可办理年度投资计划（10个工作日；中央、军队在京项目到建设部门办理年度施工计划，7个工作日）同时根据需要通过建设项目人民防空建设标准审查和文物保护单位建设控制地带项目建设方案审查后，办理建设工程规划许可证（20个工作日）。

（5）办理建设工程施工许可有关手续。建设单位取得建设工程规划许可证后，可根据需要同时办理掘路许可（20个工作日）、占路许可（20个工作日）、移伐树木许可（12个工作日）、移植古树名木许可（12个工作日）、避让保护古树名木措施许可（12个工作日）、人防工程施工图备案（1个工作日；中直机关、中央国家机关按系统办理）、对施工和监理单位招投标过程进行监管（20个工作日）、进行施工图审查。

随后，建设单位办理建设工程施工许可证（10个工作日）。同时，建设部门与统计部门建立联网信息平台，将施工许可情况与统计部门信息共享。

5. 政府直接投资或资本金注入项目（自有用地）的办理流程

（1）办理项目建议书批复有关手续。建设单位办理地震安全性评价报告审定及抗震设防要求确定（7个工作日）和规划意见书（条件）（20个工作日），并视项目情况有选择地到文物、卫生、环保、园林绿化、水务、公安交通、广播电视、涉外项目审查、无线电、机场管理等部门办理有关许可或咨询有关意见。

建设单位在取得规划意见书（条件）后，可办理项目建议书批复（20个工作日；中央、军队在京项目到建设部门办理建设项目登记备案，3个工作日），同时对需要的项目，由规划部门出具修建性详细规划审查意见（30个工作日），并有选择地将审查结果抄送人防、消防、市政管理、体育、水务、公安交通等部门。

（2）办理可行性研究报告批复有关手续。发展改革部门批复项目建议书后，对需进行交通影响评价审查的项目书面征求交通部门意见（20个工作日）；建设单位可根据需要同时办理环境影响评价审查（10~30个工作日）、建设用地预审（20个工作日）、职业病危害预评价（20个工作日）、不可移动文物的原址保护及对保护范围内建设项目审查（20个工作日）。

发展改革部门根据需要，依据环保、国土、规划、卫生、文物等部门的许可或审查同意的有关文件，以及交通影响评价审查意见，批复可行性研究报告（20个工作日）。

（3）办理项目用地和初步设计有关手续。批复可行性研究报告后，建设单位可同时办理项目用地和初步设计有关手续。

1）项目用地有关手续。建设单位依次办理划拨或出让许可（20个工作日；如涉及征占用林地，还需办理征占用林地许可，20个工作日）、国有土地使用证（20个工作日）。

2）初步设计有关手续。建设单位可根据需要同时办理消防设计防火审核（8或16个工作日）、建设项目人民防空建设标准审查（13个工作日，中直机关、中央国家机关按系统审查）、文物保护单位建设控制地带项目建设方案审查（20个工作日）和卫生条件、设施的设计审查（20个工作日）。

通过消防设计防火审核和建设项目人民防空建设标准审查后，建设单位办理初步设计及概算批复（20个工作日）。

（4）办理建设工程规划许可有关手续。建设单位取得初步设计及概算批复和土地划拨或出让批准文件后，可办理年度投资计划（10个工作日；中央、军队在京项目到建设部门办理年度施工计划，7个工作日），同时根据需要通过建设项目人民防空建设标准审查和文物保护单位建设控制地带项目建设方案审查后，办理建设工程规划许可证（20个工作日）。

（5）办理建设工程施工许可有关手续。建设单位取得建设工程规划许可证后，可根据需要同时办理房屋拆迁许可证（30个工作日）、掘路许可（20个工作日）、占路许可（20个工作日）、移伐树木许可（12个工作日）、移植古树名木许可（12个工作日）、避让保护古树名木措施许可（12个工作日）、人防工程施工图备案（1个工作日，中直机关、中央国家机关按系统办理）、对施工和监理单位招投标过程进行监管（20个工作日）、进行施工图审查。

随后，建设单位办理建设工程施工许可证（10个工作日）。同时，建设部门与统计部门建立联网信息平台，将施工许可情况与统计部门信息共享。

### （二）发电并网手续办理

1. 发电机组容量报批

根据供电区域的负荷情况、可利用余热情况确定发电机组容量及并网电压等级，到省电力公司进行发电机组容量报批。

2. 电力接入系统设计和审核

根据批复意见，委托进行电力接入系统设计，设计文件报市电力公司审核，并取得通过审核的书面意见。

3. 办理发电机组业扩报装手续

设计审核通过后，到市电力公司客户服务中心办理发电机组业扩报装手续。

4. 办理发电并网试运行许可和电力业务许可证（发电类）

按照办理发电业务许可要求提供相应文件，到电监办办理发电并网试运行许可，并在规定时间内完成发电机组满负荷运行后，补充完善申报材料中有关启动验收资料，在规定时间内完成电力业务许可证（发电类）申领工作。

5. 电力建设工程质量监督和验收手续

电力工程施工应请省电力建设工程质量监督中心站进行质量监督，竣工后须经有关单位组织验收合格才能并网运行。

6. 签订"并网调度协议"、"购售电合同"及备案

并网发电前6个月同市电力公司客户服务中心签订"并网调度协议"、"购售电合同"，并将"并网调度协议"、"购售电合同"在电监办备案。

### 二、燃气冷热电分布式能源工程管理概要

燃气冷热电分布式能源工程管理的实质就是把技术、经济可行的分布式能源项目由设想变成设计图纸，再把设计图纸变成实实在在的能源站的过程，通过项目策划和项目控制，以使分布式能源项目的投资目标、进度目标和质量目标得以实现。

燃气冷热电分布式能源工程项目往往由许多单位承担不同的建设任务和管理任务，如勘察、土建设计、工艺设计、工程施工、设备安装、工程监理、建设物资供应、业主方管理、政府主管部门的管理和监督等，各参与单位的工作性质、工作任务和利益不尽相同，因此形成了不同利益方的项目管理。由于业主方是分布式能源项目实施过程的集成者，包括人力资源、物资资源和知识的集成，同时业主方也是分布式能源项目的组织者，因此业主方的项目管理是燃气冷热电分布式能源项目的管理核心。

业主方的项目管理服务于投资方的利益，其项目管理目标包括项目的投资目标、进度目标和质量目标。投资目标指的是项目的总投资目标，进度目标是指项目动用时间目标及项目交付使用时间目标，质量目标不仅涉及施工的质量，还包括设计质量、材料质量、设备质量和影响项目运行的环境质量等。

业主方的项目管理工作涉及项目实施全过程，即设计阶段、施工招投标阶段、施工阶段及竣工阶段。

### （一）设计阶段

1. 设计阶段投资控制

（1）根据方案设计，审核项目总估算，严格控制在计划值中。

（2）编制项目总投资分解规划，并在设计过程中控制其执行。

（3）编制设计阶段资金使用计划，并控制其执行。

（4）从设计、施工、材料和设备等多方面，作必要的市场调查分析和技术经济比较，论证投资目标。

（5）审核施工图预算，必要时调整总投资计划。

（6）采用价值工程方法，在充分满足项目功能的条件下挖掘节约投资的潜力。

（7）进行投资计划值和实际值的动态跟踪比较。

（8）控制设计变更，检查变更设计的可靠性、经济性和使用功能是否满足项目设想。

2. 设计阶段进度控制

（1）编制项目总进度计划，确定施工进度、甲供材料和设备进场时间。

（2）根据施工进度和设备进场时间，审核设计方的设计进度计划和出图计划。

3. 设计阶段质量控制

（1）确定项目质量的要求和标准，编制详细的设计要求文件。

（2）研究图纸、技术说明和计算书等设计文件，发现问题及时向设计单位提出，对设计变更进行技术经济合理性分析，并按照规定的程序办理设计变更手续。

（3）审核各设计阶段的图纸、技术说明和计算书等设计文件是否符合国家有关设计规范、有关设计质量要求和标准，并根据需要提出修改意见，确保设计质量获得有关部门审查通过。

（4）若有必要，组织有关专家对设计方案进行优化，以进一步降低成本。

（5）审核施工图设计是否有足够的深度，是否满足可施工性的要求，以确保施工进度计划的顺利进行。

4. 设计阶段合同管理

（1）确定合同结构和标准合同文件，起草设计合同及特殊条款。

（2）从投资控制、进度控制和质量控制的角度分析设计合同条款，分析合同执行过程中可能出现的风险及如何进行风险转移。

（3）设计合同谈判，签订设计合同。

（4）进行设计合同执行期间的跟踪管理，包括合同执行情况检查，以及合同的修改、签订补充协议等事宜。

（5）分析可能发生索赔的原因，制定索赔防范性对策，减少索赔事件发生，处理有关设计合同的索赔事宜，并处理合同纠纷事宜。

5. 设计阶段组织与协调

（1）协调与设计单位之间的关系，及时处理有关问题，使设计工作顺利进行。

（2）协调设计单位与政府主管部门的联系。

（3）做好方案设计及扩初设计审批的准备工作，协调处理和解决方案、扩初设计审批的有关问题。

## （二）施工招投标阶段

1. 施工招投标阶段投资控制

（1）审核概算和施工图预算。

（2）审核招标文件和合同文件中有关投资的条款。

（3）审核和分析各单位的投标报价。

（4）评标和合同谈判。

2. 施工招投标阶段进度控制

（1）编制施工总进度规划，并在招标文件中明确工期总目标。

（2）审核招标文件和合同文件中有关进度的条款。

（3）审核分析各投标单位的进度计划。

3. 施工招投标阶段合同管理

（1）合理划分子项目，明确各子项目的范围。

（2）确定项目的合同结构。

（3）策划各子项目的发包方式。

（4）起草、修改施工承包合同以及加工材料和设备的采购合同。

（5）合同谈判。

4. 施工招投标阶段组织与协调

（1）组织对投标单位的资格预审。

（2）组织发放招标文件，组织招标答疑。

（3）组织对投标文件的预审和评标。

（4）组织和协调参与招投标工作的各单位之间的关系。

（5）组织各种评标会议。

（6）向政府主管部门办理各项审批事项。

（7）组织合同谈判。

**（三）施工阶段**

1. 施工阶段投资控制

（1）编制施工阶段各年度、季度和月度资金使用计划，并控制其执行。

（2）利用投资控制软件每月进行投资计划值和实际值的比较，并提供各种报表。

（3）工程付款审核。

（4）审核其他付款申请单。

（5）审核及处理各项索赔中与资金有关的事宜。

2. 施工阶段进度控制

（1）审核施工总进度计划，并在项目施工过程中控制其执行，必要时及时调整施工总进度计划。

（2）审核项目施工各阶段、年、季和月度的进度计划，并控制其执行，必要时作调整。

（3）审核设计方、施工方和材料、设备供货方提出的进度计划和供货计划，并检查、督促和控制其执行。

（4）在项目实施过程中，进行进度计划值和实际值比较，每月、季和年提交各种进度控制报告。

3. 施工阶段合同管理

（1）起草甲供材料和设备的合同，进行各类合同谈判。

（2）进行各类合同的跟踪管理，并定期提供合同管理的各种报告。

（3）处理有关索赔事宜，并处理合同纠纷。

4. 施工阶段组织与协调

（1）参与、组织设计交底。

（2）组织和协调参与工程建设各单位之间的关系。

（3）向各政府主管部门办理各项审批事项。

5. 施工阶段风险管理

（1）工程变更管理。

（2）处理索赔及反索赔事宜。

**（四）竣工阶段**

1. 竣工阶段投资控制

（1）进行投资计划值与实际值比较，提交各种投资控制报告。

（2）审核本阶段各类付款。

（3）审核及处理施工综合索赔事宜。

（4）处理工程决算中的一些问题。

2. 竣工阶段进度控制

（1）编制竣工验收计划，并控制其执行，必要时做出调整。

（2）提交各种进度控制总结报告。

3. 竣工阶段合同管理

（1）进行各类合同跟踪管理，并提供合同管理的报告。

（2）处理工程索赔事宜，并处理合同纠纷。

（3）处理合同中未完事项。

# 第二节　设计管理要点

**一、施工图纸会审**

通过图纸会审可以减少图纸的差错，将图纸中的质量隐患消灭于萌芽状态。同时，通过设计单位向施工单位进行设计交底，以及施工单位审查图纸提出问题，设计解答，形成设计交底和图纸会审纪要，使得施工单位更好地熟悉设计施工图纸，了解工程特点和设计意图，明晓关键工程部位的质量要求，严格按照设计施工图纸和施工技术标准施工，保证工程质量得以预前控制，达到设计要求和合同质量要求。

在图纸会审前，业主单位应分专业对工艺施工、建施、结施、电施、水施、设施图进行专业图纸审核，重点审查图纸是否齐全、系统原理及设计是否合理，设备选型是否准确，以及图纸中关于设备描述是否详尽。设备明细表、设备材料表有无缺失以及足够准确。设备布置是否合理、设备间是否预留了足够的通行通道、设备检修通道，尤其是设备后部距后墙的间距，其距离应充分考虑构造柱的影响。

随后各专业工程师在审核各专业图纸的基础上，以工艺施工图和建施图为基准，进行各专业图纸的碰对，特别是各个专业之间的衔接。例如：设备布置对建筑结构的要求，设备通风对建筑物的要求，设备安装对建筑层高的要求，设备运输通道及消防疏散通道对建筑结构的要求，防爆区域泄爆处理，燃气系统/电气系统/消防系统/主要设备/的消防联动要求，管道布置需要建筑的预留预埋，能源站内水电气各系统与站外相应系统的接口处理等，每一项都需要设计师共同协调并由各专业设计师确认。从中发现和提出图中存在的问题，书面提交设计单位参考修改。

同时，业主单位应限时要求施工单位组织施工项目技术管理人员分专业、分工种对设计施工图纸进行各专业全面细致熟悉，从施工角度审查施工图纸，将发现问题及时提出、书面汇总，供设计施工图纸会审时设计单位解答。只有这样，设计施工图纸才能在施工前减少图纸差错率，使施工技术管理人员做到脑中装图、心中有数、真正理解设计意图和设计要求，彻底了解工艺原理和安装设备管道布局，为施工质量过程控制打好事前预控的准备。

## 二、组织设计院与设备供应商沟通

业主单位根据自身的需要提出需求和目的，设计院为实现业主单位的需求进行设计，由此可提供出各种参数，业主单位根据设计院提供的设备参数进行设备招标。设备供应商确定后，设备供应商要提交设计院设备尺寸、重量、功率等具体参数，设计院根据参数进行施工图的深化设计。

在整个过程中，设计院与设备供应商沟通的有效性是避免产生不必要错误的基础，在实际工作中业主想要实现的意图经常变化，往往会发生设计变更，增加了设计院与供应商沟通有效性的难度，因此作为业主方组织好供应商与设计院的沟通是其重要的责任。

业主单位与设备供应商经过协商沟通，确定设备型号后，应立即要求设备供应商及时提供给设计院相关文件，并且必须经过供应商的签字盖章，并抄送业主方。因不同品牌的设备安装要求各不相同，必须根据选定品牌的设备安装要求进行相应设计。例如，燃气发电机组的废油系统设计、冷却水系统设计、排烟管道设计；余热直燃机组与发电机组的热水及烟气系统的连接设计；离心机组制冷剂的安全阀排气管道设计等都需要与厂家进行详细沟通。设计院根据文件完成施工图设计后，业主单位要及时将其交给设备供应商进行确认，及时消除图纸隐患。

## 三、组织设计院各专业之间沟通

燃气冷热电分布式能源项目涉及专业多，各专业要互相配合沟通。如工艺可能需要对建筑、电气、给排水专业提出要求，使其能够满足工艺要求。

在燃气冷热电分布式能源项目实施过程中，设计变更是普遍的现象，往往其中一个专业发生变更，其他专业都需要变化，这就需要各专业设计师互相通气。当设备型号发生变更时，其配电系统、电缆桥架、自控、管道标高、基础等各项条件都会发生变化，这时工艺设计师就需要告知相关专业设计师改变情况，以便及时做出变更。

做好燃气冷热电好分布式能源项目的设计，设计院必须具有一定的实力，应有建筑、暖通、电气、消防、控制等相关专业人士，并且要有定期沟通的制度。作为业主方应明确设计院由于设计问题造成的工程损失应承担的责任。

## 四、组织能源站设计院与被供能建筑设计院之间沟通

能源站与被供能建筑在很多专业上都需要接口，能源站冷温水的供回管道需要和被供能建筑接口，给排水管道需要接口，电力需要接口，自控需要接口，这些问题需要能源站与被供能建筑的设计院互相沟通共同解决。

因此在实际工作中要组织好设计院之间的沟通，每次会议做好会议纪要，与会人员做好签字；往来的文件要签字盖章，及时归档，以便出现问题时查询。

## 五、设计阶段成本控制

设计阶段是建设项目成本控制的关键和重点。尽管设计费在建设工程全过程费用中一般只占建安成本的 1.5%～2%，但对工程造价的影响力可达 75% 以上。设计质量的优劣直接影响建设费用的多少和建设工期的长短，直接决定人力、物力和财力的投入量。

在实际工程设计中发现，不少设计人员重技术、轻经济，随意提高安全系数，造成一定浪费。针对存在的因设计不精、设计深度不够而增加工程造价不确定因素的情况，可积极推行限额设计，以有效控制造价，即先按项目投资估算控制施工图设计和概算，使各专业在保证建筑功能及技术指标的前提下，合理分解限额，把技术和经济有效结合起来。

严格控制设计变更使限额不轻易突破，业主单位应积极配合设计单位，并利用同类项目的技术指标进行科学分析、比较，使设计优化以降低工程造价。

## 第三节 招标管理要点

### 一、发电设备提前招标

发电设备的生产周期和运输时间相对较长，要长于余热设备和调峰设备。以内燃机为例，厂家通常在合同签订、收到预付款后才会组织生产，国内品牌的生产周期通常为 3 个月，如果选择的是国外品牌，一般需要 3 个月的时间组织生产，3 个月的时间运输。从标书编制开始，然后组织招标、标书评审、合同谈判、合同签订，一般最少需要 1 个月的时间，因此内燃机到现场最少需要 4～6 个月的时间。如果是燃气轮机，其到场时间更长，通常会在 12～15 个月，因此在工程进度安排上，要充分考虑发电设备的生产周期和运输时间，发电设备要提前于其他设备招标。

为保证发电设备的顺利到场，一方面要明确发电厂家未按照计划设备到场的违约责任，另一方面也要按合同约定履行自身的责任，按照合同及时支付设备款。

### 二、以机电安装公司为工程总包单位

燃气冷热电分布式能源项目涉及的专业很多，有土建、工艺安装、电气、自控、消防、燃气、给排水、装修等专业，如果所有的专业都与业主签订合同，平行发包，会极大地增加现场的管理难度，因此指定一家施工单位作为项目的总承包单位是必要的。

国内外的工程施工，基本上采取施工总承包模式：①可以减少业主方的现场协调工作；②在办理施工许可证时，可以只办理一份施工许可证，如果没有总承包单位，凡是与业主直接签订合同的施工单位都需要办理施工许可证；③总承包单位进行现场协调、指挥、安排更有经验和更加专业。

燃气冷热电分布式能源项目的基本功能是满足用能建筑的冷热电需求，冷热电是它的产品，从这个意义上讲分布式能源项目属于工业安装项目，它的核心部分是工艺安装。因此，选择机电安装单位为分布式能源项目的施工总承包单位，有利于对整个项目进行统一的协调管理。

### 三、各专业招标范围界定

由于燃气冷热电分布式能源项目涉及的专业较多，如果招标范围界定不清楚，会造成无人施工或者重复施工、重复购买的可能。

设备采购招标范围的界定较为简单，主要是设备的型号及主要技术参数，重点需要强调的是对于设备采购的配件、备品备件、装卸货范围及可能产生的设备组装所需的水电气等条件，都应在设备采购标书中的合同中有所体现。

工程承包范围的界定难度较大，需要详细的总承包工作内容，例如在实施过程中，能源站项目分土建工程、机电设备安装、消防工程、燃气工程等，如果在最初不能界定清楚各施工及安装单位的工作范围，势必在施工过程中产生交叉重复或者无人施工的空白地带，因此对于工程的范围界定在项目招标过程中尤为重要。

为避免招标范围界定不清，各专业工程师都要审核招标文件，以免漏项或重复购买。在出现重复购买时，要及时和施工单位进行沟通，取消多余的购买，减少损失。

## 第四节 施工管理要点

### 一、项目组织管理体系

燃气冷热电分布式能源项目涉及专业多、专业程度强，项目开始时各项事务千头万绪，各项工作的处理流程没有形成，单靠个人的力量无法完成所有的事情，必须尽早建立起组织体系，落

实各项事务。

项目部人员必须按照各相关专业配置人员。通常一个燃气冷热电分布式能源项目应设置项目经理、工艺工程师、土建工程师、电气工程师、自控工程师、商务经理、资料员等人员，人员分工要明确，任务要清晰，随着工程的进展，工作的重点也应随之变化。没有真正具备专业素质和责任心的工程管理人员，工程质量不可能得到保证，有效的组织体系是燃气冷热电分布式能源项目顺利实施的基础。

## 二、设备催交管理

设备供应商会根据自身的情况去安排设备的生产，加强设备的催交管理能保证设备及时到场。关键线路上的设备到场时间是否及时将直接影响到工程进度，这类设备是催交管理的重点。

催交主要包括：催促供货人按照合同规定，及时向招标人提交一份详细的制造进度表，明确交货日期，以便催交工作的开展；检查供货人主要原材料的采购和准备进展情况，并检查供货人主要外协配件和配套辅机的采购进展情况；检查设备、材料的制造、组装、试验、检验和装运的准备情况；检查各关键工序是否按生产计划进行。催交人员应不断评估供货人的进度状态，确保全部关键控制点的进度按期进行。

## 三、施工组织合理

燃气冷热电分布式能源项目管理具有一定专业性，在管理上应遵循客观规律，科学安排各专业进度，如果施工组织安排不合理，不仅施工进度不能得到保证，施工质量不能得到保证，而且会造成不必要的返工，增加施工成本。

按照常规应按照土建施工、工艺设备及管道安装、电气专业安装、给排水专业安装、燃气施工、消防专业施工、装饰工程的步骤来实施，后续专业应在什么时候介入也需要考虑，电气照明的施工应在母线安装、管道安装之后再进行，吊顶施工应在电缆敷设、风机盘管、管道等完成之后进行。

要保证在整个工期内的工作量均匀有序安排，避免忙时过忙、闲时过闲的现象，可以预留出一些零星作业在闲时安排。

施工组织应主次分明，避免全面开花，互相影响。

## 四、设备二次搬运组织合理

能源站的面积一般较小，由于面积越大成本就越高，能源站面积通常在满足消防要求、安全通道和操作要求的情况下尽量小。通常一台发电设备或余热设备的长、宽、高尺寸很大，它可以将设备通道全部堵住，让其他的设备不能运输过去，从而增加二次运输成本和难度。

要根据设备的具体位置、现场的情况和到场时间，合理确定设备的二次运输路线和先后顺序，降低二次运输成本，并利于设备的保护。

## 五、管道接口位置确认

管道接口位置要经再三确认。燃气冷热电分布式能源项目的管道布置复杂，接口众多，尤以内燃机高温缸套水的接口异常复杂。在夏季，高温缸套水通过三通阀分别进入余热直燃机的低温发生器和高温缸套散热水箱，在进入余热直燃机前还要经过 Y 型过滤器，然后才进入余热直燃机；在冬季，高温缸套水通过三通阀分别进入换热器和高温缸套散热水箱；几乎所有的接口都集中在同一个位置上，较复杂且容易出错。

在施工时，现场工程师要反复确认接口位置，对施工人员进行书面技术交底。施工时要进行旁站指导，甚至要把设计师请到现场进行交底，以免发生错误。

## 六、现场预埋与预留

燃气冷热电分布式能源项目施工过程中，预埋铁和预留洞口很多，各种管道穿墙的预留洞口、管道支吊架固定所用的埋铁、电缆桥架固定所用埋铁，数量众多，稍有不慎，就会遗漏或者位置偏差大，造成后期乱凿开孔。

解决该问题通常要组织各专业工程师和各参建单位做好图纸会审，确定好预留孔洞和埋铁的位置和尺寸，并在图纸上一一标注出来；在预埋预留前对安装工人要做好技术交底，将设计、规范要求和所要达到的质量标准一一交代清楚；在施工时，安装单位人员也要在现场旁站，重点部位重点控制，如顶层管道多、预留预埋多是重点控制部位；加强检查，及时发现问题。

### 七、隐蔽工程质检

隐蔽工程是工程质量的一个重要环节，它直接影响工程质量和使用功能。所谓隐蔽工程，简单概括即为后续的工序或分项工程所覆盖、包裹、遮挡的前一分项工程，如分布式能源项目中的冷温水管道、屋面防水、地埋管道等，这些隐蔽工程都会被后一道工序所覆盖，所以很难检查其材料是否符合规格、施工是否规范，如果发生质量问题，还得重新覆盖和掩盖，会造成返工等非常大的损失。

首先，施工单位要有隐蔽工程检查的意识，要坚持做到隐蔽工程未经检查或验收未通过，不允许进行下道工序的施工。当工程具备覆盖、掩盖条件的，承包人应先进行自检，由施工人员、质检人员、安全员等共同负责，自检合格后，通知建设单位及监理单位进行隐蔽工程检查，通知包括自检记录、隐蔽的内容、检查时间和地点。

其次，监理单位要真正负起责任，必须牢牢抓住质量控制这个中心工作，增强责任意识，把握审查审批环节，把握巡视旁站监督，把握验收签认环节。检查合格的，在检查记录上签字，如检查发现不合格的，一定要求承包人在一定期限内完善工程条件。

### 八、设备入场保护

燃气冷热电分布式能源项目的设备造价通常较为昂贵，发电设备和余热设备造价动辄在数百万元以上，设备如果保护不好，将造成较大损失。因此，必须做好设备入场保护。

首先，设备入场要具备一定的条件：设备入场的运输道路通畅，安装基础已夯实；吊装方案已通过审批，起重设备已安排到位；二次运输道路通畅，无障碍；设备基础已施工完毕，找平完成。

其次，设备吊装、移动前一定要做好检查，检查各项措施是否符合方案的要求，检查环境是否允许设备的吊装和移动等。设备要吊装、就位一次完成，减少设备运输、移动被破坏的风险。

设备上方、下方、周边的施工尽量在设备入场前完成，防止交叉施工破坏设备外观。实行作业票制，如果在设备附近进行施工，需经有关部门审批。

## 第五节　燃气冷热电分布式能源系统调试

### 一、概述

燃气冷热电分布式能源系统调试，是分布式能源系统项目建设不可替代的重要环节。调试工作既是一个相对独立的阶段，又是贯穿于整个工程建设的全过程。通过对整套设备的调试，可使各系统单个设备形成具有活力和生产力的有机整体。

机组的启动试运是全面检验主机及其配套系统的设备制造、设计、施工、调试和生产准备的重要环节，是保证机组能安全、可靠、经济、文明地投入生产，形成生产能力，发挥投资效益的关键性程序。

机组的启动试运一般分为分部试运、整套启动试运、试生产三个阶段。

分部试运是燃气冷热电分布式能源建设施工的一个重要环节，是检验设备制造、设计和安装质量的动态试验过程，是整套启动前的重要工序。分部试运是指从分布式能源系统高压母线受电到整套启动试运前的辅助机械及系统的调试工作，是在设备、系统检查及核查结束后，确认启动是在对人身和设备都安全的基础上进行的。分部试运一般应在整套启动试运前完成。

分部试运由单机试运和分系统试运两部分组成。一般情况下，分系统试运是在单机试运之后进行，两个步骤既相互衔接又相互交叉，是相辅相成的。

单机试运包含电动机、阀门及单台设备的试运。其主要任务是在单机试运中监测和记录单机各部位的温度、压力、流量、振动、液位等运转参数，并进行必要的部件调整，使试运设备的各项运行参数达到各项技术指标。

分系统试运主要是指对由单机、连接管道及其他附属机构、元件形成的相对独立系统的动力、电气、热控等所有设备，进行空载和带负荷的调整试运，并进行整个系统的二次回路调试、信号校验、联锁保护试验、操作试验、调节试验、系统功能试验，使系统的性能达到设计要求。

单体调试和单机调试合格后，才能进入分系统试运。

## 二、调试目的

调试目的见表 7-1。

表 7-1 调 试 目 的

| 序号 | 阶 段 | 目 的 |
|---|---|---|
| 1 | 单机试运 | 单机试运也叫功能试验，它指对设备、机械或系统一个一个地启动、试验和调整，以确认是否与设计性能相符。检查操作指令、测量仪表、信号、程控、联锁、保护等功能是否正确。其中有些设备可能需经过再次检修和调整才能达到设计标准 |
| 2 | 分系统试运 | 分系统试运是指按工艺系统或功能系统等单个系统的动态运行试验。主要进行控制逻辑顺序、各种保护以及测量与调节回路的运行与调整、在各种运行方式下的系统工况试验等 |
| 3 | 整套启动试运 | 分布式能源系统整套启动试运是分布式能源系统基本建设的最后一道工序，是保证分布式能源系统高质量投运的重要环节，是对整个工程建设最后阶段的动态综合检验，是分布式能源系统设备和分系统调试合格后，发电机组和余热直燃机组从启动开始至完成满负荷运行为止的启动调整试验工作。通过整套启动试运及时发现问题，清除由于各种原因造成的设备和系统中存在的缺陷，逐步使主机、辅助设备、系统达到设计的额定工况和出力，使分布式能源系统达到安全可靠的满负荷正常运行 |

## 三、调试内容及标准

调试内容及标准见表 7-2。

表 7-2 调试内容及标准

| 序号 | 调试项目 | 时间安排 | 主 要 内 容 | 调试要求、标准 |
|---|---|---|---|---|
| 1 | 调试条件检查 | | (1) 对"调试条件"逐条落实。<br>(2) 现场杂物、卫生清扫干净，通道通畅。<br>(3) 具有通信设施或采用临时通信设施，保证通信联络正常 | (1) 符合调试条件的要求。<br>(2) 有明显的标志和分界，危险区设围栏和警告标志。<br>(3) 安全设施及装备齐全、可靠 |

| 序号 | 调试项目 | 时间安排 | 主 要 内 容 | 调试要求、标准 |
|------|---------|---------|------------|--------------|
| 2 | 阀门 | | 对分布式能源系统的所有蝶阀、半球阀、截止阀、闸阀、平衡阀、止回阀进行调整试验 | (1) 操作正确、开关灵活、指示正确，行程到位。<br>(2) 电动阀门电源正常，接线正确 |
| 3 | 水泵 | | 对分布式能源系统的所有离心式管道泵、齿轮泵、排污泵进行调整试验 | (1) 叶轮旋转方向正确，无异常振动和声响，壳体密封处不得渗漏，紧固连接部位无松动，其电动机运行功率值符合设备技术文件的规定。<br>(2) 水泵连续运转 2h 后，滚动轴承不得超过 75℃ |
| 4 | 给排水系统 | | (1) 给水系统的调试。<br>(2) 排水系统的调试 | (1) 供水能力正常、水质合格、工作压力符合设计要求。<br>(2) 各排水液位控制器反应灵敏，确保排水管道畅通无阻。<br>(3) 系统试压及冲洗合格，系统冲洗的标准：排水外状透明 |
| 5 | 消防系统 | | (1) 消火栓系统的调试。<br>(2) 火灾报警装置的调试 | (1) 按照设计要求安装完成，附件配备到位。<br>(2) 消火栓系统水压试验合格，无泄漏。<br>(3) 感烟、感温、燃气探测器及手报、事故照明、事故广播测试灵敏、可靠，信号正常 |
| 6 | 天然气系统 | | (1) 天然气系统的探伤。<br>(2) 天然气系统吹扫、打压、调试 | (1) 所有焊口探伤合格。<br>(2) 系统吹扫合格。<br>(3) 打压试验合格，无泄漏。<br>(4) 调压箱调试合格，压力、流量满足设计要求 |
| 7 | 电气系统 | | (1) 高压开关装置调试。<br>(2) 发电机变压器组继电保护装置调试。<br>(3) 厂用电源快切装置调试。<br>(4) 启动备用变压器及厂用系统带电。<br>(5) 发电机变压器组故障录波装置调试。<br>(6) 发电机励磁调节装置及系统调试。<br>(7) 主变压器调试。<br>(8) 发电机变压器组系统 ECS 传动试验。<br>(9) 主变压器倒送电试验。<br>(10) 发电机变压器组同期装置调试 | 检查电气、控制设备定位并安装牢固，按设计图已接线完毕，并经查线，校验处于完好备用状态 |

续表

| 序号 | 调试项目 | 时间安排 | 主 要 内 容 | 调试要求、标准 |
|---|---|---|---|---|
| 8 | 自控系统 | | （1）配合厂家进行分散控制系统的受电和软件恢复调试。<br>（2）计算机系统硬件检查和 I/O 通道精度检查。<br>（3）数据采集系统（DAS）的调试。<br>（4）顺序控制系统（SCS）的调试。<br>（5）模拟量控制系统（MCS）的调试。<br>（6）电气控制系统（ECS）的调试。<br>（7）协调控制系统调试（联合调试）。<br>（8）机组事故记录系统（SOE）调试。<br>（9）计算机监视系统的调试 | 按 PID 图检查所有配管及装置上的压力表及开关、液位开关、流量表、电导率表、SDI 仪、PH 表、温度表等仪表数量是否相符，检查仪表接头、仪表根部阀、接线是否完好并经调校处于完好备用状态 |
| 9 | 冷却塔 | | （1）冷却塔风机的运转、调试。<br>（2）冷却塔补水系统的调试。<br>（3）冷却塔清扫、冲洗。<br>（4）冷却塔水力平衡的调整 | （1）检查冷风机转动情况正常，冷却水系统无障碍和水流不畅等现象。<br>（2）冷却塔喷水量和吸入水量应基本平衡。补给水和积水池的水位正常。出、入口冷却水温度符合标准要求。<br>（3）电动机的启动和运转电流在标准允许的范围内，无过载现象。<br>（4）冷风机轴承温度应不超过设备技术文件的规定。冷却塔无振动和噪声等问题。<br>（5）冷却塔喷水时，无偏流情况 |
| 10 | 冷却水系统 | | （1）冷却水系统水压试验。<br>（2）冷却水系统的冲洗。<br>（3）冷却水系统的联合调试 | （1）水压试验合格，无泄漏。<br>（2）系统冲洗合格，过滤器清理干净。<br>（3）系统的水泵、阀门、水压、流量正常 |
| 11 | 冷温水系统 | | （1）站内冷温水系统水压试验。<br>（2）站内冷温水系统的冲洗。<br>（3）冷温水系统水力平衡阀的调试。<br>（4）冷温水系统的联合调试 | （1）水压试验合格，无泄漏。<br>（2）系统冲洗合格，过滤器清理干净。<br>（3）系统的水泵、阀门、水压、流量正常。<br>（4）各设备的冷温水流量符合设计要求 |
| 12 | 通风空调系统 | | （1）离心排风机的调试。<br>（2）风管风阀调整。<br>（3）防排烟与消防系统联动调试。<br>（4）空调水系统的打压、冲洗、循环。<br>（5）风柜、风机盘管启动、单机试运转 | |

续表

| 序号 | 调试项目 | 时间安排 | 主　要　内　容 | 调试要求、标准 |
|---|---|---|---|---|
| 13 | 高温缸套水系统 | | (1) 高温缸套水系统的冲洗。<br>(2) 高温缸套水系统的水压试验。<br>(3) 高温缸套水系统的调试 | (1) 水压试验合格，无泄漏。<br>(2) 系统冲洗合格，过滤器清理干净。<br>(3) 系统的水泵、阀门、水压、流量正常。<br>(4) 膨胀水箱的液位正常，不溢流、不报警 |
| 14 | 低温缸套水系统 | | (1) 低温缸套水系统的冲洗。<br>(2) 低温缸套水系统的水压试验。<br>(3) 低温缸套水系统的调试 | (1) 水压试验合格，无泄漏。<br>(2) 系统冲洗合格，过滤器清理干净。<br>(3) 系统的水泵、阀门、水压、流量正常 |
| 15 | 软化水系统 | | (1) 软化水系统的冲洗。<br>(2) 软化水系统的水压试验。<br>(3) 软化水系统的调试 | (1) 系统冲洗合格，过滤器清理干净。<br>(2) 水压试验合格，无泄漏。<br>(3) 系统的水泵、阀门、水压、流量正常。<br>(4) 出水水质、流量合格。<br>(5) 补水泵自动启停及联锁正常 |
| 16 | 锅炉一次水系统 | | (1) 锅炉一次水系统的冲洗。<br>(2) 锅炉一次水的水压试验。<br>(3) 锅炉一次热水侧的系统调试 | (1) 系统冲洗合格，过滤器清理干净。<br>(2) 水压试验合格，无泄漏。<br>(3) 系统的水泵、阀门、水压、水质、流量正常 |
| 17 | 发电机组 | | (1) 调试工程师按照调试指导手册所列内容检查燃气发电机组各系统的安装是否符合技术要求。<br>(2) 燃气发电机组单机启动。<br>(3) 发电机组与市电母线排进行单机并联运行。<br>(4) 第二发电机组与第一发电机组相同检查、调整、设置。<br>(5) 第一、二发电机组同时与各自的母线排自动启动并联满负载运行 | (1) 燃气系统、基础和避震、电力电缆、交流电源、直流电源、控制线路、主断路器、系统接地、排气系统、冷却系统、补充油箱、燃气报警、消防系统的安装是否符合技术要求。<br>(2) 燃气发电机组单机启动。<br>1) 手动模式怠速启动发电机组。<br>2) 手动模式全转速启动发电机组。<br>3) 自动模式全转速启动发电机组（在主断路器闭合阻止触点闭合状态下运行）。<br>(3) 观察、调整、记录发电机组在满负载条件下运行的运行参数 |
| 18 | 离心式制冷机组 | | (1) 冷却塔能正常运行。<br>(2) 主机启动柜至电动机电源电缆已连接完毕，主机启动柜上桩头至用户配电柜电源电缆已连接完毕并已通过绝缘测试，主电源供电已到位合乎机组启动条件；系统具备一定的冷负荷以使机组能长期大负荷运行。<br>(3) 系统具备一定的冷负荷以使机组能长期大负荷运行 | |

| 序号 | 调试项目 | 时间安排 | 主 要 内 容 | 调试要求、标准 |
|---|---|---|---|---|
| 19 | 余热直燃机组 | | （1）灌注溶液。<br>（2）抽真空。<br>（3）检查接线、通信及系统情况。<br>（4）按照《制冷性能调试指引表》及《调试成绩表》进行逐项核实 | |
| 20 | 锅炉调试 | | （1）检查燃气管路配置是否正确，并符合有关要求。<br>（2）点火棒位置、探测器检查调整。（在风机吹扫阶段）燃气炉可检查阀头有无泄漏。<br>（3）检查燃气压力及燃烧器电磁阀、燃烧器风叶、固定螺栓、联轴器等。<br>（4）控制箱连接导线及接线螺栓坚固。进线电源检查（包括接零线是否可靠，接地导线及接地桩是否可靠、正常）。<br>（5）打开控制电源，向锅炉进水，待进至液面计刚有显示就停止进水，开启真空泵，向锅炉内部抽真空火焰点火（无回火及燃烧正常情况下，连续点燃三次以上正常）。<br>（6）火焰熄火保护及关闭启动开关时，检查火焰指示灯是否熄灭。<br>（7）燃烧效果检查（有无冒烟）。<br>（8）风门调整（如适用）。<br>（9）温度控制功能正常 | |

## 四、调试条件

### （一）分部试运前应具备的条件

分部试运阶段应从厂用母线受电开始至整套启动试运开始为止。

1. 试运现场

（1）试运范围内场地基本平整，沟道盖板齐全，道路畅通，地面整洁，无杂物，门窗齐全，室外设备的遮雨设施已按图施工完成。

（2）脚手架、梯子、平台、栏杆、护板等符合安全和试验的要求。

（3）给排水工程已完成并分部验收合格，给水充足、排水畅通。

（4）燃气工程已完工，验收合格，保证燃气的稳定、可靠供应。

（5）试运区域照明充足。

（6）消防系统已完成并分部验收合格，现场配备必要的消防设施。

（7）具有通信设施或采用临时通信设施保证通信联络正常。

（8）有明显的标志和分界，危险区设围栏和警告标志。

2. 设备、系统与人员

（1）分部试运的设备系统（包括机务、电气、自控等）安装工作已结束，有关试验或校验工作已完成，质量验评签证已办理。

（2）土建工作已结束，设备基础的二次浇灌已完成，且混凝土已达设计强度。

（3）参加试运设备的保护装置应校验合格，并可投用。对因调试或试运需要而需临时解除或变更的保护装置已办好审批手续。

（4）临时设施已完成。

（5）具有足够的冷、热、电负荷，能够满足设备调试的需要。

（6）一般应具备设计要求的正式电源。

（7）单机试运完成、经组织验收合格、办理签证后，才能进入分系统试运。

（8）分部试运的设备及系统已命名、挂牌，并有明显标识。

（9）分部试运所需测试仪器、仪表已配备，并符合计量管理要求。

（10）分部试运设备和系统已与非试运的设备系统可靠隔离。

（11）试运指挥部及其下属机构已成立，组织落实，人员到位，职责分工明确。

（12）各项试运管理制度和规定以及调试大纲已经审批发布执行，运行操作人员已培训合格，试运方案与作业指导书已向参加试运工作的人员做了技术交底。

（13）施工单位建立试运文件包，负责文件包的整理、传递工作，并对文件包内容的完整性负责。

（14）上述个别条件若在分部试运行前不能完全达到，而需采取少量临时措施或需在分部试运后再行完善的，必须得到试运指挥部的批准后，方可允许执行试运操作。

**（二）整套启动试运应具备的条件**

整套启动试运阶段是从发电机组、余热直燃机组、电气设备、自动控制设备、锅炉、电制冷机组等第一次整套启动时发电机组启动开始，到完成满负荷试运移交生产为止。

（1）试运指挥部及各组人员已全部到位，职责分工明确，各参建单位参加试运值班的组成人员及联系方式已上报试运指挥部并公布，值班人员已上岗。

（2）建筑、安装工程已验收合格，满足试运要求；分布式能源系统外与市政、公交、航运等有关的工程已验收交接，能满足试运要求。

（3）必须在整套启动试运前完成的分部试运项目已全部完成，并已办理质量验收签证，分部试运技术资料齐全。主要检查项目有：

1）燃气发电机组、余热直燃机组、离心式制冷机组、锅炉、电气、自控各专业的分部试运完成情况。

2）发电机组润滑油、防冻液、溴化锂溶液、变压器油的油质的化验结果。

3）保安电源切换试验及必须运行设备保持情况。

4）热控系统及装置电源的可靠性。

5）通信、保护、安全稳定装置、自动化和运行方式及并网条件。

6）燃气系统安全、稳定、可靠。

（4）整套启动试运计划、重要调试方案及措施已经总指挥批准，并组织相关人员学习，完成安全和技术交底。

（5）试运现场的防冻、采暖、通风、照明、降温设施已能投运，厂房和设备间封闭完整，所有控制室和电子间温度可控，满足试运需求。

（6）试运现场安全、文明。主要检查项目有：

1）消防设施已验收合格，临时消防器材准备充足且摆放到位。

2）电缆和盘柜防火封堵合格。

3）现场脚手架已拆除，道路畅通，沟道和孔洞盖板齐全，楼梯和步道扶手、栏杆齐全且符合安全要求。

4）保温和油漆完整，现场整洁。

5）试运区域与运行或施工区域已安全隔离。

6）安全和治安保卫人员已上岗到位。

7）现场通信设备通信正常。

(7) 生产单位已做好各项运行准备。主要检查项目有：

1）启动试运需要的天然气、化学药品、检测仪器、润滑油、防冻液、盐及其他生产必需品已备足和配齐。

2）运行人员已全部到位，岗位职责明确，培训考试合格。

3）运行规程、系统图表和各项管理制度已颁布并配齐，在控制室完整放置。

4）试运设备、管道、阀门、开关、保护压板、安全标识牌等标识齐全。

5）运行必需的操作票、工作票、专用工具、安全工器具、记录表格和值班用具、备品配件等已齐备。

(8) 试运指挥部的办公器具已备齐，文秘和后勤服务等项工作已经到位，满足试运要求。

(9) 配套送出的输变电工程满足机组满发送出的要求。

(10) 已满足电网调度提出的各项并网要求。主要检查项目有：

1）并网协议、并网调度协议和购售电合同已签订，发电量计划已批准。

2）调度管辖范围内的设备安装和试验已全部完成并已报竣工。

3）与电网有关的设备、装置及并网条件检查已完成。

4）电气启动试验方案已报调度审查、讨论、批准，调度启动方案已正式下发。

5）整套启动试运计划已上报调度并获得同意。

(11) 质量监督中心站已按有关规定对机组整套启动试运前进行了临检，提出的必须整改的项目已经整改完毕，确认同意进入整套启动试运阶段。

(12) 启动委员会已经成立并召开了首次全体会议，听取并审议了关于整套启动试运准备情况的汇报，并做出准于进入整套启动试运阶段的决定。

## 五、调试要求及准备

### (一) 分部试运要求及准备工作

调试是一项艰难而复杂的工作，要想使调整试运有条不紊地进行，加快调试节奏，提高试运质量，调试前的准备工作至关重要。而分部试运是机组整套试运的前奏，分部试运质量的好坏，直接影响到机组在整套试运期间的运行稳定性和机组移交的质量验评，其中包括机组启停次数的多少、试运工期的长短和各项调整试验是否顺利完成等。

1. 了解图纸、资料

调试人员必须全面掌握机组的设计特点、自动化水平，以及所有机组的运行特性，通过外出调研、专业培训和查阅设备厂家及设计院相关图纸、资料，熟知分布式能源系统全部设备，包括发电机组、余热直燃机组、电制冷机组、锅炉、自控系统、各种水泵、风机等的构造和工作原理；熟知每个阀门的位置、仪表的用途、各种保护及自动装置的动作原理和作用；熟练掌握分布式能源系统所有设备的启、停和正常运行操作；能根据规程要求及相关经验正确而迅速地处理所发生的各种事故和异常情况。

2. 检查现场设备系统

调试人员必须对现场的设备和系统进行全面的检查，其中包括：查看设备供货与订货是否一致；了解掌握设备及系统的安装情况和工程进度；根据图纸、资料，结合现场实际情况及以往的调试经验，检查系统布置的合理性等。

在熟知设备及系统的基础上，尽可能提出安装、设计和制造等方面的缺陷和问题等，提出合理化改进建议以保证试运工作的顺利进行。施工单位应提供具有文字证明的设备、系统检查与核查的文件资料（称文件包）。文件包中必须有一完整的工作表，展现已完成的工作、未完成的尾工、设计和施工的变更部分、施工中的改进、工程质量设计标准和与有关规范的不符之处，以及需要更正和悬而未决的问题。

3. 编写调试大纲、调试技术方案和措施

调试人员应在详细掌握有关图纸、资料的基础之上，熟悉掌握各项设备及系统的调试内容、方法和步骤。编写符合实际情况的调试大纲、调试技术方案和措施。

调试大纲分工程调试大纲和专业调试大纲，工程调试大纲一般由调试单位或项目总工编写，专业调试大纲由各专业承包单位的专业负责人完成。调试大纲是整个工程调试和试运工作的规划性方案，是落实调试合同和在具体工程项目中执行有关试运和调试规程的指导性文件。大纲要重点规范和明确调试项目、调试程序、重点或特殊项目的调试方法和要求、调试的质量标准以及各种调试资料的详细目录清单。

调试方案和措施原则上按调试项目对应独立编写，包括名称对应和内容对应。对个别不适宜独立编写的的调试项目可以合并编写，但合并编写的方案和措施的名称应能明确反映所包含的调试项目，必要时可以在调试方案和措施的名称下以小号字体表明所涵盖的调试项目或以调试项目名称作为章节的标题。

4. 提前介入、严把试运关

(1) 坚持三个信息反馈，即设计缺陷信息反馈、设备缺陷信息反馈和施工缺陷信息反馈。在分部试运阶段组织调试人员进入工地，收集资料、熟悉设备系统、监督检查已投产机组出现过的设计、设备和施工缺陷是否都能反馈到新建机组，这样可基本上杜绝过去发生的问题在新机组上重演，为搞好分部试运和促进机组总体质量水平的提高打下良好的基础。

(2) 开好调试及碰头会和专业会，及时解决试运中出现的问题。分部试运中，坚持每天召开一次由施工单位主持，调试、生产、设计、制造等单位参加的碰头会，及时解决当天出现的调试、设计、施工等方面的问题，协调相互配合的进度。遇到较大的专业问题则应及时召开专业会议，研究处理方案和各方分工，以保证分部试运质量和工期的要求。

(3) 调试程序不宜规定得太细、太死。由于各工程机组形式、系统和现场情况不尽相同，各有差异，因此在调试程序上把项目、内容及标准要求明确就行了，要给现场一定的自由度，以便因时制宜、因地制宜，更好地完成启动调试任务。

调试工作的 70% 在准备，30% 在实施，这说明了准备工作的重要性。因此准备工作要尽早着手，包括在组织管理方面的准备。

**(二) 整套启动试运要求及准备工作**

1. 整套启动试运工作基本要求

(1) 认真贯彻执行国家、行业、地方的规范、规程、条例、标准进行各项调试工作。

(2) 熟知分布式能源系统调试有关系统、设备结构、工作原理、试验方法、启动运行操作、维护、技术指标、厂家有关技术文件。

(3) 分布式能源系统分部试运结束并经建设、生产、施工、监理、调试单位验评合格。

（4）配合自控、电气进行设备投入前保护、联锁、报警实验。

（5）编写整套启动试运方案及调试有关项目试验措施，并指挥机组整套启动和组织有关实验项目的实施。

（6）绘制系统图册、整套启动试运工作程序图，机组首次整套启动升速、升负荷曲线，编制记录表格。

（7）准备试验时所用设备、仪器、仪表，加强实验设备及仪器管理和维护。

（8）整理试运记录，填写分布式能源系统调整试运质量检验及评定表，编写试验报告，编写试运总结。在整套启动试运结束，移交生产，一个半月内交给合同委托单位。

（9）坚决贯彻"安全第一，预防为主"的方针，经常组织分布式能源系统调试人员进行安全学习，进入现场前安全考试必须合格。对有关部门下发的安全通报及时组织学习。

（10）对机组进入整套启动试运应具备的条件进行认证核查，对影响设备及人身安全的问题，应要求安装单位必须改进、完善。

（11）对分布式能源系统在试运中发生的设备损坏、人身事故或中断运行的事故参与调查和分析，并提出对策。

2. 整套启动试运方案编写要求

（1）编写依据。编写的主要参考资料有《火力发电厂基本建设工程启动及竣工验收规范》、《火力发电厂启动调试工作规定》、《火电建设施工及验收规范》、《火电工程调整试运质量检验及评定标准》、《电力建设安全工作规程》以及国家及行业颁发的有关技术规程、标准、设计、制造有关技术文件，合同有关文件。

（2）编写基本内容。

1）编制目的。

2）编制依据。

3）概述。

4）主要设备技术规范。

5）调试内容及验评标准。

6）组织分工情况。

7）仪器设备的配置。

8）整套启动试运应具备的条件。

9）整套启动试运程序及原则。

10）整套启动试运操作步骤。

11）主要设备及系统投入要点。

12）机组运行主要控制指标。

13）停机操作。

14）注意事项。

15）反事故措施。

16）附图（冷热态启动曲线）。

3. 整套启动组织机构、人员配备和技术文件准备

（1）工程上级主管单位已按启动及竣工验收规程的要求，建立启动验收委员会及下设机构，试运指挥部及各组人员已全部到位，试运指挥部各组人员已全部到位，做到职责清楚、分工明确。

（2）建设单位应组建试运指挥部，并进行整套启动试运前的准备工作检查。

（3）生产单位已按机组整套启动试运方案和措施，配备了各岗位运行人员及试验人员，并有明确的岗位责任制；运行操作人员已经过培训并考核合格。已在现场配齐试运措施、符合实际的系统流程图册、控制和保护逻辑图册、设备保护整定值清册、制造厂家的设计、运行规程和检修规程等有关技术文件，设备、管道、阀门等已命名标示齐全并编号挂牌。

（4）施工单位已根据整套启动方案和措施的要求，配备了足够的维护检修人员，并有明确的岗位责任制；维护检修人员应熟悉所在岗位的设备（系统）性能，并能在整套试运组统一指挥下胜任检修工作。不发生设备、人身事故和中断试运工作。

（5）施工单位已备齐机组整套试运的设备（系统）安装验收签证和分部试运记录。

（6）调试单位已参照《火电工程启动调试工作规定》并按行业规范及工程设计、设备资料，编制机组整套试运方案和措施，经有关技术人员讨论、有关单位审核试运总指挥批准，并在试运前向参与试运的各有关单位技术人员进行技术交底。已在试运现场张挂整套启动试运曲线等图表。

## 六、调试程序

### （一）单机调试程序

单机调试程序如图 7-1 所示。

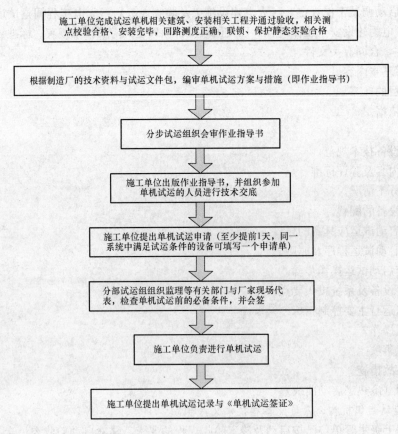

图 7-1　单机调试程序

### （二）系统调试程序

系统调试程序如图 7-2 所示。

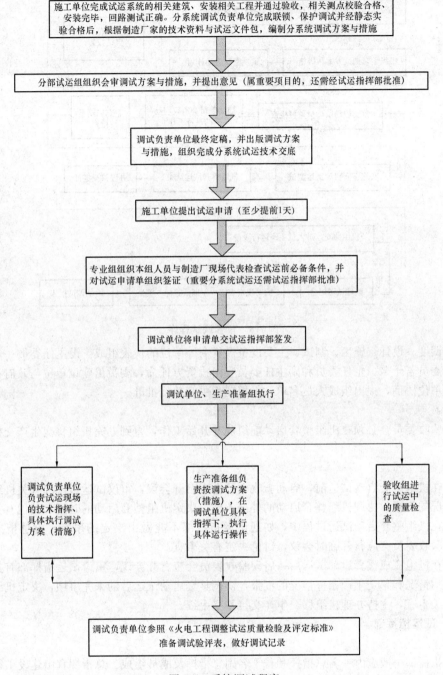

图 7-2　系统调试程序

## （三）整套调试程序

整套调试程序如图 7-3 所示。

## 七、调试组织架构及职责

## （一）启动验收委员会

1. 组 成

启动验收委员会一般应由投资方、政府有关部门、电力建设质量监督中心站、项目公司、监

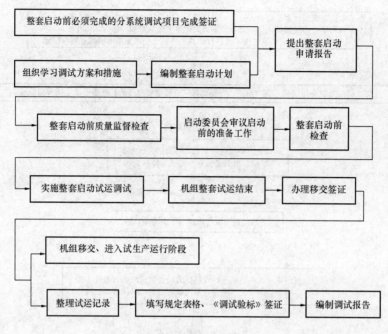

图 7-3    整套调试程序

理、电网调度、设计、施工、调试、主要设备供货商等单位的代表组成。设主任委员一名、副主任委员和委员若干名。主任委员和副主任委员宜由投资方任命，委员由建设单位与政府有关部门和各参建单位协商，提出组成人员名单，上报工程主管单位批准。

2. 职责期

启动验收委员会必须在机组整套启动前组成并开始工作，直到办完机组移交生产交接签字手续为止。

3. 职责

（1）在机组整套启动试运前，启动验收委员会应召开会议，审议试运指挥部有关机组整套启动准备情况的汇报，协调机组整套启动的外部条件，决定机组整套启动的时间和其他有关事宜。

（2）在机组整套启动试运过程中，如遇试运指挥部不能做出决定的事宜，由总指挥提出申请，启动验收委员会应召开临时会议，讨论决定有关事宜。

（3）在机组完成整套启动试运后，启动验收委员会应召开会议，审议试运指挥部有关机组整套启动试运情况和移交生产条件情况的汇报，协调整套启动试运后的未完事项，决定机组移交生产后的有关事宜，主持办理机组移交生产交接签字手续。

**（二）试运指挥部**

1. 组成

试运指挥部一般应由一名总指挥和若干名副总指挥及成员组成。总指挥宜由建设工程项目公司的总经理担任，并由工程主管单位任命。副总指挥和成员若干名，具体人选由总指挥与工程各参建单位协商，提出任职人员名单，上报工程主管单位批准。

2. 职责期

试运指挥部一般应从机组分部试运开始的一个月前组成并开始工作，直到办理完机组移交生产交接签字手续为止。

3. 职责

（1）全面组织和协调机组的试运工作。

（2）对试运中的安全、质量、进度和效益全面负责。

（3）审批重要项目的调试方案或措施（如调试大纲、升压站及厂用电受电措施、化学清洗措施、发电机组整套启动措施、电气整套启动措施、甩负荷试验措施等）和单机试运计划、分系统试运计划及整套启动试运计划。

（4）启动验收委员会成立后，在主任委员的领导下，筹备启动验收委员会全体会议，启动验收委员会闭会期间，代表启动验收委员会主持整套启动试运的常务指挥工作。协调解决试运中的重大问题。组织和协调试运指挥部各组及各阶段的验收签证工作。

4. 下设机构

试运指挥部下设分部试运组、整套启动试运组、验收检查组、生产运行组、综合管理组。根据工作需要，各组可下设若干个专业组，专业组的成员，一般由总指挥与工程各参建单位协商任命，并报工程主管单位备案。

（1）分部试运组。一般应由施工、调试、建设、生产、监理、设计、主要设备供货商等有关单位的代表组成。设组长一名，应由主体施工单位出任的副总指挥兼任，副组长若干名，应由调试、建设、监理和生产单位出任的副总指挥或成员担任。

分部试运组主要职责：

1）负责提出单机试运计划和分系统试运计划，上报总指挥批准。

2）负责分部试运阶段的组织领导、统筹安排和指挥协调工作。按照试运计划合理组织土建、安装、单体调试工作，为单机试运和分系统试运创造条件。

3）在单机和系统首次试运前，组织核查单机试运和系统试运应具备的条件，应使用试运条件检查确认表进行多方签证。

4）组织研究和解决分部试运中发现的问题。

5）组织办理单机试运验收签证和分系统试运验收签证工作。

（2）整套启动试运组。一般应由调试、施工、生产、建设、监理、设计、主要设备供货商等有关单位的代表组成。设组长一名，须由主体调试单位出任的副总指挥兼任，副组长若干名，须由施工、生产、建设和监理单位出任的副总指挥兼任。

整套启动试运组主要职责：

1）负责提出整套启动试运计划，上报总指挥批准。

2）组织核查机组整套启动试运前和进入满负荷试运的条件，应使用整套启动试运条件检查确认表进行多方检查并确认签证。

3）组织实施启动调试方案或措施，全面负责整套启动试运的现场指挥和具体协调工作。

4）组织分析和解决整套启动试运中发现的问题。

5）严格控制整套启动试运的各项技术经济指标，组织办理整套启动试运后的调试质量验收签证工作和各项试运指标统计汇总工作。

（3）验收检查组。一般应由建设、监理、施工、生产、设计等有关单位的代表组成。设组长一名、副组长若干名。组长一般由建设单位出任的副总指挥兼任。

验收检查组主要职责：

1）负责组织对厂区外与市政、交通、航空等有关工程的验收或核定其验收评定结果。

2）负责组织验收由设备供应商或其他承包商负责的调试项目。

3）负责组织机组全部归档资料和技术文件的核查和归档交接工作。

4）负责协调设备材料、备品备件、专用仪器和专用工具的清点移交工作。

5）负责组织建筑及安装工程施工质量验收评定及整套启动试运质量总评。

（4）生产运行组。一般应由生产单位的代表组成。设组长一名、副组长若干名。组长一般由生产单位出任的副总指挥兼任。

验收检查组主要职责：

1）负责核查生产运行的准备情况，包括：运行和维修人员的配备、培训、考核和上岗情况，所需的运行规程、管理制度、系统图表、运行记录本和表格、各工作票和操作票、设备铭牌、阀门编号牌、管道介质流向标志、安全用具和化验、检测仪表、维护工具等配备情况，生产标准化配备情况等。

2）负责机组试运行中的运行操作、系统检查和事故处理等生产运行工作。

（5）综合管理组。一般由建设、施工、生产等有关单位的代表组成。设组长一名、副组长若干名。组长应由建设单位出任的副总指挥兼任。

综合管理组主要职责：

1）负责试运指挥部的文秘、资料和后勤服务等综合管理工作。

2）发布试运信息。

3）核查协调试运现场的安全、消防和治安保卫工作等。

（6）各专业组。一般可在分部试运组、整套启动组、验收检查组和生产运行组下，分别设置机务、电气、自控、土建等专业组，各组设组长一名、副组长和组员若干名。

在分部试运阶段，组长由主体施工单位的人员担任，副组长由调试、监理、建设、生产、设计、设备供应商单位的人员担任；在整套启动试运阶段，组长由主体调试单位的人员担任，副组长由施工、生产、监理、建设、设计、设备供应商单位的人员担任。

各专业组主要职责：

1）在试运指挥部各相应组的统一领导下，按照试运计划组织实施本专业的各项试运条件检查和完善，实施和完成本专业试运工作。

2）研究和解决本专业在试运中发现的问题，对重大问题提出处理方案，上报试运指挥部审查批准。

3）组织完成本专业组各试运阶段的验收检查工作，办理验收签证。

4）按照机组试运计划要求，组织完成与机组试运相关的厂区外与市政、公交、航运等有关工程和由设备供货商或其他承包商负责的调试项目的验收。

启动验收委员会及分部试运组组织结构如图7-4、图7-5所示。

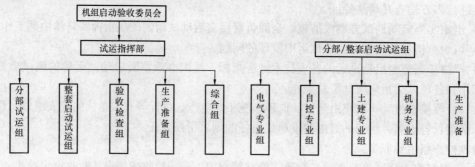

图7-4 启动验收委员会组织结构　　　　图7-5 分部试运组组织结构

## 八、机组试运各单位职责

### （一）建设单位主要职责

（1）充分发挥工程建设的主导作用，全面协助试运指挥部，负责机组试运全过程的组织管理和协调工作。

（2）负责编制和发布各项试运管理制度和规定，对工程的安全、质量、进度、环境和健康等工作进行控制。

（3）负责为各参建单位提供设计和设备文件及资料。

（4）负责协调设备供货商供货和提供现场服务。

（5）负责协调解决合同执行中的问题和外部关系。

（6）负责与电网调度、消防部门、铁路、航运等相关单位的联系。

（7）负责组织相关单位对机组联锁保护定值和逻辑的讨论和确定，组织完善机组性能试验或特殊试验测点的设计和安装。

（8）负责组织由设备供货商或其他承包商承担的调试项目的实施及验收。

（9）负责试运现场的消防和安全保卫管理工作，做好建设区域与生产区域的隔离措施。

（10）参加试运日常工作的检查和协调，参加试运后的质量验收签证。

**（二）监理单位主要职责**

（1）做好工程项目科学组织、规范运作的咨询和监理工作，负责对试运过程中的安全、质量、进度和造价进行监理和控制。

（2）按照质量控制监检点计划和监理工作要求，做好机组设备和系统安装的监理工作，严格控制安装质量。

（3）负责组织对调试大纲、调试计划及单机试运、分系统试运和整套启动试运调试措施的审核。

（4）负责试运过程的监理，参加试运条件的检查确认和试运结果确认，组织分部试运和整套启动试运后的质量验收签证。

（5）负责试运过程中的缺陷管理，建立台账，确定缺陷性质和消缺责任单位，组织消缺后的验收，实行闭环管理。

（6）协调办理设备和系统代保管有关事宜。

（7）组织或参加重大技术问题解决方案的讨论。

**（三）施工单位主要职责**

（1）负责完成试运所需要的建筑和安装工程，以及试运中临时设施的制作、安装和系统恢复工作。

（2）负责编制、报审和批准单机试运措施，编制和报批单体调试和单机试运计划。

（3）主持分部试运阶段的试运调度会，全面组织协调分部试运工作。

（4）负责组织完成单体调试、单机试运条件检查确认、单机试运指挥工作，提交单体调试报告和单机试运记录，参加单机试运后的质量验收签证。

（5）负责单机试运期间工作票安全措施的落实和许可签发。

（6）负责向生产单位办理设备及系统代保管手续。

（7）参与和配合分系统试运和整套启动试运工作，参加试运后的质量验收签证。

（8）负责试运阶段设备与系统的就地监视、检查、维护、消缺和完善，使与安装相关的各项指标满足达标要求。

（9）机组移交生产前，负责试运现场的安全、保卫、文明试运工作，做好试运设备与施工设备的安全隔离措施。

（10）在考核期阶段，配合生产单位负责完成施工尾工和消除施工遗留的缺陷。

单独承包分项工程的施工单位，其职责与主体安装单位相同。同时，应保证该独立项目按时、完整、可靠地投入，不得影响机组的试运工作，在工作质量和进度上必须满足工程整体的要求。

**（四）调试单位主要职责**

（1）负责编制、报审、报批或批准（除需要由总指挥批准以外的）调试大纲、分系统调试和整套启动调试方案或措施，分系统试运和整套启动试运计划。

（2）参与机组联锁保护定值和逻辑的讨论，提出建议。

（3）参加相关单机试运条件的检查确认和单体调试及单机试运结果的确认，参加单机试运后质量验收签证。

（4）机组整套启动试运期间全面主持指挥试运工作，主持试运调度会。

（5）负责分系统试运和整套启动试运调试前的技术及安全交底，并做好交底记录。

（6）负责全面检查试运机组各系统的完整性和合理性，组织分系统试运和整套启动试运条件的检查确认。

（7）按合同规定组织完成分系统试运和整套启动试运中的调试项目和试验工作，参加分系统试运和整套启动试运质量验收签证，使与调试有关的各项指标满足达标要求。

（8）负责对试运中的重大技术问题提出解决方案或建议。

（9）在分系统试运和整套启动试运中，监督和指导运行操作。

（10）在分系统试运和整套启动试运期间，协助相关单位审核和签发工作票，并对消缺时间做出安排。

（11）考核期阶段，在生产单位的安排下，继续完成合同中未完成的调试或试验项目。

**（五）生产单位主要职责**

（1）负责完成各项生产运行的准备工作，包括：燃料、水、汽、气、酸、碱、大盐、化学药品、润滑油、润滑脂、防冻液等物资的供应和生产必备的检测、试验工器具及备品备件等的配备，生产运行规程、系统图册、各项规章制度和各种工作票、操作票、运行和生产报表、台账的编制、审批和试行，运行及维护人员的配备、上岗培训和考核、运行人员正式上岗操作，设备和阀门、开关和保护压板、管道介质流向和色标等各种正式标识牌的定制和安置，生产标准化配置等。

（2）根据调试进度，在设备、系统试运前一个月以正式文件的形式将设备的电气和热控保护整定值提供给安装和调试单位。

（3）负责与电网调度部门有关机组运行的联系及与相关运行机组的协调，确保试运工作按计划进行。

（4）负责试运全过程的运行操作工作，运行人员应分工明确、认真监盘、精心操作，防止发生误操作。对运行中发现的各种问题提出处理意见或建议，参加试运后的质量验收签证。

（5）单机试运时，在施工单位试运人员的指挥下，负责设备的启停操作和运行参数检查及事故处理；分系统试运和整套启动试运调试中，在调试单位人员的监督指导下，负责设备启动前的检查及启停操作、运行调整、巡回检查和事故处理。

（6）分系统试运和整套启动试运期间，负责工作票的管理、工作票安全措施的实施及工作票和操作票的许可签发及消缺后的系统恢复。

（7）负责试运机组与运行机组联络系统的安全隔离。

（8）负责已经代保管设备和区域的管理及文明生产。

（9）机组移交生产后，全面负责机组的安全运行和维护管理工作，负责协调和安排机组施工尾工、调试未完成项目的实施和施工遗留缺陷的消除，负责机组各项涉网试验和性能试验的组织协调工作，加强生产管理，使与生产有关的各项指标满足达标要求。

**（六）设计单位主要职责**

（1）设备供货商实际供货的设备与设计图纸不符时，负责对设计接口进行确认，并对设备及系统的功能进行技术把关。

（2）为现场提供技术服务，负责处理机组试运过程中发生的设计问题，提出必要的设计修改或处理意见。

（3）负责完成试运指挥部或启委会提出的完善设计工作，按期完成并提交完整的竣工图。

**（七）设备供货商主要职责**

（1）按供货合同提供现场技术服务和指导，保证设备性能。

（2）参与重大试验方案的讨论和实施。

（3）参加设备首次试运条件检查和确认，参加首次受电和试运。

（4）按时完成合同中规定的调试工作。

（5）负责处理设备供货商应负责解决的问题，消除设备缺陷，协助处理非责任性的设备问题及零部件的订货。

（6）参与设备性能考核试验。

**（八）电网调度部门主要职责**

（1）提供归其管辖的主设备和继电保护装置整定值。

（2）根据建设单位的申请，核查并网机组的通信、保护、安全稳定装置、自动化和运行方式等实施情况，检查并网条件。

（3）审批或审核机组的并网申请和可能影响电网安全运行的试验方案，发布并网或解列许可命令。

（4）在电网安全许可的条件下，满足机组调整试运行的需要。

（5）创造条件配合机组完成涉网试验和性能试验。

**（九）质量监督部门主要职责**

应按有关规定对机组试运进行质量监督检查。

**（十）调试工作计划**

调试计划是调试大纲的有机组成部分，是整个工程调试和试运工作的规划性文件，是落实调试合同和在具体工程项目中执行有关试运和调试规程的指导性文件。调试工作计划重点规划和明确调试项目、调试措施、调试程序、重点或特殊项目的时间节点。

调试计划可采用网络图、甘特图或横道图、详细列表等方式，必须明确标示项目的形象进度、项目开始时间、持续时间、最晚完成时间、必须具备的条件、各进度之间的逻辑关系等内容。

**（十一）调试报告**

1. 调试报告类型

（1）调试报告包含分系统调试报告、整套启动报告、特殊试验报告和调试工作总结。特殊试验中的单体试验项目，其报告形式一般是格式化的检测报告。特殊试验中的性能达标试验，其报告形式在试验标准中有专门规定。其他专项试验，有其特殊的表达形式。

（2）调试工作总结是在机组全部调试任务完成后，对其技术、管理工作情况进行全面、系统、科学的分析和评价，带有结论性的书面文字材料。主要明确在整个调试过程中做了哪些工作，如何进行，做到什么程度，结果如何，尚存在什么问题，准备如何解决，有什么经验教训，对今后工作有指导和借鉴价值。

（3）调试报告是调试项目完成后的重要技术文件，是表明某项调试工作已完成的主要标志。它也是对调试措施的响应，调试报告原则上与调试措施是一一对应的（即有措施就应在工作完成后编写报告）。

2. 调试报告内容

（1）概述：对调试总体情况说明，包括调试重大节点完成时间。

（2）调试过程介绍：调试中出现的问题和处理结果，历次设备、机组启停的情况介绍。

（3）调试质量：对经过调试后的项目质量和规定的质量标准进行比较后说明。

（4）调试评价：对整个调试情况作出安全、进度、质量做出评价。

（5）存在的问题和建议：对调试中暂时不能解决的问题，进行说明并提出解决问题的建议和办法。

3. 调试报告编制和审批程序

（1）调试报告由调试单位编写，并按调试单位内部管理程序进行审核、批准，并由调试监理确认。

（2）调试报告中所附的质量评定表和签证单，由参建各方单位签字确认。

（3）分系统调试报告在分系统调试完成后3周内完成编写，后续调试急需的报告应满足后续调试的要求。

# 第八章 燃气冷热电分布式能源运营管理

## 第一节 项目运行准备

### 一、生产物资准备

生产物资准备是一项非常重要而且涉及面广的工作，必须在统一指挥下，由生产部门和物资供应部门紧密配合，保障燃气冷热电分布式能源系统正常运行所必需的各类物资。

**（一）燃料准备**

燃料的准备对于燃气冷热电分布式能源系统来讲至关重要。燃气是分布式能源物资消耗最主要的一种，在可行性报告中就确定了燃气的品质、数量、来源、输送方式、价格等，并与相关供应商签订了协议。项目运行前应提前与燃气供应商签订燃气供应协议，确保燃气冷热电分布式能源系统的正常运行，还应尽可能地利用国家和地方优惠政策、行业规则，争取到更优惠的燃气供应价格。燃气的品质要与设计值或设备要求一致，否则会对设备的运行及正常生产造成困难。

根据燃气冷热电分布式能源系统的生产计划及发电量、供热量、供冷量、设备 COP 指标、生产规律及检修计划，做出每天、月度、季度、年度的燃气供应计划，并提前与燃气供应商沟通和协调。

**（二）物资准备**

1. 备品配件准备

备品配件是及时消除设备缺陷、防止事故发生和加速事故抢修进度的重要保障。按照燃气冷热电分布式能源系统的生产特点及备品的重要程度，分为事故性备品和消耗、轮换性备品。

备品配件主要是消耗性备品配件的准备。事故性备品配件可以先准备一些通用性的，如滚动轴承、小型电动机、空气开关等以及生产上关键性的备件。材料的准备可以按检修维护部门生产材料计划的要求进行准备。

备品配件还分为随机备品和后续备品。随机备品是在设备订货时，考虑易损、易毁部件而在项目前期签订购货协议时确定，尽可能缩小订货量，可以考虑通用性。后续备品是在机组正式生产阶段为了确保机组的正常生产而提前准备的备品配件。

（1）事故性备品。事故备品包括配件性备品、设备性备品和材料性备品。

配件性备品是指主要设备（主机和辅机）的零部件。这些部件有以下特点：在正常情况下不易磨损；正常检修不需要更换；损坏后将造成燃气冷热电分布式能源系统不能正常运行或直接影响主要设备的安全运行；损坏后不易修复，制造周期长或加工需要特殊材料。

设备性备品是指除主机以外的其他重要设备，这些设备一旦损坏，将影响燃气冷热电分布式能源系统的正常运行，而且损坏后不易修复或难于购买。

材料性备品是指为解决主机设备及管道事故抢修所储备的材料，以及加工配件性备品所需的特殊材料。

（2）消耗、轮换性备品。消耗性备品是为消缺缩短检修时间用的消缺零部件。属于下列情况之一者，不包括在消耗备品储备范围内：计划检修中使用的器材、工具和仪器；在设备正常情况下不易磨损的零部件。

一般情况下，消耗性备品储备只考虑一年的需用量。

轮换性备品是为缩短检修工期用的设备或部件，它具备修复再使用的特点。

2. 运行消耗性材料准备

正常运行消耗性材料种类多、规格复杂，包括更换或添加压缩机润滑油及油过滤器芯、发电机润滑油及油滤、空滤、防冻液、真空泵油、机油、润滑脂、工业大盐、水质分析用化学药品、三角皮带以及不构成固定资产独立对象的泵、电机等磨损性消耗材料。

做好运行消耗性材料的准备工作，必须由生产部门根据设备特点、消耗规律、制定各类物资的消耗定额，提出月消耗材料计划，经审核后交物资供应部门准备。

3. 仪器、仪表、量具及工具准备

仪器、仪表、量具及工具等无论是生产运行还是检修维护工作，都是不可缺少的，而且种类多、数量大，在这方面主要强调的是用好、管好；配备的数量应有一定的审批手续，不宜准备过多，减少占有资金。所谓用好就是不要乱用，不要损坏；所谓管好就是要有一定的管理办法，充分发挥其作用，使其使用时间长，不丢失，不损坏。

专用仪器仪表随设备一起订购，专用工具随设备一起订购，常用的仪器仪表如绝缘电阻表、测温仪、测振仪、便携式气体探测仪、万用表、钳形电流表、温湿度表等，根据具体工作需要由相关部门提出计划，集中购置。仪器、仪表、量具及工具由生产技术管理部门专工负责审核，经分管领导批准后购置。

## 二、运营人员组织计划

燃气冷热电分布式能源系统运营人员组织计划，因系统的组成形式不同而不同。

### （一）燃气内燃机分布式能源站定员标准

以内燃机＋烟气余热直燃机＋调峰设备能源站为例，介绍燃气内燃机分布式能源系统定员标准。

1. 生产人员

（1）工作范围：燃气冷热电分布式能源系统区域内发电机组、余热直燃机组、直燃机组、燃气热水锅炉、电制冷机组、变配电设备、消防设备、辅机设备的监控、巡检操作、表计记录、事故处理等。

（2）岗位：值班长、主值班员、副值班员。

（3）定员标准：见表8-1。

表 8-1　　　　　　　　　　　　生产人员定员标准

| 序号 | 分布式能源系统规模 | 人/每班 | 人/合计 | 备　　注 |
|---|---|---|---|---|
| 1 | 1台内燃机、1～3台直燃机（余热直燃机组）、2～3台电制冷机组、1～2台燃气锅炉 | 2 | 9 | 共 4 个运行班，1 人作为备员 |
| 2 | 2～3套 CCHP 机组、2～5台电制冷机组、1～4台燃气锅炉 | 3 | 13 | 共 4 个运行班，1 人作为备员 |

注　1. 分布式能源系统的供冷、供热面积为 10 万～40 万 $m^2$。

2. 分布式能源系统的供能时间为 16～24h。

3. 此定额为单一分布式能源系统的建议人员定额。

2. 管理人员

（1）工作范围：燃气冷热电分布式能源系统的生产、经营、行政管理工作。

（2）岗位：运营主管（或经理）、专业工程师、会计、出纳。

（3）定员标准：见表8-2。

表 8-2                     管理人员定员标准

| 序号 | 岗 位 | 定 员 | 备 注 |
|---|---|---|---|
| 1 | 运营主管（或经理） | 1 | |
| 2 | 专业工程师 | 2 | 机械工程师、电气工程师各1人 |
| 3 | 会计 | 1 | 兼职综合管理 |
| 4 | 出纳 | 1 | |

注　1. 可根据项目的规模、经营方式、技术路线及分布式能源系统的数量，考虑设立总工程师或技术总监一职。

　　2. 分布式能源系统财务人员可根据项目的隶属关系、经营核算方式、公司的管理流程设置。

　　3. 同一区域内有多个分布式能源项目的管理人员可适当合并，专业工程师团队也可以共用，实现集约化管理。

### （二）燃气轮机分布式能源站定员标准

以燃气轮机＋余热锅炉＋蒸汽轮机联合循环能源站为例，介绍燃气轮机分布式能源系统定员标准，见表 8-3。

表 8-3                     联合循环定员标准

| 序号 | 名 称 | 人数 | 备 注 |
|---|---|---|---|
| 一 | 生产人员 | 54 | |
| （一） | 机组运行 | 44 | 运行备员10%已计入 |
| 1.1 | 集控室（全厂1座） | 33 | 值长1人/值、监盘（燃机、余热锅炉、汽机、电气等）共5人/值、备员10%：<br>5×（1+5）+3=33 |
| 1.2 | 天然气供应 | 6 | 1人/值，备员10%：5×1+1=6 |
| 1.3 | 取水泵房 | 2 | |
| 1.4 | 化学 | 3 | 控制室、在线监测 |
| （二） | 机组维修 | 10 | |
| 1.1 | 热机 | 4 | |
| 1.2 | 电气 | 2 | |
| 1.3 | 热控 | 2 | |
| 1.4 | 燃料系统检修 | 2 | |
| 二 | 后勤人员 | 4 | |
| 2.1 | 仓库 | 2 | |
| 2.2 | 车辆 | 2 | |
| 三 | 管理人员 | 16 | |
| | 高级管理人员 | 3 | 总经理、副总经理、总工程师 |
| | 生产管理人员 | 13 | 含生产、经营、行政管理 |
| 四 | 其他人员 | 1 | |
| | 合　计 | 75 | |

注　1. 该定员按照两台燃气轮机、两台余热锅炉、一台蒸汽轮机的燃气—蒸汽联合循环进行配置，使用时可根据项目建设的实际情况进行调整。

　　2. 该分布式能源系统不配大、小修人员，大、小修采用外委或招标外包的方法，同有关检修公司签订合同。

### 三、人员培训

燃气冷热电分布式能源系统技术性专业性强、设备自动化水平高、各生产环节联系密切，无论是管理人员、专业技术人员，还是运行、检修维护人员，都有学习、培训的必要。生产准备人员的技术培训工作，是确保机组的顺利投产以及投产后的长期运行好、生产管理好、经济效益好的重要环节。

虽然各类人员的培训重点不同，对每个人来说技术起点也不同，但最终的目的是通过生产技术培训，提高所有人员的岗位适应性，培养团队合作能力、事故反应能力及处理能力；运行人员正确操作和处理生产中的异常现象；检修维护人员能够正确的检修维护设备，处理设备发生的异常情况，以确保机组的安全经济稳定运行。

新建、扩建燃气冷热电分布式能源系统的生产人员，必须经过安全教育、岗位技术培训，取得相关合格证书后方可上岗工作。特种作业人员，必须经过有资质的专业培训机构培训，并取得国家认可的资格证书持证上岗。

#### （一）培训要求

生产准备人员培训必须落实培训管理部门，根据生产准备大纲和生产准备计划制定详细的培训计划，明确培训对象、培训内容、培训方法、培训目标，编制培训大纲，有针对性的编制或选取教材。

培训要制定切实可行的管理措施，无论是理论学习、相似能源系统实习还是厂家讲课，都应做到有记录、有检查、有考核、有总结。

#### （二）培训目标

生产管理人员的培训目标为一专多能，运行人员的培养目标为全能值班，检修维护人员的培养目标为一工多艺。

（1）生产管理人员应掌握国家、行业和上级主管部门发布的分布式能源系统生产和安全管理的法律法规、制度，熟悉分布式能源的生产流程，掌握主要设备的结构、性能、原理，熟悉设备的运行、检修、试验标准，熟练掌握岗位要求具备的专业技术管理知识和技能。

（2）运行人员应熟悉现场设备构造、性能、原理及运行要求，掌握设备的运行操作及故障事故处理，掌握设备的日常维护操作技能。

（3）维修人员应熟悉现场设备构造、性能、原理，掌握设备的安装检修维护工艺和技术标准。

#### （三）人员培训

1. 运行人员培训

（1）组织运行人员理论学习。包括设备构造原理、技术性能及运行方式，机组特殊钢材特性，汽水品质要求和腐蚀问题，自控及继电保护装置的系统及其作用，燃气冷热电分布式能源站工艺流程等，学习时间不少于3个月。

（2）选择同类型分布式能源系统进行实习。实习时间不少于2个月，主要学习运行监视调整、设备启停顺序、设备异常及事故的分析、判断和处理，并在监护下进行操作训练，从而达到独立值班水平。

（3）新机组投产前2个月，运行人员必须回到原单位，熟悉设备和系统，学习并掌握有关规程制度、图纸资料，并经过严格考试合格后，方可参加新机组的试运工作。

（4）运行主管、专业工程师、班长（值班长）由总工程师组成的考试委员会进行考试，其他生产人员由运行主管组织考试，考核合格方可参加值班工作。在机组分部试运前半个月定岗、定责，达到上岗条件。

2. 检修维护人员培训

（1）检修维护（试验）人员主要是学习设备的构造、安装程序、检修质量及工艺标准，学习时间不少于2个月。

（2）学习期间要根据设备的安装进程，适时地按工种参加施工单位的安装调试，熟悉设备的构造、系统及安装方法，同时掌握安装调试情况，并做好记录。

（3）学习期间要到同类型机组单位参加一次设备检修的全过程，熟悉检修（试验）方法、质量标准和工艺过程，并学习检修和日常维护管理工作。

（4）派有关人员到制造厂参加主设备的监造和出厂验收，并深入了解设备制造上的关键环节，掌握设备组装及调试的方法。

（5）对新工人要加强基本功训练，包括工艺、识图及常用材料性能等。

（6）特种作业人员应取得相应的资质证书后方可上岗。

# 第二节 项目运行规程

## 一、分布式能源运营管理制度

### （一）运营管理制度重要性

1. 建立运营管理制度的重要性

为确保燃气冷热电分布式能源系统投入生产后各方面的工作纳入正轨，在机组投产前，应根据国家和上级主管部门的要求，高标准地建立起运营管理制度（包括规章制度、规程图纸、各专业设备台账等）。运营管理制度就是建立分布式能源系统运营方面的制度和行为准则。

燃气冷热电分布式能源系统必须把运营管理制度的制定作为重要的工作认真抓好。对企业来讲，建立健全制度是基础，贯彻执行是关键。由于建章立制涉及面广，工作量大，应制定详细的工作计划，落实责任，按期完成。

燃气冷热电分布式能源系统的行业特点，使得规章制度的组织协调、生产管理、设备保障和人身安全等重要功能显得尤为突出，直接影响企业管理的方方面面，涉及面广、工作量大、技术要求高，必须高标准做好此项工作。规章制度制定具有很强的技术性和技巧性，需要花很大的功夫，要认真研究并紧密结合本单位实际情况，配备国家、行业、上级部门有关技术标准、规程、规定、规章制度及必要的专业工具书，保证其有效性，严格依照这些法规要求制定规章制度，做到"合法、合理、全面、具体"。

2. 建立运营管理制度应注意的问题

建立规章制度是一项复杂的工程，在规章制度建立过程中应注意以下几个问题：

（1）规章制度的建立一定要从实际出发，考虑到科学性和可行性。规章制度的科学性和可行性是规章制度长期稳定地发挥作用的重要因素。应该做到规章制度相对稳定，严格执行，对可能一时无法做到的，暂时先不要规定。否则就失去规章制度的严肃性和权威性，使规章制度流于形式。

（2）规章制度的制定应发扬民主。规章制度是广大员工共同遵守和执行的规程，只有充分发扬民主，才能得到广大员工的理解和支持，发挥制度的效力和权威。

### （二）运营管理制度制定

运营管理制度的制定应按组织、收资、编写、讨论修改、批准等程序进行。

（1）组织：建立运营管理制度制定工作小组，研究确定制度体系，分工负责。

（2）收资：广泛收集同类机组分布式能源系统的相应规章制度，消化吸收。

（3）编写：根据收资情况，结合分布式能源系统的实际情况编写。

（4）讨论修改：制度编写完毕，应组织燃气冷热电分布式能源系统各方面人员参加讨论，充分吸收各方面的意见后统一修改。

（5）批准：制度应由燃气冷热电分布式能源系统总经理或技术总监批准发布。

**（三）运营管理制度体系**

运营管理制度包括安全、生产技术管理、运行、检修、计划、物资等方面。表 8-4 为燃气冷热电分布式能源系统必须具备的运营管理制度体系。

表 8-4　　　　　　燃气冷热电分布式能源系统必须具备的运营管理制度体系

| 序号 | 规章制度名称 | 备注 | 序号 | 规章制度名称 | 备注 |
|---|---|---|---|---|---|
| 1 | 安全生产制度 | | 12 | 巡回检查制度 | |
| 2 | 岗位责任制 | | 13 | 班前、班后会议制度 | |
| 3 | 生产现场管理制度 | | 14 | 设备定期试验和轮换制度 | |
| 4 | 文明生产管理制度 | | 15 | 水质化验监督规范 | |
| 5 | 来访及参观管理制度 | | 16 | 设备运行分析、优化与节能管理制度 | |
| 6 | 设备管理制度 | | 17 | 事故调查管理制度 | |
| 7 | 工具及备件管理制度 | | 18 | 分布式能源系统应急预案 | |
| 8 | 计量器具管理制度 | | 19 | 高压开关操作管理制度 | |
| 9 | 仓储管理制度 | | 20 | 倒闸操作管理制度 | |
| 10 | 易燃易爆危险品管理制度 | | 21 | 防爆管理制度 | |
| 11 | 交接班制度 | | 22 | 职工教育培训管理制度 | |

## 二、分布式能源运营指导手册

### （一）运营指导手册作用

**1. 正确规范运行人员在运行中的生产行为**

运营指导手册作为运行人员对本岗位设备检查、准备、启动、运行、维护、事故处理的规范和依据，是保证安全、稳定、经济运行的指导性文件，是运行人员进行一切运行工作的依据和准绳，其内容应以运行人员据此能正确规范在运行中的生产行为为原则。

**2. 使各级岗位人员每一生产行为有章可循**

运营指导手册必须能够完整、系统、适用、实用地指导操作，应做到对各级岗位人员的每一生产行为均有章可循，避免有不易理解或模棱两可和难以执行的规定。

**3. 运营指导手册五大功能**

运营指导手册是运行人员在进行启停操作、设备巡视检查、设备维护保养、工作许可验收、异常与事故处理五大类工作时的行为指南，具有一定的指导性和约束性意义。

### （二）运营指导手册编写要求和依据

**1. 运营指导手册编写要求**

运营指导手册的编制应全面、直观、实效、实用。

（1）全面是指规程的覆盖面要广，不能仅仅是设备参数的记录簿，也要包括上面讲到的五大功能。

（2）直观是指要做到通俗易懂，要符合运行人员的特点，便于运行人员的学习。

（3）实效是指要能够切实起到指导实际工作的功效，能够为日常的工作提供依据。

（4）实用是指能够为五大功能服务，不能太理论化，更不能脱落实际运行情况空谈。

同时，现场运营指导手册的审核应严格、切实、合理、合规。

2. 运营指导手册编写依据

（1）设计部门提供的系统图及设计说明书。

（2）系统接线图和继电保护整定值及有关规定。

（3）电气、热工、化学仪器仪表的设置及说明。

（4）设备编号、命名原则和实际设备编号、图纸或清单。

（5）根据上述资料绘制，经与现场设备系统逐一核对无误的运行系统图。

（6）制造厂提供的使用说明书或使用手册等。

（7）操作盘或控制盘的盘面图。

（8）国家、部门、行业颁布的典型技术规程。

（9）上级部门颁发的反事故技术措施、安全技术措施和安全情况通报。

**（三）运营指导手册编写内容**

燃气冷热电分布式能源运营指导手册一般包括系统运行操作、机组运行操作和自动装置及保护设施的操作规则，以及设备、系统异常运行的判断、处理等，具体内容应包含下列各项。

（1）设备综述。设备综述包括设备介绍、设备作用和本站该型设备概况。

1）设备介绍。应针对该设备的具体情况进行介绍，主要为设备的相关原理、总体结构、重要部件的介绍，并且必须附图说明和介绍。这样有利于运行人员对设备能较全面地熟悉掌握，运行中设备发生异常的部位或部件也能准确汇报及说明。

2）设备作用。应叙述该设备在系统中所起的作用，特别应注意的是必须切合设备在站内实际接线中所起的作用。例如：电容器组回路中的串联电抗器主要作用是起抑制高次谐波和限制合闸涌流作用等。

3）本站该型设备概况。应讲述该型（类）设备在本站的具体使用情况、该型（类）设备所属的管辖调度（详细列出具体装用的回路设备名称）；小型号或设计序号不同及管辖调度不同等均可以在具体装用的回路设备名称列表中具体说明。例如：GW-220 型闸刀，有 GW-220D 型及 GW-220ⅡD 型之区分，其所属管辖调度的不同，这些均应在列表中加以说明。此外，耦合电容器、阻波器等，应说明装设的相别及用途（如用于高频保护或通信等）。

（2）设备技术规范及设备运行规程参数。设备技术规范应包括设备型号解释、设备及重要部件技术参数。

1）型号解释。包括主设备的型号解释、附属部件或配用机构的型号解释。例如，主变压器：OSSFP10-180/220，O—自耦变压器；第一个 S—三相变压器；第二个 S—三绕组变压器；F—风冷式；P—强迫油循环；180—变压器容量为 180MVA；220—变压器额定电压为 220kV。

2）技术参数。包括主设备的技术参数、附属部件或配用机构的技术参数。例如，开关：需要列出额定电压、最高工作电压、额定电流、额定开断电流等。

对于型号相同，但其个别技术参数不同的设备，必须注明。例如，开关液压机构中液压控制回路的微动开关，主变压器开关的闭锁重合闸微动开关不用或不装设。

对于型号解释、技术参数应按主次顺序分开写。例如，开关：首先对开关型号进行解释，列出开关的技术参数；然后是附属部件或配用机构的型号解释和技术参数。

（3）启动和停止设备操作规则。启动和停止设备操作规则包括启动和停止设备，系统操作前的准备事项及应具备的条件，启动和停运的操作顺序和方法。

巡视检查和验收事项：

1) 巡视检查应包括正常和特巡项目的内容、巡视路线、巡视时间，可归并相同项目，对于不同的项目应用记号标出。

2) 验收事项包括交接或小修后的验收，可归并相同项目，对于不同的项目应用记号标出。

3) 设备正常的启动操作：包括启动前的准备和检查、启动的详细操作步骤和程序。

4) 设备的停止操作：包括正常停机和紧急停机、正常停机的详细操作步骤和程序、紧急停机的详细操作步骤和程序。

（4）设备系统允许运行方式和工况，以及不允许的运行方式和工况。

（5）设备系统启动、正常运行及停运后的监视、控制、维护、调整、检查方法及有关规定。

1) 运行巡视检查维护项目。

2) 设备的保护定值的明细表。

3) 日常的巡视内容、路线、时间。

4) 日常的维护保养项目、周期等。

（6）设备系统的保护及自动装置的作用及投入、切除的原则和工况。

（7）运行中发出各项报警后，运行人员应采取的处置措施。

（8）异常运行和事故的判断处理原则、处理方法、注意事项。

属于设备系统紧急停运条件的规定，应作为现场运营指导手册的重要部分列入。应列举常见的异常事例，并写出处理原则和方案；对于事故处理，当故障发生的回路和地点不同时，产生的影响和造成的后果也是不同的，其处理方法也就不同，对于每一类故障，都应详细写明事故象征、解决对策和处理方法，方便查询、参照。

（9）各种定期试验的周期、条件、方法、步骤和记录。

（10）作为附录列入规程的内容，便于运行人员查阅和记忆：

1) 设备操作盘面布置图。

2) 设备保护定值一览表。

3) 维护用材料、原料（油脂）的型号及质量标准。

**（四）运营指导手册体系**

表 8-5 为燃气冷热电分布式能源系统运营指导手册体系。

表 8-5　　　　　　　　　　燃气冷热电分布式能源系统运营指导手册体系

| 序号 | 分布式能源系统运营指导手册名称 | 备注 | 序号 | 分布式能源系统运营指导手册名称 | 备注 |
|---|---|---|---|---|---|
| 1 | 能源站调度规程（冬季运营指导手册、夏季运营指导手册、过渡季运营指导手册） | | 8 | 自控系统运营指导手册 | |
| | | | 9 | 配电系统安全操作规程 | |
| 2 | 发动机运营指导手册 | | 10 | 设备维修电工安全操作规程 | |
| 3 | 配电装置运营指导手册 | | 11 | 设备维修钳工安全操作规程 | |
| 4 | 直燃机组运营指导手册 | | 12 | 砂轮机安全操作规程 | |
| 5 | 离心式制冷机组运营指导手册 | | 13 | 手持钻孔设备安全操作规程 | |
| 6 | 燃气锅炉运营指导手册 | | 14 | 焊接设备安全操作规程 | |
| 7 | 水质化验规程 | | 15 | 能源站应急预案 | |

**（五）运营指导手册编写和修订**

1. 运营指导手册编写

（1）运营指导手册的编制，应指派专业技术人员和有现场运行经验的人员编写出初稿，经广泛征求意见后进行修订补充。

（2）务必保证运行系统图与现场实际情况完全一致。

（3）运营指导手册编写前，应先确定运营指导手册是按岗位编写，还是按专业编写。然后确定每本规程的目录大纲，并且明确各册规程的从属关系及编写过程中的相互关系。

（4）运营指导手册的编写应做到各级岗位人员的每一生产行为均有章可循，对每个生产设备系统的启动、运行、停运全过程的操作、监视、试验、故障判断处理的原则和准确方法都应有完整的内容，并做到语句通顺，措辞确切。避免有不易理解或模棱两可和难以执行的规定。

（5）规程中应全部使用法定计量单位。运营指导手册不得与上级典型规程相抵触，使用的操作术语应统一。

2. 运营指导手册修订

（1）当设备系统进行了技术改造使规程规定与实际情况不符，在规程执行过程中发现有不完善之处的情况下，应立即对规程进行修订。修订运营指导手册应由技术总监或运营主任组织进行。

（2）修订规程分为部分修订和整体修订两种。部分修订时可将修改的内容和修改依据，写成新的条文规定，经过审批程序，正式印发有关人员，粘贴于原规程的修改部分。整体修改是按有关规定使用 3～5 年后进行的整体修订，经过审批程序后重新印刷。对新投产机组的运营指导手册，在使用一年后，应在总结运营经验的基础上进行一次全面修订。

（3）执行中的运营指导手册每年应定期组织专业人员进行一次复查审核，认为符合实际情况，且无问题时，应正式书面公布可以继续执行。需要修改补充的应按程序进行部分修订。

（4）对已经发现规程存在的问题，由于管理上的原因未及时进行修订，或未按规定定期进行复查审核而造成事故时，要追究相关领导人员的责任。

**（六）运营指导手册颁布与执行**

（1）编写的运营指导手册经燃气冷热电分布式能源系统运行人员初审，技术总监复审，最后由企业生产负责人批准正式颁布执行，并报上级备案。参加审核的人员对规程的正确性负责，企业生产负责人对所审批规程中主要规定的正确性及各专业间的协调、衔接负责。

（2）颁布执行的规程，应明确规定开始执行时间（旧规程同时作废），还应明确哪些人必须熟悉、遵守和接受规程的考试。颁布执行的运营指导手册必须发给有关人员人手一册，并组织认真学习和考试。运营指导手册考试按规定每年必须进行一次。考试不及格者限期补考，补考不及格者不得上岗。

（3）凡与生产有关的各级领导、专业人员、全体运行人员，必须严肃、认真、正确的执行运营指导手册。各级领导还应负责监督检查规程的贯彻执行情况，对于不执行规程的人员进行批评教育，造成后果者要给予相应处分。

（4）各级领导要以身作则贯彻执行规程，不能认为领导有权批准运营指导手册就可以随意变通或不执行。领导改动规程要有技术依据，也要履行审查、批准程序，要维护规程的严肃性，不得以言代法。在执行有关设备紧急停止运行的规定方面，一定要把紧急停运权交给值班运行人员，由他们及时判断、处理，以免层层请示汇报，延误时机扩大事故。在执行规程中要坚决制止硬撑硬挺的做法，害怕是事故而不严肃执行规程规定的做法会酿成严重后果，必须引起各级领导的高度重视，必须做到"有章可循、循章必严、违章必究"。

# 第三节　项目运行策略

燃气冷热电分布式能源系统的运行策略，依据系统设备配置和工艺路线选择不同而不同。

项目运行策略是以某燃气冷热电分布式能源站为例进行阐述。能源站主要设备有：2 台 1160kW 燃气内燃发电机、2 台 4652kW 制冷量的烟气热水型余热直燃机、1 台 4652kW 制冷量标准燃气直燃机组、2 台 4571kW 制冷量离心式冷水机组、1 台 2.8MW 燃气热水锅炉。所发电量用于项目内部用电，采取并网不上网的运行方式。

## 一、系统联合运行

全系统工况可以分为发电机并网工况和孤岛工况，而根据冷热模式又可以分成制冷模式和制热模式。

### （一）并网工况

将所有具有制冷功能的主设备设置为制冷模式。按照空调水供水的温度，测试各种制冷负荷下，直燃机组、离心机组及各类附属和配套的设备及控制阀门的动作是否正确，自控的程序是否正确，人机界面的显示及操作是否正确，报警、联锁动作是否正确。检验各个主机和设备的故障状态。

### （二）孤岛工况

将所有具有制冷功能的主设备设置为制冷模式。按照空调水供水的温度，测试各种制冷负荷下，直燃机组各类附属和配套的设备及控制阀门的动作是否正确，自控的程序是否正确，人机界面的显示及操作是否正确，报警、联锁动作是否正确。检验各个主机和设备的故障状态。

孤岛状态下一般发电机不能够支持大型电制冷机启动，所以制冷设备的加减载一般不考虑电制冷机，而当不考虑电制冷机的情况下每段母线的最大负荷均小于发电机额定出力。

孤岛情况下若要保证站内供电，就不考虑发电机最低负荷情况，无论母线联络断开与否。

### （三）制冷模式

在夏季工况下，各个主设备加载顺序按照余热机、直燃机、电制冷机主要分类顺序，同类设备按照运行时间较短的机组先启动。同样，减载顺序首先按照电制冷机、直燃机、余热机的分类顺序停止，先停止运行时间较长的同类型机组。

同时，无论加载或者减载，都要保证余热系统能够最大化利用。表 8-6 为制冷模式启动顺序。

表 8-6　　　　　　　　　　　　制冷模式启动顺序

| 序号 | 步　骤 | 结　果 | 备　注 |
|---|---|---|---|
| 1 | 定压补水系统启动 | | |
| 2 | 自控系统判断电力负荷，如果负荷大于 400kW 则开启发电机，否则不开，只开启一台余热机 | | |
| 3 | 套用发电机和余热机联调第一种或者第二种模式 | | 加载 |
| 4 | 发电机启动后自动同期后合出口闸 | | |
| 5 | 增加冷温泵一台 | | 加载循环 |
| 6 | 增加冷却泵一台 | | 加载循环 |
| 7 | 增加一台主机（冷却塔自动加减载） | | 加载循环 |
| 8 | 停止一台主机 | | 减载循环 |
| 9 | 延迟等待 | | 减载循环 |
| 10 | 停一台冷却泵 | | 减载循环 |
| 11 | 停一台冷温泵 | | 减载循环 |
| 12 | 最后一台主机循环启停（冷却泵伴随，冷温泵不停） | | |
| 13 | 发电机根据负荷情况自动停机 | | |

### （四）制热模式

在冬季工况下，各个主设备加载顺序按照余热机、锅炉、直燃机主要分类顺序，同类设备按照运行时间较短的机组先启动。同样，减载顺序首先按照直燃机、锅炉、余热机的分类顺序停止，先停止运行时间较长的同类型机组。同时，无论加载或者减载，都要保证余热系统能够最大化利用。表 8-7 为制热模式启动顺序。

表 8-7　　　　　　　　　　　　　制热模式启动顺序

| 序号 | 步　骤 | 结　果 | 备　注 |
|---|---|---|---|
| 1 | 发电机启动（套用发电机和余热机联调第一种启动模式过程） | | |
| 2 | 定压补水系统启动 | | |
| 3 | 余热机启动（套用发电机和余热机联调第一种启动模式过程） | | 加载 |
| 4 | 增加冷温泵一台 | | 加载循环 |
| 5 | 增加冷却泵一台 | | 加载循环 |
| 6 | 增加一台主机（冷却塔自动加减载） | | 加载循环 |
| 7 | 停止一台主机 | | 减载循环 |
| 8 | 延迟等待 | | 减载循环 |
| 9 | 停一台冷却泵 | | 减载循环 |
| 10 | 停一台冷温泵 | | 减载循环 |
| 11 | 最后一台主机循环启停（冷却泵伴随，冷温泵不停） | | |

## 二、调度规程

多台机组并联运行时，需要根据当前负荷的实际情况与各主机的负荷效率特性和当地的气价及峰谷电价的关系，选择一种最佳的主机运行台数及开度组合，以达到系统的最佳经济运行目的。

系统优化计算结果以表格和曲线的形式下发给 DCS 系统指令单元，不同的优化目标所对应的影响因素不尽相同。

1. 以设备损耗率、物料损耗最小为目标函数的优化计算结果

（1）系统启停次数。

（2）设备小修、中修、大修时间，维修费用。

（3）单体设备 COP 运行曲线。

（4）能源费用，包括气价、电价、水价。

（5）能源系统整体投资。

2. 以运行效率最高为目标函数的优化计算结果

（1）单体设备额定输入输出工况。

（2）高效率 COP 运行曲线。

（3）能源转化效率。

3. 以设备损耗、物料消耗最小和运行效率最佳工况点为目标函数的优化计算结果

（1）物料平衡、能量平衡、运行效率。

（2）能源费用及其转化效率。

优化计算结果同 DCS 系统数据库的历史数据进行对比，对比项数据包括相同状态下前 3 天逐时数据，前两个星期逐天计算平均数据，去年相同状态历史数据进行对比：

1）根据离线优化软件计算的结果同设备实际运行参数比较后调节机组运行参数，原则是在设备运行初期，以现场调试参数为准，优化参数和调试参数差值以 10％步长递增或递减，设备运行稳定期间，优化结果和设备运行参数设定值以 20％步长递增或递减，以防止设备运行波动较大。

2）因能源站能源设备每天都要启动和停机，启动时的优化参数以现实工况进行计算结果与相同前 3 天工况下的启动结果比对启动，启动时工况变化较大，冷启动时间较长，计算结果和运行结果差异较大，以计算结果为准。

能源站主要运行模式是以电定热方式运行,发电机组基本是满负荷运行方式,如一台发电机故障停机,可提前开启此设备的补燃机组。

3)发电机在夜间市电低谷电费运行期间或单机负荷<40%,且时间>3h,停止发电机运行。

4)根据离线优化软件预测的结果和用户累计实际运行参数以及天气情况,冷冻水、热水管网热容引起的时间延迟计算结果,提前调节各能源设备负荷:①发动机热机需提前30min调节负荷;②发动机冷机提前1h启动包括:设备启动设备/负荷的增减;③直燃机热机需提前30min,开启燃烧机或停止运行;④燃气锅炉需提前20min。

5)冷冻水循环系统可以根据预测结果,提前30min调节变频水泵,逐渐减少冷冻水的流量。

6)冷却水塔根据负荷预测结果,提前停止冷却塔风机,冷却水泵数量根据温度进行变频调节。

7)尽量使各个设备运行在70%~90%负荷之间。

8)用户空调水系统为二级泵变流量系统,要求能源站冷热水供应的一级泵随用户二级泵变流量运行,为解决冷水机组定流量运行与末端设备变流量运行的矛盾,系统采用变频水泵的方式,并且在回水总母管和站内集水器之间设置了由总供/回水压差可控制的带旁通阀的旁通阀组,阀组阀门设为常开,站内集水缸出口设有出口水总流量计 FIT3101,回水设有流量计 FIT3102,根据流量计可以计算出冷温水有无水的管路沿程损失。

9)优化系统根据输入输出能量平衡原理,在对能源站管网不同管段摩擦阻力、阀门、弯头设备的水力平衡计算,能量流计算,建立能源站的整体水力平衡,在 DCS 系统里给出各个节点的压力、流量、温度对应的冷却水泵/冷温水泵/阀门的开启状态量、变频调速频率输出量、PID 调节设定参数量。

# 第四节 系统维修维护

燃气冷热电分布式能源系统是设备、技术、资金密集型的系统,必须实行科学的设备管理方法,先进的维护技术,保障生产设备可靠、安全、高效和低成本运行。

## 一、设备管理
设备性能的好坏对能源系统影响至关重要,设备管理处于十分重要的地位。

### (一)设备维护和检查
1. 设备维护

设备维护保养的目的是及时地处理设备在运行过程中因技术状况变化而引起的常见问题(如松动、干摩擦、声音异常,跑、冒、滴、漏),随时改善设备的技术状况,保证设备正常运行。

设备维护包括日常维护、定期维护和不定期维护。

日常维护的内容主要包括清洁、润滑、紧固、调整、易磨损件更换等。除日常维护外,根据各类设备技术特点和运行状况,还需要对设备进行定期维护。

定期维护工作包括旋转动力设备润滑、锅炉定期排污、直燃机的抽真空、离心式制冷机组的制冷机油及油滤、发电机组空滤、油滤及润滑油的更换等。另外,还需根据维保计划,每周对设备进行全面检查和清扫维护(包括设备周边环境),发现缺陷能立即消除者必须立即消除。

不定期维护是指设备缺陷处理工作,按《设备缺陷管理制度》的规定进行处理。

2. 设备检查

设备检查是运行人员通过嗅、摸、触、看及仪器仪表对设备的运行状况、工作性能、磨损老化程度进行观察、分析、认识、判断和检查,全面了解设备技术状况的变化和磨损老化情况,针对发现的问题,提出维护保养的措施。

设备检查包括日常检查、定期检查和仪器检查。

日常检查是指运行人员根据规章规定对设备进行检查和检修设备责任人对管辖设备进行检查，日常检查的目的在于及时发现设备异常，进行维护保养。

定期检查是指检修人员结合维护，根据计划日程安排，每周对设备进行一次全面检查，并做好记录，为设备检修提供依据。在换季时对设备进行季节性安全大检查。

仪器检查是指运用先进的科学仪器和方法，对在运行状态下的设备进行检测，掌握设备的磨损、老化、超温、腐蚀的部位和程度，便于早期预报和追踪，从而对设备维修做出决策。

### （二）设备使用管理

设备的使用管理是针对各类设备的特点，合理使用，精心操作维护，为正确使用设备制定一系列有关的规章制度，用各种形式把运行、维修、技术及管理人员组织到设备管理中来（即全员参加设备管理），使设备管理工作建立在广泛的群众基础之上。

### （三）全员生产维修

对于燃气冷热电分布式能源系统来讲，发电机、直燃机、离心式制冷机、余热回收设备、燃气锅炉、主变压器等属于设备管理的重点设备，应加强设备维修；合理组织维修力量是提高维修质量和节约维修费用的有效措施。

设备预防性检查是生产维修的核心。生产维修的成功与否，很大程度上取决于检查工作的好坏。预防性检查可以分为点检、定期检查和精密检查三种。

根据检查结果确定维修方式。维修工作既要使设备处于适于正常运行的工作状态，又要使设备维修停工造成的损失费用最少。维修工作包括计划维修和非计划维修两种。计划维修包括预防维修和改善维修；非计划维修包括事后维修和紧急维修。

## 二、设备检修管理

### （一）设备检修

1. 设备检修概念

设备检修就是为了保持或恢复设备规定的功能或性能而进行的检查、维护和修理工作。检修的主要内容包括运行中的检查和监测；清扫和环境整顿、润滑；保护装置和自动装置的试验、调整以及运行中的零星修理；预防性试验；设备停止时的解体检查；故障元件的修理或更换；设备的小型技术改造。

2. 设备检修原则

设备检修必须贯彻"预防为主、计划检修"及"质量第一、应修必修、修必修好"的原则，学习和运用先进的检修管理方法和有效的在线、离线检测手段，充分总结利用检修、运行经验和设备状态监测的结果分析，实施计划检修和状态检修相结合的检修模式，坚持质量标准，严格控制工期和成本，求得可靠性、经济性、可调性的优化组合。

3. 状态检修

状态检修是设备检修工作的发展方向。燃气冷热电分布式能源系统需逐渐完善设备测点，使用先进的测试仪器、仪表和分析方法进行检测分析，在数据分析科学化的基础上，根据不同设备的重要性、可控性和可检修性，循序渐进地开展状态检修的研究和实践，并使状态检修工作有序进行。开展状态检修不是要取代定期检修方式，而是在定期检修的基础上，逐渐扩大状态检修设备的比重，向优化综合检修的方式过渡。

### （二）设备检修主要内容

设备检修标准项目的主要内容是：

（1）消除运行中发生的缺陷。

（2）重点清扫、检查和处理易损、易磨部件，必要时进行实测和试验。

（3）厂家要求的项目。

（4）进行较全面的检查、清扫、测量和修理。

（5）进行定期监测、试验、校验和鉴定。

（6）更换已到期的需要定期更换的零部件。

（7）设备防磨、防爆、防腐处理及消缺。

（8）机组辅助设备的检修。

### 三、设备维护管理

#### （一）燃气内燃机维护管理

燃气内燃发电机组作为分布式能源系统的主要设备，一直处于重载运行状态。良好的维护保养，不但能够减少机组故障停机的概率，增加发电量，而且可以有效地延长机组的维护保养周期，使机器的使用寿命变长。每个制造商都有适合自己的维护保养程序以及特制工具，这里对燃气内燃机的维护管理做一个基本的描述。

1. 维护保养工具

燃气内燃发电机组的维护保养，日常工作主要是更换各种滤清器、润滑油、火花塞等，运行到一定时间之后，一些容易老化的部件，如涡轮增压器、活塞、气门，连杆等部件也需要更换，到大修的时候，甚至连发动机都需要更换。

维护保养的工具，主要就是套筒扳手、螺丝刀、扭矩扳手等常规工具，以及一些用来拔出紧密连接件的液压工具。液压工具的价格十分昂贵，一般都是由代理商的维修机构来提供，业主不需要配备液压工具。

另一个比较重要的维护保养工具是电子诊断工具。燃气发电机组内部采用了大量高精度的电子元器件，控制系统极其复杂，一般都有 800 多组故障代码，以及故障预诊断功能。这样的工具其实就是一个数据线和一套软件，软件一般安装在便携式计算机内。将计算机和发动机预留的数据接口连接之后，就可以通过软件来查看发电机组的所有数据，必要时也可以直接更改发电机组参数的设置。这样的软件价格极为昂贵，而且每年都需要更新。鉴于操作界面都是英文的，因此由制造商代理机构的工程人员进行操作是比较理想的选择。

2. 油样分析

油样分析（Analysis of oil sample）是一个准确预测发动机磨损状态的有效手段。

一般来说，发电机组的维护周期，是根据发动机的运转时间来确定的。一旦到了预定的时间点，无论发动机是什么状况，需要更换的部件就必须更换。但是，这个维护的时间点，往往比较保守。发动机在这段运行时间内，可能并没有处于满载状态，很多部件的磨损程度还达不到需要更换的状态。长期这样下去，就会产生一定的浪费。如何能够准确检查出发动机的磨损状态，从而能够在最恰当的时间点进行维护，就是油样分析。

通过油样分析来了解发动机的工作状态已有很长的历史。最初是通过油液自身的理化性能如黏度、酸值、水分等变化来判断机器的工作状态。这种方法是一种广泛采用的常规分析方法。

但是，由于油液在机器的润滑系统或液压系统中，作为润滑剂或工作介质是循环流动的，其中包含着大量的由于各种摩擦产生的各种磨损余物，称为磨屑或磨粒。人们在实践中认识到这种磨损残余物所携带的关于发动机状态的信息，远比油液本身理化性能变化的信息要丰富得多。例如，通过各种现代化方法已能对磨粒的成分、数量、形态、尺寸和颜色等进行精密地观察和分析，因而能够比较准确地判断故障的程度、部位、类型和原因。因此，在机械故障诊断领域中，油样分析方法的概念实际上已无形中转变成油样磨损残余物的分析了。

知道磨损、疲劳和腐蚀是机械零件失效的三种主要形式和原因，而其中磨损失效约占60%。由于油样分析方法对磨损监测的灵敏性和有效性，因此这种方法在机械故障诊断中日益显示出其重要地位。

根据工作原理和检测手段的不同，在发动机的故障诊断中，油样分析方法可分为以下几种：

（1）品质检测：包括色度、黏度、水分、闪点、总酸值、总碱值、不溶物、残碳、倾点、水分离性、泡沫特性、铜片腐蚀、氧化安定性、积碳、FTIR、锥入度、滴点、四球试验等。

（2）污染监测：包括颗粒计数、滤膜分析、漆膜倾向指数（VPR）等。

（3）磨损分析：包括光谱元素分析、PQ指数、直读铁谱、分析铁谱、滤膜分析等。

3. 日常维护

对于燃气发电机组，日常维护包括火花塞检查、火花塞更换、润滑油过滤器更换、润滑油更换等。具体包括：

（1）每750h，检查润滑油液位，检查火花塞磨损状态。

（2）每1500h，打开润滑油滤清器，必要时更换内部滤芯，更换火花塞，检查和调整气门间隙；对于双联型过滤器，可以将另一个回路的过滤器投入使用；清洗空气滤清器内芯，检查空气滤芯指示器。

（3）每3000h，检查所有的柔性连接，如果有老化迹象，需要及时更换；更换所有的机油滤清器，更换全部润滑油，更换空气滤清器内芯；检查与清洁电气元件，检查发动机与发电机的固定螺栓。

（4）每6000h，更换曲轴箱呼吸器，更换空气滤清器外芯，检查与清洁涡轮增压器，检查与清洁燃气过滤器，对凸轮进行常规检查，检查凸轮轴、推杆、挺杆等部件。

对于日常维护所需要的零件，建议业主跟随机组一起购买，这样可以有效降低采购成本。一般来说，随机供应的零件，基本上与发电机组保持同样的利润率。

4. 小修（15 000h保养）

所谓小修，其实就是一个相当专业的维护工作，称为刚过渡期维护（Interim Overhual）。需要说明的是，燃气发电机组的小修，必须要有经过制造商认证的专业人员来担当。小修时，1500h保养内容与3000h保养内容也需要同时进行。

小修工作包括：检查所有的润滑油软喉，如果有必要应进行更换；检查冷却回路的管道状态；检查涡轮增压器与空气滤清器之间的管道，如果有必要应予以更换；更换高低温水的转换管；更换燃气管路的垫片和软管；更换燃气过滤器；更换防冻液；更换截气门以及其轴承垫圈；更换点火线圈以及延长线；更换控制器电池；更换人机界面电池（如果有）；检查发电机柔性连接；检查控制器接线端子是否牢固。

小修的工作量相当大，需要至少两个熟练工人40h才能完成。小修费用大概是燃气发电机组采购成本的3%~4%。

5. 中修（30 000h保养）

中修（Intermediate Overhaul）是决定发电机组使用寿命的关键性维修。中修时，1500、3000h和6000h的维护工作需要同时进行。中修需要有得到制造商认可的高级维修人员参加。

中修工作包括：更换缸头（包括缸头上的附件）；更换衬垫；更换活塞环；更换活塞套；更换曲轴前挡头和后挡头；更换润滑油泵；更换推杆顶柱；更换燃气调节器和燃气关断阀；更换高温水、低温水和润滑油的截温器；更换水泵、检查和清洁润滑油冷却器；检查和清洁中冷器；更换高低温水转接软管和夹具；更换涡轮的泄放软管；更换烟气导流板；检查齿轮箱；更换涡轮增压器；检查排气歧管，更换排气歧管弯头；更换发电机的轴承组件，检查和清洁绕组；更换发电机柔性连接器。

中修的时间很长，在现场操作，需要足够的劳动保护装置以及起重装置。根据经验，中修需要两个熟练工人 240h 才能完成。中修费用大概是燃气发电机组采购成本的 10％～12％。

6. 大修（60 000h 保养）

大修（Major Overhaul）的周期，按照每年 6000h 运行来计算，大概要在 10 年之后才会遇到。大修时，1500、3000、6000、15 000h 和 30 000h 的维护工作都需要进行。大修需要专门的设备，以及得到制造商认可的高级维修人员参加，方可进行。目前，尚不能进行现场大修。

大修工作包括：更换活塞顶针；更换凸轮轴与支撑轮；更换怠速齿轮及衬套；更换中间齿轮及衬套；更换润滑油止回阀；更换凸轮轴后部油封；更换活塞与活塞水封；检查和清洁中冷器内核；检查和清洁中冷器；更换减震器；更换曲轴主轴承和支撑轮。

因为大修包括中修的内容，所以大修周期要比中修周期再延长 100h 左右。根据经验，大修需要两个熟练工人 340h 才能完成，也就是说需要 45 天时间。大修费用大概是燃气发电机组采购成本的 25％～30％。

7. 有效降低维护保养成本

维护保养的成本，有几个主要组成部分，分别是润滑油的消耗、零件采购、人工成本以及机器的空置期。有效延长机器的维修间隔，也能明显降低维护保养的成本。

让发电机组保持在一个合适的温度上，机组保持在比较高的功率段，均可以明显降低润滑油的消耗。同时，机组产生的废油，也可以进行回收利用。

零件采购中，非重要组件可以考虑采用国产件替代，这样可以降低采购成本；另外，在不占用很多资金的前提下，采购发电机组时，同时购买零件，可以节省大量的采购费用。

提高发电机组的自动化程度，可以有效减少人工成本；采用在线监测试的油品分析仪器，可以有效延长机组的维护周期。

尽可能采购同一型号的发电机组，可以将零件的库存降低到一个合理的水平。因此，不建议在一个项目上采用不同功率段的发电机组，也尽可能避免采购不同品牌的发电机组。

## （二）燃气轮机维护管理

燃气轮机的运动部件远少于燃气内燃机，故维护管理相对简单。

燃气轮机维护管理分为日常维护和定期维护两类，由用户或运行管理者实施。表 8-8 为典型的燃气轮机维护周期。

**表 8-8　　　　　　　　　　　典型的燃气轮机维护周期**

| 检查名称 | 实施者 | 检 查 项 目 | 耗　时 |
|---|---|---|---|
| 日常检查 | 运行管理者 | 润滑油箱的油位变化<br>燃料系统<br>空气系统的泄漏<br>燃料进出口压力和温度<br>滑油压力和温度<br>机组有无杂音<br>机组各部件紧固状态有无松动<br>控制柜（盘）所有指示灯是否有故障报警<br>电动机控制中心运行指示的工作状态是否正常<br>定时抄表记录参数和填写运行日志<br>在机组停运后，需投入进气滤网反吹系统运行 2～4h，定时检查记录顶轴油压，发电机听音检查，测量重要辅助泵的电流等 | |

| 检查名称 | 实施者 | 检 查 项 目 | 耗 时 |
|---|---|---|---|
| 定期工作 | 运行管理者 | 有主备选择设备的电动机切换运行<br>测量备用辅机电动机的绝缘<br>燃机冷油器的切换运行<br>滤网切换运行<br>燃机 MCC 进线开关联锁试验<br>紧急停机按钮试验（在备用状态下进行）<br>应急滑油泵自投试验（停机后进行）<br>燃气轮机的性能试验，将每次试验出力和热耗率修正到同一大气温度下做对比，分析性能变化原因<br>压气机、燃气轮机进行离线水洗，恢复出力<br>用孔探测仪检查热通道部件有无过烧、磨损、腐蚀、外物击伤和结垢现象<br>用孔探测仪检查压气机叶片有无磨损现象<br>滑油油样化验，检查是否乳化和机械杂质超标<br>电动机轴承加润滑油脂<br>各油滤、气虑、水滤网更换或清洗 | |

  燃气轮机的日常维护、定期维修项目和检查方法，应根据设备制造厂家的维护手册和相关配套辅机的行业规范制定。表 8-9 列举某燃气冷热电分布式能源系统一台 PG9171E 型燃气轮机的定期工作内容。

表 8-9        **PG9171E 型燃气轮机的定期工作内容**

| 序号 | 检查项目 | 检查内容 | 周期 |
|---|---|---|---|
| 1 | 进气道、可转导叶检查 | 清理进气道内有无异物，检查密封是否可靠、可转导叶状况及间隙 | 3 个月 |
| 2 | 压气机叶片检查 | 检查压气机零级动叶有无损伤 | 3 个月 |
| 3 | 进气滤后不锈钢防护网检查 | 检查不锈钢防护网有无挂物、磨损情况、压条裂纹 | 1 个月 |
| 4 | 燃气轮机喷嘴、动叶窥镜检查 | 检查燃气轮机喷嘴及动叶的裂纹、掉块、结垢、外物击伤及腐蚀程度 | 3 个月 |
| 5 | 排气室和燃气轮机末级叶片检查 | 检查排气室有无开裂及其他损坏、检查末级动叶腐蚀结垢、掉块等情况 | 3 个月 |
| 6 | 机头 Y 形油滤检查 | 拆洗 Y 形油滤芯，复装 | 3 个月 |
| 7 | 燃烧室检查 | 拆出火焰筒检查，并检查过渡段，更换燃料喷嘴、单向阀 | 3 个月 |
| 8 | 燃油分配器检查 | 用螺丝刀旋来检查分配器是否能转动，各处接头检漏 | 3 个月 |
| 9 | 主燃油泵检查 | 检查联轴器减震块或弹片是否正常，有无漏油处，右侧窥窗清晰 | 3 个月 |
| 10 | 滑油系统检查 | 检查辅助油泵联轴器胶垫更换，轴承和轴串间隙检查，各处连接检漏，冷油器和过滤器切换阀润滑 | 6 个月 |
| 11 | 液压系统检查 | 检查主、辅液压泵工作是否正常，检查或调整各泵出口压力 | 6 个月 |

| 序号 | 检查项目 | 检查内容 | 周期 |
|---|---|---|---|
| 12 | 雾化系统检查 | 检查辅助泵润滑油油位及油质，更换润滑脂，主雾化泵漏油检查 | 3个月 |
| 13 | 启动设备及盘车装置检查 | 盘车系统各部件紧固件检查，启动输出联轴器检查，顶轴油压力检查或调整，顶起高度测量，加注润滑油（脂），油路检漏 | 3个月 |
| 14 | 辅助雾化泵传动皮带检查 | 辅助雾化泵的传动皮带检查，要在皮带张紧的情况下，按压挠度小于15mm，目测皮带无裂纹和伤痕 | 半个月 |
| 15 | 冷却水散热器检查 | 清洗冷却散热器，并检查水泵联轴器的减震胶圈有无磨损 | 3个月 |
| 16 | 防喘阀检查 | 试验各阀动作灵活性，润滑各运动部件 | 3个月 |
| 17 | 应急排放阀检查 | 试验其动作灵活性，检查密封状态、润滑运动部件 | 3个月 |
| 18 | 辅助联轴器检查 | 重点检查轮机端套齿磨损情况，换润滑油 | 6个月 |
| 19 | 负荷齿轮箱轴封检查 | 拆洗轴封及挡风板，复装 | 3个月 |
| 20 | 机组管路系统检查 | 管路系统有无渗漏，有无管壁磨损过多，必要时更换 | 3个月 |
| 21 | 液力变扭器联轴器检查 | 检查联轴器内的润滑油是否有泄漏，并补充润滑油 | 3个月 |
| 22 | 抑钒泵系统检查 | 解体检查各泵的密封元件完好性，检查并更换损坏的轴承，清洗过滤器、单向阀等部件 | 3个月 |

### （三）直燃机维护管理

直燃机组的性能好坏、使用寿命长短，不仅与调试及运行管理有关，还与机组的维护保养密切相关。直燃机的维护管理工作并不复杂，但必须认真进行，应有计划地进行定期维护保养，以确保机组安全可靠运行，防止事故发生，延长使用寿命。

1. 定期检查

（1）每月检查。机组运行期间，需按表8-10内容每月检查一次。

表8-10　　　　　　　　　　　　　　每月检查项目

| 序号 | 分类 | 项目 | 内容 |
|---|---|---|---|
| 1 | 冷热水 | 冷热水pH值 | 冷热水取样测量，如超出允许范围，进行调整 |
| 2 | 冷却水 | 冷却水水质 | 冷却水取样作水质分析，根据结果处理 |
| 3 | 外部系统 | （1）过滤器清洗。<br>（2）冷水泵、冷却水泵。<br>（3）冷却塔。<br>（4）检查燃气泄漏和安全截止阀通断 | （1）拆下外部系统管路上的过滤器清洗。<br>（2）检修、换油及紧固螺栓，尤其是地脚螺栓。<br>（3）清理塔内脏物，并检查风机皮带是否有松动或脱落现象，发现异常及时处理。<br>（4）检查配管泄漏及安全截止阀通断 |
| 4 | 控制和保护装置 | 动作可靠性 | 检查控制和保护装置的动作可靠性，检查液位探测器探棒之间及探棒与壳体之间的绝缘情况，防止短路 |

（2）每年检查。每年开机前或停机后，需按表 8-11 内容检查和保养。

表 8-11　　　　　　　　　　　　　　每年检查项目

| 序号 | 分类 | 项　　目 | 内　　容 | 时　　间 |
|---|---|---|---|---|
| 1 | 主机 | （1）清洗传热管。<br>（2）气密性检查。<br>（3）补燃高发炉膛。<br>（4）油漆 | （1）打开冷水、冷却水端盖，用刷子或药品洗除管内的污垢，清洗端盖，同时更换密封圈。<br>（2）检查机组气密性。<br>（3）清洁烟垢，同时检查耐火材料的损伤。<br>（4）机组如有锈蚀，补漆或整机油漆 | （1）停机后。<br>（2）开机前及停机后。<br>（3）停机后。<br>（4）停机后 |
| 2 | 溶液 | （1）溶液酸碱度及其他添加剂的浓度。<br>（2）溶液浓度 | （1）溶液取样测定和分析，根据结果进行调整。<br>（2）稀释停机后，取样测量浓度。如发现有明显变化，应立即查找原因并通报服务公司 | 开机前 |
| 3 | 冷剂水 | 冷剂水密度 | 冷剂水取样，大于 1.04g/mL 时再生，直至合格 | 开机前 |
| 4 | 泵 | （1）屏蔽泵。<br>（2）真空泵 | （1）检查电动机绝缘性并测定其电流值，检查轴承及金属磨损，进行检修或更换。<br>（2）测试真空泵抽气极限能力，若达不到要求应检查原因并处理。<br>（3）检查、清洗真空泵 | （1）启机前。<br>（2）开机前。<br>（3）停机后 |
| 5 | 燃烧器 | （1）清扫燃烧器。<br>（2）调校。<br>（3）燃烧情况 | （1）拆开燃烧器，清扫内部及风叶。<br>（2）重新调校风门、油压、燃气压力、点火电极位置、雾化盘位置，确认各部件是否正常，若有异常，则检修或更换。<br>（3）检查燃烧安全控制装置的动作，检查操作电路 | 开机前 |
| 6 | 外部系统 | （1）检查燃气泄漏和安全截止阀通断。<br>（2）供气系统。<br>（3）烟道。<br>（4）烟气调节阀及热水调节阀 | （1）检查配管泄漏及安全截止阀通断。<br>（2）全面清理管道内杂物、污垢及检修系统。<br>（3）清除机组出口以外的烟道内的烟垢。<br>（4）检查电源接线及控制接线是否完好，阀门动作是否正常 | （1）开机前。<br>（2）开机前。<br>（3）停机后。<br>（4）停机后 |

| 序号 | 分类 | 项　目 | 内　容 | 时　间 |
|---|---|---|---|---|
| 7 | 电气方面 | (1) 检查电源接地。<br>(2) 绝缘性耐电压。<br>(3) 检查端子松动。<br>(4) 电气控制及保护装置。<br>(5) 液位探头。<br>(6) 电线电缆。<br>(7) 靶式流量开关。<br>(8) 传感器、变频器等电气元件 | (1) 检查电源接地。<br>(2) 检查电动机以及电控箱绝缘性和耐电压。<br>(3) 补充拧紧端子。<br>(4) 检查保护装置和控制装置的设定和动作点，检查是否有损伤或保护失灵。<br>(5) 若老化，擦洗干净；腐蚀严重，应更换。<br>(6) 检查其老化及腐蚀情况，处理或更换。<br>(7) 检查灵敏度，调整至正常。<br>(8) 检查（变频器检查须参照变频器使用说明书），视情况处理，维修或更换 | 开机前 |

（3）其他定期检查。根据机组使用年数，按表 8-12 内容对有关部件进行检查和保养。

表 8-12 其他定期检查项目

| 序号 | 项　目 | 内　容 | 时　间 |
|---|---|---|---|
| 1 | 外部系统 | 全面清理管道内杂物，并对水泵、冷却塔、管道、阀门、机房配电等进行全面检修 | 每 2 年 |
| 2 | 燃烧器 | (1) 检查电磁阀、油泵、过滤器、点火电极、火焰探头；换喷嘴。<br>(2) 更换电磁阀、火焰检测装置。<br>(3) 更换油泵、电动机及所有电缆。<br>(4) 整机更换 | (1) 每 4 年。<br>(2) 每 8 年。<br>(3) 第 16 年。<br>(4) 每 20 年 |
| 3 | 屏蔽泵 | (1) 更换轴承。<br>(2) 大修或更换 | (1) 每 15000h。<br>(2) 每 8～10 年 |
| 4 | 真空泵 | 大修或更换 | 每 5～7 年 |
| 5 | 压力传感器 | 更换 | 每 8 年 |
| 6 | 蜂鸣器 | 更换 | 每 4 年 |
| 7 | PLC 电池 | 更换（更换时间不超过 3min） | 每 2 年 |
| 8 | 继电器、交流接触器 | 更换 | 每 8 年 |
| 9 | 电动调节阀 | 检修或更换 | 每 6～8 年 |
| 10 | 电控柜 | 更换 | 第 20 年 |
| 11 | 截止阀 | 更换密封圈 | 每 2～3 年 |
| 12 | 真空蝶阀 | 更换密封圈 | 每 2～3 年 |

2. 停机保养

（1）短期停机保养。短期停机是指停机时间不超过 1～2 周，在此期间的保养工作应做到以下几点：

1）将机组内的溶液充分稀释。当环境温度低于 20℃，停机时间超过 8h 时，蒸发器中的冷剂水必须旁通入吸收器，以使溶液稀释，防止结晶。当环境温度可能降到 5℃以下时，运转溶液泵，停止冷剂泵，将冷剂水取样阀与溶液泵出口的加液阀相连后，打开两阀，使溶液进入冷剂泵，以防冷剂水在冷剂泵内冻结。

2）注意保持机内的真空度。若机内绝对压力较高，应启动真空泵抽气。

3）停机期间若机组绝对压力上升过快，应检查机组气密性。

4）停机期间若机房气温有可能降到 0℃以下，应将冷热水、热源热水及冷却水系统（含机组）中的所有积水放尽。

5）检修、更换阀门或泵时，切忌机组长时间侵入大气。检修工作应事先计划好，迅速完成，并马上抽真空。

（2）长期停机保养。在停机稀释运行时，将冷剂水全部旁通入吸收器，使整个机组内的溶液充分混合稀释，防止结晶和蒸发器传热管冻裂。为防止停机期间冷剂水在冷剂泵内冻结，停机前应使部分溶液进入冷剂泵。

在长期停机期间必须有专人保管，每周检查机组真空情况，务必保持机组的高真空度。

对于气密性好，溶液颜色清晰的机组，长期停机期间可将溶液留在机组内。但对于腐蚀较严重，溶液外观混浊的机组，最好将溶液送入储液罐中，以便通过沉淀而除去溶液中的杂物。若无储液罐，也应对溶液进行处理后再灌入机组。

长期停机期间应使冷热水、热源热水及冷却水系统（含机组）管内净化，进行干燥保管，方法如下：

1）把机组运转过程中流通的水从水系统中排出。

2）对管内进行冲洗吹净，除掉里面附着的水锈和黏着物（用冲洗方法不能除去的场合，同时采用药清洗）。

3）进行充分的水清洗后，把水完全排出后干燥保管（把排水管一直打开）。

3. 气密性检查

在机组运行及停机保养期间，应密切关注机组内的真空状态。当发现机组有异常泄漏时，应立即进行气密性检查。首先应进行真空检验，若不合格则需进行压力找漏，找到泄漏点并修补后再进行真空检验，反复进行，直至真空检验合格。

（1）真空检查。

1）将机组通大气阀门全部关闭。对未调试的机组，用真空泵把机组内压力抽至 30Pa 以下。停真空泵，记录下当时的环境温度 $t_1$，并从麦氏真空计等测量仪表上读取机组内绝对压力值 $p_1$，保持 24h 后，再记录当时的环境温度 $t_2$ 以及机组内绝对压力值 $p_2$。按式（8-1）计算压力升高值，压力升高值 $\Delta p$ 不超过 5Pa 为合格。

$$\Delta p = p_2 - p_1 \times \frac{273 + t_2}{273 + t_1} \tag{8-1}$$

2）对调试过的机组，在真空泵排气口安装排气转换接头组件（卸掉真空泵排气口接头至真空泵本体，装上转换接头组件）与软管，保证转换接头与真空泵及软管连接处密封不漏。连接真空泵与阻油器，关闭取样抽气阀，启动真空泵，关闭真空泵气镇阀。敞口容器中注入清水，软管插入水中深度约 50mm，观察容器中软管出口气泡数量，待气泡数量稳定后进行计数，记录每分钟气泡数。打开机组上、下抽气阀，观察气泡数，如果气泡数量很大，则对机组进行抽真空，待气泡数量较少时进行计量，如果与打开抽气阀前的气泡数差值小于3个/min，则关闭机组上下抽气阀，结束对机组抽真空（恢复真空泵排气口接头）。如果2h后气泡数仍达不到正常值，且每分钟的气泡数维持在一个较大的值没有减少，则应及早进行压力找漏。

（2）压力找漏。往机组内充入0.08MPa的氮气，若无氮气，可用干燥无油的空气，但对已经调试或运转过的机组，必须用氮气。充入氮气后，在焊缝、阀门、法兰密封面等可能泄漏的部位涂以肥皂水，有泡沫产生并扩大的部位就有泄漏。找出所有泄漏点后，将机组内的氮气放尽进行修补。再按前面的真空检验方法进行气密性检查。

在往机组内充气和从机组内放气时，一般通过冷剂水取样阀进行（先旁通冷剂水后放气）。机组内没有溶液和冷剂水时还可通过其他通大气阀门充、放气。

4. 传热管检查、清洗与更换

（1）传热管检查。

1）污垢检查。打开端盖盖板，检查传热管内污泥及结垢情况。若传热管结垢，应根据结垢的成分及程度，尽早地采取相应措施。

2）泄漏检查。向机组充氮气至0.08MPa，用橡皮塞堵住传热管一端，另一端涂肥皂水（或用毛刷刷上），使肥皂水成膜将管口覆盖。若肥皂膜凸出并爆破，则该传热管泄漏；还可以用橡皮塞堵住传热管两端，隔一段时间后，若橡皮塞被冲出，则该传热管泄漏；也可以考虑将水盖拆下，加装水斗，灌水检查是否有气泡逸出。

（2）传热管清洗。传热管清洗次数取决于水质和污垢生成情况，一般应每年清洗一次。

1）机械清洗法。机械清洗仅对单纯的污泥水垢及浮锈的清除有效。取下水盖，先用0.7～0.8MPa氮气或无油压缩空气对传热管吹除一遍，以防泥沙过多影响清洗，再用装有橡胶头和气堵的尼龙刷（严禁用钢丝刷）插入管口，用高压水枪将尼龙刷从传热管一端打向另一端，如此进行2～3次后，用高压氮气或空气将传热管内的积水吹尽，也可用棉花球吹擦，使管内保持干燥。传热管清洗结束后，装上水盖。

2）化学清洗法。若污垢是由钙、镁等盐类构成，相当坚硬，必须采用化学清洗法。清洗前，应先了解水垢的成分及厚度，再决定使用的药剂、方法及清洗时间。

（3）传热管更换。传热管泄漏会使冷水、冷却水进入机组，使溶液浓度越来越稀，而且机组真空度下降，影响机组性能，且腐蚀性增强。检查出泄漏的传热管后，需抽出并换上新的传热管，胀接。应杜绝将管板孔刻划成纵向痕迹，以免胀接时产生泄漏。

5. 机组清洗

对于长期运行后管理不善的机组，机内存在铁锈，溶液中杂质增多，影响机组的运行，除需对溴化锂溶液再生外，还应对机组进行清洗。清洗方法有溶液清洗和蒸馏水（或软化水）清洗两种。

用溴化锂溶液清洗机组时，燃烧器一直开小火，向机组内供应的热量较少。只要溶液有适当的温度，便于将机组内垃圾清洗掉，方法如下：

（1）启动机组运行一段时间后，将溴化锂溶液放出，灌入储液罐中沉淀。但沉淀所需时间太长，可准备两只桶或缸，将放出来的溴化锂溶液进行过滤。

（2）启动真空泵，抽除机组内不凝性气体至机组高真空，将过滤干净的溴化锂溶液再灌回机组，重新进行清洗，直至放出来的溶液干净为止。

（3）清洗工作完成后，应对机组进行压力检漏，特别是拆装过的部位。

（4）清洗后，还必须对溶液进行再生处理，并将缓蚀剂、辛醇等含量控制在标准范围内，再灌入机组，并继续抽尽机组内不凝性气体。

# 第二篇
# 应 用 部 分

# 第九章 燃气冷热电分布式能源政策及发展

## 第一节 燃气冷热电分布式能源市场及发展

### 一、国际方面

燃气冷热电分布式能源日益受到各国重视，不断地出台新的政策鼓励其发展。它通过减少能源中间环节损耗，以"按需供能"方式，以实际需求和资源、环境综合效益确定用能规模、在用户端实现能源的"温度对口，梯级利用"，将能源综合利用效率提高到一个新的水平。

随着燃气冷热电分布式能源技术的提高，各种分布式电源设备性能不断改进，效率不断提高，自动控制水平不断升级，燃气冷热电分布式发电成本不断降低，应用范围不断扩大。燃气冷热电分布式能源是世界能源工业发展的重要趋势，是实现能源高效利用的核心、智能电网的基础，也是人类可持续发展的重要组成部分。

美国市场发展目标：美国本着开发和商业化的目的，针对燃气冷热电分布式能源的应用，在天然气、电力和暖通空调等行业的制造业进行了广泛深入的合作。工业界提出了"CCHP创意"和"CCHP2020年纲领"，以支持美国能源部的总体商用建筑冷热电联供规划。按照"CCHP2020年纲领"目标，到2020年美国CCHP将成为商用建筑高效使用矿物能源的典范，通过能源系统的调整推动经济增长和提高居民生活质量，同时最大限度地降低污染物的排放量。

美国能源部认为，当前美国CHP发展的潜力还有110~150GW，其中工业领域CHP潜力为70~90GW，商业及民用领域CHP潜力为40~60GW。美国还制定了大力推广燃气冷热电分布式能源技术应用的战略目标，见表9-1。

表9-1 美国CHP/CCHP战略目标

| 年 份 | 战 略 目 标 |
| --- | --- |
| 2020 | (1) 50％新建商用建筑/学院采用CCHP。<br>(2) 15％现有商用建筑/学院采用CCHP |

日本市场发展目标：在日本虽然燃气冷热电分布式能源尚缺乏规模及经济性，但却解决了许多集中式发电不能解决的问题，降低线损，分散投资风险，减少由于地震可能带来的损害。日本政府2003年出台的《能源总体规划设计》中就系统阐述了发展、普及使用分布式能源燃料电池、分布式能源（CHP）、太阳能发电（PV光电）、风力、生物质能和垃圾发电的目标。2008年，日本经济贸易产业省（METI）预测，到2030年日本CHP装机容量将达到16.3GW，几乎是2006年的2倍。

据国际分布式能源联盟（WADE）对日本能源供需前景的预测，预计到2030年，日本基于分布式能源发电比重将达到总发电量的20％。同时据IEA CHP/DHC合作组表示，如果日本政策采取更加积极的鼓励措施，预计到2030年日本CHP系统将每年能够提供199TWh的供电量。

虽然燃气冷热电分布式能源在国际上所占比例仍较小，但在可以预计的未来，燃气冷热电分布式电源作为集中式发电的一种重要补充，将在能源综合利用上占有十分重要的地位。无论在解决城市供电，还是边远和农村地区用电问题上，都具有巨大的潜在市场，一旦解决了主要的障碍和瓶颈，燃气冷热电分布式能源将获得迅速发展。

## 二、国内方面

我国分布式能发展刚刚起步，但却在能源综合利用及节能减排上占有重要的地位。随着我国天然气的快速发展，以及为了解决煤电污染和低效输电问题，推广燃气冷热电分布式能源已成为推进我国节能与环保的重要技术措施。

根据对我国天然气增长的预测，到2015年预计供应量将达到2600亿 $m^3$。如果将40％的新增天然气（约700亿 $m^3$）用于燃气冷热电分布式能源，到2015年总装机发电容量将达到5000万kW，相应需要投资约4000亿元，每年减少煤炭消耗2.3亿t，减排 $CO_2$ 超过4.5亿t。西气东输、进口LNG、东海天然气开发、陆上进口天然气等大型项目的全面实施，推动了全国天然气的建设。

随着我国燃气冷热电分布式能源技术水平的不断提高、常规天然气和非常规天然气（如页岩气、煤层气等）的快速发展，燃气冷热电分布式能源利用方式将在能源综合利用、提高能效和抑制碳排放上，以及在加快工业化、城镇化进程中都占有十分重要的地位。北京、上海等城市已经陆续出台一些优惠政策，鼓励燃气冷热电分布式能源发展。

燃气冷热电分布式能源作为集中式发电的重要补充，还可以解决我国不发达农村、边疆地区的电力短缺问题。我国由于地理条件的限制，许多农村地区的供电问题还没有解决，通电、通自来水还是许多地区的迫切需求。在偏远地区布置长输电网造价大、电网沿途损失也大，而天然气运输相对便捷，燃气冷热电分布式系统直接布置在用户需求侧，对这些地区和用户是一种更为可靠、可行的供能方式。因此无论解决城市供能，还是边远和农村地区用能需求，燃气冷热电分布式能源都存在巨大的市场潜力，同样只要解决了发展中的主要障碍和瓶颈将得到迅速发展。

随着我国城市化进程的快速发展，一大批工业园区、新城区、新城镇正在规划和建设中。一些城市综合体、商业中心、交通枢纽和工业园区，用户相对集中，电力负荷和冷热负荷密度较大，不同用户负荷具有互补性可获得更高的效率，适合建设燃气冷热电分布式能源系统，并且由于规模效应具有更好的经济性和发展前景。

国内燃气冷热电分布式能源的发展，具有较好的资源环境和市场环境基础。

资源环境：我国天然气产量从2000年开始进入快速发展期，天然气产量从2000年的262亿 $m^3$ 增至2009年的830亿 $m^3$，年均增长率达到16％。预计2015年，我国常规天然气产量超过1400亿 $m^3$，其中商品气量1300亿 $m^3$；煤层气、致密气、页岩气等非常规气源，产量约100亿 $m^3$；煤制气超过100亿 $m^3$；年进口LNG量将超过2400万t，折合天然气320亿～400亿 $m^3$；进口管道天然气也将大幅度增加，预计将进口管道气400亿～500亿 $m^3$。根据以上分析，到2015年我国天然气总供应量为2200亿～2600亿 $m^3$。

市场环境：我国已进入新的发展阶段，在经济全球化背景下深化改革，加快城镇化进程，能源结构和消费结转型升级，到2022年实现GDP翻番和居民收入倍增的目标。其中，能源领域市场化改革的总体目标为：让市场发挥优化配置资源的基础性作用，提高我国能源行业的国际竞争力，为用户提供低价、优质、稳定、充足的清洁能源。

能源体制改革将创造一个公平公正的市场环境，吸引更多投资进入能源行业。目前，全国纷纷成立能源服务公司，推动燃气冷热电分布式能源市场的快速发展。能源服务公司将更好地整合各种社会资源，搭建技术、市场和融资平台，促进燃气冷热电分布式能源市场发展的进程。

## 三、燃气冷热电分布式能源制约因素及发展措施

### （一）制约因素

我国燃气冷热电分布式能源还处于起步阶段，各地示范工程的示范性还没有显示出来，建设过程中存在不同程度阻力。目前，我国政府主管部门已开始重视分布式能源技术，并制定了相关

的政策，发展分布式能源已经被列为国家能源"十二五"发展规划。当前制约我国燃气冷热电分布式能源发展的主要障碍在于：

### 1. 行政体制障碍

我国煤、电、油及其他可再生能源的管理职能分散在各个不同职能部门，各自为政，能源开发、能源消费、能源节约、能源储备和环境保护等方面的工作，缺乏统一的总体规划和政策指导。分布式项目属于能源的综合利用，包含能源的输送、转化和使用等多个环节，涉及燃气、电力、热力等多个部门，各个部门之间行政上相互独立、相互制约，利益各不相同，如果没有政府牵头协调，用户很难协调各个能源部门满足各个能源单位的要求，这导致分布式能源项目在项目报批、手续办理等方面遇到了很多困难。

### 2. 电力并网、上网和售电障碍

燃气冷热电分布式能源是建立在用户附近的能源综合利用系统，用户的能源负荷波动性很大，为了保证在经济、安全、高效下运行，分布式能源系统应当与电网并网运行。当分布式能源系统发电不能满足用户全部需求时，由电网给予补充，同时多余电力还应销售给电网公司。但我国建设的分布式能源项目，在电力并网方面都遇到了较大困难，除一些已经建成的项目仍未获得并网批准外，即便电力部门同意上网，且项目获得政府批复，电力公司提出的并网费用也使得用户难以承受。

目前，我国电力并网规则条款仅是针对大型电厂，燃气冷热电分布式能源项目发电并网事宜尚未明确规定。这也导致了燃气冷热电分布式能源项目电力并网存在一定障碍。为了消除此障碍，国家应在电力法规中，增加支持分布式能源项目电力并网的明确条款，以促进燃气冷热电分布式能源技术的推广。

### 3. 缺乏技术标准和规范要求

燃气冷热电分布式能源项目在我国属于新型能源技术，其本质在于"按需供能"，国内相关技术标准和规范受长期计划经济的影响偏重于"保障供应"，在本质上与燃气CCHP项目的要求有着很大的差别。例如，在设备容量指标的选取方面，国内相关规范远远大于用户实际要求，造成大多数用户的能源供应设备容量过大，设备闲置率很高。如果分布式能源项目设备也按照现行规范选型，在多余电力不能销售给电网公司和第三方的情况下，将会造成机组长期在低负荷下运行，甚至导致机组无法运行，降低项目的经济效益。

另外，现有燃气规范、排放标准、消防规范在制定时没有考虑分布式能源项目的特点，其中许多条款都限制了分布式能源项目的发展。电力并网、保护等相关技术规范主要针对大型电厂，对于分布式能源项目这种小型发电系统并不适用。此外，由于国内分布式能源项目较少，相应的设计、施工、运行维护等技术标准和规范也尚未出台，这些都影响了分布式能源项目的发展。

### 4. 社会效益不能得到合理体现

国内能源价格体系尚不健全，能源价格并不反映其真实市场价值和环境价值，许多能源价格还带有福利性质，如供热价格等。分布式能源项目具有提高能源综合利用效率、减少能源输送损失、提高能源供应安全性、优化能源结构、平衡燃气电力峰谷差、减少温室气体排放等多项社会效益，但是目前在没有相关支持鼓励政策的情况下，采用分布式能源技术增加的技术和资金风险全部由业主承担，产生的社会效益却没有转化成经济效益体现在业主身上。

### 5. 缺乏适合的商业运作模式

燃气冷热电分布式能源项目涉及燃气、电力、热工、空调、控制等各个专业，技术含量较高，在项目设计、采购、施工、运行的各个阶段需要配置高素质的技术人员，加之国内缺乏相关技术标准和规范指导，用户自行建设分布式能源项目人员成本较高、技术风险较大。另外，分布式能源项目涉及并网、上网、设备减免税等许多政策问题，协调起来难度很大。

专业化能源服务公司拥有高素质的技术人员，运作分布式能源项目具有低成本、高效率的优势，但是由于目前没有适合的商务运作模式及配套政策支持，能源服务公司很难发挥自身优势真正分担用户采用分布式能源技术和资金的风险。例如，由于电力法不允许第三方售电，能源服务公司不能将产生的电力卖给用户。

### （二）发展措施

从燃气冷热电分布式能源发展现状来看，我国分布式能源还处于起步阶段，虽然国家和部分地方已出台了一些相关的指导政策，但仍然存在很多的问题和阻碍，导致我国燃气冷热电分布式能源的发展比较缓慢。主要问题包括尚无国家下发的发展分布式能源的权威性指导文件；没有制定统一的并网技术标准；对燃气冷热电分布式能源认知不够；能源价格不合理以及设备国产化低等。

为解决上述问题，促进我国燃气冷热电分布式能源发展，应采取以下发展措施：

（1）提高政府、业主、投资方对分布式能源技术的认识，重点加强和建立适用单位决策者的沟通机制。

（2）扶持能源服务公司，鼓励由专业化能源服务公司从事分布式能源的开发、规划、投资、建设、运营和管理。

（3）研究、吸收国际经验，制定对燃气冷热电分布式能源发展具有推动作用的指导性文件，制定相关补贴支持政策，如优惠气价、减免税收、设备免征关税和增值税优惠等政策。

（4）加快设备国产化步伐，建议出台相关政策，以多种形式鼓励国内企业研发燃气冷热电分布式能源核心设备。

（5）制定统一的并网及电接入标准，建立完善的价格体系和机制。

（6）制定燃气分布式能源技术标准和规范。

## 第二节　燃气冷热电分布式能源技术及发展

### 一、国际燃气冷热电分布式能源技术及发展

燃气冷热电分布式能源系统在发达国家已有数十年的应用历史，技术和政策成熟，凭借其对环境的友好表现，在电力供应中所占份额逐渐上升。在技术应用上已经处于成熟期，系统稳定性好、能源利用率高，并有大量技术资金进行设备升级研制。国际燃气冷热电分布式能源美欧技术及其应用成熟，日韩等国受限于资源匮乏产业发展较早，应用也比较好。

### （一）美国技术及发展

美国以天然气为主要能源、联产技术为核心的分布式能源技术已有 100 多年的历史，技术上从最初热电联供 CHP 逐步发展到现在的冷热电联供 CCHP（始于 1978 年）。据美国能源部统计，1998～2006 年期间，美国 CCHP 市场翻倍增长，装机容量从 46GW 增长至约 85GW，近似于美国 2006 年发电总容量的 9%、发电总电量的 12%。据美国能源部于 2009 年不完全统计，全美约 3500 个大学、医院、政府机构、金融中心、工业小区等建立了区域热电（冷）联供项目，装机总容量超过 85GW，基本完成了美国能源部颁布的"在 2010 年之前全美总装机容量达到 92GW"的目标，如图 9-1 所示。

美国 2003 年大停电及 2004、2005 年飓风，提升了对采用燃气冷热电分布式能源提供可靠性能源的重视。美国政府从政策、资金上，都明确了大力支持分布式能源产业的发展。例如，2001 年前美国总统乔治·沃克·布什专门成立了国家能源战略发展专项组 NEPD，致力于分布式能源

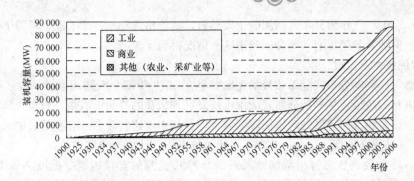

图 9-1　美国历年分布式能源发电容量

的推广；加州政府通过制定法律保证冷热电联供系统并网权。

政府措施促使美国诸多知名发电机组生产商、大学研究院及国家实验室，都致力于分布式能源系统设备的研发及功率、效率的提升，包括 GE、Solar、卡特彼勒、瓦克夏、康明斯、麻省理工学院、科罗拉多州立大学、密歇根理工大学、阿贡国家实验室、橡树岭国家实验室等。

美国政府主要的研究方向为内燃机效率的提升，大功率燃气轮机（单机功率 20GW）、微燃机的整体提升，燃料电池、地源热泵及沼气、生物质等能源替代的研究等。全新的"智能电网"技术在测量、并网及安全性方面的出色表现进一步促进分布式能源技术的发展。表 9-2 为橡树岭国家实验室 2008 年报告中关于发展分布式能源的效益预测，其中 241GW 的装机容量相当于全美 20% 的发电总容量。美国能源部专门成立了研发中心 IES，致力于集成能源系统的研究，使得分布式能源系统达到"量体裁衣"的标准，适用范围从几百千瓦到几百兆瓦，推进了分布式能源的应用和市场；IES 还创造了"即插即用 PNP"式理念，将系统提前进行场外集成打包，方便场内设计与建设施工，以降低投资成本、提高系统综合效率（如 70% 以上），缩短投资回收期（如小于 4 年）。

表 9-2　　　　　　　　　　　分布式能源效益预测

| 年　　份 | 2006 | 2030 |
|---|---|---|
| 装机容量（GW） | 85 | 241 |
| 年能源节省量（夸特） | 1.9 | 5.3 |
| 年 $CO_2$ 减排量（$\times10^6$ t） | 248 | 848 |
| 等价于减少上路汽车量（$\times10^6$ 辆） | 45 | 154 |

注　资料来源：美国 ORNL 橡树岭国家实验室 2008 年报告。

1 夸特 $\approx$ 0.348 亿 t 标准煤。

美国在燃气冷热电分布式能源技术方面的特点有：①项目应用数目上以内燃机为主，约 46% 项目采用了内燃机，但装机容量比例只占 2%，表明内燃机在美国主要应用于小型规模项目，且应用十分普遍；②装机容量上以燃气—蒸汽联合循环为主，约占 53%，但应用项目的数量只占 8%，表明联合循环主要应用于大规模、超大规模项目，而简单循环更多应用于小中型规模项目；③主要技术以内燃机、蒸汽轮机、燃气轮机为主，微燃机及燃料电池技术应用相对较少。

虽然分布式能源在美国发展较早，但总体来讲，美国分布式能源比例相比多数欧洲国家低，制约其发展速度的主要因素包含：①缺乏全国统一性的上网与并网规范标准，缺乏相应的合同能源管理规范；②排放规范与计算方法掩盖了分布式能源的高效率和高环保的优点，制约了分布式能源的推广；③天然气作为分布式能源的主要燃料，其价格近年来持续上涨，阻碍了分布式能源系统的应用，但随着美国页岩气革命的到来这一情况得到了改变。

**（二）欧洲技术及发展**

欧洲是燃气冷热电分布式能源领域的先驱，早在 1979 年部分欧盟国家就颁发了分布式能源和冷热电联供相关政策。从早期分布式能源逐步发展到现在的冷热电联供，分布式能源的大力推广得益于各国议会和政府开展的跨国能源领域合作。其中，比较著名的有欧盟采纳《分布式能源指令》会议、《排放交易指令》会议及欧盟《能源效率执行计划》的发表等。

在欧洲，环保效益被视为刺激能效及发展分布式能源的首位因素。据欧共体委员会 2008 年《最终能源消耗》FEC 分析报告，截止 2006 年欧盟已有 27 个国家（简称 EU27）参与并建立了以分布式能源为核心的分布式能源项目，分布式能源机组数目多达 1 万余台，装机容量约100GW，近似于 27 个国家 13.6% 的总发电容量，2006 年发电量约 366TWh，占总发电量的10.9%。

燃气冷热电分布式能源在欧洲各国发展很不平衡，例如，芬兰、丹麦占总发电容量 40% 以上，塞浦路斯只占 0.3%。图 9-2 所示为欧洲 27 国 CHP（CCHP）分布式能源比例。特别是丹麦，所有火电厂均可供热，所有供热锅炉房均可发电。

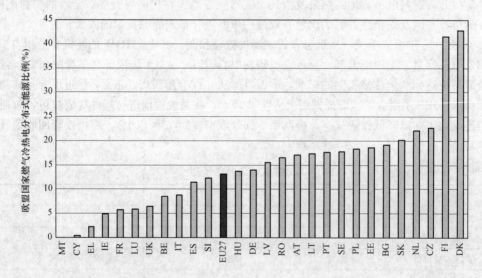

图 9-2　欧洲 27 国 CHP（CCHP）分布式能源比例

资源来源：欧共体委员会 2008 年 FEC 报告。

据 FEC 报告统计，分布式能源在欧洲各国发展程度主要取决于本国工业发展状况和集中供暖、供冷的比例。工业越发达，集中供暖、供冷比例越高，则分布式能源比例越高。EU27 有超过 33GW 的装机容量应用在工业领域。政府扶持及相关政策的制定同样具有深远影响，其中丹麦政府制定出关于热、电均可上网的政策，对其分布式能源的发展起了决定性的作用。目前，欧洲主要以天然气作为分布式能源系统的主要燃料，约占 38%；煤约占 34%，作为第二燃料；其余为 12% 的可再生能源、6% 的油料和 10% 的其他类型燃料。

**（三）日本技术及发展**

日本受限于自身国土面积和能源匮乏，其政府十分重视能源的利用效率，将分布式能源视为高附加值社会资本，目前已建成 8199 个分布式能源项目，总装机容量 93.8 万 MW。

在日本，分布式能源和冷热电联供项目在建成后的第一年享受 30% 的安装成本折旧率或 7%

免税。总投资的 $40\%\sim70\%$ 部分享受低息贷款（每年利率 $2.3\%$）。日本新能源与工业技术发展组织（NEDO）提供大型分布式能源区域供热投资额 $15\%$，上限最多为 500 万美金的补贴。日本分布式能源装机情况见表 9-3。

表 9-3　　　　　　　　　　　　日本分布式能源装机情况

| 发动装置 | | 安装台数（台） | 装机负荷（MW） | 单机负荷（kW/台） |
|---|---|---|---|---|
| 燃气轮机 | 商业 | 523 | 443.2 | 847 |
| | 工业 | 782 | 3588.5 | 4589 |
| | 总量 | 1305 | 4031.7 | 3089 |
| 燃气内燃机 | 商业 | 6062 | 754.8 | 125 |
| | 工业 | 1165 | 1535.9 | 1318 |
| | 总量 | 7227 | 2290.7 | 317 |
| 柴油发动机 | 商业 | 1985 | 665.0 | 335 |
| | 工业 | 2279 | 2391.2 | 1049 |
| | 总量 | 4264 | 3056.1 | 717 |

## 二、国内燃气冷热电分布式能源技术及发展

我国作为一个能源大国，仍然以集中式供能为主要供能手段，燃气冷热电分布式能源发展相对滞后。随着经济的发展和人民生活水平的不断提高，用能需求不断增长，集中式供能的缺陷逐渐显露出来，这为分布式能源发展提供了动力和契机。从长远来看，集中式大电网与分布式能源系统的合理结合，是电力工业必然的发展方向。燃气冷热电分布式能源项目集中在北京、上海、广州、天津等城市，已经取得了一定的社会和经济效益。

北京、上海等地项目的建成，为燃气冷热电分布式能源的建设和管理培养了技术队伍，积累了丰富的经验。国内的一些专业公司已具备了独立完成项目的策划、设计、建设、调试和运营管理的能力。根据一批燃气冷热电分布式能源项目的成功经验，结合国外资料，上海已经出台了相关技术规范《分布式供能系统工程技术规程》，北京等地的技术规范也在制定之中。

同时借鉴国外能源服务公司的经验，国内也成立了一批专业化能源服务公司运作燃气冷热电分布式能源项目。专业能源服务公司为客户提供的是集成化的节能服务和完整的能源解决方案，为客户实施"交钥匙工程"，包括资金、技术、商务、工程管理、运行管理等一系列服务，将实施项目所需的各种资源进行有机地整合，保证项目的成功实施。专业化能源服务公司的介入，分担了业主能源项目的经济风险、技术风险，利用其专业性、低成本、高效率的优势确保燃气冷热电分布式能源项目的实施。

## 三、亟待解决关键技术问题

### （一）燃气内燃机关键技术

燃气冷热电分布式能源设备技术研发、制造水平的发展受制于我国机械行业的整体发展水平。在燃气内燃机方面，亟待突破的关键技术如下。

1. 发动机集成技术

主要进行模块化设计，通过功能的集成可以减少发动机的零部件数量，如动力模块、增压模块、监控模块等，零件数量的减少有利于机组后续的维护及保养，并且可以提高生产效率及生产

质量。

### 2. 智能化技术

主要进行智能监控系统与工作状态监测、控制自动化研究，以及维修保障为一体的管理系统的开发。

### 3. 涡轮增压及增压中冷技术

主要是高性能增压器及其系统和配机技术，通过涡轮增压器提高进气密度全面改善燃气轮机的动力性、经济性以及排放指标等综合性能。同时增压中冷可降低进气温度，从而大大改善 $NO_x$ 排放。

### 4. 排放控制技术

随着社会的发展，环境对排放性能的要求已成为燃气轮机发展的首要考虑因素。我国燃气机排放水平相对滞后，已成为内燃机排放控制的重点。降低有害排放物的措施较多，主要是通过采取机内和机外净化技术措施。

### (二) 微燃机发展方向

美国对微燃机的研制投入较多，微燃机主要的研发方向为：

(1) 效率：燃料—电力转换效率至少达到 40%。

(2) 环境：燃用天然气时，在实际工作范围内 $NO_x$ 排放小于 7ppm。

(3) 持续性：停机检修周期大于 11 000h，大修期大于 45 000h。

(4) 电力投资：系统投资小于 500 美元/kW。

(5) 燃料灵活性：可使用多种燃料，包括柴油、天然气、乙醇、垃圾气和生物燃料等。

### (三) 分布式能源系统优化升级

首先，针对燃气冷热电分布式能源系统，应具备较强的远程监控能力，因为一些现场不可能留驻大量技术人员，系统的远程监控能力非常必要，可以提高系统的安全性和用户能源供应的稳定性。

其次，设备的维护频率需要进一步降低，随着人们生活水平的提高，员工工资将不断增加，特别是技术人员，低维护率将成为降低成本的重要因素。

最后，需要国家有计划地投入研究费用支持企业提高技术层次，利用我国的市场，催生一个新兴的产业。

### (四) 微电网研发及应用

燃气冷热电分布式能源系统当中的微型电网技术，是世界电力系统应用当中的新型技术之一，是电力系统所应用的最新科技成果，它是将现代的能源转换、电网、电力电子以及自动控制等技术有机地相互结合而发展起来的。分布式能源系统，以其最为优化的投资、最为有效的对能源的利用，能灵活变负荷性以及合适的可再生能源耦合特性，成为集中式的能源供应体系当中不可缺少的、重要的补充，它是未来世界上能源技术发展的重要方向。

### (五) 综合系统优化技术

### 1. 多种能源系统耦合优化

将各种不同的能源系统进行耦合优化。例如：将分布式能源与传统能源系统耦合优化；将分布式能源系统与冰蓄冷系统耦合优化，将微型燃气轮机与热泵系统耦合优化，以及太阳能与分布式系统的耦合优化等，达到取长补短的目的，充分发挥各个系统的综合优势。

### 2. 分布式能源与交通系统耦合优化

利用低谷电力为电动汽车蓄电或燃料电池汽车储氢等，将燃料电池和混合动力汽车作为电源，形成随着人流移动的电源和供水系统，实现节约投资经费，降低高技术产品使用成本等目的。

3. 分布式能源系统电网接入研究

解决分布式能源与现有电网设施的兼容、整合和安全运行等问题。

4. 蓄能技术

通过蓄能技术的开发应用，解决能源的延时性调节问题，提高能源系统的容错能力。其中包括蓄电、蓄热、蓄冷和蓄能四个技术方向。蓄电包括化学蓄电（如电池）、物理蓄电（如飞轮和水能、气能）。蓄热包括顶变蓄热、热水、热油和蒸汽等多种形式。蓄冷包括蓄冰和蓄水。蓄能包括机械蓄能、水蓄能以及记忆金属蓄能等多种方式。

5. 地源蓄能技术

利用地下水和土壤将冬季的冷和夏季的热蓄能储存，进行季节性调节使用，结合热泵技术进行直接利用，减少城市热岛效应。

6. 智慧能源网络系统

智慧型、互联网式的分布式能源系统是未来能源工业的重要形态。它是由燃气管网、低压电网、冷热水网络和信息共同组成的用户就近互联系统，复合网络的智能化运行、结算、冗余调整和系统容错优化。

**（六）资源深度利用技术**

1. 天然气凝结水技术

利用天然气燃烧后的化学反应结果回收水，解决部分城市水资源紧缺问题。

2. 分布式能源与大棚结合的技术

将分布式能源系统发电设备排除的余热、二氧化碳和水蒸气注入大棚，作为气体肥料和热源，解决城市绿化和蔬果供应，同时减少温室气体和其他污染物排放问题。

3. 发电制冷冷却水生产生活热水技术

利用热泵技术，用发电制冷的冷却水生产生活热水，即将低品位热源转换为较高品位的生活热水，减少能源消耗。

4. 空调系统废热回收技术

发展全新风空调系统中有效利用回风中的余热和余冷，减少能耗。

5. 污水水源热泵系统

以污水水源热泵系统利用生活污水中的热量，减少能源消耗。

6. 小型生物质沼气生产技术

利用民用设施污水、垃圾和大棚废弃生物质就地生产沼气的技术。

# 第三节　燃气冷热电分布式能源政策及发展

## 一、国际方面

### （一）各国政策及影响

世界各国都将发展燃气冷热电分布式能源作为节约能源、改善环境的重要措施。通过制定有关法律、法规、技术政策、财政政策等措施，积极鼓励和支持不同形式、不同容量的燃气冷热电分布式能源。各国为推动燃气冷热电分布式能源实施的各项政策及其对分布式能源发展的影响，为我国制定燃气冷热电分布式能源政策激励提供了借鉴。

1. 美国政策及发展

美国是世界上开发分布式能源发电最多的国家，也是全球绝大多数的商用分布式发电设备的主要提供商。美国法律法规鼓励分布式能源和分布式能源发展的激励政策，主要集中在以下四个方面：

（1）给予分布式能源项目减免部分投资税。

（2）缩短分布式能源项目资产的折旧年限。

（3）简化分布式能源项目获得经营许可证的程序。

（4）支持分布式能源项目并网。

近年来对燃气冷热电分布能源影响较大，被世界很多国家广泛关注和借鉴的政策主要包括：

（1）联邦政府在 1987 年颁布的能源法：电网公司必须收购燃气分布式能源的电力，其电价和收购电量以长期合同的形式固定。

（2）20 世纪 90 年代允许独立电厂直接供电，电力公司只收过网费用。

（3）2001 年"美国能源政策"给予燃气分布式能源项目 10%～20% 的税收优惠，并提出简化审批程序的建议。

美国能源部资助了 10 多个有关燃气分布式能源方面的科研项目。联邦能源委员会已发布小型发电机互联标准。

2005 年 8 月，美国总统签署了《2005 联邦能源政策法案》。该法案旨在提高最终用户的能效，而不仅是单个能源产品的效率。该法案强调了分布式能源与公用设施适用的并网标准。其中出台了 5 条新的联邦法规，包括：

（1）净电量计量。每个电力公司应就其所服务的任意电力消费者要求，提供净电量计量服务。净电量计量服务是指电力消费者自己合法的现场发电设备发的电，传送给当地的配电电网，因此该电量应在指定交费期内从配电公司向电力消费者提供的总电量中扣除。

（2）燃料资源。每家电力公司应有计划地将对单一燃料资源的依赖度最小化，确保其向消费者出售的电能采用了多种燃料和包括可再生能源技术在内的技术。

（3）化石燃料总效率。每家电力公司都应开发并实施 1 个 10 年期计划，以提高化石燃料发电的效率。

（4）分时计量和买卖双方沟通机制。此法案被通过之日起 18 个月内，每家电力公司应分别为客户提供培训，根据客户的要求提供不同的服务，电力公司将分时收取不同的电价，分时电价是由于电力公司在不同时段的电力生产成本费用和统购的电力成本价格不同而造成的。分时计量使得电力消费者可以通过先进的计量和沟通技术管理能源使用及成本。

（5）并网。根据电力客户的要求，每家供电公司均应对其提供并网服务。并网服务是指根据客户的要求，现场发电设施必须连接到当地的配电设施。并网服务应基于电力电机工程协会推行的标准，涉及分布式能源与电力能源系统并网的 IEEE 1547 标准随时可能被修订。另外，制定并网协议和程序应本着实事求是和鼓励分布式发电并网的原则，应符合但不必完全受到国家立法机构、协会采用的现行案例法规的限制。对这些协议和程序的修改均应遵循合理和公平的原则。

1999 年，组织工业、环保人士、非盈利机构、电网公司和个人成立了美国分布式能源协会（USACHPA），并出台了国家分布式能源路线图计划。2001 年，美国能源部成立了第一个地区推广中心，2003 年发展到 8 个。具体实施步骤如下：

（1）到 2005 年，建成 100 个示范工程，10% 的联邦建筑物采用分布式能源。

（2）到 2010 年，25% 的新建商业建筑/学院采用分布式能源，4% 的已建商业建筑/学院采用分布式能源，20% 的联邦建筑物采用分布式能源。

（3）到 2020 年，50% 的新建商业建筑/学院采用分布式能源，10% 的已建商业建筑/学院采用分布式能源。

除了联邦政府的政策支持外，美国的许多州政府都制定了相应的对燃气分布能源的鼓励支持。例如：

（1）俄勒冈州税费抵扣政策。该州的任何商业机构均有资格为可再生能源资源和燃气分布式能源项目申请税收抵扣。其中包括但不限于工厂、商店、办公室、公寓建筑、农场及运输业。能进行税收抵扣的成本费用包括：与项目直接相关的成本及设备费、工程及设计费用、材料供应及安装费。贷款费用和获得许可的费用也可包含在抵扣范围内。但是，设备重置费用和为了满足规范及其他政府条例所增加的设备费用不能抵扣，项目运行维护成本不能抵扣。

该州法律于 2007 年 7 月实施，将税收抵扣增至总投资的 50％，抵扣上限为 1 千万美金。50％的税收抵扣分 5 年执行，每年 10％。投资小于（或等于）2 万美金的项目税收抵扣为 1 年期。该政策适用于 2007 年 1 月 1 日以后的项目，其自动失效日期为 2016 年 1 月 1 日。

可转移方案是指项目所有者可将税收抵扣转移给合作伙伴，以在项目结束前换取一次性现金支付（税收抵扣的净现值）。可转移方案使非赢利性组织、学校、政府机构、其他实体和无税收义务的商业机构均可适用税收抵扣政策，将适当项目的税收抵扣转移给有税收义务的合作伙伴。

（2）华盛顿州税收激励。为激励分布式能源的发展，华盛顿州于 2007 年通过了一项（B&O）税收抵扣。根据法律规定，除电力公司外，自然人或企业均可要求税收抵扣，额度为分布式能源设施每年成本的 3％。对于 2007 年 6 月 30 日前建成的分布式能源设施，其累计抵免总额不得超过分布式能源设施投资的 50％或 5 百万美金。对于 2007 年 6 月 30 日以后的分布式能源设施，其累计抵免总额不得超过分布式能源投资的 50％，或 7.5 百万美金。

税收部门应当为所有分布式能源设施的税收抵扣制作一个连续性表格。所有要求税收抵扣的总额不得超过 1 亿美元。国家税收抵扣直至税收部门的最终成本查证一年后方可生效。税收抵扣受制于如下条件：

1）税收抵扣仅适用于资金成本。

2）拥有分布式能源设施的自然人、公司、企业或组织均有资格享受税收抵扣，只要之前未曾享受过。

3）税收抵扣可提取用来冲抵分布式能源设施的任意成本。

4）分布式能源设施的运营者有资格享受税收抵扣，即使该运营者也同时在为其他不能享受税收抵扣的电力公司提供分布式能源设备的运营服务。

（3）纽约州免税政策。2005 年 11 月 30 日，纽约州政府官员签署了使分布式能源受益的法律。根据该项新法律中的免税条款适用如下范畴：在一定条件下由合资公司拥有或运营的分布式能源设施产生的电力、蒸汽和制冷服务的销售适用于纽约州和地方销售及补偿使用税。然而该项法律仅适用于合资公司，它可以作为模板被其他类型的分布式能源所有着者利用。

免税自 2006 年 3 月 1 日生效，适用于能源销售及能源服务。所谓的能源销售及能源服务包括：

1）电力的仪表计量。

2）拥有至少 1500 个房间的合资公司通过拥有或运营分布式能源设施所产生的发电。

3）电力销售给合作企业的承租人，或住宅用及商用居住者。

关于免税所适用的分布式能源设施：一个设施可生产电力和蒸汽及其他方式的有效能源（如热力）以用于工业、商业及住宅的供热制冷用途，此能源由一个合资公司提供给承租人或居住者使用。合资公司是指根据纽约州法律由有资格的股东所组建的企业。即使这个企业的股东租赁或拥有企业的房产，免税也适应于这个企业的分布式能源项目。

依照法律规定，燃料、蒸汽、电力、制冷和蒸汽，以及天然气、电力、制冷和蒸汽服务，只要是用作能源供应或能源供应服务的均可被免税。根据税收法律，直接或专门为个人使用或消耗的能源及能源服务，以及用于销售的燃气、电力、制冷或蒸汽不可被免税。举例来说，如果一个合资公司购买燃料以运营一个分布式能源设施以生产上述所提及的免税产品及服务，适用于州和地方的销售及使用税；燃料是为了运行设备则不可能免税。此外，合资公司购买的机器设备直接或主要应用于备忘录所列的免税的能源和能源服务的生产销售时，可从纽约州及地方销售和补偿使用税处申请免税。

2. 欧洲政策及技术

欧洲诸国是分布式能源领域的先驱，早在 1979 年欧盟国家就颁发了分布式能源相关的政策。早期的分布式能源推广起于各国议会和政府开展的跨国能源领域合作。

欧盟制订了一系列与分布式能源相关的法律、法规，从污染排放控制（交易）、电网准入、电价及税收等方面进行规范，如《能源产品税收规范》（1997 年）、《政府支持环境保护的共同指导方针》（2001 年）、《污染排放交易规范》（2001 年）、《分布式能源规范》（2002 年）、《新型电力和燃气规范》（2002 年）、《建筑能源利用性能规范》（2002 年）。

（1）丹麦。丹麦认为分布式能源可以节约 28% 的燃料，减少 47% 的 $CO_2$。因而对分布式能源的优惠政策最多。政府提供分布式能源项目能源税退税政策，同时丹麦还享有市政当局为分布式能源项目出具的贷款担保，获得较低的利息费用。

1992～1996 年，政府对区域供热改造为小型分布式能源和生物质能系统给予投资补贴。5 年期，政府每年拨款 5 千万丹麦克朗。

1993～2002 年，政府为推广区域供热系统的应用，对在分布式能源供热区域内 1950 年前建造的供热系统给予补贴。补贴一般为总成本的 30%～50%。

1995 年，电力供应法案的一项修正案规定，独立生产者（小型分布式能源等）出售的电力应遵照可避免成本原则定价，其中包括设施节省出的长期投资成本，以确保联合生产与分别生产相比具有经济优势。

1996 年，在工商业中引入环保税。税收所得作为投资拨款返还给工商业，其中 40% 的款项将发放给工业分布式能源。

1997 年，政府给予垃圾或天然气为燃料的小型分布式能源给予补贴，70 丹麦克朗/MWh。对装机容量小于 4MW 的工厂补助以 8 年为限，装机容量为 4MW 及以上的工厂补助年限为 6 年。

1998 年电力法修正案，电力调度时对小型分布式能源和再生物质产生的电力给予优先。

2006 年以后，丹麦开始研究和推广配电网中的"细胞架构"，用以防止大量分布式能源（风电、燃气分布式能源等）发电并网对电网影响太大。使大量分布能源并网成为现实并受集中控制，制衡其对电网影响，解决了供电和电网安全可靠性、及分布式能源并网难和成本高问题。

目前，丹麦分布式能源的发电量占总发电量的 50%，供热量占区域供热的 63%。20 年间国民生产总值增长了 43%，而能源消耗实现零增长。

（2）英国。英国从上至下都积极支持以分布式能源为代表的燃气冷热电分布式能源。

英国规定允许一定限量内的电力直接销售。1998 年政府解除限制，购电少于 100kW 的用户可以直接向 CHP 电厂买电，拥有与大用户相同权利。

政府于 1999 年宣布英国分布式能源的目标是：到 2010 年生产能力要翻一番，达到10 000MW。后来的新政策也重申了要达到此目标的决心。为达此目标，英国政府在 2001 年采取了一系列的措施，包括：免除气候变化税、免除商务税，高质量的分布式能源项目还有资格申请政府对采用节约能源技术项目的补贴金。

英国政策还颁布了一套指南，规定所有发电项目开发商在项目上报之前，都要认真考虑使用分布式能源技术的可能性。这套新指南指明了分布式能源的市场机遇并提供了相应的联系方式。其他的措施，如免税、电力交易细则的修改、刺激分布式能源的热负荷的增长等也都提上了议事日程。

虽然英国分布式能源占发电比例不是很高，但英国在推广应用小型分布式能源方面有其特色。英国白金汉宫的分布式能源机组能产生 4900kW 电力、8000kW 热力，其热力供 23 座政府大楼使用。英国现有 300 家酒店、225 家医院、4000 多家游泳池采用了分布式能源技术。

英国自 2001 年 4 月 10 日起实施气候变化税，初步税率将使电费提高 0.43 便士/kWh，煤和燃气费提高 0.15 便士/kWh，而分布式能源用户将可避免对上列项目征收税款，使分布式能源可以节省 20% 的费用。同时，英国电力工业中使用天然气发电的比重比较大，而且电力工业已经私有化，电力价格按市场定价，电价与天然气价格比较合理，能够保证燃气发电的竞争力和项目的经济性。

（3）荷兰。荷兰的燃气冷热电分布式能源发展水平在欧盟名列前茅。荷兰政府把冷热电分布式能源作为达到《京都议定书》规定的减排二氧化碳的主要手段及节能的一项重要措施，并采取多种鼓励政策促进燃气冷热电分布式能源的发展。其中包括：

1）自 1990 年起，荷兰政府开始对分布式能源生产所用的天然气实施天然气价折扣，并对分布式能源的供热环节免除环境税。

2）应用分布式能源可免除能源调节税，电力自用。

3）1998 年在供热法案的基础上又提出了分布式能源激励计划，主要措施是投资许可，优惠的燃气税率和建立一个分布式能源促进机构。

4）荷兰新的电力法案给予了分布式能源特殊的地位，即规定分布式能源的发电量优先上网，并对用于公用电网的电按照最小税率征税。

5）荷兰政府还规定对有稳定热负荷的热电厂，其天然气价格比其他工业用户便宜 2 美分/m³。

（4）法国。法国对分布式能源的投资给予 15% 的政策性补贴。

对于冷热电联供，法国以电力公司和煤气公司为主，为用户提供楼宇燃气冷热电分布式能源（BCHP）项目实施的技术、资金、服务以及后期的运行、维护、管理。政策规定，当 BCHP 系统满足基本的技术条件后，电力部门必须允许它们上网售电。

（5）德国。自开展电力市场自由化改革后，德国的电价比 1998 年的水平下降了 30%。电价的下滑使燃气冷热电分布式能源的竞争力下降，为了扭转这种局面，政府出台了新的扶持政策，即

1）对于总效率达到 70% 以上的电厂免征 0.085 欧分/kWh 的天然气税。

2）对自备电厂完全免除电力税。

3）总效率达到 57.5% 以上的联合循环电厂免税。

4）传统利用锅炉的电厂的天然气税从 0.164 欧分/kWh 调高至 0.348 欧分/kWh。

2002 年 1 月，德国通过了新的热电法，该法律中激励 CCHP 发展的优惠政策包括：

1）某些类型的热电企业享有并网权；并网、双向交易；不并网，高额补贴。

2）燃气冷热电分布式能源在正常售电价格之外，还可按每千瓦时售电量获得补贴。

3）近距离输电所节约的电网建设和输送成本返还 CCHP 电厂。

该部新法律对已有燃气冷热电分布式能源电厂，不限规模给予鼓励；对未来 2MW 以下新建电厂和利用燃料电池技术的燃气冷热电分布式能源电厂，也给予长期的补贴，以鼓励新技术发展。补贴资金通过小幅调高电网使用费来平衡。德国政府正在采取措施鼓励发展小型分布式能源系统，尤其是在其东部地区。

（6）比利时。比利时政府资助分布式能源50％～70％的技术研究成本资金与20％～30％投资资金。

（7）葡萄牙。对分布能源发电每年给予较高的补贴电价，与石油价格挂钩，在过去10年间保持不变。

3. 日本政策及发展

日本对发展分布式能源等扶持性政策始于1990年初，基本上可分为特殊税费、低息贷款、投资补贴、新技术发展补贴四类。

（1）法律规定CHP建成第一年可享受30％安装成本折旧率或7％免税，总投资40％～70％可享受低息贷款（年利率2.3％）。

（2）日本新能源与工业技术发展组织（NEDO）提供补贴：大型CHP区域供热投资额的15％，上限最多为500万美金；天然冷热电气分布式能源可享受安装成本的1/3及市政设施投资的50％的补贴。

（3）20世纪90年代末修改了电力供应法，打破9家电力公司垄断全国供电市场，私营者可将自行发电出售给电力公司；1999～2002年间电力公司甚至鼓励日本私营业者投标提供2.7GW电力，所有投标方提供量合计11GW；在2001～2004年间，招标量加至2.9GW，投标方提供量合计14GW。

（4）允许自发电给第三方，壮大了能源服务公司。如Suwa区域的10个能源供应公司，提供冷、热、电给医院和其他用户。一家公司向Amagasaki的67个用户提供电、蒸汽及冷水。

（5）2009年CHP总数达8199个项目，总装机容量已达938万kW，提出2万m$^2$以上新建筑设计，应论证采用分布式能源的可能性。

有利的政策制度环境，为日本燃气冷热电分布式能源的发展提供了良好的发展基础，极大地促进了分布式能源技术的推广应用。

从日本能源供应及需求分析，预计到2030年，分布式能源系统的发电量将占全国总量的20％。

4. 东南亚国家政策及发展

东南亚国家联盟和欧共体合作开展了分布式能源3期项目，该项目为东南亚国家联盟和欧共体之间的经济合作项目，由欧共体出资1500万美金资助。项目期为3年，始于2002年，于2004年12月结束。该项目将欧共体的技术和资源带到了东南亚国家联盟，并促成了多个示范项目。

印度：20世纪90年代末期，印度遭遇了严重的电荒，印度集中式发电规模为108GW，通过不堪重负的输电网络传输给用户时，其透漏电率达到40％～50％。电力系统的高损耗率和大范围的缺电阻碍了经济发展。为此，在印度热电联产协会（Cogen India）、美国国际开发署（US-AID）和WADE的帮助下，印度开始发展分布式能源。除了提供信息、技术和资金支持外，最重要的是进行电力制度改革。1994年，印度非常规能源管理委员会就开始要求电力部门放弃对分布式能源发电的歧视，采取新的政策模式，通过13年的固定通胀率的电力收购合同来收购分布式能源所发电力，并将电力接入费用降低一半。电力管理部门也开始采取分布式能源的行业模式。

（二）国际政策分析

通过横向对比，分析国际各种政策的类型、政策目标、成功因素和应用国家，以期对国内政策制定者起到借鉴作用。

1. 财政税收政策

财政税收政策是各国政府提供支持的常用措施，针对燃气冷热电分布式能源的财政税收政

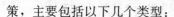

策，主要包括以下几个类型：

（1）对投资的支持。在燃气冷热电分布式能源的建设遇到融资困难时，或者建设单位资金短缺，或项目的回报不满足商业投资者要求的回收期限时，对项目提供资金支持，如拨款和加速折旧等。

（2）对运营的支持。采取将环保利益价值化等措施，将分布式能源的热、电的全部价值以货币的形式体现出来，如收购电价（Feed-in Tariffs）和减免燃料税等。

（3）研发基金。政府拨款作为低碳分布式能源技术的研发基金，可以帮助这一产业开发未来可持续能源系统所需要的新的商业技术和产品。

最常见的财税支持政策包括收购电价、容量补贴和税收优惠政策等。表 9-4 对上述三种主要财税支持政策进行了对比分析。

表 9-4                     燃气冷热电分布式能源财税政策分析

| 项目 | 收购电价 | 容量补贴 | 税收优惠政策 |
|---|---|---|---|
| 政策目标 | （1）使投资者的回报更可靠。<br>（2）增加分布式能源项目的运营效率 | （1）帮助资金不足的组织投资分布式能源项目，提高能源效率。<br>（2）有利于引进低碳能源新技术 | （1）使投资者的回报更可靠。<br>（2）激励各界投资高效的分布式能源系统 |
| 成功因素 | （1）收购费率能带来足够的回报以吸引消费者。<br>（2）以 10～20 年的长期合同来向投资者提供保障 | （1）定位于缺乏融资渠道的潜在开发商。<br>（2）定期评估补贴的水平，以反映技术和市场条件的变化 | （1）使用加速折旧作为投资支持，燃料税或碳税作为运营支持。<br>（2）使分布能源开发商的日常开支最小化 |
| 应用地区 | 欧洲：包括葡萄牙、西班牙、德国、荷兰、丹麦等；北美：安大略州；亚洲：印度（马哈拉施特拉邦） | 欧洲：荷兰、意大利、西班牙、比利时；北美：美国各州、加拿大；亚洲：中国（上海）、印度、韩国和日本 | 欧洲：荷兰、瑞典、比利时、意大利、德国、英国；北美：美国（联邦）；亚洲：韩国、印度、日本 |

### 2. 公用事业供应义务

公共事业供应义务又称为能源组合标准（Energy Portfolio Standards），是一个用指标证书交易来保障分布式能源电力市场份额的市场机制。给供电商设定义务，其电力来源中分布式能源发电应占有一定比例。这个比例可以根据政策目标逐年提高。

供电商可以通过两个方法来满足要求：

（1）拥有分布式能源电厂。

（2）从分布式能源项目或市场上购买分布式能源发电。

能源市场监管者按照每单位发电量或 $CO_2$ 减排量向分布式能源电厂颁发证书。电力经营企业可以从分布式能源电厂购买一定数量的证书。这种证书的销售可以为分布式能源电厂带来额外收入。表 9-5 为这项政策机制的目标、效果和应用国家。

表 9-5                     分布式能源公用事业义务分析

| 项 目 | 公用事业供应义务 |
|---|---|
| 政策目标 | （1）使分布式能源项目在电力市场上更有竞争力。<br>（2）保障分布式能源发电的市场份额 |

续表

| 项　目 | 公用事业供应义务 |
|---|---|
| 成功因素 | (1) 切实制定和调整配额标准：保证一定的缺口和持续的需求，但要参照分布式能源的发展潜力。<br>(2) 设置证书价格上限（惩罚性全部收购价格）和下限（最低保障价格）。<br>(3) 建立一个透明、便捷的会计制度 |
| 应用地区 | 欧洲：CHP：比利时、波兰；能效：意大利；北美：宾夕法尼亚州、康涅狄格州 |

**3. 地方基础设施和供热规划**

地方基础设施和供热规划，通过将供应和需求有效结合以及支持最佳能源供应等方式，为冷热供应设定了一个合理的框架。燃气冷热电分布式能源提供了很好的结合形式，因为它同时能提供冷、热等多种能源供应，可以满足需求效率。

供热规划通常与基础设施建设规划紧密结合。例如，丹麦的政府部门首先预测供热需求和供应方式，然后出台限制电采暖和无余热回收系统的发电项目。同时，政府支持新能源和分布式能源的研发活动，以推动能源生产向低碳发电和供热的转变。

建筑规范在一栋建筑的范围内替代了供热规划的因素，它的目的是进一步进行能源供应优化。建筑标准通常会设定一些符合能效改进措施应用的能源指标，开发商可以选择最适合和最经济的方案。

表 9-6 分析了供热规划和建筑规范对燃气冷热电分布式能源发展的作用。

**表 9-6　　　　　　　　　　　　规划支持政策分析**

| 项　目 | 供　热　规　划 | 建　筑　规　范 |
|---|---|---|
| 政策目标 | (1) 降低城市或区域的碳排放。<br>(2) 通过协调供应与需求，提高区域能源使用效率。<br>(3) 有助于向低碳能源系统过渡。<br>(4) 降低用户供热费用。<br>(5) 通过支持能源投资，建立长期能源供应设施 | (1) 提高新建筑的能源效率。<br>(2) 增加低碳能源和分布能源在单体建筑中的使用 |
| 成功因素 | (1) 这种规划需要在各级政府部门和能源供应商、用户之间协调和协作。<br>(2) 评估冷热需求和来源是建立高效能源供应系统的关键 | (1) 要求设计单位和建设单位间的协调和协同。<br>(2) 要有一个可达到的、合理的目标 |
| 应用地区 | 欧洲：包括德国、芬兰、丹麦、意大利、俄罗斯、瑞典等；北美：波多黎各；亚洲：韩国 | 欧洲：英国、德国、奥地利 |

**4. 排放许可交易**

这种政策措施集中体现在温室气体排放量上限交易机制（ETS）。给碳排放设定一个价格，使减排技术在整个体系中受惠，至少是不受打击。分布式能源的排放交易机制设计难点在于：分布式能源增加了其现场的排放，而减少了全球的排放。除非交易机制的设计反映了上述问题，否则使用分布式能源将需要比单纯地使用供热锅炉和从电网购电方案购买更多的排放指标。

ETS 背后的原则是允许有限地排放温室气体，因此温室气体排放的市场价格就产生了。在理论上，通过设定碳排放价格减排技术可以通过提高电价而部分获益。因此，保证 ETS 设计过程中考虑 CHP 在能源供应量中的独特地位非常重要，应根据需要促进其发展。至少 ETS 机制不应打击分布式能源项目。

表 9-7 为排放许可交易机制分析。

**表 9-7** 排放许可交易机制分析

| 项 目 | 排 放 许 可 交 易 |
| --- | --- |
| 政策目标 | 鼓励推广分布式能源电厂，通过成本效益机制降低碳排放 |
| 成功因素 | 保证政策体系的设计能够解决分布式能源的主要障碍。例如：向分布式能源项目提供奖励、津贴，从而肯定其在余热回收、降低排放方面的贡献 |
| 应用地区 | 主要是在欧洲，从 2005 年起，欧洲开始推行排放交易机制（ETS） |

5. 电网接入政策

电网接入政策主要有以下三种形式：

（1）电网接入标准。电网接入标准为物理接入不同电压等级的配电/输电网络提供了清晰的规则。它以清晰、透明的方式阐述了申请过程的程序，同时提出了并网技术标准。

（2）保证优先接入电力系统措施。保证分布式能源优先接入电力系统的措施包括：

1）净计量。通过安装一个双向计量表，允许电流从客户的设施流入/流出电网，使分布式能源电厂能够以购电价格来销售所发电力。

2）优先调度。保证分布式能源电厂的电力能够优先销售给电网。

3）许可证豁免。允许分布式能源电厂在未取得发电许可证的情况下发电，降低其运行费用。

（3）鼓励网络运营商。弥补因分布式能源接入而可能造成的损失，包括：

1）打破电量和利润之间的联系。

2）允许或鼓励电网运营商开发分布式能源电厂。

3）允许电网运营商对电网使用费采取更灵活的收费方式。

表 9-8 为这三种措施的目标、作用和应用范围。

**表 9-8** 电网接入政策分析

| 项 目 | 并 网 标 准 | 允许电网接入 | 鼓励电网运营商 |
| --- | --- | --- | --- |
| 政策目标 | 使 CHP 及其他分布能源并网的程序更为精简和方便 | 改善分布能源的商业条件 | 激励措施将鼓励网络运营商更友善地对待分布式能源项目的并网申请和运行 |
| 成功因素 | （1）规则制定者要与主要利益相关方密切沟通和合作。<br>（2）标准的制定要包含并网过程的所有因素。<br>（3）使并网程序和相关费用与装机规模相称。<br>（4）对措施有效性的监督 | | |
| 应用地区 | 美国：2005 年能源政策法案，要求所有的州都实施 CHP 并网标准。<br>英国、荷兰和德国对小型 CHP 项目采取了"安装并通知"的并网程序，这意味着并网是不收费的 | | |

6. 能力建设

能力建设可以通过以下两种方式来实现：

（1）扩展和教育。使大家认识分布式能源，了解分布式能源的潜在用户和最适宜的使用地点。可以通过培训计划、政府有关部门的积极行动或反应来实现。

（2）研究开发。支持分布式能源技术和商业应用的开发，研发基金也可以用于潜在用户的分布式能源技术培训。

如果潜在用户都能了解到现有的燃气冷热电分布式能源技术和优势，并且知道相关技术的商业应用已经成熟，对燃气冷热电分布式能源的各项激励政策才最为效。能力建设政策分析见表9-9。

表9-9　　　　　　　　　　　　　　能力建设政策分析

| 项　目 | 能力建设（扩展和研发） |
|---|---|
| 政策目标 | （1）保证政策制定者能够支持最高效、最佳的项目。<br>（2）保证能源使用者完全了解分布式能源。<br>（3）加速分布式能源技术的商业化 |
| 成功因素 | （1）在方案筹划中考虑所有关键的利益相关群体。<br>（2）与有效的鼓励政策相辅相成。<br>（3）针对最适合的能源用户群体 |
| 应用地区 | 欧洲：德国、荷兰；亚洲：日本 |

## 二、国内方面

我国政府为了促进能源结构的调整，节约能源，近几年来在政策上发布了不少的规定，对燃气冷热电分布式能源项目进行鼓励和支持，为市场的形成提供了政策支持。

早在2000年，由国家发展计划委员会、国家经济贸易委员会、建设部和国家环保总局联合下发了《关于发展热电联产的规定》。这是贯彻《中华人民共和国节能法》第39条：国家鼓励发展"冷热电联产技术"的法律，实施可持续发展战略，落实环保基本国策和提高资源综合利用效率的重要行政规章。《规定》再次重申了国家鼓励发展热电联产的政策，支持发展以天然气为燃料的燃气轮机冷热电联产项目，特别强调了国家鼓励发展小型燃气发电机组组成的冷热电联产项目。

在总结我国天然气发展经验的基础上，国家发展改革委《关于印发天然气利用政策的通知》（〔2007〕2155号文）对天然气梯级利用给予充分的肯定。通知指出，"合理利用天然气，可以优化能源消费结构，对实现节能减排目标、建设环境友好型社会具有重要意义"。

2011年10月9日，国家发展改革委、财政部、住建部、国家能源局联合发布《关于发展天然气分布式能源的指导意见》（发改能源〔2011〕2196号），提出了"'十二五'期间建设1000个左右天然气分布式能源项目，并拟建设10个左右各类典型特征的分布式能源示范区域"等主要任务。2013年2月27日，国家电网发布《关于做好分布式电源并网服务工作的意见》，提出了并网服务对象包括"以10kV及以下电压等级接入电网，且单个并网总装机容量不超过6MW的天然气分布式能源发电项目"，以及"为分布式电源项目接入电网提供便利条件，为接入系统工程建设开辟绿色通道"、"建于用户内部场所的分布式电源项目，发电量可全部上网、全部自用或自发自用余电上网，由用户自行选择，用户不足电量由电网提供。公司免费提供关口计量装置和发电量计量用电能表"等优惠政策措施。2013年7月18日，国家发展改革委印发《分布式发电管理暂行办法》的通知（发改能源〔2013〕1381号），推进分布式发电的发展，从规划、工程项目管理、电网接入、运行管理、政策保障及措施进行了指导，要求各省级能源主管部门根据本办法尽快制定分布式发电管理实施细则。

近年来国家层面出台了一系列对于发展CCHP项目的相关政策及报告等文件，包括《节能专项规划》、《热电联产和煤矸石综合利用发电项目建设管理暂行规定》、《国家发展改革委关于分布式能源系统有关问题的报告》、《关于印发天然气利用政策的通知》等。除此之外，地方层面也出台相关政策，支持分布式能源的发展，上海市已经出台针对分布式能源的激励政策，并于2013年3年进行修改完善，新的《上海市天然气分布式供能系统和燃气空调发展专项扶持办法》中对分布式供能项目按照1000元/kW给予设备投资补贴，对年平均能源综合利用效率达到70%及以上且年利用小时在2000h及以上的分布式供能项目再给予2000元/kW的补贴。每个项目享受的补贴金额最高不超过5000万元。对燃气空调项目按照200元/kW制冷量给予设备投资补贴。支持区域型分布式供能项目发电上网，上网电价政策由市物价部门另行制订。

以上政策的出台加快了我国发展建设分布式能源的进度，国内已悄悄掀起了一股分布式能源建设的热潮，一批大学城、机场、酒店、CBD等分布式能源系统相继设计、建设或建成。

### 三、发展燃气冷热电分布式能源政策措施

在借鉴国内外成功经验的基础上，考虑到我国面临的具体情况，针对上述政策障碍，发展我国燃气冷热电分布式能源的政策性措施如下。

1. 明确燃气分布式能源项目在总体规划中的地位

温家宝总理在2009年11月26日宣布，中国到2020年将努力将单位国内生产总值的二氧化碳排放量减少45%。推广燃气冷热电分布能源是实现上述节能减排目标的有效方法。因此政府有关部门应进一步明确燃气冷热电分布能源项目在实施总体能源发展规划、国家战略规划、城市发展规划中的地位和作用。例如，能源供应系统中燃气冷热电分布能源项目的比重。

2. 修改电力相关法律法规，允许分布式能源项目并网和售电

国际很多国家的实践表明，打破电力垄断，使分布式能源项目能够合法并网和售电，充分尊重用户的选择权，是燃气冷热电分布能源项目存在和发展的基本条件。

目前电网系统不愿意让燃气冷热电分布能源项目并网，主要原因是：

（1）燃气冷热电分布能源项目的自行供电削减了电网系统的收入；

（2）电网系统难以管理和协调燃气冷热电分布能源项目的众多小型发电机的负荷变化；

（3）电网的配电系统不得不进行改进，以适应燃气冷热电分布能源项目的电力输入或输出。

这其中一部分是可以解决的技术问题，一部分是利益平衡问题。但是从国家整体能源战略角度的考虑，电网系统应该支持分布能源的并网和售电，并提供便利。政府也有责任与电网系统充分沟通，并通过修改完善相应的法律法规，来保障分布能源发电并网和售电的权利，允许分布能源项目以电力销售价格向用户进行电力直供。

3. 允许燃气冷热电分布式能源项目适用季节性变化气价

采用燃气冷热电分布式能源技术可以平衡天然气的需求，增加夏季天然气的销量，提高燃气管网的利用率。考虑到上述益处，应该对燃气冷热电分布式能源项目的夏季用气价格给予较低的优惠气价。相关部门与燃气经营企业应积极探讨此项优惠气价的可行性。

在中国实施燃气冷热电分布式能源项目的一个主要障碍就是资源有限，天然气价格比较高，同时煤电的价格相对低得多（因为煤的供应量大而价格低）。降低燃气分布能源项目的天然气价格，使项目更具经济性是非常必要的。

4. 出台或完善燃气冷热电分布式能源项目专项鼓励政策，提供财政支持

国家能源局发布《关于发展天然气分布式能源的指导意见》（征求意见稿）让大家看到了发展分布能源的希望，国家有关部门应在此基础上尽快制定出台针对燃气冷热电分布能源项目的鼓励政策，政策要具体、可执行、能够解决燃气冷热电分布能源项目面临的困难。并通过向分布能源项目提供以下财政支持，解决项目的资金难题：

（1）投资补贴：对符合标准的项目提供一次性财政补贴；

（2）减免设备进口税：燃气冷热电分布能源项目的主设备多需要进口，导致项目投资偏高；对这部分设备减免进口关税和进口环节增值税，将有效降低项目造价；

（3）对建设并经营燃气冷热电分布能源项目的能源服务公司给予一定的税收优惠政策，鼓励专业化能源服务公司的发展。

5. 完善燃气冷热电分布式能源技术规范标准体系

由于燃气分布式能源是一项包含多种能源设备的复杂供能系统，在国内工程实际应用还不多，缺乏有针对性的规范，在工程实践中遇到相关问题时经常缺乏统一的标准，影响项目的正常进行。应深入研究相关技术并总结、吸收已有经验，推动相关法规、技术规范的制定和完善。具体可从以下方面入手：

（1）组织编制机构制定工作计划；

（2）调研国内外已有相关规范及标准；

（3）建立燃气冷热电分布式能源技术经济评价及监管体系；

（4）定期修编计划；

（5）标准编制应具有广泛的适用性。即具备在该领域广泛的适用性，而不仅仅针对燃气冷热电分布式能源，以适应并推动以循环经济理念开展节能减排、污染物治理、替代能源应用等技术的发展和应用。

6. 支持推动燃气冷热电分布能源示范项目建设

酒店、医院、办公楼、商场、数据中心、其他公共建筑物、产业园区等均是燃气冷热电分布能源系统的潜在市场。不同公共建筑物的负荷差别较大，各级政府加大对不同类型建筑物中燃气冷热电分布能源示范项目的支持力度，将对燃气分布能源系统健康有序发展起到重要的推动作用。

7. 加强燃气冷热电分布能源研究

为燃气冷热电分布能源的研究提供财政支持，鼓励研究院、能源服务公司、设计院、建设单位以及设备供应商等社会各界，积极参与燃气冷热电分布能源的研究和推广，进而更好地推动燃气冷热电分布能源在中国的发展。

# 第十章　燃气冷热电分布式能源商业模式

## 第一节　区域能源服务概述

　　燃气冷热电分布式能源是化石能源时代高效、典型的能源系统，也是国内外广泛采用的区域能源项目核心解决方案。燃气冷热电分布式能源系统与合理的商业模式结合，通过区域能源服务商——能源服务公司的商业化运营逐步形成了区域能源服务产业。区域能源服务商业模式是我国发展燃气冷热电分布式能源的主要商业模式。专业化能源服务公司具有科学化、集约化的经营管理优势；丰富的能源项目运作经验和专业人才储备优势；能源应用技术的研发优势；资金实力和多融资渠道的投融资优势等。这些综合实力确保能源服务商能够为终端能源用户（用能企业）提供优质能源服务，保障能源服务商通过区域能源服务业务获得经济效益，确保整个城市功能区能源得到综合、高效利用，使企业、能源服务商、政府三方受益。

　　随着区域燃气冷热电分布式能源的发展，有必要探索与能源利用方式相适应、具有良好经济和社会效益、以市场机制为主导的商业模式，通过商业模式与技术方案的结合，推动能源消费方式的革命，通过市场机制推动燃气冷热电分布式能源的发展。

### 一、区域能源服务

#### （一）定义

　　广义定义：一切用于生产和生活的能源，在一个特指的区域内得到科学的、合理的、综合的、集成的应用，完成能源生产、供应、输配、使用和排放全过程，称为区域能源应用，在区域能源应用过程中提供的全过程服务称为区域能源服务。

　　狭义定义：区域能源服务是由区域能源服务商根据某一区域的能源使用特点及周边可利用的资源情况，对整个区域的能源利用进行整体规划，建造并运营管理区域能源中心，通过采用能源服务外包的市场机制在区域内实现：一次能源采集—二次能源转换—末端能效管理—废弃物排放的区域能源应用全过程服务。

　　具体来说，区域能源服务即采用能源服务外包的形式向特定的城市功能区域和集中工业设施区域，如CBD、商业中心、交通枢纽、医疗中心、工厂、科技园区等，提供集中能源转化和末端能源利用服务的城市基础设施运营服务，从而满足"城市最后一公里"的客户侧能源利用需求。通过这种市场化的运作，在客观上为整个区域实现了"高能效、低成本、可持续、低排放"的最佳能源利用方式，以及最大化的经济效益和社会效益。

#### （二）发展概况

　　在欧美及日本等区域能源服务发展较早的国家，区域能源服务已经发展得比较成熟，具有比较健全的市场机制和法律体系，商业模式也比较完善。区域能源项目一般由大型能源公司经营并利用这种商业模式将其能源供应产业链直接延伸至终端用户。

　　区域能源服务商可以为客户提供：技术咨询（能源优化方案、区域综合能源解决方案）、项目投资融资、区域能源中心运营管理、客户末端维护及能耗管理等多种服务。能源服务商一般以大型基础能源公司为背景，构造了从初级能源供应到最后一公里的能源转化，覆盖城市能源供应与经营的全过程产业链。

　　国内区域能源服务行业处在从政府包办的城市公用事业逐步向市场机制过渡的起步阶段。国内区域能源服务产业的业务种类以政府定价模式的区域集中供暖、供燃气为主的能源供应和输配服务方式为主。区域能源运营商主要由国有的城市热力集团、燃气公司等能源企业承担，通过购买煤炭、天然气等初级能源，为城市供暖、供燃气及发电等能源服务。这些城市能源企业提供的是满足社会基本需求的基本能源供应服务，垄断色彩较浓，商业化程度不高。

在我国区域能源服务产业发展进程中，基于燃气冷热电分布式能源的区域能源服务商业模式正处在方兴未艾的起步阶段。有力的政策支持、广阔的市场前景以及高能效、低排放的社会经济效益，吸引了众多城市燃气公司、热电公司和投资公司的关注与参与。表 10-1 简要对比了区域能源服务产业在国、内外发展状况。

表 10-1　　　　　　　　　　　　国内外区域能源服务产业对比

| 项　　目 | 国　　外 | 国　　内 |
| --- | --- | --- |
| 经营主体 | 大型基础能源供应商 | 专业（供热、供燃气）城市能源供应商 |
| 业务地域范围 | 面向全球一切具有经济活力的大型城市带和开发区 | 以面向能源公司所在城市范围为主要市场，逐步开始进行跨地域经营 |
| 主营业务种类 | 从初级能源生产、输配到最后一公里能源转化及末端能源利用服务，覆盖了城市能源供应与经营的全过程产业链 | 主要进行能源输配服务，尚未形成对城市能源供应服务整个产业链条的整合 |
| 主营业务发展模式 | 以客户需求为导向，提供能源外包服务，在具体项目中可以采用 BOT、EPC、O&M、EMC 等多种商业模式的组合 | 尚处于以能源输配服务为主营业务的发展阶段 |
| 提供服务方式 | 采用多种可利用的初级能源降低成本、通过高效运行管理降低运营成本、按照最终用户的需求提供多种不同品质的高效能源转化服务，以提供精细化能源全产业链附加价值从客户获得回报 | 基本以提供单一的能源为主，没有在此背景上形成能源转换服务的业务，主要依靠扩大用户数量获取规模效益 |
| 区域整体能源解决方案 | 由能源服务商牵头对城市功能区进行能源利用整体规划 | 由各专业能源公司（燃气、电力、供热）分行业、分专业制定城市功能区的能源利用规划 |
| 商业模式特点 | 市场行为、规模效应、局部市场垄断性、长期稳定回报 | 政府管控为主、长期稳定回报、收益率不高、价格管控、非市场机制的政策垄断性行业 |
| 行业特征 | 资金密集型、市场机制、运营管理经验和技术有效结合 | 资金密集型、管制体制、对运营管理以安全稳定供应为主要目标 |

## 二、我国区域能源服务发展背景

### （一）产业发展背景

目前我国正在经历城市化进程、工业化进程，以及从计划经济向市场经济体制转变的进程。这样大背景促使区域能源服务产业即将迎来一个迅猛发展的阶段：首先，工业化进程的推进，促使社会化分工越来越细致，越来越多的专业经营者也会逐步接受能源服务理念并向专业能源服务商采购能源服务，这为能源服务最终作为一种服务产业提供了良好的市场氛围；其次，可循环发展、绿色发展、持续发展已经成为国家发展的战略举措，商业化区域能源服务商提倡更综合、有效地利用现有一切可利用的低品位能源，更高效地转化初级能源及在末端更节约高效地利用能源的价值取向，无疑与国家发展战略非常吻合，必将得到政府的大力支持；再次，我国正在进行的公用事业市场化改革进程，也要求在城市能源供应及"最后一公里"能源转换服务领域，出现更多的市场参与者和竞争者并通过市场竞争优胜劣汰。最后，我国城镇化发展过程中会有越来越多的城市能源基础设施项目需要建设、运营，这就需要更专业的能源服务来具体操作这些项目。上述这些因素无疑为区域能源服务产业提供了广阔的发展机会和发展空间。

随着我国政府提出的"绿色发展、持续发展、低碳发展"和建设"美丽中国"这一宏伟蓝图的付诸实施，"高能效、低成本、可持续、低排放"的能源利用理念和能源利用方式必将成为全社会的共识与追求。商业化区域能源服务必须以市场机制为土壤、以适合的商业模式为基础，这就是探索我国区域能源服务商业模式的意义所在。

### (二) 发展区域能源服务必要性

#### 1. 通过市场机制实现城市能源综合、高效利用

区域能源服务的市场主体是能源消费者和区域能源服务商。区域能源服务商在为能源消费者提供服务的过程中，通过努力降低能源采购成本（充分利用低品位能源）、提高能源中心运行效率、为客户提供更多的附加价值（末端能效管理），才能获得经济效益的最大化。

高能效：通过对区域能源中心的高效运行和为客户末端提供节能服务，实现了区域内高效的能源转换。

低成本：通过对区域一次能源综合布局、合理规划利用以降低一次能源采购成本，通过提高能源中心运行管理水平来提高能源转换和输送效率，以降低运行成本。

可持续：结合区域一次能源的特点，充分规划、利用低品位能源和可再生能源。

低排放：在区域一次能源进行综合规划和综合利用后，减少了原来不可再利用的被排放掉的废热，降低了区域尖峰负荷，减少了相应的区域排放。

区域能源服务商在进行商业化运营的过程中，客观实现了区域能源"高能效、低成本、可持续、低排放"的效益，使得城市能源得以综合、高效地利用。

#### 2. 专业化分工和能源消费者的必然选择

我国正在经历着从农业化社会向工业化社会的转型，同时在东部发达地区经历着从劳动密集型、资源密集型工业向技术密集型、资本密集型的产业升级，无论上述哪种转变必然伴随着越来越细的专业化的社会分工。以采购专业服务代替自行生产的方式必将会得到企业的广泛认可。在这种背景下，能源服务外包理念也将越来越被认可，也会成为越来越多的市场参与者的必然选择。

#### 3. 城市化进程和公共事业改革的优先选项

城市化进程是我国未来最重要的发展模式。伴随城市化进程，城市基础设施建设及基础能源的服务将作为城市发展的前提条件和城市功能区的基本需求得到快速发展。

区域能源服务的服务范围可大可小，既可以为整个城市提供能源供应（城市热力公司、电力公司、燃气公司等形式），也可以为一个小区、一个CBD地区提供能源，在投资规模上，非常适合中小规模的资金参与；从维持市场稳定和项目社会风险的角度考虑，这种中小规模项目的社会影响力也小于面向整个城市的区域能源供应系统，因此也非常适合作为公用事业市场化改革的优先试验领域；通过区域能源服务商的参与，可以逐渐打破城市能源供应方面的垄断局面，引入一些更具活力的竞争者。

4. 能源市场机制的重要环节

区域能源服务是面向最终用户的需求，能源服务商提供服务获取的能源服务费，将是整个能源价格形成体系中的最终环节。由能源服务商与客户通过市场机制确定的能源服务价格，直接反映了最终消费者对能源价格的接受程度，商业化区域能源服务模式实现了城市终端能源价格发现的职能。

5. 城市能源供应精细化发展的方向

区域能源服务商提供的服务是一种市场化的、面向末端需求的能源服务，是直接面对客户需求的市场行为。因此，区域能源服务商必须以市场观念为基础，以客户需求为导向，全力为客户提供全产业链增值服务。在这个过程中，区域能源服务商处于追求商业利益最大化的目的，必将主动对一次能源进行综合利用，以获取最低价的初级能源，以降低初级能源采购成本；必将主动对区域能源系统进行高效运行，以降低运行成本；必将主动完善自身的技术和业务，努力提供末端节能增值服务以获得客户认可。区域能源服务商的这些努力也必将促进城市能源供应产业越来越向着精细化运行管理的方向发展。

### （三）区域能源服务利益相关方分析

在商业化的区域能源服务产业中，能源服务商、终端客户、初级能源供应商、地方政府都是市场参与者。在这个市场机制运行中，能源服务商出于对商业利益最大化的追求，同时受制于政府、客户的市场限制（主要是价格限制），会在初级能源获得环节寻找廉价、可循环、低品位的一次能源以降低一次能源（原料能源）获得成本；在能源转化环节（能源中心运行管理环节）会尽力提高能源转换效率以降低运行成本；在能源供应环节会主动协助终端客户进行终端能源优化利用，以降低能源输配成本、提高服务附加价值。区域能源服务商通过这种市场化的运作，在客观上为整个区域实现了能源最佳利用方式以及最大化的经济效益和社会效益。

政府、消费者、区域能源服务商在区域能源服务市场中均获得了各自不同的利益，见表10-2。

表 10-2　　　　　　　　　　区域能源服务市场各利益相关方利益分析

| 项　目 | 在行业中的角色 | 社会、经济效益 | |
| --- | --- | --- | --- |
| | | 社会效益 | 经济效益 |
| 国家与政府相关部门 | 市场机制及相关政策的制定者；区域供冷项目的规划者及审批者 | 通过综合的区域能源规划优化区域一次能源配置，提高区域能源利用率 | 减少政府在区域能源基础设施上的投资金额，优化城市一次能源生产 |
| | | 综合的能源利用可以更真实地反映城市功能区对一次能源的实际需求情况 | 平衡城市一次能源输配系统季节性、时段性负荷不均衡，优化城市能源输配系统的投资冗余 |
| | | 改善区域环境（噪声、美观等） | 优化城市功能区的环境，提高功能区附加价值，使土地升值，有利于招商引资 |
| | | 通过市场机制有效实现了城市一次能源用户侧管理 | 减少电厂等城市能源基础设施的冗余投资、提高设备利用率，减少设备运行成本 |
| | | 减少污染源排放量 | 减少为降低排放进行的投资 |

续表

| 项　目 | 在行业中的角色 | 社会、经济效益 | |
| --- | --- | --- | --- |
| | | 经济效益 | 其他效益 |
| 开发商与终端能源用户 | 区域内能源最终使用者，能源服务的对象 | 减少大厦的机电设备初投资，将固定成本转化为可变成本 | 实现非主营业务外包，减少了与主营业务相关性不高的业务环节，提高管理效率 |
| | | 减少大厦机房面积，增加有效经营面积 | 改善单个建筑本身的排放量 |
| | | 能源服务商提供的末端节能增值服务可以为能源消费者带来很好的节能收益 | 提高大厦舒适度和室内环境 |
| 能源服务商 | 区域能源服务的提供者 | 通过投资区域能源站赚取利润获得长期稳定的投资回报 | |

### 三、区域能源服务产业特点

区域能源服务从根本上说属于城市基础设施经营项目，因此其行业特点与城市基础设施项目的特点是一致的。

#### （一）城市基础设施项目特点

（1）自然垄断性，政府控制性强。

（2）公共服务性，服务质量影响大。

（3）资金投入量大，投资人投融资压力大。

（4）开发准备期长，方案设计变化多。

（5）建设执行期长，项目建设管理难。

（6）投产运营期长，持续运营管理。

（7）收益比较稳定，受经济周期影响小。

#### （二）区域能源服务特点

区域能源服务项目除了具有上述城市基础设施项目特点外，就其具体的业务内容及项目运营过程而言，还可进行概括如下。

1. 市场主体

参与区域能源服务产业的市场主体基本可以分为区域能源项目发起者（产权拥有者或项目确定权拥有者）、区域能源设施（能源中心及输配系统）经营者（商业模型和具体项目的经营者）、终端消费者（能源终端使用者，最终的服务对象）。

城市区域能源服务项目的发起主体既可以是政府主管部门（或城市功能区的一次开发商），也可以是城市能源公司（或城市基础设施投资公司）。面向整个城市的能源基础设施一般由政府城市管理部门或能源专业公司（热力公司、电力公司、燃气公司等）直接负责开发。类似交通枢纽、医院等更加专业功能区的能源基础设施一般由相应的政府主管部门或者功能区业主负责发起；而CBD、产业园区、居民区等城市功能区的能源系统大多由负责开发这个区域的地产开发商负责发起。

区域能源服务商是通过提供能源外包服务，向城市功能区能源消费者提供一次能源转换和终端能源优化利用增值服务的主体，是构造区域能源服务商业模型的主要角色。能源服务商可以通过BOT等商业模式从区域能源项目发起者手中获得区域能源项目的开发权、运行权和经营权。

能源消费者是城市功能区最终能源使用者，是市场的买方，是区域能源服务对象。

在构建区域能源服务商业模型时需要根据项目对应的产权主体进行利益分析，找到项目发起者、终端客户（能源消费者）、区域能源服务提供商的利益交集，通过不同的合同框架组成适合项目背景、满足各方需求的商业模式。

2. 产业内容

区域能源服务提供的是一种面向各种能源终端的能源精细化转换及末端增值服务。这种服务包括：面向城市功能区的能源综合解决方案（既可以是面向整个城市的区域能源供应项目，也可是仅仅面向 CBD、医院、交通枢纽等城市功能区的中小型项目）；专业化、精细化、高效能的能源转化运行和能源输配服务；根据客户的不同能源末端需求进行的能源高效利用与节能减排服务。

3. 国家产业发展方向

区域能源服务业务在能源综合利用、低品位能源循环利用、平衡城市能源负荷、能源终端节能、减少区域污染和排放等方面具有明显的社会效益。通过市场化的运作在客观上为整个区域实现了能源的高能效、低成本、低排放，属于国家战略性支持产业。

4. 产业经济特性

该产业属于城市能源基础设施运营项目，具有投资规模大、投资回收期长、收益稳定、风险不高，有一定的区域垄断性，属于稳健型资本较为青睐的投资对象。

5. 产业核心竞争力

属于资金密集型 + 经验密集型 + 技术密集型产业，行业门槛主要来自这三者的有效结合，三个因素的综合能力是衡量区域能源服务商实力的关键指标。

6. 产业链及附属行业

区域能源服务产业本身具有较强的延展性，可进行广阔的市场挖掘并可以进行横向、纵向产业拓展，市场空间非常广阔。这个产业中包含了众多附属行业，如一次能源供应、专有技术或设备供应、设计与咨询、能源中心运营管理、工程建设承包、末端能源优化利用服务等。

7. 区域能源服务产业条件

影响产业发展的外部条件很多，对于区域能源服务产业而言，当地服务产业是否发达、能源服务外包理念能否被认同、地区经济发展情况（城市化水平、产业发展状况、GDP 水平等）、地区整体能源供应状况、地区能源价格体系及公用事业市场化程度等因素，对于商业化区域能源服务项目的影响更直接一些。

**四、区域能源服务典型业务流程**

在商业化的区域能源服务产业中，能源服务商、终端客户、初级能源供应商、地方政府都是这种能源外包服务的市场参与者。能源服务商和终端能源用户通过能源服务合同构成买卖关系——能源服务商通过自身的四项基本能力为终端能源用户提供满足各种终端需求的能源转化服务和能源优化利用增值服务。

区域能源服务业务流程如图 10-1 所示。

在市场机制下，区域能源服务商在整个经营环节中都围绕着"高能效、低成本、可持续、低排放"的标准，在为终端客户提供最优化、最经济的能源服务（能源规划、能源转化、末端节能利用）的同时也产生了节能、环保的社会效益。在整个业务运行中，能源服务商出于对追求自身商业利益最大化的目的，努力完善自身的初级能源获取能力、项目构造能力（商业模式及营建管理）、能源中心运行管理能力（运行、维保）和商业模式经营能力以最大限度降低成本、获取最大经济利益。在一次能源获取环节中，区域能源服务商采用廉价、可循环、低品位的能源形式降低能源获取成本；在二次能源转化环节，区域能源服务商努力提高能源转换效率降低运行成本；在终端能源利用环节，区域能源服务商采用合理的能源利用方式降低能源输配成本和提高商业服

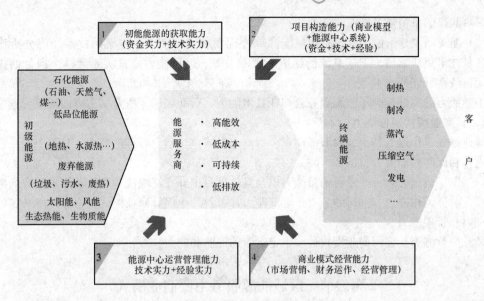

图 10-1　区域能源服务业务流程

务附加价值。通过对整个经营过程的精细管理，区域能源服务商在最终获得经营利润的同时，也为社会创造了最佳的社会效益。

### 五、区域能源服务公司核心能力

实现上述业务流程，要求区域能源服务商具备如图 10-1 所列的四种基本能力。而这四种基本能力又是由能源服务商的资金能力、技术能力、行业经验能力来保障的。归根结底，区域能源服务商业模式具有资金密集、技术密集和经验密集型的特点，三者缺一不可。

### （一）一次能源获取能力

一次能源获取能力是指能源服务公司通过技术手段和经济手段获得初级能源的能力，包括一次能源开采能力、一次能源采购及议价能力、低品位一次能源（城市废热、地水源热、垃圾及污水热等）采集能力、可再生能源（沼气、生物质能源等）获取能力、其他新能源（太阳能、风能、核能等）开发能力等，在这里综合体现出能源服务公司的资金实力和技术实力。

资金实力可以支持大规模购买而对上游一次能源上形成议价优势，甚至可直接从矿区购买一次能源；技术实力体现在采用技术手段充分发掘低品位能源以降低初级能源的采购成本实现减排、可持续发展的目的。

### （二）能源中心运营管理能力

能源中心运营管理能力是指能源服务商对区域能源中心（能源转换或生产中心）的运行管理能力，包括设备保养、设备大修、工艺系统运行与维护、能源中心控制及运行策略等方面的基础工作，是能源服务商最基本的技能，需要能源服务商运行管理团队具备丰富的运行管理经验和技术应用能力。

### （三）项目构造能力

项目构造能力包括商业模式构造能力和能源系统建设能力两个方面。

（1）商业模式构造能力。能源服务商根据不同地区的法律、经济、政府要求、客户需求特点，复制和创新已有的能源服务商业模式，以达成在区域内推行能源外包服务的投资模式。例如，采用 BOT、BOO 方式进行投资、采用 EMC 方式与客户达成附加价值提供、采用符合项目特点的收入模型（接入费＋基本费＋流量费）等，构成完整的商业模型，形成政府、能源服务商、客户共赢的价值链条。

（2）能源系统建造能力。包括区域能源综合规划和设计能力、方案的技术经济分析比选能力、各种技术集成能力、工艺系统的建造管理能力等，这种能力高低关系到整个项目的投资规模、运行效率、能耗水平等。

上述能力的高低反映了能源服务公司在技术能力、行业经验、资金实力方面的综合竞争力。

### （四）商业模式运作能力

商业模式运作能力是指能源服务商在公司商业模式整体运营管理的能力，是为上面三种能力提供支持和保障的能力。包括：

（1）市场营销能力。开发新项目能力以及具体项目中开发终端能源用户和维护用户的能力；

（2）财务运作能力。公司的筹资、融资能力，以及其他保障商业模式正常运转所必需的财务保障和财务管控能力。

（3）经营能力。公司商业模式持续稳定运营的经验和能力。

## 第二节　区域能源服务主要商业模式

我国区域能源服务尚处在起步阶段，虽然很多项目无论从投资规模还是从对国计民生的影响力来看都不如电厂、机场、高速公路等大型城市基础设施，但是就单个项目而言又具有一定区域影响能力，有些甚至关乎局部地区的发展及招商，对政府而言属于区域内重要的基础设施和民生课题。从业务特点上看，区域能源服务属于城市能源基础设施产业，大规模的项目（如城镇集中供热系统）往往由政府直接发起。中小型项目中一些社会影响较大的项目也是直接归政府主管或者政府直属的企业负责开发。

区域能源项目的发起者有必要将区域基础能源供应委托给专业能源公司进行整体规划、投资建设、运营管理。这些项目发起者在确定区域能源供应方式、挑选能源服务商时，采用国际上比较流行的建造—运营—移交（BOT）模式无疑是一种很重要的项目操作手段。这种 BOT 模式既可以直接运用，也可以将 BOT 模式的思路和一些操作理念借鉴运用到区域能源服务项目中。

从目前其他行业案例来看，完全按照国际标准操作的 BOT 商业模式的项目并不多，这其中涉及我国现阶段相关法律体系有待完善、市场机制尚需健全等多种原因。因此，在具体项目操作过程中，还需要根据不同的项目特点对 BOT 模式进行变化和调整。本节在介绍 BOT 模式基础上，结合 BOT 模式各个实施阶段对 EPC 模式、O&M 合同、EMC 模式进行简单的介绍。

### 一、BOT 商业模式

#### （一）概述

1. BOT 定义

BOT（Build Operate Transfer）模式是政府（部门）通过特许权协议，授权项目主办人联合其他公司、股东为某个项目（主要是自然资源开发和基础设施、公用事业项目）成立专门的项目公司，负责该项目的融资、设计、建造、运营和维护，在规定的特许期内向该项目（产品、服务）的使用者收取适当的费用，由此回收项目的投资（还本付息、经营和维护成本等），并获得合理的回报。特许期满后，项目公司将项目（一般免费）移交给政府。

具体到区域能源项目，BOT 商业模式就是把区域能源项目发起方委托具有运行经验、技术集成能力和具备一定投资能力的区域能源服务公司，对区域能源供应项目进行整体规划、建设、运营，以确保项目可靠运行并达到一定的社会效益。

在区域能源服务的 BOT 模式中，区域能源服务商在项目建造过程中还结合了设计—采购—

实施的 EPC (Engineer Procure Construct) 模式；在项目运行管理过程中，区域能源服务商也会通过运营管理总承包的 O&M (Operation & Management) 合同方式进行专业化经营管理；在对终端客户提供增值服务的环节中，区域能源服务公司还可以通过能源合同管理 EMC (Energy Management Contract) 的方式，直接与终端客户签订针对客户能源终端优化利用的服务，以延伸能源服务环节为能源转化服务提供更多的增值服务。

2. BOT 项目特征

(1) 项目公司（项目的运营商）基于许可取得项目发起者（通常由政府部门）承担的建设和经营特定基础设施的专营权（通过招标方式进行选择）。

(2) 由获专营权的项目公司在特许权期限内（一般 10～30 年）负责项目的建设、经营、管理，并用取得的收益偿还贷款。

(3) 特许权期限届满时，项目公司须无偿将该基础设施移交给项目发起者（政府或者项目发起公司）。

(4) 项目投资者（或项目公司）一般只拥有项目的经营权而无所有权，自负盈亏，必须对经营性项目进行详细的评估。

(5) 按照国内基础设施项目的要求，投资者一般需要投入 30％以上的资金作为项目资本金。

(6) 一般适用于基础设施或公用事业类项目。

3. BOT 项目融资特点

在国际融资领域，BOT 项目融资具有有限追索的特性。由于具有有限追索的特性，BOT 项目的债务不计入项目公司股东的资产负债表。这样项目公司股东可以为更多项目筹集建设资金，所以受到了股本投标人的欢迎而被广泛应用。具体特点如下：

(1) 利用自然资源和基础设施项目的期望收益、资产和合同权益进行融资，债权人对项目主办人的其他资产没有追索权或仅有有限的追索权。

(2) 专款专用且项目投入使用所产生的现金流量，成为贷款还本付息和提供投资回报的唯一来源。融资不是依赖于主办人资信或涉及的有形资产，放贷者主要考虑项目本身是否可行及其现金流和收益是否可还本付息。

(3) 项目主办人以股东身份组建项目公司，该项目公司为独立法人，是项目贷款的直接债务人。

(4) 融资负债比一般较高、结构较复杂，多为中长期融资。资金需求量大、风险大，融资成本相应较高，放款人对资金流向全程监控。

(5) 项目主办人（发起方）对项目借款人（即项目公司）提供某种担保，但一般不涵盖项目的所有风险。

(6) 合同文件（含担保/保险等）相当多，以合理分担风险。

(7) 采用保险方式以规避不可抗力和政治等风险。

**(二) BOT 项目参与方**

1. BOT 项目参与方组成

(1) 项目发起人。BOT 项目发起人一般是政府。政府通过特许协议的方式将特许权授予私营企业。对于小规模的区域能源服务项目，发起人也可以是负责城市建设的开发商。

(2) 审批机构。发展改革委、国土、建设、环保等管理部门。

(3) 行业监管部门。建设、交通、环保、质监、教育、文化、水利、铁道等。

(4) 投资方。政府、国有企业、上市公司、私人企业、外资等。

(5) 融资提供方。银行、证券公司、信托公司、保险公司等。

（6）项目运营方。一个具备行业运营管理经验且达到一定资质要求的独立法律实体。对于区域能源服务项目，项目运营方就是区域能源服务公司。

（7）建设方。承担 BOT 项目建设的主体，既可以是投资者组建的项目公司，也可以由运营商通过 EPC 合同方式委托给建设总承包商。

（8）消费者。对于区域能源服务项目来说就是终端能源用户。

2. BOT 项目参与方关系

BOT 模式是区域能源项目操作中的主要商业模式。项目参与方之间的关系较复杂，各参与方的基本合同架构关系如图 10-2 所示。随着项目进展，期间各参与方的关系还可以通过 EPC、O&M、EMC 等商业模式进行合作与分工。但是随着 BOT 形式的变形，这些商业模式组合及合作关系也会根据项目本身的特点发生一些变化。

**（三）BOT 主要合同关系**

在区域能源股服务 BOT 项目中涉及的各参与者是依靠基本合同构建起了一个商业模型，这些基本合同关系如下。

1. 特许经营协议

（1）特许经营协议主体。BOT 特许协议的主体作为项目发起的政府、项目的运营者（即项目公司）。

项目发起人作为 BOT 特许协议的一方当事人，对该项目工程享有主权和监督管理权。它可通过公开招标的形式选择另一方当事人，并以自己对该基础设施的"专营权"与之进行合作，进行项目的建设、经营与管理，并在特许期限届满后取得该项目的一切权利。在特许协议中，项目发起人承担相应的义务，如建设期间为保证该项目的顺利进行，为项目公司提供必要的场地、材

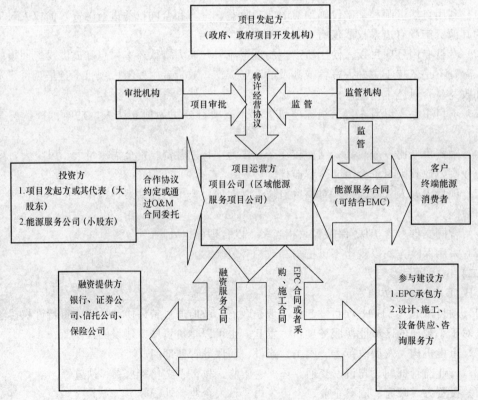

图 10-2　BOT 模式各参与方关系

料、劳力及相关硬件的供应；在经营期间，须保证投资商能够取得相应的投资回报；项目发起人有义务给予项目公司在法律、政策上的优惠等。

项目公司作为协议的另外一方主体，享有在地方政府取得依法建设、经营的权利、投入资金取得回报的权利、政府给予的特许权利等。发起人必须遵守项目所在国的法律，按时注入资金、开工、投产，保证合同规定的设计标准、质量，维护良好运营的义务，而且在特许期限届满时还有按时无偿移交的义务等。

（2）BOT 特许协议客体。BOT 项目所涉及的标的基本属于基础设施、基础产业，往往是一些资本密集型、消费公共性、经营上垄断性的设施或服务，如高速公路、港口、电力、污水处理等。大型的区域能源项目（例如面向城镇的集中供热系统）也属于这种情况。

（3）BOT 特许协议内容。其内容常视项目、国别的不同而不同，一般包括以下几方面的基本条款：

1）特许权条款。它包括特许协议所用词汇的定义、特许的给予、特许的期限、对项目公司的义务要求、项目的运营权、特许权协议生效的条件及特许生效的日期。

2）土地的购置和使用条款。

3）项目的设计条款。包括对项目设计的要求及设计标准的审查、设计的审查与核准、项目公司改动设计标准的权利、项目公司在设计中应承担的责任等。

4）施工条款。包括现场工地的清理准备工作、施工中双方的主要义务、施工的质量要求、建筑承包商的选定、项目施工进度报告、工程的监测与检测、检测争端的处理、施工的放弃、提前竣工的奖励、逾期竣工或缺陷的处罚等。

5）项目的运营和维修条款。包括当时双方在此阶段的主要义务、服务标准、收费标准及调节、不履行维护义务的处罚、账户的使用、外汇的使用及利润的汇出、财务报表的建立等。

6）项目的移交条款。包括移交的范围、条件、费用、程序及效力，人员的培训，风险的转移等。

2. 合作协议

由包括项目投资人在内的 BOT 项目全体投资人共同签署的合作协议，包括以下主要条款：

（1）合作主体的介绍及合作目的。

（2）合作方式及各方投资人的出资方式、金额。

（3）项目公司的组织机构设置以及投资人参与项目公司日常管理的方式。

（4）违约责任及诉讼管辖等。

3. 融资服务合同

项目公司对项目的投入资金有一部分要通过银行贷款或其他融资手段获得，这就涉及需要与不同的金融服务机构签订不同的《融资服务合同》。

4. 建设合同

建设合同是指项目公司为完成基础设施建设而与建设单位、设计单位、咨询单位、设备厂家等签订的服务、产品采购合同。在国外类似项目中项目公司也通常采用 EPC 的方式，将项目的设计、采购、施工调试一同委托给一家具备实力的工程公司。在国内建筑行业设计、咨询、施工往往是由不同公司分别承担。

5. 委托运营管理协议

以区域能源服务项目为例，项目的建造、运行管理需要具有非常专业和运行管理经验的能源服务公司承担。一般情况下，投资者并不具备类似项目经验，特别是在那些以地方投资公司主导的项目中，或者虽然能源服务公司作为投资者，但是股权份额较小，不足以充分获得自主经营管理权限的情况下，项目在操作过程中会面临技术和经验的欠缺。这时投资者（或者合资投资主体）可以将区域能源项目的建造管理、运行管理全部或单独委托给能源服务公司，由能源服务公司负责项目整体操作。这种委托合同就是 O&M（Operation and Maintenance）合同。

6. 区域能源服务合同

区域能源服务合同又称服务产品销售合同，是 BOT 项目体系中又一重要的合同，它是项目公司与服务对象签署的服务合同，是项目经营获利的基础。不同行业的 BOT 项目所涉及的合同内容均不相同，但是基本都会涉及服务内容、标准，产权界限、服务期限，服务价格及调整方式、维护保养、保险等条款。对于区域能源服务 BOT 项目，区域能源服务合同是项目运营者（项目公司）与终端能源客户签订的能源服务合同。

**（四）BOT 运作流程**

BOT 项目运作流程可分为前期操作和实施两大阶段。前期操作阶段主要包括确定项目方案、项目立项、招标准备、资格预审、准备投标文件、评标、谈判、融资和审批等阶段和内容。实施阶段主要包括项目设计、建设、运营和移交等阶段和内容。

对于发起 BOT 项目的国内政府部门或其代理机构，从确定方案开始到实施阶段之前的各阶段及内容是 BOT 项目的前期操作工作重点，需要落实各种建设条件、选定投资人、落实项目资金来源、确定基本建设方案。这一过程可以采用协商方式，也可以采用招标方式。大型或复杂的BOT 项目，往往采用招标方式来选择投资人。

1. 确定项目方案

在这一阶段的主要目标是确定项目建设的必要性，并进一步研究确定设计规模和项目需要实现的目标，而不需要确定项目采用的技术、项目投资额或者投资收益水平。项目是否具备合理的投资收益，或者说政府是否准备允许投资人获得合理的投资回报，是在这一阶段必须确定的原则性问题之一。只有允许投资人获得合理的回报，项目采用 BOT 方式才可能取得成功。不可能盈利的项目，只能由政府或者公共机构进行投资建设，除非政府能够采取财政补贴等方式保证项目投资人获得合理的回报。

2. 项目立项

项目立项是指计划管理部门对《项目建议书》或《预可行性研究报告》以文件形式进行同意建设的批复。BOT 项目在发布招标文件之前，按照国家的基本建设程序完成项目立项是非常必要的。在前期准备工作不足的情况下，计划管理部门也可不批复《项目建议书》或《预可行性研究报告》，而是批复同意项目融资招标，这种批复也可作为招标的依据。一般来说，外资 BOT 项目需要得到国家发展改革委的批复，内资 BOT 项目可以由地方政府批复。

已经立项的项目可以降低招标后的项目审批风险，提高投标人参与项目的积极性。在项目没有立项的情况下进行招标工作，如果投资人确定后政府不批准项目，将会给中标人造成很大的损失。因此，项目立项通过的审批文件一般被作为招标的依据。

3. 招标准备

项目立项工作完成后，即可着手准备招标工作，主要步骤如下：

第一步，成立招标委员会和招标办公室。

招标委员会主要职责是研究招标过程中的重大事项并做出决策。

招标办公室职能是贯彻执行招标委员会做出的决策，牵头落实项目前期准备工作，研究项目在经济、技术等方面的问题，并就重大问题的解决方案向招标委员会提出建议。

第二步，聘请中介机构，包括专业的投融资咨询公司、律师事务所和设计院。

由于 BOT 项目的复杂性，要求项目发起人在签订合同前，对于项目的经济、技术、法律等方面的问题，做出细致、完整、严密的规定。聘请专业的投融资咨询公司、律师事务所和设计院，发挥它们在招投标、投融资等方面的经验优势，可以帮助项目发起人进行充分和细致的招标准备工作，最大限度地降低项目风险，提高项目成功率。

第三步，进行项目技术问题研究，明确技术要求。

虽然项目发起人在招标前并不需要规定投标人采取何种技术方案。但项目多是为大众提高公共服务的基础设施，因此，必须在规划条件、技术标准、工艺和设备水平、环境保护等方面提出明确的要求。为此，项目发起人可以聘请设计院作为技术顾问，对上述问题进行细致和周密的研究，并将经政府确认后的要求在招标文件中详细而清晰地进行说明。

第四步，准备资格预审文件，制定资格预审标准。

在正式投标前进行资格预审，可以选定少数几家竞争力较强的投标人，减少招标工作量，提高招标质量。项目发起人应根据项目的特点和要求制订资格预审标准，编制资格预审文件以明确资格预审标准。

第五步，设计项目结构，落实项目条件。

由于不同类型的项目具有不同的特点和各种不同的要求。因此，项目发起人应该针对项目本身的特点，结合项目的目标，设计合理的项目结构逐项落实项目的各种条件。

第六步，准备招标文件、特许权协议、制定评标标准。

在招标文件中，必须详细说明项目发起人在技术、经济、法律等方面的要求，让投标人尽可能充分和准确地领会政府的意图。应该把投标人必须遵守的强制性的要求和可以由投标人建议的可协商的要求区分开来。在特许权协议中，应规定项目涉及的主要事项，明确项目发起人提供的各种支持条件或者承诺。评标标准应该体现项目发起人在选择什么样的投资人和建成一个什么样的项目方面的要求和标准，尤其要对主要目标（例如：最终消费者支付的价格最低，或者公共开支最低，或者对整个经济而言项目的投资费用最低等）有一个清楚的定义。招标文件中规定的评标标准应该尽可能明确和详尽，以便于投标人设计出最符合政府要求的方案。招标文件的准备工作往往与资格预审同步进行。

4. 资格预审

邀请对项目有兴趣的公司参加资格预审，如果是公开招标则应该在媒体上刊登招标公告。参加资格预审的公司应提交资格申请文件，包括技术力量、工程经验、财务状况、履约记录等方面的资料。

5. 投标书准备

在获得招标委员会的书面邀请后，通过资格预审的投标者，如果决定继续投标，则应按照招标文件的要求，提出详细的建议书（即投标书）。在投标者的建议书中，一般应详细地说明所有关键方面，如：

（1）设施的类型及所提供的产品或服务的性能或水平。

（2）建设进度安排及目标竣工日期。

（3）产品的价格或服务费用。

（4）价格调整公式或调整原则。

（5）履约标准（产品的数量和质量、资产寿命等）。

（6）投资回报预测和所建议的融资结构与来源。

（7）外汇安排（如果是外资 BOT）。

（8）不可抗力事件的规定。

（9）维修计划。

（10）风险分析与分配。

在标书准备阶段，投标人可就标书中的有关内容向招标人提出疑问。招标人应该以标前答疑会等形式进行解答，并将解答内容以书面形式正式通知所有通过资格预审的投资人。

6. 评标与决标

投标截止后，招标委员会将组建评标委员会，按照招标文件中规定的评标标准对投标人提交的标书进行评审。评标标准必须在招标文件中做出明确陈述。招标文件中规定的评标标准不允许更改。标书中的主要标的应该是评标时重点考虑的核心因素，如果采用评分法评标，则该因素的分值应该占有绝对的权重。

7. 合同谈判

决标后招标委员会应邀请中标者与项目发起人进行合同谈判。BOT 项目的合同谈判时间较长，而且非常复杂，因为项目牵涉一系列合同以及相关条件，谈判的结果要使中标人能为项目筹集资金，并保证项目发起人把项目交给最合适的投标人。在特许权协议签订之前，项目发起人和中标人都必须准备花费大量的时间和精力进行谈判和修改合同。如果政府与排名第一的中标候选人不能达成协议，政府可能会转而与排名第二的中标候选人进行谈判，以此类推。政府与私营机构间的合同必须做到：

（1）使中标人按商定的条款，对提供合同上规定的服务承担义务。

（2）给中标人以项目的独占权以及使工程得以实施的各项许可；如果需要，由政府或政府机构承担根据商定的条款购买项目产品或服务的义务，如承担"或取或付义务"。特许权协议必须得到同时签署的其他许多协议的支持，并以此为条件，以使中标人能够完成任务。

通常情况下，中标人在谈判结束以后必须签署的相关协议有：

（1）与项目承贷方的信贷协议。

（2）与建筑承包商的建设合同。

（3）与供应商的设备和材料供应合同。

（4）与保险公司的保险合同。

中标人是否能够顺利地签订上述相关合同，取决于其与政府商定的合同条款。因此，从中标人的角度来看，政府应提供项目所需的一揽子基本的保障体系，政府则希望尽可能地减少这种保障。

8. 融资与审批

谈判结束且草签特许权协议以后，中标人应报批《可行性研究报告》，并组建项目公司（项目运营方）。项目公司将正式与贷款人、建筑承包商、运营维护承包商和保险公司等签订相关合同，最后与政府正式签署特许权协议。至此，BOT 项目的前期工作全部结束，项目进入设计、建设、运营和移交阶段。

9. 项目实施

项目公司在签订所有合同之后，开始进入项目的实施阶段，即按照合同规定，聘请设计单位开始工程设计，聘请总承包商开始工程施工，工程竣工后开始正式商业运营，在特许期届满时将项目设施移交给政府或其指定机构。

需要强调的是，在实施阶段的任何时间，政府都不能放弃监督和检查的权利。因为项目最终要由政府或其指定机构接管并在相当长的时间内继续运营，所以必须确保项目从设计、建设到运营和维护都完全按照政府和中标人在合同中规定的要求进行。

**（五）BOT 融资方式**

就区域能源服务项目而言，BOT 项目一般是由项目当地的机构（政府、同行业国企）与专业能源服务公司合作组建项目公司，再由合资的 BOT 项目公司负责具体的区域能源服务业务的展开与运营。项目的发起方往往会以股权注资的形式加入项目公司，以达到对项目运营的监管和收益分配目的。对于不同类型的合作者其投入到项目中的资金来源不尽相同；对于项目公司除了合作方注入的股本金外，往往还需要通过金融手段进行项目融资以保证项目资金投入的需要。

1. BOT 项目公司投资方资金来源

对于区域能源服务项目，不同性质的投资方其资金来源不尽相同：

（1）政府参与 BOT 项目投资时主要的资金来源包括：各级政府的财政拨款、国债、政策性收费以及政府性国有融资平台涉及的土地一级开发（出让、批租）、发行债券、发行信托、产业基金、银行贷款等。

（2）多元化大型国有控股企业一般采用上市融资、发行债券、银行贷款的方式进行项目投资。

（3）民营企业在投资 BOT 项目时更多会以自有资金为主，结合银行贷款方式筹集项目资金。

（4）外商投资企业投资 BOT 项目时会采取直接投资、外资基础设施基金、股东借款的方式为项目融资。

2. BOT 项目公司融资方式

BOT 项目公司在组建完成后，为满足项目资金需求，需要通过项目公司进行融资，一般融资方式涉及以下几种：

（1）债务融资方式。

1）由母公司保证担保，银行贷款给 BOT 项目公司。BOT 项目公司向银行提出贷款申请，银行根据 BOT 项目公司的规模、项目投资情况、财务状况等因素综合评估，并要求 BOT 项目公司的母公司对 BOT 项目公司申请该笔银行贷款进行担保。

2）通过 BOT 项目的服务合同将项目未来收益权向银行进行质押贷款。以区域能源服务 BOT 项目为例，项目运营公司和消费者签署的《能源供应服务合同》是区域能源服务 BOT 项目一系列协议中最重要的一个合同，它明确了项目公司在未来一段时间内的可预见市场收益情况。项目运营公司通过与银行签署《质押协议》，将未来项目收益质押给银行作为担保，从而获得项目贷款。

3）通过发行企业债、短期融资、中期票据等多种方式获得融资。

（2）股权融资方式。主要指 BOT 项目投资人对于项目公司进行增资扩股或引入战略投资者进行融资，即根据 BOT 项目投资的需要，通过项目公司增资扩股，扩大其股本进行融资的一种模式。增资扩股所筹集的资金属于自有资本，与借入的资本相比，它更能提高 BOT 项目公司的资信和借款能力，对扩大企业经营规模、壮大企业实力具有重要作用。

（3）结构性融资方式。

1）银信合作信托计划融资模式。银行通过发行理财产品的形式，将募集资金委托给信托公司，由信托公司以自己的名义，贷款给区域能源服务 BOT 项目公司的一种融资模式。从投资回报或收益角度考虑，信托投资公司开展基础设施信托的主要目的或方向是那些项目建成后具有较高的或稳定的现金流的基础设施类项目。

2）企业资产证券化融资模式。其内涵就是将一组非流动性的特定资产转化为具有更高流动性的证券，然后向投资者出售该证券产品。其中，特定资产所产生的现金流则用于偿付证券本息和交易费用。这就是由"资产"支持的"证券"。

（4）股权融资与债权融资优缺点。

1）股权融资。分担投资风险，但成本昂贵。因为股利是对企业税后利润的直接分享，如果股权融资比例过大，会影响企业自有资金的投资收益率。如果项目投资回报率较好，可以通过减少股权融资比例加大债权融资方式，充分发掘财务杠杆效应，获得更高的净资产回报率。

在区域能源服务项目中，股权比例的设置也受到当地政府对项目社会效应控制要求和专业能源服务公司经营权要求的制约，需要事先就未来项目公司股权比例进行充分协调。

2）债权融资。由于是事先约好的还本付息，要求投资回报率大于借款利率。债权融资对企业是风险，但可以减少融资成本、控制股权、调整企业资产负债比，适当债务有利于保证股权资本收益和企业市场价值的提高。对于收益率较低的能源服务项目需要谨慎考虑债券融资成本及贷款期限。如果长期贷款，需要重点对未来贷款利率变化进行测算，以保证今后现金流足以支持贷款成本。

**（六）BOT 谈判要点**

1. 签约主体

BOT 合同签约时，首先应审查该政府部门是否具有签订合同的权限。《市政公用事业特许经营管理办法》中规定："直辖市、市、县人民政府市政公用事业主管部门依据人民政府的授权（以下简称主管部门），负责本行政区域内的市政公用事业特许经营的具体实施。"根据此规定在签订特许协议时，应审查签约的政府部门是否有政府的合法授权。

2. 立项审批

《市政公用事业特许经营管理办法》规定：实施特许经营的项目由省、自治区、直辖市通过法定形式和程序确定。目前，除部分省市外，其他地方对基础设施特许经营法规的制定并不完善，对 BOT 项目的审批程序及运作程序没有具体的规定，需要考察签约部门是否具备协调协议中可能涉及的其他政府部门职能的能力。BOT 项目不仅需要完成建设项目的审批程序，还需要就该项目采用 BOT 模式完成审批，实施方案还须经各有关政府部门的审查后报政府批准。

各地政府实施的 BOT 项目，有的在招标时政府已完成立项、初步设计审查。对于此类项目，政府分担了部分项目公司的工作内容，但政府应把项目的立项文件和各种审批文件转批至项目公司的名下。

3. 设施所有权

国际上 BOOT（Build Own Operate Transfer）概念是 BOT 的衍生模式，明确了项目设施所有权属于投资人所有。在我国对于新建的特许经营项目一概冠以 BOT 模式，而对设施的所有权一般均未在特许权合同中明确。如果项目公司是土地使用权人，所有的立项文件都以项目公司的名义办理，在项目建成以后，这些资产也应列为项目公司名下，项目公司事实拥有项目设施的所有权。因此，投资人在合同谈判中，如果政府部门不愿意明确项目设施所有权的，投资人必须要求以项目公司为投资主体办理项目所有批文，并明确项目公司是土地使用权人。

4. 征地

在我国土地的征用具有强制性，征用主体是政府。因此，BOT 项目应由政府完成征地拆迁，再以划拨形式用于项目。投资人需要注意审查项目选址是否已经履行了规划等部门的审批程序。征地拆迁的延误会导致项目进度延误，并增加投资人的成本，因此为保证项目顺利实施，在BOT 合同中应对征地拆迁的进度及延误的违约责任进行明确约定。

5. 担保

（1）投资人担保。通常 BOT 项目政府会要求投资人提供履约担保，从资金方面保证项目得以顺利地实施。作为投资人，提供担保会增加财务成本，因此在合同的谈判中应尽量说服政府免除投资人提供的担保或降低担保条件。

BOT 项目中出现的投资人担保有：

1）履约担保：建设期的担保。履约担保是为了防止投资人盲目投标后，因资金无法落实，而耽误了整个项目的进度。在《市政公用事业特许经营管理办法》中也规定了特许经营协议中应包括履约担保的内容。

2）维护担保：运营期和移交后的保修期的担保。项目建成之后，项目发起人的风险已大大降低：从投资人的角度来说，投资人完全依靠项目经营收回投资成本和回报，投资人必然会保证项目设施的正常高效运营。因此，维护担保有画蛇添足之嫌，投资人所增加的财务成本会增加到总投资金中，对双方均没有益处。

（2）项目发起人担保。政府担保适用于提供产品、服务类的 BOT 项目，如区域能源服务项目、水务项目等。从公平对等的原则出发，投资人提供了建设期的履约担保，政府也应提供支付担保，但实际情况是政府处于强势，不愿为投资人提供支付担保，这时可采取变通的方法。在区域能源服务项目中可要求政府有关部门对收取接入费标准、能源供应协议中的能源服务价格、基本能源消耗量、调价公式等予以认可并提供支持性文件。

6. 建设

BOT 协议中对建设部分的内容主要规定项目公司在建设过程中需要遵守的进度、质量标准、环境标准等。

7. 限制竞争

限制竞争条款是 BOT 项目中的重要条款，因为公用事业先期投资成本大、收益低、回收周期长，过度竞争会导致资源的极大浪费，不利于投资者投资积极性。区域能源服务项目也需要配套的管网建设，项目发起人应对接入费收取办法与标准以及区域开发进度等条件进行规定。

8. 或取或付条款、价格、调价公式

（1）或取或付条款。或取或付条款（take or pay）又称绝对付款条款或无货也付款条款，是指买卖双方达成协议，买方承担按期根据规定的价格向卖方支付最低数量项目产品销售金额的义务，而不问事实上买方是否收到合同项下的产品。在区域能源服务项目中以基本费（或最低消费量）形式体现，即无论用户是否实际使用了能源，均缴纳基本费，或按照某一双方约定的固定消费量向能源服务公司支付费用。例如，在北方集中供热时，热力公司按照用户建筑面积收取用户的采暖费部分，就有或取或付条款的意思。

（2）价格。价格即对项目公司所提供的产品和服务的价格约定。对水务、高速公路等 BOT 项目，项目发起人要对价格形成及调整进行指导和监控。但是由于能源服务 BOT 项目是新型行业，除了在北方城市区域供热政府对价格形成及调整有详细的规定和严格程序外，尚未见到其他任何这方面的法律规定。区域能源服务的价格目前更多是区域能源服务商（BOT 项目公司）通过市场操作直接与客户谈判形成的。

（3）调价公式。BOT 项目经营期较长，设定调价公式是十分必要的。在合同的签订中政府部门往往要求调价需经过政府批准后才能执行，这使投资人的调价有不获批准的风险。在合同谈判时，应要求协议中的调价公式是经物价管理部门及财政部门的批准审核。对于区域能源服务项目，后期的价格调整应根据区域能源服务商与能源消费者在《能源供应服务合同》谈判过程中约定的调整条件和调价公式进行调整，当外部条件触发调价公式后，能源服务价格自行按照合同约定调整。

（4）支付。对于政府直接支付的 BOT 项目，投资人应谨慎考察当地财政支付能力及政府信用。

9. 补偿条款

补偿条款是 BOT 项目合同中较为重要的条款，一般包括一般补偿和项目终止的补偿。补偿条款是直接关乎投资人经济利益的条款，在谈判中应尽可能地争取更多的补偿。

（1）一般补偿条款。一般补偿事件主要包括：政府原因导致的额外支出和收入损失、不可抗力、其他非项目公司原因导致的额外支出和收入损失。

政府原因主要有政府提出的变更或政府违约导致的工期延误。

不可抗力条款应该明确哪些情形属于不可抗力。自然原因的不可抗力比较容易达成一致，社会原因的不可抗力则容易发生分歧。社会原因的不可抗力政府负有一定的责任，所以不同原因的不可抗力的补偿也应有所区别。一般政府都会要求投资人购买保险以弥补损害发生时的损失，但对于没有险种的不可抗力事件发生，政府应分担一些投资人的损失，或者以延长特许经营期等方式减少投资人的损失。

（2）终止补偿条款。在订立 BOT 项目合同时，很多项目未对终止补偿进行具体的约定，仅约定双方协商解决。由于发生协议提前终止时，政府和项目公司的谈判地位是不平等的，协商的结果也很难有利于投资人，因此，如果能在签订特许协议时对终止的补偿方式进行明确的约定对投资人更加有利。

10. 经营权及项目公司股权转让

《市政公用事业特许经营管理办法》禁止特许经营权的擅自转让，却未对项目公司股权的转让进行限制。但由于政府是因为信赖项目公司的股东，才将特许权授予其设立的项目公司。因此，在大多数项目中，项目发起人都会对项目公司股权的转让进行限制。

根据惯例，项目公司在项目建完之后，即已完成项目的绝大部分投资，项目发起人的风险已降低很多。为了增强投资资金的流动性并适应公司战略发展的需要，在合同的谈判中，在确保项目运营管理正常进行的条件下，应争取让项目发起人同意项目公司股权在项目建成之后可以转让。

11. 争议解决

争议解决方式的选择会直接影响解决争议的成本，并可能影响争议解决的结果。BOT 项目合同纠纷是投资人与政府部门之间的纠纷，选择由仲裁机构解决争议更公平合理。

## 二、EPC 商业模式

### （一）概述

EPC（Engineering-Procurement-Construction）即"设计—采购—施工"模式，是一种项目管理模式，是建筑领域或者专业设备供应商经常采用的一种商业模式。它是指建设单位作为业主将建设工程发包给总承包单位，由总承包单位承揽整个建设工程的设计、采购、施工，并对所承包的建设工程的质量、安全、工期、造价等全面负责，最终向建设单位提交一个符合合同约定、满足使用功能、具备使用条件并经竣工验收合格的建设工程的承包模式。EPC 总承包模式是当前国际工程承包中一种被普遍采用的承包模式。在我国，这种承包模式已经开始在房地产开发、大型市政基础设施建设等领域被采用。

在区域能源服务的 BOT 模式中，投资者或者能源中心运营管理者经常以 EPC 方式作为能源中心项目建设的发包方式，以达到便于建设项目管理、最大程度降低项目建设风险的目的。

### （二）EPC 特点

1. 强调和充分发挥设计在整个工程建设过程中的主导作用

这有利于工程项目建设整体方案的不断优化。特别是对于技术方案独特、工艺复杂的系统，可以有效地将设计、施工、责任试车（调试）工作按照统一的设计思路进行，保证全系统运行实现设计意图。

**2. 有效克服设计、采购、施工相互制约和相互脱节的矛盾**

有利于设计、采购、施工各阶段工作的合理衔接;有效地实现建设项目的进度、成本和质量控制;符合建设工程承包合同约定;确保获得较好的投资效益。

**3. 建设工程质量责任主体明确**

有利于追究工程质量责任和确定工程质量责任的承担人。

### (三) EPC 合同主体

EPC 对合同主体有较高要求,体现在以下几方面。

**1. 合同责任**

EPC 项目的总承包人对建设工程的设计、采购、施工整个过程负总责,对建设工程的质量及建设工程的所有专业分包人履约行为负总责。也就是说,总承包人是 EPC 总承包项目的第一责任人。在传统的承包模式下,建设单位即发包人是建设工程质量的第一责任人。

**2. 素质要求**

EPC 工程项目对项目经理和工作包负责人的要求有别于传统的施工经理或现场经理。EPC 的项目经理必须具备对项目全盘的掌控能力,即沟通力、协调力和领悟力;必须熟悉工程设计、工程施工管理、工程采购管理、工程的综合协调管理,这些综合知识的要求远高于普通的项目管理。工作包负责人的素质要求也远高于具体的施工管理组。

国际 EPC 项目的管理组成员不乏 MBA、MPA、PMP 等管理专家,也包括其他的技术专家。工作包负责人往往是专业上的技术专家,同时也是管理协调方面的能手,不仅在技术工作、设计工作、现场建设方面有着多年的工作经验,而且在组织协调能力、与人沟通能力、对新情况的应变能力、对大局的控制和统筹能力方面均应有出色才能。正是高素质、高效率的团队形成对项目经理的全力支持才得以保证项目的正常实施。

### (四) EPC 合同形式

在 EPC 总承包模式下,其合同结构形式通常表现为以下几种形式:交钥匙总承包、设计—采购总承包(E-P)、采购—施工总承包(P-C)、设计—施工总承包(D-B)、建设—转让(BT)等相关模式。最为常见的是交钥匙总承包、设计—施工总承包(D-B)、建设—转让(BT)三种形式。

交钥匙总承包是指设计—采购—施工总承包,总承包商最终是向业主提交一个满足使用功能、具备使用条件的工程项目。该种模式是典型的 EPC 总承包模式。

设计、施工总承包是指工程总承包企业按照合同约定,承担工程项目设计和施工,并对承包工程的质量、安全、工期、造价全面负责。在该种模式下,建设工程涉及的建筑材料、建筑设备等采购工作,由发包人(业主)来完成。

建设、转让总承包是指有投融资能力的工程总承包商受业主委托,按照合同约定对工程项目的勘查、设计、采购、施工、试运行实现全过程总承包;同时工程总承包商自行承担工程的全部投资,在工程竣工验收合格并交付使用后,业主向工程总承包商支付总承包价。

### 三、O&M 商业模式

#### (一) O&M 概述

O&M(operation and maintenance)即运行和维修、操作与保养,是一种委托运行管理模式。在区域能源项目中,很多情况下投资者并不直接参与项目的运行管理,而是将项目运行管理,甚至包括建造管理和客户管理等工作委托给一家专业的运营公司进行,这样的方式就是 O&M 商业模式。

O&M 商业模式是由区域能源服务项目的投资方和运营方两个独立的法律主体完成。投资方因缺乏生产管理人员和技术专业人员，故将用于经营目的，且需要专业运行管理的固定资产（如区域能源中心）的所有权和经营权分开，将上述固定资产的运行、维护及相应的经营管理工作委托给专业运营方独立负责。业主主要负责这些固定资产的保值增值、成本控制、一次能源采购、收取服务费和对运营方的监管，双方的责任、权利义务通过运营管理合同明确。简单地说，产权方将经营性固定资产委托给专业团队进行运行管理，并向运营方支付运营管理费的方式就是O&M商业模式，双方签订的合同就是O&M商业合同。

### （二）O&M合同主体

项目的投资者是O&M合同的委托方，一般是投资者看好某个项目，希望获得项目的经营收益，但是又缺乏项目的实际运行管理经验。例如，区域能源项目中，有很多各地城投公司是项目的投资人，但是这些公司并没有能源中心及输配系统的运营管理经验，这时城投公司可以通过O&M合同将区域能源中心的运营管理委托给有经验的能源服务公司。

运营管理公司为项目运营者或者是项目投资者委托的专业公司，是具有行业及项目运行管理经验的专业公司，通过提供针对项目运行管理服务获取相应的收益的专业公司，是合同的受托方，一般由具有行业经验和一定运营业绩的公司，如区域能源服务公司承担。

### （三）O&M合同主要内容

1. 业主责任

业主（投资方）应选派业主代表。业主代表被许可和授权代表业主全权处理业主的权利和义务，参与区域能源中心运行和维修服务所有重大问题的会议，但不得阻碍或干扰运营方运营、管理区域能源中心的义务或权利。业主或业主代表还应承担下述内容和支付相应费用。具体包括：

（1）资料提供。业主或业主代表应提供已签署的设备采购合同或与设备维护保养、质保有关的合同内容。业主应向运营方提供区域能源中心的技术资料，包括竣工图、工程变更和洽商记录、设备验收报告、性能说明书、保险、担保书、图表及试验结果等的复印件。

（2）一次能源购买及其他。业主负责提供：验收合格的、区域能源中心运行需要的一次能源（水、电、燃气等）；区域能源中心运行阶段一定数量的备件库存；其他与运行维护相关的外包服务。

（3）业主应承担的费用。

1）业主应承担运行维修费用，包括修理费用、材料费、技术改良、设备更新及其他费用。

2）区域能源中心改善或整改费用、设备保险费用、采购的外包服务费用。

3）运行固定成本，包括设备运行维护费用，运行人员工资福利、行政管理费等。

4）向运营方支付报酬及奖金。

（4）审阅权、进入权及责任。业主或业主代表可查阅区域能源中心过去的运行记录、检查物资储存保管情况；业主或业主代表有权进入区域能源中心生产场所检查，但必须经运营方同意和陪同。

（5）批准采购订单和分包合同。及时审批运营方拟订的零配件采购计划、外包服务采购计划并对相应预算及时审批。

（6）事故处理。区域能源中心出现各种事故后，业主作为所有权人必须第一时间出面处理。

（7）保险。业主应为主要设备和区域能源中心进行投保，涉及两类保险：财产险和雇主责任险。如没有投保，运行维护方有权不承担相应的赔偿责任。

2. 运营方责任

（1）全面负责区域能源中心运营管理。运营方应全面负责照管、监理及控制区域能源中心，提供运行和维修服务在物理范围和事权范围的界定，制定工作计划，及时对运行管理情况几所管理的资产状况进行总结、汇报。

（2）采购及分包合同管理。制定运行管理所需要的零配件、工器具、耗材、外包服务等采购计划和相应的采购预算，管理与运行有关的外包服务合同和维修维护合同。

（3）财务及效率管理。运营方努力提高业主在区域能源中心的经济收益、优化利用预算下的运行和维修费用开支，尽量使区域能源中心延长使用寿命、降低水电消耗，以达到降低运行成本的目的。

（4）提供运行和维修服务的履行依据。运行方履行合同，提供运行和维修服务应根据：协议的规定；运行和维修手册（包括项目文件和融资文件的有关条款）；业主或业主代表向运营方提供的技术文件；适用的运行和维修计划和运行和维修预算；区域能源中心保险单的要求；所有可适用的法律和政府许可；公共设施运营惯例。前述标准的修改应仅在双方同意后进行。

（5）团队建设。负责组建运行管理团队，对区域能源中心运行人员进行管理和培训。

（6）公平计量。运营方应建立公开、公平、公正的计量制度和计量手段，确定计量范围、计量操作规程等以保障公平计量。

（7）获得政府许可。运营方应查阅和遵守所有中国有关法律、政府许可和区域能源中心运行维修的有关规定（包括但不限于调度中心的规则、规定和命令），并依照法律获得运行及维修区域能源中心的政府许可，包括特许经营权。

（8）运行资料和记录。运营方应准备和保存运行和维修手册及所有报告，以及档案管理等涉及行政管理的内容。

（9）紧急措施。发生紧急情况（暴雨、台风）威胁，例如：人身安全；区域能源中心内全部或部分财产安全；自然环境受到区域能源中心运行影响导致区域能源中心排污被投诉或起诉等情况。能源中心运营方应采取一切可能的措施，尽最大可能减轻损害、伤害或损失，并应尽快通知业主代表。

3. 运营方权力限制

运营方不得处置资产；不得代表业主订立任何合同或协议（包括任何项目文件）；运营方在花费相关预算费用时必须遵守双方的约定程序，不应花费与本协议无关的任何开支等。

4. 双方管理、协调机制

双方在运行管理过程中的管理协调机制包括：

（1）组织机构设置。

（2）业主代表制。

（3）规章制度。

（4）计划、预算、总结、报告制度。

（5）资料及档案的管理制度。

（6）账目和报告等。

5. 业主支付的运行成本及费用

（1）运行团队人工费（工资＋福利）、培训费。

（2）行政办公费。

（3）设备维修费（大修、中修、小修）。

（4）安全及技术改造费。

（5）固定资产购置（零配件采购、设备重置更新等）。

（6）审计、检测等第三方费用。

（7）一次能源采购成本。

（8）其他外包服务（水处理、设备专业维护等）成本。

6. 报酬、奖金及罚款

业主向运行管理公司支付的报酬，由基本运行服务费、基本奖金和效能奖金组成。

（1）基本运行服务费（净报酬）。业主方支付运营方的合理报酬（运营方利润），报酬高低一般由运营方在行业内的知名度、信誉度，以及运营方的无形资产价值决定。

（2）基本奖金。业主在运营方完成了基本安全运行后给予的固定奖金。

（3）效能奖金。根据运行管理经济效果或者能耗效果对运营方的奖励。

（4）罚款。业主与运营方协商确定的，在运行结果没有达到预期时向运行方收取的罚款。

7. 工作流程——计划、记录、报告、总结

（1）日常运行过程中，运行管理方需要按约定时间向业主提交有关运行工作计划、预算计划、培训计划、调试改造计划等文件。

（2）在日常运行过程中运行方应按照约定的标准格式填写运行过程记录，包括但不限于运行数据、设备参数、异常状况、处理结果等。

（3）按照 O&M 协议约定的事项及工作流程，定期或不定期向业主方提供有关工作报告。

## 四、EMC 商业模式

### （一）概述

合同能源管理（Energy Management Contracting，EMC）是指能源服务公司通过与愿意进行节能改造的客户签订节能服务合同，向客户提供能源效率审计、节能项目设计、原材料和设备采购、施工、培训、运行维护、节能量监测等综合性服务，并从客户节能改造后获得的节能效益中收回投资和取得利润，实现能源服务公司滚动发展的一种商业运作模式。

### （二）EMC 合同形式

1. 节能效益分享型

节能改造工程前期投入由能源服务公司支付，客户无需投入资金。项目完成后，客户在一定的合同期内，按比例与能源服务公司分享由项目产生的节能效益。具体节能项目的投资额不同，节能效益分配比例和节能项目实施合同年度将有所有不同。

2. 节能效益支付型

节能效益支付型又称项目采购型，客户委托能源服务公司进行节能改造，先期支付一定比例的工程投资，项目完成后，经过双方验收达到合同规定的节能量，客户支付余额，或用节能效益支付。

3. 节能量保证型

节能量保证型又称效果验证型，节能改造工程的全部投入由能源服务公司先期提供，客户无需投入资金，项目完成后，经过双方验收达到合同规定的节能量，客户支付节能改造工程费用。

4. 运行服务型

客户无需投入资金，项目完成后在一定合同期内，能源服务公司负责项目的运行和管理，客户支付一定的运行服务费用。合同期结束，项目移交给客户。

在区域能源服务项目中，能源服务公司可以参照 EMC 模式，为终端客户提供能源优化利用及节能服务，并通过这种服务增加能源服务附加值，维护与终端客户的长期合作关系。

### （三）EMC 一般实施步骤

1. 能源审计

能源服务公司针对客户的具体情况，评价各种节能措施。测定企业当前用能量，提出节能潜

力方案，并对各种可供选择的节能措施的节能量进行预测。

2. 节能改造方案设计

根据能源审计的结果，能源服务公司为客户的能源系统提出如何利用成熟的技术来提高能源利用效率、降低能源成本的整体方案和建议。这种方案区别于单个设备的替换或节能产品和技术的推销。如果客户有意向接受能源服务公司提出的方案和建议，能源服务公司就为客户进行项目设计。

3. 能源管理合同谈判与签署

在能源审计和改造方案设计的基础上，与客户进行节能服务合同的谈判。在通常情况下，由于能源服务公司为项目承担了大部分风险，因此在合同期（一般为 3 年左右）内能源服务公司分享大部分项目效益，小部分效益留给客户；待合同期结束，全部效益归客户所有。因此，合同能源管理是能源服务公司和客户双方都受益的双赢机制。在某些情况下，如果客户不同意签订能源管理合同，则能源服务公司将向客户收取能源审计和项目设计费用。

4. 原材料和设备采购

能源服务公司根据项目设计负责原材料和设备的采购，其费用由能源服务公司支付。

5. 施工

根据合同，项目的施工是由能源服务公司负责的，通常由能源服务公司或委托其他施工机构进行。在合同中规定，客户要为能源服务公司的施工提供必要的条件和方便。

6. 运行、保养和维护

在完成设备安装和调试后即进入试运行阶段。能源服务公司为客户培训设备运行人员，负责试运行期间的保养和维护并承担有关的费用。

7. 节能及效益保证

能源服务公司与客户共同监测和确认节能项目在合同期内的节能效果，以确认在合同中由能源服务公司方面提供项目的节能量保证。

8. 能源服务公司与客户分享节能效益

由于对项目的全部投入，包括能源审计、设计、原材料和设备的采购、土建、设备的安装与调试、培训和系统维护运行等，都是由能源服务公司提供的，因此在项目的合同期内，能源服务公司对整个项目拥有所有权。客户以节能效益分享的方式逐季或逐年向能源服务公司支付项目费用。在根据合同所规定的费用全部支付完以后，能源服务公司把项目交给客户，客户即拥有项目的所有权。

**（四）EMC 资金来源**

能源服务公司的资金来源可能是：能源服务公司的自有资本、银行商业贷款（国外能源服务公司在银行有较高的资信）、政府的节能专项贷款、设备供应商允许的分期支付、电力公司的能源需求方管理（DSM）基金、国际资本（如跨国开发银行）等。

**（五）增值型 EMC 商业模式**

能源服务公司既可以通过 EMC 商业模式为终端能源客户提供终端能源节能服务，也可以将这种商业模式融合在 BOT 业务中，为终端客户提供终端能源利用方面的增值服务。当能源服务商将 EMC 模式作为客户提供末端能源增值型服务时，其收入既可以体现在向终端客户收取的能源费中，也可以另行与客户签署 EMC 合同单独收取。

## 第三节　区域能源服务项目商务运作

商业化的区域能源服务项目的客户对象面向城市功能区，也包括以整个城市为市场对象的大型区域能源服务项目。与目前国内常规的城市公用事业相比，商业化区域能源服务项目属于中、小规模的城市能源基础设施经营项目，带有城市公用事业的色彩，但又不像城市道路、供水等系统那样影响面大。不同规模和不同类型的城市功能区的决策主体及开发主体也有所不同，项目建成后的社会效益和对社会的影响也有很大区别。

区域能源服务商在进行业务发展过程中，除了需要慎重选择适合的地区、城市拓展商业项目开发外，还特别需要注重商业渠道的建设与维护。根据不同的项目类型和规模，从不同渠道进行项目前期业务开发，适时接触和介入项目前期工作，才能更有效地进行项目拓展、构造项目商业模型、实现最大化的节能减排效益。在项目的开发阶段，需要处理的问题往往是比较务虚且不易量化的。根据项目经验，能源服务商在项目前期商务运作的主要工作重点如下。

## 一、商业项目获取渠道

不同城市功能区的开发目的、规模，以及功能区业态分布都有差异，城市功能区开发的决策主体、开发主体及经济社会效益方面的要求也都会有很大不同。当能源服务商以 BOT 方式获得项目特许经营权时，不同项目会面临不同的决策者和项目发起者。鉴于我国区域能源服务产业处于起步发展阶段，尚没有较健全的相关法律及操作程序对项目前期的市场开发进行规范。因此，能源服务商在项目前期开发时，要与真正能够决定项目整体能源方案的部门和有资格授予项目特许经营权的主体进行密切沟通。一般来说，根据城市功能区开发项目的功能、规模及影响力，区域能源服务商可以通过以下两种渠道获得 BOT 商业项目的机会。

### （一）政府渠道

#### 1. 政府主管部门

对于大型的城市功能区或者在城市具有重要影响的重点城市功能区项目，一般会由当地政府有关部门成立的项目管理委员会，或者当地实力强大的国资背景企业负责项目前期的开发及相关配套基础设施的规划、立项和实施。由于大多数区域能源服务 BOT 项目都要经历一个较长的谈判、招标的程序，特别是基于燃气冷热电分布式能源的区域能源服务项目，会牵扯到各种错综复杂的利益方，作为区域能源服务商和投资人更要保持良好的合作意愿，在业务开展过程中重点与当地政府、发展改革委、市政及相关利益集团保持密切接触，进行充分沟通，宣讲自身的优势、了解政府其他相关方的意图，以达成最终多赢的商业模式和合作方式。这个阶段需要做的主要工作有：

（1）尽早获得项目信息，争取在项目立项规划报审之前参与到项目的咨询工作中。在此阶段需要充分了解政府对项目在社会效益、经济效益方面的要求，以便协助项目决策者提出更符合实际的区域能源服务技术方案和商业方案。

（2）结合项目实际条件配合政府相关部门从区域发展、一次能源利用、自然资源利用、综合排放等角度出发，提出项目的综合能源规划、能源利用初步方案。

（3）配合政府对开展商业化区域能源服务进行分析论证，规划适当的商业模式。区域能源服务商应与政府共同构建一个政府及利益相关方、客户、区域能源服务商共赢的、符合项目特点的商业模式。

#### 2. 大型国有城市能源供应企业

对于面向城区的基础设施项目，如北方地区的城市供热、燃气等项目，一般由当地城市的城市管委会负责总体立项、规划，由当地大型能源公司（热力、燃气公司）负责具体立项、规划实施。这些能源供应企业大多是在公用事业改革后从原来的城市公用事业部门分离出来的，虽是企业化体制但仍然在城市能源供应方面承担着政府的调控监管职能，在某种意义上仍代表政府主管部门对行业进行管理。作为体制外的区域能源服务商如要参与这些项目，比较可行的方式是以股权合作方式与这些能源公司进行合作，或者以 O&M 方式参与这些区域能源服务项目的经营，分享项目的收益。

以 BOT 模式发展燃气冷热电分布式能源服务业务，地方政府、当地燃气供应商以及城市热电公司将是能源服务商获取项目参与机会的主要渠道。

### （二）开发商渠道

随着房地产行业竞争越来越激烈，国内房地产开发市场中已经出现许多具有细分市场开发经验和品牌形象的开发商，他们在特定城市功能区（或产业园区）的开发过程中形成了自身的品牌和专业化的开发经验。由于区域能源服务项目的规模，大到为一个城市提供面向终端的能源服务，小则也可为一个几十万平方米的中小规模的城市功能区提供高效能源转换和末端能效管理服务，这些中小规模项目城市功能区（200 万 m² 以下）的开发主体恰恰就是这样的大型、专业的城市开发商。如果区域能源服务商能与这些城市开发商进行战略合作，为其提供整体的优化能源供应与能效管理解决方案，可大大增加这些城市功能区的附加价值，减少开发商在能源基础设施方面的投资与管理资源。开发商在得到稳定、高效的能源服务同时，也可以通过购买能源服务的方式，替换那些不能产生直接主营业务经济效益的能源基础设施固定资产投资，提高开发项目整体资金运转效率，取得更好的社会效益和经济效益。

和政府合作类似，区域能源服务商需要尽早与城市开发商接触、密切合作，在项目立项阶段确定基于燃气冷热电分布式能源的区域能源服务项目的商业模式和综合技术方案。

### 二、区域能源服务导入

#### （一）区域能源服务导入优势

在区域燃气冷热电分布式能源项目前期阶段与政府或开发商沟通过程中，经常会谈到采用商业化区域能源服务商业模式与独立能源系统相比的问题。

通过导入区域能源服务商，使开发商、终端能源用户获得经济、能效及管理效益，以及能源服务的社会效益优势。

1. 开发商、终端用户获得效益

（1）经济效益。

1）减少开发商投资。开发商（或终端用户）通过采购能源服务代替自行生产终端能源的方式，可以不用投资建设相关的能源转化中心，这样就可以节省大量固定资产的投入，并将这部分固定资产投资资金用到其他可以带来收益的地方获取投资回报。

2）减少固定成本，加快资金周转。终端能源使用者可以根据实际需求量的变化采购能源服务，将原本需要自己投资的能源中心管理团队成本、能源中心的维护保养成本、备件成本以及其他与能源中心的经营管理相关的固定成本转化为可变成本，按照使用需求支付服务费（用多少买多少），加速资产周转，获得更好的经营效果。

3）获得更大的经营空间。对于城市 CBD 中的建筑而言，采购能源服务可以不再在建筑中建造能源转化中心，提高了单体建筑的有效使用空间，节省出的建筑空间可以用作车库、商铺等经营面积，进一步获取经营收益。

4）获得节能政策补贴收入。目前我国为大力推广节能减排，在税收、能源利用专项补贴方面均有很多优惠政策和激励措施。在采购能源服务后，终端用户会减少排放、降低建筑能耗，进而获得政府的政策优惠、享受政府的专项奖励和补贴获取额外的收益。

（2）能源效益。

1）高品质能源供应。采用区域燃气冷热电分布式能源系统，可以集成各种先进技术为客户提供更高品质的能源终端，甚至可以为客户创造进一步节能的条件。

例如，以采用大型冰蓄冷系统可以为客户端提供超低温空调冷源，超低温一次水供应到客户大厦后，可以使客户二次侧的空调系统有条件采用大温差系统，获得更好的除湿效果、更优质的空调品质、增强舒适度、提高建筑品质；大温差系统还可以降低二次侧设备装机容量和配电量，大量节省设备投资和能源消耗；减少空调二次侧的输配系统占用的空间，从而增加建筑的有效利用空间。

2）专业能源服务保障。终端能源使用者的主要业务不是维护和管理能源系统，因此不会为此配备非常专业的人才投入过多的资源，以便腾出精力更加专注于自己的主营业务管理。通过购买区域能源服务商提供的能源外包服务，终端能源用户可以将能源系统委托给专业能源服务公司，再获得高品质能源供应保障。能源服务商的任务恰恰是通过对能源中心的科学运行管理，提供更专业、更优质的能源供应及能源服务。在为终端客户创造更高的能源利用附加价值的同时，为自身创造更多收益。为此，能源服务商会在能源转化、设备维护保养、末端能效改进方面配备更专业的人才，以达到比客户自己管理更好的效果。能源服务商为了更专注于能源高效利用、提高服务水平，会聘用业内具有丰富工作经验的专业人士、组建专家级后台支持团队，为了事业持续发展，还会有计划地对运行管理团队提供专业培训，不断提高运行管理和服务水平，这是一般物业管理公司不能做到的。

3）终端节能减排收益。通过优质专业的末端能源服务减少终端能耗，获得节能减排收益。能源服务商出于创造更好经济效益的目的，会努力帮助客户提高能源终端的利用效率，增加服务附加价值：一方面，能源服务商会努力帮助终端用户提高客户终端的能源转化效率以便更好地提高能源中心的运行效率、降低运行成本；另一方面，能源服务商通过延伸自己的服务至末端，也是出于为客户提供更多增值服务、获得客户认可、保持终端客户市场稳定的考虑。因此，能源服务商会努力帮助客户更高效地利用能源。终端客户则通过购买专业能源服务，获得末端设备的节能利用效果与节能收益，这与能源合同管理（EMC）方式提供的终端服务内容相同。

终端用户采购能源服务后，一次能源转化系统不需在用户侧单独设置，这部分设备的能耗和排放也将转移到区域能源中心。

2. 区域能源服务综合效益

（1）提高区域能源综合利用效益。

1）达成区域综合能源利用目的。区域能源服务商出于降低一次能源采购成本、降低运行成本的目的，会根据区域负荷特点，根据不同终端使用能源的形式（蒸汽、热水、冷水、电力、燃气）、参数（温度、压力等）要求，结合项目当地的一次能源获得情况及可利用的低品位能源（废热、地热、水源热等）情况，提出针对整个区域的综合能源解决方案。由于综合考虑了区域能源需求及各种可利用的资源情况，区域能源方案会最大限度地提高高品位能源转化效率并通过技术集成进行高效能源转化与输配，做到高能效、低成本、低排放的区域综合能源利用目的。

2）提高能源系统设备运行效率。同一城市功能区内聚集了不同业态的用户，使得终端能源同时使用系数降低，因此区域能源服务商在区域内可以降低设备装机容量，提高设备高效运行时数，使能源中心系统设备在高负荷工况下运行，提高设备本身的运行效率。在降低了能源中心的投资成本的同时，通过能源中心设备高效运行，降低了整个能源中心系统的运行成本。

3）提高区域能源供应安全性。区域燃气冷热电分布式能源系统中的发电装置，可以直接用一次能源直接发电，使区域的电力供应不会受到大电网调峰拉闸限电或其他突发风险事故的干扰，区内终端电力用户可以获得更安全、可靠的电力供应。

4）平衡城市能源负荷峰谷差。城市能源负荷的季节性分布及时段性分布的特点，造成城市能源负荷在不同季节、不同时间段的需求不均，出现峰、谷变化。一个城市功能区中存在多种能源利用的业态建筑，不同业态建筑用能高峰会出现差异，特别是当能源中心采用蓄能系统时，可以最大限度地对区域能源负荷分布进行峰、谷调节，从而缓解整个城市能源供应系统的逐时峰谷差和季节性峰谷差。

燃气冷热电分布式能源系统可以有效缓解城市燃气在冬季需求和夏季需求之间的峰谷差，使城市燃气输配系统更有效工作。冰蓄冷蓄能系统因为可以有效地对城市电网电力负荷起到移峰填谷作用，被电力公司作为重要的需求侧管理技术手段进行推广。

5）有效利用低品位能源。在商业化区域源服务中，区域能源服务商出于对成本的控制需要，采用区域内可以利用的低品位能源或者城市废热来达到降低一次能源采购成本的目的，进而达到区域能源综合、可持续利用的社会效益，这种能源综合利用的效果恰恰是靠发展商业化区域能源服务项目，通过市场看不见的手段进行调节的结果。

能源服务商为了维护客户、提供源服务增值服务的愿望，会主动提供高品位二次能源品质（例如提供超低温冷水、稳定的电力供应），为区域二次侧节能创造条件、提供更多的附加价值，为能源末端能效改进做出更专业的改善，进一步从根本上提高区域能源使用效率。

（2）减少区域污染排放。由于商业化区域能源服务项目合理利用区域低品位能源、废热，采用集中能源系统减少总装机容量特点，使区域在烟尘排放、废水排放、噪声排放的总量减少。集中的能源中心布置又有利于将这些排放点进一步集中在小范围内，进行统一技术处理。如区域燃气冷热电分布式能源系统可以最大限度地进行燃气燃烧后的烟气余热利用，因此对减少区域污染物排放起到有效地控制和优化处理作用。

（3）改善区域招商环境。采用区域燃气冷热电分布式能源系统可以为区内能源用户提供安全、稳定、多种形式的能源转化与供应服务，有效满足了终端能源用户对区域整体能源基础设施的可靠性与个性化需求。特别是对于电力供应短缺，经常受到因电网调度造成的拉闸限电困扰的经济开发区、工业园区等城市功能区，区域能源系统的安全性、保障性高的特点提高了城市功能区的招商优势。

采用商业化区域能源方案可以通过能源服务外包的方式，为客户创造良好的经营环境、提升区域内土地资源利用率、改善区域环境、提高区域内建筑能源品质和节能效果等优势，这些优势使区域能源基础设施服务品质得以提升，有利于区域吸引优质企业入驻。

（4）优化资源使用效率及投资效率。

1）提高区域土地利用效率。由于采用集中能源系统、减少了装机容量，使得区域在能源转化设备及机房方面的总体占用建筑面积下降。集中的能源中心布局也便于进行区域能源用地规划。因此无论对城市功能区整体，还是从单独建筑而言，采用区域能源系统均会减少设备占用土地面积和建筑空间，相对增加了区域的有效建筑面积，节约了土地资源。

2）优化上游能源生产设备投资。由于商业化区域能源方案减少了区域装机容量、降低了区域一次能源峰值需求、平衡了季节性峰谷差和时段性峰谷差，上游一次能源生产（如发电厂）就可以降低总装机容量、提高装机设备运行效率、增加有效运行时数；城市能源输配系统（电网、燃气输配系统）也可以采用更合理的方式进行输配系统规划和建设、优化社会总投资效益。

**（二）区域能源服务导入时机**

区域燃气冷热电分布式能源必须考虑区域能源系统的投资模式和运营模式（特别是收费模式），商业模式必须与技术方案同时进行可行性研究，商业模式中任何内容的变化均有可能影响到技术方案的确定。因此，在城市功能区或能源基础设施开发项目立项阶段，就导入区域能源服务及其商业模式是比较恰当的时机。

区域燃气冷热电分布式能源规划应由区域能源服务公司牵头，从商业模式入手进行长期战略规划，在此基础上进行技术方案的优化。这样一方面可以站在更宏观、更全面、更长远的角度综合研究能源基础设施的经营管理问题；另一方面可以尽早协助政府与开发商明确城市功能区的能源利用方式及商业模式，有利于将区域能源综合利用方案及商业模式编制在项目规划中形成项目基础文件，为后续详规、设计、招商引资等工作理清边界条件。政府在这个过程中主要任务是协助区域能源服务公司建立区域能源商业模式。

### 三、能源外包服务

#### （一）能源外包理念

工业化发展和市场机制的推动导致社会分工会越来越专业和精细。人们越来越专注于自己擅长的专业领域，而将自己不擅长或者不能带来直接经营收益的工作外包给那些专业化的公司，通过向专业化公司订制产品或采购专业服务的方式，代替自己加工、生产、维护那些对主营业务贡献不大的成本性项目。这种理念就是非主营业务外包理念。

能源最终使用者将一次能源采购（或采集）、二次能源转化与供应、能源末端的能效管理等所有与能源获得、高效利用相关的工作外包给专业能源服务公司，并向能源服务公司支付服务费以替代自行建（改）造有关设施、实施相关管理工作的方式叫做能源外包服务。

作为城市功能区的开发者和经营者，建造能源基础设施、进行能源转化、输配能源以满足能源末端需求的工作，并不能为开发商和城市功能区经营者带来直接收益，但是这些基础设施的投资与运行维护又是区域开发和经营的必要条件。因此，在条件适当的情况下可以将能源获取、转化、输配以及高效利用工作转包给更专业的团队——能源服务商。客户通过向能源服务商采购能源转化服务和专业能效管理服务，满足生产经营活动中的能源需求，这种能源服务外包业务已经越来越被认可和接受，能源外包服务需求的快速增长，是区域能源服务产业发展的基础与土壤。

#### （二）能源外包容易接受地区

在经济发达、市场机制健全、具有良好商业文化背景的地区，客户更愿意接受能源外包服务的理念。我国现阶段东部沿海地区比西部内陆地区更具有开展商业化区域能源服务业务的优势；一线城市又比二线城市更容易进行业务推广；市场化、商业文化背景较好的城市又比市场化背景较差的城市更具优势。

### 四、寻求商业项目政策支持

#### （一）寻求有利政策支持

在开展区域能源服务商业项目的前期，应尽可能地向政府争取对未来经营有利的政策性支持。这些支持包括但不限于对项目在投融资、特许经营、税收、补贴政策等方面的政策。

由于我国在公用事业及区域能源服务领域尚没有完善健全的全国性法律体系和支持区域能源服务产业的行业规范，因此项目从开始与政府（业主）进行初步接触时就需要仔细了解当地有关基础设施投资、能源供应与节能减排等方面的有关法律和相关技术规范，在设计区域能源方案和商业模式时要注意利用这些法律规定，构建对项目有利的政策环境，争取对项目有利的政策，尽最大可能改善项目经营环境。

对区域能源项目而言，一般可以获得的政策优惠可以分为两大部分：①国家出于对某种行业的鼓励出台的各种补贴政策；②城市能源供应商出于用户侧管理需要而出台的价格优惠政策，例如，峰、电价政策、燃气趸售政策等。在区域燃气冷热电分布式能源前期工作中，除了要申请政策补贴和优惠外，还需与有关部门就发电并网、上网等政策问题进行密切沟通，尽可能取得当地政府及电力部门的支持，同时也要重点就发电成本、燃气价格等方面进行深入沟通，取得各方面的理解与支持。

### （二）政府政策支持范畴

#### 1. 法律与市场机制

我国现阶段公用事业正处在改革过程中，为规范和引导市政公用事业市场化改革，各地迫切需要完善关于市政公用事业改革、土地使用权处置、国有资产或股权处置和转让、财政补贴和收费、市场准入的条件及程序、市场监管的相关技术标准和服务规范等具体配套措施。具体包括：

（1）提高市政公用事业改革和特许经营制度法律地位。在此基础上将区域能源服务产业纳入有关法律规范，从根本上打破能源生产与城市能源供应领域的垄断机制。对于区域燃气冷热电能源系统，由于涉及燃气、电力、供热多个城市能源供应系统的经营范畴，需要站在更高的角度进行规范，除了根据能源发展规划制定新的法律规范外，尤其需要解决分布式能源系统中燃气发电与现行《电力法》中对小型发电装置限制的矛盾。

（2）扩大特许经营制度适用范围。把实施特许经营制度扩大到区域能源服务产业，包括区域燃气冷热电分布式能源项目。

（3）制定区域能源服务市场准入实施办法。建立区域能源服务特许经营咨询机构评估制度。建立区域能源服务行业从业人员培训考试制度，为提高市政公用事业市场准入"门槛"创造条件。研究解决市场准入环节中经营业绩的界定问题。例如，制定能源服务公司在项目经验、投资实力等方面量化的准入资质条件，以便在公平、公正条件下通过招标等市场竞争确定项目特许经营者。同时，这些资质条件也可以保障区域能源项目长久运营，鼓励那些有志于从事区域能源服务的企业通过自身努力逐步获得特许经营资质，为公用事业市场化改革培养更多的参与者。

（4）制定区域能源服务产业收费政策规范。建立市场化的能源价格形成机制和价格传导机制，末端能源服务价格浮动与一次能源价格联动机制。使能源价格变化符合市场供需关系，用市场需求指导能源价格走势，在市场竞争中发现能源价格水平。对大型管网系统和用户发展时间较长的项目（例如面向城镇级别的区域供热、供冷系统），需要规定接入费的收取方式及标准，保障能源服务公司初期大规模的投入可以有效回收，以便能源服务商对项目进行持续经营。

制定对能源服务费的标准及价格调整的规定。对于区域燃气冷热电分布式能源系统而言，发电成本直接受燃气价格影响，在现行燃气价格水平下已无法与煤电成本竞争，因此，需要对燃气发电上网价格进行补贴才能鼓励天然气应用，鼓励区域分布式能源系统等高能效、低排放技术的推广。

（5）制约特许经营者不当竞争行为。通过法规限制、制约特许经营者的不当竞争行为。明确特许经营权的时效性及区域能源系统及输配管网建设投资的进度要求，对能源服务公司获得特许经营权后投资进度进行约束，保护区域终端客户如期享受能源服务。

制定取消或收回特许经营权资格的具体规定，以约束能源服务公司在获得特许经营权后盲目追求垄断利润，保护终端用户的权益。同时也必须通过法律规定：特许经营方在出现倒闭、破产等经营问题时政府如何更换经营方，保证区域基本能源供；以及对不可预见的自然灾害等情况下能源服务商及政府应尽的义务进行规定等。

（6）明确政府监管职责。政府角色定位于对特许经营的区域能源服务和服务质量进行监管，需要在法律层面明确这种政府职责，在维护特许经营的严肃性同时维护客户利益不致受到垄断经营的侵害，包括监管主体、监管内容、处罚条款等方面的规定。

#### 2. 行业收益与能源服务价格机制

（1）行业平均收益率。目前在欧美、中东、亚洲的日本、韩国、新加坡等商业化能源服务产业发展比较早的国家或地区，对于大型区域能源服务项目可接受的项目收益率（IRR）期望值在12%～15%。也就是说，这样的收益率水平才能有效吸引投资者参与到这个项目中来。目前我国供水供气类公用事业上市公司总体净资产收益率大多在 3%～6%，比较有代表性的城市综合能源供应上市公司的净资产收益率也不很高，其中比较有代表性的公司净资产收益率如：申能股份（600642）为 6.25%，京能热电（600578）为 11.17%，广州发展（600098）为 4.02%。这样的净资产收益率水平说明我国现阶段城市能源服务行业的整体收益水平较低，尚不能对投资者产生足够的吸引力。这种现状也与我国政府对待公用事业总体态度和行业调控、管制有密切关系：在过去很长时期内，公用事业行业是政府直接管理运营的，出于控制物价和保证社会稳定等因素的考虑，政府往往将公用事业定位为非盈利行业，通过限制能源服务价格等方式制约了公用事业企业的收益率。此外，我国现阶段资源价格体系也不是由市场机制形成的，一次能源价格和终端能源服务价格基本由政府管控。显然，这样的能源体制并不利于目前提倡的公用事业市场化进程、鼓励民间资金进入和竞争机制的形成，对此政府需要首先通过立法构建一个有利于竞争的市场机制，在没有形成完善市场机制的情况下，对区域能源服务商提出的服务价格要进行合理审批，能源服务价格一旦获得批准，政府也有义务保护这一服务价格的严肃性，与区域能源服务商一道，共同向区内用户宣讲能源服务费标准，甚至在某些阶段写入区域能源规划并作为招商条件之一。

（2）能源服务价格。在推进区域能源商业项目的实践中，要认真分析购买能源服务价格是否比自建能源中心成本高、对客户是否具有经济性的问题。因此，要正确理解能源服务价格的含义。

1）作为商业项目能源服务商向客户收取的服务费，包含了投资回收、经营成本回收及适当的利润率。每个项目的投资决策都包含了运营商对投资回报的追求与期望。只有在一定价格水平上，才能保证项目具有足够的吸引力，以吸引投资者参与。

2）能源服务费是作为能源服务商为客户提供增值服务的整体价值体现；是建立在能源服务外包的基础上，经过买卖双方经过利益平衡后的意愿表示；是市场机制中价格发现作用的直接成果。能源服务价格应于能源服务公司提供的专业化服务和能源转化全过程增值服务的价值相对应，较高的能源服务价格，必然要对应较更专业、更高质量的能源服务内容。

3）不能简单地将单体建筑的运行成本与区域能源服务价格相比较。在同样投资范围、同样项目生命周期内的总花费（包括投资、运行费、管理费、重置更新成本等）进行比较才有实际意义。应该注意到有许多不能完全量化的经济利益并没被列入进来。例如，区域能源服务在能源利用方面产生的社会效益和为客户带来的不易量化的机会收益及各种隐性收益。

4）在一个比较成熟的市场机制中，各种专业服务外包是非常普遍的事情。往往采购服务的价格会高于自行生产的成本。对这一观点的认识也必将随着市场经济进程逐步被人们接受。

因此，政府完全有理由把自己的角色定位于区域能源服务行业市场规则制定者和维护市场机制运行的监督者，而对于能源服务价格之类的问题应发挥市场机制的作用，由市场形成并调节。

（3）一次能源价格及传导。我国的一次能源价格还不是完全由市场决定，一次能源价格垄断经营机构控制不能反映真实的需求。以煤炭、石油等一次能源为原料能源的电力等城市能源价格受制于政府管控，不能与煤炭、燃气等一次能源价格形成有效的联动机制（终端用户价格不能随一次能源价格变化而变化）。这就给那些以提供能源转换服务为主营的能源服务公司带来了很多市场风险，阻碍了能源服务商的投资热情。特别是对于区域燃气冷热电分布式能源系统而言，燃气价格的波动能否通过能源服务公司冷热电供能方式向终端客户传导以回避成本风险，是关乎项目成败的决定性因素。因此，政府的主要工作是尽快建立全国统一的、市场化的能源价格形成体系，使面向终端客户的能源服务价格跟随一次能源价格变化，化解能源服务商的经营风险。

（4）价格监督与调整许可。在我国采用区域供热的地区，政府对供热价格确定、价格调整方式及程序等均有明确规定。但是在一些小规模的区域能源项目，特别是区域分布式能源项目，没有国家规定的价格标准，基本采用具体项目单独确定价格的方式。虽然这样的方式是一种完全市场竞争的定价方式，但是这样的定价方式往往使区域能源服务商面临很大的市场开发风险；终端用户也会因为价格形成过程中，没有明确的法律保护而对购买区域能源服务产生犹豫或不信任，从而加大市场开发难度。

因此，由政府出面对区域能源服务价格的确定及调整进行规范，一方面使得区域能源服务商可以清晰预测项目的收益，决定是否进行投资；另一方面对终端用户面临的未来能源价格也是一种来自法律程序的保障。

3. 特许经营授予与维护

市政公用事业特许经营，是指政府按照有关法律、法规规定，通过市场竞争机制选择市政公用事业投资者或者经营者，明确其在一定期限和范围内经营某项市政公用事业产品或者提供某项服务的制度。区域能源服务行业属于市政公用服务产品，需要政府授予能源服务公司在项目所在地域的特许经营权力。与公用事业相类似，区域能源服务产业既要求通过市场机制和市场运行保证产业充分竞争，又需要有适当的政府参与进行控制与监督，以保证不会由于特许经营形成的垄断形成不公平交易。特许经营权授予后还需要对能源服务商进行监管，对于违反法规、借助特许经营权获取垄断利润的能源服务商依法严格限制和惩罚。

4. 城市与区域规划

政府部门有责任对城市功能区的规划作出清晰的定位而且不应随意调整。在针对特定的城市功能区规划中应将区域内的整体能源利用指标尽可能以量化的形式确定。政府部门直接负责开发的城市功能区，应在规划阶段对它的开发、招商进度指标以及相应的配套措施进行约定，这样才能够对城市功能区的终端能源负荷需求进行比较准确的预估。对于考虑导入商业化区域能源服务的项目，需要在规划阶段将区域能源供应写入规划导则，以便与日后建立商业模式、区域招商等工作进行衔接。

5. 土地使用

区域燃气冷热电分布式能源项目本身具有为城市功能区提供能源转化的基础设施功能，能源中心需要在城市功能区内或附近建造。这些地区往往土地价格很高，这就会增大能源服务公司的总体投资，在投资回报率要求下，只能通过抬高服务价格以收回土地投资。如能在政府的协助下，将区域能源中心的土地性质在规划阶段定位为市政配套设施，或者采用长期租借的方式降低能源服务商在场站建设用地方面的投入，将有利于降低能源服务价格水平，更有利于能源服务商构建一个政府、客户和能源服务商共赢的商业模型。

6. 行动配合与政策支持

(1) 针对项目不同阶段的配合与支持。区域冷热电分布式能源服务项目在不同的阶段，需要政府相关部门在不同方面的配合与支持。

1) 项目立项及可研阶段。根据项目整体要求及定位，在政府相关部门的协助下收集有关政策、法律、技术规范等基础数据文件、提出与项目定位或设想相符的政策边界条件：①项目概念与相关政策的符合性的分析及建议；②为技术方案和商业模式的确定划定在政策和法律适用方面的边界条件；③对项目拟采取的商业模式、技术方案在政策方面的支持和依赖性进行分析，研究政策风险。

在此阶段，必须落实决定项目运行的政策条件，如能源价格（燃气、电力、蒸汽等）及变化调整政策、与特许经营权和 BOT 有关的法律规定、与能源服务公司有关的税收政策、税收鼓励政策的享受条件等。这些工作均需要能源服务商在政府有关部门协助下完成。

2) 项目建设阶段。主要工作目的是获取实质性的政策支持，包括：政府有关文件的批准，如立项文件、特许经营文件、特殊能源采购价格政策等；按照有关政策要求组织、汇总申报文件；向有关部门申请各项补贴款。

这个阶段需要结合区域分布式能源项目在能源综合利用方面预期达到的社会效益，向政府相关部门申请政策支持和获得建设补贴。各地政府为了鼓励节能减排产业发展和有关技术应用，出台了一些政策和措施。一般会由各地发展改革委或负责能源方面的政府机构对项目进行审批，并制定具体的补贴方式，如采用国家鼓励的分布式能源技术方案会得到的补贴政策、蓄能技术的补贴政策、末端节能的补贴政策等。

3）运营管理阶段。此阶段工作目的主要是在已确定的商业模式基础上寻求以下方面的政策支持：① 一次能源采购过程中的价格政策：如分布式能源系统尽量争取政府对发电上网或并网的支持与配合、努力获得燃气趸售价以降低运营成本、冰蓄冷系统需要的峰谷电价政策等；② 节能减排优惠和补贴政策：如能源合同管理政策、排放奖励或控制政策、指标交易方面的政策等，这些政策可以为商业模式提供更好的附加价值。③ 区域能源服务公司经营中的税收及扶植政策：包括行业税收优惠、高新技术企业的税收优惠、对外商投资的优惠政策等。

（2）针对项目不同需求的激励与支持。

1）针对项目投资的财政补贴政策。主要涉及与节能减排、能源优化利用等政策鼓励方向的项目进行一次性投资补贴，具体的补贴内容和金额应与当地政府进行密切沟通，并在项目可研阶段就开始着手进行相关申请报批工作。如采用区域燃气冷热电分布式能源系统，可以申请清洁能源利用，或者依据政府在推广分布式能源技术方面特别设置的财政奖励；采用冰蓄冷技术，可以向政府申请城市电网需求侧管理方面的投资补贴；如项目在排放方面有更多的社会效益，还可以申请有关排放的政策性补贴。这些政策往往会根据社会发展阶段有所变化，因此在项目开始阶段需要找出充足的项目亮点，申请和享受相关补贴。

2）针对项目融资的优惠政策。在项目前期和建设期，还要注意利用政策鼓励性项目贷款政策，以及国外金融机构或者专业机构提供的资金支持计划。例如：国内一些银行已经推出了不少在节能减排项目方面优惠贷款业务，这些贷款可以直接向有关银行进行咨询；世界银行组织也在中国设有很多旨在鼓励清洁能源利用或者节能项目的优惠低息贷款，世界银行组织政策性贷款是由财政部负责具体落实的，其资金的发放与项目考核均有明确细致的申报、审批、考核流程。充分利用政策性贷款，一方面可以获得更好的财务杠杆效应、缓解项目运营阶段的财务压力；另一方面也可以通过其特有的考核对项目经营起到监督作用。

3）针对项目运营的税收优惠政策。项目进入运营阶段后，可以通过税收优惠政策获得项目经营的税收减免，改善项目运营初期的财务状况。①针对国家鼓励的行业政策申请相关优惠政策：国家为鼓励发展节能减排行业制定的针对从事节能减排业务公司的各种政策，如《合同能源管理财政奖励资金管理暂行办法》。② 针对各地区为吸引投资所设置的税收优惠：区域能源服务项目采用 BOT 模式，对地方政府而言也是一种招商引资方式。各地对于符合国家发展规划、能给当地带来明显社会效益和经济效益的投资行为，均会给出不同程度的税收优惠政策。能源服务商可以在立项阶段向当地政府咨询，根据项目特点争取获得这方面的政策。③针对项目采用的技术含量申请税收优惠：我国对经过认定的高科技公司给予税收减免鼓励政策。能源服务商可以根据项目采用的具有科技含量的技术先申请成为高科技公司后，再向税务部门申请有关税收政策。④向上游城市能源供应商申请一次能源优惠价格：城市主要能源供应商是各地的大然气公司、电力公司和煤炭公司。对于一线城市，城市能源输配系统存在着峰谷负荷不平衡的问题，燃气公司也面临着季节性峰谷差。这些公司为了平衡峰谷负荷差，除了采用技术手段外，更有效的是采用分季节、分时段价格的调节方式进行用户侧管理。在需求量很大的情况下，还有进一步与上游能源供应商探讨趸售价格的机会。在政府主管部门的配合或协调下，与一次能源供应商商讨趸售价格等方式，可以进一步降低一次能源采购成本。燃气公司出于平衡冬夏季负荷的客观要求，不但能为能源服务商提供优惠的燃气价格，甚至可以为区域分布式能源服务业务提供资金、市场资源方面的支持，在有些城市燃气公司已经开始尝试以 BOT 方式直接参与燃气冷热分布式能源系统的建造和运营。

7. 市场监督

维持公平、公正、公开的市场环境是政府的主要职责。针对区域能源服务产业，政府面临的主要任务：①如何建立一个市场机制通过招标竞争方式筛选那些具有专业能力、运营经验、投资实力的公司为城市提供基础能源供应；②通过特许经营和其他优惠政策确保能源服务商能在运营过程中获得稳定收益；③在运营过程中如何通过公开透明的法律程序保护消费者的利益不会因为垄断经营而受到损害。

（1）服务质量和内容的监管。区域能源服务商在取得特许经营权后，是否能够按照与客户签订的能源服务合同提供能源服务，这些服务标准是否符合在法律或者有关行业规范，如何通过公正的社会第三方来对供需双方出现的分歧进行裁决等。

（2）区域能源服务价格变化与调整的监管。商业化能源服务是一项长期的业务，各种影响成本的因素随时有可能变化，因此服务价格进行调整是必然的。价格调整时需要确保遵照市场规则进行，而不是垄断者借机获取更多利润。可以采用诸如合同中事先约定调整条件、采用听证会等方式进行调价审批等，都是比较公平、有效的调价方式。

（3）违约的裁定。违约事件中比较突出的问题：①用户欠费后能源服务商能够采取何种措施保护自身利益；②能源服务商违约后客户如何得到相应支持保证客户利益不受损害。在这两方面，政府都需要制定详细的法规，并确保一旦出现相关问题如何公正执法、由谁执法、如何强制执行等一系列法规和制度保证。

（4）能源服务商的退出。由于能源服务商的原因使得项目无法继续经营下去，将导致很大的社会问题，因此政府需要对这种情况做出预案，以保证城市功能区的能源供应。可以采用政府临时给予相关财务支持或由其他能源服务商接管等措施。

## 五、构建合适商业模式

### （一）商业模式要素

商业模式由客户价值主张、赢利模式、关键资源、关键流程四个密切相关的要素构成，这四个要素相互作用时能够创造价值并传递价值。

1. 客户价值主张

客户价值主张指为客户创造价值的方法，即帮助客户完成某项重要工作的方法。就区域能源服务项目而言，就是替终端用户将一次能源转化为末端设备需要的能源形式（热水、蒸汽、电、冷水、压缩空气等），并且提供更高品质、提高能源转换效率、节能运行效果、适合参数（温度、压力等）和其他高附加价值的方法和流程。

2. 赢利模式

赢利模式指对公司如何既为客户提供价值又为自己创造价值的详细计划。包括以下构成要素：

（1）收入模式。就区域能源服务项目而言就是能源服务费的收费方式。一般采用三部制、两部制或者一部制。① 三部制：接入费＋基本使用费＋流量费。接入费用以回收管网等公共输配系统的投资；基本使用费则与为满足区域客户的尖峰负荷所投入的设备装机投资相对应，用以收回总设备投资；流量费则是客户按照实际消耗量缴纳的费用。② 两部制：基本使用费＋流量费。

不考虑接入费的情况一般在输配管网系统占总投资比例不大时可以采用这种方式，或者在大型项目的后期，由于大规模管网建设已经由前期用户的接入费进行了很好的回收时，可以不再考虑新入网客户对管网建设投资的分担。两部制是比较常用和比较合理的收费方式，目前在北方集中供热收费改革中推行的就属于两部制。③ 一部制。仅按照建筑面积进行收费的方式，一般用于建筑业态类型基本一致的区域。有些仅按照流量收费的形式也可算作一部制，但是一般用在供应规模较小、负荷已经比较稳定的区域。

（2）成本结构。成本结构主要取决于商业模式所需要的关键资源的成本。就区域能源服务商而言，主要成本构成为：①运营成本：包括设备折旧（能源中心设备、输配管网、换热站等）、一次能源采购费、水费、排污费、主要设备维护保养费、零部件采购费、与能源中心有关的外包服务费（水处理等）、运行管理团队人员工资、办公费。②管理成本：主要指公司层面的管理费用。包括管理人员工资、办公场所租金、办公费以及其他与公司经营活动相关的费用。③财务成本：主要指公司为建造项目所需支付的贷款利息、借款利息等。④业务开发成本：主要包括公司为开发新业务所涉及的市场拓展费、人员工资、行政开支等。

（3）利润模式。对于区域能源服务产业来说，就是通过在大量运营管理项目经验的积累和持续不间断地对运行数据进行分析，找到每转换 1kWh 一次能源所产生的利润中的各种影响因素，并在未来的实际运行工作中努力改进这些因素，以实现项目利润最大化的一种管理模式。这是衡量一个能源服务商核心竞争力强弱的最重要指标。

（4）利用资源的周转速度。为了实现预期营业收入和利润，企业需要的固定资产及其他资产的周转率，考虑资源周转速度，就是要从总体上考虑该如何利用好资源。除了在财务上尽可能减少固定成本支出（如以外包服务方式代替采购固定资产方式）外，还要通过灵活的销售策略加快资金回收速度。比如采取收费卡方式收取能源服务费，可以达到预收费和减少欠费的双重作用。

3. 关键资源

关键资源是指向目标客户群体传递价值主张所需的人员、技术、产品、厂房、设备和品牌，是那些可以为客户和公司创造价值的关键要素，以及这些要素间的相互作用方式。对于区域能源服务商，其关键资源在于投资及融资能力、技术整合经验、能源中心运行管理经验、专业运行管理人员及专业技术人员、商业模型创造及运营经验、品牌创立。如何有效管理这些要素，并通过这些能力获取最佳经济利益和社会效益，是区域能源服务商不懈努力追求的目标。

4. 关键流程

区域能源服务公司通过一系列的运营流程和管理流程，以确保其价值创造方式具备可重复性和扩展性。这些流程包括培训、技术集成与研发、高效能源中心运行管理制度、客户市场开发和售后服务等日常周期性工作。

上述价值主张、盈利模式、关键资源、关键流程四个要素是每个能源服务企业的构成要素。客户价值主张和赢利模式分别明确了客户价值和公司价值，关键资源和关键流程则描述了如何实现客户价值和公司价值。

通过构建一个适合项目特点的商业模型，在特定的外部市场条件和政策环境下，形成能使项目相关各方利益均得到保证的、多赢的项目运行效果。在这个商业模型中各方会因为主观上对各自利益的追求，达到客观上既产生最大化的社会效益又能给各方带来满意的经济利益的功效。

**（二）商业模式构建**

1. 项目利益相关方及利益诉求

项目决策和前期阶段在与政府（业主）进行了充分沟通后，应仔细考虑项目利益密切相关者，包括政府、开发商、建筑使用商、能源服务公司、设备供应商、EPC 承包商等，以及上下游利益相关者的利益诉求。

2. 构建合适项目商业模式

除区域能源服务商必备的内部素质外，在项目前期构建一个合理的项目合作关系是非常关键的，即区域能源服务商以何种身份提供何种形式服务，包括以何种方式提供投资、运营、专业咨询三大领域中的某一项或几项服务等。目前在区域能源服务项目中，主要的商业模式是 BOT 模式。这种投资运营模式会给能源服务商带来较丰厚的回报，但是地方政府出于限制垄断、保护消费者利益等方面的考虑，也会以不同形式进行参股。区域能源服务商应该努力争取获得经营管理的话语权，以便将自己的独到经验最有效地发挥出来。

能源服务公司也可采用不参与投资，仅通过 TOT、OT 等商业模式参与到项目中来，以解决基础设施项目经常遇到的政府管控过严、控股比例要求过高等问题，这需要能源服务公司及与政府进行沟通。当然，能源服务公司也可仅以提供运行管理（O&M）模式，或者提供能源合同管理（EMC）模式介入区域能源服务项目，为区域能源中心所有者和终端客户提供专业的能源服务，但是这毕竟缺少了对项目整体经营的内容，不利于发挥区域能源服务公司综合实力的优势。

### 六、终端用户市场开发

区域能源服务项目最好在区域开发规划阶段，就开始策划、着手进行终端客户市场开发，大致步骤如下。

#### （一）区域能源现状及负荷需求调研

1. 区域可用一次能源及自然资源调研

当地一次能源供应种类及规划发展状况。包括：①天然气、煤等、电网电力等常规一次能源供应现状和未来规划；② 当地热电厂或工业废热等可利用情况分析；③ 污水、垃圾等可利用情况分析；④ 当地河湖水文资料、土壤环境资料，以便综合考虑自然资源的利用；⑤ 风能、太阳能、生物能等可利用的情况。

上述调研分析需要结合区域发展，必要时扩充调查内容。获得详实的资料是对项目进行初步判断、筛选方案的重要保证。

2. 终端客户负荷需求及规划调研

对于区域已进驻的企业主要调研内容如下：

（1）能源种类。现有能源种类，如电、燃气（天然气、LNG、页岩气等）、轻油、重油、蒸汽及其他能源，以及能源使用等级及数量、能源供应途径、各种能源现行价格等。

（2）能源设备。现有能源设备，包括发电机、冷水机、压缩机、锅炉及其他设备的种类、容量、制造商等。

（3）各种负荷需求及预测。以一个客户能源调研为例，大致涉及内容：①用电：合同电价、平时负荷（实际使用量）、自发电量、年使用量、电力负荷需求、自发电有无排热回收。②供冷：冷水机数量、容量、机型（离心式/吸收式）、效率（性能，COP）、温度条件（冷水及冷却水的入口、出口温度）、控制方法（台数控制、变频控制）、冷负荷需求、负荷变化（负荷时间变动、季节变动、设备运转时间及负荷率变动）；输送动力，如冷水泵和冷却泵数量、功率、台数控制、变频控制；蓄冷蓄热功能及容量等。③锅炉：锅炉数量及容量、蒸汽负荷需求及用途、使用燃料种类及使用量（每月，每年）。④压缩机：压缩机数量及容量、负荷需求、使用燃料种类及使用量（每月，每年）；压缩控制目的；区域冷暖空调供能对象及范围。⑤节能、水消耗量等需求。⑥规划平面图、负荷图表及运行数据等。

为了更好地进行区域能源中心的方案设计和经济分析，这部分内容越详尽越好。但是对于新建的开发区却往往得不到更多来自入住企业或终端用户的资料，这时就需要与开发区有关规划部门进行配合，按照区域招商特征、结合规划区域能源指标等数据进行初步分析。招商政策的一致性和贯彻程度也将成为项目面临的重要风险。

### （二）商业模式确定

目前在城市功能区开发过程中，规划设计都是由政府部门主导，各城市能源公司（如电力、燃气、热力公司等）按照区域最大负荷单独进行能源规划配置。这样参与规划的各方主体出于各自市场扩张的目的，往往不能从区域终端用户能源负荷综合要求及区域发展长远进程的视角，综合考虑区域能源整体规划，特别是在规划设计的时候并不考虑区域能源的商业模式。有些虽然以节能减排为由，做了一些综合性的能源规划，但因为缺少区域能源服务公司的介入缺乏针对性和可实施性，最后变成一纸空文或者一个概念。

区域能源规划应由区域能源服务公司牵头，从商业模式入手、结合区域能源需求进行长期规划。综合能源规划中必须考虑区域能源系统的投资模式和运营模式，特别是收费模式，并在此基础上进行技术方案的优化。项目发起人应协助区域能源服务公司建立合适的区域能源商业模式，创造一个可以让能源服务公司生存、让终端客户得到稳定高品质能源服务的市场机制。

### （三）终端客户及供能范围确定

区域能源中心的建设、投资进度及资金回收均需与园区发展进度相吻合。例如，管网敷设进度及能源中心建设规模等，均需要与园区发展及入住计划相适应。对于不同态度的企业需要进行游说，或者耐心等待他们的观念改变。在区域能源用户调查完成后，最好在政府牵头下将那些有意愿的客户进行汇总统计、分析并初步签署一个入网协议。这种协议也是区域能源服务商进行融资的重要担保资料。

### （四）能源服务公司介入

在确定商业模式和区域能源初步规划后，最好将后续的方案细化及实施计划等工作，移交给区域能源服务商进行综合安排。区域能源服务商会出于回避商业风险的考虑，尽可能在项目前期做好市场初步开发、技术方案优化等工作。同时，也会积极配合政府和入住企业平衡各方在开发进度、招商要求、保障能源供应等方面的具体工作。

对于不同的城市功能区，政府对引入能源服务商的看法、态度及参与程度也不相同。有些是为了改善地区基础设施服务提高地区整体投资环境，以便引入更多优质投资者；有些是为了借鉴成熟的区域能源运营管理经验；还有些是为了将基础设施的投资进行分担。

政府参与程度对区内入驻企业能否尽快接受区域能源服务商业模式至关重要。政府参与力度越大、程度越深就越容易给入园企业以信心。但是参与程度过深又会影响市场机制的建立与正常运转。比较好的模式是政府代表的公司（城投公司、城市能源供应商或一级土地开发商）与能源服务公司共同出资组建区域能源服务公司，操作区域能源服务项目。

政府为了吸引能源服务公司积极参与当地的区域能源服务项目可以采取以下措施：

（1）区域内统一规划集中能源供应，并作为招商入住园区的条件。

（2）在土地销售等环节规定收取接入费或者规定基础设施接入费标准，以减少能源服务商的初投资。

（3）为能源服务商提供（或者出租）价格较低的能源中心占地。

（4）给予能源服务商特许经营权，在一定区域、一定时间内缓解市场竞争压力。

（5）为区域能源服务商提供税收优惠政策。

在政策鼓励与支持的前提下，也要强化市场管理与监督作用，及时纠正能源服务商在垄断条件下进行不正当竞争行为。政府可以采用招标方式引进能源服务商、采用价格范围约定、价格听证等方式进行能源服务价格的监督和管理，采用替代能源服务商的约定条款，防止能源服务商倒闭等风险。

### （五）终端客户市场开发

在区域能源服务公司组建成立后，需要尽早投入终端客户开发及最终确认的工作，特别是在前期没有政府强制规定的园区，更需要尽快与先前签署意向协议的用户进行最终谈判、签订能源供应服务协议、化解市场风险。

## 第四节　项目决策阶段商务运作

区域能源服务商投资区域能源服务项目，是以追求项目经济回报为目标的。在逐利的同时通过自身四种核心能力，努力降低成本、提高客户附加价值从而形成共赢的商业模式，并在客观上达到最大化的节能减排效益。但是并不是所有的项目都具备进行商业化运作条件的，为此能源服务商必须在项目前期对项目进行筛选，以选取那些最有可能进行商业化运作的项目。选择好项目后还要认真进行可行性研究与分析，对项目风险因素进行识别、分析与对策控制。

### 一、选择合适商业项目

一般来说，在选择商业化区域能源服务项目时，可以分为战略筛选和项目选择两个层次。战略筛选更关注对商业项目具有重要影响的外部环境（市场机制、法律体系、地区经济、地理气候条件等）的选择；项目选择主要是针对具体项目进行的可行性研究分析，涉及的内容更细致。

首先区域能源服务商应该根据地区外部环境对地区进行战略抉择，选择那些战略条件好的地区重点进行业务和市场开发。适合开展商业化区域能源服务的地区需要具备以下条件。

### （一）经济发达及完善的市场机制

区域能源服务是经济发展到一定阶段，社会分工逐步向专业化、精细化发展的必然选择。因此，市场经济发达的地区更容易接受能源服务外包的理念，客户更理解并愿意接受高附加值的服务。同时，健全的市场机制下具有比较成熟法律手段对商业化能源服务业务进行市场调节，回避了项目经营中过多的行政干扰造成的经营风险。

### （二）健全的法律体系

健全的法律体系是建立市场机制的基础与必要条件，也是创建共赢的商业模式、保护能源服务商和消费者基本权益的基础。我国《能源法》明确提出了能源定价以市场为主、政府干预为辅的方针，但在执行过程中诸如煤电联动机制，以及天然气等一次能源价格形成上还以政府干预为主。这样的价格管制与干预，显然给以提供能源服务为主要盈利手段的区域能源服务商带来了很大的政策性风险，不利于区域能源服务商开展商业化运营。

### （三）气候及自然条件

住宅、公建等城市功能区的终端能源负荷需求与当地的自然气候条件密切相关，终端能源负荷需求及季节分布情况直接关系到项目的经济性。例如，对于区域供热项目，北方城市当然会好于南方城市。而对于区域供冷项目则南方城市的气候条件比北方城市更有优越性。因此，区域能源服务商在做区域综合能源规划时，必须仔细研究当地气候及自然条件，并根据当地气候特色做出适合的技术方案和商业模式规划。

区域能源服务商可以利用的当地一次能源（原料能源）也与当地自然环境密不可分。自然条件决定了是否能够更充分利用诸如：地源热泵、水源热泵等技术、改善项目的经济边际条件。例如，在临江并可以充分利用江水源热泵的地区，开发水源热泵项目提供区域供热（冷）项目就是一种因地制宜的选择。

**（四）区域燃气冷热电分布式能源项目选择**

1. 分布式能源项目技术条件

（1）较稳定和较长运行时间的（冷）热电负荷。

（2）较高电价和相对较低的天然气价格。

（3）相对严格的环境保护要求。

（4）需要有事故备用电源。

（5）天然气供应能力充足。

符合上述条件的场所主要为城市综合体，宾馆、医院、写字楼等大型商用建筑，机场、火车站等大型公交枢纽、数据中心，工业园区及部分工业用户等。

2. 分布式能源项目目标市场

（1）北方集中供暖市场，在满足大部分城市居民冬季供暖的需求基础上，开拓商业、公建等非采暖季供冷和热水用户。

（2）南方区域供冷市场，以满足城市商业、行政中心区公共建筑集中供冷需求为主要负荷，同时可以向附近住区建筑物居民提供生活热水来提高能源利用效率。

（3）大型工业园区，主要以大量使用蒸汽用户为主。

（4）大型联合循环调峰电厂，同时兼顾向周边供冷、供暖和热水。

（5）已有城乡工业园区。

（6）规划新区和中小城镇。

（7）现有城市燃煤热电厂改造等。

3. 分布式能源项目主要指标

（1）负荷指标。在燃气冷热电分布式能源系统设计中，冷热电负荷通常以用建筑物的设计负荷为计算依据，即根据和参考每平方米的设计冷负荷、热负荷和电负荷来计算建筑物的总冷热电负荷。以北京地区为例，根据调研统计，各类典型用户的单位面积负荷指标值情况见表10-3。

表 10-3　　　　　　　北京地区各类典型用户的单位面积负荷指标值　　　　　　W/m²

| 建筑类型 | 单位面积电负荷 | 单位面积热负荷 | 单位面积冷负荷 | 单位面积热水或蒸汽负荷 |
|---|---|---|---|---|
| 办公楼 | 70～55 | 100～92 | 110～98 | |
| 商场 | 120～60 | 100～80 | 150～100 | |
| 酒店 | 70～40 | 120～90 | 100～80 | 8.0～5.0 |
| 医院 | 70～40 | 120～90 | 100～70 | 10.0～6.0 |
| 数据中心 | 902～686 | | 1004～571 | |
| 商务区 | 75～24 | 90～61 | 108～57 | 0.72～0.50 |
| 金融区 | 145～75 | 79～49 | 185～110 | |
| 机场 | 112～24 | 118～88 | 151～66 | 0.72～0.50 |
| 医药园区 | | 40.0～30.0 | 33.6～20.0 | 0.61～0.46 t/（h·万 m²） |
| 高新技术区 | | 45.0～35.0 | 44.8～28.8 | 0.08～0.06 t/（h·万 m²） |
| 过程工业区 | | 40.0～30.0 | 33.6～20.0 | 0.41～0.27 t/（h·万 m²） |
| 制造产业区 | | 40.0～30.0 | 36.4～22.0 | 0.20～0.17 t/（h·万 m²） |

从表 10-3 中可以看出，数据中心、金融区、商务区、机场、酒店、商场、医院等建筑负荷指标高。

（2）能耗指标。建筑物的业态类型、规模、标准、地域气候条件、空调使用习惯、经济条件、人文因素是影响能耗量的主要因素。以北京地区为例，根据调研，部分建筑单位使用面积年耗冷量估算值见表 10-4。

表 10-4　　　　　北京地区部分建筑单位使用面积年耗冷量估算值　　　　　kWh/（m² · a）

| 大型商场 | 办公楼 | | 酒店 | | 教学楼 | 食堂 | 体育馆 | 学生公寓 |
|---|---|---|---|---|---|---|---|---|
| | 甲级 | 普通 | 五星 | 四星 | | | | |
| 111.6 | 120.1 | 101 | 135.1 | 90.8 | 149 | 145.3 | 144.4 | 69.8～129.1 |

由表 10-4 中可知，大型商场、办公楼、酒店、教学楼、食堂、体育馆能年耗冷量较大。

各类建筑的年耗热量根据经验取 $0.2\sim0.5$ GJ/（m² · a），而电负荷根据经验可取办公类为 $80\sim100$ kWh/（m² · a）。

（3）运行时间。项目能源的需求时间直接影响供能时间即机组运行时间，机组运行的时长、稳定性和连续性影响项目的经济性。以北京地区为例，根据调研，部分建筑的供能时间见表 10-5。

表 10-5　　　　　　　　　　　北京地区部分建筑的供能时间

| 项　　目 | 数据中心 | 医　院 | 办　公 | 教学楼 | 酒　店 | 商　场 |
|---|---|---|---|---|---|---|
| 年运行天数（天） | 365 | 240～270 | 220～255 | 180～210 | 230～255 | 230～255 |
| 每天运行小时数（h） | 24 | 16～24 | 8～14 | 10～16 | 16～24 | 10～14 |
| 年运行小时数（h） | 8760 | 3840～6480 | 2040～3220 | 1800～3060 | 3680～6120 | 2300～3570 |

由表 10-5 可知，数据中心需要全年不间断能源供应，能源供应要求连续、时间长；医院、酒店、商场能源供应时间要求长；学校工作有寒暑假期，能源供应时间相对较短。

（4）供能安全性。能源系统首要任务是为客户提供安全稳定的能源供应，确保供能的安全。燃气冷热电分布式能源系统增加一路发电系统，同时可利用燃气和电力两种能源满足用户的供能需要，大大提高供能的安全性；燃气冷热电分布式能源设置在用户端，确保灾难性事件中重要设施的供能，可作为应急设施保证军事基地、政府指挥中心、数据中心等重要设施的能源供应源。

## 二、项目经济性因素

### （一）影响项目成本主要因素

1. 影响固定成本的因素

（1）项目总投资。指区域能源中心建设总投资，在项目运营期间主要体现在固定资产折旧上。

（2）经营成本。主要指公司层面维持公司基本运营所必须花费的成本，与是否取得收入无关。

（3）财务成本。公司为使项目获得较高的净资产回报率，在项目收益允许情况下采用财务杠杆而发生的贷款或债券的利息成本。

2. 影响可变成本的因素

(1) 一次能源价格水平。包括燃气价格、煤炭价格、电价、废热价、蒸汽价等。

(2) 区域能源中心能源转换效率（系统 COP）。决定了区域能源中心能否按照预定的成本进行能源转化，尽量提高能源转化效率可以在耗费同样一次能源情况下生产更多的二次能源。

### (二) 影响项目经营收入主要因素

1. 终端能源服务价格

能源服务公司对终端能源消费者收取的能源单价。

2. 区域能源消费达到满负荷时间

区域能源需求何时达到最大负荷，对于区域能源中心就是何时达产，越早达到满负荷，对项目经济效益越有利。由于这个因素不是能源服务公司可以控制的，因此有必要对此因素进行深入分析，以采用措施避免由此造成的不利影响。

3. 区域能源服务费收费率

就是提供能源服务的区域内已缴纳能源服务费与应交服务费的比率。通过设计合理的收入模型可以避免欠费情况的发生。例如：采用磁卡表的方式可以达到向消费者预收能源服务费的效果。

上述因素只是将一些主要可预见的、可以量化的不确定性因素进行了列举，不能完全概括所有影响项目经营的因素，特别是有些不可量化的因素（如政策变化、公司销售政策等）并未统计在内。在项目的敏感性分析中还需要根据项目具体情况分析上述不确定性因素，找出对项目经济效益影响较大的因素。

### 三、项目主要风险

在项目前期调研和可行性研究过程中，需要充分考虑项目的宏观环境和边界条件中面临的不确定因素，并进行定性和定量分析。

(1) 定性分析。主要在项目的概况及风险分析中体现，要点在于项目本身的战略意义，对政府的重要性与必要性，以及一些可预测但量化不了的风险因素。

(2) 定量分析。在项目的财务分析中占主导地位，并在风险评估中起辅助决策作用。要点是关注财务模型的建立、基础数据的假定、边界条件的选择，以及计算过程的正确性。风险评估中的评分必须客观把握，注意到各个因素的权重。

区域能源服务项目属于城市基础设施项目，因此项目涉及的关联方非常多，主要风险因素包括以下几个方面。

### (一) 政策风险

(1) 政策风险属于不可控因素，一般包括政府的资信发生变化、社会环境变化、经济管制（包括一次能源价格管制和终端能源价格确定）、能源政策变更（鼓励或限制政策）、劳动力市场变化。

(2) 政策风险控制对策。项目开发之前必须仔细研究国内的经济环境，特别是所有政策法律的结构体系和各地区的特有政策环境；有关商业模型构建时，需在合同文本中明确各类细节及免责条款等。

### (二) 经济风险

主要包括宏观经济风险和项目经济风险：

(1) 宏观经济风险，除了包括国家经济政策和地区经济发展前景方面面临的不可预测性外，还包括通货膨胀、能源价格、税收政策、补贴政策等直接与项目市场生存环境有关的可量化政策因素。

（2）项目层面的经济风险主要是指就具体项目而言所涉及的诸如利率风险、汇率风险、贷款比例、融资渠道、融资期限、特许经营价格控制、收费率、负荷成长速度等因素。

### （三）建设风险

在项目建设期除了重点对工程质量、工程进度、施工安全等方面进行风险管控外，还需要重点控制总投资和建设贷款比例。

投资总额的控制可以通过决策过程、设计过程的技术方案比选、招标、项目建设管理等环节进行有效控制。

贷款比例要在慎重考虑项目经营边界条件的前提下，根据项目实际测算收益率慎重决定，避免给项目经营过程带来过重的财务负担。

### （四）运营风险

运营风险指项目在运营过程中遇到风险，如技术风险（技术的成熟度、技术被替代、设备过时等）、经营管理风险（经营者经验、管理水平、社会责任）、生产条件风险（能源和原材料的价格供应是否可靠、资源是否充足等）。

对于区域能源服务项目来说，还需要对能源中心运行水平和能源转换效率（系统 COP）进行重点研究，测算不同 COP 下项目的经济性变化情况，提早做出风险对策。能源中心运行水平和运转效率可以通过提高运行团队技术水平或者委托经验丰富的运行团队等方式降低风险。

### （五）市场经营风险

项目商业经营过程中面临的主要风险大致包括一次能源价格、贷款利率、满负荷时间。

#### 1. 项目经营收益风险

区域负荷成长快慢、能源服务价格高低、是否能够及时收回接入费、收费率高低、未来一次能源价格走势、贷款利率变化、税收政策变化等因素都是直接关系项目收益和现金流的直接原因。

在项目可研阶段对诸如区域负荷成长、收费率等因素可以采用相对保守的边界条件进行测算，以确保项目在这方面可以承受更大的风险。在商业模型设计过程中充分与政府沟通，通过收取接入费的方式快速收回前期基础投资，可以缓解未来项目经营现金流压力。

在项目建设阶段，可以在项目建设过程中实施与负荷成长相吻合的投资进度，来降低因区域负荷增长不确定带来的经营风险。

在项目市场开发阶段，可以通过采用灵活的销售策略和设计符合区域负荷成长的收入模型的方式做出不同负荷增长情况下的市场预案；与终端客户签订能源服务合同时，安排与一次能源价格上涨等价格联动机制可以将一次能源价格上涨造成的成本增加传导给终端用户，使用户与能源服务商共同分担风险，这也是区域能源服务市场机制进行能源全产业链价格发现的关键所在。

贷款利率可以通过减少贷款额度（贷款比例）、采取其他融资方式等手段达到减少财务费用的目的。

#### 2. 市场竞争风险

区域能源服务项目是否能够保持特许经营权，将决定项目在城市功能区内是否面临同行业竞争。区域能源服务商能否通过持续的优质服务获得客户认可，也是区域能源项目能否保有市场占有的关键。

#### 3. 市场环境风险

主要来自政策方面的影响，如税收政策、节能减排政策、一次能源政策以及当地公用事业改革有关政策变动的风险。

### （六）渠道风险

地方政府部门是获得项目的重要渠道，需要特别关注来自政府方面的意愿及态度。在项目前期，投资者需要保持与政府（业主）的充分沟通，了解政府的意图，通过自身综合实力和丰富的经验展示，使政府确信投资者能够为项目提供更好的增值服务来赢得政府的信任、获取项目特许经营权。

投资者在项目前期也需要对政府的财政实力进行综合判断，综合实力强的地方，项目运营的保障性越强。对政府财政实力评估可以从以下角度综合考量：

（1）GDP 水平。综合排名越高说明该地区经济状况越好。

（2）GDP 增长率。在我国现阶段经济增速较快的地区也是城市化进程较快的地方，一般而言 GDP 增长率大于 10％属于较快增长区，相对市场空间要大些。

（3）城市区位。经济发达地区和国家重点战略发展区域具有较好的市场条件。

（4）财政预算总收入、财政可支配收入、财政收入增长率、建设性支出比例、本级财政负债率、人均 GDP 水平等因素也应作为重点关注，并在选择项目时与全国其他同级别行政区相比较后，确定项目安全边际条件的排名。

由于目前我国城市普遍处于基础设施需求膨胀的时期，若能在项目介入初期与当地政府建立一种长期合作共赢的战略伙伴关系，从而搭建相互信任的平台，将会更有利于后续其他基础设施建设项目的跟进。

## 第五节　项目设计建造阶段商务运作

### 一、建造周期与负荷成长周期

区域燃气冷热电分布式能源服务项目，是为满足区域能源转换与供应的基础设施项目，必须先于区域建筑开发实施才能及时满足区域的建筑能源的使用需求。对于类似城市 CBD 这样的项目而言，从开工建设到区域入住率达到 80％以上，并形成稳定的终端负荷需求，往往需要 10 年左右的时间。这个时间周期的长短，还受到国家整体经济环境、城市经济发展水平、区域所在地理位置、政治环境变化等多种因素的影响。

因此，区域能源服务商除了应在项目决策分析阶段，尽量将这些风险因素进行量化模拟，做出相应的投资对策外，在项目建设阶段也需要根据项目实际进度情况，调整区域能源中心的投资建设进度。既要做到使区域能源中心建设速度跟上区域建筑能源需求，又要避免在区域能源中心建设中过早投资，造成的装机量冗余、资金投入过早的浪费，尽量做到装机负荷略微超前于区域负荷需求即可，这样的投资进度可以有效缓解商业运营过程中固定成本投入过早带来的现金回收压力。

当然，在一个区域能源项目中也不是所有分项工程都有条件进行分阶段投资的。比如：在中小规模（占地面积在 1km² 左右，建筑面积 50 万～100 万 m²）城市 CBD、或者在市政道路规划建设条件限制的情况下，城市能源中心的输配管网部分往往需要提前一次性投资建设完毕，但是能源中心内部的主设备装机容量却可以根据区域的负荷发展分期进行投资建设。

### 二、区域能源技术方案与商业模式配合

商业化区域能源服务项目，需要特别注意商业模式对技术方案选择的指导性。这种指导性主要是依据项目可研阶段对项目的技术经济评价进行的，当项目的财务测算结果不能满足商业化项目的回报要求时，必须果断调整技术方案，使技术方案的选择具有商业化运营的可能性。

规划设计阶段的可行性研究，多数委托给以专业技术见长的工程设计院，但是设计院技术专家却缺乏对项目商业模式、财务金融以及能源中心的实际运行管理方面的了解。在进行可研时，

对投资部分测算比较准确，但是对项目的市场分析、运行成本、风险分析部分的测算偏差较大，这样就不能真正站在市场可行、经营可行、风险回避的角度去考虑技术方案的选择。

为了尽量避免这样的问题，一方面需要区域能源服务商在前期研究阶段介入、甚至主导项目的可行性分析，结合自身丰富的项目运营经验，从全局（商业模型、技术方案、市场开发、运行管理）视角对区域能源市场需求情况进行多种假设条件的测算分析；另一方面也需要工程技术人员调整技术唯尊的思维，不怕麻烦地对多种技术方案进行反复比选。由于能源服务商对项目的整体盈利要求，需要特别在以下方面进行技术和商业模式的配合：

**（一）技术方案选择与经济性结合**

1. 综合规划一次能源和低品位能源利用方式

根据当地一次能源现状、发展规划及未来区域能源增长，综合规划一次能源利用方式和低品位能源的利用方式。对于区域能源系统项目，在进行初步能源方案规划时，需要结合以下因素进行综合性设计：

（1）当地一次能源供应现状及未来发展规划。例如，华北某城市新城区规划的定位是面向未来的低碳商务区。在一次能源供应方面，城市管道天然气供应规划需要在十年内完成；电力方面仅有当地一家小规模热电厂提供部分电力供应，可以从长输电网接入电力供应；依据城市整体定位不允许采用煤炭作为一次能源。城市周边河流自然条件不允许采用大规模水源热泵系统。但是地质条件勘探表明具备使用地源热泵条件。因此，在这样的区域开展商业化区域能源服务项目，不仅需要对一次能源现状采集条件、价格等方面进行计算分析，还要根据城市开发进度与外部一次能源供应发展进度，进行综合协调，提出以现状电力供应结合地源热泵为过渡方案、天然气热电厂改扩建为燃气冷热电分布式能源系统的长远方案。这样的方案就需要严格进行经济测算，由于一次能源供应现状条件所限，当经济性不能满足时，只能通过商业模式的创新（项目参与方式、特许经营条件、能源服务价格、税收优惠政策），争取得到有利的商业化边界条件，以项目满足投资回报要求。

（2）低品位、低价格能源利用与优化。对于可再生能源、城市废热、水源热、地源热综合利用不能一蹴而就，需要符合当地现状条件并为未来发展后的变化做出预估，根据实际情况逐步、适当导入。政府应充分相信能源服务商会主动利用这些低价能源，以达到降低一次能源采购成本、增加经营收益的目的。

能源服务商出于对一次能源（原料）成本控制的要求，会随着城市功能区的开发、入住和发展，逐渐对能源中心进行改造以便更好采集这些低价能源，获取更大的利润。这需要政府在这方面有足够的耐心，先搭建符合能源服务商进行商业运作的市场机制，保证能源服务公司的生存环境，将能源利用优化任务交由能源服务商在追求商业利润的过程中主动完成。政府不应以概念炒作的方式，盲目追求政治效应，要具备长远眼光，树立城市区域能源系统的发展与完善是一个长期优化过程的观念。

2. 高能效转化与低品位能源利用

在技术方案选择时追求高效率的能源转换系统，是技术人员默认的标准。但是高能效技术系统一般伴随着更多的系统造价，也就是初投资成本。为何要追求高能效，一个潜在的前提是所利用的一次能源是一种稀缺的、不可再生的资源，如果能源转化效率低，就会浪费一次能源且不会产生良好的经济效益。但是如果一次能源是较低成本、可以再生的能源，比如废热、地（水）源热甚至商业价值较低的高品位能源（比如低谷电力）时，面临的前提条件就发生了变化。当采集这种能源作为区域一次能源时，就需要重新比选高能效、初投资高的方案，和低能效、初投资低的方案的经济性。选择那种具有经济合理性、适合商业运营的方案，应该是技术经济评价追求的评判标准。

　　3. 高能效技术带来总投资增加与运行成本降低

　　在进行技术方案选择时，还需要综合考虑采用高能效方案的总投资增加，与高能效方案带来的运营成本减少之间的平衡。将那些为了采取高能效技术而增加的投资分摊到区域能源项目生命周期内每年的总产量上，进而计算出每单位产出增加的成本；再计算由于效率提高使得每单位产出节约的经济效益（能效系统提高后，为客户提供 1kWh 的二次能源所花费的成本降低数值）；将成本增加视作现金流出项，将节约后成本减少项，作为现金流入项。如果单位流出大于流入，则高效能投资没有产生经济效益，应该重新考虑技术方案的选择；反之说明增加的投资可以被有效回收，技术方案具有经济性。

　　4. 技术方案先进性与稳定性选择

　　更先进的技术方案，往往是还没有得到更多项目长时间运行考验的、具有一定的技术风险的方案。区域能源系统首要任务是为客户提供安全稳定的能源供应，因此对先进技术的选用需要在充分论证技术方案能够长期稳定运行、在商务上获得技术和保险支持的情况下选用。特别是在主要设备选择和招标时需要对售后服务及零部件保障进行严格考核，确保在日后运行中能够得到可靠的技术支持和维护保障。同时，也要尽量采取商业保险等方式有效分散系统可靠性的风险。

　　**(二) 技术方案选择与商业模式同步**

　　商业化区域能源服务项目的最终目的是要达到"高能效、低成本、可持续、低排放"的综合能源利用效果，而产生这样的社会效益，是通过对参与各方利益进行综合平衡、搭建出一种多方共赢的商业模式，并成功运营的基础上得以实现的。在项目前期，主要是要建立一种多方合作的关系框架，各方在这种商业框架和商业运营中利益追求达成一致。在项目设计阶段，需要将商业模式进一步完善，特别是通过对技术方案的选择，对商业运行的经济性做出保证。

　　1. 利用低成本一次能源

　　充分研究当地自然条件和当地一次能源现状，要尽可能集成那些低成本、可再生的一次能源、废热、低品位能源、低价格能源以降低能源服务商的一次能源获取成本、提升项目经济性。在区域能源服务项目中还要注重一次能源的来源的多样化，分散原料能源供应风险。

　　分布式区域能源系统技术方案本身就是能源梯级利用技术的典范，除了对于一次能源的采购成本进行控制外，更有效地耦合地（水）源热泵、蓄冷蓄热技术等多种能源利用和转化技术，可以提高区域整体能源利用效率、降低运营成本。

　　2. 提高系统能效、降低运行成本

　　能源服务商获得商业利润的主要手段，是集成能源转化效率更高的工艺流程、依靠丰富的运行管理经验维护系统高效、稳定运行，提高能源中心整体运行效率。因此工艺流程的设计需要以提高系统能效、降低运行成本为目标。工艺系统技术集成设计要与商业模式要求的能源服务的品质、技术服务标准相结合，技术方案服从商业模式要求。但是在某些情况下，商业模式也需要根据技术方案的代价（投资总额、运行成本）进行调整，二者相互影响。区域分布式能源系统中的蓄能系统设计为例：需要针对不同商业模式的不同要求和特点，决定采用何种蓄能方案。如果需要为客户提供更高品质的大温差供冷冷源，则选择冰蓄冷系统作为蓄能装置就比较好，但将面临整体造价高的问题。反过来，再研究这样的造价水平客户接受程度，也可考虑通过提高商业模式中的客户附加价值（提供超低温冷源，为客户创造大温差空调环境）获得更高的服务价格。如此反复测算分析最终确定经济合理的技术方案，有效提高系统能效。

　　3. 有效的商业运营控制

　　有效的商业运营控制，也是决定区域能源项目是否盈利的关键的因素。在商业运营管理中，许多细节需要在技术方案设计阶段予以考虑，并结合商业运营要求提前进行设计。

以自控系统为例，能源中心的自动控制系统远远超越了一般意义上仅对设备运行状况进行控制的要求，更多的结合了客户运行状况监管、负荷预测与管理、客户端计量收费系统、财务统计与分析系统于一体的综合性控制系统。系统目的就是以最低生产成本为目标函数，在客户负荷不断变化的情况下，根据运行数据反馈和系统积累的数据经验，提出一套最佳运行策略，并将这种运行策略发送给系统各主要工作设备，使它们协同工作，实现成本最低、利润最大化的目标。

区域能源系统是一个多种技术集成的技术方案综合，技术方案的选择除了满足技术规范要求和客户需求参数外，还要紧紧围绕着商业运营的要求进行综合考虑。在进行技术方案选择时，不能将一个区域能源系统限定在某一个或某几个技术方案上，更不能出于对某种设备的高效率追求，而忽略对整个系统能源转换效率和经济性的考量。

### 三、项目验收与责任试车

目前我国建筑安装市场流行的操作方式，是业主将项目的设计、施工分别委托给具有专业资质的设计院和安装公司，设备采购由业主按照设计院提出的技术标准和业主要求的商务标准进行公开招标，或者委托给施工承包方代为采购。工程建设标准的执行由业主聘用监理机构进行现场监督咨询服务。这种做法的最大弊病是各参与方的利益仅仅存在于项目某阶段或项目分工中，缺少一个能真正站在业主使用效果的立场，对项目全过程的设计、安装、调试环节进行有效监管和检验的专业咨询机构。

以设计和施工方为例，当工程通过施工验收后，设计和施工方与业主之间的经济利害关系就基本结束了（所剩尾款也不足以调动他们继续提供后续服务的积极性）。但许多设计、施工问题是在实际运行阶段才能暴露出来的，当问题暴露出来后，设计方、施工方的合同责任期也基本到期，没有利益驱动或其他有效制约手段促使他们对运行过程中发现的问题进行整改。因此，这种项目操作体制下的验收，仅仅是对施工是否符合国家安装规范的简单验收，并不能对项目实际使用效果是否达到设计意图做出判断。这个问题，可以通过两种方式有效解决：

（1）对区域能源服务项目，在项目前期构架商业模式的时候，可以导入设计、采购、施工安装一体化的 EPC 模式。对建设项目按照设计使用功能指标进行整体招标，业主可以在验收要求中以设计性能达标作为验收和付款依据。总承包方（EPC 合同方）由于承担了设计、采购、安装的全过程，因此也有义务对各阶段暴露出的问题进行整改，以达到最终设计意图。

（2）安排责任试车环节对系统进行验收。责任试车也是国外较为通行的一种对项目进行后评估和验收的方式。责任试车往往由项目最终使用方组织，由富有运行、设计经验的专家总负责，项目的业主、设计者、施工方共同参与。其工作目的就是在项目安装工程完成后，在一定的生产条件下对项目的运行情况进行综合检验，在实际运行过程中发现那些设计纰漏、施工缺陷，进而对项目提出整改建议，以确保项目能够达到最初的设计要求。责任试车是一个检验和调整的过程，往往关系到整个项目最终能否达到设计标准和要求。在国外责任试车往往由具有丰富业内经验的专家主持，而且这个阶段业主会支付高昂的咨询费。

### 四、以运行管理视角对待设计施工细节

目前工程项目建设管理比较常用的方式：①以工业项目为代表的工厂建设方式，开发者与最后使用者一致，且项目管理团队非常专业。②以房地产开发商为代表的开发商管理方式，其特点是项目团队专业性较强，但项目开发者不是最终项目的使用者。③以政府部门管理的项目为代表（比如政府公益项目）的项目建设代建方式，项目管理者也是最终使用者，但由于项目管理团队专业性较差，往往采取项目代建方式进行项目管理。

对于采用第二、三种开发方式的项目，由于项目实际管理者项目使用者的脱节，因此在管理

项目过程中会遗留很多细节问题给最终使用者，有些细节问题往往对最终使用造成严重影响。例如：控制系统的功能要求，虽然在设计施工阶段都会与业主进行深入沟通，但是很少与最后的操作者——物业管理者进行功能需求方面的探讨，造成许多使用细节问题在设计阶段就被忽视，或设计功能与使用要求有差距。在采用 BOT 模式进行区域能源中心的建设时，由于能源服务商直接作为项目管理者，这样的情况基本不会发生。

区域能源服务项目无论采用何种模式建设，都要考虑项目管理团队的构成，最好将最终运行管理方代表纳入管理团队，以便能在项目的设计、采购、施工全过程都可以听到运行者的需求和意见，真正站在运行管理者的角度审视项目各个阶段的细节处理，为项目运行创造良好条件。

### 五、以经营者视角对待项目管理

#### （一）以经营者视角对待城市功能区的开发管理

商业化区域能源服务项目给能源最终用户带来的一项经济效益，就是避免了业主在建设大厦独立能源中心方面的投资，从而减少大厦固定成本、优化了财务环境。但是，由于城市公用建筑的开发者和经营者分离，大厦一般是由房地产商负责开发建设后，再将竣工的建筑卖给最后的经营者。在这个物业转手过程中，开发商并不会将大厦能源系统节省的投资、获得的经济利益，通过让利销售方式转嫁给最终物业购买者。这样，大厦运营者实际没有享受到这部分经济利益。因此，在区域规划阶段就明确提出区域采用区域能源外包的形式，由获得特许经营权的运营商提供能源转化和增值服务，明确区域招商条件的同时，也为大厦经营者提供了明确的投资范围信息，有利于能源外包产生的经济利益与大厦最终经营者分享。

#### （二）以经营者视角对待区域能源中心建设的项目管理

能源服务商在进行能源中心建设管理时，要特别注重与确定的商业模式相配合。最好项目管理团队中配备日后能源用户市场开发人员和经营管理人员，以便在重大决策和细节处理上与日后的经营管理内容和要求相吻合，为经营管理创造良好的硬件环境。

除了前面提到的投资进度和建设进度要与区域负荷成长进度相符合外，以下细节问题也应引起关注：

1. 能源服务品质、标准在设计过程中得以体现

能源服务商提供的能源品质如何在客户端得到更有效地运用、为终端客户创造更好能源利用效果、提高客户获得的增值服务价值、改善客户对能源服务商的客户感知，进而密切双方的合作关系、维护市场的稳定性等，都需要通过区域能源系统整体规划和商业模式构造过程中与客户进行密切沟通、配合才能完成。

2. 计量、收费模式与经营销售策略相吻合

计量、收费模式，特别是计量收费系统的设计要与经营和销售策略相吻合。比如：能源服务商与客户之间的收费计量点设置，是否采用磁卡表以便于开展预收费的销售模式；用户计费系统安装如何保证用户监督需求，如何保证计费系统严肃性，保证供需双方均不能擅自调节以维护合同公正、公平。

3. 控制系统对客户使用情况进行监控

能源中心自动控制系统需要对所有客户使用情况进行监控，以便根据负荷变化随时调整生产策略、降低运行成本。如何构建控制系统、采集客户端数据、划分各方控制界限等问题，也要与商务模式内容及双方签订的能源服务合同相协调一致的。

4. 输配系统设计与能源服务合同约定相配合

输配系统的设计要与能源服务合同内容的有关约定相互配合、相互支持。比如：输配系统中如何根据产权分界和维护义务划分来设置分段阀门，在输配系统上的监测与参数控制，如何采

集、反馈、控制诸如温度、压力、流量等运行数据（数据精度要求、采集位置、采集方式、通信协议）等。

# 第六节　项目运营阶段商务运作

## 一、提供能源增值服务

区域能源服务商为城市功能区内客户提供的不仅仅是能源转换服务，还要通过自身在全产业链上的专业实力为客户在终端能源综合、高效利用方面提供增值服务。这些增值服务体现在以下方面。

### （一）稳定的能源保障

能源服务商除了向城市能源供应商（电力、天然气公司）采购一次能源外，国外实力强大的公司还可以做到从一次能源矿井（天然气源、煤炭矿井等）直接提供一次能源的能力，有些大型能源公司自身还投资经营城市发电公司。除此之外，能源服务商还可以通过各种技术集成，采集多种低品位能源作为石化类一次能源的补充，有效缓解上游能源供应出现价格波动或供应风险时，对下游客户造成的能源风险。例如，区域燃气冷热电分布式能源系统，通过系统发电功能可以有效回避上游电网出现故障造成的停电损失，这对于数据中心、医院等项目，提供了重要的安全保障。

### （二）高品质的二次能源

区域能源服务商通过专业的能源转换技术，将一次能源按照客户终端系统不同的使用需求，转换为二次能源（终端能源）形式。由于配备了专业的运行管理和专家支持团队，区域能源服务商能够有效保证客户终端得到的二次能源品质，而且会得到比客户自行建造能源转换中心更为优质的二次能源。比如，在区域供冷系统中，能源中心可以提供超低温冷水，为客户创造二次侧节能的条件和更加舒适的空调品质。

### （三）末端系统节能

能源服务公司是由专家组成的专业化团队，相对于物业公司的运行管理人员，具有无可比拟的专业优势。由于客户末端能源利用效果也直接关系到区域能源系统整体的能源转化效率和能源服务效果的好坏，影响到能源服务商为客户提供服务的质量，因此能源服务商有意愿、有义务、更有实力帮助客户提高末端系统能源效率，改善客户感知、提高能源服务附加价值，进而获得客户认可、赢得更高水平的能源服务回报。

### （四）能源利用咨询服务

区域能源服务商除了在前期为政府提供区域能源整体规划咨询意见外，在运营阶段也会根据项目运行情况，为客户的节能提供必要的专家咨询服务，甚至可以为客户进行的末端节能改造项目提供咨询服务，协助客户提高能源利用效率。这种附加服务也属于能源服务费中涵盖的内容，这样也容易理解外包能源服务的价格为什么可以高于自建能源中心的运行成本。

## 二、能源中心运行管理

运营方可以提供能源中心的运行管理及经营管理两方面的专业服务。运行管理主要任务是保证能源中心安全稳定运行、降低运行成本、延长设备运行寿命。经营管理则涉及末端客户的开发、维护及提供末端增值服务等任务。

### （一）运行管理工作

1. 责任试车

在《责任试车手册》指导下对能源中心进行有计划的系统测试及改造，使系统达到最佳的运行效率。责任试车的基本内容与程序：

（1）编制责任试车计划。根据设计文件、设备文件、施工竣工验收报告，详细列出责任试车的目的、测试方法、测试条件（主要是负荷要求）、资源要求（人力、资金、工具）、进度计划、检验标准、组织机构以及有关过程文件标准格式等。

（2）单机性能测试。按照设备厂商文件和安装工程验收文件，对单台设备进行空转和负荷状态测试，验证是否达到设备运行要求；记录测试结果进行分析，根据分析结论提出整改建议；按照责任试车计划约定的周期内，协调相关合同方完成整改内容。

（3）分系统性能联合运行测试。检验各分系统独立运行时的工作状态；对发现问题进行记录并分析原因；提出改进措施和希望达到的效果；按照责任试车计划约定的时间内，协调有关施工方、设计方完成整改工作。

（4）全系统性能联合测试。在一定的负荷条件下对整个工艺系统的联合运行情况进行检验；对发现问题记录并分析原因；提出改进措施和希望达到的效果；按照责任试车计划约定的时间内，协调有关施工方、设计方完成整改工作；再次进行系统测试检查是否已经达到设计要求、满足运行要求。

（5）编写责任试车工作报告。针对上述测试工作以及进行整改后的测试结果，说明工艺系统能达到的运行水平，得出是否满足设计要求的判断。如果不能满足设计要求，需要对主要原因进行分析和阐述，并提出进一步改进的措施和建议，以及最终工艺系统可达到的设计参数期望值。业主和运行团队将根据最终的责任试车报告进行项目运营效果的预估。

2. 运行管理

根据负荷需求制定运行计划和策略，并以低成本、高能效为目标进行的日常运行管理工作。运行工作是一项周而复始的重复性工作，为了达到高能效、低成本的运行目的，需要运行人员具备丰富的实际操作经验和一定的理论知识。一名优秀的运行人员需要严格规范地执行运行计划和运行策略、有秩序地进行设备启动、运行检查、设备停机、数据记录等程序性工作，还需要及时根据系统反馈的数据进行分析，判断运行数据中出现的系统问题和设备运行问题并进行及时处理。

常规运行工作最主要的目的，就是保证工艺系统能够正常平稳运行、保障稳定供应能源、满足终端客户最基本的能源使用需求要求，以及《能源供应服务合同》中约定的能源服务质量要求。这里涉及的工作庞杂，其中最核心的运行工作内容大致如下：

（1）运行计划。对日常运行管理内容进行的安排。按照工作细分程度又可以分为：全年计划、月计划、周计划、日计划。

（2）运行策略。根据不同负荷特点优化系统运行方案，以达到高能效、低成本运行的目的。这种运行策略是随着项目运行时间不断增加而逐渐完善，最终会形成的一种经验化的制度和流程。

（3）运行过程监测。在设备运转期间通过自控系统监测和运行人员的现场巡视，进行的设备运行情况检查和关键运行数据的收集及记录工作。运行巡视过程也是检查能源中心设施是否安全正常、工作环境是否正常的过程。在运行巡视过程中发现的问题需要按照运行管理规范及时处理。

（4）运行数据整理与分析。运行管理人员通过自控系统对运行数据进行数据库管理，包括：数据计算、数据比对以及对计算结果进行数据分析，发现系统异常、进行运行策略改进等工作。这个工作是整个运行工作的核心。

（5）档案管理与更新。档案管理涉及的内容很多，就日常运行工作而言主要是指设备档案、运行记录、运行分析、计划与总结、巡检记录、故障记录等。

（6）安全管理。涉及设备运行安全管理（设备运转安全）、灾害（火灾等突发事件）安全管理、隐患处理等工作，保证设备安全、人身安全，杜绝各种安全隐患是一项常抓不懈的工作，也是一切运行工作的基本保障。

（7）运行总结。就一个阶段的运行成果进行总结并提出改进措施。主要包括：设备运转情况（效率、故障、维修等方面）、系统运行效率、整体运行经济指标分析及改进措施等内容。

（8）《设备管理及操作手册》。规定了能源中心所有设备的工作原理、技术特点、工作要求、开关机程序、零配件需求、紧急处理等行为规范和操作流程，是根据设计要求及设备厂商提供的设备技术文件编辑而成的，是指导设备运行操作的基础文件。

（9）人机互动。在现代化的能源中心中，自控系统是非常核心的运行辅助系统和智能指挥系统。虽然在常规情况下自控系统可以替代运行人员的工作，但是要实现能源中心高能效、低成本运行，运行管理人员仍然起着不可替代的作用，一切自控系统都是实现运行计划和运行管理思想的辅助工具。运行管理过程也是一个人机互动的过程。

3. 设备维护与保养

定期或不定期对设备运行情况进行检测、维护，使设备保持良好工作状态。主要涉及以下工作内容：

（1）设备维护保养计划及预算。对工艺系统设备及附属设施进行定期和常规的保养工作，根据设备运行及检查情况做出特别保养或维修的计划，同时对这些工作安排资源（人员、设备、工具、服务采购）及资金预算。一般在每年的年底要提出第二年维护保养计划与预算，维保计划应与运行计划进行统筹安排。和运行计划一样，设备维护保养计划及预算是运营团队的重要工作计划之一。

（2）保险。需要运行团队根据运行管理经验判断哪些设备需要保险、需要哪些保险，并将保险费计入预算。在维保范畴内需要考虑的是有关财产险的内容。

（3）外包维保服务采购及监管。能源中心工艺系统的主要设备往往非常复杂，有些还是设备厂家为项目特别设计制造的。这些设备的维护保养往往需要厂家或者专业维护商的支持，常规的做法是将这些主要设备的重要维保项目（比如定期的检测、设备核心部件或部位的维护、软件更新、计量仪器校正等）委托给设备厂家进行。一些专业的服务比如水处理服务等，也可以通过外包形式进行采购。运行者对这些外包服务的采购与监管是运行维保工作的主要职责之一。

（4）维保。不是所有的设备维护保养工作全部外包，一些简单的、维护周期较短的维护保养工作仍需要运行团队自己进行。例如：设备常规部位的加油、紧固等维护保养、数据库检测与维护更新、自控系统检测、设备清洁、正常更换常规零配件等。

（5）大修计划与实施。按照设备使用手册及实际运行状况，判断设备是否需要进行大修并在运营要求的限制下，对大修工作进行计划、委托招标、组织实施、验收等具体工作。运行经验丰富、专业性强的运行团队，能够延长设备大修时间间隔、延长设备使用寿命，提高能源中心经济效益。

（6）零配件采购与管理。根据设备运行情况以及使用寿命，对易损零件进行采购以备随时更换之需。零配件管理类似商业企业的库存管理，包括建立库存台账、入库出库制度、库存定期盘查、零配件更新等具体工作内容。

（7）安全设施维护与更换。为了保证能源中心安全生产需要，对能源中心所配备的各种安全系统和设施进行检查和维护，确保这些系统的工作正常。例如：消防设备定期检验更换、安防系统定期维护、安全标识定期检查更新等。

(8)《设备维护保养程序手册》。手册规定了能源中心所有设备的维护保养、零件更换、检修、大修、更换的操作规程。是指导能源中心维护保养的基础文件。

### (二)经营管理工作

#### 1. 终端市场开发

指区域能源服务商为使区域能源项目尽快达到预定的满负荷供应状态，在能源中心供应能力范围内开发新的客户的工作。除了在区域能源服务项目前期注重通过政府的配合，尽快与区域内能源终端客户签订能源供应协议外，还需要在项目实施的过程中尽快与这些客户签订能源供应合同，达成在供应量、价格、维护界限、技术标准等方面的共识与确认。能否尽快落实区域能源项目的终端客户，是项目能否成功回避市场风险的关键工作，一般应由区域能源服务商的专门市场部门操作。

#### 2. 终端客户收费及经营

向终端客户进行能源计量并收取能源服务费等工作。收费的标准、缴费方式等细节是《能源供应合同》主要内容，也是区域能源服务商业模式中盈利模式的重点内容，收费方式应与销售政策、计量方式等问题综合考虑。在整个经营过程中确保收费率（在同一时期内已收能源费和应收能源费的比率）维持在较高水平，是保证区域能源项目获得稳定现金流的重要保证，也是回避市场风险的根本所在。

#### 3. 终端客户增值服务及客户维护

处理能源服务过程中与客户之间的分歧，并积极向客户提供末端能源高效利用等增值服务，是经营管理的重要工作。能源服务公司可以根据项目特点及客户的不同需求，采取多种服务方式，其中包括直接采用 EMC 能源合同管理模式为客户提供更有效的能源增值服务。

#### 4. 运营方内部管理

一个商业化区域能源服务项目的运营，就是一个项目公司的运营。除了上述行业独特性的工作外，还要在公司层面对诸如人力资源、财务管理、业务拓展、技术研究、法务活动、行政事务等基础工作进行管理，为项目运营提供坚实的平台和有力的支持。其中，《运行管理程序手册》是规定能源中心组织结构、岗位职责、财务管理、奖励与处罚等各项行政管理工作。

#### 5. 风险分散与转移

能源中心经营者除了采用专业技能、丰富的运营经验来分散运营过程的风险外，还可以采用保险的方式对一些意外情况造成的损失或者索赔进行风险转嫁。主要有：

（1）设备财产保险。无论是能源中心的产权所有者、运营方还是运行团队，都可以通过为主要设备进行投保的方式进行设备风险转移，以回避设备正常寿命期间因设备意外损坏带来的经济风险。

（2）第三责任保险。在能源中心运营过程中，任何意外的设备或系统故障会造成客户索赔。能源中心运营方可以通过类似第三者责任保险方式对这种风险进行部分转移。目前我国保险公司在第三者责任险产品局限还很大，价格也相对较高，这是运营团队在考虑运营成本时需要认真考虑的问题。

（3）公众责任险。指对投保人在公共场合发生的意外事故进行保障的险种，如在营业期间的运动场所、娱乐场所，在施工期间的建筑、安装工程，在生产过程中的各种企业等，都可能因意外事故造成他人的人身伤亡或财产损失，因而产生投保空间。在欧美发达地区，公众责任险已成为机关、企业、团体及各种游乐、公共场所的必须保障。

### 三、能源供应合同主要内容

无论采取何种商业模式（BOT、TOT、OM 等），最终均需要通过能源服务商与终端能源客户以签订《能源供应服务合同》的方式，将这种合作关系确定下来，形成有法可依的市场行为。能源服务合同内容十分复杂，以下内容是《能源供应服务合同》中比较关键的内容：

**（一）产权、投资及维护范围界定**

通行的做法是：按照"谁投资，谁拥有产权，谁负责维护管理"的原则进行划分。

1. 产权分界点

一般会在输配管网通往用户换热站的分支管道上设置用户分断阀，分断阀产权归能源服务商控制。分断阀后作为产权分界点，具体位置可根据实际情况进行商定。

2. 投资范围

按照产权分界点进行划分，谁的产权谁投资。但是需要考虑在用户换热间内的控制系统和计量收费系统的产权、维护等问题，应结合项目具体情况以及计量收费等具体商务问题，与客户进行谈判确定计量系统和控制系统的产权划分及投资问题。

3. 安装职责与工作配合

能源服务公司在建造区域能源系统过程中，与终端用户的施工安装分界点可以产权分界点确定，能源服务公司与终端用户各自负责自己产权侧的设备安装工作。终端客户能源接收装置（换热站、变配电装置、用能设备等）的自控监测设施应接至双方商定的位置。能源服务商将采集能源接收装置的数据，并对一次侧的数据进行监控，按照双方《能源供应服务合同》约定的服务内容，对二次侧能源进行监测或监控。

4. 维护与管理

以 CBD 区域集中供热（冷）能源服务项目为例：双方可以产权分界点作为供用热（冷）双方管理范围的分界点。各自负责分界范围内设备的日常运行、维护、管理；对于安装在用热（冷）方换热站的计量系统，包括：交换站内的流量计、温度传感器、压差变送单元、自控控制柜和一次水侧电动阀门，用热（冷）方不得擅自进行调整。如《能源供应服务合同》中约定了能源服务商向终端客户提供末端能源服务业务，则双方需要按照末端服务具体约定明确双方的维护责任。

**（二）能源服务范围与标准**

根据项目在授予特许经营权时确定的范围、能源服务商实力可控范围、客户需求情况等多种因素进行综合确定。一般而言，能源服务商可以提供区域一次能源采集（采购与收集）、二次能源（终端能源）转化、能源中心到客户建筑换热站或约定的计量点之间的能源（冷、热、电）输配、二次能源使用效率检测、客户能源终端系统节能服务等全产业链的增值服务。

能源服务商所提供的能源服务内容标准，应视客户终端能源使用需求而定，并将服务标准和技术参数明确写入《能源供应服务合同》中，作为执行过程的考核依据。

1. 一般技术参数

（1）二次能源（终端能源）的形式：电力、蒸汽、热水、冷水、压缩空气等。

（2）二次能源（终端能源）的技术参数，包括电压等级、温度（供、回）、压力，必要时可以约定流速、流量等。

2. 一般服务范围

空间范围：指为客户提供能源服务的对象。例如：对客户大厦供冷、热、电，对应的建筑面积、供冷供热面积；在供冷服务中是否包含大厦内一些重要的机房部位等。

时间范围：是否提供全年 365 天，每天 24h 的能源供应服务；如果不能，则需要具体协商提供时间（季节、时段）。

服务内容范围：是指能源服务商为终端客户提供哪些具体的服务工作，如能源转化、末端能效管理等具体内容。

3. 服务标准

对于不同能源形式的标准，可以在技术参数部分约定。这里特别指的是能源服务商因为季节、时段不同，提供不同参数的二次能源。以供冷服务为例：当客户在冬季需要供冷时，由于生产成本远高于夏季，因此区域能源服务商会与客户商讨一个有别于夏季的供冷温度；同样的，在夜间低负荷时，为某些小负荷客户提供单独能源供应的成本也会高于平时，甚至会因为技术原因不能满足正常时段的供冷温度，这时就需要针对不同工况提出不同的服务标准。但是不管服务标准如何变化，都不能以牺牲客户使用需求作为代价。

### (三) 定价与收费模式

1. 价格确定

区域能源服务价格确定，可以通过政府授予特许经营权时进行招标方式确定，也可以通过区域能源服务商与客户协商确定。不管那种确定方式，都需要既考虑区域能源服务商的投资回报，又兼顾终端客户的接受能力。可以按照商业模式定义中介绍的定价原则，确定区域能源服务价格标准。在这里将两部制价格体系进一步说明如下：

(1) 基本费用。对于能源服务商而言，基本费的设置，是为了有效回收能源服务商为满足区域全部客户需求而提前投入的设备（装机容量）投资。因此其基本原理可以用以下公式表述

$$基本费单价 = 固定成本 / 区域能源服务合同供应总容量 (kW)$$

$$客户缴纳的基本费 = 基本费单价 \times 合同约定的最大负荷 (kW)$$

其中：固定成本指的是能源服务商为满足区域全部客户需求所投资的装机容量形成的固定成本。这里暂不考虑输配系统（主要是管网）投资形成的固定成本。

能源服务合同供应总容量指的是区域所有客户与能源服务商签订服务合同时，希望能源服务商保证供应的能源最高负荷之和。

合同约定的最大负荷指的是具体客户在能源服务合同约定的最大负荷数。

需要指出的是，这里给出的是基本费定价的原则。基本费用的公式不是一成不变的，需要根据项目具体的历史背景和特殊情况进行综合考虑。例如，在目前北方城市进行的供热收费改革中，基本费就是对应的客户采暖面积，而不是最高负荷。

基本费的收取也不依据用户是否使用而缴纳。也就是说，在合同期内无论客户是否产生流量费，均需按照合同约定的基本费标准向服务商缴纳基本费。这种收费原则，也是 BOT 项目中"获取或付"原则的体现。

(2) 流量费。对于能源服务商，流量费是为了有效回收其在提供能源服务过程中所投入的变动成本的，因此其确定的基本原理可以用以下公式表述

$$流量费单价 = 项目变动成本 / 能源服务供应的总负荷 (GJ)$$

$$客户缴纳的流量费 = 流量费单价 \times 计费流量 (GJ)$$

其中：项目变动成本指的是能源服务商为客户提供能源服务过程中花费的可变成本之和。包括一次能源采购费、水费、水处理费等。

能源服务供应的总负荷指的是，在提供能源服务期间向客户提供的能源供应总量。

计费流量指的是每个具体客户在使用过程中，通过流量计累计计量的能源总消耗量。

需要指出的是，流量费的定价原则公式中，尚未考虑能源服务企业应缴纳税金以及能源服务公司的合理利润，仅仅给出一个基本思路。具体定价需要在授予特许经营权时与政府协商，并由政府通过行政手段进行约定，或者由能源服务商直接与客户协商确定。对于大型能源服务项目（特别是面向整个城市的能源供应项目），应采用与政府协商并由政府协助约定的方式确定能源服

务单价。对于小规模项目，可以直接与客户进行商定。

在区域内流量费单价应保持一致。对于同一城市的不同项目，可以根据项目不同进行差别定价，特别是对于不同的城市功能区（比如对于工业区和商业区）也可采取不同的价格。

2. 收费模式

根据区域能源项目客户不同，可以确定不同的收费模式。对于流量费而言，可以采用预收方式确保收费率，也可采用先服务后支付的方式。主要依据能源服务商在财务上愿意为客户承担多大风险而定。相对于其他行业而言，由于能源服务商在取得特许经营权后就具有了一定的垄断地位，且客户一旦与服务商签订能源外包服务合同后，其替代成本也非常高，因此一般不会出现欠费行为。因此具体采用哪种收费方式一般会按照能源服务商的财务意愿确定。

在预收费方式中可以采用先交押金再根据每月流量收费的方式，也可以采用磁卡表充值的方式，一样能够起到预售预收的财务效果。

3. 价格调整

维持区域能源服务价格的稳定性，是维持市场稳定的重要因素之一。但是在一次能源价格变化的情况下，能源服务商很难长期维持稳定的末端服务价格，因此有必要在政府许可或者与客户协商一直情况下对价格进行调整。

政府可以在授予能源服务商特许经营权时，约定价格联动机制，保障能源服务商在一定利润水平下的稳定收益。这种价格联动方式也是将区域能源服务末端价格与上游一次能源价格挂钩，进而使能源价格市场化的一种制度：当一次能源价格下降时，末端能源服务价格降低；当一次能源价格上升时，末端能源服务价格上涨。价格联动机制是一种能源市场价格传导机制，它的实施能够确保通过市场机制对能源利用全过程进行调节，从而进一步完成市场机制的价值发现职能。

价格调整的方式：首先价格调整的前提条件，需要在能源服务合同中明确约定；其次，在外部市场环境变化达到条件时，按照合同约定的调整程序进行调价。对于影响面较大的城市大型项目（例如：面向整个城市的燃气供应、北方集中供热项目等），价格调整需要通过政府有关部门的协调，或者召开听证会确认、或者直接以政府公告方式进行通知。对于影响面较小的小规模项目，能源服务商可以按照合同约定直接与客户进行解释和确认。

4. 能源服务价格再认识

能源服务价格首先是一个增值服务价格，它体现了能源服务商在一次能源获取、二次能源转换、末端能效管理方面，为客户带来的全产业链的专业化增值服务价值。对于区域能源服务价格需要放在市场化的背景下，以采购外包服务、获得专业服务的视角去重新认识。

**（四）违约**

能源供应协议需要对能源服务商和客户的违约行为进行明确约定，规定双方在违约情况下各自承担的责任及赔偿措施。例如：在能源服务商违约的情况下，可以考虑减免基本费甚至对客户进一步进行赔偿。但是如果客户出现违约责任，服务商也有权停止供应等。

一般而言比较常见的客户违约行为有：欠费、偷用、私自增加合同约定范围以外的负荷、擅自调整计费系统、不履行合同约定的维护保养义务、不履行对计量系统进行共同校验义务等。

一般服务商违约行为有：没按照合同约定的时间或服务标准提供服务、因自身原因停止供应、擅自调整计量收费系统等。

**（五）客户退出**

原则上在合同期限内客户应该有自由选择权，一旦发生客户退出的事件，服务商需要尽快弄清原因、调整市场策略，在维护原有市场的基础上，进一步发展新客户，补充客户流失带来的损失。对于城市级别的大型项目而言，由于客户足够多，个别客户的退出不至于对项目产生重大影响。稳定市场份额是一项长期的任务，通过垄断地位维持的客户关系是不能持续和长久的。作为能源服务商，尽力提高服务品质和增值服务一定可以获得客户认可。

### （六）客户权益保护

能源服务商在获得特许经营权的同时也获得了区域垄断地位，为了更好保证客户的利益，需要在能源服务合同中做出一些特别安排，以保证客户的利益不会受到侵害。特别是对于影响面较大的大型项目更需要进行特别约束。例如：价格调整时需得到政府认可；由于自身原因进行检修造成停止供应，不能影响客户正常使用；遇到特殊情况需要降低服务品质或保障能力的，需得到政府认可与批准等。

### （七）供应稳定性与保障性

即在合同中约定，如何保证全年 24h 的能源供应；如何保证在区域低负荷情况下的能源供应；在出现突发事件或故障情况下的保障措施，以及相应的服务标准和费用标准。

### （八）价格政策及销售策略

能源服务商可以在合同中规定，在何种情况下客户可以享有哪些价格优惠政策。例如：在一次性购买多少流量服务时可以享受趸售价格。需要指出的是区内的销售政策应该一视同仁、公开透明，对于同一区域的建筑应采取同样价格水平和服务标准。如果区域内出现业态差异极大的客户群体，以致其能源消费形式和参数要求具有很大差异时，也可考虑采取不同的价格。比如，在某科技园区同时出现工业用户、商业用户和居民用户时，则必须进行差别对待。

# 参 考 文 献

[1] 林世平. 分布式能源系统中能源与环境耦合特性及优化集成模型研究. 武汉：武汉理工大学出版社，2011.

[2] 汪庆桓. 分布式能源发展的若干问题研究. 地质学报，1978，3：194-208.

[3] 中国科学院可持续发展战略研究组. 2009 中国可持续发展战略报告：探索中国特色的低碳道路. 北京：科学出版社，2009.

[4] 金红光，郑丹星，徐建中. 分布式冷热电联产系统装置及应用. 北京：中国电力出版社，2008.

[5] 林世平，陈斌. 机场分布式能源系统运行策略研究. 第二届中国能源科学家论坛论文集，徐州：美国科研出版社，2010：901-908.

[6] LIN Shi-ping, CHEN Bin. Airport Distributed Energy systems Reaearch, Regulatory Regional Economic Challenge for Mining，Investment，Environment an Work Safety[C]. Shuyang, 2010：119-127.

[7] 林世平. 工业园区小型分布式能源系统应用研究. 沈阳工程学院学报（自然科学版），2011，7(4)：103-106.

[8] 陈斌，林世平. 发展分布式能源促进国家节能减排. 第二届中国能源科学家论坛论文集，徐州：美国科研出版社，2010：438-442.

[9] 戴永庆. 溴化锂吸收式制冷技术及应用. 北京：机械工业出版社，1996.

[10] 戴永庆. 燃气空调技术及应用. 北京：机械工业出版社，2004.

[11] 杨勇平，王林山，李瑛. 燃料电池. 2 版. 北京：冶金工业出版社，2008.

[12] 中小型热电联产工程设计手册编写组. 中小型热电联产工程设计手册. 北京：中国电力出版社，2006.

[13] 孔祥强. 冷热电联供. 北京：国防工业出版社，2011.

[14] 杨勇平. 分布式能量系统. 北京：化学工业出版社，2011.

[15] 焦树建. 蒸汽—燃气联合循环. 北京：机械工业出版社，2006.

[16] 焦树建. 燃气轮机与燃气—蒸汽联合循环. 北京：中国电力出版社，2007.

[17] 中国华电集团公司. 大型燃气—蒸汽联合循环发电技术丛书设备及系统分册. 北京：中国电力出版社，2009.

[18] 杨旭中，郭晓克，康慧. 热电联产规划设计手册. 北京：中国电力出版社，2009.

[19] 刘万琨，魏毓璞，赵萍，等. 燃气轮机与燃气—蒸汽联合循环. 北京：化学工业出版社，2006.

[20] 刘惠萍. 上海市天然气热电联产应用研究. 上海节能，2005，6：86-98.

[21] 陈启铎，刘长河，赵时光，等. 燃气轮机余热锅炉的设计特点. 热能动力工程，1995.

[22] 陆耀庆. 实用供热空调设计手册. 北京：中国建筑工业出版社，1993.

[23] 清华大学热能工程系动力机械与工程研究所，深圳南山热电股份有限公司. 燃气轮机与燃气—蒸汽联合循环. 北京：中国电力出版社，2007.

[24] 崔树银，李江林. 现代发电企业管理. 北京：中国电力出版社，2009.

[25] 马大猷. 噪声与振动控制工程手册. 北京：机械工业出版社，2002.

[26] 张昊，郑竟宏，朱守真，等. 分布式电源与配电系统并网运行的探讨，2004.

[27] 中国城市燃气协会，分布式能源专业委员会. 分布式能源发展的若干问题研究，2012.

[28] 孙景钓，李永丽，李盛伟，等. 电力系统自动化，2009，33(1).

[29] 仁元会，卞铠生，姚家祎. 工业与民用配电设计手册 3 版. 北京：中国电力出版社，2005.

[30] 洪向道，葛玉璞，叶全文，等．中小型热电联产工程设计手册．北京：中国电力出版社，2008.

[31] 戈东方，钟大文．电力工程电气设计手册：电气一次部分．北京：中国电力出版社，2009.

[32] 卓乐文，董柏林．电力工程电气设计手册：电气二次部分．北京：中国电力出版社，2010.

[33] 西北电力设计院．火力发电厂和变电站照明设计技术规定．北京：中国电力出版社，2007.

[34] 中国建筑科学研究院．建筑照明设计标准．北京：中国建筑工业出版社，2008.

[35] 中国电力顾问集团西南电力设计院．电力工程电缆设计规范．北京：中国计划出版社，2008.

[36] 国电华北电力设计院工程有限公司，河南省电力勘测设计院．电力工程直流系统设计技术规定．北京：中国电力出版社，2004.

[37] 杨克磊．工程经济学．上海：复旦大学出版社，2007.

[38] 中国注册会计师协会编．税法．北京：科学出版社，2012.

[39] 国家发展改革委，建设部．建设项目经济评价方法与参数．北京：中国计划出版社，2006.

[40] 陈霖新．全国民用建筑工程设计技术措施—节能专篇．暖通空调，2007.

[41] 华贲．天然气冷热电联供分布式能源系统．北京：中国建筑工业出版社，2007.

[42] 全国一级建造师执业资格考试用书编写委员会．机电工程管理与实务．北京：中国建筑工业出版社，2011.

[43] 邢世邦，常焕俊．发电厂新建机组生产准备工作手册．北京：中国电力出版社，2006.

[44] 邢世邦，常焕俊．发电厂新建机组生产准备工作手册．北京：中国电力出版社，2006.

[45] 中国电机工程学会热电专业委员会．我国天然气分布式能源发展相关问题研究，2009.

[46] 李雄伟．试论 BOT 模式特许协议的相关法律问题．中国科技论文在线，2005.

[47] 金永祥，谭轩．BOT 项目的运作程序．中国投资，2002.

[48] 赫炬．中国政府关于 BOT 和项目融资的基本政策框架．中国投资，1998.

[49] 杨川云，杨立．BOT 合同谈判要点分析．市政技术，2008.

[50] 王伍仁．EPC 工程总承包管理．北京：中国建筑工业出版社，2008.

[51] 颜立群．基础设施 BOT、BT 项目运作实务．智库网，2012.

[52] 栾艳杰．政府 BOT 项目合同概览．百度文库，2011.

[53] 中国合同能源管理网．合同能源管理的商业模式．南方财富网，2011.